U0171024

"大国三农"系列教材

动物学

王宝青　周　波　主编

科学出版社
北　京

内 容 简 介

本书在编写过程中，力求反映动物学研究的最新成果，以动物自然演化为主线，介绍了动物各类群的主要特征及类群间的演化关系，结合精美图片及视频资料，让读者更直观地了解动物的相关知识，感受到动物自然演化的魅力。

全书共分30章，第1～22章介绍了动物的主要类群及其形态、解剖、结构与机能及各类群的演化关系。第23～30章着重介绍了动物各类群的被覆物与运动、稳态、消化、呼吸、循环、排泄、神经、化学信号、免疫等系统，动物行为的演化，动物对环境的适应及两者的相互作用等。各章后设有思考题，让读者自行设计思维导图以增强对相关知识的理解与掌握。

本教材适合高等院校本、专科学生使用，也可供相关科研工作者、教师参考。

图书在版编目(CIP)数据

动物学 / 王宝青, 周波主编. — 北京 : 科学出版社, 2023.10
“大国三农”系列教材

ISBN 978-7-03-076040-1

I. ①动…　Ⅱ. ①王…　②周…　Ⅲ. ①动物学－高等学校－教材　Ⅳ. ①Q95

中国国家版本馆CIP数据核字（2023）第135594号

责任编辑：刘　畅 / 责任校对：严　娜
责任印制：张　伟 / 封面设计：迷底书装

科学出版社出版
北京东黄城根北街16号
邮政编码：100717
http://www.sciencep.com
北京建宏印刷有限公司印刷
科学出版社发行　各地新华书店经销
*
2023年10月第　一　版　开本：787×1092　1/16
2024年7月第二次印刷　印张：28
字数：716 800

定价：168.00元

（如有印装质量问题，我社负责调换）

序 Preface

动物学是揭示动物生存和发展规律的生物学分支学科。主要研究动物的种类、形态结构、生活习性、繁殖、发育与遗传、分类、分布、演化，以及其他有关的生命活动规律。

随着近年来生命科学的迅猛发展，借助分子生物学、生物信息学等现代学科的手段，动物学的内容也得到了进一步丰富和完善，对原有的分类体系有了更新的认知。

两位主编一直从事动物学和动物分类学的教研工作，曾经编写的《动物学》深受学生好评，这版科学出版社的新书，既强调了基本知识，也关注到学科前沿，从自然演化的角度，比较充分地描述了各类群的相互关系。这本动物学充分反映了当前动物学发展的前沿知识，整体而言该书做到了要言不烦、言简意赅、详略得当，在“神经和感觉器官”以及“动物行为学”部分有所深入，体现了目前“动物学”学科发展的方向和热点。

这对于热爱生命科学的读者，是一本很好的参考书，在“绿水青山就是金山银山”的理念下，动物多样性的意义不言而喻，如何从演化的角度理解纷繁复杂的动物世界，如何认知动物的结构、演化、机能和环境相适应相统一，这本教材给出了一个与时俱进的范例，相信广大读者也会从本书中获益良多。

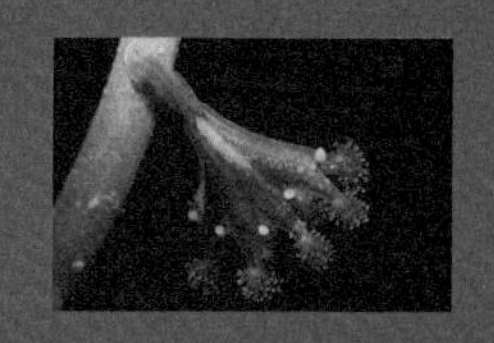

2023年6月10日于绿苑

前言

Foreword

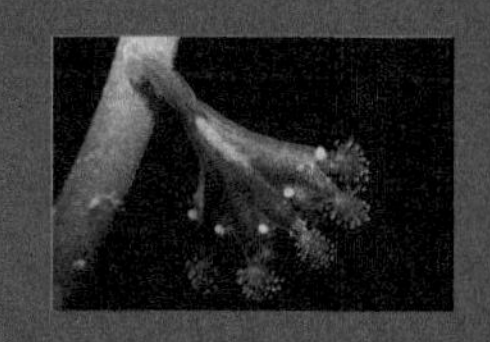

随着生物科学不断进步以及高等院校教学改革的持续深入，学生对教材质量的要求也越来越高，相对陈旧的知识已不能满足当代学生及相关科技工作者对动物学相关知识的了解与掌握，为此亟需一本能够反映当前动物学发展前沿的教材。

为了与国内教学改革契合，本教材在尽力反映当代动物学研究的最新成果基础上，尤其是运用分子生物学、生物化学等研究手段对小门类动物演化地位的修正做出了努力，同时结合精美彩图及插入相关视频等影像资料，极大提升教学手段现代化、多样化水平，丰富教学内容，在提高读者兴趣的同时，也为读者从不同视角提供对动物及行为的思考与理解。

这是一本为高等学校生物类专业编写的动物学基础教材，目的是为读者进一步学习提供必要的基础理论。全书力求简洁，主要介绍了30余个门类动物的主要特征，代表动物的形态、解剖、结构与机能，动物类群分类与各系统演化比较，以及动物与环境等知识内容。相比国外同类教材，我们简化或舍去了细胞及细胞代谢、遗传、分子等内容，精简了动物各系统间的比较等，积极运用现代动物学研究成果并体现到教材中，从动物的起源到适应环境的生命演化、从单细胞动物到多细胞动物、从水生到陆生、从简单到复杂、从遗传演化到动物与环境，在介绍各类群动物的特征时，力求精确，将动物学的知识点及自然演化的主线有机结合于一体。在动物生殖、神经、内分泌、行为、生态等方面进行了较为深入的探讨，从整体内容上尽量减少与后续课程的重复。通过对各类群、各系统及生命活动的比较，让学生更容易掌握相应的知识点，更会让读者充分感受到各类群、各器官系统演化的自然魅力。同时也让使用此教材的广大师生在掌握相关知识的同时，提高对大自然的热爱度，力争在宣传保护动物，构建一个美丽、多彩、和谐的星球等方面达成共识。

本书的编写分工是：第 1 章，张华编写；第 2 章，张焱编写；第 5 章，陈晶编写；第 6 章，郭萌编写；第 7 章，田佳编写；第 3、8、9、10、11、12、13、14、16、21 章，王宝青编写；第 15 章，于舒洋编写；第 17 章，熊健利编写；第 18 章，朱文文编写；第 4、23、26、27、28 章，周波编写；第 19、22 章，孙平编写；第 20 章，刘清神编写；第 24 章，张成、周波编写；第 25 章，韩莹莹编写；第 29 章，张轶卓编写；第 30 章，时磊编写，最后由王宝青、周波统稿。

本书在编写过程中得到了张雁云教授、郭冬生等多位老师的宝贵指点与大力支持，书中彩图多由中国农业大学学生参考 Hickman、Miller 等国外动物学教材绘制，照片由各编写人员及多位师生提供。本书承蒙肖蘅教授、夏国良教授在百忙中抽出时间审阅，陈霜在本书校对中做了大量工作，在此一并致谢！

本书适用于高等院校 32 ～ 64 学时左右的本科生动物学教学及相关读者参考。限于我们的水平，十分期待广大读者能有进一步的反馈以弥补教材的不足之处。

编　者

2023 年 3 月

目录

Contents

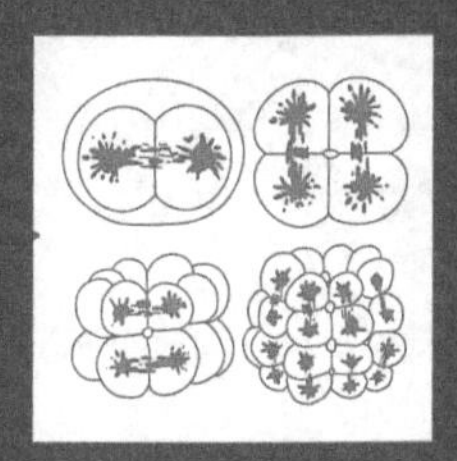

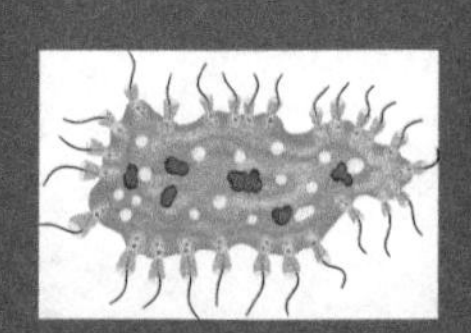

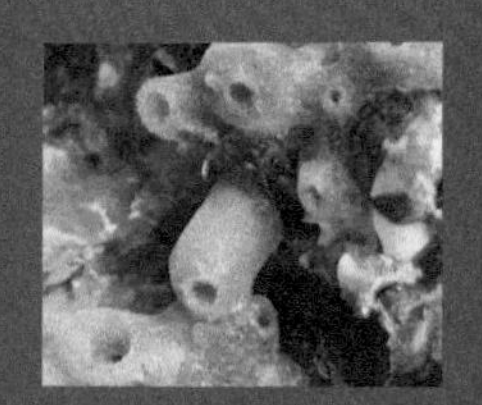

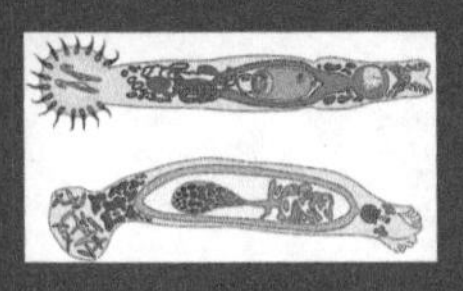
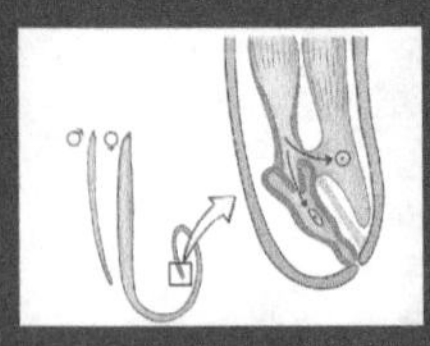
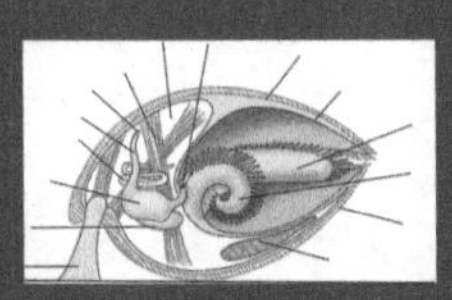
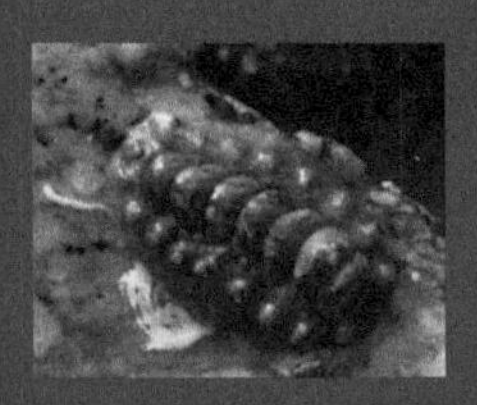
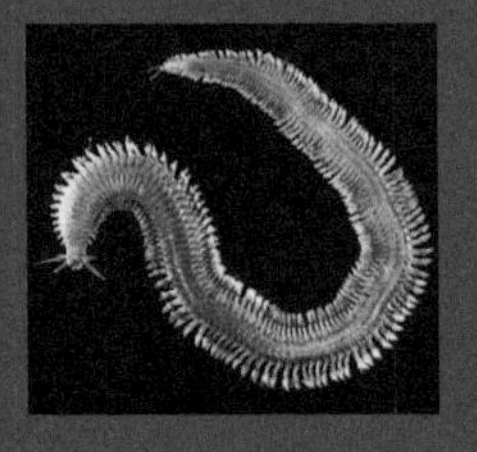
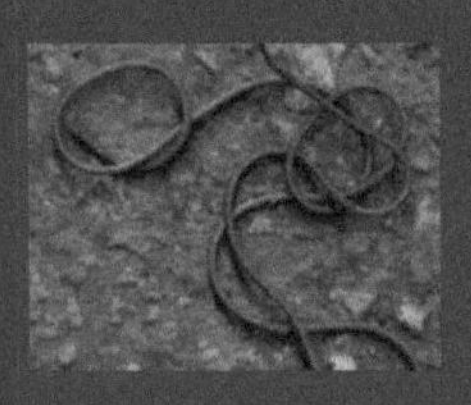
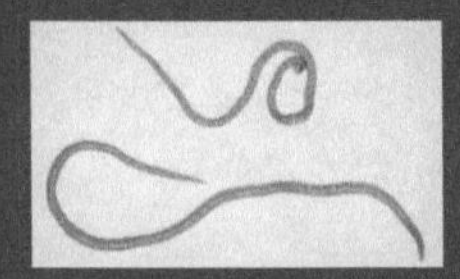

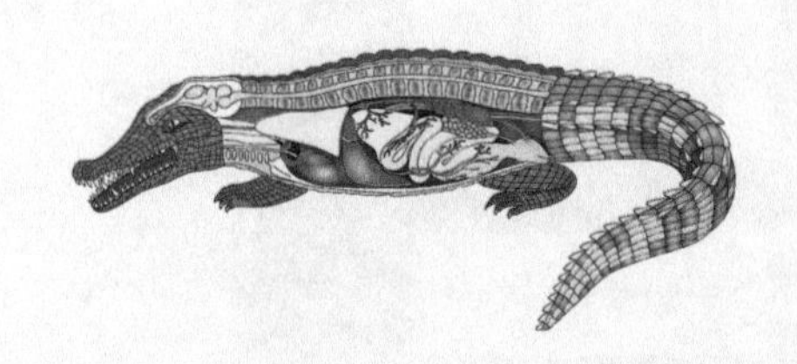

目录

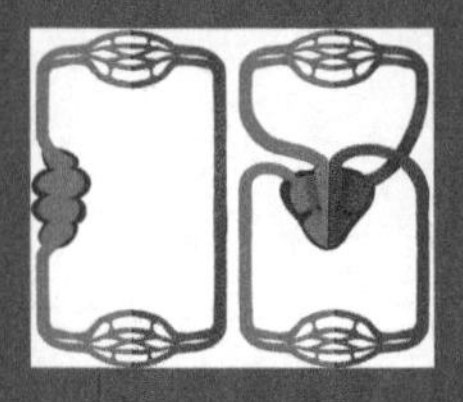
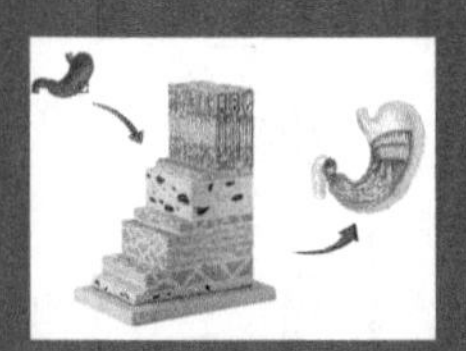
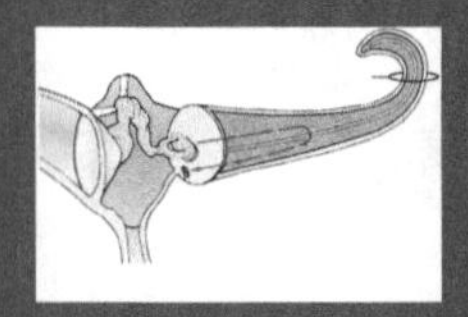
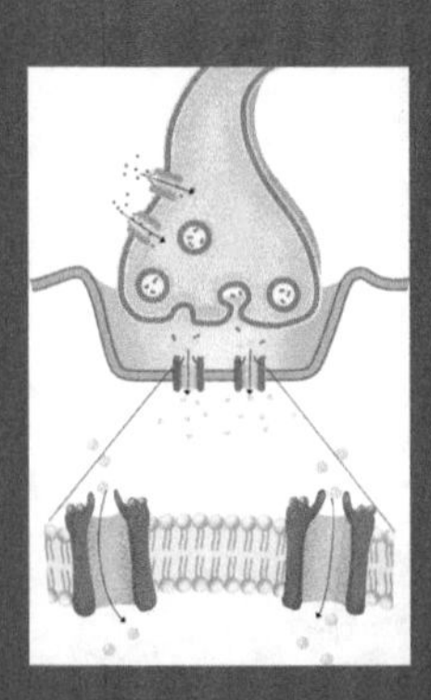
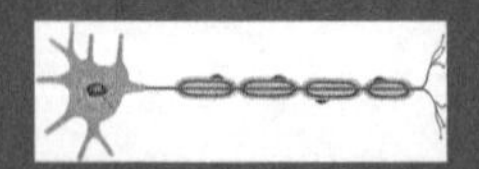

第 1 章

绪 论

构成自然界的各种元素，在数学、物理及化学的基本规律作用下，组成了各式各样有规律的物质和系统。而在我们生活的星球上，除去普遍存在的非生命物质外，还存在着缤纷斑斓的生命体。这些生命体，可分为微生物、植物、动物等多个不同的类群。其中，能够自主活动、需要通过进食其他有机物而维持自身生长发育繁殖的类群，被定义为动物。这类生命体，大约 6 亿年前出现在地球上后，以相对主动的方式去适应环境并发生演化，形成了如今多姿多彩、纷繁复杂的动物世界。

一、生物的分界

生物分界是伴随着科学的发展而逐步深入的。早在公元前，伟大的哲学家、科学家、教育家，古希腊人亚里士多德（Aristotle，公元前 384 ～公元前 322）首先将生物分为动物和植物，又把动物分为有血动物和无血动物。直到 18 世纪，现代生物分类学奠基人、瑞典分类学家——林奈（Carl von Linné，1707 ～ 1778）以生物能否运动明确提出了植物界（Plantae）和动物界（Animalia）两界系统。随着显微镜的发明和使用，德国学者海克尔（E.H.Haeckel，1866 年）提出了原生生物界（Protist）、植物界、动物界三界系统。电子显微镜的出现，考柏兰（H.F.Copeland，1938）又将生物界划分为原核生物界（Monera）、原始有核界（Protoctista）、后生动物界、后生植物界四界系统。1969 年，魏泰克（R.H.Whittaker）提出了五界系统（图 1-1）。在此分类系统中，生物按照核膜的有无区分为原核生物与真核生物两大类，其中的原核生物为一界。而真核生物则按照细胞的分化程度，区分为单一细胞类群的原生生物界，以及多细胞类群构成的复杂生物：光合自养的植物界，腐生异养的真菌界（Fungi）以及动物界。在五界系统的基础上，包括我国著名昆虫学家陈世骧等提出了纳入病毒，进而将五界系统扩充为六界系统的概念，但是，由于病毒严格意义上无法被定义为完整的生命体，因而六界系统的使用目前依然存在着一定的争议。

近年来，有学者基于分子生物学证据，将古细菌（Archaebacteria）特立为一界，因而在五界系统的基础上提出另一类的六界系统（R.C.Brusca，1990）。但无论是五界还是六界系统，都是人类对生命的逐步理解、认识的结果。从生命的演化角度而言，现存的生命在演化中显然均处于“枝杈的顶端”，而其下部的“根茎”大多消弭于漫长的演化历史中。因而，在认知现存物种的过程中，上述概念应当首先出现在研究者的脑海中。同时，伴随着新的技术特别是分子生物学技术的应用，上述宏观分界系统，将会获得更多的证据支持，也或会有着颠覆性的发现，而相关的研究有待于未来的科学工作者加以推进。

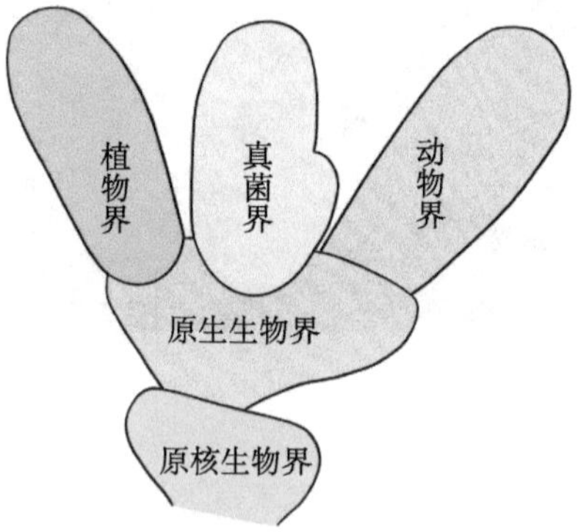

植物界
真菌界
动物界
原生生物界
原核生物界

图 1-1 魏泰克五界系统示意图 桂紫瑶 绘

二、动物学

动物学（Zoology）作为生物学的一门分支，是以研究动物分类、结构、生活史、生理、行为以及演化等诸多动物相关自然规律的学科。特别值得一提的是，尽管人类在生物分类中属于动物，但由于人类涉及复杂的心理、情感和社会行为，因而通常对人类相关的研究并不在动物学研究的范畴内。然而，无论是作为动物学研究的主体，还是作为存在于地球上动物的一个种，人类和其他动物之间，不管在科学层面还是情感层面，均存在着千丝万缕的联系与牵绊。对动物的深入认知与学习，有助于了解我们自身从何而来，我们的未来又在何方，我们应如何对待自然，又该如何可持续地改造我们所在的这个世界。

（一）动物学发展简史

自人类诞生以来，我们对周围世界的认识与改造无时无刻不在发生。作为我们生存环境中的重要组成部分，对动物的鉴别与认识，自人类发展早期即开始了。无论是躲避天敌还是进行渔猎，对生境中所出现的动物进行鉴别均是无比重要的。随着生产力的发展，人类开始有规律地驯化其他动物，由此产生了原始的畜牧业以及出现了对动物基本形态结构的描述与记载。史前时代，无论是位于欧洲的阿尔塔米拉洞窟岩画（图 1-2），还是非洲的塔德拉尔特·阿卡库斯岩画，其绘画的主体均是各式各样的动物，体现了人类先祖对动物的深刻观察与认知。在我国史前时代的各种神话描绘中，动物也是当仁不让的重要组成部分。早在殷商时期（公元前 1600 ～公元前 1046）的甲骨文单字中就有了“猪”这个字，这一方面体现了我们祖先对家畜驯养的重视，更表明了我们对于身边动物观察与利用的进步。

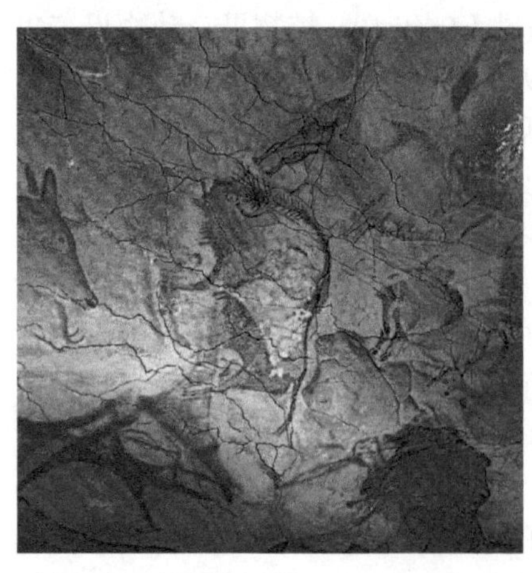

图 1-2 岩画上的公牛 引自 Yvon Fruneua

有关动物学著作，最早出现在公元前 4 世纪的古希腊，亚里士多德通过大量的观察以及实验，撰写了《动物史》（*Historia Animalium*）、《论动物的繁衍》（*De Generatione Animalium*）等著作和论文，为动物学的产生乃至整个生物学的产生奠定了坚实的基础。我国在秦汉时期（公元前 221 ～公元 220 年）的《尔雅》一书中，有释虫、释鱼、释鸟、释兽、释畜等篇章，作为我国最早的词典类作品——《尔雅》19

个篇章中，叙述动物的名称和类别的就多达5篇，可见我国先祖对于动物认知的重视程度。

人类社会在不断发展进步，自16世纪开始自然科学进入迅猛发展阶段，随着真正的实验科学的兴起，自然科学就有了独立的实验基础，进而达到了人类对于自然规律认知的一次重要升华，动物学在这个阶段，则伴随着博物学以及人类对新世界的探索都得以充分的发展。

16～18世纪仍偏重于动物材料的搜集、观察、描述性记录及总结，如我国明朝李时珍（1518～1593），从医学的角度所著的《本草纲目》记述了400余种具有药用价值的动物，并将其分隶于虫、介、鳞、禽、兽等5类。《本草纲目》自开始编著直至完成历时27年，体现了我国早期科学工作者对于自然科学的深入认识与积极探索。如今，《本草纲目》已被译成多种文字，广泛传播于世界各国，为我国赢得了良好的国际声誉。在西方，伴随着地理大发现以及博物学的不断发展，大量未知的动植物以及相关标本被源源不断地发现并收集，这对于分类学的需求，则越来越显得迫切。瑞典学者林奈，根据他搜集到的动植物资料，加以系统整理创立了分类学，提出将“物种”这一名称作为基本分类单元。林奈的分类学以及命名法，对后续动物学的发展乃至整个生命科学的认知均产生了深远的影响，尽管他受到当时的“神创论”和“物种不变论”思想的禁锢，对物种的认知存在着唯心主义的缺憾，但其在生命科学发展史中的重要作用毋庸置疑，2015年以前发行的瑞典纸币上依然印刷着林奈的画像加以纪念。

在分类学得到系统发展的同时，从18世纪末到19世纪上半叶，借助于近代生物学在形态学和生理学等方面的积累，动物学中开始广泛运用比较法对不同物种进行研究，从而产生了如比较解剖学、比较胚胎学等学科。同时，由于光学显微镜的广泛应用，对不同物种的细胞结构进行观测，阐明了所有生物在结构上的统一性。

19世纪初叶、中叶法国学者拉马克（Jean Baptiste Lamarck，1744～1829）和英国学者达尔文（Charles Robert Darwin，1809～1882）相继提出了演化学说，从而将世界上曾经出现和现存物种有机辩证地联系起来，形成了物种演化观点。特别是达尔文所著《物种起源》一书的发表，把对生物的认识牢固地建立在唯物主义基础之上。这些不仅仅在自然科学层面上极大地推动了人类对生命发展和演化规律的认知，更在人类思想进步过程中为打破神创论的桎梏做出了重要贡献。

20世纪以来特别是进入21世纪，生命科学研究不断地向着微观化、理论化方向发展。一方面，由于分子生物学等学科的不断发展，我们对于生命认知由宏观描述，进入到生命大分子直至遗传、生理、生态大规律的综合阐述阶段，很多认识得以更新，如演化基因组学的最新研究表明：脊椎动物登陆的遗传基础，如呼吸空气能力、嗅觉、心脏、动脉圆锥、四肢在硬骨鱼祖先乃至更早的时期就已经出现了；新基因和新调控元件促使肉鳍鱼祖先和四足动物祖先发生了进一步的演化，最终成功登陆；而另一方面，数学、物理和化学相关研究方法的广泛渗入，使得我们对于生命认知的层次不断递进，不断在揭示着生命内在规律的核心。在此背景下，对于动物的多层次认知上，除去对几种模式动物的精细认知，对其他物种的认识依然停留在早期动物学描述性认知的层级状态，普遍缺乏可以量化的规律性认知。在此大环境下，动物学在未来如何能够运用分子生物学、生物信息学、计算生物学等高通量、高精度的研究手段，展现与时俱进甚至脱胎换骨的进步，是摆在每一位动物学工作者面前的现实课题。

可预见的是，伴随着技术手段的不断进步，未来的某一天，我们将通过大数据的方式，重新认知这个星球上存在的一切物种，届时各个物种间的亲缘关系、彼此之间的分子差异，以及各种生物适应环境的独特密码，终将会得以全面揭示。经过亿万年演化而存在于地球上的每一个物种，毫无疑问均演化出了独特而又充满智慧的基因和行为密码，如何通过对动物认知去发现每一个物种的独特性及其与其他物种的关联性，将是解析这些密码的关键性钥匙。

（二）动物学分科

动物学有着非常悠久的历史，在对动物学的科学探索过程中产生了大量的分支学科，伴随着科技进步，一些分支学科发展非常迅速，成为当时生命科学研究的主流。而在当代动物学研究中，各种研究方法、手段彼此交叉，研究层次和内容也不断深入，以至于各个学科之间彼此交融。总之，与动物学息息相关的学科（仅从动物学的角度对学科进行描述）如下。

1. 形态学

研究动物个体特征，依照形态观察的层次又可分为解剖学、组织学和细胞学。

2. 分类学

对动物分门别类，阐明动物界的自然分类系统。

3. 生态学

研究动物之间以及动物与环境之间的相互关系。

4. 生理学

研究动物机体的生命活动调控规律。

5. 发育生物学

研究动物个体发育调控机理。

6. 遗传学

研究动物遗传与变异的宏观及微观规律。

7. 生物化学

研究动物体内生命分子之间的化学变化过程。

8. 生物物理学

研究动物和物理规律关系的一门学科。

9. 生物信息学

利用大数据的方式揭示动物内在调控规律及外在变化特征等。

10. 古生物学及演化生物学

以化石研究为主，包括分子演化，探讨不同地质时期动物分类及相关演化关系。

11. 动物地理学

研究动物在地球表面的分布及其生态地理规律等。

（三）动物学研究方法

自然科学研究的最终目标，就是将自然界各种纷繁复杂的现象，通过多种研究手段，最终凝练为具有普遍指导意义、可量化的基本概念和基本原理，再将概念和原理进一步应用于认识世界和改造世界。在自然科学发展过程中，研究方法所起到的推动作用和变革作用厥功至伟。目前，就动物学而论，主要的研究方法整体概括起来主要还是观察和实验，当然观察和实验也是一切自然科学的基础研究手段。

观察法：把动物看成是一个完整的有机体，通过观察其外部形态、剖析内部结构、动物的个体发生、生活史、生活习性以及对环境的适应，进一步分析、描述、记录，最后综合得出结果的研究方法。由于动物学研究的特点，对于动物的观察多发生于不可控的野外条件，包括标本制作以及影像的获取，均是为了提升观察的可重复性并获得相关的规律性认知。伴随着仪器设备的不断发展进步，对于动物的观察从生态的宏观水平直至内部结构的微观水平均不断得到加强。新技术新手段的引入，必将极大提升我们对于动物的认知。

比较法：这种方法在科研中，是找出规律性的重要方法，例如，古典比较解剖学、比较胚胎学，以及近代比较生理学、比较生物化学、分子生物学等，通过对动物的各种群之间进行比较，找出不同动物之间演化的内在联系。

实验法：研究动物的生命活动规律，仅仅通过观察是不够的。近代自然科学的长足进步，从根本上得益于系统实验科学的进步以及各种实验仪器设备的发展。目前我们所进行的动物学研究，主要是在观察基础上，通过各种手段（如科学仪器、实验试剂等），在可控条件下完成科学事实的获取。实验法就是在简化和可控环境中，可重复多次模拟同一生物学事件的发生，研究其规律。通过认知发展而来的实验动物，则是实验法通过简化及规范化动物个体之间的差异，进而研究相关规律“动物”的极致表现。现代生物学如生理、遗传、发育等学科大量规律的发现，均与实验动物密不可分。利用上述手段研究，都属于实验科学范畴。

（四）动物的分类知识

1. 分类的目的与任务

地球上现已被描述记录的大约200万种，如此庞杂的类群，必须要有系统、科学地分类，以避免对整个动物界的认知陷入杂乱无章的境地。同时，系统性规范化的分类，也有助于动物资源的调查及研究，更有利于在各个国家、地区间开展交流与合作。特别在当今，地域的差异越来越难以阻隔物种的流动和交流，因而分类与鉴定有着极为重要的意义。

2. 分类的原理

分类的理论基础是演化理论，即现存的任何物种都不是孤立存在的，而是在漫长的演化过程中，通过遗传、变异、分化发展而来的。不同的物种之间都存在着或远或近的亲缘关系。分类与生命起源和种族的系统发生有着密不可分的联系，因此，分类学又称系统分类学。

3. 分类的依据

传统的系统分类是建立在物种之间形态上相似性与差异性总和基础上的，即：物种间形态上愈相似，亲缘关系也愈近；反之，亲缘关系愈远。随着近代动物学的发展，在形态学的分类基础上，辅以生理、细胞、生化、分子、遗传等多种信息结合进行分类，将能更加准确地反映物种之间的亲缘关系。伴随着分子生物学特别是生物信息学的发展，在传统分类学研究手段的基础上，基于遗传比对开展的系统分类学研究得到越来越广泛的认可和应用。随着各个物种基因信息的积累，以及分析方法手段的不断进步，相信未来的动物分类学将迎来更大的发展，并由此产生一系列重要的甚至颠覆我们原有认知的全新成果。

4. 物种的概念

物种又简称种，是分类的基本单位，然而从演化的角度看待物种，会发现物种的变化事实上是一个线性的过程：即源自一个先祖物种，在漫长的时间与空间演变中，通过适应不断变化的外部环境，经历多代繁殖过程中产生的变异，最终产生一个乃至多个新的物种。物种的变化是常态，而不变是短暂的。由于物种演化需要经历一个漫长的时间，人类的认知往往固化于当前，对物种进行衡量是从现在的角度对其特征进行描述的一个过程，因此，要对一个物种进行明确的定义则必须要对其在演化中的变化过程加以认知。就这个角度如果我们要阐述清楚物种的演化规律，或许要通过机器学习的方式，合理地预测出未来物种在不同环境中、不同刺激下的可能演化，以及探究发生相关演化的内在基因驱动力量。

综上所述，物种是演化、发展、连续与间断的统一形式，物种是某类动物在一定发展阶段的暂时性稳态。在这种稳态的基础上，动物通过生殖产生稳定的群体，适应特殊的一类环境并占有相应的生态位，在此基础上，种与种之间存在着生殖隔离以避免稳态被随意打破。

5. 亚种、变种的概念

如果一个种的不同种群长期被分割在不同地区生活，它们之间断绝了交流并各自演化出一些为了适应相关生境的独特形态特征，则称为亚种。如分布在我国华北地区的白胸野猪和华南地区的华南野猪，就是两个亚种。久而久之，两亚种之间的差异越来越显著，即使再次将两者混在一起，也不会发生基因交流，这就产生了 2 个新的物种。由于亚种之间不存在生殖隔离，因而在同一个地区内无法存在两个亚种。

如果一个种群内，有少数成员又出现了一些新的特征，与该种群内其他成员的共同特征存在着差异，称为变种。

家畜、家禽和其他家养动物，通过杂交，选育出具有优良性能的群体，称为品种。品种不属于分类范畴。

6. 物种命名法

由于各国文字上的差异，各种动物的名称只能在各自的国家内应用。国际上为了进行学术交流，制定了通用的双名法，称为学名。双名法最初由林奈首创，双名法规定：每一种动物都应有一个学名。这个学名由两个并列的拉丁字或拉丁化的文字组成，前一个字是属，是名词，第一个字母要大写；后一个字是种名，是形容词，第一个字母要小写。如家犬的学名是 *Canis familiaris*。在学名之后还可以写上定名人的姓名，如 *Canis familiaris* Linné，最后一个字是林奈的名字，也可以缩写成 L.。如果一种动物的种名还没有定名，可以在属名之后加上 sp.，例如 *Canis* sp.。

三名法是在种名之后加上亚种名称，如猪的学名是 *Sus scorfa*，在我国分布有 3 个亚种，即：华北白胸野猪（*S.scorfa leucomystax*）、华南野猪（*S.scorfa chirodonta*）和家猪亚种（*S.scorfa domestica*），家猪亚种是欧亚野猪经人类驯化后形成的。如果亚种还未定名，可写成 ssp. 或 subsp.，如是变种可加上 var.。学名通常在出版物上用斜体字排印。

7. 分类阶元或等级

根据各种动物形态差异以及亲缘关系远近，可以分成若干阶元或等级。通常采用的等级是界（Kingdom），界以下分若干门（Phylum），门以下是纲（Class），纲以下是目（Order），目以下是科（Family），科以下是属（Genus），属以下是种（Species）。

上述分类中，种是最基本的分类阶元。其他属、科、目……，这些阶元虽有助于说明物种之间的亲缘关系，但并无绝对的固定分类标准。只有种是客观存在的唯一标准。

属是由相关的种汇集成一个阶元，从系统发生上推断，它们具有共同的起源，彼此间具有很近的亲缘关系，在形态上保留了共同的特征——属的特征，它们在生殖上保持隔离。

由此，猪所隶属的分类阶元为：

界 Kingdom　　动物界 Animalia
门 Phylum　　脊索动物门 Chordata
纲 Class　　哺乳纲 Mammalia
目 Order　　偶蹄目 Artiodactyla
科 Family　　猪科 Suidae
属 Genus　　猪属 *Sus*
种 Species　　野猪 *Sus scrofa*

为了更精确地表示一个物种在系统分类上的地位，可以在上述阶元之间插入“总”和“亚”级名称。

界 Kingdom
门 Phylum
亚门 Subphylum
总纲 Superclass
纲 Class

亚纲 Subclass
总目 Superorder
目 Order
亚目 Suborder
总科 Superfamily
科 Family
亚科 Subfamily
属 Genus
亚属 Subgenus
种 Species
亚种 Subspecies

双名法和分类阶元，类似于档案资料的索引编码，如此查找某一物种就非常方便，且分类的相关研究有规律而不混乱，这无疑对理论和实践应用都具有重要意义。

8. 动物界分门

动物界最大的分类阶元是门。随着分类学工作者对新知识新规律的不断发现和运用，动物界的分门也存在着不同的观点。由于生物信息学特别是基因组学的引入，众多物种的分类阶元也在不断地变化着。本书中，我们将介绍35个门。

原生动物门、多孔（海绵）动物门、扁盘动物门、刺胞动物门、栉水母动物门、无腔动物门、扁形动物门、异涡动物门、腹毛动物门、颚口动物门、微颚动物门、轮虫动物门、棘头动物门、中生动物门、环口动物门、内肛动物门、外肛动物门、腕足动物门、帚虫动物门、纽形动物门、软体动物门、环节动物门、星虫动物门、线虫动物门、线形动物门、兜甲动物门、动吻动物门、曳鳃动物门、有爪动物门、缓步动物门、节肢动物门、棘皮动物门、半索动物门、毛颚动物门、脊索动物门。

（五）学习动物学的目的

动物学是基础生物学、动物科学、动物医学、植物保护、生态学、水产学以及医学的重要基础类课程，更是在大生命学科知识构架中，由宏观向微观逐步加深的知识和认知过程中的重要环节。动物学相关知识的深入学习，让相关科研人员在未来的工作中，会清楚地了解自己所研究的客体（无论是模式动物、畜养动物以及人类本身）作为一个物种的内在和外在特征以及在演化中的地位，从而更加清晰地认识和定位自己研究的目标与方向，避免“只见树木不见森林”，只知基因不见“全牛”的尴尬状况发生。同时，对我们所处世界的各种动物的不断深入认知，必然会产生新的知识、新的概念和新的理论，这些最终会帮助我们了解生命规律，并探究和服务于人类往更好的方向发展。

思考题

1. 试举出2～3位生命科学领域重要的大师以及他们的贡献或发现？
2. 你认为动物学最重要的领域是什么？为什么？
3. 你认为哪些新技术或新手段或新方法能极大促进动物学的发展？为什么？

第2章

生命的基本概念

自然界由生物和非生物两大类组成。根据化石记录和遗传学分析证据，第一个生命形式被称为生物的共同祖先。它不仅是一个自我复制的分子，实际上它还必须是一个活的有机体，并且可以演化成地球上曾经和现存的所有生物体。在地球的整个历史进程中，有超过10亿的不同物种，其中98%以上的物种现在已经灭绝。事实上，我们并不确切地知道今天地球上有多少物种。但根据R.C.Brusca等人（1990）估计尚未分类甚至尚未发现的现存物种数量在2000万到5000万之间。

第一节 生命的基本特征

如果将生物学定义为研究生命的一门学科，那生命到底是什么？这听起来像是一个愚蠢的问题，答案似乎显而易见，但要完整且精确的定义生命却异常困难。

一、生命的基本属性

（一）化学的独特性

生命由独特而复杂的生物大分子组成，包括：核酸（nucleic acid）、蛋白质（protein）、碳水化合物（carbohydrate）和脂类（lipid）。这些生物大分子含有与非生命物质相同的原子和化学键，并遵守所有的基本物理和化学定律，但同时它也具有非常复杂的组织方式和修饰结构，这使得它们显现出生命所独有的特点。例如，生物中的蛋白质仅含有20种特定的氨基酸，但其通过多变的组合排列，以肽键进行线性序列连接，进一步折叠成复杂的三维结构，并且这个三维结构还可以继续组装成复合体，并可被多种酶进行修饰（如磷酸化、糖基化等）。最终形成结构与功能非常丰富且具有复杂变化的生物蛋白质，参与组成生命的机体和行使生命活动。这种方式赋予了生命系统一个共同的生化主题，并且具有丰富的潜在多样性。

（二）有序性

生命系统表现出由复杂层次构成的有序性。生命的层次结构按照复杂性的升序而逐级构成：细胞器→细胞→组织→器官→系统→生物个体→种群→群落→生态系统→生物圈。细胞是生命系统的基本单位。同时，细胞内部也具有明确且有序的内部层次，例如，生物大分子组装成如核糖体、染色体、生物膜结构等，这些结构进一步组合成更为复杂的细胞器，细胞器的有序组装才能形成具有生命特性的细胞。

1. 繁殖

繁殖是生命的基础属性之一。理论上讲生命至少有一次起源于无生命物质。生物通过有性繁殖或无性繁殖来产生与自己相似的新生物体（图 2-1），这是由于生物的遗传特性决定的，遗传是指生物性状从亲代传递给后代。遗传信息储存在核酸中，对于大多数生物来说，主要存储在 DNA（脱氧核糖核酸）中，当然也有部分生物以其他核酸形式来储存遗传信息。DNA 的复制程序具有高度保真性，从而保证了后代与亲代的相同生物性状，但仍然也存在一定错误发生率。这种错误的发生让生命在遗传过程中也伴随着变异的发生，从而让生命具有可变性和适应性。在繁殖过程中遗传和变异的相互作用使生命的演化成为可能。

图 2-1　生命的基础特征：繁殖　王宝青　摄

2. 新陈代谢

生命的另一个基础属性是新陈代谢（metabolism）。是指维持生物体生长、繁殖、运动等生命活动过程中化学变化的总称，包括消化、呼吸以及物质的合成等，新陈代谢是异化（分解代谢）和同化（合成代谢）反应的相互作用过程。新陈代谢一旦停止，生命也将终止。

3. 生长和发育

所有的生物都会经历一个特有的自我生命周期。发育（development）是指一个有机体按照基因编码指令从它的起源（通常是合子的形成）到它最终的成体所经历的特征变化。发育的特征通常是大小和形状的变化，以及有机体内部结构的分化和特化。即使是最简单的单细胞生物也会不断成长，不断复制其组成部分，直到分裂成两个或更多的细胞。多细胞生物在其一生中经历了更剧烈的变化，如昆虫的变态发育，它们的卵、幼虫、蛹和成虫阶段几乎没有相似之处（图 2-2）。

4. 调节性

动物有一套自身的内外调节机制，保障其内环境的相对稳定性，通过这些调节，保证正常生理机能稳定或称稳态（homeostasis），以适应环境。细胞需要有合适的温度、pH

图 2-2　柳紫闪蛱蝶的变态发育　陈灵飞　摄

和不同化学物质的浓度，以保证正常运转，然而，这些条件可能随时都在变化。尽管环境发生了变化，生物体仍然能在一定的范围内几乎不断地维持内部稳定。

5. 与环境交互

所有的动物都与环境相互作用，通过感知环境刺激，调节新陈代谢和生理并以适当的方式做出反应。这种能够对环境刺激做出反应的现象称应激性。刺激和反应可能很简单，比如单细胞生物趋向光源或远离光源或远离有毒物质；也可能很复杂，比如鸟类在交配仪式中对一系列复杂信号的反应。

二、生命的物质组成

（一）元素

组成生命有机体最基本、最多的元素有碳（C）、氢（H）、氧（O）、氮（N）；其次为钙（Ca）、钾（K）、钠（Na）、镁（Mg）、硫（S）、氯（Cl）、铁（Fe）；此外还有微量的铜（Cu）、锰（Mn）、锌（Zn）、碘（I）、氟（F）、钼（Mo）、钴（Co）、锶（Sr）、钡（Ba）、硼（B）、硅（Si）等。由于这些元素在有机体内含量稀少，故称微量元素，但它们很重要，是生命不可缺少的元素。各种元素在生物体内的比例是恒定的，这对维持正常的生理活动是必要的。

（二）糖类

糖类是由碳、氢、氧 3 种元素组成的，是生物的主要能源，又是所有植物和某些动物有机体的主要结构物质。糖的种类很多，通常可分为单糖、双糖和多糖。最重要的单糖是核糖、脱氧核糖和葡萄糖。

葡萄糖的分子式为 $C_6H_{12}O_6$。葡萄糖除部分具链状构型外，主要由 6 个碳原子中的 5 个碳原子组成环状结构。葡萄糖对生命具有重要的作用，是生物体内最基本、可以运输的能源物质，溶于水，很容易在体液中运输。葡萄糖是细胞呼吸的原料，而细胞呼吸则是大多数生命活动所需能量的主要来源。

葡萄糖可以由许多 α- 葡萄糖单位组成的长链结构，转变成淀粉。淀粉不溶于水，易于贮存，是葡萄糖贮存的形式。植物光合作用所合成的葡萄糖，就是以淀粉的形式贮存起来以供应用的。哺乳动物的糖原贮存于肌肉和肝脏中，能迅速地裂解为葡萄糖，后者

经过分解提供能量。糖原不是一切动物贮存能量的主要方式，动物贮存能量的另一种形式是沉积脂肪，但也有些动物几乎完全以糖原形式贮存能量，如在河、湖营底栖生活的蚌类，由于经常处于缺氧状态，当缺氧时，能很快地分解糖原，进行无氧酵解。

（三）脂类

脂类主要包括脂肪和类脂。动物体内的类脂主要为磷脂和甾醇类等。

1. 脂肪

由碳、氢、氧元素构成，但与糖类不同，所含氢原子的比例要高得多，例如，三硬脂酸甘油酯的分子式是 $C_{57}H_{110}O_6$，表明它们的氧化程度比糖类低，亦即意味着脂肪所贮存的能量比同等重量的糖类要多，通常可高达 2 倍多。脂肪能水解成甘油和脂肪酸。催化脂肪水解的酶叫作脂肪酶，脂肪的水解是消化过程的一个重要步骤。

2. 磷脂

在脂肪分子中，有 1 个脂肪酸被 1 个磷酸和碱基结合起来的基团所取代，称为磷脂。由于碱基不同，磷脂可有多种。动物体内最重要的磷脂有卵磷脂、脑磷脂等。磷脂的主要功能是构成细胞膜和各种细胞器膜。

3. 甾醇类

又称固醇类，在动物体内主要有胆固醇、某些激素和维生素 D 等。

（四）蛋白质

蛋白质是构成生命物质的主要成分，也是有机体最复杂的一类化合物，分子虽大，却都是有规律的结构，是由结构简单的氨基酸单位连接成的长链。蛋白质中常见的氨基酸有 20 种。氨基酸结构的通式中都有 1 个碳原子，称为 α 碳原子，因此又称 α 氨基酸。通过 α 碳原子的 4 个共价键，将下列基团附上：① 1 个氨基（$—NH_2$），② 1 个羧基（—COOH），③ 1 个氢原子和④ 1 个 R 基团。所有氨基酸的 R 基团都比较简单，但各种氨基酸的 R 基团是不相同的。

蛋白质也可以作为有机体的能源，如果摄入的蛋白质超过有机体需要时，多余的部分可以分解，提供能量，蛋白质水解成氨基酸。氨基酸进一步使含氮的氨基被脱去，此过程称脱氨作用。哺乳动物此过程在肝内进行，不含氨的部分像糖类、脂肪一样被氧化掉。

（五）核酸

核酸是生命物质极其重要的成分，它是控制细胞的活动中心，也是传递遗传信息的载体。核酸和蛋白质一样，也是大分子聚合物。组成核酸分子的单位是核苷酸，每个核苷酸又可分为 3 个亚单位：1 个戊糖（5 碳糖）、1 个含氮的碱基和 1 个磷酸，前两者合成核苷，核苷与磷酸结合称核苷酸。构成核苷酸的戊糖有 2 种：一种是由 5 个碳原子中的 4 个和 1 个氧原子组成环状结构，称核糖，分子式 $C_5H_{10}O_5$；另一种与之相似，只是少了 1 个氧原子，称脱氧核糖，分子式是 $C_5H_{10}O_4$。

由于核苷酸的戊糖有 2 种，因此，核酸也分为 2 种：含有核糖的称核糖核酸，简称

RNA；含有脱氧核糖的称脱氧核糖核酸，简称 DNA。

（六）维生素（vitamin）

维生素是生物体内含量较少的有机物，而且都是小分子。它们既不是生物体的能源物质，也不是组成细胞的结构物质，但它对调节有机体代谢起着非常重要的作用。研究表明，有许多维生素是酶的辅基成分。

维生素种类很多，分子结构的差异也很大，一般可分为脂溶性和水溶性两大类。脂溶性维生素有维生素 A、D、E、K 等，它们只溶于脂肪和脂溶剂（如乙醚等）。水溶性维生素有维生素 B 族和维生素 C。维生素 B 族包括维生素 B_1（硫胺素）、维生素 B_2（核黄素）、维生素 B_3（有烟酸和烟酰胺 2 种）、维生素 B_6（吡哆素等）、维生素 B_{11}（叶酸）、维生素 B_{12}（钴胺素）等。

（七）无机盐（inorganic salt）

生物体内的无机盐是以离子的形式存在的，一般含有 Na^+、K^+、Ca^{2+}、Mg^{2+}、Fe^{3+} 和 Cl^-、SO_4^{2-}、HPO_4^{2-}、HCO_3^- 等。各种离子必须保持一定的比例，才能维持有机体的内环境恒定。例如，维持体液的正常渗透压、酸碱度以及维持神经、肌肉的正常兴奋性等。

此外，在无机物中，有一些呈不溶解状态，它们可以形成固体的沉积物，许多生物利用这些物质作为支持和保护性的结构，如碳酸钙是软体动物贝壳的主要成分。脊椎动物的骨骼含有磷酸钙和碳酸钙以及镁、氟等离子。所有这些对有机体的柔软组织起着支持和保护作用。

（八）水（water）

水是生物体内含量最多的物质，通常占体重的 60% ～ 90%。不同种类、不同年龄的动物含水量相差很大，如水母含水量可占体重的 95%，成年人含水量占 65% 左右。水在生物体内以 2 种形式存在：即游离水和结合水。游离水在动物体内以自然状态的形式存在，常温下呈液态，是许多有机物和无机物良好的溶剂，便于体内运输。水还可参与动物体内许多的化学反应。结合水往往借水的氢原子形成的氢键，附在蛋白质分子上，它与游离水可以置换。同时水的另一重要特性，就是比热容很大，当外界环境发生突然变化时，由于有机体内有较多的水分，因而可以使体温的变化较慢。另外，水分可以从动物的体表蒸发，如哺乳动物出汗，可使体内代谢产生的热量散发到体外。以上组成生物有机体各种主要的化学物质并不是简单地堆积，而是有规律、高度地结合起来形成原生质，才表现出生命特征。

第二节　动物细胞的基本特征

细胞是动物体最基本的结构和功能单位，各种细胞及胞外基质构成了高等动物体的 4 大组织，而组织结构在动物体发育过程中形成功能性的器官，器官则行使不同的功能来构成动物体的基本系统，这些系统最终构成了动物与环境相适应的有机体。

1838年，植物学家施来登（Mathias Schleiden）和动物学家施旺（Theodor Schwann）首次提出了细胞学说，主要内容包括3方面：①所有生物体都是由1个或多个细胞构成的，细胞是生物的形态结构和功能活动的基本单位；②细胞是最小的生命体；③细胞通过分裂产生新细胞。细胞学推动了生物学向微观领域的发展。恩格斯将细胞学说列为19世纪自然科学三大发现之一。

一、动物细胞的基本结构

大多数细胞都很小，人体细胞的直径通常为5～20μm，用肉眼观察不到。不过，有些动物的细胞很大，如禽类卵细胞，直径可达数厘米。细胞形状也多种多样，有圆形、树突状等。动物体内的嗜中性粒细胞或巨噬细胞可像变形虫一样改变形状，穿行于机体组织中。

所有细胞都被一层很薄的膜包裹，称细胞膜（cell membrane）或质膜（plasma membrane），它控制着细胞对水及一些可溶性物质的渗透性。细胞内部充满了一种凝胶样基质，称细胞质，用电子显微镜观察，细胞质有内质网、高尔基体、溶酶体及线粒体等细胞器以及微丝、微管和中间丝等细胞骨架（cytoskeleton）（图2-3）。此外，细胞质中还含有糖类、蛋白质及脂类等物质。

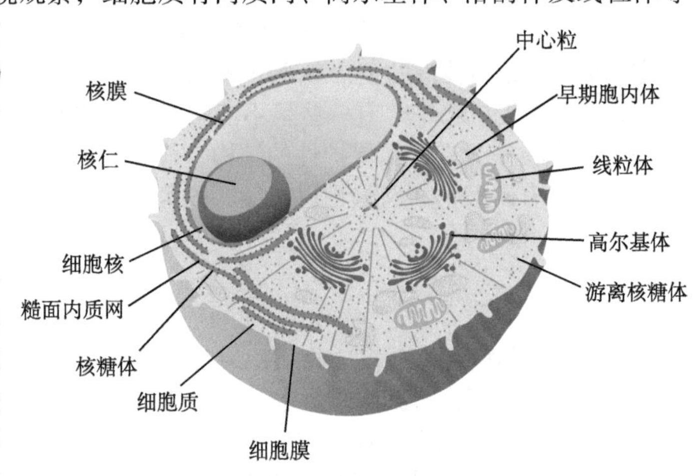

图2-3　细胞结构和细胞器　陈紫暄　绘

（一）细胞膜

细胞膜是细胞与环境的界面，具有高度选择性的滤过装置和主动的运输装置，是细胞与周围环境及细胞与细胞间进行物质交换和信号传导的重要通道。细胞膜由脂类、蛋白质及糖类构成。在电子显微镜下，质膜表现为两条暗线，每条大约3nm厚，整个膜厚度为8～10nm。细胞膜主要是由磷脂双分子层构成，两层磷脂分子水溶性（亲水性）头部区域朝向膜的外部，脂溶性（疏水性）尾部区域朝向膜内部。由于其脂质双分子层的疏水性，其质膜不能渗透离子和大多数水溶性分子。在磷脂双分子层中含有胆固醇分子，其对降低细胞膜的水溶性物质的渗透性具有一定作用，并且有助于膜结构的稳定性。此外，在细胞膜内外表面附着或者镶嵌在其中的膜蛋白，对于细胞行使其功能具有非常重要的作用。

（二）细胞核

细胞核（nucleus）是真核细胞中最大的细胞器，是储存及传递遗传信息的场所，控制着细胞生长、增殖和分化等一系列生命活动。细胞核被包裹于两层膜中，这两层膜称为核膜（nuclear membrane）。细胞核的主要内容物是核酸和蛋白质。核内还有核骨架。在细胞分裂间期，核酸和蛋白质以染色质和核仁的形式存在。在细胞分裂期，核膜溶解，核骨架解聚，核仁消失，染色体呈凝缩状态，然后染色体纵向分裂，核消失。当细胞分裂成两个子细胞时，核又重新形成。

1. 核膜

核膜为双层膜结构，包括内外层核膜、核孔等。外层核膜与糙面内质网相连，外表面常附有核糖体颗粒。内层核膜与外层核膜以同心圆形式平行排列，表面无核糖体颗粒。核膜上间隔存在一个个孔洞，称为核孔（nuclear pore）。核孔是细胞核和细胞质物质交换的通道。

2. 染色质和染色体

染色质（chromatin）和染色体（chromosome）的化学本质是核酸和蛋白质。在细胞分裂间期，遗传物质呈现伸展、细长、相互缠绕的纤维形式，称为染色质。在细胞分裂期，遗传物质变得卷曲、螺旋化和浓缩，称为染色体。

3. 核仁

在间期，核中都有1个或数个核仁（nucleolus）。核仁由核酸和蛋白质构成，外部没有膜与细胞质相隔。核仁数目和大小与细胞种类及功能密切相关。核仁在分裂前期消失，分裂末期又重新出现。核仁是RNA合成、加工以及核糖体亚单位组装的场所。

（三）细胞质

包括各种细胞器及细胞骨架。

1. 内质网

内质网（endoplasmic reticulum）是相互连续的囊状、管状和或潴泡（cisterna）结构。潴泡是一些大而扁平的片状结构，为内质网独有特征。根据内质网膜表面是否有核糖体附着，将内质网分为糙面内质网（rough endoplasmic reticulum，RER）和光面内质网（smooth endoplasmic reticulum，SER），糙面内质网与光面内质网是彼此相连的。糙面内质网主要参与蛋白质合成和加工等，光面内质网与类固醇激素合成、脂类代谢、糖原代谢等相关，内质网泵和内质网通道还参与调节细胞质Ca^{2+}浓度。

2. 高尔基体

高尔基体（Golgi body）是意大利人Camillo Golgi首先在猫头鹰和猫的小脑神经细胞（蒲肯野氏细胞）内观察到的一种网状结构，是由多层扁平膜囊和许多小泡组成的复合体结构，主要参与细胞分泌活动，可将内质网运输来的蛋白质等生物大分子进行加工和修饰，分选后将加工产物运送到细胞的不同部位或细胞外。

3. 溶酶体

溶酶体（lysosome）是由1层单位膜包围的含有多种酸性水解酶类的异质性囊泡状细胞器，内含数十种分解大分子的水解酶，是细胞内大分子降解的主要场所。溶酶体在清除异物、提供营养物质、更新细胞成分及调节激素分泌等方面有重要的作用。许多细胞凋亡事件也与溶酶体有关，例如：蝌蚪变成青蛙时尾巴的消失、人类胚胎手指的形成等。

4. 过氧化物酶体

过氧化物酶体（peroxisome）外有膜包围，内含多种酶，如氧化酶、过氧化氢酶和过氧化物酶。过氧化物酶体主要通过过氧化氢酶的作用消除 H_2O_2，防止细胞内 H_2O_2 的堆积。

5. 线粒体

除哺乳动物成熟红细胞外，线粒体（mitochondria）几乎存在于所有真核细胞中。线粒体由双层单位膜围成。双层膜的结构使线粒体内分成两个独立的空间。内膜内的空间称为内腔（inner space）或基质腔（matrix space）。内膜与外膜之间称为外腔（outer space）或膜间腔（intermembrane space）。线粒体是细胞生物氧化和能量转化的主要场所，细胞生命活动的能量主要由线粒体产生，因此线粒体也被称为细胞的“动力工厂”。

6. 中心粒

中心粒（centriole）由 9 组微管所组成，每组又包括 3 根并列的微管，称为三联体。细胞质中除了上述细胞器外，还含有细胞骨架，主要由微管、微丝和中间丝组成，是一种有序、动态的三维骨架结构，为细胞器和各种结构提供有序的定位场所，在维持细胞的形态和运动方面具有重要作用。此外，细胞骨架还参与细胞内物质运输、信号传导、细胞增殖和分化等生命活动。

二、细胞活动的基本原则

（一）储存在 DNA 序列中的遗传信息被复制并传递给子细胞

DNA 可以储存细胞生长、增殖和功能所需的信息。每个 DNA 分子由 4 种不同核苷酸［（腺嘌呤（A），胞嘧啶（C），鸟嘌呤（G），胸腺嘧啶（T）］共价连接并组成线性双链聚合物。这两条链，通过 A-T 和 C-G 互补的核苷酸碱基相互作用而形成双螺旋。以核苷酸序列作为编码形式，具有特定核苷酸序列的最小遗传功能单位称基因（gene）。生命延续的关键是染色体自我复制，而染色体复制主要是通过 DNA 半保留复制来实现的。

（二）RNA 和蛋白质序列及结构信息都存储在 DNA 编码中

细胞生命活动的物质基础是蛋白质，细胞内利用 20 种氨基酸进行蛋白质的合成来完成了绝大部分的生命活动。DNA 序列不仅是遗传物质的储存者，同时还作为中枢以自身为模板合成 RNA（转录，transcription），并利用 RNA 携带的信息转换为蛋白质（翻译，translation）来控制生命活动，这称为“中心法则”。细胞进行转录应具备 4 个条件：①具有 DNA 模板；②具有能催化单核苷酸加到生长着的 RNA 链上的 RNA 聚合酶；③具有 ATP 作为能源；④具有核苷三磷酸形式的 4 种核苷酸前体。RNA 主要有 3 类，即信使 RNA（mRNA）、转移 RNA（tRNA）和核糖体 RNA（rRNA）。转录在细胞核内进行，下一步的翻译则是在细胞质内进行。mRNA 所携带的遗传信息在 tRNA 和核糖体的配合下，翻译成肽链，并通过进一步加工成为有功能的蛋白质。

（三）生物大分子结构是由亚基组装而成

许多细胞的组成成分可在没有模板或酶的帮助下，由小分子或者亚基（subunit）结构自行组装而成。许多生物大分子，如蛋白质、核酸和脂质分子本身就含有指导组装复杂结构所需的基本信息。此外，生物大分子之间可以互相指导其组装过程。例如，在细胞内有一类蛋白质可以促进其他蛋白质的正确折叠和组装，这类蛋白质分子称为分子伴侣（molecular chaperone）。在细胞内，分子伴侣的底物既包括新生肽链、也包括变性蛋白以及具有天然构象的蛋白质大分子。

具有自行组装能力的重要细胞结构包括：染色质——由组蛋白质（histone）包裹的细胞核 DNA 组成；核糖体——由 RNA 和相关蛋白质组装而成；细胞骨架——由细胞骨架单体蛋白组装而成；膜结构——由脂质和相关蛋白质组装而成。

（四）细胞内膜的生成和生长依赖于已存在的膜结构

细胞膜只通过原有脂质双层膜的扩张生成和生长，因此，相关膜结构的细胞器，如线粒体和内质网，是通过已存在的细胞器的生长和分裂而倍增。又如线粒体是来源于卵子中的线粒体。膜的生成方向是由糙面内质网到光面内质网。膜的生成要经过：基本的膜脂和整合膜蛋白，然后按顺序依次添加上特定的酶、糖类和脂类物质，从而逐步转变为细胞内膜系统中所需的各类膜结构，这个步骤也称为膜分化过程。

（五）细胞内组分的正确定位依赖于信号－受体的相互作用

细胞内部各个组分都有正确的定位，这依赖于信号－受体（signal-receptor）的识别和互作。蛋白质和核酸的结构中含有特殊的信号识别序列，受体可识别这些信号，并将每个分子引导到适当的区域。如新合成的线粒体蛋白质不仅要进入线粒体内，还要精确定位到线粒体的内部空间位置。这依赖于蛋白质上的引导序列，它们先与细胞器表面的受体结合，然后引导蛋白穿过细胞器膜，在细胞器内进行分拣和定位。

（六）细胞内物质可以通过多种方式在胞内或胞间运输

细胞是一个高度动态和相对开放性的结构体系，因而必然会在胞内、胞间或者细胞与环境间进行物质交换和运输。物质运输的方式大概有两种：一种为离子和小分子的运输；另一种为基于膜泡结构的大分子的批量运输。

离子和小分子运输又包括：①被动运输。是一种不消耗代谢能、顺物质浓度梯度和顺电化学梯度的运输。被动运输既可以发生在细胞内部、也可以发生在细胞膜两侧，包括简单扩散和需要离子载体的协助扩散。②主动运输。需要消耗细胞代谢能，并要有转移载体蛋白参与。如依赖 ATP 供能的离子泵（ion pump）的离子运输，所谓“泵（pump）”是指能驱动离子或者小分子以主动运输方式穿过生物膜的跨膜蛋白。离子泵不仅存在于细胞膜上，同样在某些细胞器（如线粒体）或类囊体膜上也有分布。细胞内基于膜泡结构的大分子批量运输主要是通过囊泡形式完成的，这种运输通常会与细胞骨架相关。

（七）信号传导机制使细胞适应环境条件

环境刺激改变生物行为，这就需要细胞间共同协调应对外界刺激。面对不可预测的环境，生物体的众多细胞必须决定表达哪些基因，以何种方式移动，以及是增殖、分化为一个特殊的细胞，还是死亡。因此，负责感受外界环境变化的细胞有复杂的响应刺激的各种受体，这些刺激包括营养物质、生长因子、激素、神经递质和毒素等，并且，细胞间还需要建立复杂而有序的通信联络，这样机体才能对环境产生正确反应。

三、细胞分裂

细胞通过分裂进行增殖，把遗传信息一代一代地传递下去，保证了物种的延续性。细胞分裂不仅是物种繁殖的细胞基础，也是生命维持正常活动所必需的。例如，在高等动物中，血液中的血细胞、上皮细胞等要不断地发生衰老和死亡，因此需要通过细胞分裂来补充所损失的细胞。此外，伤口愈合、组织再生修复等也依赖于细胞的分裂。细胞的分裂形式可分为：无丝分裂、有丝分裂和减数分裂。

（一）细胞周期

细胞从一次分裂结束产生新细胞到下一次分裂结束的全过程称为细胞周期（cell cycle）。细胞周期通常可以分为4个时期，即合成前期（G_1或间期1）、合成期（S）、分裂前期（G_2或间期2）和分裂期（M）。其中G_1期、S期和G_2期统称为分裂间期。S期为DNA合成复制期，G_1主要合成促进DNA合成复制的相关因子。而G_2期则主要合成M期所需的蛋白质。细胞在M期之后，要经历一个生长阶段，新分裂的细胞要长大到与其亲本细胞一样大之后才开始下一次分裂。细胞周期中的这4个时期受到细胞内多种参与细胞周期的酶的调控。比较特殊的是受精卵的早期分裂中缺乏G_1和G_2期，只是卵裂球分裂到一定数量后，这时的卵裂细胞才开始重新加入G_1和G_2期。

癌细胞表现出和正常细胞不一致的特殊细胞周期，癌细胞或者肿瘤细胞还具有很多自身特点，如细胞膜光滑，甚至有些细胞内具有多个细胞核；端粒酶（telomeres）很长；利用能量的方式多样；能够产生多种自分泌和旁分泌因子，生发血管，进一步促进癌细胞的过度生长。

（二）无丝分裂

无丝分裂（amitosis）指处于间期的细胞核不经过任何有丝分裂而形成大小相似的两个细胞。在分裂过程中，不形成纺锤丝和染色体，细胞核拉长为哑铃状，细胞变细断开，如肾上腺皮质细胞、肌肉组织等，无丝分裂也常见于原生动物。

（三）有丝分裂

有丝分裂（mitosis）是细胞常见的增殖方式，细胞在细胞器和蛋白质及酶的作用下，进行核分裂（karyokinesis）和细胞质分裂（cytokinesis）。有丝分裂一般分为：前期、中期、后期和末期。

1. 前期（prophase）

指从分裂期开始到核膜破裂这段时期。此期内染色质卷曲凝缩为染色体，核仁逐渐消失，核膜破裂，染色体进入细胞质中。伴随着两个中心粒逐渐向细胞两极移动，在其周围出现星体纤维，而两个星体直接开始形成纺锤状细丝，称为纺锤体，其主要成分为微管蛋白。纺锤丝与染色体着丝粒上的动粒结合，牵引染色体的移动。

2. 中期（metaphase）

当染色体清晰可见并排列在细胞赤道面上时，便进入了中期。此时染色体呈辐射状排列，此时纺锤体达到最大。中期是观察染色体形态、计算染色体数目的最佳时期。

3. 后期（anaphase）

两套姐妹染色单体分别向两极移动，同一细胞内姐妹染色体向两极移动的速度基本相等。

4. 末期（telephase）

染色体移动到两极，即进入末期，此时每组染色体周围重新形成核膜。核膜重建后，染色体逐渐去凝缩状态，弥散成染色质，并重新形成核仁。

（四）减数分裂

减数分裂是性细胞的分裂方式，其特点是：细胞需要分裂两次，细胞内的遗传物质数量减半，分裂中遗传物质在配对、联会和分裂过程中有交换。减数分裂分为第一次减数分裂和第二次减数分裂。第一次减数分裂起始于 S 期末，同源染色体间首先相互配对，然后再分离进入不同的子细胞中，此时子细胞中只有配对的同源染色体中一半的染色体。接下来开始第二次减数分裂，姐妹染色单体分离进入不同的子细胞中。当第二次减数分裂完成时产生了 4 个单倍体子细胞，每个子细胞中仅有一套染色体。DNA 复制后同源染色体配对，父源性和母源性染色体之间会发生遗传重组，因此遗传重组在染色体减数分裂分离过程中得以完成。同源染色体间的重组发生在第一次减数分裂较长的前期，此期可以根据细胞内染色体形态学的变化分为 5 个期（细线期，偶线期，粗线期，双线期和终变期）。减数分裂中，雄性性细胞最终产生 4 个子细胞，雌性性细胞产生 1 个子细胞和 1 ～ 3 个极体（图 2-4）。

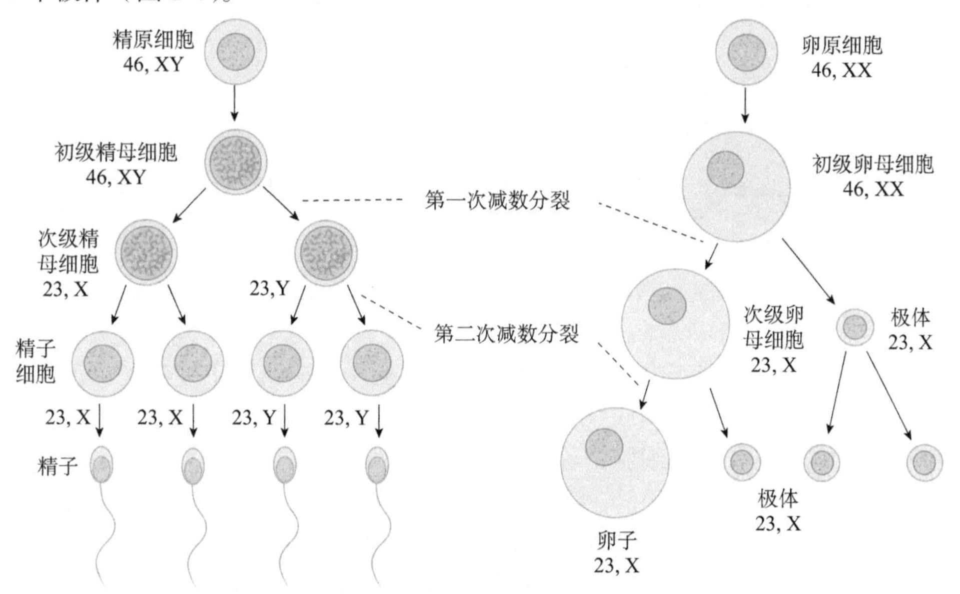

图 2-4　人的精子、卵子形成示意图　杨天祎　绘

第三节 动物的基本结构与功能

一、组织和器官的基本概念

多细胞动物的体细胞，已经失去了独立生活能力。这些细胞必须有规律地组织起来，形成具有一定形态的组织、器官、系统，组成一个动物整体，共同进行动物体的生命活动。

（一）组织（tissue）

具有形态相同或相似、执行相似功能或相互联系功能的细胞群和细胞间质，称组织。低等动物，有的仅分化出了几种细胞，构成了最简单的组织。而高等动物，组织种类复杂多样。

有些组织除了细胞外，还有该组织细胞分泌的非细胞结构物质，填充在细胞与细胞之间，将细胞分隔开来，称组织间质或基质。间质的功能对动物的生命活动起着重要的作用。

高等动物动物体组织类型一般包括 4 种：上皮组织（epithelial tissue）、结缔组织（connective tissue）、肌肉组织（muscle tissue）和神经组织（nervous tissue）。

1. 上皮组织

由外胚层、内胚层甚至中胚层分化而来的上皮细胞形成，细胞排列紧密、间质少，多分布在动物体的表面以及体腔和衬贴在口腔、管、腔等内脏器官的内、外表面（图 2-5）。

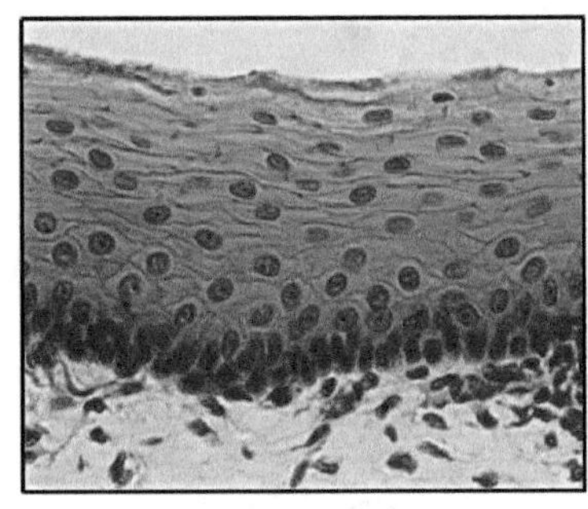
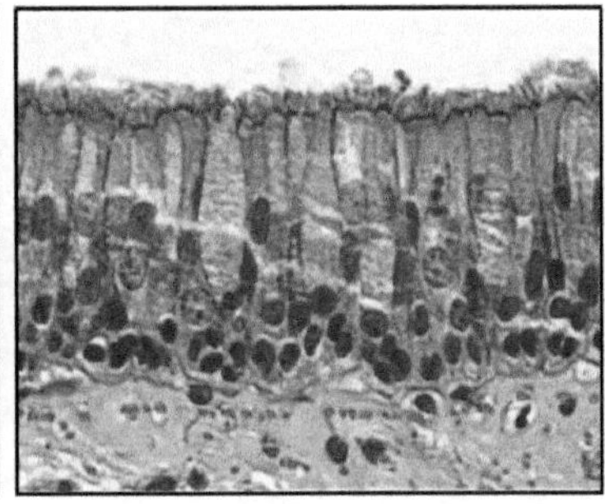
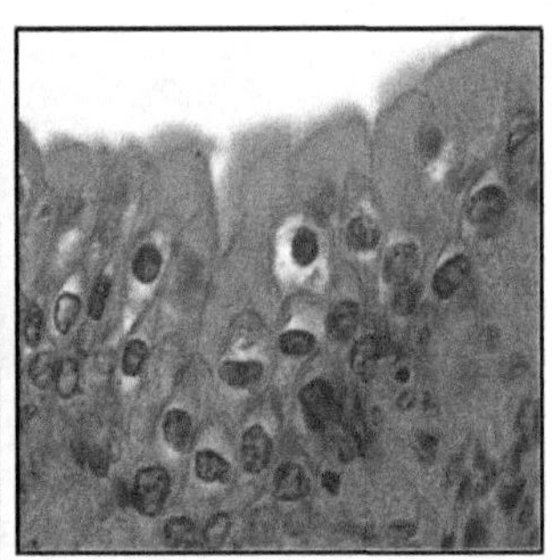

图 2-5 复层上皮（口腔）、柱状纤毛上皮（气管）和变移上皮（膀胱） 张焱 摄

上皮组织根据功能不同可以分为：被覆上皮、腺上皮和感觉上皮等，也可以根据细胞形态分为：扁平上皮、立方上皮和柱状上皮等（图 2-6）。

高等动物皮肤具有多层细胞，称复层上皮，小肠内的上皮由 1 层假复层上皮细胞构成。

上皮组织大多由一层基膜来提供支持，基膜中的蛋白质具很大张力，血管不会深入到上皮组织中，因此，上皮组织获取营养的主要途径是通过上皮组织下层扩散完成的。

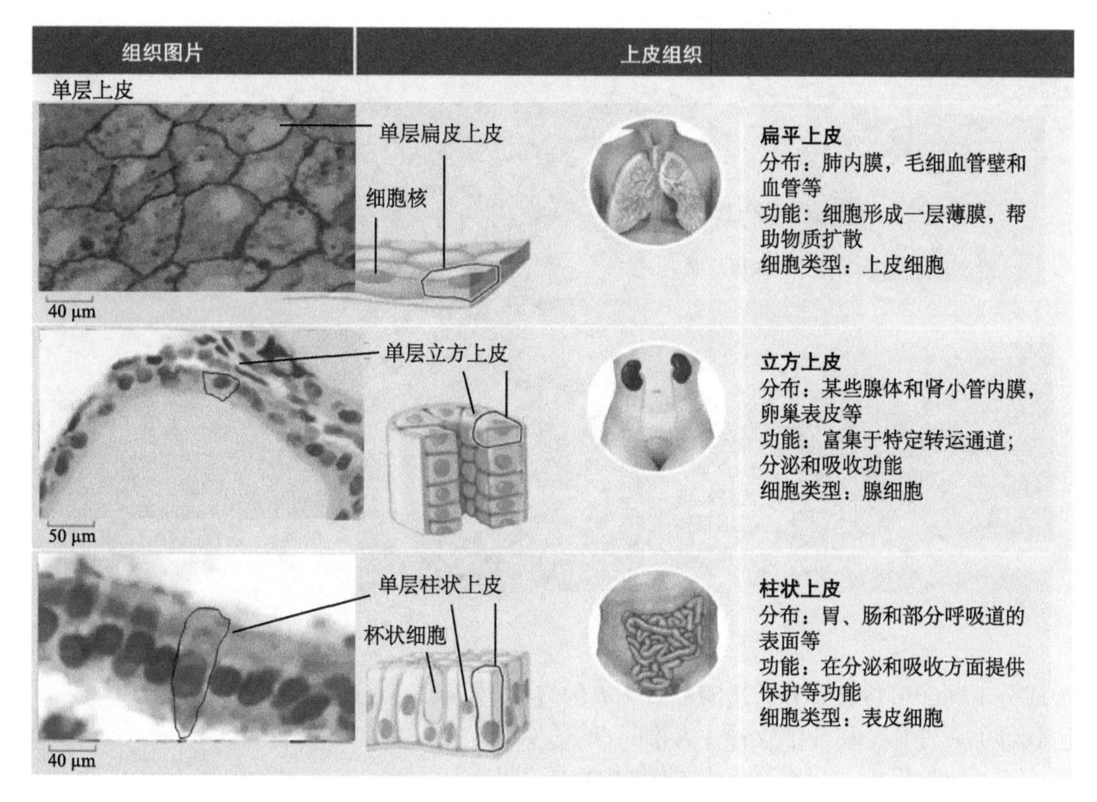

图 2-6　上皮组织的类型　张焱　摄

2. 结缔组织

结缔组织源于中胚层，特点是细胞数量相对较少，但细胞类型多样，此外，还含有许多细胞外纤维或液体或韧性的基质（matrix）。这类组织主要功能有填充、联系、支持、保护等。

（1）疏松结缔组织（loose connective tissue）：纤维与散在细胞悬固在黏稠的基质中，无一定形态。疏松结缔组织细胞中有一种成纤维细胞，可产生胶原纤维和弹性纤维。胶原纤维伸屈性大，具有很强的牵引力；弹性纤维弹性大，具有强的收缩力。这两种纤维在间质内往往交织成网状，所以，该组织柔软、疏松而有弹性。此外该组织内还有巨噬细胞，能吞噬侵入体内的有害细菌，起到保卫作用。疏松结缔组织大部分分布在皮下、器官间隙中。

（2）致密结缔组织（dense connective tissue）：包括筋腱和韧带，由大量的胶原纤维和弹性纤维组成。胶原纤维富含大量的具伸展和抗牵拉蛋白质。弹性纤维受到牵拉后其长度是静止期的几倍，牵张力消失后，弹性纤维回缩至原来的长度（图 2-7）。

（3）脂肪组织：由大量的含有脂肪滴的脂肪细胞组成。聚集成团的脂肪细胞被疏松结缔组织分隔成小叶，分布在器官或皮肤之下。脂肪组织可以分为白色脂肪组织和棕色脂肪组织。参与支持、保护和维持体温、缓冲等作用，是能量代谢和激素合成的重要来源（图 2-8）。

（4）软骨组织：是动物体内起支持作用的组织，属非完全硬化或半硬化的结缔组织，脊椎动物胚胎期全部是软骨。软骨组织由软骨细胞、软骨基质及纤维组成。根据所含纤

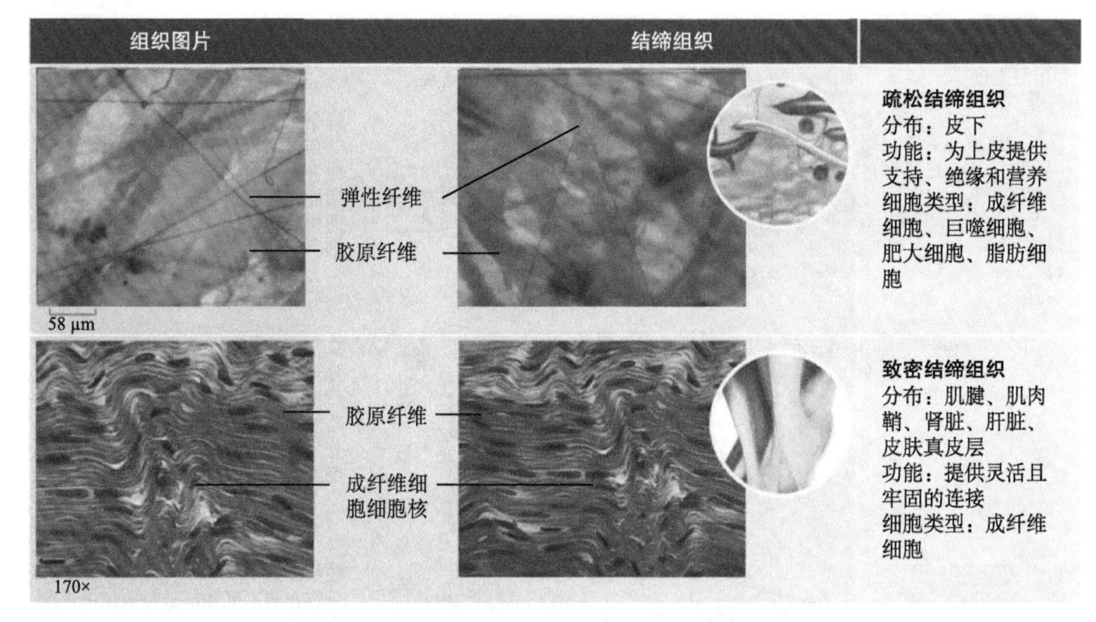

图 2-7 疏松结缔组织和致密结缔组织 张焱 摄

维成分不同，可将软骨分为透明软骨（人的气管）、弹性软骨（人外耳）和纤维软骨（人椎间盘）。

（5）硬骨组织：只存在于脊椎动物体内，起支持作用，是钙化的结缔组织，由钙盐围绕胶原形成。

骨细胞分散地镶嵌在间质的骨小窝内。骨细胞的胞体伸出许多突起，到骨小窝上面的骨小管内。相邻的骨小管是相通的，结果使骨细胞彼此之间可以连接起来。此外，在间质里还有许多相互沟通的细小管道，称哈氏管，管内有血管和神经纤维通过。

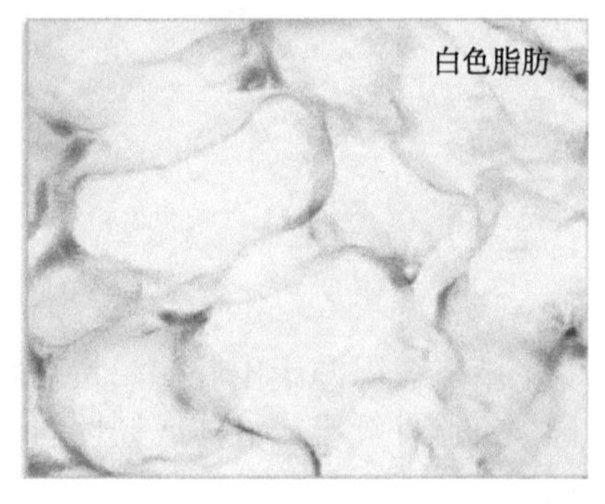

图 2-8 脂肪组织 张焱 摄

绝大多数骨的中央有一个较大的骨髓腔。腔内含有两种骨髓——黄骨髓和红骨髓。前者储存有大量脂肪，后者是血细胞产生的场所。

（6）血液、淋巴和细胞间液：血液由血细胞和血浆组成。血浆即为液体的细胞间质，血清相当于结缔组织基质。血细胞包括红细胞、多种白细胞、血小板等。在脊椎动物的血液里，悬浮着血细胞和血小板。血液的功能，主要是在动物体内进行物质代谢的过程中起着运输各种物质的作用，而且被运输的物质主要溶解在血浆里。

红细胞：哺乳动物的红细胞呈双凹平扁圆盘状，成熟后核即消失（骆驼除外）。其他动物的红细胞多呈圆形，有核。脊椎动物的红细胞含有血红蛋白，由球蛋白和血红素（内含金属元素 Fe）结合而成，表现出红色。红细胞的血红蛋白与 O_2 能做可逆性结合，故可携带 O_2 供组织呼吸，同时把 CO_2 携出体外。

白细胞：在哺乳动物中有 5 种，嗜中性、嗜酸性和嗜碱性粒细胞，淋巴细胞，单核细胞。它们活动时很容易改变形态。白细胞能够穿过微血管进入组织，吞噬外界进入体内的细菌或产生抗体。因此，白细胞构成动物体内重要的防御系统。血小板：它是一种无核、不完整小细胞，没有一定形状。当动物受到创伤血液外流时，小细胞破裂成碎片，释放凝血酶，使血液凝固，阻止出血。血浆从毛细血管中渗出进入细胞间，称细胞间液。

过多的细胞间液由淋巴管收集。淋巴由淋巴细胞和淋巴液组成。淋巴通过淋巴管连至静脉后再回到血液中（图 2-9）。

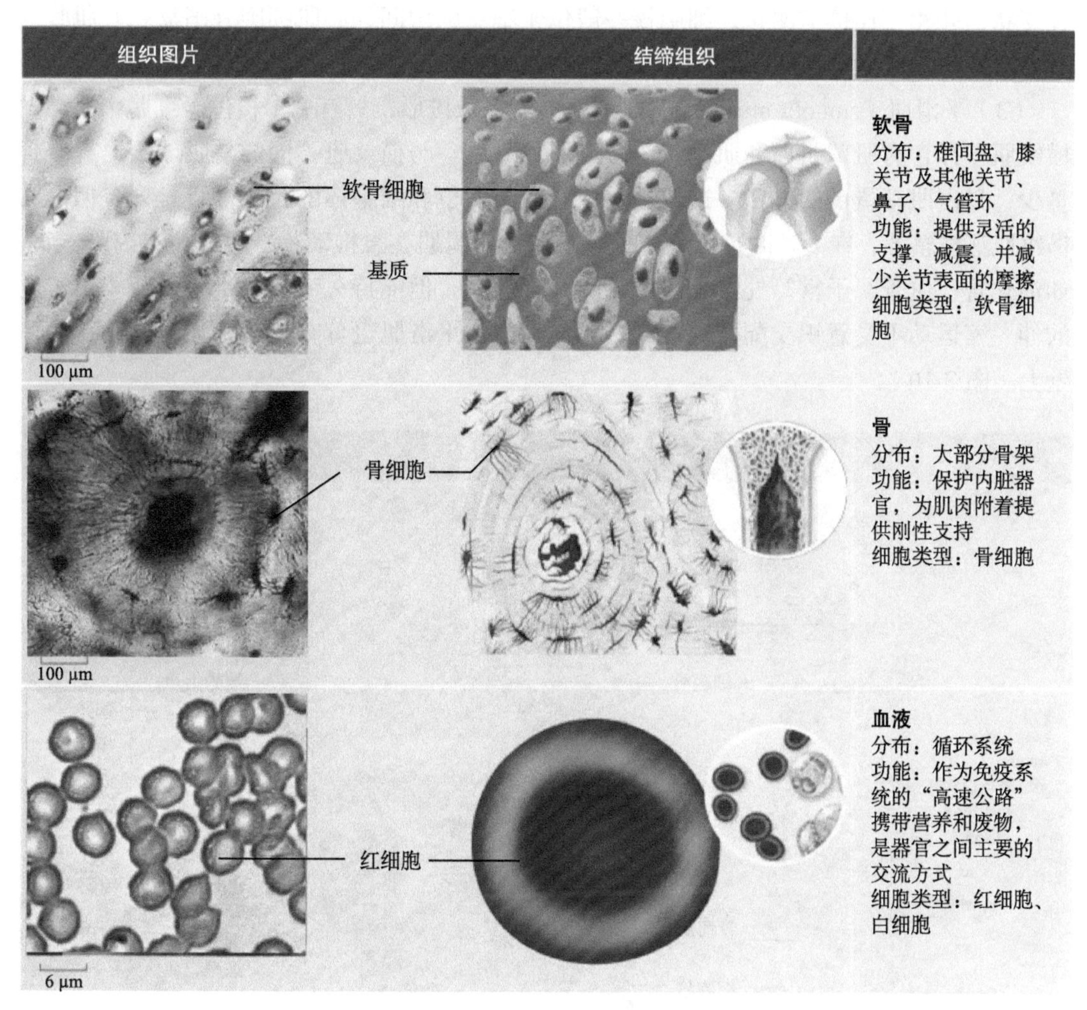

图 2-9　结缔组织　张焱　摄

3. 肌肉组织

肌肉源于中胚层，其基本单位是肌肉细胞，或称为肌纤维（muscle fiber）。在动物界，可将肌肉分为 4 种类型。

（1）横纹肌（striated muscle）：指附在骨骼上的肌肉，又称骨骼肌。横纹肌的肌细胞一般呈圆柱状，长度往往与一束肌肉的长度相等。1 个肌细胞的细胞核可多达上百个，而且分布在细胞膜的边缘。在光学显微镜下，每个肌细胞上面有明、暗交替排列的横纹，又称横纹肌。在电子显微镜下观察，横纹由两种粗、细不同的纤维组成。细的是肌动蛋白丝，粗的是肌球蛋白丝。这两种纤维丝与肌细胞的长轴平行，间隔交替排列，而且有一部分发生重叠。这就分别形成了明带与暗带。肌细胞的收缩就是靠两种纤维平行滑动进行的。值得注意的是当滑动时，两种纤维的长度并不发生改变，只靠两种纤维重叠部分的增加与减少。肌肉运动产生的力，就是在重叠部分发生的。横纹肌收缩力强，易疲

劳，受意识支配，因此又称随意肌。

（2）心肌（cardiac muscle）：只存在于脊椎动物的心脏，心肌细胞有横纹但较短，呈分支状，并相互连接呈网状，细胞核一般位于细胞的中间，心肌细胞有闰盘。心肌收缩有力而持久，是不随意肌。

（3）平滑肌（smooth muscle）：肌细胞一般呈长梭形，只有一个核位于细胞中央，同横纹肌一样含有肌球蛋白和肌动蛋白两种肌原纤维。与横纹肌不同的是肌球蛋白纤维含量少，只占肌动蛋白的 1/10。这两种肌原纤维虽然也和细胞体的长轴平行排列，但没有横纹肌那样整齐，在滑动时也不发生重叠现象。平滑肌在脊椎动物一般分布在内脏器官，如消化管、血管、子宫等处。平滑肌的收缩力较弱，但能持久工作，不易疲劳。由于它的伸、缩运动不受意识支配，因此又称不随意肌。平滑肌也分布在某些无脊椎动物的体壁上（图 2-10）。

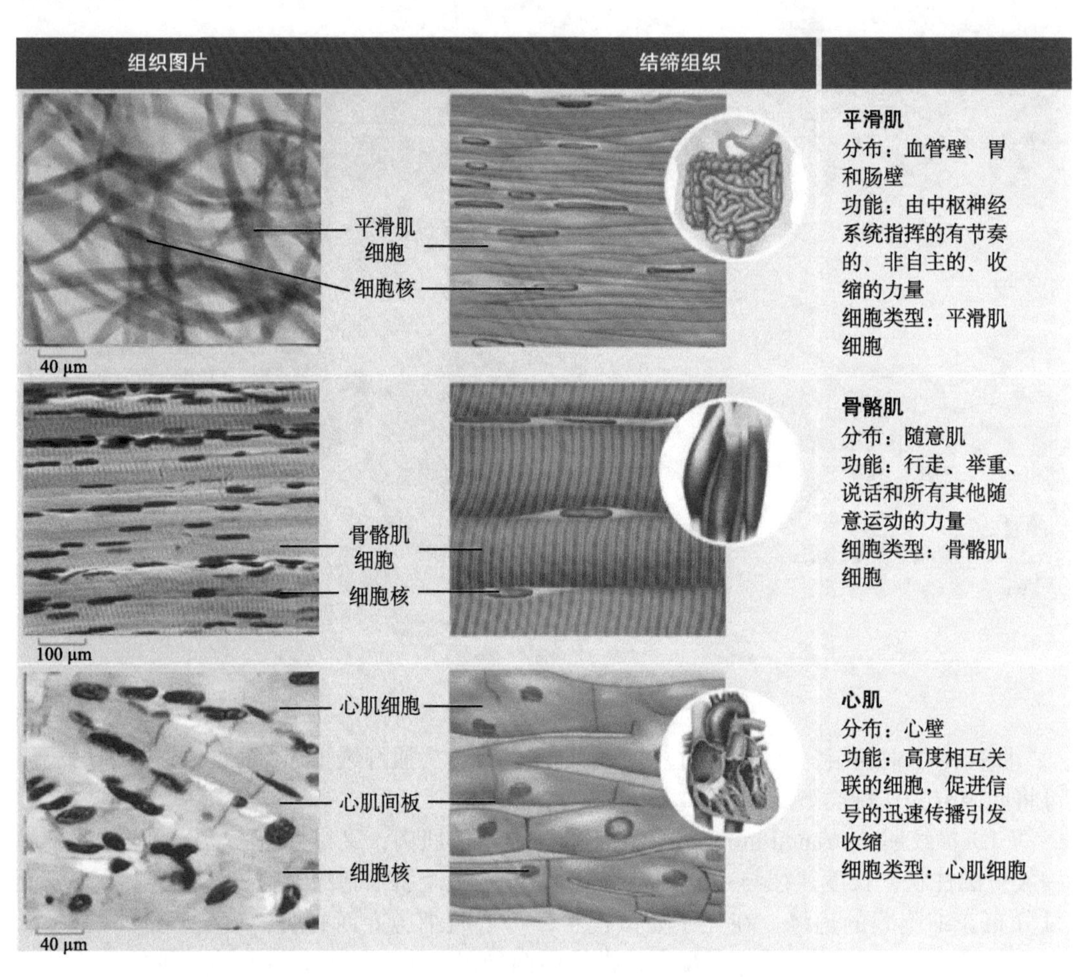

图 2-10　肌肉组织

（4）斜纹肌（obliquely striated muscle）：广泛存在于无脊椎动物，如涡虫、线虫、软体、环节等动物类群。其特点是肌原纤维与横纹肌相似，只是并非排列在同一水平面上，而是错开排列呈斜纹状，与横纹肌相比收缩力较弱（图 2-11）。

4. 神经组织

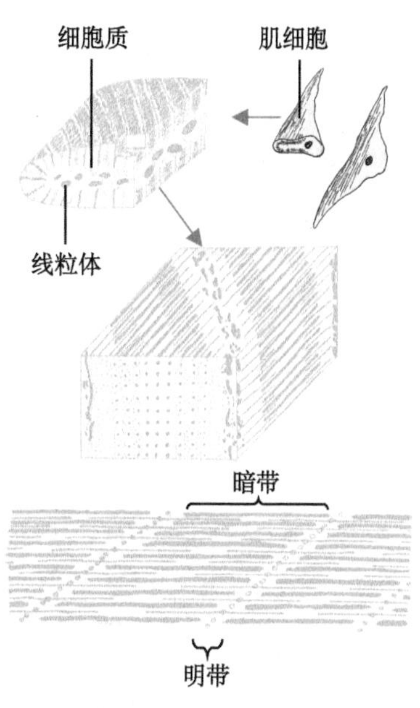

图 2-11　斜纹肌模式图　吴浩洋　绘

由神经细胞（neurons）和神经胶质细胞（neuroglia）组成。神经细胞又称神经元，是特化成传递信息或传递电化学冲动的一种细胞。一个典型的神经元由 1 个大的细胞体（内有 1 个大核）和由细胞体延伸出许多长短不同的突起组成。这些微细的突起又称神经纤维。突起分为 2 种：一种数目较多且较短，呈树枝状，故称树突；另一种是比较长的轴突，每个神经元只有 1 根轴突，树突和轴突末端有细小的分枝，称为神经末梢。此外，有的轴突外表被 1 层分节的髓磷脂鞘包围着，称为有髓神经纤维。髓磷脂鞘是一种白色发亮的脂类，具有绝缘的作用。神经胶质细胞是为神经细胞提供营养的细胞，对于神经元发挥正常的接受刺激并传导冲动具有重要的作用，目前发现神经胶质细胞的作用可能更广泛（图 2-12）。

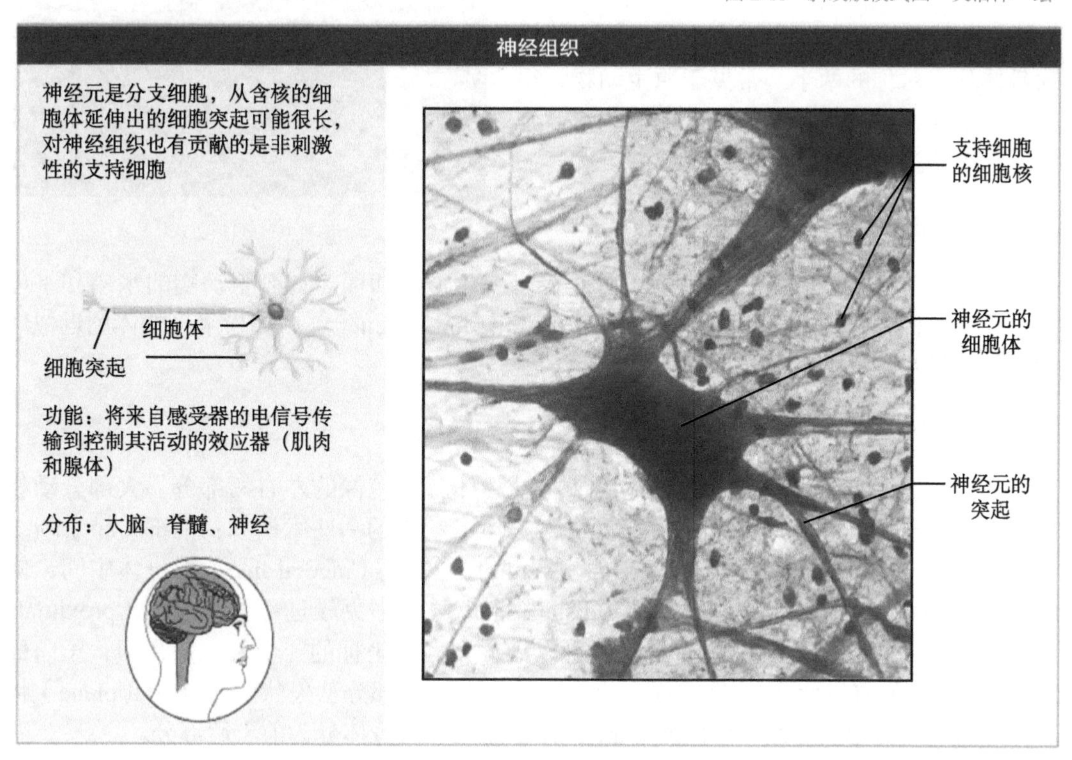

图 2-12　神经组织　张焱　摄

（二）器官（organ）

由几种不同类型的组织联合形成，具有一定形态特征，共同完成一定的生理功能的结构称器官。如肠管（器官），由内向外依次为柱状上皮组织（黏膜层）、结缔组织（黏膜下层）、肌肉组织（肌层）和上皮组织（浆膜层）。

（三）系统（system）

由数个不同器官连接起来，共同协调完成一定的生理机能称系统。如消化系统包括口、咽、食管、胃、肠和消化腺等器官。这些器官相对独立又彼此联系，执行着消化功能。

二、动物有机体的对称性

对称是指动物身体具有平衡的比例，或动物的正中面两侧具有一致或相似的形态和形状。

（一）不对称（asymmetrical）

体型不能在动物体上找出一个“正中面”将动物分为对等的两个部分，是不平衡的。如大部分固着生活的多孔动物就属于不对称体型（图 2-13）。

图 2-13　海绵不对称体型　王宝青　摄

（二）球形对称（spherical symmetry）

指通过身体的任何“正中面”都可以将动物身体分成对称的两半。常见于原生动物，很少在后生动物中见到。而球形的体型非常适合漂浮和滚动。

（三）辐射对称（radial symmetry）

指通过动物身体的长轴做纵切，可获得多个相似的切面。如刺胞动物的水螅和水母等。还有一种为两侧辐射对称或双辐射对称（biradial symmetry），如栉水母的体型近似球形，但是具两条触手，因此是两侧辐射对称。

（四）两侧对称（bilateral symmetry）

是指动物体有一矢状面，通过此面能将动物体分为镜像的左右两部分。大部分动物的体型都属于两侧对称。常用来定义两侧对称体形动物的一些术语如：前部（anterior）、后部（posterior）、背部（dorsal）和腹部（ventral）。中线（medial line）指身体中间，侧线（lateral line），指身体一侧。远端（distal）指离身体中央较远部分，近端（proximal）指靠近身体中央。两侧对称的动物身体可以划分为三维坐标的 3 个矢状面，即：正向面（frontal plane），有时也称作冠状面，将身体分为背、腹部分。矢状面（sagittal plane）将身体分为左右对称的 2 面。横向面（transverse plane）将身体分为前、后部分。

思考题

1. 动物有哪些基本生命特征？
2. 动物体有哪些组织？各有什么特点？
3. 有丝分裂和减数分裂的异同点有哪些？
4. 根据动物有机体各系统构建思维导图。

第 3 章

生命起源与演化

地球上生存的动物随着时间的推移，会不断地有物种的消失和新种的诞生。如此丰富的物种，究竟是如何产生的呢？多少世纪以来，人们一直在寻找着答案。

18 世纪以前，人们普遍接受的观点是地球上所有生命都是由上帝创造出来的，从未发生过改变。

18 世纪早期，法国学者布丰（Buffon，1707 ～ 1788）提出物种是变化的，另一位法国学者拉马克是第一个创立了演化理论的科学家。

以自然选择为基础的演化理论，最早是由查尔斯·罗伯特·达尔文与亚尔佛德·罗素·华莱士（Alfred Russel Wallace）所提出。

1831 年 12 月 27 日，英国皇家海军贝格尔号起航，年仅 22 岁的达尔文以博物学家的身份，开始了为期 5 年的环球科学考察。此间，达尔文搜集了大量的事实，逐渐意识到物种是在慢慢演变的，这种思想一旦确立，就花了 20 余年研究演化发生的机制。1855 年 2 月和 1858 年 2 月，年轻的华莱士分别发表了《论控制新物种发生的规律》《论变种极大地偏离原始类型的倾向》2 篇关于物种可变的短文，提出了最适者生存的观点。直到 1859 年，伟大的生物学家达尔文发表了《物种起源》一书，才科学地阐述了生命是逐渐演化来的。他那合乎逻辑的解释，很快被学术界普遍接受，从此彻底改变了生物学（图 3-1）。

图 3-1　达尔文（1809 ～ 1882）

既然生命是演化来的，那我们就不能不先谈及生命的起源。

第一节 生命起源

关于生命起源，由于历史不能再现，所以，人们只能根据已掌握的材料来推断过去。我们知道所有生命，无论是人还是微生物，都包括了两类基本的生命分子——核酸和蛋白质，而这两种分子是由更简单的构造单位：20 种氨基酸、5 种碱基、2 种糖（核糖和脱氧核糖）和磷酸组成，这些基本物质又是与地球的形成密切相关。

一、地球的形成

近代天文学家认为，宇宙的年龄是 200 亿年，宇宙包括河外星系和银河系。现已证明，构成宇宙最基本的物质是氢，占总量的 90%；其次是氦，占 9.9%；余下的是碳、氧、氮、硫及少量简单的分子。

太阳系是银河系极微小的一部分。太阳是从纯氢开始的，根据星云假说，由于致密核心部分的吸引，物质向核内集中，这时就形成了恒星。太阳就是在这个过程中形成的。太阳是一炽热的球体，由于旋转加速，一部分气体被甩出去，形成了很多行星，地球就是其中的行星之一。

据科学家推断，地球诞生在 46 亿年前，由于不断旋转和在地球引力作用下，原子间相互碰撞，形成许多小分子，如 $H+H \longrightarrow H_2+$ 热。此外，还有水蒸气、二氧化碳、硫化氢、氰化氢等。最重的铁、镍化合物集中到内部，构成地球的地核；较重的铅、铝等分布到中层，构成了地幔；外层为地壳；而最轻的氢、氦、氮、二氧化碳等气体，则分布在地球表面，形成了大气层。由于地球内部物质密度收缩，使物质间相互碰撞，并释放出巨大能量，这是造成地球内部高温和火山喷发的原因。

早期地球表层仍比较热，气体分子运动剧烈，致使原始大气层脱离了地球引力，飞向太空，地球表层的大气层由此完全消失。

随着地球表面温度逐渐冷却，加上火山频繁喷发，产生了大量的还原性气体，如甲烷（CH_4）、二氧化碳（CO_2）、分子氮（N_2）、水蒸气（H_2O）、氨（NH_3）、氰化氢（HCN）等，这些又构成了新的大气层。一些水蒸气在太阳紫外线作用下，分解成氢和氧。氢气轻可以从地球重力场逸出，而氧则较重，留在大气层里。氧是活泼元素，几乎可以与所有的金属、非金属形成各种氧化物，导致大气中再也没有游离氧，只是在绿色植物出现后，通过光合作用才产生了氧。

二、地球原始海洋的出现

地球形成初始，表面没有任何河流与海洋。由于地球表面温度降低，内部温度仍很高，火山频繁喷发。同时，地壳也不断发生造山运动。有的地方隆起成高山、丘陵，有的地方凹陷成山谷和低洼地。当大气中由于火山喷发，造成水蒸气达到饱和，形成持续不断的倾盆大雨，降落在地面上，于是低洼地就逐渐聚集形成了河流和海洋。初始形成的海洋称太古海，海水中含盐量很低，后经数亿年的冲刷，将地面可溶性的 NaCl、$MgCl_2$ 及不溶性的 SiO_2 等带到海洋，才形成今天海洋的含盐量。

三、早期地球上有机质的形成

在降雨的同时，雨水也将大气中的一些甲烷、氨、氰化氢、二氧化碳等带进海洋。由于当时海洋的温度还比较高，加上宇宙射线、紫外线、闪电放电，促使甲烷与水、氨之间的化合，最终衍生出糖、嘧啶、嘌呤、甘油、脂肪酸、氨基酸等有机化合物。虽然这些化合物没有生命，但它们是构建生命的原材料，成为生命的摇篮。

早在 1953 年，美国学者米勒（Stanley Miller）就模拟地球早期的条件，把水、甲烷、氨、氢气混在一密闭容器内，并加热，使水变成水蒸气。为了模拟早期闪电，他进行火花放电，1 周后停止，使容器冷却。结果原来的无色气体使水变成了红的溶液。经过分析，液体中含有氨基酸、脂肪酸、甲酸、乙酸及其他化合物。氨基酸有 11 种，其中 4 种是自然界中存在的。还有氰化氢和甲醛，这是合成过程中的中间产物，瞬间就消失了（图 3-2）。

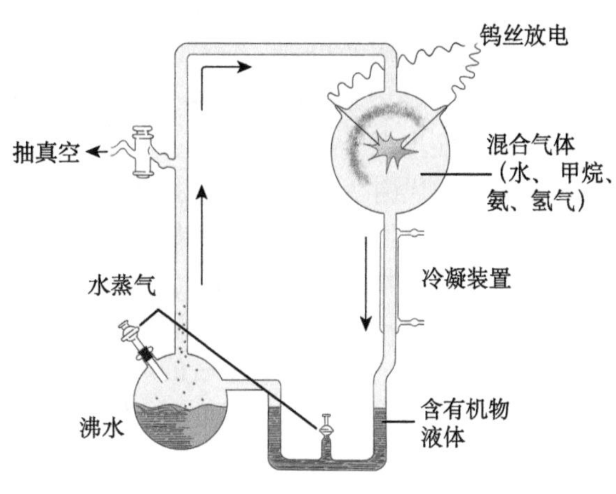

图 3-2 米勒实验装置 刘紫宸 绘

继米勒之后，有不少人去扩大他的实验，利用无机物合成了氨基酸、嘧啶、核糖、脱氧核糖等。

四、生命物质的大分子合成

早期的太古海逐渐变成含有上述各种有机分子的“肉汤”。由于各种有机物并存，必然会经常接触，可能在太阳辐射能的作用下，它们结合成蛋白质、核酸等大分子。

1963 年有科学家把简单的糖、嘌呤、嘧啶以及含磷的有机化合物混在一起，给予正常的压力，通过放电，发现形成一种核酸，具螺旋结构，但没有表现出生命活性。

1968 年我国科技工作者在世界上首次合成了具有生命活性的蛋白质——结晶牛胰岛素，这无疑为生命起源的研究提供了一个重要论据。

五、多分子体系和非细胞阶段的原始生命

由于核酸、蛋白质等大分子化合物在海水中不断积累，使它们一部分附在岩石或浅海的淤泥里，通过相互吸附作用，聚集成团聚体或微球体多分子体系，同时形成原始的界膜，与海水分隔开来，这可能就是原始的生命形态。根据推断，最初出现的原始生命应是异养的。它们以吞食海洋里的有机分子为生，并进行无氧酵解，因为在当时的还原性大气中还没有氧气，更不会有今日大气层里的臭氧层。所以，早期的生命只有在水中或淤泥、石缝等处，才能免遭强烈紫外线的杀伤。

六、细胞的起源

非细胞的原始生命，经过漫长岁月的演化，也许分化成了异养的原核细胞。到目前为止，最早的原核细胞化石，是在南非巴伯顿城硅质沉积物形成的燧石中发现的，被命

名为原始细菌，距今已有32亿年的历史。随着岁月的流逝，这些原始细菌又分化出了一种能够放氧的蓝藻，这可能是光合作用的开始。科学家在南非同样地区，还发现了一种蓝藻化石，命名为巴伯顿古球藻，距今已有30亿年的历史。

在距今大约10亿年前，出现了真核细胞。到目前为止，这方面最早的化石是在澳大利亚的阿斯附近苦泉地层中发现的，这是一种绿藻化石，距今也有10亿年的历史。由于真核细胞有膜包围着细胞核，有各种细胞器，所以，它一经出现，就以其无比强大的生命力，获得了在海洋中的主导地位。

由于光合作用的出现，氧气开始积累在大气里，当大气中氧气含量达到今日的1%时，臭氧便开始积累，逐渐挡住了紫外线对地球的辐射，这彻底改变了大气的组成。有了游离氧，便出现了需氧型生物。利用氧来氧化食物，可以从中获取更多的能量。于是，加速了生命的代谢活动，促进了生命的大发展。

综上所述，生命的发生与发展，大致可分三个阶段：①首先，由无生命的元素形成无机化合物，再形成有机物到大分子，进而形成具有初步生命现象的多分子体系，这可能经历了10亿～15亿年的时间；②由原始生命开始到原核细胞、真核细胞，直到10亿年前，共经历了20亿年左右的时间；③从真核细胞开始到现在，经历了10亿年时间。总之，在经历了几十亿年漫长岁月的演化以后，地球上才发展到今天的生命世界（图3-3）。

第二节 生命演化的证据

一、比较胚胎学方面的证据

各种不同的脊椎动物如：鱼类、两栖类、爬行类、鸟类以至于哺乳类，无论它们的成体差异有多大，生活习性多么不同，但如果将它们早期的胚胎加以比较，就不难发现它们之间存在着惊人的相似，而且越是处于胚胎阶段的早期，从形态上越难以辨别。如鸡、兔等陆生动物，在胚胎发育的早期都具有鳃裂，即使是人类，在胚胎发育的初期，不仅具有鳃裂，而且还有尾巴，以后均消失。种种迹象表明，脊椎动物都来自一个共同的祖先。

二、比较解剖学方面的证据

伴随着动物的演化，动物体内有些器官，常常逐渐退化以至失去功能，这样的器官称痕迹器官。如人的盲肠，鲸鱼的后肢等。此外，有些动物的器官虽然在外形和功能上不同，但在结构和发生上却是相同的，这样的器官称同源器官。如鸟的翅、鲸鱼的鳍、马的前腿、蝙蝠的翼及人的手臂等，基本都属五指型附肢。只是由于各种动物为了适应不同的环境，逐渐演化成了不同的器官。这些事实，也为生命演化理论提供了有力的证据。

三、比较生理生化方面的证据

近代生理、生化科学的发展，在细胞和分子水平上，为动物演化提供了证据。动物

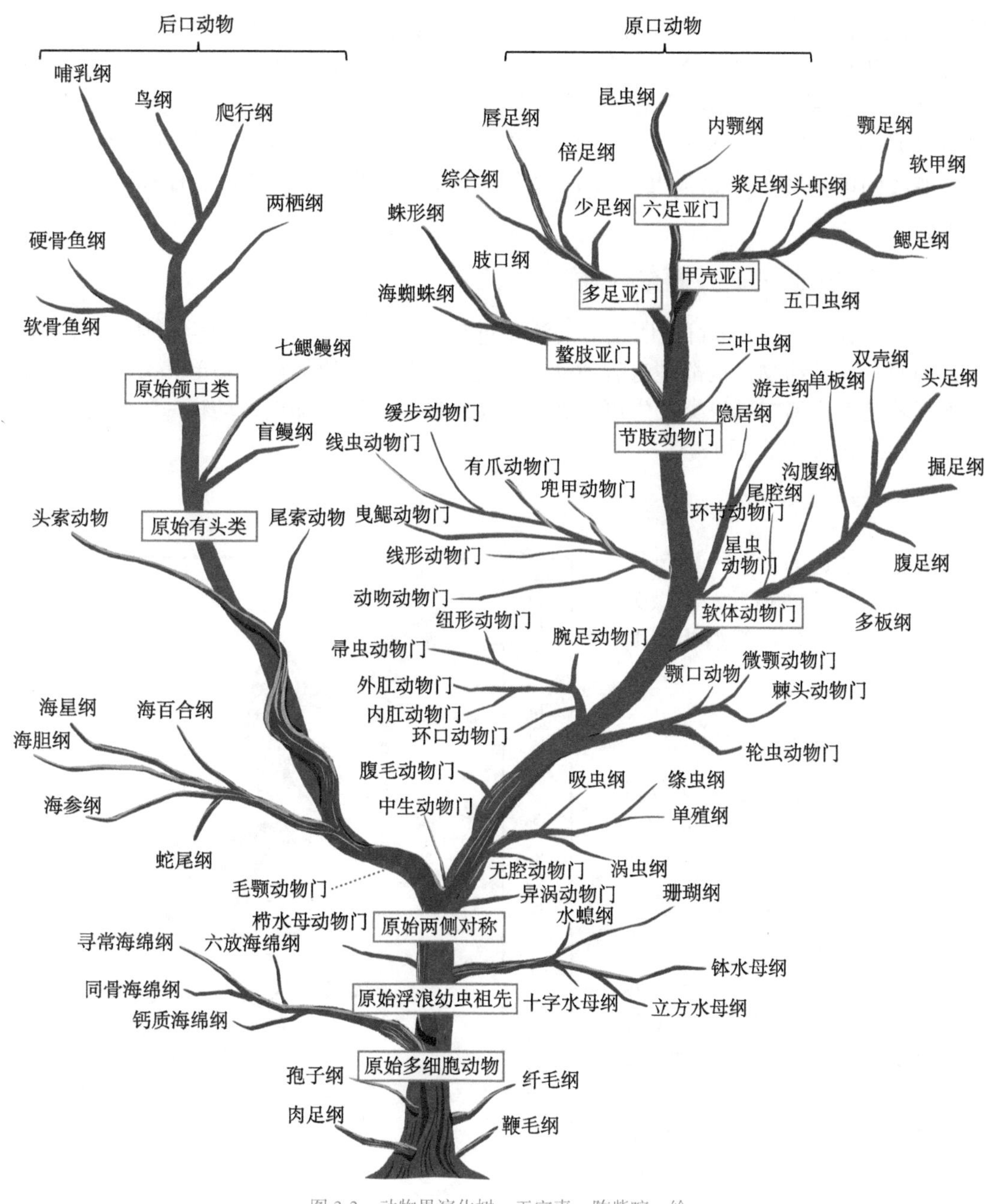

图3-3 动物界演化树 王宝青 陈紫暄 绘

有机体结构与生理功能是密切联系的。结构相似，生理功能也相近。亲缘关系近的个体，其血液在生理生化方面要比亲缘关系远的个体更相似，体内的激素等也更相似，有的甚至可以替换。

血清免疫反应：每种动物血清中，都含有特异的蛋白质，这些蛋白质的相似程度，可通过抗原—抗体反应查明。通常是向1只兔子体内注射少量血清（如人的血清），这些血清蛋白对兔子来讲，属异体蛋白质，必然会引起抗原反应。兔子的血浆细胞会对人体的蛋白质（抗原）迅速产生抗体。将这种血清样本稀释后，再与1滴人的血清混合，就会产生抗体—抗原反应，即产生明显的沉淀。产生的沉淀越多，证明两种动物相近的蛋白质越多，亲缘关系越近。如果沉淀少或没有沉淀产生，则证明两种动物亲缘关系远或无亲缘关系，利用这种方法，科学家们找到了与人类血缘关系最近的是类人猿，以后依次是东半球的猴、西半球猴、跗猴类……此外，还测出猫、狗、熊之间的亲缘关系也很近。奶牛、绵羊、山羊、鹿和羚羊之间也有着很近的亲缘关系。

四、动物地理学方面的证据

动物的地理分布，也可证明生命的演化过程。如澳大利亚、新西兰等地区真兽类极少，即使有哺乳动物，也都是有袋类动物（袋鼠、袋狼和树熊等）和单孔类。唯一合理的解释就是大洋洲在真兽类发生以前就脱离了大陆。所以在那里，动物一直维持在有袋类和单孔类等低等哺乳动物这一水平上。

五、遗传学方面的证据

亲缘关系近的物种，染色体组型类似程度往往相近。亲缘关系远的物种，染色体组型相似度差别也较大。

六、化石方面的证据

生物体死亡后，很快就会腐烂。只有一些坚硬的部分如骨骼、贝壳、几丁质、牙齿等在偶然的情况下，经过漫长的岁月，被大自然矿化，由于地壳的运动埋藏于地下，从而有幸保留下来，成为我们今日所见到的化石。化石的形成是偶然的、有选择性的，它只保留了生命全部演化过程的某一片段，所以，往往会出现偏差，但化石仍不失为生命演化过程中最有力、最直接的证据。

在整个地质时期中，会不断涌现新物种和原有物种的灭绝。一个物种的平均寿命大约100万～1000万年。以马的化石为例，了解现代马的起源（图3-4）。

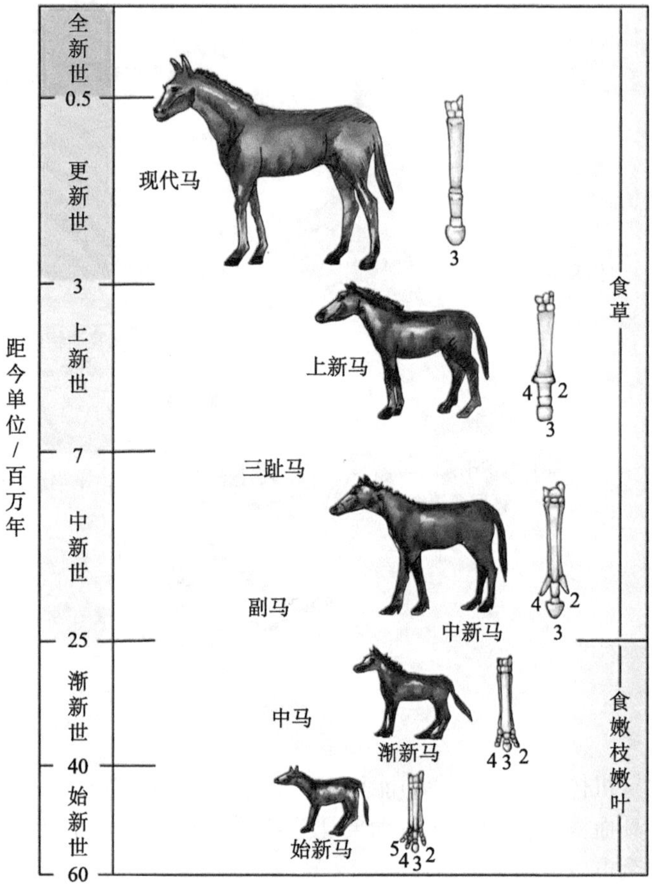

图3-4　马的演化　贾剑铭　绘

1. 始新马（*Eohippus*）

距今5000万年前，个体小，似现代的小狐狸。前足有4趾，后足3趾，身体主要重量靠肉垫支撑，齿冠低。

2. 渐新马（*Mesohippus*）

距今 4000 万年前，个体略有增大。前后足均 3 趾，中趾较发达。

3. 中新马（*Merychippus*）

距今 2500 万年前，个体已较大，四肢运动增强，侧趾已离开地面。体重靠中趾支撑，由森林转到草原生活。牙齿的齿冠高，适于磨草。

4. 上新马（*Pliohippus*）

距今 700 万年前，出现了现代马的祖先。个体更大，接近现代马。

5. 现代马（*Equus*）

到上新世后期，出现了现代马。

以上种种证据表明，生物是不断演化、发展的。

上述提供的材料，使我们了解到古代生命类群的发生和发展概况。地质学家将地球的历史分为下列几个阶段，详见地质年代表（表 3-1）。

表 3–1　地质年代表

宙	代	纪	世	同位素定年 /Ma	延续时间 /Ma
显生宙	新生代	第四纪	全新世 更新世	0.01 2.0	0.01 2.0
		晚第三纪	上新世 中新世	5.0 24.6	3.0 19.6
		早第三纪	渐新世 始新世 古新世	65.0	40.0
	中生代	白垩纪	晚白垩世 早白垩世	141.0	76.0
		侏罗纪	晚侏罗世 中侏罗世 早侏罗世	195.0	54.0
		三叠纪	晚三叠世 中三叠世 早三叠世	230.0	35.0
	古生代	二叠纪	晚二叠世 早二叠世	280.0	50.0
		石炭纪	晚石炭世 早石炭世	345.0	65.0
		泥盆纪	晚泥盆世 中泥盆世 早泥盆世	395.0	50.0
		志留纪		435.0	40.0
		奥陶纪		500.0	65.0
		寒武纪	晚寒武世 中寒武世 早寒武世	540.0	40.0

七、分子生物学证据

在过去，生物学家主要依靠化石记录和解剖特征来构建系统发育树，分子数据的介入，使系统发育研究发生了革命性的变化。系统发育是通过检查同源结构、蛋白质和基因变异来重建的。这个过程开始于从不同的生物体中收集数据并进行比较。

20世纪40年代末，人们发展了放射性测年方法确定某一岩石结构的绝对年龄。用这种方法，可以断定超过20亿年的岩石年代，且误差小于1%。宏观生命的化石开始于寒武纪初期（5.42亿年前），不难发现，越是早期岩层的化石，生命结构就越简单，化石记录使我们能够在最广泛的时间尺度上观察生命的演化。

在分子研究中，常从现存生物体中提取DNA获取蛋白质，用计算机程序进行比较，检查不同生物体和群体间所有可能的关系。分子的改变，被称为突变，是生命变异的最终来源和演化的原材料，有助于解释生命的相似性和多样性。

科学技术的进步，为探索生命科学提供了更多的途径。随着时间的推移，人类将会找到更多证据，利用更广泛的手段，完善动物演化的历程。

第三节 演化学说

图3-5 拉马克（1744～1829）

18世纪以前，人们对物种起源的推测主要以迷信及荒谬的说法为依据，根本谈不上任何科学。只有个别著名学者如亚里士多德等，提出生物是渐进变化的，并认为，化石就是以前生命存在的证据，这些生命是在突然的自然灾难中被毁灭的。遗憾的是，他们都未能提出一个演化的观点。下面我们将着重介绍一下拉马克和达尔文的演化学说。

一、拉马克主义

19世纪初，法国生物学家拉马克（图3-5）在他1809年出版的《动物哲学》一书中，首先阐明了动物是演化来的。他是使人们确信“化石是已灭绝的动物遗留下来的”第一人，也是现代演化论的最初奠基者。拉马克主义——“获得性遗传”理论的精髓在于：由于环境改变，有机体会产生适应性的变异并遗传给下一代。他举的最著名的例子是长颈鹿。长颈鹿的祖先颈并不很长，但由于它们生活在非洲大陆，那里多干旱，地面上缺少青草，迫使它们不得不经常伸颈寻觅树上的叶子，久而久之，颈部逐渐增长，并遗传给后代，最后形成了现代的长颈鹿。这是“用进”的例子。

此外，还有在地下营穴居生活的鼹鼠，长期不用眼睛，于是两眼退化，这是“废退”的例子。

以上例子，说明了环境条件的改变，决定了变异的方向，我们将它称为定向变异。

按照拉马克的定向变异理论，变异是受外界环境直接影响的。但事实上，在相同的环境下，生活着不同的生物；反之，在不同的环境下，又存在同种生物。相似的变异能在不同的条件下发生，不同的变异又能在相似的条件下发生。拉马克的定向渐变理论不能对上述情况做出合理解释，因此，近代绝大多数生物学家没有接受这一理论，因为遗传学的研究表明，有机体的某些特征是由其一生为适应特定环境而形成的，是获得性的，无法遗传给下一代。例如，动物发达的肌肉。不过，限于当时的科学发展水平，他能够首先冲破神创论的禁锢，提出生命演化的观点，是难能可贵的，他不愧为演化论的奠基者。

二、达尔文主义

达尔文在《物种起源》一书中，提出了以自然选择理论为基础的演化学说，即达尔文主义，包括以下 5 点。

（一）永恒的变化

他强调生命世界既不是永恒不变的，也不是周而复始的循环，而是在慢慢地发生着变化。

（二）共同起源

所有生命体都来自一共同的祖先。从系统发生上看，生命史呈一有分支的演化树结构。

（三）物种倍增

从生命祖先开始，通过遗传变异，不断地分化出新种，使物种的种类逐渐增多。

（四）渐进主义

生命在演化过程中，不同的物种间，在解剖形态上都存在着明显的差异。这些差异是通过世世代代许多微小的有益变异长期累积形成的，而不是在短时间内突然形成的，达尔文渐进主义理论的一个简单表述是：量变的积累导致质变。

（五）自然选择

自然选择学说是达尔文演化论的核心。他认为各种生命体在生存竞争中，通过遗传变异，将具有有益变异的个体保留下来，并将这些变异遗传下去。而且具有有害变异的个体，会被淘汰，这就是自然选择。

达尔文的自然选择理论是建立在一系列观察和推论基础上的，主要有以下几点。

1. 观察 1

生命有机体具有极高的潜在繁殖能力。所有的动物种群都可产生大量配子，继而潜藏着大批子代出现的可能。如果所有的个体都存活下来并继续繁殖，种群就会出现繁殖过剩，达尔文计算过，即使繁殖速度很慢的种类，例如象，一对配偶的生育年龄是 30 ～ 90 岁，在此期间，只生 6 个子代，750 年内，其后代总数将达到 1900 万。

2. 观察 2

自然种群在数量上每年除去有较小的波动外，通常维持在一相对稳定的水平上。但有些种群的波动，可能受各种因素的影响。如个体数量逐渐减少，也许经过许多代以后，走上灭绝的道路，但任何种群都不会以其理论上的数值那样进行无度的繁殖。

3. 观察 3

自然资源是有限的。如果一自然种群的个体数量呈指数增长，会消耗无限的自然资源为它们提供食物和生存空间。然而，自然资源是有限的。

推论 1：无论是种间或种内个体间始终存在着生存竞争，因为它们要对食物、栖息地或生存空间进行激烈的争夺，竞争的结果会导致大部分个体死亡，每代的幸存者通常只有很少的一部分，致使物种的巨大繁殖潜力在自然界中未能实现。

4. 观察 4

一切生命体都会产生变异。即使在同一物种内，也没有两个完全一样的个体。它们在大小、颜色、生理、行为以及其他许多方面总会有不同之处。达尔文称这种变异为不定向变异。

5. 观察 5

变异是可遗传的。虽然达尔文不懂其中的道理，但他还是注意到了子代和亲代是相似的。许多年以后，这种遗传学机制才被孟德尔阐明。

推论 2：变异是生命普遍存在的现象，种群内变异的个体间，在生存和生殖上会存在着差异，这是变异的结果。其中有益的变异会被保留下来，叫作适者生存。不利或有害的变异被淘汰。因此，只有适应环境的变异个体，才能继续生存和繁殖。达尔文把生命适应环境看成是唯一的生存标准。

推论 3：一个物种经过长期一代一代的自然选择，在生存和生殖上差异逐渐明显，各自产生了新的适应，以至造成生殖上的隔离而产生新种。变异个体在生殖上的差异逐渐改变了物种，从而使之得到了长期的改良。

如前面所举长颈鹿的例子，按达尔文自然选择学说，长颈鹿颈部变长的原因，是由于其短颈的祖先产生的后代，颈部有长有短。当地面上缺草时，只有长颈的个体才能吃到树上的叶子，结果被保留下来，短颈的被淘汰了。这样一代一代的向长颈方面选择下去，后来就演变成长颈鹿了。这就是达尔文的定向选择，与拉马克的定向变异有本质上的区别。

达尔文在当时还注意到，人们常常利用遗传变异来培育有益的家畜和植物新品种，但他指出，无论如何，在形成新种的过程中，几百万年的自然选择也要比几十年的人工选择效果更显著。

达尔文的自然选择学说基本是正确的，但也存在着两个弱点：一是生命体为什么能发生变异从而导致生命的演化？二是自然选择的结果为什么能遗传给后代？限于当时的科学水平，这些问题很难解释清楚。但达尔文的演化论仍极大地推动了生命科学的发展。

三、达尔文之后演化理论的发展

达尔文主义最严重的弱点是未能认识遗传机制，我们现在用“新达尔文主义”这个词是经过魏斯曼（August Weismann）修改过的达尔文主义。

（一）新拉马克主义与新达尔文主义

在 19 世纪末到 20 世纪初这个时期出现过一些新的演化学说，荷兰植物学家 H. 德 · 弗里斯（Hugo de Vries）在 20 世纪初提出的物种是通过突变而产生的“突变论”，而反对渐变论。某些拉马克学说的追随者们虽然抛弃了拉马克的“内在意志”概念，但仍强调后天获得性遗传，并认为这是演化的主要因素。后来又强调生命在环境的直接影响下能够定向变异、获得性能够遗传，所有这些观点被称为“新拉马克主义”。魏斯曼在 1883 年用实验（连续 22 代切断小鼠尾巴，至第 23 代小鼠尾巴仍未变短）证明了“获得性遗传”的错误，说明演化是种质（遗传物质）的有利变异经自然选择的结果，证明自然选择是推动生物演化的动力，他的看法被后人称为“新达尔文主义”。

（二）现代综合演化学说

20 世纪 20 ～ 30 年代开始，科学家们综合了染色体遗传学、群体遗传学、古生物学、分类学、生态学、地理学、胚胎学、生物化学等的研究成果，到 40 年代，提出了综合演化论。现代综合演化论彻底否定获得性状的遗传，强调演化的渐进性，认为演化是群体而不是个体的现象，并重新肯定了自然选择压倒一切的重要性，继承和发展了达尔文演化学说。

（三）中性学说和间断平衡论

1968 年，日本学者木村资生根据分子生物学的材料提出了“中性突变 - 随机漂变假说”（简称中性学说）。认为在分子水平上，大多数演化和种内的大多数变异，不是由自然选择引起的，而是通过对那些选择上呈中性或近乎中性的突变等位基因的随机漂变引起的，反对“现代综合演化论”的自然选择万能论观点。

1972 年美国古生物学家埃尔德雷奇（N.Eldredge）和古尔德（S.J.Gould）共同提出“间断平衡”的演化模式来解释古生物演化中的明显的不连续性和跳跃性，他们认为演化过程是由一种在短时间内、爆发式产生的演化与长时间稳定状态下的一系列渐进演化之间交替进行的过程。

四、微演化

微演化（microevolution）：是研究自然种群内发生的遗传物质变化的科学。由突变、遗传漂变、迁移和自然选择及这些因素之间的相互作用导致的等位基因频率的改变，其中突变是所有种群变异的最终来源。遗传漂变是指等位基因频率从一代到下一代的偶然波动，包括等位基因的丢失，遗传漂变在所有种群中都有一定程度的发生。迁移是指个体在交配前从一个种群迁移到另一个种群，等位基因以这种方式在群体间的移动称基因流动，这是一种演化力量。自然选择可以改变一个种群中等位基因频率和基因型频率，具有优良性状组合的动物更受青睐，当某一特定基因的基因型比其他基因具有更好的适合度时，该基因型就被赋予了群体中生存和繁殖的优势。上述因素在自然群体中的联合作用，可创造更大的演化机会。

五、大演化

大演化（macroevolution）：是指种和种以上的分类阶元发生的演化。大演化主要是在地质时间尺度上的研究，有学者将时间划分为3个不同层次。第1层是种群遗传过程的时间尺度，从数千年到数万年不等；第2层涵盖了数百万年，在这个时间尺度上，测量并比较了不同的物种形成和灭绝的速度；第3层涵盖了数千万到数亿年的时间尺度，以偶发性的大规模灭绝为标志，大规模灭绝大约每隔2600万年发生一次。

大演化主要以物种形成、灭绝和物种多样性随时间变化的速率等为研究对象，这些研究扩大了达尔文演化论的范围，如物种选择和灾难性的物种选择等，这些过程调节了物种形成和灭绝的速率。例如，马的演化从始新马到现代马是一个长的演化线系。由于长期稳定的选择压力，适应快速奔跑的要求，马的祖先向着增大体躯和改造足趾结构的方向演化。长时期的环境趋向性改变（例如气候的趋向性改变）对生命造成稳定的选择压力可能形成大演化的趋势。

第四节 物种与物种的形成

关于物种形成的问题，达尔文认为是由动物的变异开始的，通过自然选择，由变种走向亚种，再走向物种。

近代遗传学表明基因突变和基因重组二者都是生命演化的原材料，尤其以基因突变更为重要。而自然选择是生命演化的主导因素，隔离是新种形成的必要条件。

生命在演化过程中，从一个物种分化出一个新种乃至几个新种，在它们之间一方面由于基因突变引起形态特征、生理功能等方面所显示出明显差异，另一方面也有许多相似的地方，所以，依形态作为分类标准并不非常准确。

一、物种的概念

物种是生物分类的基本单位，是具有一定的形态、生理特征和一定的自然分布区的生物类群。物种是相同生物交互繁殖形成的自然群体，与其他相似群体在生殖上相互隔离，即这一群体分享共同的基因库，并在自然界占据一定的生态位。这样，生殖隔离为生物是否属于同一物种，提供了一个划分标准。不过，这个标准只适用于进行有性生殖的生命有机体。对于那些无性生殖的生物，包括几乎所有原核生物，大多数植物和某些动物仍要根据不同的生理特性（如形态、生化等方面）来规定种的概念。

二、物种形成

生命由原有物种分化出新物种的过程，称物种形成。前面已谈到隔离是物种形成的必要条件。隔离意味着种群间不能进行基因交流，隔离可分生态地理隔离和生殖隔离。

（一）生态地理隔离

某种动物不同群体，有时被河流或峡谷分开，更多是在一片广阔的地域内，分布着不同群体，所有这些都会使群体间的差异逐渐明显，此时的群体称渐变群。由于受不同环境条件的影响，这些群体在形态学、生理学及行为上继续分歧，直至形成亚种，再经过数万年甚至上百万年的时间，或许就能发展成一个新物种。

（二）生殖隔离

生殖隔离即意味着种群间失去了基因交流的能力。由于种群各自对有益变异的长期累积（变异是经常发生的），淘汰有害变异，这样，逐渐形成了新物种。那么，生殖隔离是怎样实现的呢？它包括以下 2 种机制。

1. 合子形成前隔离机制

这种机制可以阻止合子形成或阻止配子受精。它包括以下几种。

（1）生态隔离：不同种群在相同季节、相同地区繁殖，但不会发生基因交流。例如，有两种果蝇，它们的亲缘关系很近，以至于很难将两种雌性个体区别开来。它们都以一种稀有的树分泌的汁液为食。按理说，生存竞争的结果应是一个种群占上风，而另一种群逐渐灭绝。然而，事实并非如此。它们一种生存在树干上，吸食新鲜汁液，另一种则生活在树下植被上，吸食从树干掉下来的汁液。演化结果，这两个种群都生存下来，形成了不同物种。

（2）行为隔离：不同种群间，由于性行为不同，异性成员间缺乏吸引力，难以辨认对方的求偶行为，因此，也无法进行基因交流。如雌性萤火虫只和按一定路线飞行（直飞、之字形飞、转圈飞）的雄性交配。

（3）机械隔离：不同种群间由于某些自然因素影响，也能阻止基因交流。如生殖细胞表面分子无法结合，生殖器官大小、形状上有差异等。如海星、海胆等，当异种的精卵遇到一起时，由于生殖细胞表面分子无法结合，也不能受精。

（4）时间隔离：由于繁殖季节不同，即使亲缘关系比较近的种类，也无法交配。如林蛙开始有求偶行为时，树蛙的繁殖季节还未到。

2. 合子形成后隔离机制

即使来自不同种的个体交配后，有时甚至产生了后代，但通常在性成熟前死亡或不育。

（1）杂种不活：不同种动物交配后，产生的后代在未达到性成之前死亡。如绵羊和山羊，交配后可以形成受精卵，但在胚胎早期即死亡。

（2）杂种不育：不同种动物交配后，可生出后代，但后代不具生育能力。如马和驴交配，它们的后代骡无生育能力。因为马和驴的染色体对数不同，马 64 条，驴 62 条，骡 63 条，在细胞分裂时不能配对，所以，骡不具生育能力。

以上是隔离机制对新种形成的作用。

三、基因库的独立

新种形成后，种群是如何保持其基因库独立的？所谓基因库就是指一个种群所具有

的全部基因。对于一个新种，基因库是如何被隔离的?

一个物种由于偶然因素、自然因素或地理障碍等被分开，造成了彼此间基因无法流动，群体间的差异就会越来越明显，久而久之，种群间的差异也越来越大。到那时，即使分开它们的障碍消除了，让它们得以重新混杂，然而，它们之间再也不会相互交配，当然，基因也不可能流动。

第五节 动物演化类型与灭绝

整个生物界的演化大多呈现出从无生命到有生命、从低等到高等、从简单到复杂这样的规律，当然，在漫长的演化过程中，不乏大量失败者，大多数种类都经历了发生、发展、灭绝这样的过程。

按照达尔文演化论，地球上所有生命都起源于共同的祖先。由于变异，原始的物种逐渐分化出许多种，有的由于不适应环境被淘汰了；有的继续分化形成新的物种。演化的类型包括线系演化（前进演化）(phyletic evolution)、辐射演化（radiation evolution)、平行演化（parallel evolution)、趋同演化（convergent evolution)。

一、动物演化类型

（一）线系演化

指种的世代延续与时间延续呈现一种线性关系。即随着时间推移，物种沿着此直线可以逐渐演化为另一物种。这种演化在某一时间段只能有一个物种。当然，这种演化也可以是退行性改变，这也是本书将进化改成演化的原因之一。

（二）辐射演化

原始的物种在扩大生存范围和占领区域过程中，由于受到不同环境因素影响，会逐渐形成不同的适应器官，这种现象称适应辐射，达尔文称之为性状分歧。哺乳动物具有共同的祖先，由于生活环境不同，逐渐产生了不同的类型。如水中生活的鲸、适于飞翔的蝙蝠、树栖的长臂猿等。

辐射演化有 2 种模式，渐变模式和断续模式。①渐变模式：某一个物种在演化过程中表现的是一种渐进的、相对匀速的过程，线系的分支只是演化的方向不同而已。②断续模式：表现为演化是跳跃式、不连续的，某一时期也许很快，也许保持相对稳定的状态。

（三）平行演化

不同类群的动物，由于生活在极其相似的环境条件下，对等的器官可以出现相似的性状。如翼手目的蝙蝠和啮齿目的鼯鼠。前者在黄昏时飞出来寻找昆虫，后者在晚上于树间滑行觅食，它们的前后肢都有一张皮膜相连。

（四）趋同演化

不同类群，亲缘关系较远，生活在相同和极为相似的环境条件下，不对等的器官可以出现相似的性状，这种现象称趋同，如蝴蝶的翅和鸟类的翅都有飞翔作用。

（五）停滞演化

一个物种的线系在很长时间（数百万年甚至更长的时间）内没有继续演化也没有分支，基本保持与祖先相同的特征，称停滞演化，如鲎、腔棘鱼等。

二、灭绝

灭绝（extinction）意味着物种的消失，一般包括常规灭绝和集群灭绝。

（一）常规灭绝

指生命史中各个时期都以一定规模经常性发生的灭绝，表现为小规模的灭绝，速度较慢，这是自然状态下的一种灭绝形式，一般属正常现象。

（二）集群灭绝

指种群大规模的灭绝，其规模和灭绝速率都要远远超过常规灭绝。速度很快，许多分类群在较短的地质时期内全部消失。

地史上发生过6次大规模灭绝。第一次发生在5亿年前的寒武纪末，动物约有50%的科灭绝；第二次在3.5亿年前的泥盆纪，约有30%的科灭绝；第三次在2.3亿年前的二叠纪，约有95%的海洋物种灭绝；第四次在1.8亿年前的三叠纪，约有35%的科灭绝；第五次在6500万年前的白垩纪末期，规模最大，恐龙、菊石等全部消失；第六次在1万年前的更新世，许多大型的哺乳动物和鸟类都消失了。

思考题

1. 从时间的尺度构建从无机到有机、从低等到高等动物的思维导图。
2. 一个新物种是如何形成的？
3. 为什么自然选择是科学的？
4. 举例说明生命演化的证据。

第4章

生殖与发育

生命有机体作为高度整合的稳态系统，自其诞生到成熟，直至衰老、死亡存在着严格调控的周期与规律，即生命周期（life cycle）。而生殖与发育，则是将新生与死亡这一有限的过程串联起来，并且成为无限循环的最重要过程，因而生殖与发育也是生命最重要的特征之一。生生不息的生命存在，成功繁殖是最关键环节，而一系列的发育过程，则是动物有机体获得生存的必由之路。

第一节 动物的生殖

一、生殖的概念与意义

生殖是指动物孳生后代的现象，是由亲本产生新个体的过程。生殖作为物种延续的基础，也是生命遗传与变异的载体。而生殖行为，无论是细胞基础还是行为特征，都是每一个个体自亲本那里获得的遗传物质（主要为DNA编码程序）通过调控指导实现的。生殖繁衍的不断发生，也使得生命不断的得以延续，同时在大量群体基础上，遗传与变异不断发生，从而让动物种群有了适应环境变化的手段。由此可见，生殖与演化有着千丝万缕的联系，在漫长的时空尺度下，在大量生殖个体产生的基础上，在小概率适应性突变的产生过程中，演化得以发生。而在生命发展史的长河中，生殖有着相对保守的特点。

二、生殖类型

动物的生殖方式有两种：无性生殖（asexual reproduction）和有性生殖（sexual reproduction）。无性生殖主要类型包括：分裂生殖（fission）、出芽生殖（budding reproduction）、横裂生殖（strobilation）和幼体生殖（pedogenesis）等；有性生殖包括接合生殖（conjugation）和配子生殖（gamete reproduction）等（图4-1）。

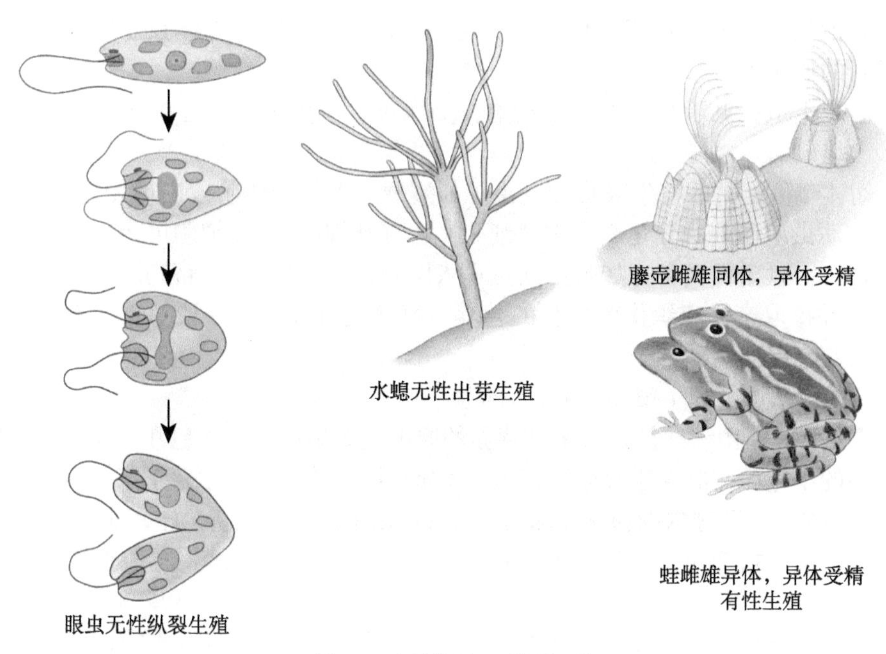

图4-1　生殖类型　王佳雪　绘

（一）无性生殖

1. 无性生殖的概念与意义

无性生殖是指没有配子或生殖细胞结合的生殖方式，即在生殖过程中没有遗传物质的交换重组，亲代和后代具有相同基因组合的生殖方式都属于无性生殖。

在生命演化最初的20亿年里，无性生殖可能是原始生命增加数量的唯一方式，这种方式有效的增加了物种的个体数量，但那些物种往往演化得非常缓慢，因为每一个个体的所有后代都是一样的，这就为演化选择所提供的遗传多样性很少，应对环境变化的能力也很弱，这种生殖方式常出现在细菌、单细胞真核生物，以及低等动物类群如多孔动物、刺胞动物、扁形动物及一些多毛类等，在脊椎动物中则很少见。

无性生殖通常还具有繁殖周期短和速率快的繁殖生物学特点。此外，由于快速繁殖需要消耗大量的营养物质，因此，无性生殖通常对环境条件要求较高，如丰富的食物，适宜的温度、湿度等。

2. 无性生殖的类型

在动物界，无性生殖的形式主要有下面几种。

（1）分裂生殖：见于单细胞原生动物。是动物体（细胞）本身通过细胞质和细胞核的分裂直接形成子代个体的繁殖方式。大体可分为二分体分裂生殖和多分体分裂生殖。二分体分裂生殖即身体裂开，一分为二，如眼虫沿体轴纵裂为二，草履虫则横裂为二；多分体分裂生殖即由一个母体分裂出多个子体的生殖方式，如子孢子的裂体生殖、多核纤毛虫的质裂等。

（2）出芽生殖：多见于多孔动物、刺胞动物等低等类群。通常是自母体的某些部位长出芽体，然后芽体发育形成子代个体。这些子代个体或脱离母体独立生活，或留在母体上形成新的群体。

（3）横裂生殖：见于某些无脊椎动物，如涡虫、纽虫等，可通过横分裂产生多个子代个体。

（4）幼体生殖：某些寄生吸虫和昆虫（如瘿蝇类）在幼体阶段出现无性生殖的现象。这些动物在幼虫期便开始分化产生生殖细胞（也称胚细胞），胚细胞可像单性生殖动物的卵细胞一样，一旦条件具备（如吸虫幼虫进入中间寄主体内，获得营养来源），即可启动发育进程，并摄取亲体组织作为发育的营养，直接发育成为新一代幼虫。类似的繁殖过程常可重复几个周期。

（5）芽球生殖、节片生殖（节裂）、再生

芽球生殖：是指由一些储存了丰富营养的原细胞聚集成团，外包几丁质膜和一层双盘头或短柱形的小骨针，形成球形芽球。当成体死亡后，芽球可以生存下来，度过严冬或干旱，当条件适合时，芽球内细胞从芽球的一个开口出来，发育成新个体，如多孔动物。

节片生殖：是指绦虫的颈区可不断的横裂形成新的体节节片，越靠近颈区的节片越年轻。

再生：是指有机体的一部分在损坏、脱落或截除以后，重新生成的过程。通常又可分为生理性再生和病理性再生。前者即在正常生命活动过程中进行的再生，如红细胞的新旧交替等。病理性再生是指因损伤而引起的再生，如伤口的愈合及一些低等动物的身体碎片能再生为完整的有机体等。

（二）有性生殖

1. 有性生殖的概念与意义

有性生殖是指来自两个亲本的配子结合产生的后代，即：生殖过程中涉及遗传物质交换重组的生殖方式。

几乎所有的脊椎动物和大多数无脊椎动物都有不同的性别，即雌性或雄性，这种情况称雌雄异体，若一个个体内同时含有雌雄两套生殖系统则称为雌雄同体。

有性生殖的遗传学特点是子代拥有与父母任何一方都不同的基因型，而且子代的基因型是由亲代基因经过排列组合的方式产生的，理论上近乎无穷尽。因此，在面临环境变化时，总有一些适应性强的子代个体能够存活下来，从而确保种群在环境变化时具有更强的适应能力。

从生殖生物学的角度看，有性生殖除了繁衍功能外，还具有维持以及增加种族遗传活力的作用。另外，由于有性生殖周期间隔长，也不像大多数的无性生殖那样需要快速消耗大量营养物质，所以在生活史中同时具备有性和无性两种生殖方式的动物种类，通常都在环境优越时进行无性生殖，在不良环境条件下转变为有性生殖。

2. 有性生殖类型

有性生殖可分为典型有性生殖和特殊生殖类型。

（1）典型有性生殖

1）配子生殖：普遍存在于动物界，是由亲代产生生殖细胞，或称雌配子、雄配子，然后雌、雄配子相互结合（受精）后产生新一代个体。

2）接合生殖：仅见于原生动物纤毛纲。通常由 2 个纤毛虫相互贴合在一起，在交换核物质后分开，然后各自进行分裂生殖（详见原生动物一章）。

在以上生殖过程中，子代个体都是由两个亲代个体（或细胞）通过核物质的交换、重组后产生的。

（2）特殊生殖类型

在动物界，还有一些较为特殊的生殖类型，如孢子生殖和孤雌生殖，界定模糊，多有分歧。

1）孢子生殖（sporogony）：动物界见于原生动物孢子纲。基本过程是合子发育形成的孢子母细胞（$2n$），经减数分裂渐次形成孢子、子孢子（$1n$）。在此过程中，虽然没有配子形成，子代个体只由一个亲代细胞产生，但却伴随着基因的交换、重组，因此，孢子纲的孢子生殖应该是一种偏有性的生殖方式。

2）孤雌生殖（parthenogenesis）：广泛存在于原口动物及脊椎动物某些种类。这些动物在特定的条件下，雌性成体产下的卵，不经过受精即可直接发育为子代个体。将孤雌生殖分为无性生殖和有性生殖是很困难的，因为孤雌生殖有不同的模式。一般将其分为二倍体孤雌生殖和单倍体孤雌生殖 2 种类型。

①二倍体孤雌生殖（diploid parthenogenesis）：也称雌裔单性生殖，在特定条件下，雌性产生二倍体卵（$2n$），不经受精就直接发育成新个体，子代全为雌性。二倍体孤雌生殖的情形复杂多样。如有些扁虫、轮虫、甲壳动物、昆虫等，在环境条件优越时进行孤雌生殖，没有减数分裂发生，亲代染色体可完整地传递给子代，这显然属于无性生殖。

而某些果蝇，进行二倍体孤雌生殖时，二倍体卵是卵母细胞第二次减数分裂完成后，单倍体卵核与一个极核融合"受精"形成的；某些蜥蜴行二倍体孤雌生殖时，则是卵原细胞染色体先复制形成四倍体，然后再进行减数分裂产生二倍体卵。在以上 2 种情况下，由于二倍体卵的产生过程都发生了基因的交换重组，因此，又是一类偏于有性的生殖方式。

②单倍体孤雌生殖（haploid parthenogenesis）：也称雄裔单性生殖。如少数轮虫、蚜虫、蚂蚁、蜜蜂和一些两栖动物、爬行动物等种类雄性个体的诞生方式。雌性产下的单倍体卵，不经受精即可发育成新个体，子代全为雄性。由于卵是由减数分裂形成的，必然有遗传物质的交换重组，所以是一种偏于有性的生殖方式。由此可见，在生殖过程中，减数分裂的发生与否也是判断有性和无性生殖的重要标志。

第二节　动物的发育

一、发育的概念

生物学上广义的发育是指生命有机体（也包括由其构成的功能单位，如种群、群落、生态系统等）结构与功能的成熟化过程。而狭义的发育概念通常指有机体的个体发育（ontogeny），也就是生物躯体结构与功能的生长和成熟过程。

与发育过程形影相随的一个生物学现象就是生长（growth），即有机体细胞数目增多、

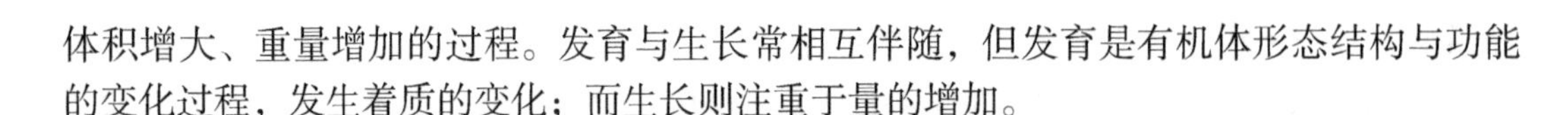

体积增大、重量增加的过程。发育与生长常相互伴随，但发育是有机体形态结构与功能的变化过程，发生着质的变化；而生长则注重于量的增加。

二、多细胞动物的个体发育

单细胞动物、无性生殖个体的发育相对简单，因而动物个体发育更多的是探讨有性生殖的多细胞动物从有机体的发生直至性成熟（甚至衰老、死亡）的全过程。

虽然动物个体诞生的标志是受精卵的形成，但由于受精卵的形成与生殖细胞密切相关，而且生殖细胞的发生过程也较为独特，因此，习惯上把多细胞动物的个体发育划分为生殖细胞的发生（胚前发育）、胚胎期发育和胚后期发育 3 个阶段。

线虫、昆虫以及脊椎动物等，一般在胚胎期已经有生殖细胞和体细胞的分化；低等动物如刺胞动物、扁形动物和少数类群（如海鞘类）体细胞与生殖细胞的分化并不确定，生殖细胞是由体细胞在一定条件下转化形成的。

（一）生殖细胞起源与迁移

有性生殖的多细胞动物，大部分物种的成体细胞是由体细胞和生殖细胞组成的，其中体细胞通过有丝分裂增殖并分化为具有多种特定功能的细胞类群，如保障营养、运动等维持个体生存的细胞。在配子的发生过程中，脊椎动物特别是哺乳动物其精卵发生早在胚胎期即分化决定，但在许多无脊椎动物中，生殖细胞则是在个体生命的某个时期，特别是成体期，由某些特殊的体细胞经过诱导分化发育而来的。

在脊椎动物中，生殖细胞来自 1 对生殖脊（gonocrista），生殖脊由中肾前端两侧体腔膜（中胚层）形成。

通过对青蛙和蟾蜍的研究，原始的生殖细胞是由卵黄囊（内胚层）产生的，进一步追溯，受精卵在未分裂时，植物极有一部分生发细胞质，以后通过胚胎细胞分裂，再以阿米巴运动的方式，迁移到生殖脊。在鸟类及哺乳类中，原始生殖细胞（primordial germ cell）早在原肠期原始内胚层中就产生，随后经过主动和被动的两次迁移，最终进入并定居在性腺。原始生殖细胞作为动物未来生殖细胞的储备，在迁移及进入生殖脊和性腺的早期发育过程中，不断地进行着有丝分裂并形成相对稳定的数量，此后，雌、雄配子的发育进入截然相反的两条路径。除去生殖细胞，性腺中还存在着大量的功能性体细胞，上述细胞虽然无法形成配子，但却对生殖细胞的后期发育起到保护、支持和营养的作用；同时，在高等动物中，性腺中的体细胞起到了分泌激素、维持动物内分泌、发情、求偶行为等众多生物学事件的作用。

（二）生殖细胞成熟

在高等动物特别是哺乳动物中，原始生殖细胞进入性腺后，两性生殖细胞逐步进入减数分裂，并最终产生成熟的配子，此过程被称为配子发生。脊椎动物的精子和卵子成熟过程从减数分裂的角度而言，具有一定的宏观相似性，但在具体发生过程中，存在着巨大差异。雄性睾丸中的配子发生称精子发生，雌性卵巢中的配子发生称卵子发生。

1. 精子发生

生精小管的管壁由 5 ～ 8 层细胞组成，内含分化的生殖细胞，最外层为二倍体的精原细胞（spermatogonia），通过有丝分裂增加数量。每个精原细胞体积增大成为初级精母细胞，经历第一次减数分裂后，形成2个次级精母细胞，再经历第二次减数分裂，形成4个成熟精子。成熟的精子包含单倍的染色体，细胞质大量减少，细胞核凝集成头状，与顶体一起形成头部，中间部分含有线粒体，鞭毛状尾巴用于运动。许多无脊椎动物精子具有顶体丝（可伸出的细丝）。

2. 卵子发生

原始生殖细胞进入性腺后，被称为卵原细胞（oogonia），每个卵原细胞依然为二倍体数目的染色体，通过有丝分裂增加数量。在卵巢中，卵原细胞迅速进入减数分裂，成为初级卵母细胞。不同物种的发育具有较大差别，在一些无脊椎动物中，如线虫、果蝇等，卵母细胞在第一次减数分裂后并无非常明显的长期阻滞行为，会较快进入第二次减数分裂，最终形成卵子。在哺乳动物中，卵母细胞在胚胎期进入第一次减数分裂，随后进入休眠状态，直至成年后卵母细胞才会在多种因素的诱导下继续生长并最终完成减数分裂，形成成熟的卵母细胞。在卵母细胞成熟过程中，通过不均匀的胞质分裂，形成1个保留大部分细胞质且体积巨大、含有单倍遗传物质的次级卵母细胞和1个小的第一极体；次级卵母细胞再进行第二次减数分裂形成1个大的卵细胞（1n）和1个很小的第二极体；第一极体也可再分裂成2个更小的第二极体。最终1个卵母细胞只发育形成1个卵子。

成熟卵子主要由卵细胞和卵黄膜（vitelline membrane）构成。卵细胞具有极性，细胞质分布不均匀。极体排出的一端称为动物极，相对的一端为植物极。根据卵细胞内卵黄的多少将卵分为两大类，即少黄卵和多黄卵。

（1）少黄卵：卵子卵黄含量少，但按照卵黄在卵内的分布又可分为均黄卵和偏黄卵。

①均黄卵：卵黄少且均匀分布于整个卵中，如文昌鱼、海胆、海鞘和高等哺乳类的卵。

②偏黄卵：卵黄少，分布偏于植物极，如两栖类的卵。

（2）多黄卵：卵黄含量多，根据卵黄的分布又可分为端黄卵和中黄卵。

①端黄卵：卵黄多且大多集中在植物极，如硬骨鱼、爬行类和鸟类的卵。

②中黄卵：卵黄多，分布于卵的中央，非卵黄细胞质包裹在卵黄外围，如昆虫的卵。

（三）早期胚胎发育的重要阶段

不同动物类群胚胎发育过程各不相同，但早期胚胎发育历程却都很类似。一般都经过受精卵形成、卵裂、囊胚、原肠胚、中胚层和体腔发生、胚层分化及器官构建等几个阶段。

1. 受精与受精卵

受精（fertilization）是指精子与卵子结合形成受精卵的过程。动物雌、雄配子表面存在有某些结构互补的特异分子，使得彼此能够相互识别。当精子靠近卵子时，在受精处的液体环境中具有彼此相互吸引的化学信号，促使精子趋向卵子游动，并以前端的顶体与卵膜接触，进而诱发顶体反应。基本过程包括：①精子头部质膜和位于质膜内侧的顶体外膜接触、融合。②精子头部的顶体小泡开放并释放出多种酶，水解卵膜的胶状层和卵黄膜，形成入卵通道。顶体反应是精子入卵的先决条件。然后，精子穿过通道，精卵质膜融合，精子细胞核进入卵内，成为雄原核（male pronucleus），线粒体和中心粒也一同进入卵细胞内（图 4-2）。

精子核进入卵后，卵被激活，一方面导致膜电位迅速改变、受精膜（由卵黄膜、卵细胞胞吐的皮质颗粒、膨胀而成）形成以阻止多精入卵；另一方面激发卵细胞重启并完成成熟发育过程。最终，雄原核（1*n*）与发育成熟雌原核（female pronucleus）（1*n*）结合，形成受精卵（2*n*）。

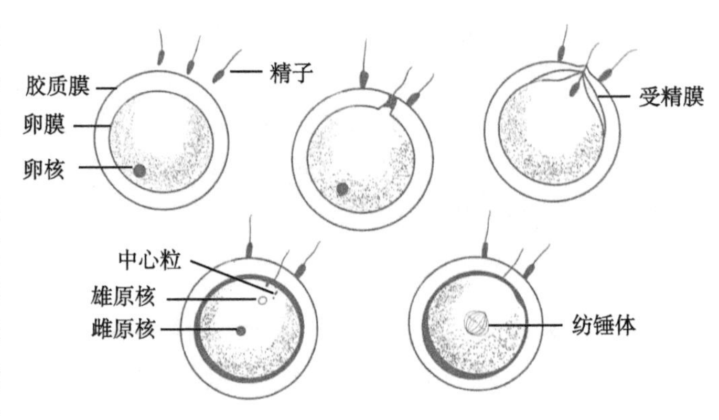

图 4-2　受精过程示意图　桂紫瑶　绘

受精卵形成后，还将发生一系列复杂的生理、代谢变化。其中最明显、最重要的就是卵质重排。如多数两栖类的受精卵第一次卵裂以前，在植物极与赤道之间，因色素颗粒与表层原生质的流动，以子午线为中心形成一左右对称的灰色新月状区域，称“灰色新月区”。这是两栖类将来胚胎器官构建的预定分化区。

动物的受精方式，根据受精环境划分，有体内受精和体外受精 2 种。

（1）体外受精：雌、雄两性个体分别排出卵子和精子，并在水中受精。如大多数水生无脊椎动物、绝大多数的硬骨鱼类和两栖类等。

（2）体内受精：通过交配，然后在雌性生殖道内受精，是所有陆生动物和部分水生种类如无脊椎动物中的蟹类，次生性水生爬行类、哺乳类的受精方式。

若按形成受精卵的精子和卵子是否来自同一个体，还可区分为异体受精和自体受精。

①异体受精：形成受精卵的精子和卵子来自不同个体，是绝大多数动物的受精方式。

②自体受精：形成受精卵的精子和卵子来自同一个体的精巢和卵巢，较为少见，主要见于一些寄生种类，如某些绦虫、吸虫、线虫。通常自体受精的种类都有异体受精的能力，之所以进行自体受精，是迫不得已的选择（如无法寻得配偶）。

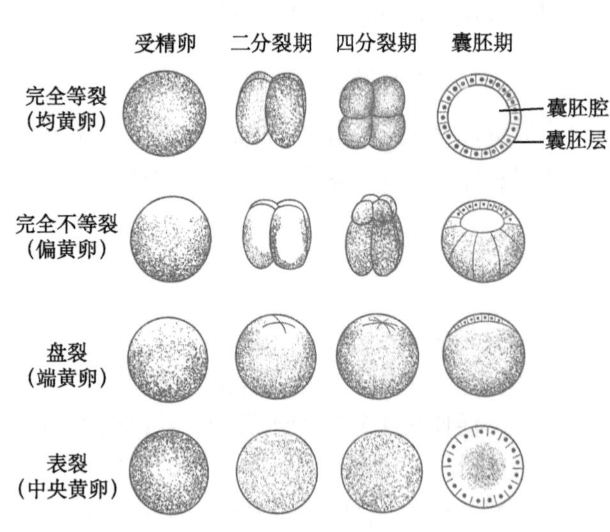

图 4-3　卵裂和囊胚形成示意图　桂紫瑶　绘

2. 卵裂（cleavage）

受精卵经过多次重复分裂，渐次形成具有 2，4，8，16，32……个细胞的胚胎过程，称为卵裂。这些处于卵裂期的细胞称卵裂球或分裂球（blastomere）。在整个卵裂过程中，胚胎体积基本不变，而卵裂球则随着分裂次数的增多、体积越来越小、数量越来越多（图 4-3）。

受精卵细胞质中的卵黄主要是作为胚胎发育的营养物质，并不直接参与器官组织的分化构建，所以，卵裂时卵细胞的分割主要局限于非卵黄区域，卵黄多为被动分割，因此受精卵内的卵黄分布和多寡成为决定卵裂方式的主要因素，卵裂方式包括：完全卵裂（total cleavage）和不完全卵裂（partial cleavage）。

（1）完全卵裂：受精卵细胞全部参与卵裂分割，是少黄卵的卵裂方式。其中，均黄卵每次卵裂分割后卵裂球形状大小相同，称均等卵裂（equal cleavage）；偏黄卵，卵黄少的动物极分裂快，形成的卵裂球小且数量多，卵黄多的植物极分裂慢，卵裂球较大，数量少，由此，动物极和植物极卵裂球大小不一，称不等卵裂（unequal cleavage）。

（2）不完全卵裂：见于多黄卵。卵裂分割只局限于不含卵黄的区域，即动物极胚盘上，称盘裂（discal cleavage）；昆虫卵为中黄卵，卵裂分割只限于卵细胞的球形表层，称表裂（superficial cleavage）。

此外，根据卵裂过程的动态特征，完全卵裂还有两种主要模式，即辐射卵裂（radial cleavage）和螺旋卵裂（spiral cleavage）（图 4-4）。

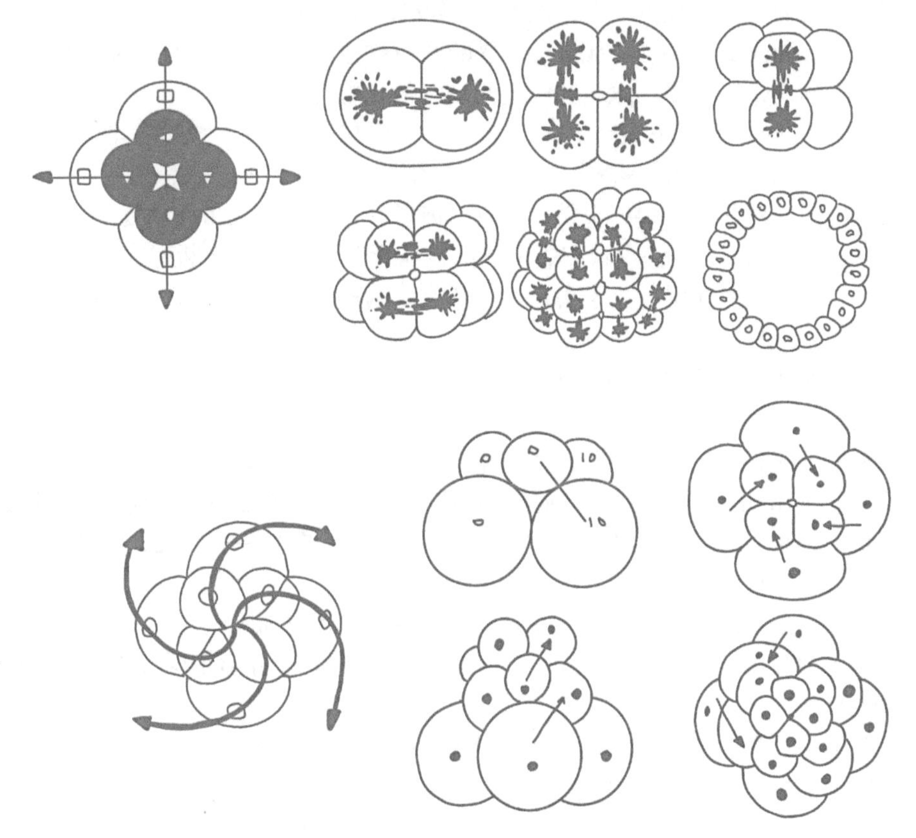

图 4-4　辐射卵裂（上）和螺旋卵裂（下）　高元满　绘

辐射卵裂：特点是在卵裂过程中，分裂轴（即纺锤体轴线）总是与卵轴（即动、植物极中点连线）垂直（经裂）或平行（纬裂），各时期胚体卵裂球始终呈辐射状对称排列在卵轴四周。常见于刺胞动物和后口动物。

螺旋卵裂：特点是从第三次分裂（4 细胞期→8 细胞期）开始，分裂轴与卵轴之间形成大约 45° 的倾角，整个卵裂过程分裂轴串联起来呈现为围绕卵轴的螺旋连线，卵裂球的排布也呈现出围绕卵轴螺旋状排列的态势。常见于涡虫、纽虫、螺类、蚌类、多毛类、线虫等大多数原口动物类群。

3. 囊胚的形成

卵裂完成后（通常在 128 细胞的胚胎时期，人类的更早），卵裂球一般呈球面排列，形成一个中空的球状胚，称囊胚（blastula）。囊胚外围的细胞层叫囊胚层（blastoderm），里面的腔叫囊胚腔（blastocoel）（图 4-5）。

此外，少数动物形成的囊胚没有囊胚腔，称实囊胚（stereoblastula），如某些刺胞动物；盘状卵裂动物则形成盘状囊胚（discoblastula）。

4. 原肠胚的形成

囊胚继续发育将形成具有内、外两个细胞层的胚胎，即原肠胚（gastrula），这一过程称为原肠作用（gastrulation）。包围在胚体外层的细胞叫外胚层（ectoderm），内层的细胞称内胚层（endoderm）；内胚层围成的 U 形管状结构称原肠（archenteron），所包围的腔称原肠腔（archenteric cavity），原肠与外界的开口称原口或胚孔（blastopore）。内胚层细胞将会形成动物消化管上皮，原肠腔则变为动物消化管腔。

动物的原肠形成大致有内陷、内卷、外包、分层与内移等几种方式（图 4-5）。

（1）内陷（invagination）：囊胚植物极半球细胞向囊胚腔内陷入，形成内胚层，动物极半球细胞层形成外胚层。多见于棘皮动物、海鞘和文昌鱼等均黄卵动物。

（2）内卷（involution）：盘状卵裂形成的盘状囊胚，其边缘不断有细胞分裂产生并向内卷入，一直延展成内胚层。见于头足类、鱼类、两栖类和爬行类等大多数端黄卵动物。

（3）外包（epiboly）：完全不等卵裂由于动物极细胞快速分裂，向下延伸把植物极细胞包在里面，结果包围在胚体外层的动物极细胞形成外胚层，里面的植物极细胞则形成内胚层。见于一些软体动物和两栖类。

（4）内移（ingression）：首先囊胚层上的一些细胞移入囊胚腔内形成不规则的细胞团，然后这些细胞团不断扩展并规则排布形成内胚层，包围在外面的囊胚层细胞形成外胚层。内移法形成的原肠胚最初没有原口，后来才在胚体的一端开孔，形成原口。主要见于水母、水螅等某些刺胞动物。

（5）分层（delamination）：有 2 种方式，一种是囊胚层细胞向囊胚腔内分裂形成 1 个细胞层，成为内胚层。如某些钵水母。另一种是实囊胚向外分出 1 层细胞，成为外胚层。如某些水螅水母类。

原肠作用是动物胚胎发育过程一个很关键的阶段，其过程也很复杂。实际上，许多动物的原肠形成并非以单一形式完成，通常是两种或两种以上形式同时进行，最常见的是内陷与外包同时，分层和内移配合进行（图 4-5）。一般情况下，原肠胚形成方式为：小型卵多为移入法；中型卵多为内陷法；大型卵多为外包法。

5. 中胚层及体腔的发生

大多数动物经过原肠胚后继续发育，在内、外胚层之间逐步形成一个新胚层，即中胚层（mesoderm）；其中大多数类群还将在中胚层组织之间形成腔隙——体腔（coelom）或称真体腔（true coelom）。在动物胚胎发育过程中，中胚层和体腔的发生密切相关（原体腔是胚胎发育过程中囊胚腔的残余，与中胚层没有任何关系）。

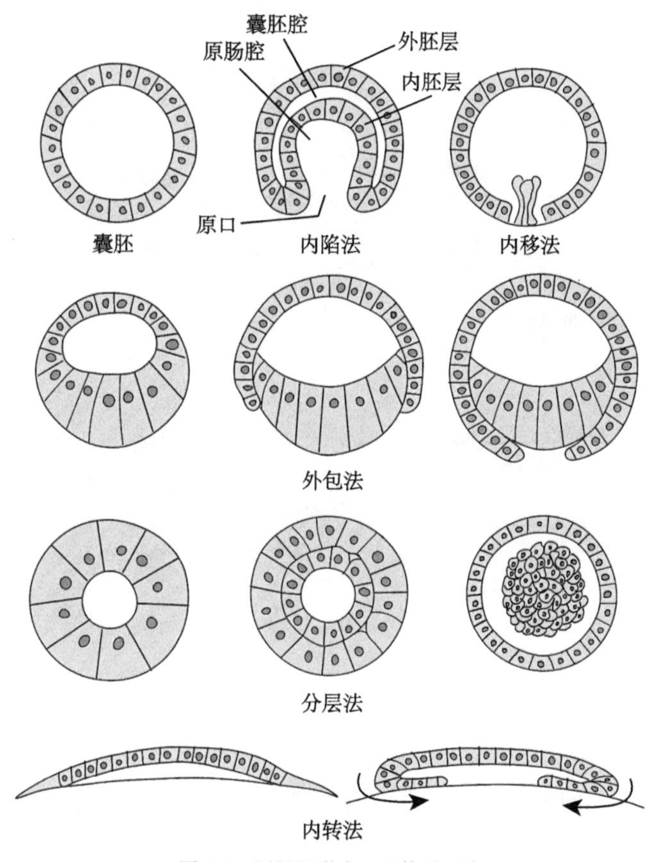

图 4-5　原肠胚形成　王佳雪　绘

动物界两大自然演化类群——原口动物和后口动物，在中胚层和体腔的发生上有着很大差别（图 4-6）。

（1）原口动物中胚层及体腔的形成——端细胞法（telocells method）

在胚孔两侧，即内、外胚层交界处，各有 1 个端细胞，快速分裂后形成 2 个中胚层细胞团，构成中胚层，称端细胞法。有体腔的类群，在中胚层发生的同时，中胚层细胞之间裂开形成腔隙——体腔。因为这种体腔是中胚层组织裂开形成的，故称裂体腔（schizocoel），体腔形成的方式即称为裂体腔法（schizocoelous method），见于原口动物。

（2）后口动物中胚层及体腔的形成——体腔囊法（coelesac method）

后口动物发育到原肠胚后期，在原肠背部两侧，内胚层向外突出形成 1 对囊状突起即体腔囊（coelom sac）。随后，体腔囊与内胚层脱离，在内、外胚层之间扩展成为独立的中胚层，由于体腔囊来源于原肠，故称体腔囊法形成中胚层；中胚层所包围的腔即为体腔，其形成方式也称为肠体腔法（enterocoelous method），见于后口动物中的棘皮动物、半索动物和脊索动物，但高等脊索动物是由裂体腔法形成体腔，其过程比较复杂。

6. 胚层分化与组织器官构建

中胚层形成后，胚胎就具备了完整的 3 个胚层，动物组织器官的发生得以全面展开。动物组织、器官就是在胚层形成的基础上，由单一胚层或多个胚层协同分化产生的。高等动物 3 个胚层的分化走向大体如下。

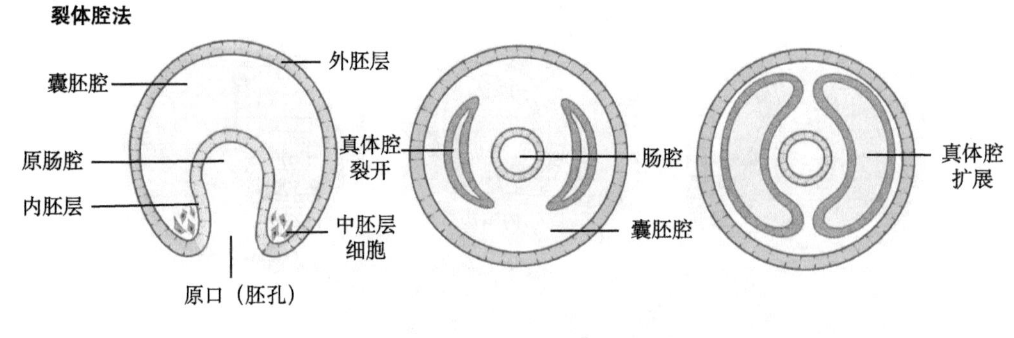

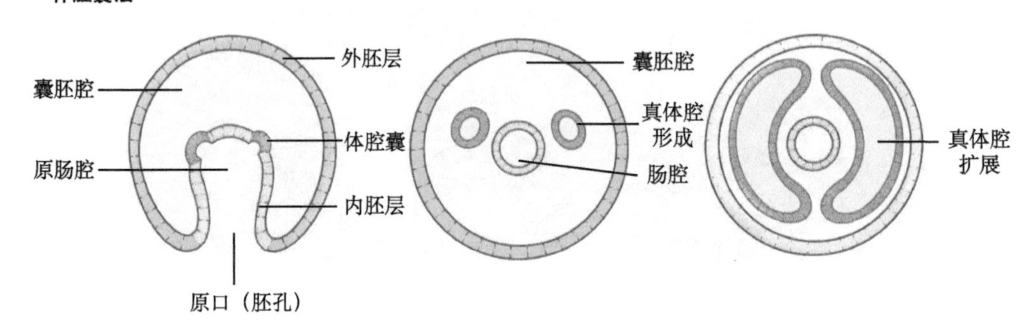

图 4-6 中胚层形成示意图 胡思源 绘

（1）外胚层：分化形成神经系统、感觉器官的感觉上皮、消化管两端上皮、皮肤表皮及其衍生物等。

（2）中胚层：分化形成所有的肌肉、结缔组织、脊索、真皮（但脊椎动物头部真皮由外胚层形成）、循环系统，以及排泄、生殖系统的大部分。

（3）内胚层：分化形成呼吸道上皮和肺；消化管中段上皮和肝、胰等消化腺；尿道和附属腺体的上皮、膀胱的大部分；除了脑垂体、性腺以外的大多数内分泌腺体（如甲状腺、胸腺等）。

（四）多细胞动物的发育模式

依据多细胞动物胚胎发育的环境和营养来源，大致可以划分为以下 3 种类型。

1. 卵生

卵生（oviparity）是指受精卵在母体外独立发育的过程，营养由自身卵黄供给，幼体直接从卵中孵出。如大多数水生动物：硬骨鱼类，大多数的爬行类，还有一些软骨鱼类、两栖类，所有的鸟类以及少数哺乳类（鸭嘴兽、针鼹）属于这种方式。

2. 胎生

胎生（viviparity）是指动物的受精卵和胚胎在母体子宫内发育，通过胎盘从母体获得营养并发生密切的代谢联系，而不是从卵黄中摄取营养，待发育到与成体形态相似时，才从母体产出。如有的软骨鱼类、少数两栖类、少数爬行类和几乎所有的哺乳类都属于这种方式。

3. 卵胎生

卵胎生（ovoviviparity）是指受精卵和胚胎在母体内发育，但与母体之间缺乏营养代谢联系，所需营养仍由自身卵黄供给，与母体没有物质交换关系，或只在胚胎发育的后期才与母体进行气体交换，母体只提供发育环境和一些水分、无机盐等，待发育到与成体形态相似时，才从母体产出。如田螺、蚜虫；某些硬骨鱼类（如虹鳉和食蚊鱼）、软骨鱼类以及某些爬行类（如蝮蛇、海蛇）和胎生蜥都属于这种方式。

（五）胚后发育

通常把动物从卵内孵出或从母体产出之后到性成熟这一阶段的发育过程称为胚后发育或幼体发育。在此时期，动物幼体除了形态与功能的发展变化以外，还将伴随着明显的生长过程，即躯体体积、重量的显著增加。

根据幼体发育过程形态与功能改造的幅度，一般把胚后发育分为直接发育（direct development）或无变态发育（ametabolous development）和间接发育（indirect development）或变态发育（metamorphosis development）。

1. 直接发育或无变态发育

幼体出生时的形态、功能特点与成体基本相似，幼体直接成长为成体。如有些淡水产无脊椎动物、鸟类、哺乳类等。

2. 间接发育或变态发育

幼体出生时形态结构与功能，甚至生活方式与成体差异显著，幼体发育需要经过一系列重大改造——即变态（metamorphosis），才发育为成体。如几乎所有的海产无脊椎动物、蛙类和大多数昆虫等。

三、个体发育与系统发育的关系

（一）系统发育的概念

系统发育（phylogeny）是指生物类群（可以是界、门、纲、目、科、属、种等任意阶元水平）发生及演化的历史。从演化角度看，任何生物都有其种族发生和发展的历史过程，因此，系统发育的概念实际就是演化论概念的延展。

（二）个体发育与系统发育的关系

19 世纪中叶，德国生物学家赫克尔（E.Haeckel，1834 ～ 1919），在对多种动物的胚胎发育研究时发现：不同类群脊椎动物早期胚胎发育几个阶段的胚胎形态都很相似，均按一定的顺序渐进出现，而这种相似性正好与动物界系统发育（即种族的发展演化历程）的渐进顺序性相吻合。受此启发及当时演化思想的影响，他在 1866 年出版的《普通形态学》一书中提出了一个大胆的观点："生物发展史可分为两个相互紧密联系的部分，即个体发育和系统发育，也就是个体发育史是系统发展史简短而迅速的重演。"由此创立了一个在生物学上具有深远影响的理论——生物发生律（biogenetic law）。这一理论指出，生物的个体发育是其种族演化发展简单、快速的重演，也称重演律（recapitulation law）。

生物发生律揭示了生物个体发育与种族演化发展的特殊对应关系。如陆生脊椎动物用肺呼吸，而它们的胚胎期都出现鳃裂，鳃裂和鳃是鱼类的呼吸器官，那就意味着陆生脊椎动物都有共同的水生祖先。生物发生律为阐明动物各类群之间的亲缘关系及其发生、演化轨迹提供了理论依据。因此，当某种动物的分类地位难以从形态结构上确定时，常可通过对发育过程的研究得以解决。但应当注意的是，"重演"不等于重复，个体发育是不断变化中的事件，而系统发育是凝固的历史，个体发育对系统发育的重演，绝不可能出现机械式的磨合，而只能是一种粗线条的、蒙太奇式的对应。

进入20世纪后，赫克尔的重演律遭到了多方面质疑。原因是生物学家发现赫克尔手绘的几个动物类群早期发育阶段图谱与实际情况有一定差异，而且分子遗传学理论也难以解释胚胎发育为什么会重现演化历史。但是，不同类群脊椎动物早期胚胎发育具有相似性，个体发育过程重演种族的基本发展历程也是事实，而且近年来发育生物学研究的结果也都表明：几乎所有动物的发育过程都由相同的遗传机制控制，这又为赫克尔的重演律提供了有力佐证。因此，客观地说，赫克尔的生物发生律仍然是生物学上的重大发现（图4-7）。

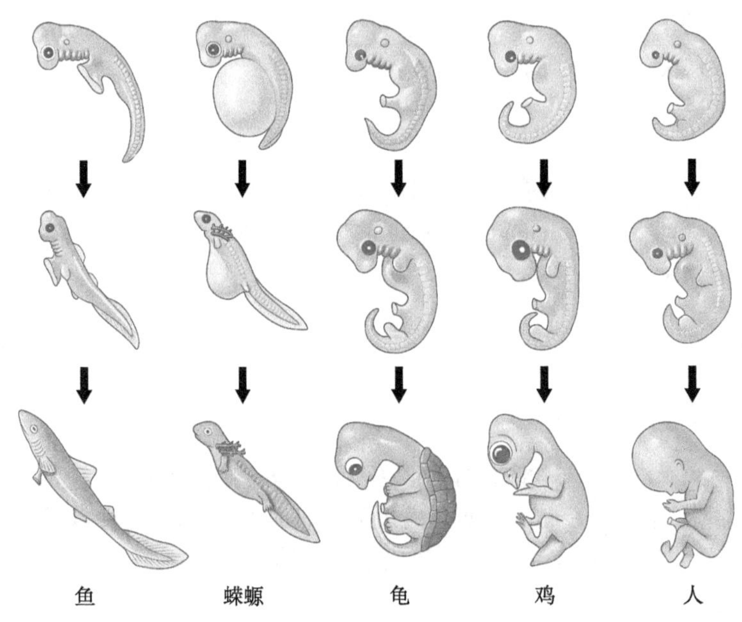

图4-7 不同类群脊椎动物早期胚胎发育过程 杨天祎 绘

思考题

1. 动物为什么要有有性生殖？
2. 试举几个动物生殖的代价？
3. 卵裂有哪些形式？和什么有关？
4. 精子发生和卵子发生有什么异同点？
5. 多细胞动物发育中最重要的事件都有哪些？

第5章

原生动物门

演化地位：原生动物门（Protozoa）是动物界中最原始、最低等的类群，身体大多由单个细胞构成，又称单细胞动物。它们个体微小，形态结构、营养及生殖方式多样，由细胞质分化出类似高等动物的器官——类器官（或称胞器 organelle）完成各种生理功能。目前已知约有 64000 种，其中半数以上为化石种类。现存种类广泛分布于淡水、海水和土壤中，另有一些种类在动物体内寄生生活。

第一节 原生动物的主要特征

一、外形

原生动物是单一的真核细胞，具有一般细胞的基本结构。然而它具有大多数动物所表现出来的一切功能，如运动、摄食、消化、呼吸、排泄、感应以及生殖等。原生动物不具有高等动物所具备的器官和系统，各种生理功能是由细胞内特化的细胞器（简称胞器）完成的。因此，它们比高等动物的任何一种细胞都要复杂。

有些原生动物由多个相对独立的个体组成群体，类似多细胞动物，但群体内的个体具有相对独立性，与多细胞动物有着本质的区别。总之，原生动物是一个完整的有机体，所有生命活动都在一个单一的质膜内进行。

原生动物个体较微小，一般在 3 ～ 300μm 之间。某些变形虫个体较大，直径可达 5mm，最大的有孔虫壳直径达 12.5cm。它们形态多样，如浮游种类多呈球形，而爬行、游泳的种类身体延长呈扁平状，卵形、锥形、梨形、钟形等也大量存在。一些固着种类具有附着性的柄，也有的种类具有保护性的外壳，而有些变形虫的体形还可随时发生改变。

原生动物的细胞质一般分为两个区域，细胞膜下面的部分相对稳定的细胞质叫作外质（ectoplasm）；含有颗粒且具有流动性的为内质（endoplasm）。海生种类原生质浓度与

环境是等渗的，淡水生种类则需要专门的细胞器来调节水盐平衡。

二、摄食与营养

原生动物的摄食及营养方式包括以下 3 种。

（一）植物性营养

一些原生动物体内具有色素体，可以像植物一样利用光能将二氧化碳和水合成碳水化合物，又称光合营养，如绿眼虫（*Euglena viridis*）。另有一些纤毛虫体内有藻类共生，如绿草履虫（*Paramecium bursaria*），可通过细胞质内共生的绿藻获取养料。

（二）动物性营养

又称吞噬营养，为大多数原生动物的营养方式。一般包括摄食、消化吸收和排遗 3 个主要环节。原生动物靠表膜内陷并包裹摄取的细菌、藻类及其他小型生物等，在细胞内完成消化和吸收，未被吸收的食物残渣通过排遗作用排出体外。

（三）腐生性营养

又称渗透营养，即通过质膜的渗透作用摄取溶于水中的有机物质。多见于寄生种类及少数自由生活种类。

很多原生动物为多种营养方式兼有，称混合型营养，如绿眼虫在有光条件下以植物性营养为主，在无光条件下以渗透营养为主。

三、呼吸

原生动物的呼吸主要是依靠体表质膜从周围水中获得氧气，所产生的二氧化碳再通过质膜扩散排到水中。体内含有三羧酸循环的酶系统，可把进入体内有机物氧化分解成二氧化碳和水，并释放出能量，线粒体是原生动物的呼吸细胞器。内寄生种类主要通过无氧酵解获能。

四、水盐平衡与排泄

淡水生原生动物（包括某些寄生种类），都有一种排水的胞器，即伸缩泡（contractile vacuole），这是一种由质膜组成的泡状结构，它可依靠众多分支的收集管与内质网相通，收集体内多余的水分及溶于水中的含氮废物（主要为氨），通过体表的微孔排出体外；海产种类一般无伸缩泡，可直接通过表膜扩散将代谢废物排出体外。

五、应激性

原生动物可对外界刺激产生一定的本能反应，称应激性。应激性有利于原生动物趋利避害，如草履虫会对高浓度的盐水表现出逃避性，对食物会表现出趋向性。应激性对保证动物的生存与繁衍具有十分重要的意义。在原生动物中已测出有多种神经肽，神经肽的存在与原生动物的应激性密切相关。

六、生殖

大多数自由生活的原生动物主要进行无性生殖，在特定条件下（如温度或季节的变化、食物短缺或原生动物自身的衰老等）可进行有性生殖。许多寄生性原生动物的生活史中，具有有性生殖与无性生殖交替进行的世代交替现象。

（一）无性生殖：可分为二分裂、复分裂和出芽生殖等方式

二分裂：原生动物经有丝分裂，形成两个基本相似的子个体，也是最常见的生殖方式。如眼虫的纵二分裂以及草履虫的横二分裂等。

复分裂：也称为裂体生殖，分裂时细胞核经多次分裂先形成多个细胞核，然后细胞质再分裂，每个核被一些细胞质包围成一个新的单核子个体，如疟原虫（*Plasmodium*）。

出芽生殖：母体的一部分突起并发育为小的芽体，逐渐长大，与母体分离成为新个体。有的可同时形成多个芽体，如夜光虫（*Noctiluca*）。

质裂：是一些多核原生动物所进行的生殖方式。分裂时细胞核先不分裂，而是由细胞质在分裂时直接包围部分细胞核形成几个多核的子个体，子个体再成为多核的新虫体，如蛙片虫（*Opalina*）。

（二）有性生殖：可分为配子生殖和接合生殖两类

配子生殖：是经过雌雄两个配子融合或受精形成一个新个体的过程，又可分为同配生殖和异配生殖。前者是两个配子大小、形状相似，生理机能不同，如有孔虫；后者是两个配子大小、形状与机能均不相同，大多数原生动物的有性生殖都是异配生殖。

接合生殖：仅见于纤毛纲，两个虫体口沟处暂时黏合在一起，细胞质相互通连，大核瓦解，小核分裂数次，互换小核及部分细胞质（相当于受精），随后两虫体分开，核物质重组、分裂，最后每个纤毛虫产生 4 个子虫体，如草履虫。

七、包囊

大多数原生动物在遇到不良环境条件（如低温、食物缺乏、水池干涸或出现有毒物质）时，能缩回伪足或者脱掉鞭毛、纤毛等结构，身体缩小呈球形，由高尔基体分泌囊壁物质，通过一系列囊泡转运至体表，将自己包裹起来，形成包囊（cyst），并借助风力和水流广泛散布。在包囊内，虫体代谢率降低，几乎处于休眠状态。当环境适宜时，虫体又可破囊而出。包囊的形成是演化过程中原生动物抵御不良环境的一种适应性机制，为原生动物的广泛分布提供了条件（图 5-1）。

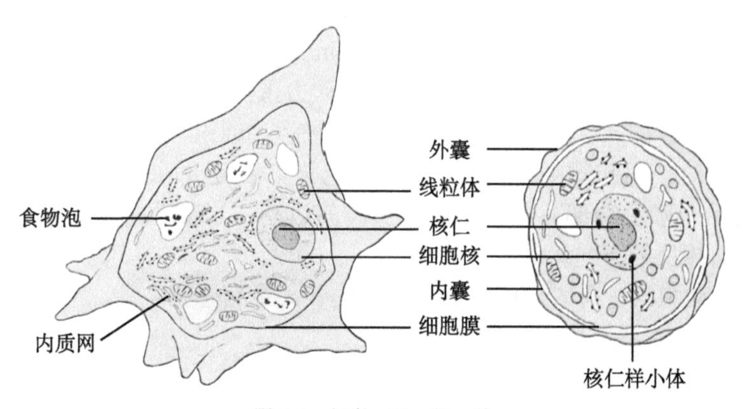

图 5-1　包囊　王一帆　绘

第二节 原生动物的分类

现存原生动物约有30000余种，随着研究的深入，对原生动物的分类争议较大，但其主要的4个类群：鞭毛纲（Mastigophora）、肉足纲（Sarcodina）、孢子纲（Sporozoa）以及纤毛纲（Ciliata）是最基本也是最重要的类群，本节将逐一介绍，但这些划分与演化似乎缺乏密切关系。

一、鞭毛纲

（一）鞭毛纲的主要特征

1. 鞭毛与运动

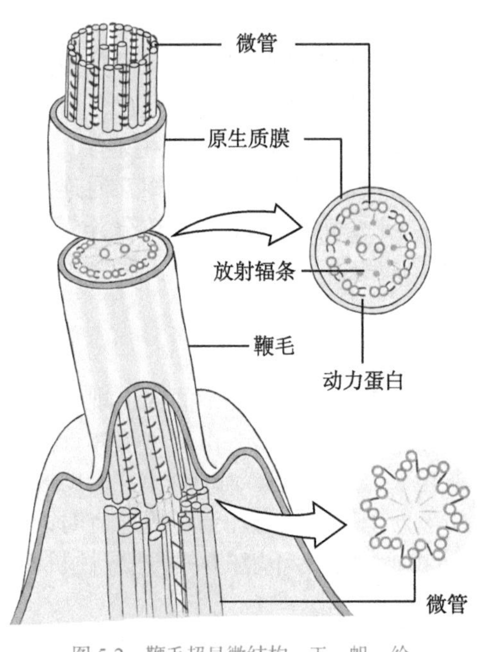

图5-2 鞭毛超显微结构 王一帆 绘

运动胞器为鞭毛，通常1～4条，少数种类具有较多鞭毛。鞭毛由9对纵向微管围绕中央2根微管排列成（9×2+2）结构，这些微管构成了鞭毛轴丝（axoneme），外覆一层薄膜与细胞膜相连（图5-2）。9对微管在进入细胞质后，形成基体（kinetosome），同时每对微管由2根变成了3根，而2根中央微管则终止于进入细胞之前。在细胞内，由基体再发出纤维，称根丝体，至细胞核附近。基体的结构与中心粒相似，在细胞分裂时可起到中心粒的作用。在动物界，几乎所有可动的鞭毛或纤毛都以这种形式存在。

关于鞭毛和纤毛的运动机制，目前的解释为微管滑动假说（sliding-microtubule hypothesis），由ATP中化学键能量的释放提供能量。每对外周微管都有2条动力蛋白臂（dynein arm），臂上含ATP酶，可分解ATP供能。当ATP键能释放后，动力蛋白会沿着连接动力蛋白臂的微管行走，导致与相邻的一根未连接动力蛋白臂的微管间做滑动运动。当这种运动通过径向辐条（radial spoke）传递到2条中央微管时，引起鞭毛弯曲。鞭毛运动方式，决定了虫体运动的方向，当鞭毛摆动的动力波起始于鞭毛端部时，虫体被牵引向前运动；当鞭毛摆动的动力波起始于鞭毛基部时，虫体向相反的方向运动（似蝌蚪）。

鞭毛既是运动胞器，有时还可作为捕食、附着甚至有感觉功能。

2. 摄食与营养

鞭毛纲动物是唯一拥有植物性、动物性、腐生性3种营养方式的类群。具色素体的种类自养，无色素体种类为动物性或腐生性营养，两者又称异养。

3. 生殖

无性生殖一般为纵二分裂，有性生殖为配子生殖。

现以代表动物绿眼虫加以说明。

（二）代表动物——绿眼虫

生活在有机质丰富的池沼、水沟或缓流中。虫体因含有叶绿体而呈绿色，大量繁殖时可使水域呈现绿色。

体梭形，长约 60μm，前端钝圆，后端尖（图 5-3）。中后部有一个大而圆的核，生活时透明。体表具有带斜纹的弹性表膜（pellicle）。每一条纹的一侧有向内凹陷的沟（groove），另一侧有向外突起的嵴（crest），沟与其相接条纹的嵴相关联，且嵴可在沟中滑动，使绿眼虫既能保持一定形状，又能作收缩变形运动。表膜斜纹是眼虫科的特有结构，其数目多少是种的分类特征之一。

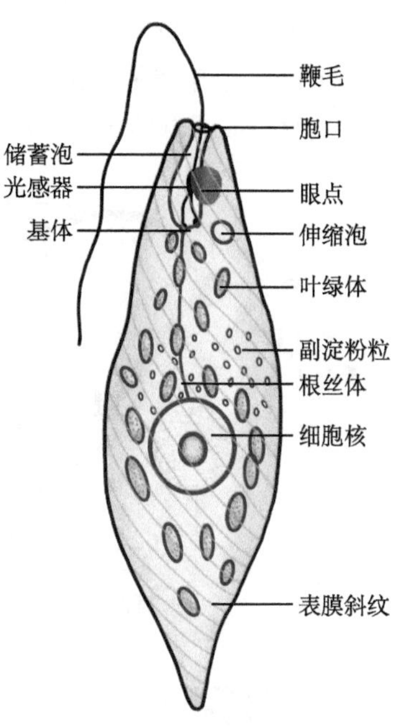

图 5-3　绿眼虫结构　朱婉莹　绘

体前端具有胞口（cytostome），向后连储蓄泡（reservoir）。储蓄泡旁具有伸缩泡（contractile vacuole），主要功能是调节水分平衡，可收集细胞质中过多的水分，排入储蓄泡，再经胞口排出体外。鞭毛（flagellum）是绿眼虫的运动胞器，自胞口中伸出体外。

绿眼虫前端有 1 红色眼点，内含胡萝卜素或红色素，浅杯状，杯口朝向体外，起遮光作用。在杯底后面两根鞭毛汇集处，有一透明的突起——光感受器（photoreceptor），光源可从眼点的杯口透视到后面的光感受器上，方可感知光源，从而调整运动方向。

眼点和光感受器普遍存在于绿色鞭毛虫，与其进行光合作用的营养方式有关。

细胞质内含有叶绿体（chloroplast）。叶绿体的形状、大小、数量及结构为眼虫属、种的分类特征。眼虫在有光的条件下进行光合营养（phototrophy），制造的过多食物以副淀粉粒（paramylum granule）贮存在细胞质中。副淀粉粒与淀粉相似，是糖类的一种，但与碘作用不呈蓝紫色。副淀粉粒是眼虫类特征之一，其形状大小也是分类依据。无光的条件下，绿眼虫可通过体表渗透营养。

视频 5-1

绿眼虫在有光的条件下，利用光合作用所放出的 O_2 进行呼吸（氧化）作用，产生的 CO_2 又被用来进行光合作用。在无光的条件下，通过体表吸收水中的 O_2，排出 CO_2。

生殖方法一般是纵二分裂，这也是鞭毛虫纲的特征之一，在环境条件不良时可形成包囊。

（三）鞭毛纲的重要类群

根据营养方式的不同，可分为 2 个亚纲。

1. 植鞭亚纲（Phytomastigina）

有叶绿体，进行光合营养，自由生活于淡水或海水中。

有些种类营个体独立生活，如绿眼虫、衣滴虫（*Chlamydomonas*）；有些种类群体生活，如盘藻（*Gonium*）和团藻（*Volvox*）。团藻呈空心的球形，由成千上万个个体排列在球表面形成一层，彼此通过原生质桥相连。每个个体有2根鞭毛。个体间有分化，大多为营养个体，可进行光合营养，数目较多，无繁殖能力；少数个体有繁殖能力，体积较大，可形成卵和精子，精、卵结合可发育为一个新群体。少数繁殖个体在春天开始进行孤雌生殖形成子群体（图5-4）。团藻对分析和了解多细胞动物的起源问题具有重要意义。

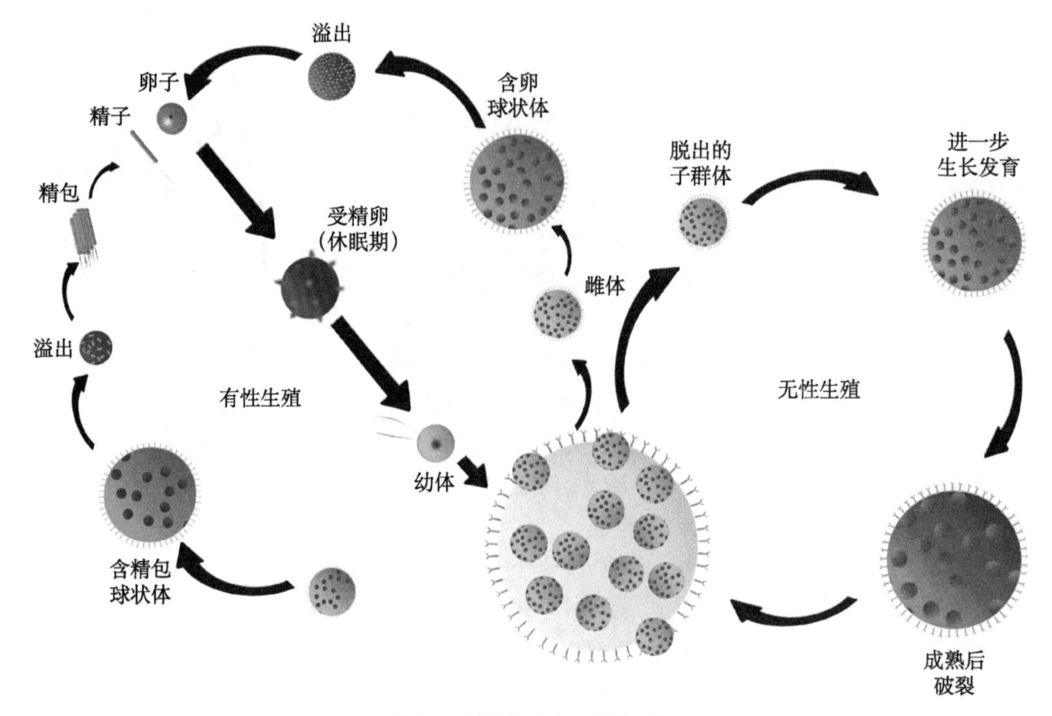

图5-4 团藻生活史 何茜 绘

大部分植鞭亚纲鞭毛虫为浮游生物的组成部分，是甲壳类和鱼类的天然饵料。一些淡水生活的种类能引起水污染，如钟罩虫（*Dinobryon*）、尾窝虫（*Uroglena*）、合尾滴虫（*Synura*）等。有些海产种类如夜光虫、裸甲腰鞭虫（*Gymnodinium* spp.）、沟腰鞭虫（*Gonyaulax* spp.）繁殖过剩时，可使局部海水变色，称为赤潮：即海洋中某些微小生物的暴发性繁殖或高密度聚集而引起的海水变色变质现象的总称（图5-5）。

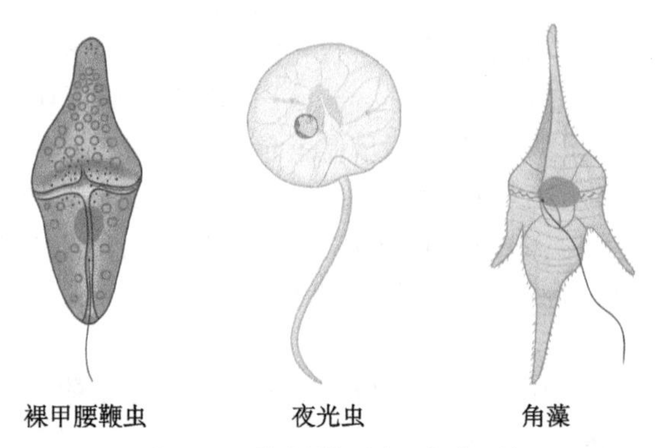

图5-5 几种常见鞭毛虫 何茜 绘

小丽腰鞭虫（*Gonyaulax calenella*）可产生一种神经毒素（neurotoxin），能储存在甲壳类动物体内，对甲壳类动物虽无害，但人和其他动物食用甲壳动物后会引起中毒。

2. 动鞭亚纲（Zoomastigina）

无叶绿体，异养。多数与多细胞动物共生或寄生，少数自由生活。

寄生种类如杜氏利什曼原虫（*Leishmania donovani*）寄生于人体肝、脾等内脏的巨噬细胞内，通过白蛉子传播，可引起黑热病；锥虫（*Trypanosoma*）寄生于脊椎动物血液中，借助波动膜和鞭毛可在黏稠度较大的环境中运动，可侵入人脑脊液系统，引起昏睡病，又名睡病虫。存在于我国的伊氏锥虫（*T.evansi*）对马危害较重，可引起马苏拉病；鳃隐鞭虫（*Cryptobia branchialis*）可侵入鱼鳃危害鱼类；阴道毛滴虫（*Trichomonas vaginalis*）寄生于女性阴道和尿道中，导致患者外阴瘙痒以及白带增多，引起阴道、尿道以及膀胱炎症（图 5-6）。

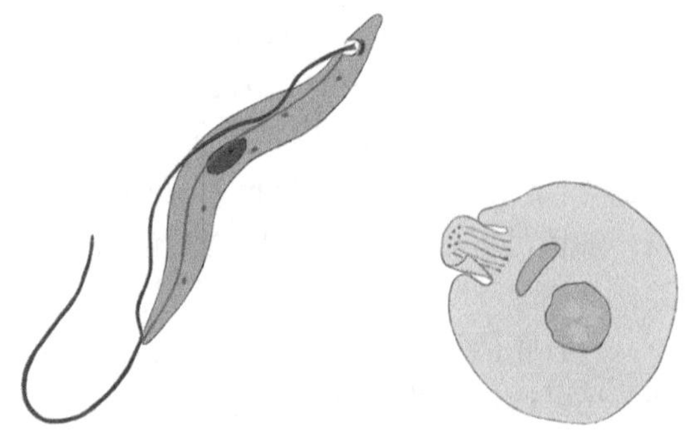

图 5-6 锥虫（左）和利什曼原虫（右） 王一帆 绘

共生种类的披发虫（*Trichonympha*）生活在白蚁消化管内，可将纤维素分解为可溶性的糖。如用高温（40℃）处理白蚁，其肠内的鞭毛虫死亡，白蚁仍存活，同样可以吃木头，但不能消化，最终饿死（图 5-7）。

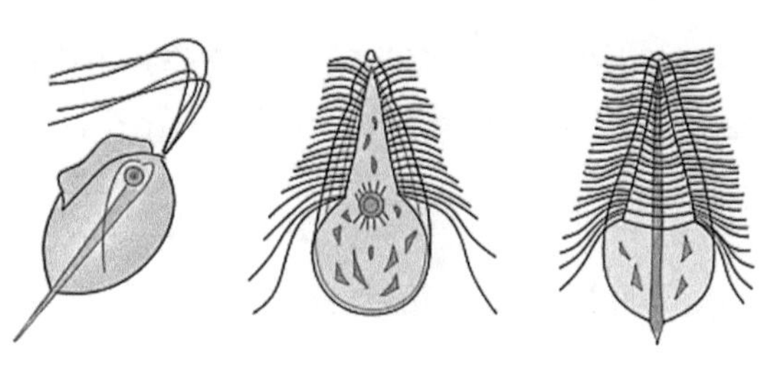

图 5-7 毛滴虫（左）、披发虫（中）和旋毛虫（右） 赵浩辰 绘

领鞭毛目中群体生活的种类如原绵虫（*Proterospongia*）与多孔动物具有相同的领细胞，通常认为两者间具有演化上的联系，对了解多孔动物与原生动物的亲缘关系具有一定意义（图 5-8）；变形鞭毛虫（*Mastigamoeba*）具有 1～3 根鞭毛，同时可向体外伸出伪足做变形运动，对于探讨鞭毛类与肉足类的亲缘关系具有一定意义。

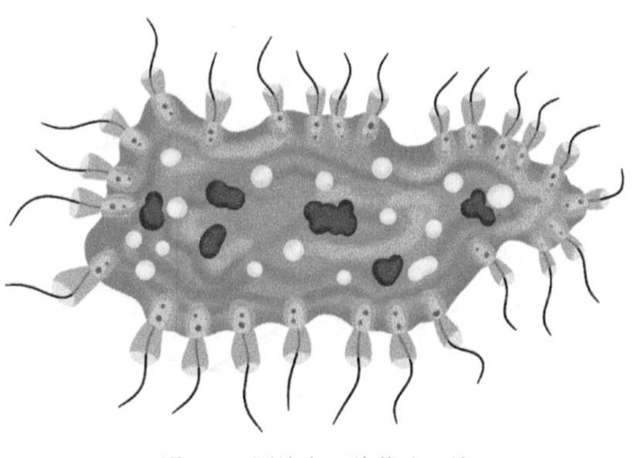

图 5-8 原绵虫 陈紫暄 绘

二、肉足纲

（一）肉足纲的主要特征

肉足纲动物身体大多无一定形状，可随时改变体形。

1. 伪足与运动

虫体表面的任何一个部位都可以形成临时的、半永久性的、永久性的凸起，这种凸起称伪足，伪足实际就是细胞质的延伸，靠伪足运动的方式称变形运动。虫体外质多呈凝胶状；内质溶胶状，含颗粒、细胞核及胞器，流动性更强，运动时，虫体内的细胞器同样处于动态中。伪足兼有运动和摄食功能。

伪足有不同类型，最常见的是叶状伪足（lobopodia），常常体表形成指状突起，由内质和外质流动形成，虫体由此产生运动；丝状伪足（filopodia）细长，末端尖，常有分支，见于有壳变形虫；网状伪足（reticulopodia）由丝状伪足反复分支形成，网状，如有孔虫等；轴伪足（axopodium），伪足细长，由若干微管以不同的排列、旋转组成轴索支撑，轴伪足可以伸出、缩回，虫体可依此在附着的物体上滚动，多见于太阳虫、放射虫类；上述除叶状伪足外，其余类型均由外质形成。

一般底栖种类靠伪足突起引起胞质流入而产生运动；漂浮种类靠风或水流运动，此外，还可通过调节外质的泡化程度在水中做沉浮运动。

2. 摄食与营养

自由生活种类多为动物性营养，由表膜包裹细菌、藻类甚至其他原生动物形成食物泡，陷入体内与溶酶体结合进行消化；寄生种类腐生性营养。

3. 生殖

无性繁殖为二分裂。部分种类可进行有性生殖，即配子生殖。有性生殖时（如太阳虫），可在包囊内先进行有丝分裂成 2 个子体，再各自进行减数分裂，每个子细胞仅形成 1 个配子核，2 个子细胞的配子核再融合形成 1 个新个体。

（二）代表动物——大变形虫（*Amoeba proteus*）

生活在清水池塘或水流较缓、藻类较多的浅水中。通常可在水中的植物上找到。

大变形虫身体 200 ～ 600μm，是变形虫中最大的一种，体形可不断地发生改变。结构简单，体表仅为一层极薄的质膜，质膜内的细胞质分为内外两层，外层无颗粒、均质透明的为外质。内层为内质，具有颗粒，有流动性。内质又可分为两部分，处在内质外侧相对固态的为凝胶质（plasmagel），内侧呈液态的为溶胶质（plasma sol）（图 5-9）。

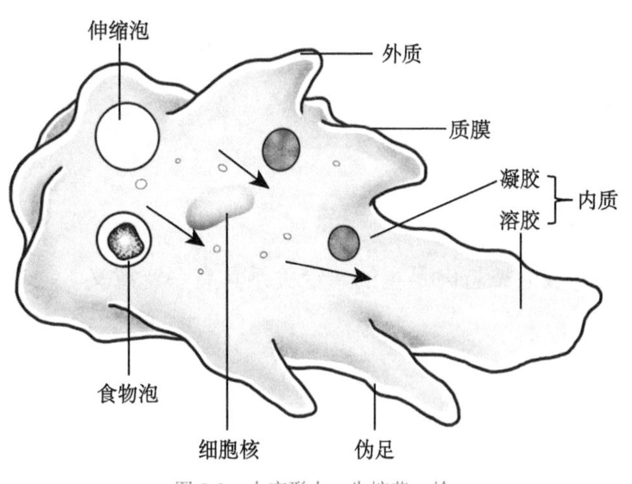

图 5-9　大变形虫　朱婉莹　绘

大变形虫运动时，体表任何部位都可向外突起，形成临时性伪足（pseudopodium）。外质向外突起呈指状，内质流入其中，即溶胶质向运动方向流动，流动到临时突起前端后，又向外分开，接着变为凝胶质，同时后边的凝胶质又转变为溶胶质，继续向前流动，这样虫体不断向伪足伸出的方向移动。

伪足不仅是运动胞器，也是摄食胞器。当大变形虫接触到食物时即可伸出伪足进行包围（吞噬作用，phagocytosis），形成食物泡（food vacuole），再进入内质。随着内质流动，食物泡和内质中的溶酶体融合，由溶酶体所含的各种水解酶消化食物，不能消化的食物残渣随着大变形虫的前进，相对滞留于身体后端，最后经由质膜排出体外，这种现象称为排遗。

淡水产的变形虫用伸缩泡调节水分平衡，排出部分代谢废物。海产的变形虫一般无伸缩泡。呼吸所需的 O_2 和排出 CO_2 主要通过体表渗透进行。

视频 5-2

大变形虫的细胞核呈圆盘形，位于身体中央的内质中。无性繁殖为二分裂，分裂时细胞核先分裂为两个大小相等的核，向虫体两侧移动，细胞质在虫体中部收缩，最终分成两个子个体。不良环境下，某些种类形成包囊。

（三）肉足纲的重要类群

根据伪足形态可分为 2 个亚纲。

1. 根足亚纲（Rhizopoda）

伪足包括指状、叶状、丝状、根状或网状，但没有轴丝。

多数种类自由生活于水中，如大变形虫；某些种类营寄生生活，如痢疾内变形虫（*Entamoeba histolytica*），也称溶组织阿米巴，寄生在人的肠管里，能溶解肠壁组织引起痢疾。

一些种类的质膜外可形成保护性外壳，有的分泌几丁质形成外壳，如表壳虫（*Arcella vulgaris*）；有的分泌胶质黏合外界的砂粒形成外壳，如砂壳虫；有的能分泌鳞状的硅质，附在胶质之外，如鳞壳虫（*Euglypha strigosa*）；古老的有孔虫则分泌石灰质形成具有很多小孔的外壳，死后沉积于海底淤泥中。

2. 辐足亚纲（Actinopoda）

伪足针状、具轴，身体球形，多营漂浮生活，海水、淡水均有分布。

常见的太阳虫（*Actinophrys*），多生活在淡水中，细长的伪足由身体周围辐射状伸出，是浮游生物的组成部分，为鱼类天然饵料。海产的等辐骨虫（*Acantharia*）具有硅质骨骼，也是古老的原生动物，与有孔虫类相似，在地质勘探中均具有重要的指示作用。

三、孢子纲

（一）孢子纲的主要特征

孢子虫类成体均无运动细胞器，有的仅在生活史的某个阶段存在鞭毛或伪足，但都有一个顶复合器（apical complex）。顶复合器由类锥体（conoid）、极环（polar ring）、棒状体（rhoptry）、表膜下微管（subpellicular microtubule）、微丝（microfilament）和微孔（micropore）组成，现仅证明微丝含有酶，用以穿透寄主细胞膜。其他结构的功能尚不清楚（图 5-10）。

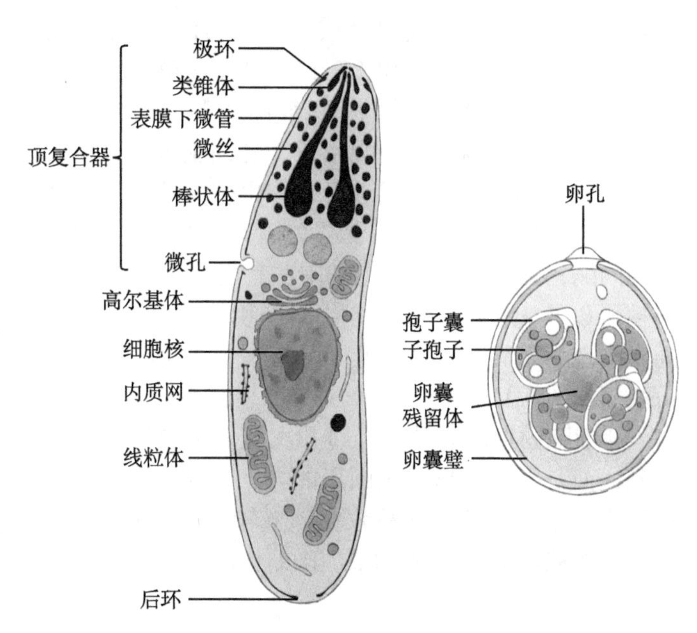

图 5-10　孢子虫结构（左）和艾美尔球虫卵囊（右）　王一帆　绘

孢子虫类全部寄生生活，腐生性营养。生活史复杂，无性世代与有性世代交替进行，多数需要更换寄主，无性世代在脊椎动物体内，有性世代在无脊椎动物体内。无性生殖为裂体生殖和孢子生殖，有性生殖为配子生殖，也有学者将孢子生殖列入有性生殖的范畴。

（二）代表动物——间日疟原虫（*Plasmodium vivax*）

疟原虫能引起疟疾。已记录的疟原虫有120余种，寄生于人和其他灵长类、鸟类和爬行类的红细胞和肝细胞内。感染人体的疟原虫有4种：间日疟原虫、三日疟原虫（*Plasmodium malariae*）、恶性疟原虫（*P.falciparum*）和卵形疟原虫（*P.ovale*）。疟原虫世界性分布，在我国主要发生在云南、贵州、四川、海南一带。寄生在人体的4种疟原虫生活史基本相同。现以间日疟原虫为例，描述如下。

间日疟原虫有2个寄主：人和雌按蚊。当被感染的雌按蚊叮人时，子孢子随按蚊唾液进入人体，首先侵入肝细胞，以肝细胞质为营养，虫体变圆，进行裂体生殖，形成多个裂殖体（schizont）。接着细胞质随着核而分裂，并包围核形成大量裂殖子。裂殖子从肝细胞释放出来以前称为红细胞前期。裂殖子成熟后引起肝细胞破裂而释放出来，散布在体液和血液中，一部分被吞噬细胞吞噬，一部分侵入红细胞，开始红细胞内期（erythrocytic stage）的发育，还有一部分又继续侵入其他肝细胞，进行红细胞外期（exoerythrocytic stage）发育。

进入肝脏的子孢子分为速发型和迟发型两种，速发型子孢子侵入肝细胞后即可开始裂体生殖；迟发型子孢子进入肝脏后不立即发育，而是进入休眠状态，称为休眠子（hypnozoite），几个月、一年或更长时间才开始进行裂体生殖成为裂殖子，休眠子的发现为揭示疟疾复发机制提供了依据。

肝细胞破裂后释放出来的裂殖子侵入红细胞，开始红细胞内期发育。进入红细胞的裂殖子首先发育为中央具有1个空泡，核偏向一侧的环状体，称为小滋养体，随后小滋养体继续增大，伸出伪足，成为大滋养体（或称阿米巴样体）。疟原虫摄取血红蛋白为食，不能利用的分解产物（正铁血红素）就成为色素颗粒，积于细胞质内，称为疟色素（malarial pigment）。成熟的大滋养体几乎占满了红细胞，由此进一步发育，形成裂殖体。裂殖体成熟后，形成多个裂殖子，红细胞破裂，裂殖子被释放出来，进入血液中，再次侵入其他红细胞内，重复进行裂体生殖。这个周期在不同的疟原虫所需时间不同，间日疟原虫需48 h，三日疟原虫需72 h，恶性疟原虫需36～48 h。这也是疟疾发作所需的时间间隔，即裂殖子进入红细胞在其内发育的过程中疟疾不发作。当大量红细胞破裂时，裂殖子以及大量的疟色素等代谢产物释放到血液中，会引起患者生理上的一系列反应。通常表现为寒战、发热和大汗淋漓3个连续症状，俗称“打摆子”，伴有剧烈的头痛，全身酸痛（图5-11）。

红细胞内期的裂殖子经过几次裂体生殖后，一些裂殖子进入红细胞后不再进行裂体生殖，而是形成圆形或椭圆形的大、小配子母细胞，大（雌）配子母细胞较大，使红细胞胀大1倍，疟色素颗粒较大，核较致密偏在虫体的一侧；小（雄）配子母细胞较小，疟色素颗粒较小，核较疏松位于虫体中央。

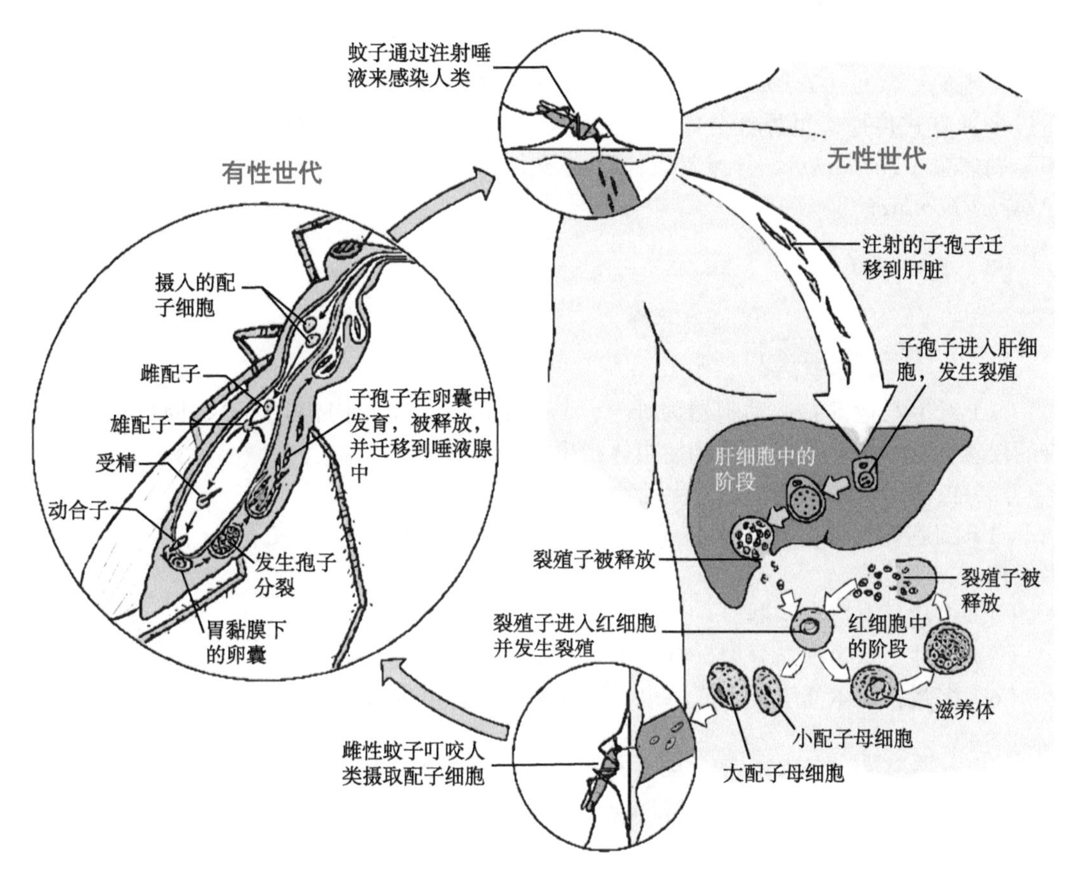

图 5-11　间日疟原虫生活史　王一帆　绘

当雌按蚊叮吸患者血液后，红细胞内的大、小配子母细胞进入按蚊体内，在胃腔中发育成熟，大配子母细胞发育为大配子或称雌配子（macrogamete），小配子母细胞分裂 3 次，形成 8 个具鞭毛的雄配子（microgamete）。雄配子在胃腔内游动与雌配子结合形成合子。合子体逐渐伸长，形成香蕉状、能活动的动合子（ookinete），动合子进入按蚊胃壁，停留在胃壁基膜与上皮细胞间，体形增大，分泌囊壁，发育成圆球形的卵囊（oocyst），一个按蚊胃可有数百个卵囊。卵囊里的核及胞质多次分裂，形成成千上万个子孢子，集中在卵囊里，子孢子成熟后，卵囊破裂，子孢子释放出来，可穿透各种组织，其中进入按蚊唾液腺中的数量最多，可达 20 万。子孢子在按蚊体内生存可超过 70 d，但生存 30 ～ 40 d 后传染力大为降低。当按蚊再叮人时这些子孢子就随唾液进入人体血液，又开始在人体内无性繁殖。由此可见，人是疟原虫的中间寄主，按蚊是终末寄主。

疟原虫对人体的危害很大，它大量地破坏红细胞，造成贫血、肝脾肿大。脑型恶性疟，可使脑毛细血管充满含有疟原虫裂殖体的红细胞，不及时治疗，1 ～ 3d 可致人死亡。我国传播疟疾的按蚊为中华按蚊、微小按蚊和巴拉巴按蚊。防治要采取治疗、防蚊、灭蚊综合治理措施。

（三）孢子纲的重要类群

本纲均为寄生种类。艾美球虫（*Eimeria*）寄生于多种脊椎动物如鱼、鸡、兔的消化管上皮细胞，特别是肠绒毛上皮，全球性分布，生活史与疟原虫相似，但不更换寄主，裂体生殖与配子生殖在寄主细胞内进行，孢子生殖在寄主体外的卵囊中进行，卵囊为感染期；刚地弓浆虫（*Toxoplasma gondii*）寄生于200多种哺乳动物和鸟类的多种细胞内，通过多种方式传播，世界性分布；此外尚有引起家畜患焦虫病的巴贝斯焦虫（*Babesia*）和泰勒焦虫（*Theileria*），引起鱼病的黏孢子虫（*Myxosporidia*），引起蚕病的蚕微粒子虫（*Nosema bombycis*）。

四、纤毛纲

（一）纤毛纲的主要特征

（1）纤毛与运动：运动胞器为纤毛，与鞭毛的超显微结构相似。有的周身布满纤毛、有的仅着生在局部，靠纤毛摆动使虫体产生运动。

（2）虫体结构较复杂，是原生动物中分化最多的类群。

（3）细胞核一般分化为大核（营养核）和小核（遗传核）或更多的核。

（4）多数具有摄食胞器。

（5）无性生殖为横二分裂，有性生殖主要为接合生殖。

（6）多数自由生活于淡水或海水，少数种类营寄生生活。

（二）代表动物——大草履虫（*Paramecium caudatum*）

生活在有机质较丰富、缓流的沟渠、小河、池塘中。

1. 外形

体长180～300μm，前端钝圆，后端略尖，形似倒置的草鞋。纤毛数量较多，纵行排列布满全身。从体前端开始，有一道斜沟通向口，故称为口沟（oral groove）。游泳时，全身的纤毛有节奏地摆动，由于口沟的存在和该处的纤毛较长且摆动有力，导致虫体旋转向前运动（图5-12）。

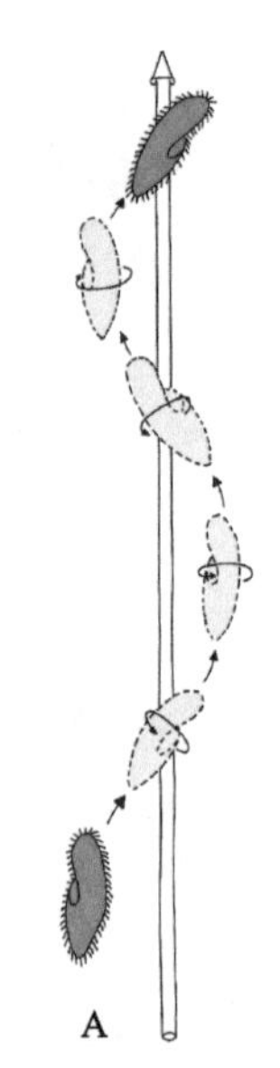

图5-12　草履虫运动路线
赵美琪　绘

2. 内部结构与生理

虫体的表面为表膜，其内的细胞质分化为内质与外质。在电子显微镜下，表膜由3层膜组成，最外面一层是连续的膜结构。中间层和内层是连续的表膜泡（pellicular alveolus）结构（图5-13）。这样的结构既能增加表膜硬度，又不妨碍虫体的局部弯曲，还可能是保护细胞质的缓冲带，可避免内部物质穿过外层细胞膜。拥有这种表膜泡结构的还见于腰鞭毛目及孢子纲种类。膜下具有与表膜垂直

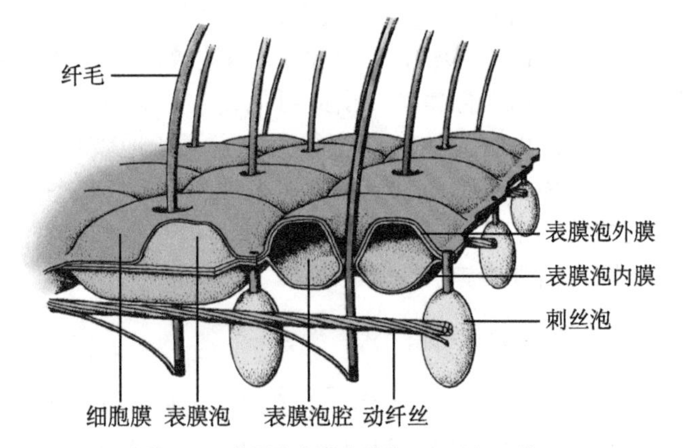

图5-13　草履虫表膜泡结构　王一帆　绘

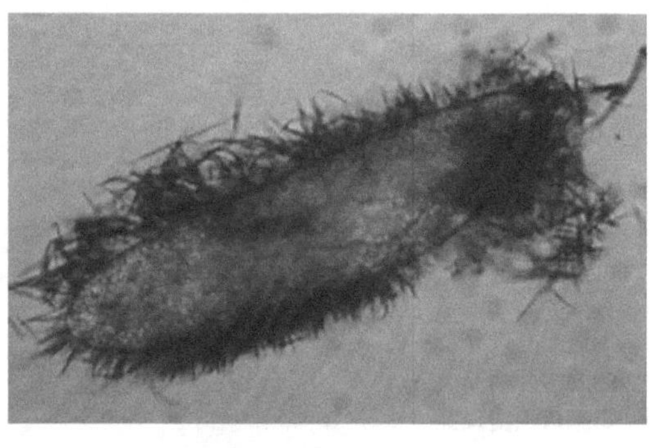
图 5-14 草履虫刺丝泡排出 王宝青 摄

排列的刺丝泡（trichocyst），受到刺激时，可将其内容物排出，遇到水变成丝状固体，起防御作用（图 5-14）。

内质多颗粒，能流动，其内有细胞核、食物泡和伸缩泡等结构。

大草履虫有 1 个大核、1 个小核，大核透明略呈肾形，负责营养代谢，小核位于大核的凹处，主要负责遗传（有些种类具 2 或多个小核）。

草履虫有复杂的摄食胞器。在口沟后端有一胞口，其下连一漏斗形的胞咽（cytopharynx）或称口腔。口沟处纤毛摆动将水流中的食物如细菌及其他有机颗粒送入胞口，于胞咽下端形成小泡，小泡逐渐积累食物胀大落入细胞质内即为食物泡。食物泡在细胞质内依固定路径流动，在溶酶体的参与下被消化。不能消化的残渣由体后部的胞肛（cytoproct）排出。

呼吸通过体表吸入 O_2，排出 CO_2。

在虫体内、外质间有 2 个伸缩泡，一前一后。每个伸缩泡向周围伸出放射排列的收集管。在电镜下，这些收集管端部与内质网的小管相通。在伸缩泡及收集管上有收缩丝。收缩丝收缩可使内质网收集的水分（其中也有代谢废物）注入收集管、伸缩泡，经由表膜小孔（排泄孔）排出体外。前后 2 个伸缩泡交替伸缩，不断排出体内多余的水分，以调节水盐平衡（图 5-15）。

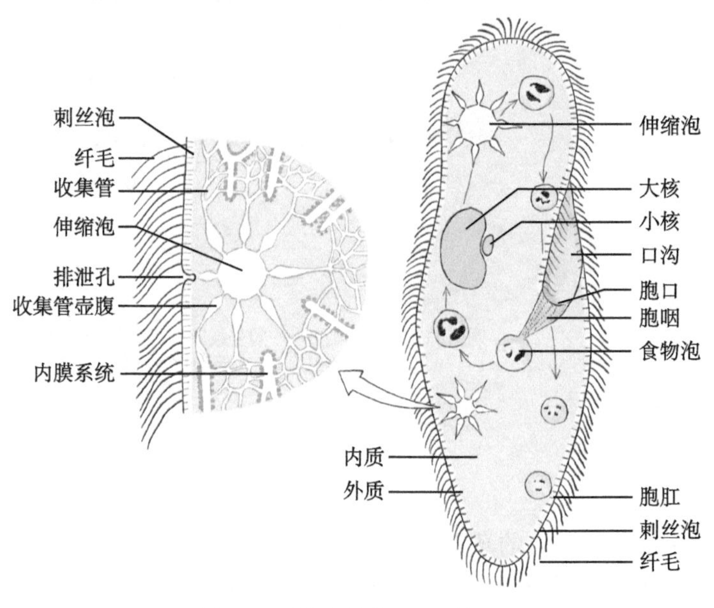

图 5-15 草履虫结构 王一帆 绘

草履虫无性生殖为横二分裂，有性生殖为接合生殖。季节变化或环境恶化通常会诱发接合生殖。当接合生殖时，2 个草履虫口沟互相贴合，该处表膜逐渐溶解，细胞质互相连通，小核脱离大核，拉长成新月形，大核逐渐解体，小核分裂 2 次（其中一次为减数分裂）形成 4 个单倍体小核，其中 3 个解体，剩下的 1 个小核又分裂成大小不等的 2 个，两虫体互换其小核，并与对方大核融合，这一过程相当于受精。此后两虫体分开，最后，接合核分裂 3 次形成 8 个核，4 个变为大核，其余 4 个有 3 个解体，剩下 1 个核分裂为 2 个小核，再分裂为 4 个小核，同时每个虫体也分裂 2 次，结果原接合的 2 个亲本虫体各形成 4 个草履虫，新形成的 8 个草履虫和原来亲体一样，都有 1 个大核，1 个小核。由此，两个草履虫经过接合生殖共形成 8 个子个体（图 5-16）。

视频 5-3

视频 5-4.1

视频 5-4.2

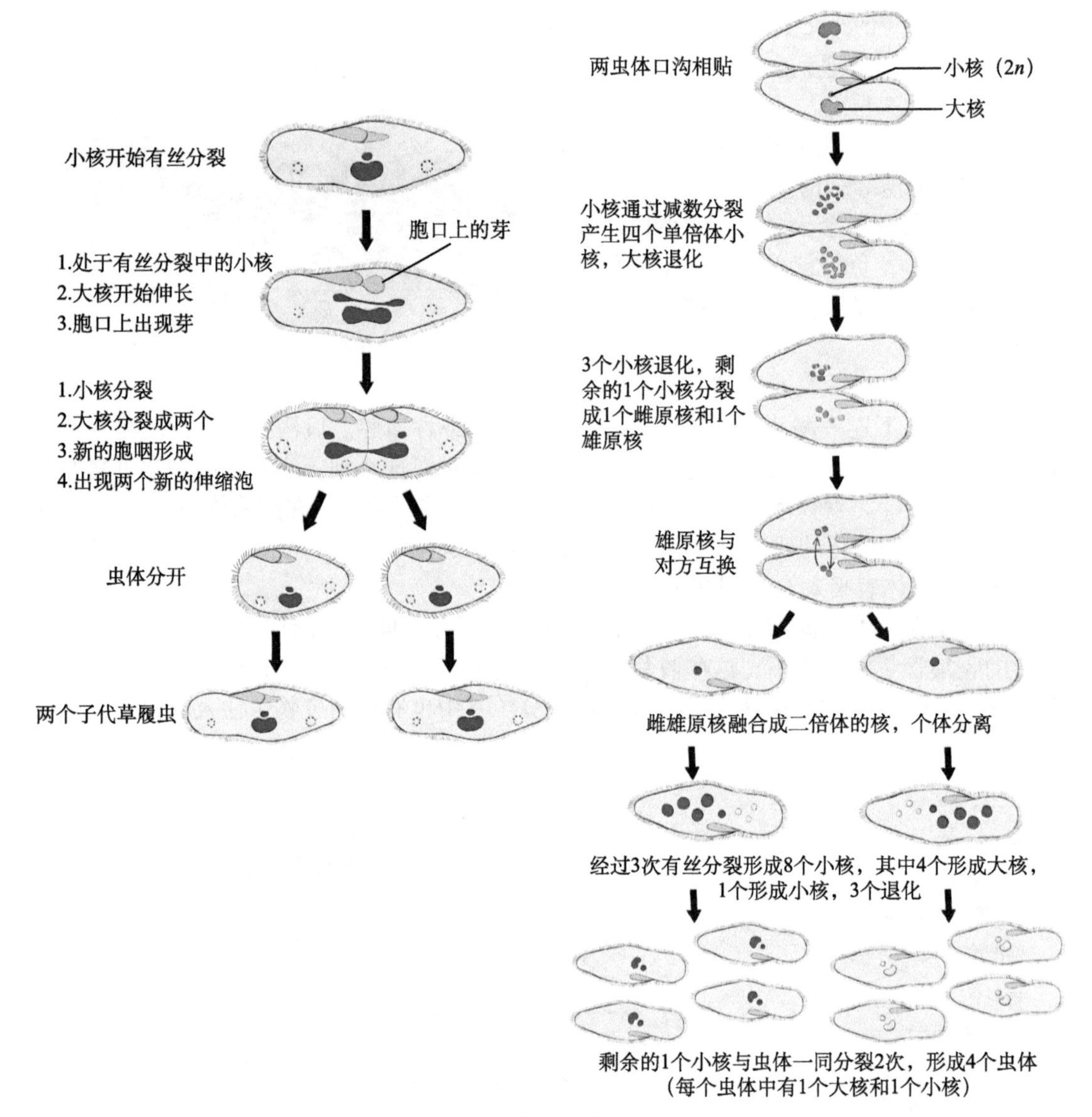

图 5-16　草履虫无性生殖（左）和接合生殖（右）　王一帆　绘

（三）纤毛纲的重要类群

纤毛虫分布广泛，种类繁多。自由生活的草履虫与四膜虫（*Tetrahymena*）等全身布满纤毛；有些种类的纤毛愈合为数根棘毛，仅限于虫体的腹面，用于爬行，如棘尾虫（*Stylonychia*）和游仆虫（*Euplotes*）等。有些种类纤毛在围口部形成口缘小膜带（属缘毛类），虫体下端具有一个能收缩的柄，可固着生活，如钟虫（*Vorticella*）与车轮虫（*Trichodina*）等。自由生活的纤毛虫构成了浮游生物的重要组成部分。

有些纤毛虫为寄生生活，如小瓜虫（*Ichthyophthirius*）寄生在鱼的皮肤下层、鳃、鳍等处，形成白色小斑点，称为鱼斑病，传播速度快，死亡率很高，对渔业危害巨大；车轮虫寄生于淡水鱼的鳃或体表，虫体扁圆形，侧面观为钟形，有两圈纤毛和一圈齿环，因纤毛和齿环的摆动方式颇似车轮而得名，在鱼体上滑行，在两圈纤毛之间有一胞口，可破坏鱼鳃组织、吞食红细胞及组织细胞，对鱼种、鱼苗危害较大。寄生于人体大肠内的结肠小袋虫（*Balantidium coli malmsten*）能侵蚀肠黏膜，引起炎症与腹泻（图 5-17）。

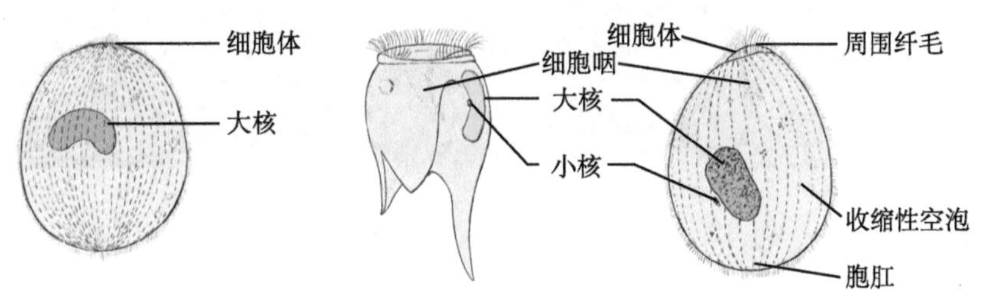

图 5-17　小瓜虫（左）、内毛虫（中）和结肠小袋虫（右）　王一帆　绘

第三节　原生动物的起源与演化

化石记录表明，地球上生命存在的第一个证据可以追溯到大约 35 亿年前。最初的细胞是原核生物，它们的后代在漫长的时间里发生了巨大的变化。根据系统发育树显示，真细菌（Eubacteria）、古细菌（Archaea）和真核生物（Eukarya）均来自共同的祖先。真核生物的共同祖先是通过共生融合细胞而形成的。这种融合是一个细胞吞噬另一个细胞，与变形虫捕食猎物的方式非常相似，用宿主质膜将其包围。然而，在这种情况下，被吞噬的生物体并没有被消化，相反，这两个生物体变得相互依赖。被吞噬的细胞保留了自己的遗传物质，但失去了一些重要的功能，现在发挥功能的是宿主细胞的细胞器。共生体产生的细胞器包括线粒体和质体等。

真细菌和古细菌大约在 15 亿年前从一个共同的祖先演化而来，两者可能演化出了原生生物。几乎所有的原生动物在 5.5 亿年前就存在了。由于化石太少，很难找到相关的演化信息。多年来，所有原生动物都被归入一个门，但系统发育研究表明，这一组并不是单系的，纲与纲之间的亲缘关系并不十分明显。

思考题

1. 为什么说原生动物是最原始最低等的动物？如何理解原生动物既简单又复杂？
2. 原生动物群体与多细胞动物有何不同？
3. 举例说明原生动物的营养方式与生殖方式有哪些？
4. 通过眼虫、变形虫与草履虫主要形态结构及生理特征的比较，鞭毛纲、肉足纲及纤毛纲是如何适应环境的？
5. 什么是伪足？伪足的作用以及变形运动的机理是什么？
6. 通过间日疟原虫的生活史说明寄生生活的原生动物具有哪些主要特征？
7. 试述草履虫的接合生殖是如何进行的？
8. 试绘制原生动物门思维导图。

第6章

多孔动物门

演化地位：多孔动物门（Porifera），又称海绵动物门（Spongia），是原始而又古老的多细胞动物。早在寒武纪以前，当海洋还充斥着单细胞原生动物时，多孔动物就已大量出现，并占据着各种海底礁石。现生种类与化石差异不大，仍保留了很多原始的机能和特征。多孔动物身体由内、外两层细胞及中胶层组成，由于具有独特的胚胎发育逆转现象使得两层细胞的来源也与其他多细胞动物内、外胚层恰好相反，为此，一般认为多孔动物在演化上是一个侧枝，故又称侧生动物（Parazoa）。

多孔动物绝大多数海产，全部固着生活，大多数为群体生活，且身体没有固定的形状，多孔动物仅是多细胞的联合体，尚未形成真正的组织或器官，相当于胚胎发育到囊胚期水平。

第一节 多孔动物的主要特征

多孔动物看起来像植物，在相当长一段时间被人们归为植物。但实际上，它们能够捕食，是异养的动物。多孔动物具有特殊的领细胞（choanocyte）和骨针（spicule），其体表具许多小孔，由此得名。这些小孔是水流进入体内的孔道，并与体内特殊的水沟系（canal system）相通。水流带来了食物，并帮助其完成呼吸、排泄、生殖等功能。

一、外形

多孔动物体表密布小孔，身体有圆形、柱状、片状以及不规则等形状，颜色丰富，大小从几毫米到1m都有，身体多数不对称，少数为基本的辐射对称。共9000余种，多为海产，只有150余种淡水生（图6-1）。

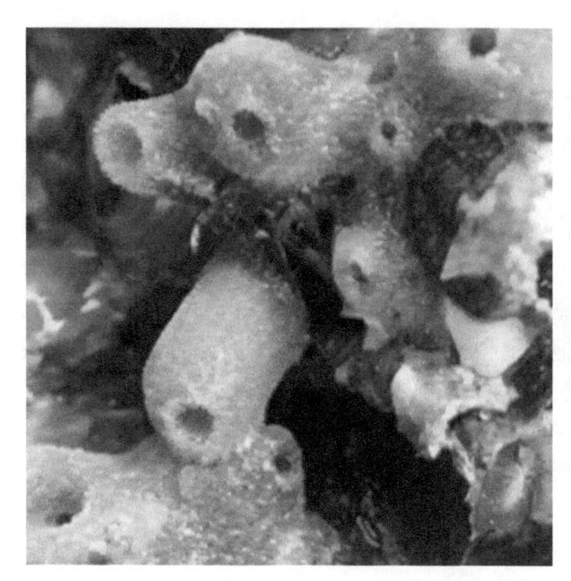

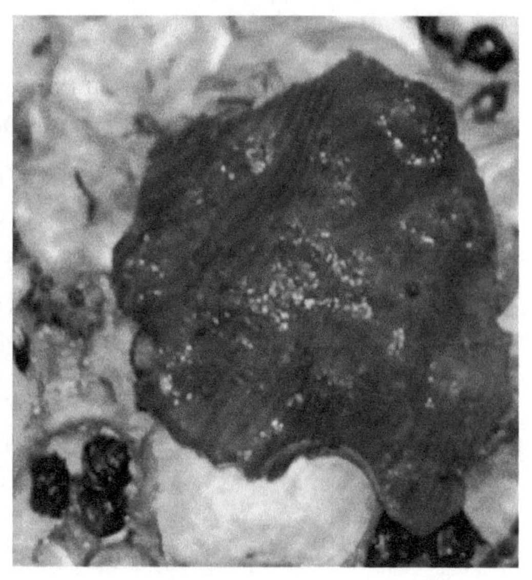

图6-1 毛壶（左）、日本矶海绵（右） 王宝青 摄

二、体壁

多孔动物体壁包括皮层、中胶层和胃层。与大多数动物不同，由于固着生活，不能主动摄食，只能依靠其发达的水沟系统“守株待兔”，被动获取食物和氧气。一个最简单的水沟系统，即单沟型水沟系统，在身体侧面有很多小孔，是入水孔，上面的大孔则是出水孔。水流不停地从入水孔进入体内，然后从出水孔流出，在不断流动的水流中获取食物和氧气。

多孔动物体壁仅由两层细胞构成（图6-2），外层为皮层，内层为胃层，在两层细胞之间为非细胞结构的中胶层（mesoglea）。

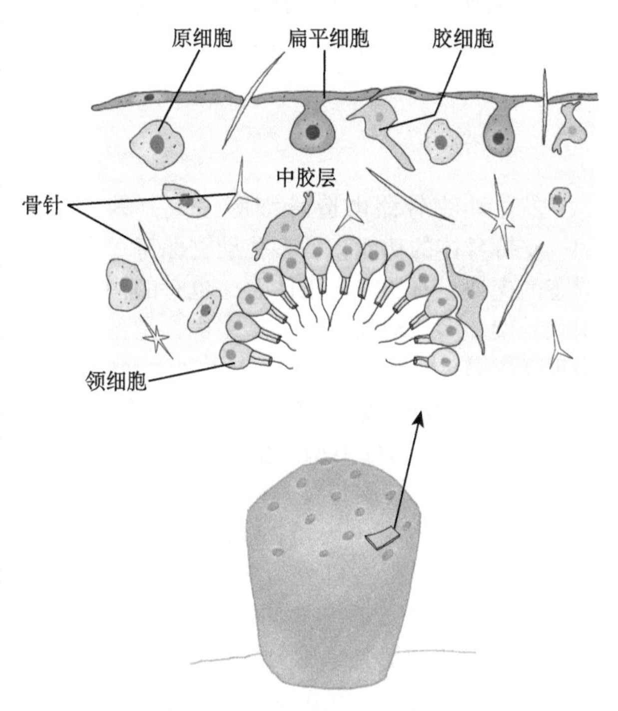

图6-2 多孔动物体壁 乔然 绘

（一）皮层

来源于植物极，由1层扁平细胞（pinacocyte）组成，起保护作用。细胞层下无基膜，细胞间缺乏紧密的联系，尚未形成上皮组织，因此各细胞的运动往往是独立进行的。这种无基膜的上皮仅见于多孔动物。扁平细胞内有肌丝（肌原纤维），具有一定的收缩功能，在多孔动物中可通过扁平细胞的收缩改变个体形态。此外，扁平细胞还可特化为孔细胞（porocyte），形成单沟型水沟系统的入水小孔，以调节进入体内的水流量。

（二）中胶层

中胶层由含蛋白质的胶状透明基质构成，基质内零星分布着几种细胞，其中，变形细胞（amoebocyte），形状不规则，能伸出伪足，可通过伪足在中胶层内移动，并输送营养给皮层；造骨细胞（sclerocyte）能够分泌胶状物质，产生钙质骨针、硅质骨针或角质海绵丝，作为多孔动物的骨骼起支持作用；海绵质细胞（spongocyte）可分泌海绵质纤维；芒状细胞（collencyte），又称胶细胞，多角形，具突起，可能与神经传导有关。此外，中胶层还有原细胞（archaeocyte），这是一种具有潜在分化能力的多功能细胞，可分化为体内任何细胞，还可产生卵细胞，如胃层的领细胞有损坏时，可分化成新的领细胞补充修复胃层，因而可发挥营养、支持、生殖和修复等功能。

（三）胃层

胃层由排列紧密的领细胞组成，分布于水沟系内表面，来源于动物极细胞。领细胞朝向水沟伸出 1 根鞭毛，周围有一圈微绒毛，与细胞微丝相连，构成网状，似衣领，故称领细胞。鞭毛摆动激起水流，通过网领时过滤食物。领细胞是多孔动物摄取和消化食物的细胞，具有摄食、消化，排出食物残渣以及呼吸功能，同时，还辅助生殖（图 6-3）。

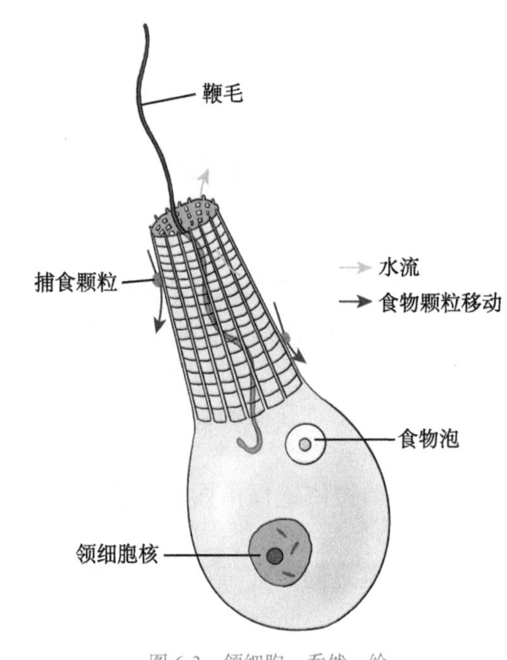

图 6-3　领细胞　乔然　绘

三、骨骼

多孔动物骨骼由造骨细胞生成，具保护、支持身体的功能，是多孔动物保持一定形态的支架，有的突出于体表，也有的构成网状骨架。多孔动物骨骼类型多样，是分类的重要依据。

多孔动物骨骼中有骨针和海绵丝（spongin fiber）两种类型。依据化学成分可分为钙质骨针、硅质骨针，海绵丝属于一种角质纤维状骨骼，由硬蛋白（scleroprotein）组成；依据骨针形态可分为单轴骨针、3 轴骨针、4 轴骨针、5 轴和 6 轴骨针、多轴骨针和球状骨针等。这些骨骼都是由中胶层变形细胞特化形成的造骨细胞分泌而成。单轴钙质骨针由 1 个造骨细胞形成，骨针形成时，造骨细胞核先分裂，并在双核细胞的中心出现 1 个有机质的细丝，然后围绕这一细丝沉积碳酸钙，随着骨针的逐渐增长，双核细胞也分裂成两个细胞，并分别加长骨针的两端，最后形成单轴骨针。同样，3 轴骨针由 3 个造骨细胞聚集在一起形成；海绵丝由较多造骨细胞联合形成，先由少数细胞形成分离的小段，然后再愈合成长为胶原蛋白质的海绵丝（图 6-4 ～图 6-7）。

图 6-4　钙质骨针　乔然　绘

图 6-5　硅质骨针（寻常海绵纲）　乔然　绘

图 6-6　硅质骨针（六放海绵纲）　乔然　绘

图 6-7　海绵丝　乔然　绘

四、独特的水沟系统

水沟系统是水流进出体内的路径，具有重要的生理作用。不同种类的多孔动物水沟形态差异显著，通常可分为 3 种类型：单沟型（ascon type）、双沟型（sycon type）和复沟型（leucon type）。

（一）单沟型

最简单的水沟系，水流自入水孔（ostium）流入，直接到中央腔（central cavity）。中央腔内壁为领细胞层，然后经出水孔（osculum）流出，如白枝海绵（*Leucosolenia*）。单沟型水沟系统仅见于钙质海绵纲（图 6-8）。

（二）双沟型

相当于单沟型的体壁凹凸折叠而成，即水从入水孔进入后，经前幽门孔（prosopyle）进入鞭毛室（flagellated chamber），再经后幽门孔（apopyle）流入中央腔。每一股水流在鞭毛室内进行食物的滤过和气体交换，然后才进入中央大的腔隙，最终从出水孔流出。相比单沟型，双沟型增加了领细胞层的面积，单位水体积接触到的领细胞更多，可以更高效的过滤水中氧气和食物。双沟型管道的增加及中央腔的缩小也加速了水流通过体内的速度。此时的中央腔壁，领细胞数目减少，扁细胞数量增加，因此，双沟型效率更高，具有双沟型的种类一般比单沟型的种类体型大（图 6-9）。如毛壶（*Grantia compressa*）。

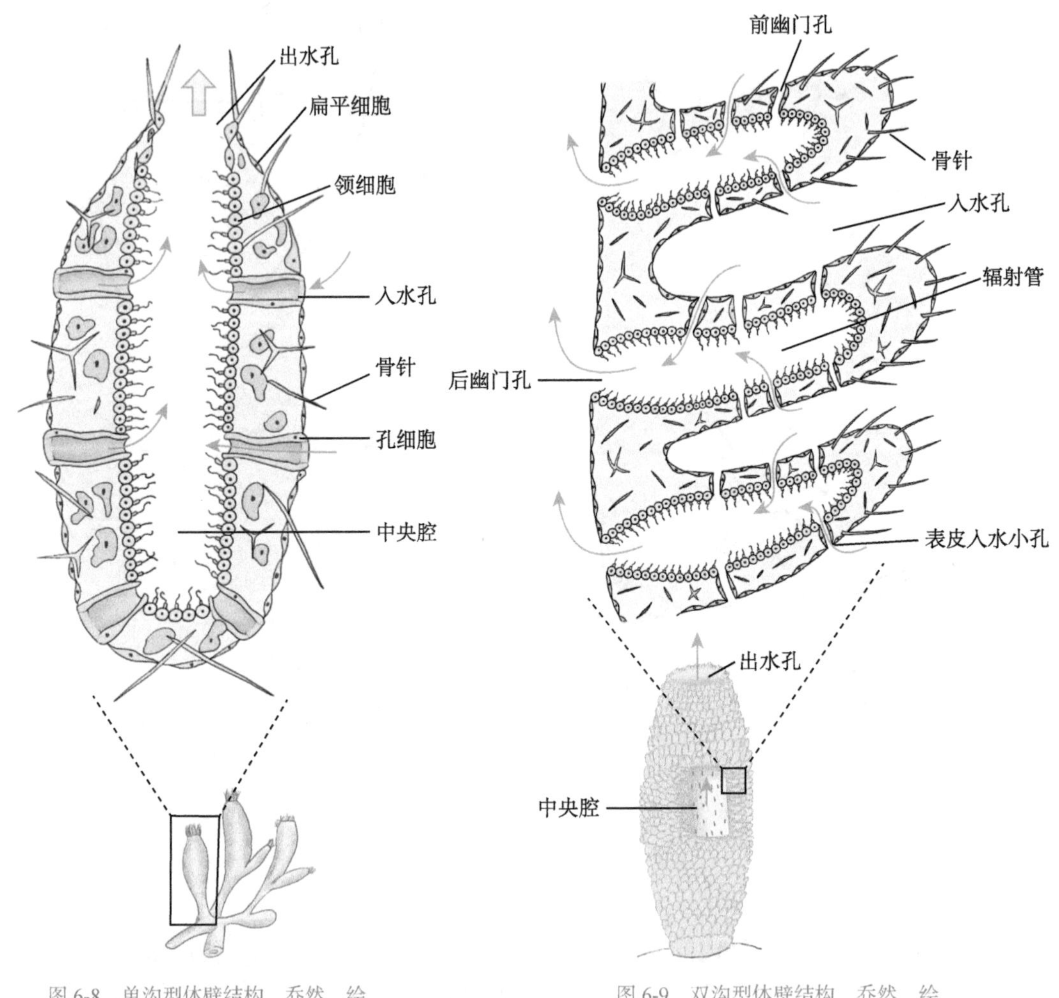

图 6-8 单沟型体壁结构 乔然 绘

图 6-9 双沟型体壁结构 乔然 绘

（三）复沟型

最复杂的水沟系统，管道分支多，体内出现了更多密集的鞭毛室，每股水流要经过很多鞭毛室，才能到达中央腔，中央腔壁上已全部为扁细胞而没有领细胞，水最终从出水孔流出体外。水流经过多次滤过，复沟型的领细胞层面积更大，体内有纵横相通的管道，中央腔也进一步缩小变成管状，因此流经体内的水流量增多，水流速度更快，氧气和食物的过滤效率更高（图 6-10），如沐浴海绵（*Euspongia*）、淡水海绵（*Spongilla*）等。

每个鞭毛室内具成千上万个领细胞，鞭毛摆动使室内水的流速可达 10 ～ 15mm/s，每天通过动物体内的水量相当大。一个直径 1cm、高 10cm 的个体每天能过滤 22.5L 的海水，这就为其带来了大量的食物和氧气。由于出水孔只有 1 个，全部鞭毛室的体积比出水孔要大 1000 ～ 2000 倍，因而水通过出水孔时流速可达 8.5cm^3/s，有利于代谢废物及残渣的排出。

许多复沟型的种类在鞭毛室出口处有 1 个中央细胞（central cell），它的收缩可调节水的流量，甚至可以完全关闭后幽门孔而阻止水从鞭毛室流出。在一些构造复杂的种类中，进水小孔周围被几个类肌细胞包围，这种细胞能收缩，与平滑肌类似，它的收缩引起小孔口径的改变，因而能调节水流量。在恶劣环境中，如暴露于空气或处于污水中时，类肌细胞可以关闭小孔或出水孔，环境改善时，类肌细胞恢复如初，小孔重新开放。类肌细胞和孔细胞的收缩都很缓慢，每收缩一次约需 7 ～ 10min，甚至更长。

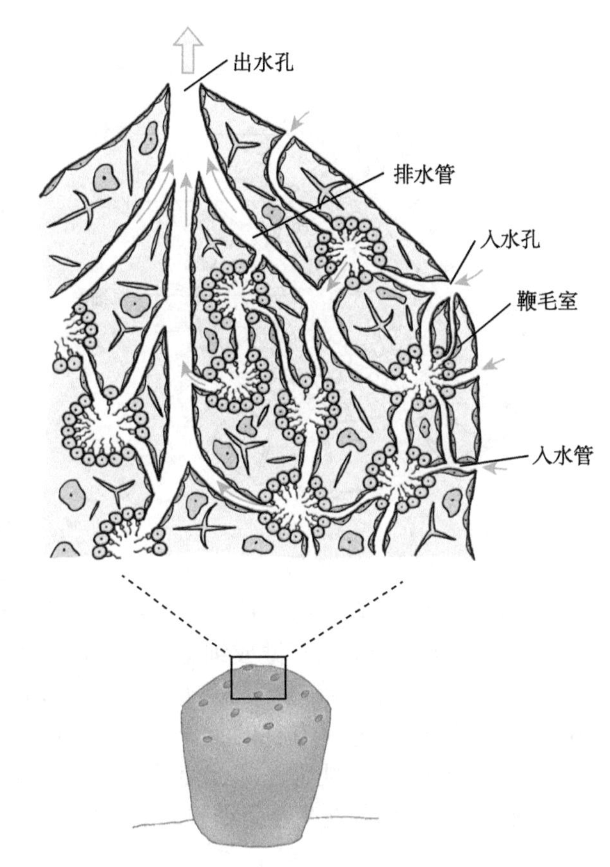

图 6-10　复沟型海绵结构　乔然　绘

多孔动物的食物主要是 0.1 ～ 50μm 大小的细菌、藻类、原生动物以及其他悬浮有机颗粒。水沟如同水管，带有鞭毛的领细胞则相当于水泵，为水流提供动力。当水流通过鞭毛室时食物被领细胞上的微绒毛滤住，并伸出伪足将食物颗粒吞入细胞内，形成食物泡，进行胞内消化。食物经领细胞初步消化后，再送入变形细胞作进一步消化。溶酶体与食物泡结合，将有机颗粒物消化水解为可以被细胞直接利用的小分子，即完成了消化。消化后的营养物质仍贮藏在变形细胞中，不能消化的废物由变形细胞排出。所以多孔动物通过水沟系完成异养生活。水流带来的氧气，通过渗透被细胞直接吸收并排出二氧化碳。同时，水流还把代谢废物以及产生的配子通过水沟系排出体外。淡水生的种类，领细胞中通常具有 1 到几个伸缩泡调节水盐平衡。

多孔动物不具备单独的呼吸和循环系统，气体交换和含氮废物的排出通过细胞扩散完成。

五、生殖与发育

多孔动物的生殖包括无性生殖和有性生殖。

1. 无性生殖

以出芽生殖为主，多见于海产种类。亲体的变形细胞由中胶层迁移到身体的顶端表面聚集成团，在身体一侧伸出芽体，芽体不断长大，与母体分离，形成一个新的个体。但多数种类长出的芽体不与母体分离，所以个体会逐渐形成群体。

芽球（gemmule）是另一种无性生殖方式，所有淡水种类和部分海产种类都能形成芽球。在环境条件不利时，中胶层内部分原细胞经多次分裂后堆积成团，当这些细胞充满营养物质后，就在细胞团表面包上几丁质膜和一层双盘头或短柱状的小骨针，形成芽球

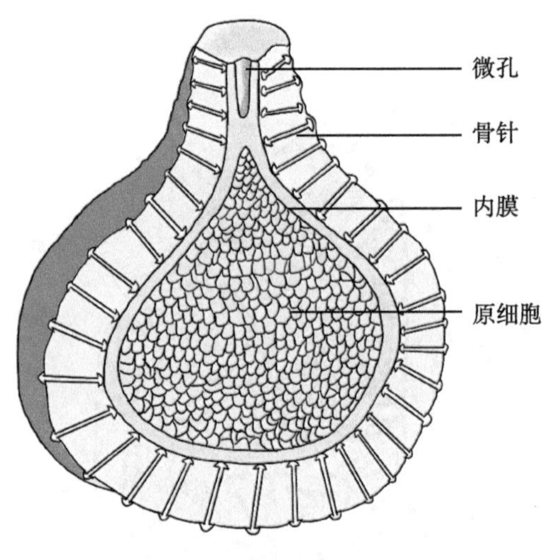

图 6-11 淡水海绵芽球 乔然 绘

以度过严寒或干旱，因而具很强的抵抗恶劣环境的能力（图 6-11）。体内可形成许多芽球，当外界环境条件适宜时，芽球内的细胞通过微孔（micropyle）释出，形成新个体。一些芽球可在形成 25 年后成功复苏。

再生与体细胞胚胎发生（somatic embryogenesis）：再生是指当动物身体受到损伤时，受损部分能够在一段时间内形态和机能上得到修复。体细胞胚胎发生是指动物的所有细胞参与结构和机能的完全重组（reorganization），如将个体切成小块，每块都能独立生活和继续长大。如果进一步将一种多孔动物组织捣碎，过筛后再混合一起，那么这些细小组织块还能重新再生形成新的个体。有人将橘红海绵与黄海绵分别捣碎做成细胞悬液，两者混合后，仍会各自排列和聚合，逐渐形成橘红海绵与黄海绵。后来有人用实验证实，多孔动物细胞表面有一种大分子糖蛋白，是其细胞识别分子，它具有种的特异性，所以同种细胞相聚合，不同种的细胞相分离，正是这一同种细胞聚合能力，才促使其再生或组成新的个体。还有人用细胞松弛素处理分离的细胞，则能抑制这些分离细胞的重聚合，这些现象对研究细胞间相互作用很有意义。

2. 有性生殖

大部分雌雄同体，也有个别为雌雄异体，但由于精子和卵子成熟时间不同，故都是异体受精。一些领细胞失去其微绒毛和鞭毛，进入减数分裂形成带有鞭毛的精子。其他领细胞（有些为原细胞）进入减数分裂形成卵子。卵子较大，留在中胶层内。精子尾部形成后就进入鞭毛室，再经中央腔、出水口到外界水体中。如果在热带潜水，可能看到多孔动物突然释放出一条乳白色带状云雾，即是海绵的精子带，可长达 2 ～ 3m。一个个体释放精子还常常诱发其他个体释放精子。精子随水流进入周围同种、不同个体的水沟系内，精子可以被领细胞捕获到中胶层，与中胶层内的卵子结合，完成受精，形成受精卵。

多孔动物受精卵发育存在特殊的胚胎逆转现象。在寻常海绵纲，往往形成实胚幼虫（parenchymula larva）（图 6-12）；钙质海绵纲形成两囊幼虫（amphiblastula）。以两囊幼虫

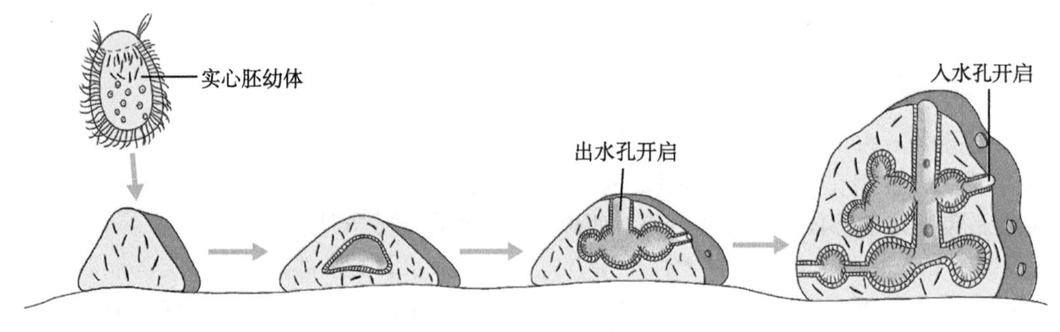

图 6-12 寻常海绵纲实心胚发育 乔然 绘

为例，首先合子在中胶层内发育。当卵裂至16个细胞时，发育为扁盘状。由于动物极卵黄少，因此细胞分裂迅速，细胞数量多，同时植物极由于卵黄含量相对较多，分裂速度稍慢，细胞数量少，逐渐形成了小的动物极细胞在上、较大的植物极细胞在下的囊胚，每个动物极细胞向囊胚腔内伸出一根鞭毛，植物极细胞无鞭毛。不久，植物极细胞中间形成一个开口，动物极小细胞由此倒翻出来，原来伸向囊胚腔的鞭毛外翻后移到了囊胚外表面，于是动物极细胞翻转到了囊胚下方，且鞭毛转向囊胚表面，而植物极则翻转到了囊胚上方，此时称两囊幼虫。两囊幼虫可借助其体表鞭毛随水流脱离母体，经历一段游泳生活后，以动物极细胞陷入的开口处附着在水下物体上，具鞭毛的动物极细胞内陷形成胃层，无鞭毛的植物极细胞留在外面形成皮层，中胶层由皮层和胃层细胞共同形成，最终发育为成体，这与其他多细胞动物原肠胚的形成方式恰好相反（其他多细胞动物动物极细胞形成外胚层，植物极细胞形成内胚层），这就是多孔动物特有的逆转（inversion）现象，也是将其列为侧生动物的主要原因（图6-13）。

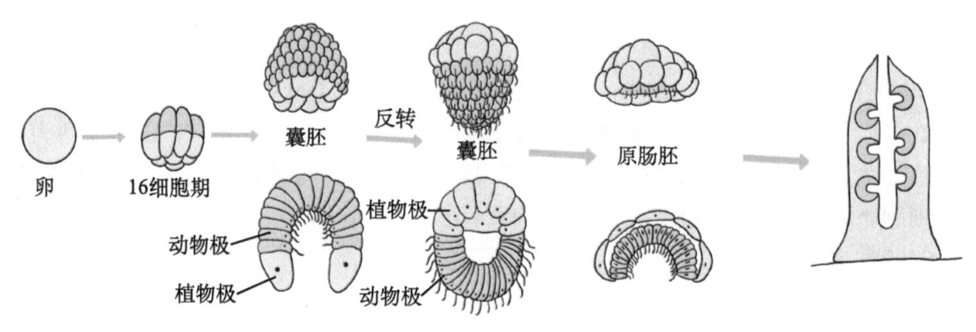

图6-13 钙质海绵纲两囊幼虫的发育 乔然 绘

第二节 多孔动物的分类

已知的多孔动物约9000种，其中98%的种类生活在海洋，主要分布于热带和亚热带，从潮间带到7000m深海均有，不少种类为全球性分布，只有不到2%的种类生活在淡水。根据骨针、水沟系等特征，可以分为4纲：钙质海绵纲（Calcarea）、六放海绵纲（Hexactinellida）、寻常海绵纲（Demospongiae）和同骨海绵纲（Homoscleromorpha）。

一、钙质海绵纲

骨针钙质，三放或四放型，比较原始，身体一般小于10cm，体壁薄、无折叠，颜色灰暗，水沟系包括单沟型、双沟型、复沟型，单沟型水沟系统仅见于此纲，领细胞连续分布于中央腔，全部海产，常见种类有白枝海绵等。

二、六放海绵纲

骨针硅质、六放型，水沟系双沟型或复沟型。体长7.5～130cm，一般呈白色，见于西印度洋和东太平洋深450～900m的热带海域。比较著名的有偕老同穴（*Euplectella*），体呈柱形或花瓶状，后端有硅质丝插于深海软泥中。一只雄虾会占领一个偕老同穴个体的中央腔，形成共生关系。然后再吸引雌虾与之交配，而后这一对虾夫妻，一直都会生活在这个个体里，终生不再外出，故称偕老同穴。它的骨骼像玻璃制品一样，晶莹剔透。拂子介（*Hyalonema*），骨针小、双盘形，两端具钩。身体呈杯状或筒状，前端特别宽大，呈漏斗状，以身体的基部固着或以基部伸出的骨针束插于海底。

三、寻常海绵纲

包含95%的现生种类，身体多大型，直径可达1m，高可达2m，颜色鲜艳。骨骼为海绵丝或硅质骨针，形状不规则，复沟型。常见的有淡水海绵，通常无固定的形状，整个群体常受附着的基底、空间、水流等环境因素影响，如附着在柱上的群体呈筒状，即使相同种类也常因附着的基底不同而形成不同形状的群体。许多种类广泛分布于世界各地的湖泊、溪流中，附着在树枝、石块等处。沐浴海绵有海绵丝构成网状骨骼，群体体积较大，多呈圆形，表面皮革状，色暗，柔软而有弹性，其制品可用作沐浴而得名。

四、同骨海绵纲

长期被归为寻常海绵纲，近期通过18S和28S核糖体DNA测序，人们发现这些海绵（不到100种）与其他寻常海绵纲类群亲缘关系较远，因此，在2004年被单独列为一纲，全部海产，大部分骨针缺失，分布从浅海至1000m深海。与其他多孔动物不同的是，其在皮层细胞下具有基膜，且皮层细胞都具有纤毛。*Oscarella balibaloi* 是2011年在地中海新发现的同骨海绵纲物种。

第三节 多孔动物的演化

多孔动物存在已久，虽历经漫长岁月，但变化很少。现存种类与其化石差别不大，具有许多原始性特征。如体形多不对称，没有真正组织，没有口和消化管等器官系统。多孔动物虽为多细胞动物，但却具有与原生动物相似的细胞内消化、呼吸、排泄及渗透调节机制。而独特的水沟系和个体发育有逆转现象更是与其他后生动物截然不同，说明多孔动物的演化有别于所有其他后生动物，这也是称其为侧生动物的重要原因。

此外，多孔动物还具有与原生动物领鞭毛虫相似的领细胞，有证据表明，领鞭毛虫的祖先很早就已出现群体生活的类群。因此有学者认为多孔动物是由原始群体领鞭毛虫演化而来的一个侧枝，这一学说已得到SSU-rRNA基因序列分析结果的支持。近年来还发现领鞭毛虫细胞间连接和黏附的蛋白与多细胞动物中细胞间的信号蛋白是同源的。然而，也有一些学者反对这一假说。因为领细胞仅在成体海绵中存在，而不是发育早期就形成，鞭毛细胞在两囊幼虫变形后才产生微绒毛进一步形成领细胞，而且，领细胞也存在于一些珊瑚和棘皮动物中。

对多孔动物基因组编码的研究发现，这些编码也大量存在于更为复杂的动物中。这一发现使一些生物学家们认为，现代的多孔动物可能较其祖先形态上更为简单。因此，多孔动物的演化地位目前仍存在争议，对多孔动物基因组的深入分析有望揭开多孔动物的演化之谜。

附：扁盘动物门

扁盘动物门（Phylum Placozoa）是 1971 年新建立的一个门。目前只有丝盘虫（*Trichoplax adhaerens*）1 种。近期，对扁盘动物门线粒体 DNA 测序结果的多样性显示，该门实际可能有大约 100 个物种。这类动物最早是由德国动物学家 Schulze（1883 年）在奥地利 Graz 大学的海洋水族馆里发现的。由于扁盘动物身体仅有 4 种类型的细胞，且细胞内 DNA 含量少，染色体也小，因此被认为是已知最简单的多细胞动物之一。

扁盘动物身体薄片状，直径一般为 2 ～ 3mm，最大不超过 4mm。身体无对称形式，体形可变，边缘不规则，无器官、系统，无肌肉，无神经协调，表皮下无基膜和细胞基质，无体腔及消化腔，但虫体有恒定的背腹面。身体大约由几千个细胞排列成双层，背侧由上皮细胞和脂肪球组成，腹侧由柱状单纤毛上皮细胞和无纤毛的腺细胞组成。在背腹两层细胞之间为胶质和来源于腹细胞层的多核纤维收缩细胞（fibrous contractile cell）（图 6-14）。

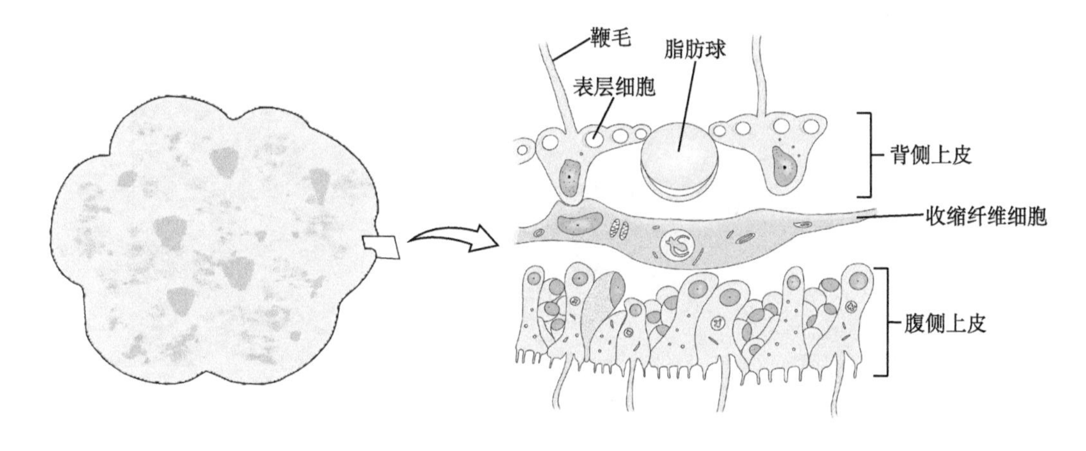

图 6-14　丝盘虫外形与横切示意图　乔然　绘

扁盘动物以微小的原生生物为食，可附在食物上滑行，并由腺细胞分泌酶消化食物。借腹面纤毛摆动使虫体滑动，也可做变形运动（多核纤维收缩细胞收缩所致）。

扁盘动物经分裂和出芽进行无性生殖，也可进行有性生殖，但人们对其有性生殖过程及其胚胎发育了解得很少，其在实验室中仅能发育到 128 细胞阶段。此外，扁盘动物与多孔动物类似，也具有较强的再生能力。

扁盘动物与其他后生动物的亲缘关系目前尚不清楚。线粒体基因组测序显示，扁盘动物位于后生动物演化发生的基部，是最古老的后生动物类群。与此推测一致的是，扁盘动物具有已知的最大线粒体 DNA（43079 个碱基对）。这一现象并非由于扁盘动物具有复杂的编码系统，而是因为其基因内含有大量间隔和内含子，这与原生动物领鞭毛虫类似。有学者推测扁盘动物也可能是由更复杂的后生动物次生性简化而来，在演化中神经系统、消化系统等退化消失。也有学者认为，扁盘动物背侧上皮代表外胚层，腹侧上皮代表内胚层，基因表达研究也支持了这些同源性。

思考题

1. 多孔动物是如何适应固着生活的?
2. 骨针的类型有哪些? 分别存在哪些类群?
3. 多孔动物和后生动物早期胚胎发育的异同体现在哪些方面?
4. 为什么说多孔动物是多细胞动物演化过程中的一个侧支?
5. 试绘制多孔动物门思维导图。

第7章 刺胞动物门

演化地位：刺胞动物门（Cnidaria），过去称腔肠动物门（Coelenterata），这是一个古老的类群，根据化石记载，可追溯到7亿年前。一般认为多孔动物在多细胞动物演化中是一个侧支，刺胞动物则为真正后生动物（Metazoa）的开始，其成体相当于胚胎发育至原肠胚阶段。与多孔动物相比，刺胞动物是建立在组织水平上的多细胞动物，具两胚层、消化循环腔（来自原肠腔）；此外还具标志性特征——刺细胞（cnidocyte），执行捕食和防御的功能，故称刺胞动物门。

第一节 刺胞动物的主要特征

刺胞动物大多分布于浅海地带，尤其是温带和热带地区。少数淡水生活，无陆生种类。

一、辐射对称体型及其意义

自本门动物开始，动物身体有了固定的对称形式。刺胞动物为辐射对称体型，即沿身体的中央纵轴（从口面到反口面）做纵切，可获取多个相似的切面。这种对称方式使身体只有口面和反口面（或上、下）之分，无前、后、左、右之分，这是一种原始的对称形式，有些刺胞动物如珊瑚纲的某些海葵，已由辐射对称演化为两辐对称体型，即通过身体的中央轴只有两个切面将身体分为镜像相似的两部分，这是由辐射对称向两侧对称演化的中间类型。

刺胞动物有两种基本形态，包括固着生活的水螅型（polyp type）和漂浮生活的水母型（medusa type）（图7-1）。若将水母型上下翻转，其形态则与水螅型相似。

水螅型呈圆筒状，口面向上，触手分布在口周围；消化循环腔较简单，呈盲管状（水螅纲）或被隔膜分成众多小室（珊瑚纲），中胶层一般不发达。

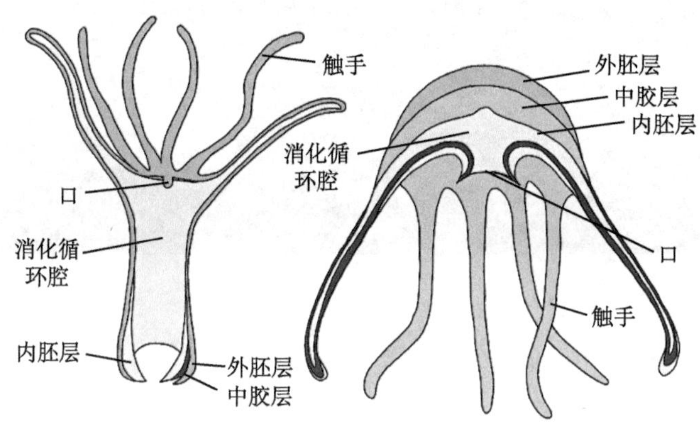

图 7-1 刺胞动物基本体型：水螅型（左）与水母型（右） 刘奕璇 乔然 绘

水母型呈伞状，口面向下，触手分布在伞边缘；消化循环腔相对复杂，分出各级辐管（radial canal），通入伞边缘的环管（ring canal）；水母型中胶层较厚（中胶层比重低），更适合水中漂浮生活。

辐射对称体型对于固着生活种类，可感受四面八方的刺激，有利于附着和被动摄食；对于漂浮生活的种类会使之更容易在水中掌握身体平衡，以获取更广阔的生活空间和更多的食物。

二、两胚层及原始的组织分化

刺胞动物体壁由外胚层、内胚层和中胶层构成。外胚层多分化出外皮肌细胞、刺细胞、间细胞（interstitial cell）、感觉细胞（sensory cell）和神经细胞（nerve cell）等；内胚层分化出内皮肌细胞，又称营养肌肉细胞（nutritive-muscular cell）、腺细胞（gland cell）等；中胶层无细胞结构，起支持身体维持体形等作用，由体壁围成的腔称消化循环腔（图 7-2）。

刺胞动物开始分化出原始的组织，如上皮组织，构成身体的内、外表面。上皮细胞基底部向两端拉长，内含可收缩的肌原纤维（myofibrils），故称上皮肌细胞（epitheliomuscular cell），分布于外胚层的上皮肌细胞又称外皮肌细胞，兼有保护和伸缩功

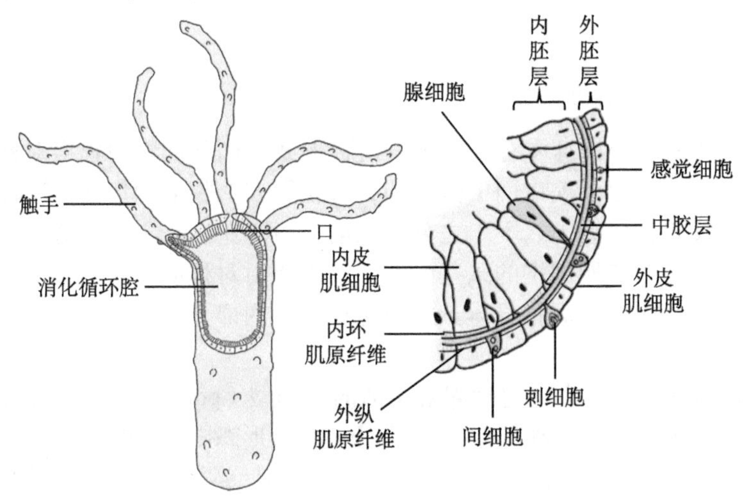

图 7-2 水螅外形及体壁 刘奕璇 乔然 绘

能；分布于内胚层的又称内皮肌细胞，具有消化功能（图7-3）。

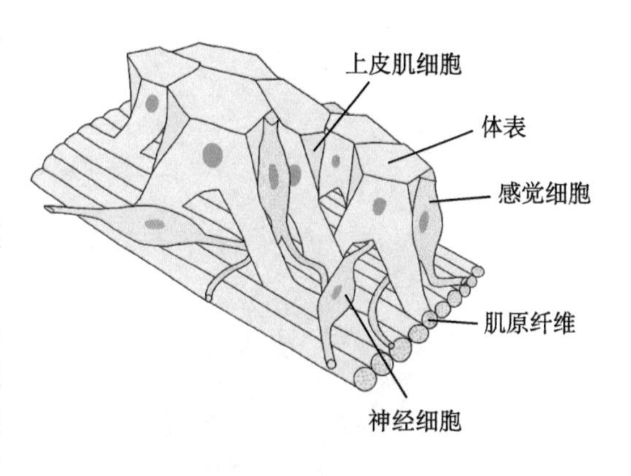

图7-3　上皮肌细胞　刘奕璇　乔然　绘

三、刺细胞

刺细胞为刺胞动物特有，多分布于外胚层（钵水母纲和珊瑚纲动物在内胚层也有分布），尤以触手上最多。刺细胞向外伸出一刺针（刺毛）(cnidocil)，细胞内具细胞核和刺丝囊（nematocyst），囊顶端为囊盖（operculum），囊内有毒液及1根长而中空的刺丝盘曲其中，刺丝基部常具有芒刺（图7-4）。现已发现数十种刺丝囊，常见的如穿刺刺丝囊，当受到刺激时，刺丝可快速向外翻出并将毒素射入猎物体内，将其麻醉或杀死；卷缠刺丝囊，只缠绕猎物不注射毒液；黏性刺丝囊，分泌黏性物质用于黏附和固着。刺细胞具捕食、防御和辅助运动功能。

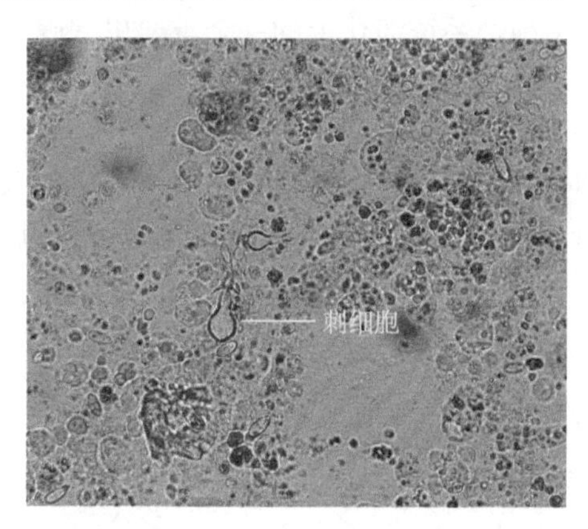

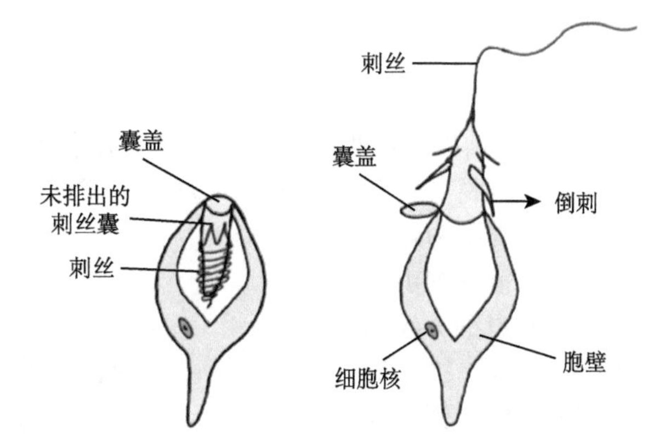

图7-4　水螅刺细胞　乔然　绘

四、消化循环腔

由体壁包围的原始消化腔，为胚胎发育时的原肠腔。内胚层的腺细胞可分泌消化酶到消化腔进行细胞外消化（extracellular digestion），内皮肌细胞可吞噬食物颗粒进行细胞内消化（intracellular digestion）。伴随身体的收缩运动及消化腔内的液体流动，消化后的营养物质可输送到身体各部，故该消化腔又称为消化循环腔（gastrovascular cavity）。

消化循环腔通过口与外界相通，口为胚胎发育时期的原口，兼具摄食和排遗等功能，刺胞动物绝大多数为肉食性。

五、呼吸与排泄

无专门的呼吸和排泄器官，气体交换和代谢废物的排出主要通过体表完成。

六、原始的神经网

刺胞动物演化出动物界最原始、最简单的弥散式神经系统。位于中胶层两侧（或单

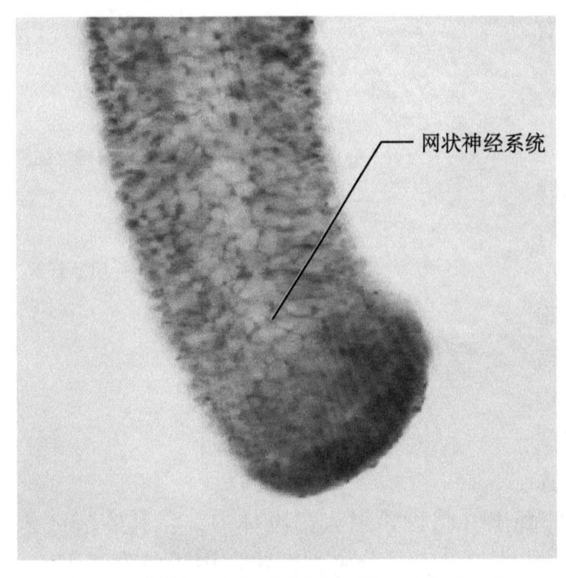

图 7-5　水螅网状神经系统显微图片　王宝青　摄

侧）的双极或多级神经细胞的突起相互连接成疏松的双层（或单层）网状，称为神经网（nerve net）（图 7-5）。神经细胞可与感觉细胞、皮肌细胞相联系（图 7-3）。感觉细胞接受刺激后，神经细胞传导刺激到效应器（皮肌细胞），对外界的刺激做出反应，从而协调身体活动，无神经中枢。高等动物由于突触小泡仅存在于突触一侧，所以只能单向传递动作电位；而刺胞动物的神经突触两侧均存在突触小泡，因而可双向传递动作电位，速度也慢。刺胞动物神经细胞的另一个特点是轴突上没有任何绝缘物质。神经细胞与细长的感觉细胞有突触，可接受外界刺激，神经细胞与上皮细胞和刺丝囊有突触联系，与上皮细胞的收缩纤维联系，这种感觉 - 神经网的组合，是神经系统演化上的一个重要里程碑。

七、生殖与世代交替

无性生殖以出芽或横裂方式完成。出芽生殖时母体体壁向外突起形成芽体，芽体长大后与母体脱离成为新个体（如水螅），或留在母体上形成群体（如薮枝螅）。进行有性生殖的种类多为雌雄异体，生殖细胞由外胚层（水螅纲）或内胚层（钵水母纲和珊瑚纲）产生。精子和卵子在水中相遇形成受精卵，经过卵裂、囊胚、原肠胚，继而发育为新个体。海产种类幼体体表往往具纤毛，可游动，称为浮浪幼虫（planula），自由生活一段时间后附着于其他物体上并发育为成体。

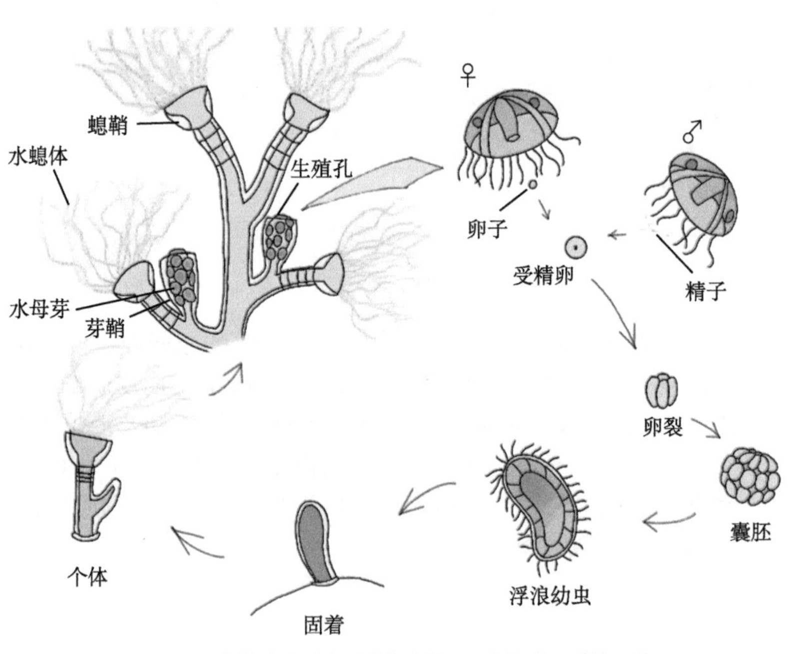

图 7-6　薮枝螅生活史（世代交替）　刘奕璇　乔然　绘

多数种类的生活史中水螅型和水母型交替出现，水螅型个体以无性生殖的方式产生水母型个体，水母型个体长大脱离母体后，又以有性生殖的方式产生水螅型个体，这种现象称为世代交替（digenesis）（图 7-6）。

第二节 刺胞动物的分类

已被描述过的刺胞动物约 11000 种，根据形态结构和生活史，可分为水螅纲（Hydrozoa）、钵水母纲（Scyphozoa）、十字水母纲（Staurozoa）、立方水母纲（Cubozoa）和珊瑚纲（Anthozoa）。

一、水螅纲

（一）主要特征

水螅纲多海产，少数淡水生，群体或单体生活，生活史多具世代交替现象，包括水螅型和水母型两个世代，水螅型无隔膜（septum），无口道（stomodaeum）；水母型具缘膜（velum），具平衡囊，囊内有钙质平衡石，调节身体平衡。刺细胞、生殖细胞来自外胚层。

淡水生活的水螅，仅有水螅型，无水母型，多单体固着生活。海产的薮枝螅有世代交替现象，薮枝螅是一树枝状水螅型群体，有直立茎，称螅茎（hydrocaulus），螅茎基部匍匐在固体物上的称螅根（hydrorhiza）。螅茎上有两种个体，一种是水螅体（hydranth），具触手和口，能够捕食，供给薮枝螅营养；另一种是生殖体（gonangium），无口和触手，生殖体内有 1 根轴，称子茎（blastostyle），生殖体可进行无性生殖。每个成员的体壁与螅茎的连接处称共肉（coenosarc）。因此，所有成员的消化循环腔都是相通的。整个身体外面包裹了一层角质膜，由外胚层分泌，具有保护作用。分布于共肉外围的角质膜称围鞘（perisarc），分布于水螅体外围的称螅鞘（hydrotheca），分布于生殖体外围的称生殖鞘（gonotheca）。

薮枝螅无性出芽生殖有 2 种方式，一种是自共肉处产生芽体，可增加群体数量。另一种是在子茎上产生芽体，进一步发育成水母型芽体，水母芽脱落后形成水母。成体水母雌雄同体（但两种性细胞不同时成熟），排出的精子或卵子与其他个体产生的精子或卵子在水中异体受精，发育为浮浪幼虫，经历一段游泳时间后，沉入水底固着于其他物体上，再以出芽方式形成水螅群体。

（二）代表动物——水螅（*Hydra*）

生活在水质洁净的池塘或溪流中，附着于水草、落叶或水底石块上。

1. 外形

身体圆筒状，自由伸展后长度可达 25 ～ 30mm，遇到刺激时将身体缩成一团。在水草等物体上附着的一端称为基盘（pedal disk）。另一端具有圆锥状的突起，称为垂唇（hypostome），其中央为口，口周围为触手，约 4 ～ 12 条，具有捕食、运动和防御的功能。生殖时在体侧可形成芽体、精巢或卵巢（图 7-7）。

2. 内部结构与生理

（1）体壁：包括外胚层、内胚层和中胶层。

外胚层主要包括以下几类细胞。外皮肌细胞：由 1 个上皮细胞和一束肌原纤维组成，形似草帽的侧像，中央隆起部为上皮细胞，两侧拉长部内有肌原纤维（图 7-3）。肌原纤

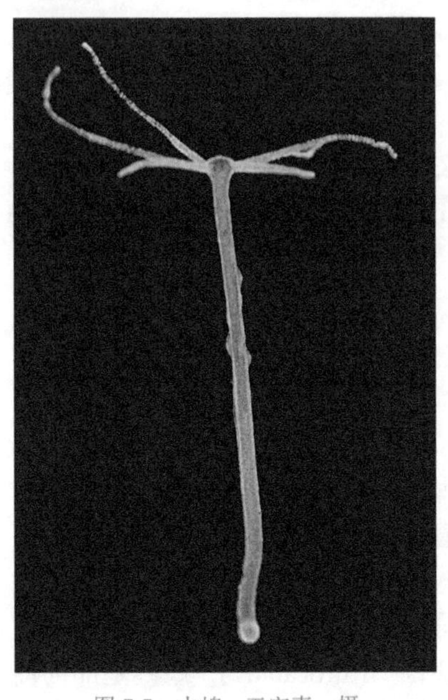
图 7-7 水螅 王宝青 摄

维与身体长轴或触手平行排列，收缩时可使水螅身体或触手变短，具有保护和运动的功能。感觉细胞：在口周围、触手和基盘上数量较多，分散在外皮肌细胞间，其游离端具有感觉毛以感受外界物理和化学刺激，另一端分支后与神经细胞联系。神经细胞：位于外胚层细胞基部，接近中胶层，形成神经网，其突起可与感觉细胞、其他神经细胞、外皮肌细胞和刺细胞形成突触，当水螅身体的一部分受较强刺激时，全身都会发生收缩反应，以避开有害刺激。间细胞：较小，位于外皮肌细胞的基部，往往 3 ～ 4 个细胞聚集在一起，是一种多功能干细胞，可分化为刺细胞、神经细胞、腺细胞和生殖细胞等。腺细胞：在身体各部均有，基盘和口周围最多，可分泌黏性物质使水螅附着于其他物体或滑行，也可分泌气体形成气泡使水螅固着于气泡上由水底升至水面，此外还有刺细胞。

内胚层主要由内皮肌细胞、腺细胞、少量感觉细胞和间细胞组成，其基部也有未连接成网的分散的神经细胞。内皮肌细胞兼具营养和收缩的功能。细胞游离端的鞭毛摆动可引起消化循环腔中食物颗粒随水流运动；游离端形成的伪足也可吞食消化循环腔内的食物，完成细胞内消化；其基部的肌原纤维与体轴及触手垂直排列，收缩时可使身体或触手变细。口周围的内皮肌细胞的肌原纤维还具括约肌作用。腺细胞分散在内皮肌细胞间，可分泌黏液，润滑食物；消化循环腔周围的腺细胞可分泌消化酶行细胞外消化，动物细胞外消化由此开始出现。

中胶层薄而透明，神经细胞和皮肌细胞的突起也伸入其中，对身体起支持、填充作用。

（2）运动：水螅营附着生活，除身体和触手能伸缩及改变方向外，还可借助触手和身体弯曲作尺蠖样或翻筋斗运动，或通过腺细胞分泌气体而由水底浮到水面。

（3）营养与消化：水螅以触手捕食水中的小型甲壳动物、昆虫幼虫以及小型环节动物等为食，猎物可比水螅大许多。水螅触手上的刺细胞可以麻醉、杀死猎物，食物经口进入消化循环腔后，先由腺细胞分泌的消化酶（主要为胰蛋白酶）进行细胞外消化，使食物颗粒变小，再被内皮肌细胞伸出的伪足包裹，形成食物泡，进行细胞内消化（大部分食物在细胞内消化）。消化后的食物可储存在内胚层细胞或扩散到其他细胞，不能消化的食物残渣返回口排出体外（图 7-8）。

（4）呼吸和排泄：无特殊的呼吸和排泄器官。外胚层细胞直接与外界接触，通过扩散进行气体交换；内胚层细胞靠鞭毛摆动或身体伸缩，可使消化循环腔内的水流动，从而进行气体交换。代谢废物可由外胚层细胞排出，也可通过排入消化循环腔后经口排出（含氮废物主要为氨）。

（5）神经：由双极或多极神经元构成简单的神经网。

（6）生殖与再生：水螅兼有无性和有性生殖。在温度适宜、食物充足时，进行无性的出芽生殖（图 7-8），中下部体壁外突形成芽体，并长出垂唇、口和触手，芽体的消化循环腔与母体相连，与母体脱离、固着后独立生活。条件适宜时一个水螅可同时长出

7～8个芽体。

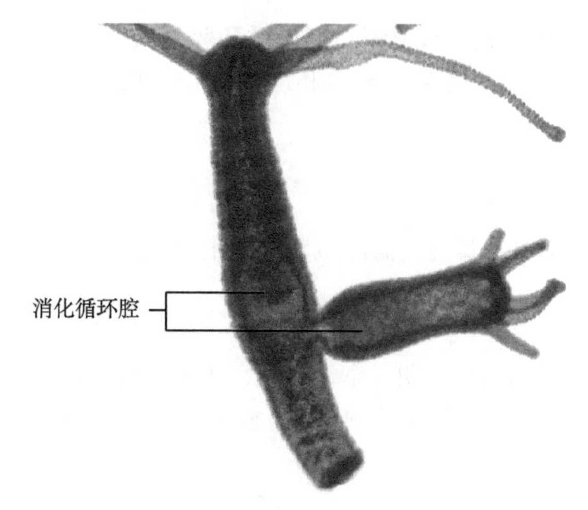

图7-8　水螅出芽生殖及消化循环腔　王宝青　摄

当秋冬季水温降低时（大约19℃以下），进行有性生殖。水螅多为雌雄异体，外胚层的间细胞可形成生殖细胞，突出于体表呈圆锥形的精巢或卵圆形的卵巢。卵发育成熟后卵巢破裂，卵露出。精巢内形成许多精子，成熟后逸出，与异体卵子结合受精形成受精卵。受精卵完全卵裂，以分层法形成实心原肠胚，围绕胚胎分泌一壳后从母体脱落沉入水底，待春季或环境适宜时，壳破裂，胚胎逸出发育成小水螅。

水螅具很强的再生能力，被切成几段后每段都可长成小水螅，但仅有触手则不能再生成完整的水螅。经垂唇和口切开可长成双头水螅。间细胞和Wnt3/β-catenin/Sp5环路在再生过程中起重要作用。

视频7-1

（三）水螅纲分类

约3700种，可分为硬水母目（Trachylina）、水螅目（Hydroida）、水螅珊瑚目（Hydrocorallina）、管水母目（Siphonophora）等。本纲除淡水水螅外，常见种类还有薮枝螅（*Obelia*）、筒螅（*Tubularia*）（水母型不发达）、桃花水母（*Craspedacusta*）、钩手水母（*Gonionemus*）、僧帽水母（*Physalia physalis*）等（图7-9）。

视频7-2.1

视频7-2.2

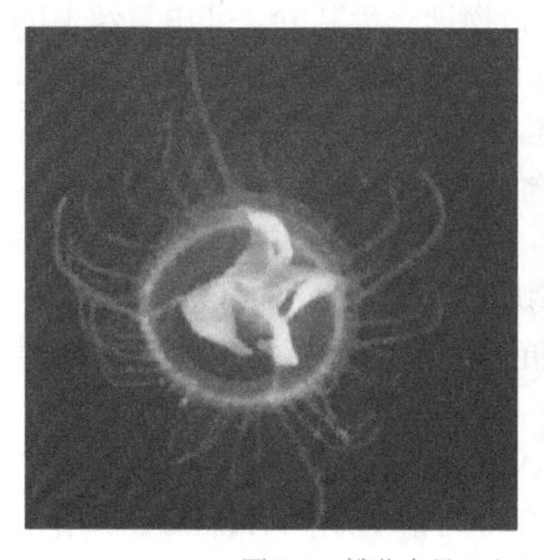

图7-9　桃花水母（左）和海月水母（右）　王宝青　摄

二、钵水母纲

（一）主要特征

全部海产，大型水母，生活史具世代交替，水母型发达且结构复杂，无缘膜，水螅

型退化或无，口道短，消化循环腔复杂，辐射管发达，不具骨骼，内、外胚层均有刺细胞，生殖细胞来自于内胚层。伞径一般 2 ～ 40cm，大型种类伞径 2m 以上，触手可达 60 ～ 70m 长。

（二）代表动物——海月水母（*Aurelia aurita*）

海月水母在近海海域营漂浮生活（图 7-9）。

1. 外形

成体白色透明。伞为盘状，伞径一般 10cm 左右，伞缘着生触手，具 8 个缺刻，将伞分为 8 部分，每个缺刻具 1 个触手囊（tentaculocyst）。凸起的一面为外伞面（exumbrella），凹入的一面为下伞面（subumbrella）。下伞面中央为口，其四角伸出 4 条口腕（oral arm）（图 7-10）。

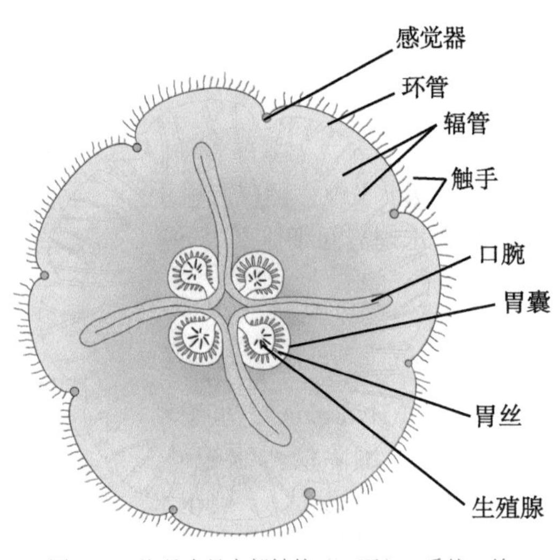

图 7-10 海月水母内部结构（口面） 乔然 绘

2. 内部结构与生理

（1）体壁：与水螅纲中的水母型相同，中胶层发达，外伞及下伞表面均来自外胚层，胃及周围发出的管道来自内胚层。

（2）消化：消化循环腔结构比较复杂，口位于下伞正中，四角形，并由四个角延伸形成 4 条口腕，口腕内有刺细胞，可初步麻醉猎物，借此摄食。海月水母以小型浮游动物为食，摄取的食物经口向内通入胃腔，胃腔向外扩大成 4 个胃囊（gastric pouch），胃囊内具带刺细胞的胃丝（gastric filament），可对猎物进一步麻醉，并由胃丝上的腺细胞分泌消化酶消化、吸收，而水螅型水母无胃丝。胃囊和胃囊间伸出辐管，这些辐管又与伞边缘的环管相连。水流由口到胃腔，经一定的辐管到环管，将消化的营养物质输送至全身，再由一定的辐管流向胃囊，未消化的残渣经口排出。水流也带来了氧气，还可排出代谢废物。

（3）感官：伞缘缺刻中具触手囊，囊内有钙质的平衡石（statolith），可根据位置变化产生不同的平衡感觉；囊上面有眼点，可感受光线；囊下面有感觉瓣，感觉瓣上有感觉细胞、纤毛和两个感觉窝，可感受化学刺激等。

（4）生殖与生活史：海月水母为雌雄异体，胃囊底部边缘有 4 个由内胚层产生的马蹄形生殖腺，外形上雌、雄生殖腺很相似。雄性产生的精子成熟后排入海水中，游入雌体消化循环腔内，与卵子结合、受精（也有的在海水中受精）。受精卵附于口腕上，经完全均等卵裂形成囊胚，再以内陷方式形成原肠胚，进一步发育为浮浪幼虫，离开母体后，在海中游动一段时间，固着于其他物体，发育成小的螅状幼体（hydrula），有口和触手，可独立生活，然后进行横裂，由顶而下分层成为钵口幼体（scyphistoma），再连续横裂形成很多扁平的横裂体（strobila），横裂体从顶端依次脱离母体形成碟状幼体（ephyra），由它发育成成体。

视频 7-3.1

视频 7-3.2

（三）钵水母纲分类

约 200 种，多为大型水母，最大的霞水母属（*Cyanea*）伞面直径可达 2m 多，触手长达 40m。常见的还有根口水母目海蜇（*Rhopilema esculentum*）（图 7-11），结构与海月水母基本相似，但伞为半球形，中胶层很发达。伞缘无缺刻，具触手囊感受器。口封闭，口腕愈合成很多小的吸口，其上有很多触手。触手可将猎物麻痹，再用口吸食，经口腕中分支的小管到胃腔。本纲可分为冠水母目（Coronatae）、旗口水母目（Semaeostomae）、根口水母目（Rhizostomae）等。本纲在刺胞动物中是经济价值较高的一类，如海蜇营养价值丰富，经过加工处理后的蜇皮（海蜇伞部），蜇头（海蜇口柄部）均可食用。多数种类对渔业生产不利；人若被有毒水母蛰到甚至有致命风险；刺丝囊内的毒性物质可作新药来源；水母平衡囊感觉器在仿生学中被用来对风暴预测；日本学者下村修因在维多利亚多管水母（*Aequorea victoria*）中发现的绿色荧光蛋白（GFP）获得了 2008 年诺贝尔化学奖，该蛋白在生物、医学领域获得了广泛的应用。

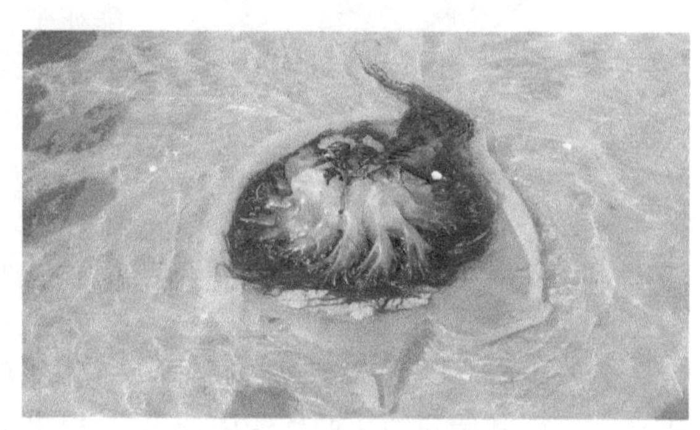

图 7-11　海蜇　王晓安　摄

三、十字水母纲

本纲均海产，尽管十字水母在一生中都不存在水母阶段，但以前一直隶属于钵水母纲中的一个目，现已独立为纲，大约 100 种。它们身体上伞面延长成柄状，其末端具基盘，用以固着，似水螅；下伞面杯状，伞缘有 8 个边，有 8 簇短的触手，没有触手囊，仅在触手丛内各有一感觉小体，口四边形，位于下伞的中央，口周围有 4 个小的口叶，胃腔内有胃囊及隔板。十字水母也能像水螅一样做翻筋斗运动。十字水母行有性生殖，生活史要经历一个不会游泳但可以爬行的无纤毛浮浪幼虫阶段（图 7-12）。

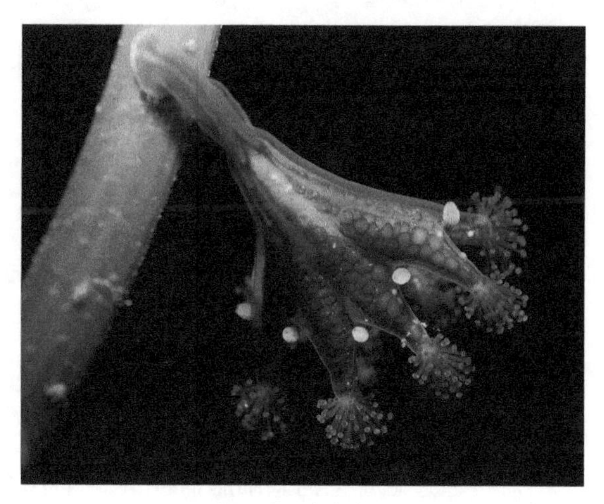

图 7-12　十字水母

四、立方水母纲

此纲曾隶属于钵水母纲中的一个目，也称箱水母（图 7-13），是目前已知演化最高等的水母类群，现已独立为纲。箱水母伞部立方形，一般体高 2 ～ 3cm，少数种类可高达 25cm。箱水母具眼，有的种类可达 24 个，有视觉功能，箱水母游泳速度较快，并能主动摄食鱼类、甲壳类等。身体伞部每个角落都有触手或触手簇，费氏手曳水母触手长可达 7 ～ 8m，每条触手基部都具有 1 个扁平的足叶（pedal lobes），触手密布刺细胞，可随时喷

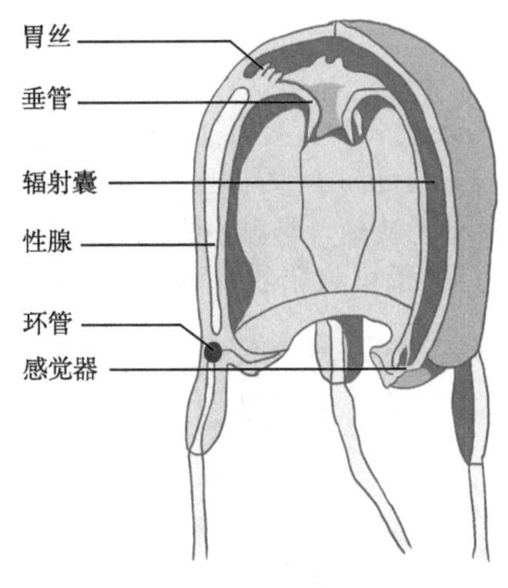

图 7-13　立方水母外形（左）与内部结构（右）
卢凯东　绘

射毒液。

刺细胞毒性很强，常被称作“海黄蜂”。生活在热带海域的箱水母，被称为世界上最毒的动物。这种鲜为人知的毒液含有皮肤毒素、神经毒素、心脏毒素和溶血毒素。一旦被箱水母蜇伤，其毒液会致伤者皮肤坏死，剧烈的疼痛能让人昏迷，最终可能死于心血管系统崩溃。

五、珊瑚纲

（一）珊瑚纲主要特征

全部海产，群体或单体生活。无世代交替，均为水螅型，无水母型。水螅体结构复杂，口道发达，其两侧具 1 ～ 2 条口道沟，初现两侧辐射对称的体型，内胚层向消化循环腔内伸出发达的隔膜，八放珊瑚亚纲种类隔膜数为 8 个，六放珊瑚亚纲隔膜数常为 6 或 6 的倍数，因而将消化循环腔分隔成了众多小室。内、外胚层均有刺细胞，生殖细胞来源于内胚层。大多数种类外胚层可分泌石灰质或角质的骨骼，由于骨骼的不断堆积，往往形成礁石甚至岛屿。

（二）代表动物——海葵

栖息于海洋中，从极地到热带、从潮间带到深海都有分布。单体生活，无骨骼，有些种类颜色鲜艳。

1. 外形

身体圆柱状，直径 5 ～ 100mm，体高 5 ～ 200mm。一端通过基盘附着于海中岩石或其他物体上，另一端为裂缝状的口，口周围部分称为口盘（oral disc），其周围有 1 圈或多圈触手（图 7-14）。

图 7-14　绿疣海葵　王宝青　摄

2. 内部结构与生理

海葵通过触手上的刺细胞捕食鱼虾等小动物，食物经过口进入口道，其两端各有 1 个口道沟（siphonoglyph）（有些种类只有 1 个），其内壁细胞具纤毛。消化循环腔结构复杂，被内胚层及中胶层突入的宽、窄不同的隔膜隔成很多小室，隔膜上有发达的纵向肌原纤维及环形肌原纤维。隔膜起支持作用并增加消化面积，根据隔膜的宽度可以分一、二、三级，只有一级隔膜与口道相连（图 7-15）。在隔膜游离端边缘具隔膜丝（septal filament），主要由刺细胞和腺细胞构成，协助捕食和消化。有的隔膜丝达底部时形成枪丝（acontia），具防御和进攻的机能。在大的隔膜上具较发达的纵肌肉带称为肌旗（muscle banner），可收缩运动。海葵表皮的肌原纤维完全不同于水螅体壁，纵向的肌原纤维仅分布在触手和口盘部。

无性生殖多为纵分裂，少数横分裂或出芽生殖。海葵为雌雄异体，隔膜上具内胚层形成的生殖腺。成熟精子经口流出，可通过体内或体外受精形成受精卵，发育为浮浪幼虫后游出母体，游动一段时间后固着下来发育成新个体（有些不经浮浪幼虫直接发育成小海葵离开母体）。也有雌雄同体的种类，首先产生精子，一段时间后再产生卵子，在消化循环腔或体外异体受精。

视频 7-4

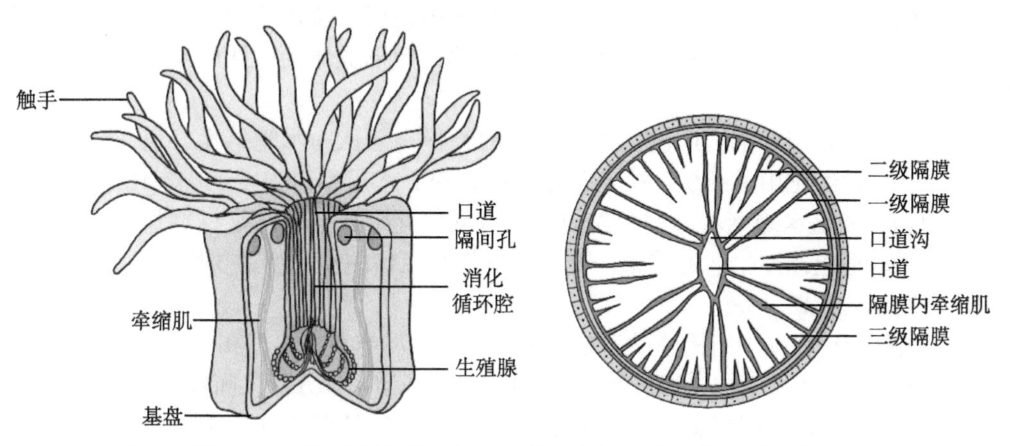

图 7-15 海葵内部结构纵切（左）和横切（右） 刘奕璇 乔然 绘

（三）珊瑚纲分类

珊瑚纲是刺胞动物中最大的一个类群，约7000种。可分为八放珊瑚亚纲（Octocorallia）和六放珊瑚亚纲（Hexacorallia）。

多数珊瑚虫群体生活，可分泌骨骼。八放珊瑚亚纲触手和隔膜各8个，只有1个口道沟，由外胚层的细胞移入中胶层中分泌角质或钙质骨骼。有的在中胶层形成骨针或突出体表，如海鸡冠（*Alcyonium*）；有的小骨片连接成管状的骨骼，如笙珊瑚（*Tubipora musica*）；还有的骨针和骨片愈合成中轴骨，如红珊瑚（*Corallium*）。六放珊瑚亚纲触手和隔膜一般为6的倍数，具2个口道沟。石珊瑚目（Medreporaria）有群体或单体，外胚层可分泌石灰质物质形成骨骼，有的像每个虫体都生在一个石灰座（珊瑚座）上，如石芝（*Fungia*）；有的圆块状，如脑珊瑚（*Meandrina*）；有的树枝状，如鹿角珊瑚（*Madrepora*）；身体圆柱状的海葵等。

视频 7-5

石珊瑚骨骼是珊瑚礁和珊瑚岛的主要成分，如澳洲东北部的大堡礁、我国南海的西沙群岛、印度洋的马尔代夫群岛、南太平洋的斐济群岛等都是珊瑚骨骼堆积成的岛屿。珊瑚礁作为典型的热带、亚热带海洋生态系统，具有十分重要的经济和生态价值。珊瑚礁形成的无数洞穴和孔隙，是众多海洋生物的栖息地，为许多鱼类和海洋无脊椎动物提供觅食、产卵、繁殖和躲避敌害的场所，具有极高的生物多样性。沿海岸礁可使海岸坚固；海底暗礁是多种海洋生物的栖息地，但有些暗礁阻碍航行；珊瑚骨骼对考证地质年代和寻找石油也有重要意义。世界上已有超过1/4的珊瑚死亡，2007年珊瑚已被列入世界濒危物种“红色名单”。

第三节 刺胞动物的起源与演化

近期的系统发生学分析支持刺胞动物是一个单系群，而且与两侧对称动物是旁系群关系。一般认为刺胞动物起源于像浮浪幼虫样的祖先，从个体发育来看，一般海产刺胞动物都经过浮浪幼虫（具纤毛可自由游泳）阶段，胚体从单层囊胚发育为原肠胚时产生了内、外两层，表皮来自于外胚层，胃层来自于内胚层，这种身体结构与多孔动物完全不同。按梅契尼柯夫所假设的群体鞭毛虫细胞移入后形成原始的两胚层动物，发展成刺胞动物。

关于刺胞动物门各纲之间的关系，传统的解释一般认为水螅纲无口道，消化循环腔中无隔膜，生殖细胞由外胚层产生是最原始的，由其水母型祖先发展成现代水螅纲动物。其他纲动物可能是水螅纲水母型祖先向不同方向演化形成的，钵水母纲是水母型进一步复杂化，逐渐适应漂浮生活的结果，珊瑚纲可能是原始的水螅型适于固着生活并复杂化，而水母型退化的结果。

最近从刺胞动物基因组构建的谱系得出，十字水母与立方水母和钵水母构成一个单系群，这个单系群与水螅纲构成姊妹群，基于 DNA 分子谱系学分析，固着生活的十字水母位于基部的位置，而八放珊瑚亚纲与六放珊瑚亚纲组成的姊妹群则位于刺胞动物的最底部。

附：栉水母动物门

栉水母动物门（Ctenophora）近 150 种，数量较少。全部海产，多漂浮生活，少数可爬行。身体透明，卵圆形、球形、瓜形以及扁平带状等，身体基本为辐射对称，很多种类由于体内消化管的排列以及成对触手的存在，使身体演化为两辐射对称。

栉水母的体壁也由内、外胚层分化的胃层和表皮层两层细胞及中胶层构成，中胶层具变形细胞和排列成网状的肌纤维。消化循环腔与钵水母纲相似，但更复杂，具有分支的辐管。无专门的呼吸和排泄器官。

现以侧腕栉水母（*Pleurobrachia*）为例加以说明。

侧腕栉水母身体球状，直径 1.5 ～ 2cm，口位于口面中央，反口面中央有一平衡囊，终生水母型。

1. 栉板（comb plate）

体表具 8 行纵行的栉板（图 7-16），栉板末端具纤毛，因纤毛梳状排列，故称为栉水母。借栉板的拍打及栉板上纤毛摆动推动身体向口面运动。

2. 触手（tentacle）

在身体反口面两侧外胚层内陷形成 1 对触手囊或称触手鞘（tentacle sheath），由鞘内各伸出 1 条触手，触手可随时缩回鞘内。触手无刺细胞而有黏细胞（colloblast），黏细胞表面有大量颗粒，与猎物接触时，可释放黏性物质黏附捕食。

3. 体壁

与刺胞动物相似，不同的是，无刺细胞而具黏细胞，中胶层很发达。独立的肌纤维出现，而不是上皮肌细胞内的肌原纤维。

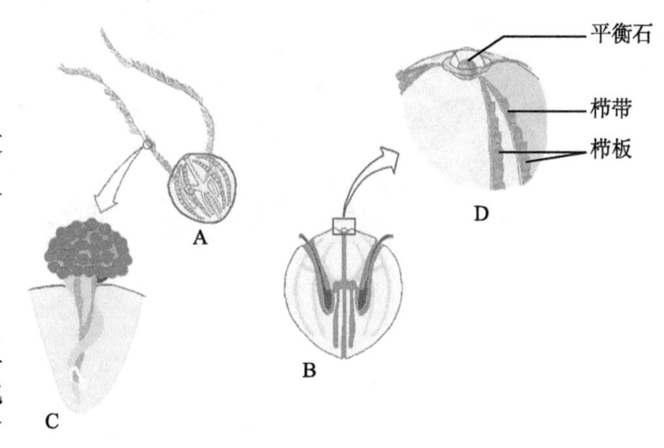

图 7-16　侧腕栉水母（A、B）和局部放大（C、D）　卢东凯　绘

4. 摄食、消化、呼吸、排泄

消化循环系统由一系列管道组成，包括口、咽、胃和分支的消化循环管、肛管。触手黏附的食物可送入口中，进入消化管。肛管在平衡囊附近分为 2 支，并由此排出食物残渣。消化包括细胞内和细胞外消化；呼吸与排泄通过体表扩散进行。

5. 神经与感官

神经系统虽在外胚层基部为网状，但已向栉板集中，形成 8 条辐射神经索，但无中枢。

反口面具 1 平衡囊，由 4 条平衡纤毛束（数百根纤毛）支持 1 个平衡石，纤毛束基部有纤毛沟（ciliated furrow）与 8 行纵行的栉板相连。身体倾斜时，平衡石对一侧纤毛束的压力改变，通过纤毛沟传入刺激到栉板，从而调整纤毛的摆动，使身体恢复平衡。栉水母表皮有丰富的感觉细胞感受化学或其他刺激。当受到不利刺激时，可将栉板颠倒过来，反向移动。此外，栉板对触觉非常敏感，可使其缩回体内。

6. 生殖与发育

多为雌雄同体，生殖腺位于栉板下的消化管内壁上，受精卵通过表皮排入水中。经过定型卵裂，发育为自由游泳的幼虫阶段，再发育为成虫。多为单体生活，无多态现象。胚胎发育中，认为已开始出现不发达的中胚层细胞，由它发展出肌纤维。

综上可见，栉水母类在演化上与刺胞动物接近，但略高等。一般认为栉水母类在动物演化上是一盲支。

思考题

1. 刺胞动物门的主要特征是什么？如何理解其在动物演化中的地位？
2. 比较刺胞动物的水螅型和水母型的异同，它们是如何适应不同的生活方式的？
3. 水螅体壁的构成以及内、外胚层分化出了哪些细胞？
4. 刺胞动物分为哪几个纲，各纲的主要特征是什么？
5. 举例说明何为世代交替？
6. 为什么称消化循环腔？
7. 刺胞动物与栉水母的主要区别何在？
8. 试绘制刺胞动物门思维导图。

第8章

扁形动物门

演化地位：自扁形动物门（Platyhelminthes）开始，首次演化出了两侧对称的体型及中胚层，但体腔尚未出现，螺旋式卵裂。自此，动物体的构建已经达到了器官系统水平。根据发育的特点以及对核糖体RNA、线粒体DNA的研究，大多数两侧对称、三胚层动物可分为两大分支，即原口动物（protostomia）和后口动物（deuterostomia），扁形动物也是原口动物的开始，这也得到了分子证据的支持。

以往的分类系统自扁形动物开始，都是以体腔的有无划分为无体腔和有体腔两个类群，有体腔又可划分为假体腔和真体腔动物。而分子系统发生不支持这种划分，分子证据显示可将原口动物分为两大类群，即冠轮动物（lophotrochozoa）和蜕皮动物（ecdysozoa）。

冠轮动物和蜕皮动物不仅共享了一些特征，同时还拥有自己独特的特点。如冠轮动物要么具有特殊的马蹄形取食结构（冠轮），要么在发育过程中具有担轮幼虫（trochophore）或类似于担轮幼虫阶段，故称冠轮动物。蜕皮动物有角质层，可以随着动物的生长而脱落，更换为新的更大的角质层。由此看出，自扁形动物开始直至软体、环节动物及其所附的小门类均属冠轮动物；蜕皮动物包括可蜕皮的假体腔动物和节肢动物，两者间的亲缘关系也更紧密，见书中详述。

本章主要介绍冠轮动物的一个分支——扁形动物门、腹毛动物门。此外，还将介绍处于两侧对称动物基部的无腔动物门及具有争议的异涡动物门。

第一节 扁形动物的主要特征

一、两侧对称体型及其意义

辐射对称体型可以感受四面八方的刺激，这非常适合被动取食的动物，但如果一种动物想要积极主动觅食、寻找适宜的栖息地及配偶，就需要全新的策略。由此，身体被前后拉长、出现恒定的背腹面及定向运动就显得尤为重要。动物恒定背腹面及原始两侧对称体型的出现，为定向运动提供了便利，由此加速了动物的头侧化(cephalalization)，这将会导致两侧对称体型及头侧的形成（图 8-1）。

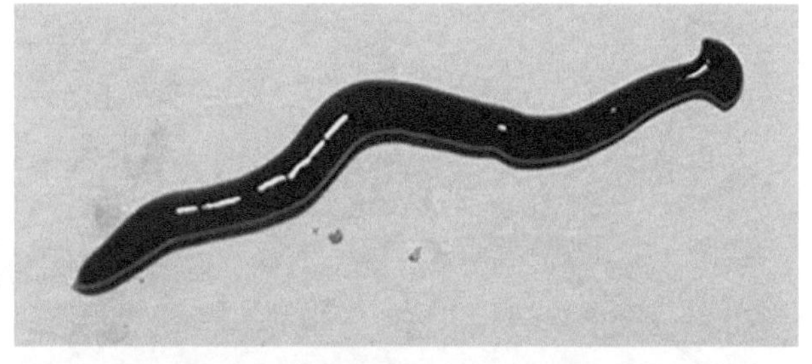

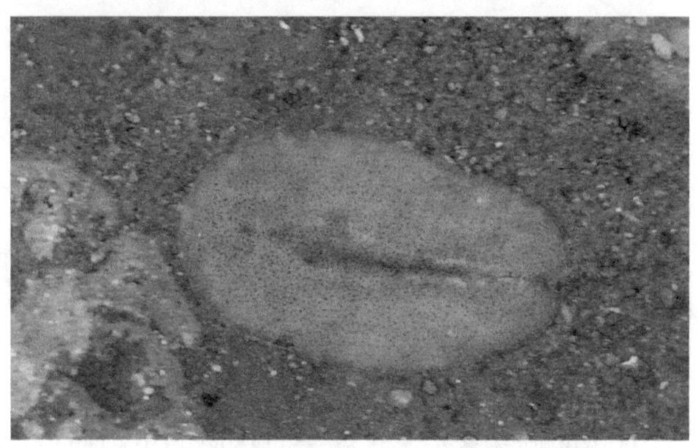

图 8-1 笄蛭涡虫（上）与平角涡虫（下） 王宝青 摄

伴随着运动能力的加强，需要具备更有效的体型，原有的辐射对称体型已经无法满足快速运动的需要，因此，自扁形动物开始，两侧对称体型应运而生。两侧对称是指沿着动物身体中央纵轴做纵切，仅可获得唯一一个互为镜像的切面，将动物体分为左右两个相等的部分。

两侧对称的意义在于动物体有了明显的前后、左右、背腹之分。前后之分使动物运动由不定向变为定向，总是向前运动的结果，导致神经系统和感官逐渐向前集中，为脑及其他感官的形成奠定了基础；身体左右对称让动物运动效率更高，既适合于水中游泳、又适于水底爬行，为进一步陆生打下了基础；有了背腹之分，背部侧重于保护、腹部侧重于运动，这让动物在生存竞争中更有利于趋利避害，提高反应速度。

二、中胚层产生及其意义

在刺胞动物两胚层基础上，扁形动物出现了中胚层，它的出现在动物演化史上具有非常重要的意义。①中胚层的出现极大地减轻了内、外胚层的分化压力，使构建更复杂的有机体成为可能。②由中胚层分化出来独立而复杂的肌肉，让动物运动能力得到了极大提高，此外，配合两侧对称体型的形成使动物对外界环境迅速变化的反应效率进一步提高，从而神经系统和感觉器官更趋发达并向前集中。③运动能力的提升，加速了体内一系列器官系统的分化，新陈代谢机能得到明显加强。④中胚层形成的实质组织对动物运动与支持、保水、营养物质及氧气的储藏与运输、再生细胞的储备等能力均起到了显著的促进作用。

三、体壁

由外胚层分化出的单层表皮、外胚层和中胚层分化出的基膜（basal membrane）和中胚层分化出的肌肉（斜纹肌 oblique muscle），包括环肌（circular muscle）、纵肌（longitudinal muscle）、背腹肌（dorsoventral muscle）共同形成囊状的体壁包裹全身，称为皮肤肌肉囊（dermomuscular sac），简称“皮肌囊”。因适应不同生活方式和环境，有的种类表皮具纤毛，有的种类表皮特化成了合胞体（syncytium）结构（图 8-2）。

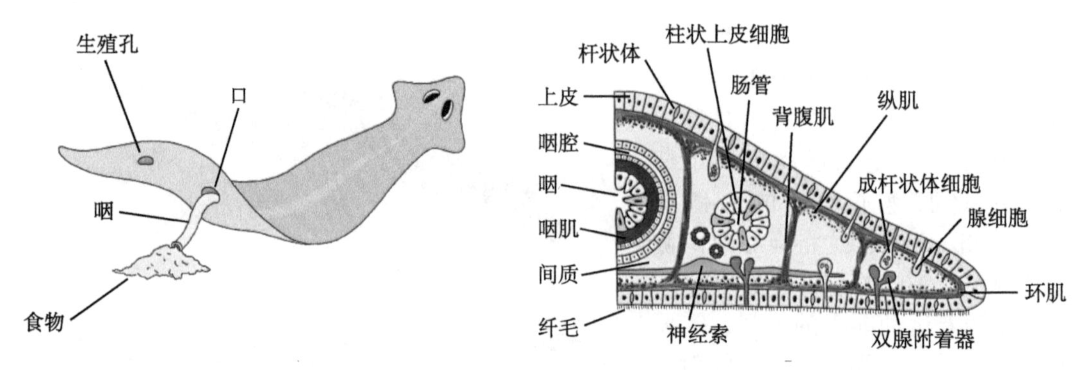

图 8-2 涡虫取食（左）与涡虫横切（右） 刘彦希 绘

四、消化与营养

消化系统包括口、咽、肠。由于无肛门，故属不完全消化系统，胞内、胞外消化兼具。

五、循环与呼吸

真正的循环系统是伴随着真体腔的出现而出现的，扁形动物尚未出现循环系统。营养物质主要通过分支的肠管和实质组织中的液体扩散运输。自由生活的扁虫身体扁平，仅靠体表渗透即可满足对氧气的需求，无专门的呼吸器官；寄生种类厌氧呼吸。

六、排泄与渗透调节

扁形动物代谢产物是氨，主要通过体表扩散排出体外。自扁形动物开始，首次出现了专门的排泄系统——原肾管排泄系统。这种原始的排泄系统主要功能是调节体内水分平衡，同时溶于水中的代谢产物也一同被排除。

七、神经与感官

扁形动物神经系统呈梯状，故称梯状神经系统。自由生活种类神经和感官相对比较发达，寄生种类退化。

八、生殖与再生

扁形动物多雌雄同体，包括无性和有性生殖。由中胚层形成的生殖系统，有了固定的生殖腺、副性腺、生殖导管，多行交配和体内受精，绝大部分种类异体受精。

第二节 扁形动物的分类

现存的扁形动物大约有 18000 种，有的营自由生活；有的营寄生生活，包括体内、体外寄生。本门可分为 4 个纲，分别为涡虫纲（Turbellaria）、吸虫纲（Trematoda）、单殖纲（Monogenea）和绦虫纲（Cestoda）。

一、涡虫纲

（一）外形

大多海产，少数淡水生，甚至潮湿土壤中自由生活，偶有寄生。身体扁平，体长 5mm～50cm，有的片状，有的细长。

（二）内部结构与生理

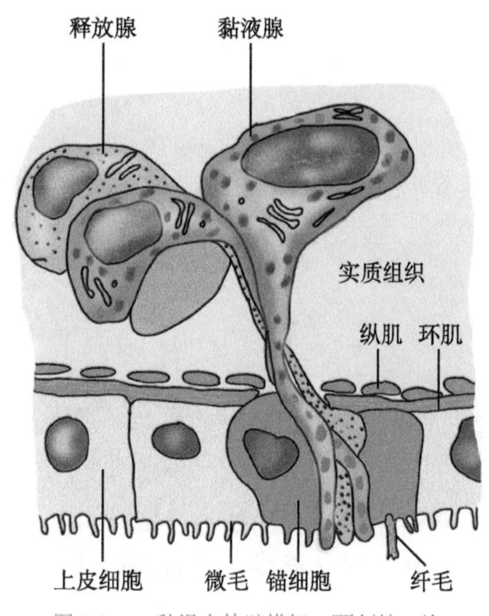

图 8-3　一种涡虫体壁横切　贾剑铭　绘

表皮细胞来源于外胚层，有些种类表皮细胞有纤毛，有些种类具微毛（microtriche）。体壁为皮肌囊结构，内有几种起源于表皮的腺细胞：①杆状体腺细胞（rhabdite gland cell）深入至实质组织中，其分泌的杆状体（rhabdite），夹杂在上皮细胞之间，当虫体受到刺激时，杆状体被迅速排出体表，遇水后形成有毒性的黏液，可御敌、协助捕食、减少运动时的阻力等，生殖季节还可形成卵袋，具有保护作用。②多数种类涡虫表皮内含有双腺附着器，有利于身体附着。这种附着器内含 3 种细胞：黏液腺细胞（mucous gland cell），开口于体表，可分泌黏液，润滑体表，有利于附着，还可减少游泳时的阻力、避免水底爬行时的损伤；释放腺细胞（releaser gland cell），稀释黏液以利于脱离黏液的束缚，黏液腺和释放腺是对潮间带生活的适应；锚细胞（anchor cell），黏液腺分泌的黏液可将锚细胞的微毛黏附在基质上（图 8-3）。

皮肤肌肉囊与消化管之间由实质组织填充。消化管（两端除外）由内胚层演化出的单层细胞围成。消化管、皮肤肌肉囊连同纤毛、微毛等协同作用，提高了运动能力。

视频 8-1

消化管由口、咽、肠组成，无肛门，多肉食性，胞内、胞外消化兼具。咽部有咽腺（pharyngeal gland），可分泌酶，将食物碎化并进行初步胞外消化，进入肠内被吞噬细胞吞噬，再行胞内消化。一些海产种类从无分支肠（小型种类）演化出反复分支的肠，这体现了涡虫消化系统的演化趋势，肠管分支对于微小种类逐渐趋于大型化发展，减少营养物质远距离运输（由于无循环系统）具有重要意义（图 8-4）。

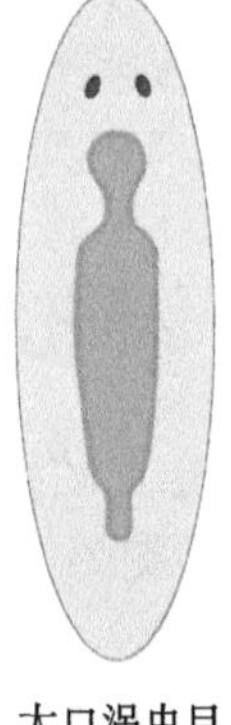

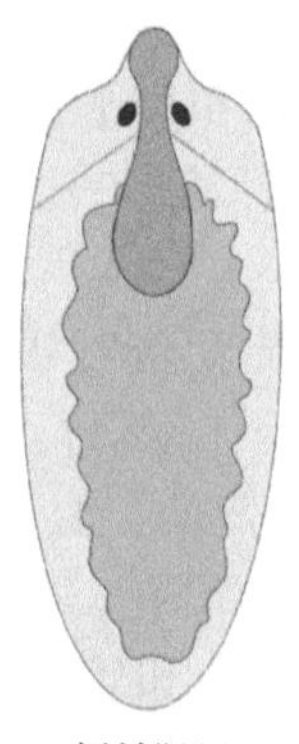

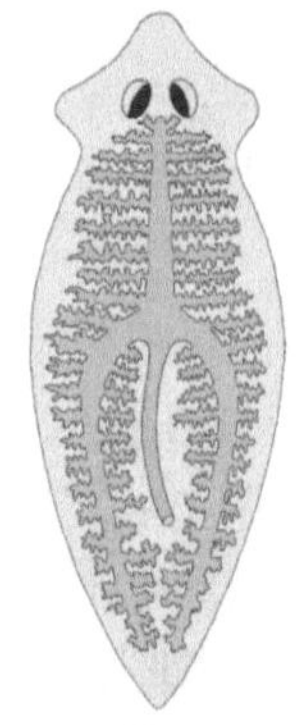

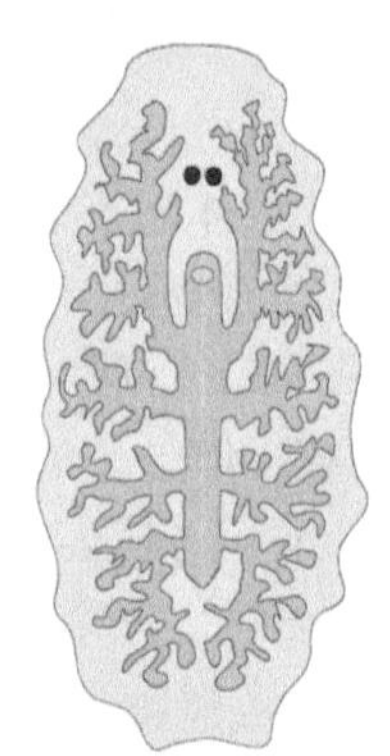

图 8-4　涡虫消化系统演化　刘彦希　绘

无专门呼吸器官，依靠体表渗透进行气体交换，尚未出现循环系统。排泄系统为

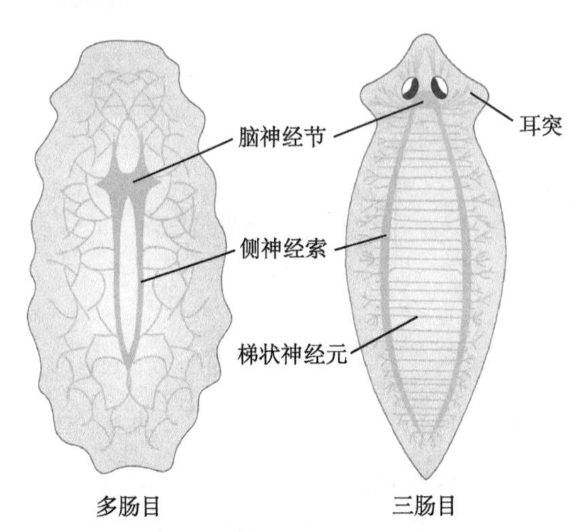

图 8-5 涡虫神经系统 刘彦希 绘

起源于外胚层的原肾管（protonephridia），其基本构成单位是焰细胞（flame cell），主要功能是调节体内水分平衡。

神经和感官比较发达，出现了原始的脑。少数种类已经演化出了更多的神经节并构成了脑和神经网；更多种类的涡虫在腹侧皮肌囊与实质组织中间演化出了 1 ～ 5 对纵神经索（longitudinal nerve cord），与横向的神经构成了梯状神经系统（图 8-5）。原始的脑与感官连接，刺激被传入到脑，再由脑指挥运动，构成了原始的中枢神经系统，神经索也与身体其他各部保持联系，这种模式在神经系统演化上具有重大意义。由此，涡虫获得了主动摄食的能力。感官包括平衡囊、眼点（eyespots）、耳突（auricle）等。涡虫雌雄同体，异体受精。淡水及陆生种类往往为无性分裂生殖，再生能力很强，有性生殖为直接发育；海产种类为间接发育，要经过一个米勒幼虫（Muller's larva）期，再变态发育为成虫。

（三）代表动物——三角涡虫（*Dugesia japonica*）

1. 外形

身体蠕虫状，头部三角形，有明显的耳突、眼点。背部光滑，腹部密生纤毛。口位于虫体腹面后 1/3 处，稍后为生殖孔，常栖息于溪流中的石块下。

2. 内部结构与生理

视频 8-2.1

（1）体壁与运动：两侧对称体型及皮肤肌肉囊结构的体壁，使动物的运动能力得到了明显加强。环肌收缩身体变细，纵肌收缩身体变短，背腹肌收缩身体变得扁平并掌握身体平衡，肌肉收缩波与纤毛协同运动，使动物灵活的转身、弯曲、扭转、滑行成为可能。

视频 8-2.2

（2）消化与营养：口位于腹中线后 1/3 处，口后为肌肉质的咽，被包裹在咽鞘中，可伸缩，咽后为分支的肠管，由单层上皮构成，肠管末端均为盲端。取食时，虫体附在食物（水中的昆虫、蚯蚓等）表面，咽从口内伸出，吮吸食物汁液，未能消化的残渣由口排出。

（3）呼吸与循环：涡虫没有出现专门的呼吸器官，仅靠体表进行气体交换；无循环系统，借分支的肠管及实质组织中的液体传输营养物质。

（4）排泄与渗透调节：原肾管是弯曲、具有许多分支的纵行管道系统，沿虫体两侧分布，一端开口于背侧体表，称排泄孔，每个小分支另一端为盲端，由焰细胞组成。焰细胞实际包括帽细胞（cap cell）和管细胞（tubule cell），只是这两种细胞没有明显界限，由帽细胞生出的一束纤毛，在管细胞的管道内摆动，似火焰（图 8-6），故称焰细胞。管细胞表面有众多微孔，可收集体内多余水分和代谢废物，由于鞭毛束的摆动，将水汇集到排泄小管、较大的排泄管，最后通至体表左右成对的排泄孔排出体外。

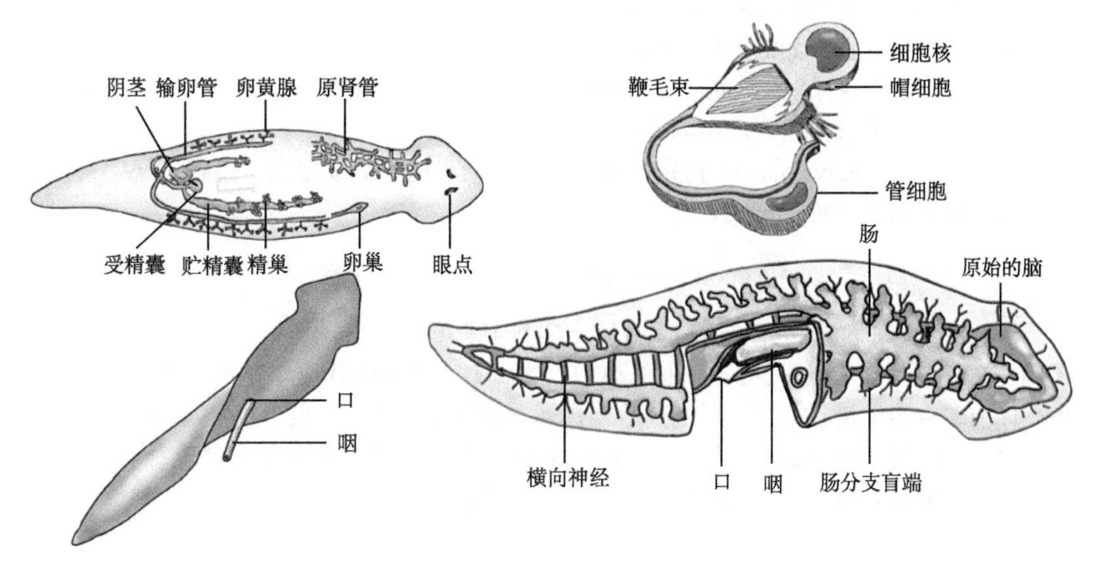

图 8-6　涡虫消化、排泄、生殖、神经系统　贾剑铭　绘

（5）神经与感官：位于头部的脑是由神经细胞聚集形成一个杯状神经节，由此发出 2 条纵向的神经索并与横向的神经纤维连接，构成梯状神经系统。

感官包括眼点、耳突。眼点由表皮下色素细胞排列成杯状，感觉细胞伸入其中，末端与神经细胞相连形成，只能感觉光的强弱（趋弱光、避强光），不能视物；耳突位于头部两侧，内有丰富的触觉感受器（tangoreceptor）、化学感受器（chemoreceptor）、趋流感受器（rheoreceptor），分别感受触觉、化学、水流刺激。

（6）生殖与再生：涡虫体内同时拥有雌、雄 2 套生殖系统。

①雄性生殖系统由精巢、输精管、贮精囊（seminal vesicle）、阴茎、生殖腔（genital chamber）、生殖孔组成。

②雌性生殖系统包括 1 对卵巢、1 对输卵管（输卵管可收集来自卵黄腺的卵黄）、两条输卵管末端汇合成阴道，由阴道向前延伸形成一交配囊（copulatory sac），接受异体精子。扁形动物首次出现了 体内受精。

交配时，两虫体腹面相贴，各从生殖孔内伸出阴茎进入对方交配囊内，输入精子后彼此分开。当卵巢排卵时，精子进入输卵管，到达输卵管前段与卵子结合完成受精。受精卵下行并附以卵黄细胞至生殖腔，被黏液包裹后形成卵袋（cocoon）经生殖孔排出，在水中孵化直接发育为成虫。

三角涡虫的无性生殖表现为在咽后部断裂，然后各自长出丢失的部分，形成 2 个新的个体。涡虫有极强的再生能力，即使人为地将其切成若干段，每一段都能长成新的个体，只是前端再生的速度最快，以后递减。

（四）涡虫纲分类

已经被描述的大约有 5000 种，多划分为 11 目，以下仅简介一些种类。

1. 原卵巢涡虫亚纲（Archoophoran turbellarians）

生殖系统无卵黄腺，内卵黄卵，螺旋形卵裂。

（1）链涡虫目（Catenulida）小型，淡水生，肠管无分支，无平衡囊，仅单个原肾，无生殖腺及生殖导管，如链涡虫（*Catenula*）。

（2）大口涡虫目（Macrostomida）小型，淡水或海产，肠管无分支，具成对原肾，生殖系统完善，如大口虫（*Macrostomum*）。

（3）多肠目（Polycladida）海产，多营底栖生活，肠管分支复杂，生殖系统完善，间接发育，如平角涡虫（*Planocera*）。

2. 新卵巢涡虫亚纲（Neoophoran turbellarians）

生殖系统具卵黄腺，外卵黄卵，螺旋型卵裂不典型。

（1）切头虫目（Temnocephalida）小型，体扁平，寄生或共生于淡水甲壳类及软体动物，体前端有多个指状突起，后端具附着盘，有卵黄腺，如切头虫（*Temnocephala*）。

（2）三肠目（Tricladida）体长 2mm ～ 50cm，身体扁平，腹面密生纤毛。肠 3 分支，原肾 1 对，卵巢 1 对，具分支的卵黄腺，如三角涡虫等。

二、吸虫纲

几乎所有吸虫成体均寄生于脊椎动物体内或体外，未达到性成熟阶段可寄生于脊椎动物、无脊椎动或植物上。

（一）外形

身体扁平、叶状或细长，0.2mm ～ 6cm。寄生生活导致虫体表面的纤毛、杆状体消失，感官退化，同时演化出了极具吸附能力的吸盘（sucker），包括口吸盘（oral sucker）、腹吸盘（ventral sucker）。

（二）内部结构与生理

体壁为合胞体结构（图 8-7），即：表皮细胞大部分胞体及细胞核下沉至实质组织中，通过被拉长的细胞质桥连接体表皮层，尚存留于体表部分的细胞间界限不明显，形成 1 层由蛋白质和碳水化合物构成的被膜（tegument），这层膜不仅促进了营养物质及代谢废物的运输，同时还能抵御寄主消化酶及免疫系统对虫体的伤害。残留的表皮层下包括环肌和纵肌。消化系统包括口、咽、食管、肠。通过口，以咽部抽吸寄主的营养物质，也有的种类靠体壁渗透获取营养。外寄生种类及自由生活的幼虫通过体表进行有氧呼吸（aerobic respiration），内寄生种类行厌氧呼吸（anaerobic respiration）。排泄器官为原肾，由众多的焰细胞和 1 对排泄管构成，体内寄生种类原肾的主要功能是排泄废物。神经、感官退化，外寄生种类尚存眼点，内寄生种类感官消失。生殖系统复杂，生殖能力强大，生活史复杂，外寄生种类一般只有 1 个寄主，生活史简单；内寄生种类常有 2 个以上寄主，具多个幼虫期，生活史复杂。

（三）代表动物——肝片吸虫（*Fasciola hepatica*）

肝片吸虫多寄生于羊牛等草食动物和人肝脏的胆管内，又称羊肝蛭（图 8-7）。

1. 外形

长 20 ～ 40mm，宽 5 ～ 13mm，叶片状，前端似圆锥。有一口吸盘，口吸盘后的腹面有一腹吸盘。生殖孔位于腹吸盘前。

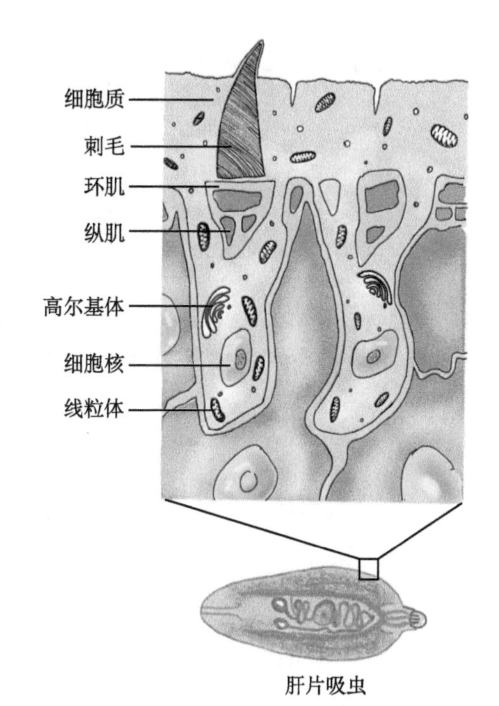

图 8-7　肝片吸虫体壁　贾剑铭　绘

2. 内部结构与生理

（1）体壁：合胞体结构，表皮内有小刺、小泡等，有利于物质交换及吸收。

（2）消化与营养：口吸盘中央是口，口后是咽，然后在虫体两侧延伸出并不复杂的肠管分支，主要以咽抽吸脱落的肝上皮细胞为食。

（3）呼吸与排泄：无专门呼吸器官，行厌氧呼吸。来自于实质组织内的焰细胞汇集至小排泄管，进一步进入两侧的排泄管，最后汇入身体末端的排泄囊，经排泄孔排出体外。

（4）神经与感官：神经与涡虫相似，但不发达。感官仅存于自由生活时期。

（5）生殖与生活史

①生殖：大量的卵黄腺分布于虫体两侧。精巢 2 个，分支复杂，输精管 2 根，通向储精囊，储精囊包裹阴茎囊，储精囊延伸形成射精管及阴茎，射精管周围被前列腺包裹，末端开口于生殖孔。卵巢 1 个，呈鹿角状分支，通向一条输卵管，继续延伸是受精囊管，然后与卵黄管汇合形成卵膜腔（ootype），卵膜腔周围是梅氏腺（Mehli's gland），卵膜腔通向一条粗大而弯曲的管道（子宫），内含大量受精卵，最终以生殖孔开口于体表。肝片吸虫的受精部位是输卵管，进入卵膜腔已经是受精卵，受精卵在卵膜腔内接受周围的卵黄物质。梅氏腺的功能对卵壳的形成有模板作用。

②生活史：生活在胆管内的成虫交配产卵后，受精卵随胆汁排入肠管，与粪便一起排出体外，在环境适宜的条件下，经 10 ～ 25d 孵化为毛蚴（miracidium），在水中游泳，遇到中间寄主（intermediate host）——椎实螺，进入螺体后失去纤毛形成囊状的胞蚴（sporocyst），胞蚴可分泌一种酶分解螺组织，为自己提供营养。胞蚴无消化管，通过大量无性繁殖，可产生下一代胞蚴或具消化管的雷蚴（redia）（此为无性生殖阶段），囊壁破裂，雷蚴溢出，进一步发育为尾蚴（cercaria，尾蚴已经具有吸盘及消化管）此时离开螺体，在水中游泳并附着在水草或其他物体上，形成囊蚴，草食动物取食或饮水时被感染。囊蚴到达终末寄主（definitive host）小肠内破裂，穿过肠壁经体腔到达肝脏，寄生于胆管内发育为成虫，可引起肝炎或胆管阻塞（图 8-8）。

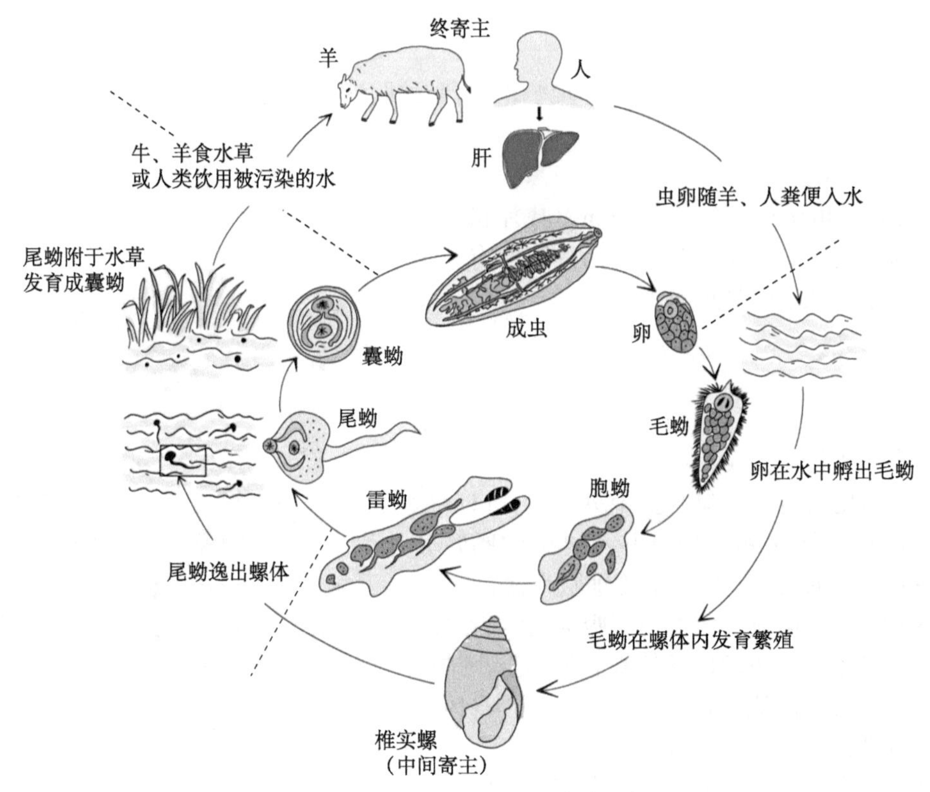

图 8-8 肝片吸虫生活史 刘彦希 绘

（四）吸虫纲分类

吸虫大约有 10000 种，可分为 2 个亚纲。

1. 盾腹亚纲（Aspidogastrea）

多为一个寄主，寄生于软体动物体内。若有第二寄主，通常为鱼、龟。最显著的特征就是有 1 个巨大的腹吸盘几乎遮盖了整个腹面，横行及纵行的隔膜将吸盘分割成了众多小格（图 8-9）。

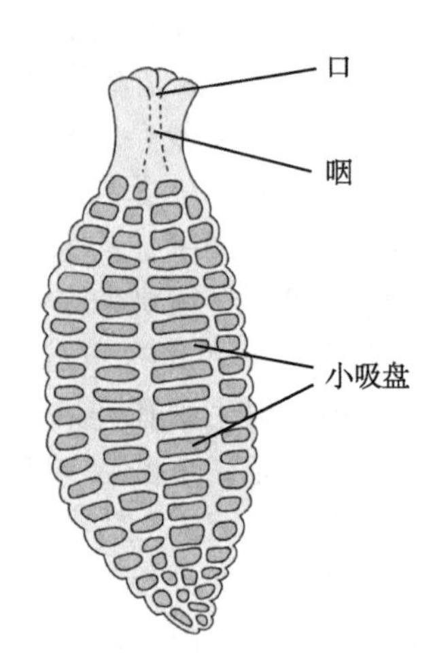

图 8-9 盾腹虫 刘彦希 绘

2. 复殖亚纲（Digenea）

约 9000 余种，体内寄生，需要 2 个以上寄主。中间寄主多为软体动物，终末寄主为脊椎动物。常见物种包括肝片吸虫、日本血吸虫（*Schistosoma japonicum*）、华支睾吸虫（*Clonorchis sinensis*）、布氏姜片虫（*Fasciolopsis buski*）等。由于这些寄生虫与人类关系紧密，以下予以简介。

（1）日本血吸虫

①外形：成虫雌雄异体，雄虫身体两侧向腹面延伸形成一抱雌沟，将雌体包裹于沟内，呈合抱状态。雌体较雄体长，两端常暴露于沟外。

②生活史：成虫寄生于人体肠系膜静脉内，并在合抱时交配产卵，部分卵随血流到达

肝脏，另一部分在卵内发育为毛蚴，含有毛蚴的卵可穿破肠壁进入肠腔，随粪便排出体外，遇到水环境，毛蚴破囊而出寻找中间寄主——钉螺（*Oncomelania hupensis*）。进入钉螺体内后继续发育形成胞蚴、第二代胞蚴（血吸虫没有雷蚴阶段），最终形成尾蚴并离开螺体，在水中游泳。当接触到人体时，可从皮肤或黏膜进入人体小静脉或淋巴管内，随血流进入心脏、肺及全身各处。只有到达肠系膜静脉的虫体才能发育成熟，成虫寿命可达 10 ～ 20 年。人感染后可导致脾肿大、肝硬化、黄疸等症状（图 8-10）。

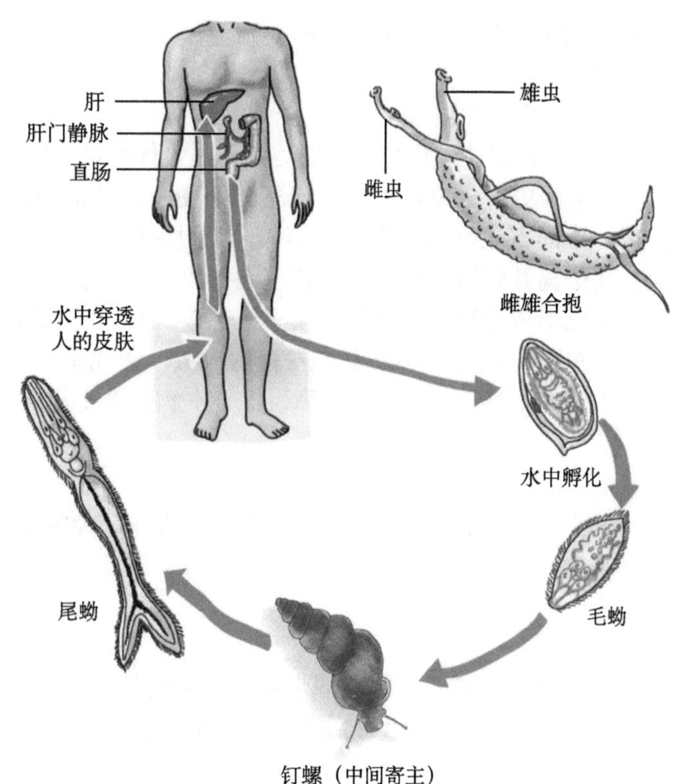

图 8-10　日本血吸虫生活史　贾剑铭　绘

（2）华支睾吸虫

①外形：叶片状，前窄后宽，口吸盘大于腹吸盘。虫体后 1/3 处有两个前后排列的树枝状睾丸。

②生活史：成虫寄生于人、猫、狗等脊椎动物胆管内。排出的受精卵经胆管进入十二指肠，随粪便排出体外，此时在卵内已发育为毛蚴。卵遇到水，被第一中间寄主（沼螺）吞食，在螺的消化管内，毛蚴从卵中溢出，穿过肠壁到达肝脏，毛蚴随之发育为胞蚴，再进一步发育为大量雷蚴最终形成尾蚴离开螺体。若遇第二中间寄主（淡水鱼、虾），进入其体内并脱去尾巴，形成囊蚴（metacercaria），寄生于肌肉中，也可寄生于皮肤、鳍、鳞片。人若食用了未经煮熟的感染鱼、虾，就有可能患此病，囊蚴的壁在人肠管内被消化，幼虫即

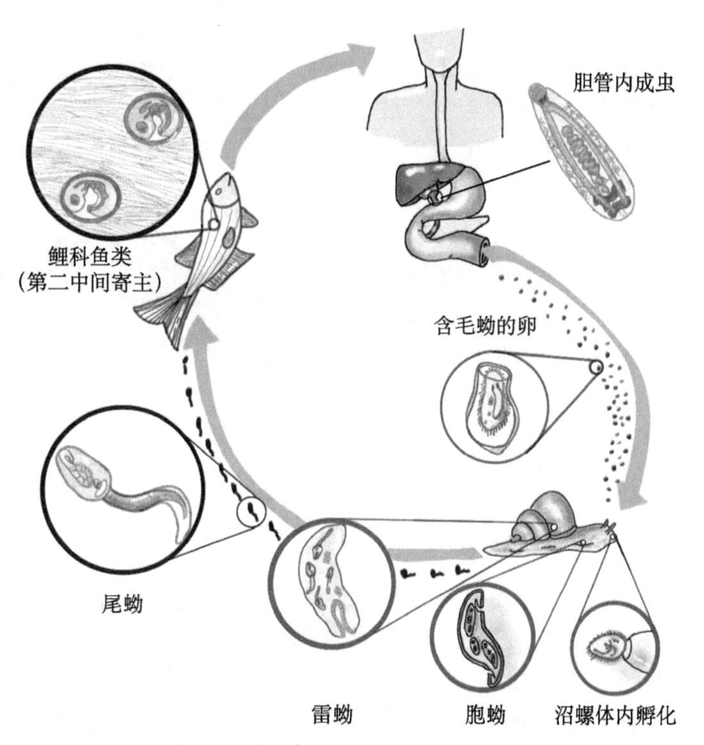

图 8-11　华支睾吸虫生活史　贾剑铭　绘

可移行至胆管内发育为成虫（图 8-11）。患者会出现慢性腹泻、胆囊炎、黄疸、水肿、肝痛等症状，甚至会发生肝硬化、肝癌等。

（3）布氏姜片虫

①外形：虫体外形似切开的姜片，是人体内最大的一种寄生扁虫。

②生活史：成虫寄生于人或猪的小肠内，受精卵随粪便排出后，在水环境下发育为毛蚴，中间寄主是扁卷螺，在螺体内经过胞蚴、雷蚴和第二代雷蚴发育成数量众多的尾蚴，尾蚴离开螺体自由生活，若遇到菱角、荸荠、茭白等水生植物，即可吸附于其表面，脱去尾巴形成囊蚴（此时具黏膜感染性）。当人或猪误食囊蚴后，进入消化管，囊壁被消化，幼虫即可吸附于小肠壁上发育为成虫，造成患者被吸附部位损伤、出血等，继而造成患者营养不良、贫血、发育障碍等，本病多见于儿童、青壮年。

三、单殖纲

单殖纲传统上属于吸虫纲单殖亚纲，支序分类学研究表明它们与绦虫纲关系更紧密，现已独立为纲。

（一）外形

单殖吸虫大多以身体末端带钩的后附着器（opisthaptor）附着于鱼类的体表及鳃上，外寄生种类，也偶见寄生于蛙类、龟类的膀胱内。

（二）内部结构与生理

生命周期很简单，只有 1 个世代，即从卵直接发育为成虫。所以只有 1 个寄主，无中间寄主，故大多不存在无性生殖（无性生殖一般发生在中间寄主体内）。受精卵孵化后为纤毛幼虫，也称钩毛蚴（oncomiracidium），可吸附于鱼体上，有时也进入 1 个自游泳时期。常见种类如三代虫（*Gyrodactylus*）、指环虫（*Dactylogyrus*）等（图 8-12）。

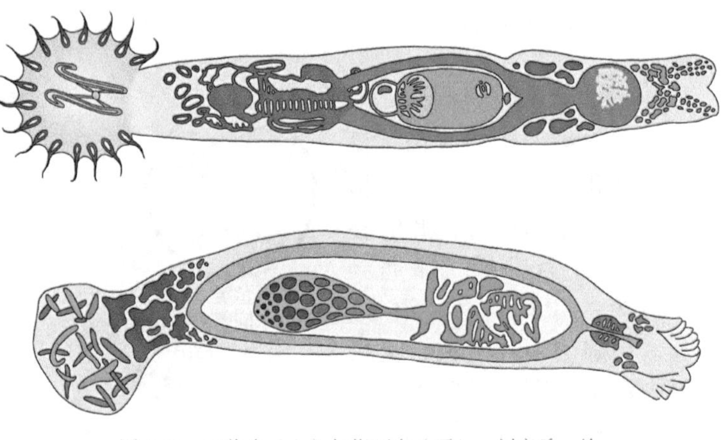

图 8-12 三代虫（上）与指环虫（下） 刘彦希 绘

（三）代表动物——三代虫

寄生于鱼类体表及鳃上。体长 1cm。前端有两个突起的头器，可伸缩，内有 1 对单细胞腺的头腺，开口于前端，无眼点。口位于头器下方中央，下通咽、食管和两条盲管状的肠。体后端有一大的固着盘，盘中央有 2 个大锚，大锚之间由 2 条横棒相连，盘的边缘有 16 个小钩。三代虫以固着器上的大锚和小钩固着在寄主体表，同时前端的头腺也分泌黏液，用以黏附在寄主体表或像尺蠖一样的慢慢爬行。雌雄同体，有 2 个卵巢、1 个精巢，位于身体后部，卵胎生。在卵巢的前方有未分裂的受精卵及发育的胚胎，在大胚胎内又有小胚胎，因此称三代虫。

四、绦虫纲

成虫多寄生于脊椎动物肠腔内，体长 1mm ～ 25m，身体缺乏色素，常呈白色。大多数成体由重复排列的节片构成。它们有更悠久的寄生历史，因而表现出对寄生生活的高度适应。

（一）外形

多数虫体呈扁平带状，一般由许多节片（proglottid）构成，包括 1 个头节（scolex）、1 个颈节（neck）和众多体节片。

（二）内部结构与生理

体壁为合胞体结构，体表有很多微毛，借以扩大吸收营养表面积，皮层内有大量线粒体，可能与主动运输有关。消化管已全部消失，直接通过体壁吸收营养。厌氧呼吸。排泄器官为原肾。神经系统不发达。感官消失。生殖系统极为发达，每个节片都有 1 ～ 2 套雌、雄生殖系统，生活史复杂（图 8-13）。

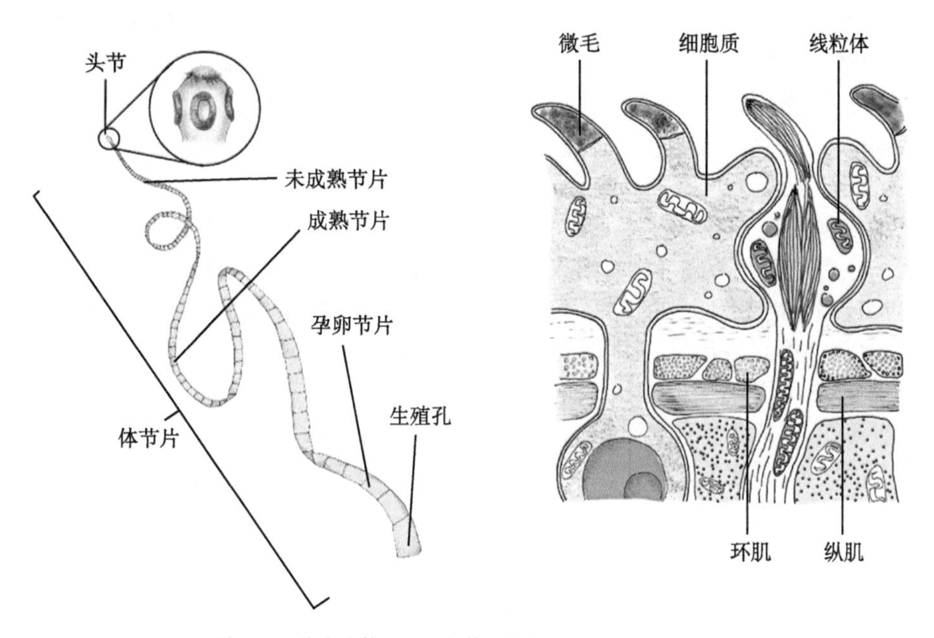

图 8-13　绦虫成体（左）与体壁结构（右）　贾剑铭　绘

（三）代表动物——猪带绦虫（*Taenia solium*）

1. 外形

成虫身体扁平，体长 2 ～ 7m，由 700 ～ 1000 个左右节片组成。第一个是头节，球形（1mm），端部有两圈小钩，小钩外围有 4 个吸盘。第二是颈节，细长，是生长区，以后的节片均由颈节产生，称体节片。

靠近颈节的区段节片较小，节片长方形，生殖器官发育不成熟，称未成熟节片（immature proglottid）；中部区段为成熟节片（mature proglottid），方形，生殖器官已发育成熟；后部区段节片长方形，几乎被子宫填充，称孕卵（妊娠）节片（gravid proglottid）。

2. 内部结构与生理

（1）体壁：与吸虫相似，但在合胞体表层的胞质部突起了大量微毛，功能似小肠绒毛。

（2）消化与营养：无消化系统，全部借体壁渗透营养。

（3）呼吸与排泄：厌氧呼吸。焰细胞存在于各节片实质组织中，虫体两侧各有 1 对背侧及腹侧排泄管，腹侧更发达，每节片的后端还有 1 个横向排泄管连接两腹侧排泄管，在末节，两排泄孔直通虫体外，主要功能是排泄废物。

（4）神经与感官：包括头节内的脑（神经环），其他各节均有与腹侧排泄管并行的腹侧神经索，每个节片后缘有一神经环与两侧神经索相连。

（5）生殖与生活史

①生殖系统：雄性生殖系统包括精巢、输精小管、输精管、储精囊、阴茎囊、生殖孔。雌性生殖系统包括卵巢、输卵管、阴道、卵膜腔、子宫及相关腺体梅氏腺、卵黄腺等。

②生活史：成虫寄生于人的小肠中，中间寄主为猪。虫体以头节上的吸盘及小钩吸挂于小肠内壁上，其余体节可以反复折叠或缠绕于肠腔内。末端的孕卵节片往往 3 ～ 5 节一起脱落，随粪便排出。当节片或散落的受精卵被猪吞噬后，在猪小肠内孵化出六钩蚴（oncosphere），钻入肠壁进入血液循环，最终滞留于肌肉中，经过 60 ～ 70d 发育为囊尾蚴（cysticercus）。

囊尾蚴卵圆形，白色，呈半透明的囊状，头节陷入囊中，这种含有囊尾蚴猪肉俗称“米猪肉”或“豆肉”（图 8-14）。当人误食了没有煮熟的米猪肉，待囊尾蚴进入人体小肠后，在 37℃左右体温及胆汁的刺激下，凹陷囊内的头节便会慢慢翻出，附于肠壁上，凭借发达的颈节，可派生出数以百计的体节，2 ～ 3 个月后发育为成体。少量的猪带绦虫寄生在人体中并不引起严重症状，如消化不良、消瘦、腹泻、腹痛等。如果人误食了绦虫的卵，人就可以成为中间寄主，在人的肌肉、皮下、眼甚至脑内形成囊尾蚴，危害更严重，如癫痫、失明甚至死亡（图 8-14）。所以，在日常生活中应倍加注意卫生，养成良好、科学的卫生习惯。

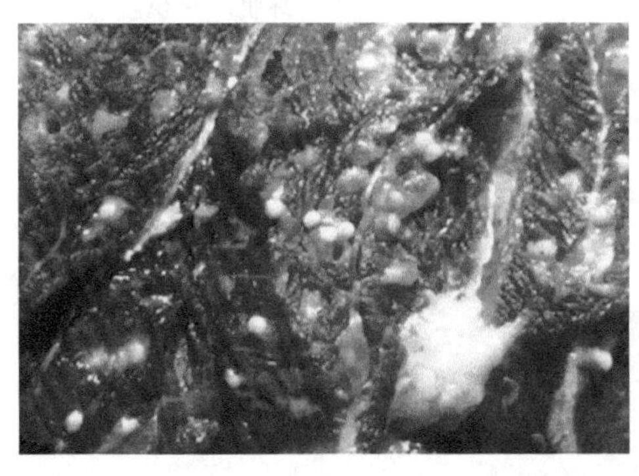
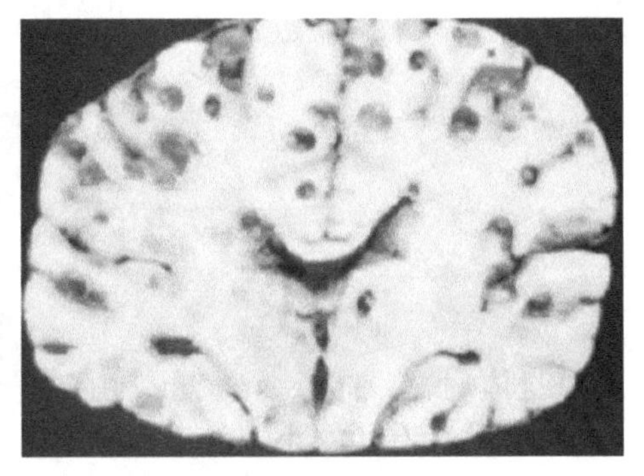

图 8-14 寄生于猪肌肉的囊尾蚴（米猪肉）（左）与寄生于人脑部囊尾蚴（右）

（四）绦虫纲分类

绦虫约有3500种，可分为2个亚纲。

1. 单节绦虫亚纲（Cestodaria）

大约15种，寄生于原始鱼类消化管或体腔内。身体如吸虫，不具节片，但前端有突出的吻，后端有吸盘，无消化系统，生活史中具有“十钩蚴”幼虫阶段。如旋缘绦虫（*Gyrocotyle*）等。

2. 多节绦虫亚纲（Eucestoda）

几乎所有绦虫，每个节片（头节除外）都是一个生殖单位，常见种类如下。

（1）牛带绦虫（*Taenia saginata*）：成虫寄生于人体小肠内，牛是中间寄主。生活史与猪绦虫类似，但牛带绦虫头节上没有小钩，孕卵节片脱落后可随粪便排出（图8-15）。

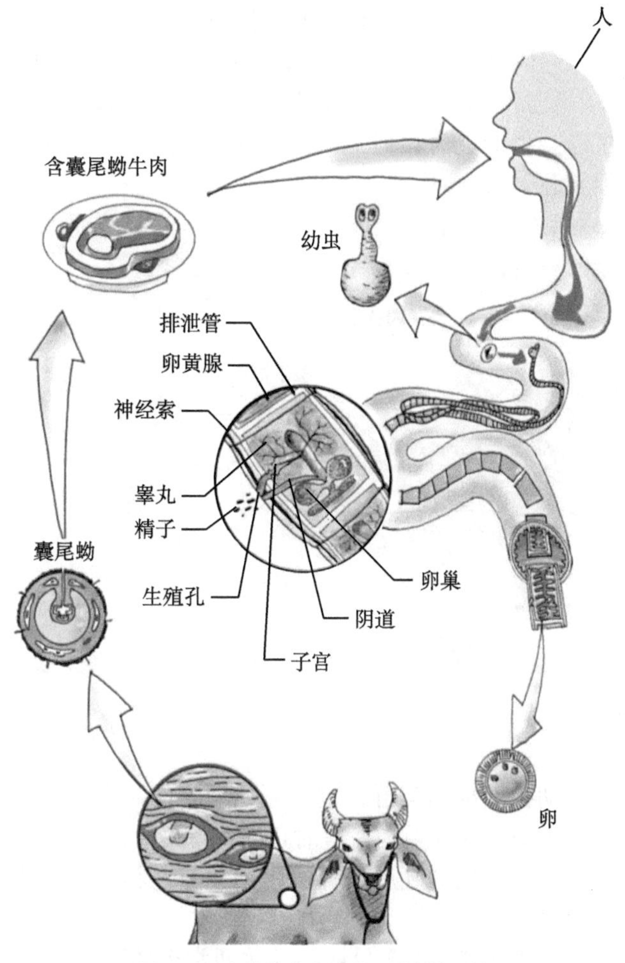

图8-15　牛带绦虫生活史　贾剑铭　绘

（2）细粒棘球绦虫（*Echinococcus granulosus*）：成虫寄生于狼、犬、狐等动物体小肠内，体长3～6mm，包括1个头节、3个体节。中间寄主为人、马、牛、羊等。人及上述动物误食虫卵后，在小肠内孵化出六钩蚴，尔后穿入小肠壁进入静脉系统，到达肝、肺等器官，进一步发育为棘球蚴（hydatid）。棘球蚴呈囊状，有内、外两层，内层为生发层，可产生大量子囊，子囊内还可产生多个头节，此时的棘球蚴直径可达10cm。一旦破裂，大量的抗原物质溢出，会造成严重后果。

第三节　扁形动物的起源与演化

有学者认为，扁形动物起源于栉水母动物，经过海底爬行生活，演化成涡虫纲。也有学者提出，扁形动物来自于与浮浪幼虫相似的幼虫适应了爬行生活以后演化出了涡虫纲。

涡虫纲为自由生活种类，相对于其他纲更为原始，原涡虫纲内无肠目现已被移出扁形动物而单独立为一个门，有关内容将在后续章节介绍。从肠管的分支情况推断，无分支肠管的种类比较原始，分支复杂的比较高等。近年来，更多学者主张以生殖系统为判断依据，同时结合消化管的结构及神经系统的复杂性进行综合判断，得出的结论为原卵巢亚纲最原始，新卵巢亚纲相对高等，三肠目在本纲中最高等。

吸虫纲排泄系统、神经系统等方面与涡虫纲很相似，幼虫具纤毛，营共栖生活的涡虫与吸虫纲更为相似，如成体纤毛消失，感官退化。由此可见，大多数学者倾向于吸虫纲起源于涡虫纲。

单殖纲原来一直被列入吸虫纲里的单殖亚纲，但形态和分子数据的研究支持其为独立的一纲，且与绦虫纲的亲缘关系更紧密。

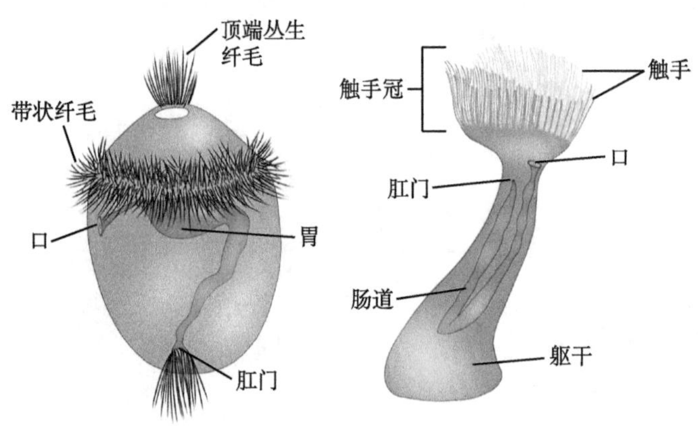

图 8-16 担轮幼虫（左）和触手冠动物（右） 刘彦希 绘

绦虫纲是一类适应高度寄生的类群，有学者认为，单殖纲、绦虫纲同起源于涡虫纲的另一个适应寄生生活的分支。

现有的资料表明，原口动物祖先和后口动物祖先早在前寒武纪就开始分别演化了。前已述及原口动物分成了冠轮动物和蜕皮动物，冠轮动物主要特征是具有担轮幼虫或类似于担轮幼虫阶段，要么具有触手冠（图 8-16）。

扁形动物及一些小门类作为原口动物基部的类群，也是冠轮动物的一个早期分支。担轮幼虫个体微小，半透明，具有一个明显的纤毛环，有时还有 1 ～ 2 个附属环。这种幼虫通常发生在海产的软体动物、环节动物早期的胚胎发育过程中，与之相似的幼虫也会发生在海产的扁形动物、纽形动物、螠虫、星虫等动物类群中。

由此不难发现，早期的动物通常个体微小，在演化的道路上，迫于严酷的生存竞争，往往向着体型大型化方向发展。如早期的小型动物靠猎食原生动物和细菌为生，随着动物向大型化的演化，它们可以摄取更大的猎物来发展自己。所以，冠轮动物中更高等的软体动物、环节动物往往比扁虫身体更大，且多为肉食性种类。

总体上讲，较高等的动物比低等动物会拥有更大的体型，原因有三点：①大型化个体可产生更多的后代；②更有利于保护自己，而免受其他动物的猎食；③在生存竞争中比小型动物处于优势地位，但这并不是绝对的，仅是相对而言。

附 1：无腔动物门

演化地位：无腔动物门（Acoelomorpha）又称无肠动物门，大约 350 种，身体扁平，两侧对称，三胚层，无体腔。以往作为涡虫纲中无肠目进行描述，但分子生物学的研究表明，其仅有 4 或 5 个 *Hox* 基因，而其他自由生活的扁形动物则有 7 或 8 个 *Hox* 基因，故本门动物应该是比其他扁形动物更原始的一个分支。

无腔动物体长一般不到 5mm，大多海产，营底栖生活，少数共生或寄生生活。体表为单层纤毛上皮，在实质组织中含有少量的细胞外基质（extracellular matrix）以及环肌、纵肌、斜肌。一些种类的消化系统包括口、咽和一个囊状的肠。多数种类仅具口，无咽、肠结构。食物进入口中后，被内胚层分化的细胞吞噬进行胞内消化。无呼吸、循环和排泄系统。神经系统为表皮下神经丛（subepidermal nerve plexus），似刺胞动物神经网，感官包括平衡囊和眼点，平衡囊可感受压力刺激（图 8-17）。

无腔动物雌雄同体。包括无性（分裂）生殖和有性生殖。卵子为内卵黄卵，独有的二重螺旋模式（duet-spiral pattern）卵裂或许是无腔动物独有的形态特征，但这需要进一步研究（图 8-18，图 8-19）。从卵裂模式、中胚层形成以及神经系统均表现出了与扁形动物的巨大差异。最新的胚胎发育研究显示，无腔动物应该处于三胚层动物基底部位置。

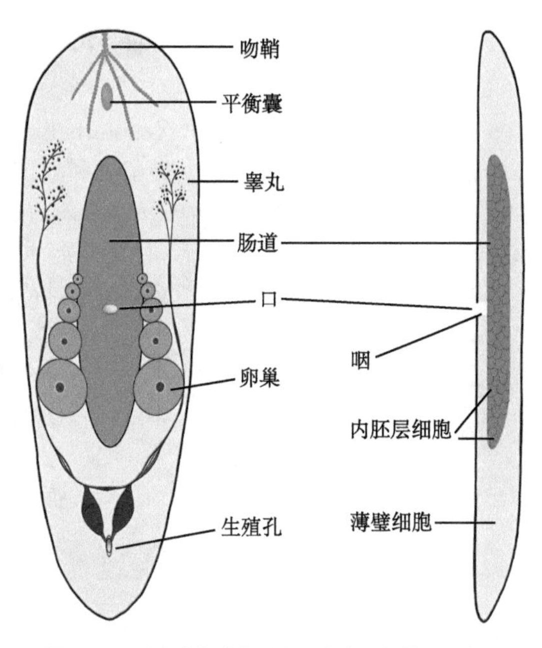

图 8-17　无腔动物结构（左）和中央矢状面（右）　刘彦希　绘

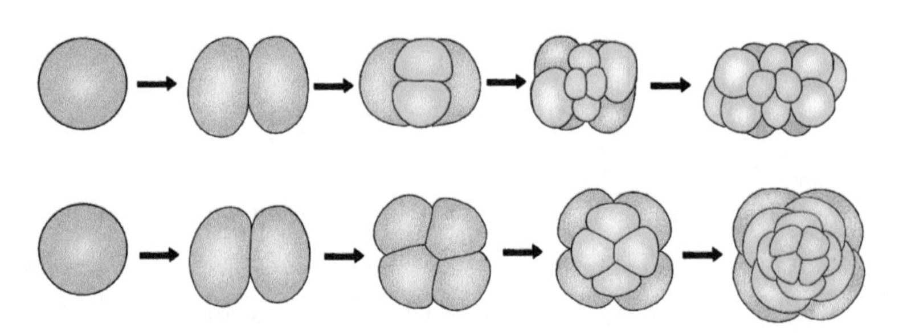

图 8-18　二重螺旋卵裂（上）和四重螺旋卵裂（下）　刘彦希　绘

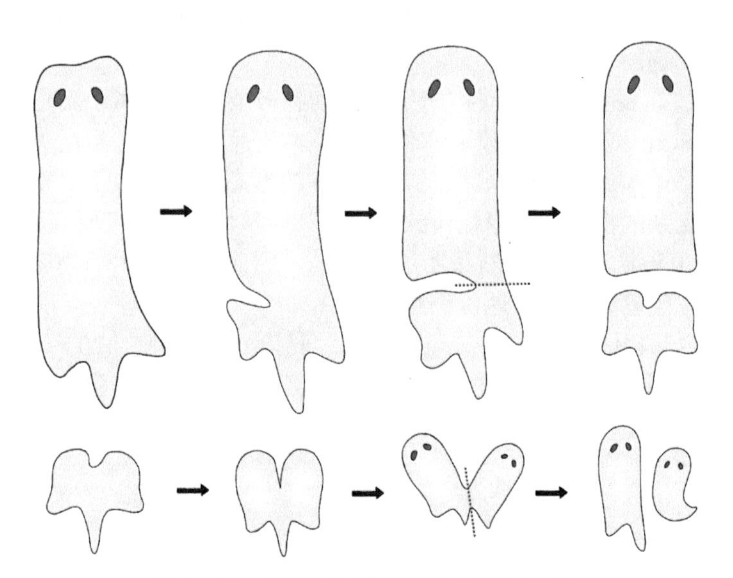

图 8-19　无腔动物无性生殖过程　刘彦希　绘

附 2：异涡动物门

演化地位：异涡动物门（Xenoturbellida）在 1949 年首次被发现，但分类地位一直难以确定，它们曾经被置于涡虫类扁虫和软体动物中。

异涡动物仅 1 属 2 种，即 *Xenoturbella bocki* 和 *X.westbladi*。它们身体淡黄色、蠕虫状、具纤毛，体长 3cm，宽 0.5cm，生活于海水泥浆中，以双壳纲和双壳纲的卵为食。

异涡动物身体尚未头化，最显著的特征是体表具两条沟纹，身体中部有一条环状沟纹，侧面也有沟纹。沟纹可能有感觉功能，因为它们位于弥散神经网的增厚处。体壁由表及里依次为上皮、基膜、环肌、纵肌、实质组织。口位于身体中央腹侧，通向一个盲端的肠管。无呼吸、循环，无明显性腺结构，但行有性生殖。幼体常寄生于软体动物体内（图 8-20）。

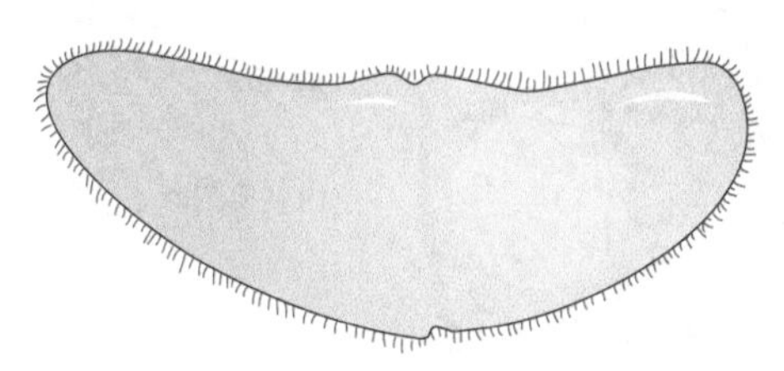

图 8-20　异涡动物　徐迎弟　绘

关于异涡动物的分类地位有两种截然不同的解释，线粒体基因和基因序列的研究表明属于后口动物；但一些分子系统发生学研究则显示异涡动物门与无腔动物构成了原口动物基部的异无肠动物门（Xenacoelomorpha），我们暂且将其置于此处讨论，随着科技手段的进步，我们期待有更准确的定位。

附 3：中生动物门

演化地位：本门动物的分类地位一直存在争议，有学者认为由于其身体结构简单，将其划分为原生动物与后生动物之间的一个类群。生化分析表明，中生动物细胞核 DNA 中鸟嘌呤和胞嘧啶的含量（23%）与原生动物纤毛类含量相近，而明显低于扁形动物（35% ～ 50%）及其他多细胞动物的含量，由此推断中生动物可能是最原始的多细胞动物；也有学者根据其有体细胞和生殖细胞的分化，体表至少在生命周期的某个时期具纤毛，认为是后生动物的一个分支。

最新的分子数据表明，中生动物属于原口动物分支，但不属于扁形动物，在发育过程中，这一类并未经历原肠胚阶段，它们或许是内寄生或共生的生活方式导致了缺乏典型的胚胎发育阶段和复杂的身体结构。它们简单的形态可能反映了对寄生生活的一种适应，也许是从更复杂的祖先极度退化所致。但对其生殖机制的详细研究表明，*Hox* 基因很可能是从其宿主（头足类）体内获得了这些基因。因而推断中生动物属于原始多细胞动物，总之，关于中生动物的分类地位仍在研究中。

大多数的中生动物体长在 0.5 ～ 7mm 之间，身体由两层细胞（20 ～ 30 个细胞）构成。身体中央有一细长的轴细胞（axial cell），内含生殖细胞。体内细胞数目及排列方式在每个种内是恒定的。中生动物全部寄生于海产无脊椎动物体内。

本门动物可分 2 纲。

1. 菱形虫纲（Rhombozoa）

寄生于头足纲动物的肾脏内，成体称为蠕虫，身体细长（图 8-21）。生殖时，体内的生殖细胞直接产生蠕虫状幼体，逐渐发育成熟。当它们的个体数量足够大时，一些成体的生殖细胞进一步发育成类似生殖腺的结构，由此产生出雌、雄配子，受精后，胚胎逐步发育成带有纤毛且与成体截然不同的幼体。这些幼体会随着寄主的尿液被排出至海水中，由于这些幼体并不立即寄生到其他动物体内，故其生命周期的另一段时间还不为人们所知。

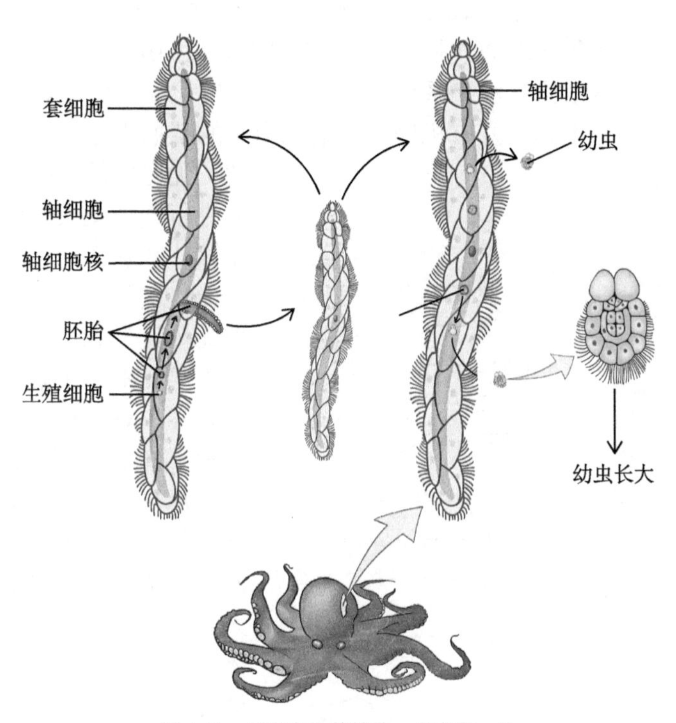

图 8-21 双胚虫及其繁殖 朱宛莹 绘

2. 直泳虫纲（Orthonecta）

寄生于多种无脊椎动物体内，如：海星、软体动物的双壳纲、环节动物的多毛类、纽形动物等。

它们的生活周期包括无性世代和有性世代两个阶段，其中无性世代为一个多核的合胞体结构，由此形成雌性和雄性个体。雌性个体较雄性个体大（图 8-22）。

总之，此门仍在进一步研究中，尚无法给出确切的分类地位，暂置于此讨论。

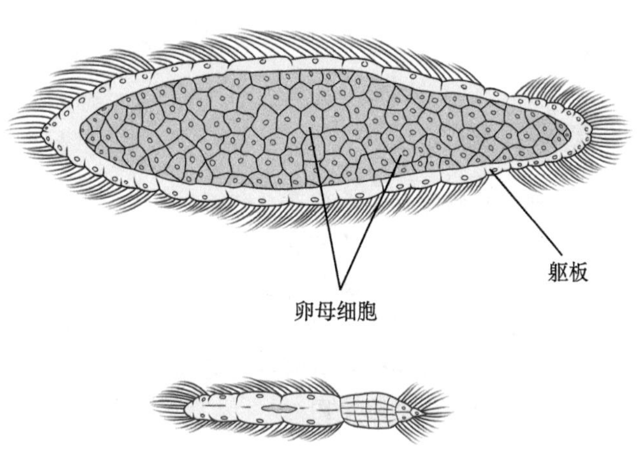

图 8-22 直泳虫纲 雌性（上）和雄性（下） 杨天祎 绘

附 4：腹毛动物门

演化地位：腹毛动物门（Gastrotricha）两侧对称、三胚层、无体腔。

大约 500 种，淡水、半咸水、咸水均有分布，营底栖生活。身体桶状，体长 0.01 ～ 4mm。背侧略突，通常有鳞片（scale）、刚毛（bristle）或刺（spine），尾部分叉。腹侧多扁平，以腹部纤毛在水底或其他物体上滑行，也可借分叉的尾部暂时固着。

角质层下为合胞体结构。消化系统包括口、咽、胃、肠、肛门。头部纤毛可收集水底的藻类、微生物、原生动物及有机碎屑，借肌肉质的咽抽吸进入胃肠，主要为胞外消化。无专门的呼吸和循环器官，靠体表进行气体交换。成对的原肾管仅见于淡水生种类，海产种类极少见到。然而，这种原肾管在形态上不同于其他无体腔动物，它的焰细胞内仅具 1 根鞭毛而不是 1 束纤毛。神经系统包括脑和 1 对侧神经干；感觉器官包括环绕头部的纤毛束和刚毛丛。分叉的尾部具附着腺（attachment gland），分泌的物质将身体锚着于固体物上。海产种类雌雄同体，进行有性生殖。大多数淡水生种类进行孤雌生殖。雌体可产生 2 种未受精的卵（薄壳卵、厚壳卵），薄壳卵在环境条件好时孵化成雌体；厚壳卵（静止卵）可抵御不利环境，待条件好转后再继续发育为雌体，再经过几天即可发育为成体，淡水生种类均为直接发育（图 8-23）。

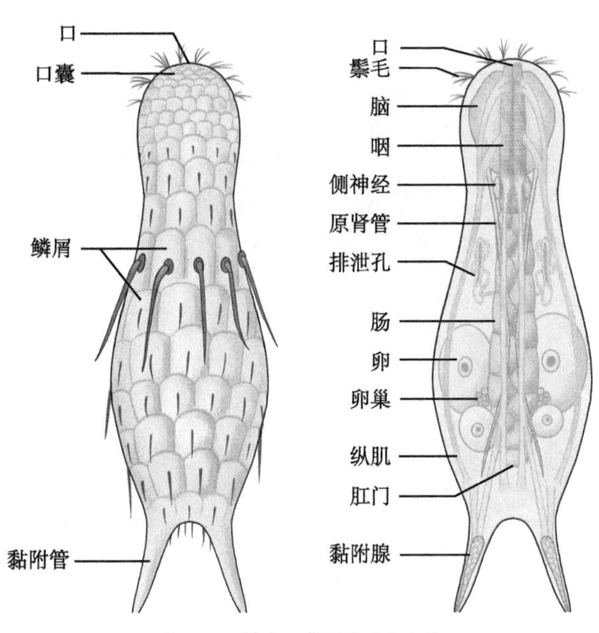

图 8-23 鼬虫 背面观（左）和内部结构（右） 朱宛莹 绘

思考题

1. 何为两侧对称？演化意义何在？
2. 中胚层产生的意义何在？
3. 比较自由生活种类与寄生种类体壁、消化系统特点的异同。
4. 扁形动物各纲的主要特征有哪些？分纲的依据是什么？
5. 各附门的主要特点有哪些？各自的演化地位是如何确立的？
6. 试绘制各门思维导图。

第 9 章

有颚动物

演化地位：有颚动物（Gnathifera）包括 4 个门类，即轮虫动物门（Rotifera）、棘头动物门（Acanthocephala）、颚口动物门（Gnathostomulida）、微颚动物门（Micrognathozoa）。

它们的祖先有复杂的表皮下颚，也具有同源的显微结构，只有棘头动物寄生于脊椎动物体内，其余为自由生活种类。以往的分类系统都把这 4 个门类置于原体腔动物中，彼此间的亲缘关系也不明确。而今，越来越多的分子和形态方面的证据表明，这 4 个门来自同一个祖先。其中轮虫（自由生活）和棘头动物（寄生生活）亲缘关系最为紧密，现分述如下。

第一节 轮虫动物门

轮虫动物门两侧对称、三胚层，具假体腔。

一、外形

轮虫动物门身体微小，体长 40μm ～ 3mm，身体长椭圆形，包括头、躯干和尾，尾端具足和 1 ～ 4 个趾（toe）（图 9-1）。除去纤毛冠，虫体其他部位无纤毛。头部前端有一纤毛冠（ciliated crown），由口周围的纤毛区和环绕头区的纤毛环组成，是轮虫运动和摄食的主要器官，摆动起来似车轮，因此得名。头部后是囊状的躯干部，内有内脏器官。尾部变细，与躯干部的分界明显或不明显。尾部有足腺，其分泌物通过足腺管开口在趾或尾端部，身体借足腺分泌物附着在其他物体上。

视频 9-1

二、内部结构与生理

（一）体壁

轮虫体表为一层角质膜，由合胞体表皮分泌。表皮内有纤维层，有的部位纤维层发

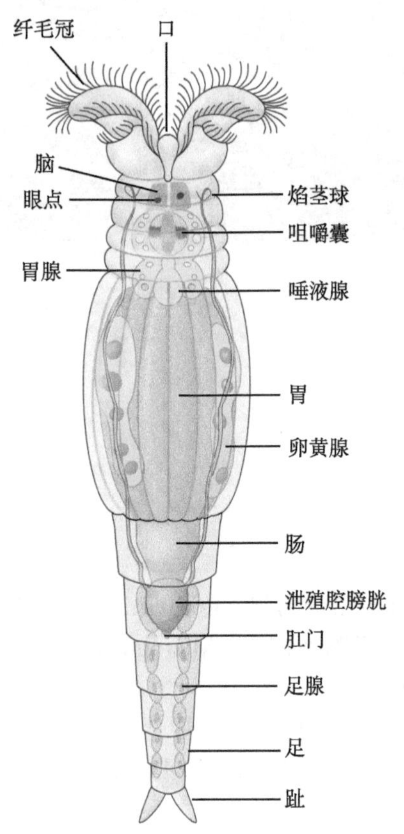

图 9-1　轮虫内部结构　朱婉莹　绘

达、增厚，常以块状或环状排列，因而形成折痕，酷似分节，尾部尤其明显，足可自由伸缩，有利于运动。身体大约由 1000 个细胞组成且细胞数目恒定。生活在中上水层游泳的类群，趾的数目减少。合胞表皮下是环肌和纵肌，也有的肌肉穿过原（假）体腔到达脏器。原体腔位于体壁与脏器之间，内部充满体腔液。通过肌肉收缩，可使头、尾伸出或缩回躯干部。

（二）消化系统

轮虫具有完全的消化管，包括口、肠、肛门。有些种类通过纤毛摆动猎取微小的有机颗粒或藻类送至口中。肌肉发达的咽部形成咀嚼囊（mastax），囊内有角质层硬化形成的咀嚼器（trophi），因此，轮虫既可吮吸也可磨碎食物。肉食性种类可以猎食单细胞动物或其他小动物，咽部的咀嚼器可对食物进行切割，唾液腺和胃腺可分泌消化液，进行胞外消化，在胃内吸收。肠壁内侧有纤毛，靠其摆动推送食物向后流动，肠管开口于虫体末端背侧的肛门，此处也是排泄废物、排出生殖细胞的汇合部，称泄殖孔。

（三）排泄与水分平衡

排泄系统由 1 对位于原体腔两侧的原肾管组成。每个原肾管含有数个焰细胞，这与扁形动物原肾管类似，但又有所区别。左右排泄管汇入身体后部的泄殖膀胱（cloacal bladder），通过泄殖膀胱快速搏动（6 次 /min），将液体和废物排至泄殖腔，同时肠管也被排空，部分的代谢废物由体壁渗透排出。体内的水分大多是通过消化管进入而非体壁渗透。海产种类也有类似的结构，隔一段时间也会排空。淡水生种类水分可通过体壁渗透进入体内。由此可见，原肾管的主要功能是调节体内水分平衡。

（四）呼吸与循环

无专门的呼吸及循环系统，借原体腔内的体腔液渗透、扩散进行。

（五）神经系统

咽部背侧有 1 脑神经节，向前发出神经到感官、咀嚼囊；向后发出 2 条神经索至身体后端，支配肌肉、脏器等。感官包括纤毛冠上的纤毛窝、刚毛、乳突、眼点等。

（六）生殖系统

雌雄异体，雄性小，体长仅相当于雌体的 1/8 ～ 1/3。单巢纲的雄性轮虫在一年中仅生存几周，蛭态轮虫纲甚至没有发现过雄性个体。

雌性生殖系统由卵巢、卵黄腺和输卵管组成。卵黄通过细胞质桥进入发育中的卵子，而不是外卵黄卵那样，以独立的卵黄细胞存在。雄体仅存1套生殖器官，交配后很快死亡。

蛭态轮虫纲均为孤雌生殖，所产的卵子为二倍体，几天后即可发育为二倍体雌虫。摇轮虫纲产生的卵子为单倍体，需要受精才可发育为雌虫或雄虫。

单巢纲的种类大部分是孤雌生殖。雌体可产生两种卵子，一年中大部分时间里所产的卵是薄壳卵，又称二倍体非需精卵（diploid amictic egg），以孤雌生殖的方式发育成二倍体雌虫，称非混交雌体（amictic female），这些虫体常生活在池塘或溪流中。当环境条件（如光照、种群密度过大、食物短缺）中任何一种因子发生改变时，孤雌生殖产生混交雌体（mictic female），它产的卵成熟时经过减数分裂，为单倍体卵（haploid egg），又称需精卵（mictic egg），若这些卵没受精，便可发育为单倍体雄虫；若受精，卵壳增厚，进入休眠状态，即休眠卵（resting egg），可抵御不良环境。直到环境条件好转后，再发育为非混交雌体，风和鸟常常成为休眠卵传播的媒介（图9-2）。

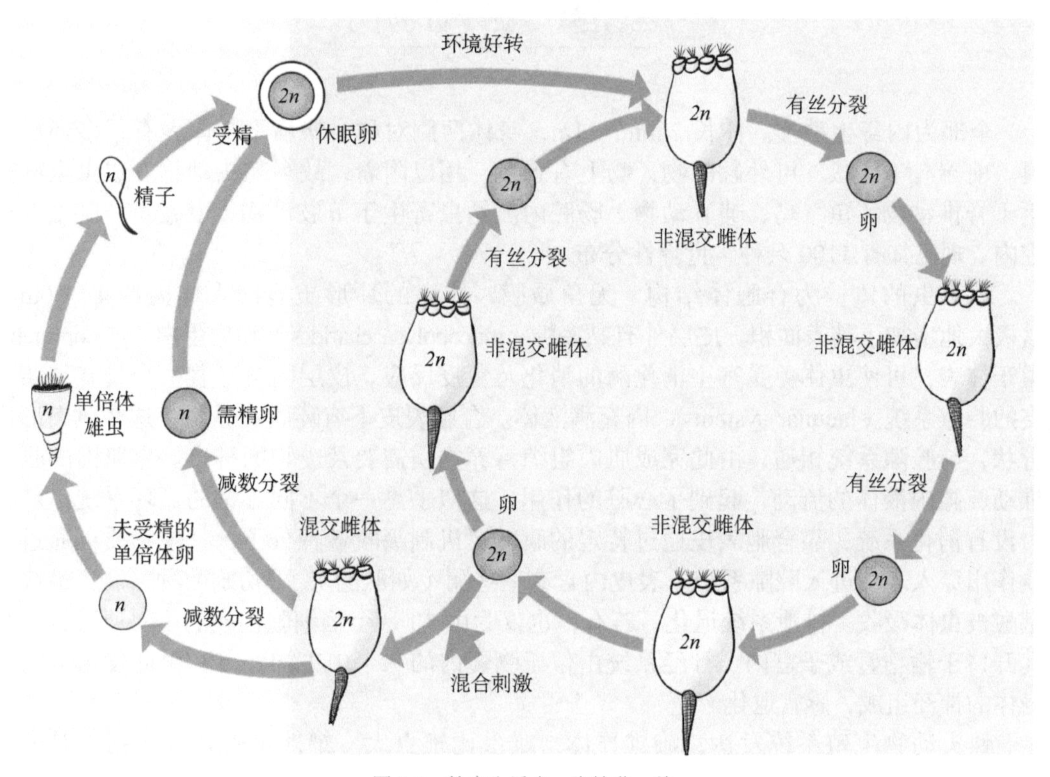

图9-2　轮虫生活史　朱婉莹　绘

三、轮虫动物门分类

轮虫大约有2000种，有些为世界性分布，多生活于淡水湖泊、池塘中底栖自由生活。有些种类生活在咸淡水，甚至潮湿的土壤和苔藓中，只有少数种类（不超过10/%）海产。它们既可以游泳、又可以爬行，有的与其他动物共栖，甚至还有寄生种类。

根据纤毛冠形态、颚的结构及尾部分叉的数目等特征，分为3个纲。

（一）摇轮虫纲（Seisonidea）

仅1属2种。身体较细长，海产，纤毛冠退化，雌雄个体间差异不明显。雌性具1对

卵巢，无卵黄腺。多生活在甲壳纲鳃表面。

（二）蛭态轮虫纲（Bdelloidea）

虫体前端可伸缩，具1对轮状纤毛冠，雄性未知。孤雌生殖。如旋轮虫（*Philodina*）等。

（三）单巢纲（Monogononta）

游泳或固着生活，仅1个卵黄腺，雄性个体小，可产生3种卵，需精卵、非需精卵、休眠卵。如晶囊轮虫（*Asplanchna*）、水轮虫（*Epiphanes*）等。

第二节 棘头动物门

全部为内寄生种类。体长2mm～1m，身体两侧对称、略扁平，体表有很多环形皱痕。前端有1柱状、可外翻的吻，吻上有棘刺，用以附着，故名棘头动物。成虫全部寄生于脊椎动物（鱼、鸟、哺乳动物）肠腔内。幼虫寄生于节肢动物（甲壳类、昆虫）血腔内。现已知有1100余种，世界性分布。

棘头虫的体壁为合胞体结构，无角质膜，体表的环形皱痕凹入体内约4～6μm，这极大地增加了其表面积。皮层外有黏多糖（mucopolysaccharides）和糖蛋白（glycoprotein）覆于体表，可使虫体免受寄主消化酶的消化及免疫反应。皮层内贯穿着一个具有复杂分支的腔隙系统（lacunar system），内充满液体。合胞表皮下有环肌和纵肌。这些肌肉形成管状，与腔隙系统相通，由此完成肌肉组织营养物质需要及废物的排出。靠肌肉的收缩推动腔隙内液体的流动，起到了心脏的作用，这似乎是一个不同寻常的循环系统。棘头虫没有消化系统，靠合胞表皮通过特定的膜转运机制吸收各种分子，其他物质可通过胞饮作用穿入表皮进入腔隙系统。表皮内含有一些酶（如肽酶），可切割数种二肽，最终氨基酸被虫体吸收。排泄系统退化，若有，也仅为由30余个焰细胞构成的1对原肾管，肾孔开口于输精管或子宫内。神经系统由位于吻囊内的一个中央神经节和由此发出至吻和身体的神经组成，感官退化。

棘头动物生殖系统发达，雌雄异体，雌虫比雄虫大。雄性生殖系统包括1对位于韧带囊（ligament sac）中的精巢及由此延伸出的输精管，左右输精管汇入1个射精管（ejaculatory duct），末端有1个阴茎。交配时，精子被输入阴道，沿生殖管上行，然后进入雌性的原体腔中。雌性生殖系统包括1对或1个卵巢，同样位于韧带囊中，囊内卵巢组织碎裂形成卵巢球（ovarian ball），卵巢球释放卵子，并在韧带囊中受精，后被排入原体腔中。身体后部有1个漏斗状的子宫钟（uterine bell），负责收集正在发育中带壳的胚胎。只有发育成熟的胚胎（一般比未成熟的胚胎略长），才能被子宫钟移入子宫内；未成熟的胚胎依然留在子宫钟内进一步发育。被移入子宫内的成熟胚胎通过阴道、雌性生殖孔排入终末寄主肠腔，最终与粪便一同排出体外。排出体外的胚胎不会孵化，只有进入无脊椎动物体内（甲壳类、昆虫）才能进一步发育。如猪巨吻棘头虫（*Macracanthorhynchus hirudinaceus*）的中间寄主是几种甲虫，成熟的胚胎被甲虫吞噬后，穿破肠壁进入血腔中进一步发育为幼虫，猪吃了这些甲虫后，幼虫进入猪的肠管，棘头翻出并钩挂在肠壁上，生长为成虫（图 9-3）。

分子系统发育的研究也表明，棘头动物与轮虫动物亲缘关系最为紧密。

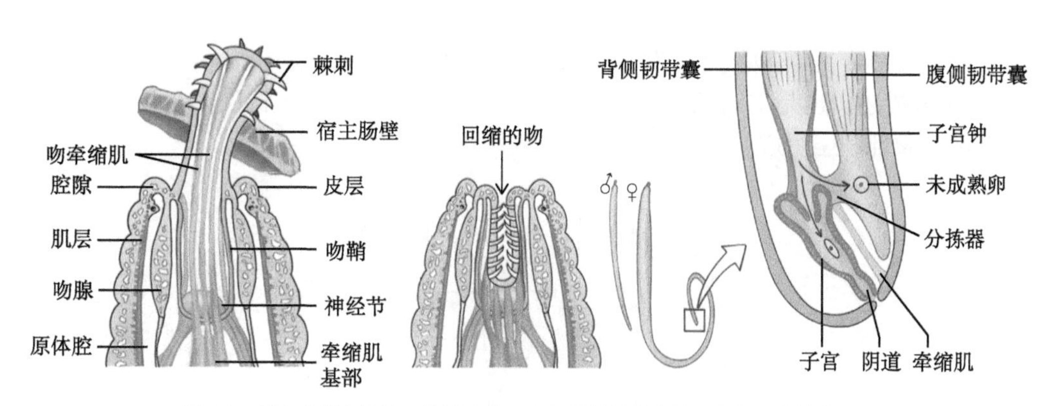

图 9-3　棘头动物吻伸缩、外形（左、中）及尾部放大图（右）　朱婉莹　绘

第三节　颚口动物门

颚口动物身体微小，体长一般不到 2mm，海产，最早发现于 1928 年（波罗的海），但直到 1956 年才被描述。自那时起，在世界多地又陆续被发现，现被描述的已达 18 属 80 余种，如颚口虫（*Gnathostomula jenneri*）（图 9-4）。它们在细沙海岸沉积物和淤泥的间隙中滑行、游泳，能够长期忍受低氧环境。

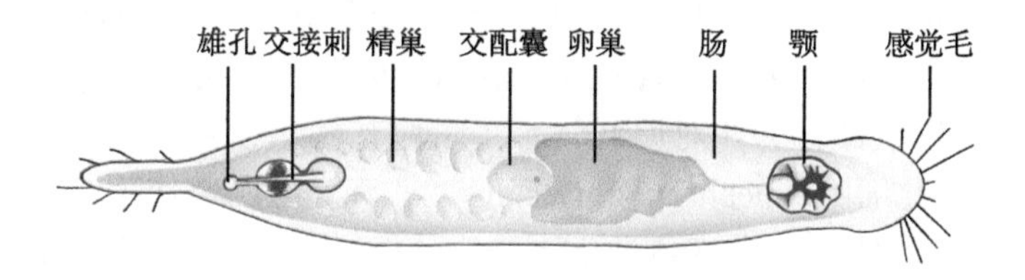

图 9-4　颚口动物　朱婉莹　绘

颚口动物身体柱形或线形，由头、颈、躯干、尾组成。体表无角质层，每个表皮细胞具 1 根纤毛（单纤毛上皮），依次向内为基膜、环肌、纵肌，收缩时可使虫体缩短或扭转，无体腔。消化系统包括口、口腔、咽、食管、肠，无肛门。咽部肌肉发达，称咽球（pharynx bulb），咽内具颚，靠其刮食海底的细菌、藻类为生。无专门的呼吸、循环器官。排泄系统为 2 ～ 5 对原肾管，每个原肾管由 1 个单纤毛端细胞、1 个管细胞和 1 个位于体表的孔细胞构成。神经系统包括脑神经节、1 个支配咽的口神经节和 1 ～ 3 对纵神经索。感官主要包括头部的感觉纤毛和纤毛窝（ciliated pits）。

雌雄同体。雌性生殖系统包括 1 个卵巢、1 个受精囊。雄性生殖系统包括 1 ～ 2 个精巢、阴茎、雄孔构成。精子单鞭毛或无鞭毛，一般认为是体内受精，螺旋形卵裂，详细的发育过程还有待进一步了解。

第四节 微颚动物门

首次于1994年在格陵兰岛发现，被称为湖沼颚虫（*Limnognathia maerski*），直到2000年才被描述，也是本门唯一的物种。它们生活在砂粒间，体长仅140μm。身体由头部、胸部、腹部和尾组成。高度复杂的颚，是其显著特征（图9-5）。

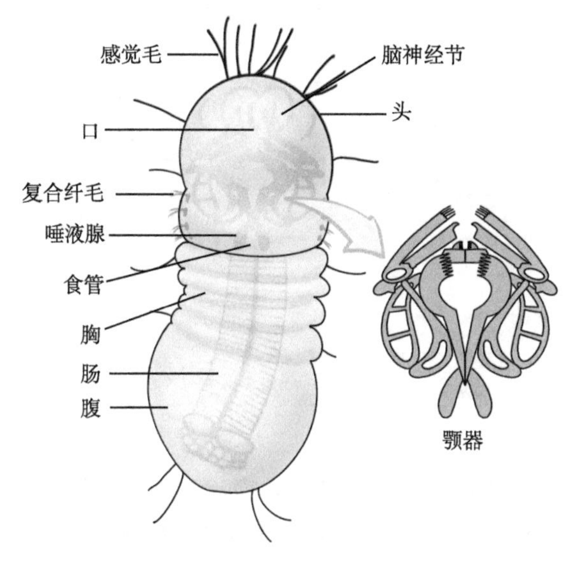

图9-5 微颚动物与颚器放大图 朱婉莹 绘

背部表皮细胞无纤毛，躯干两侧各有1列长的复合纤毛，腹侧短纤毛发达，复合纤毛与纤毛协同作用进行爬行、游泳。腹侧后部有一纤毛垫（ciliary pad），分泌物可助其附着。消化系统包括口、颚、咽、食管、肠、肛门，但肛门只会周期性开放。颚可从口内伸出，刮食藻类。排泄器官为2对原肾管，每个原肾管包括4个端细胞（terminal cell）、2个管细胞、1个肾孔细胞（nephridiopore cell），具有渗透调节作用。神经系统由1个脑神经节和1对腹神经索构成（图9-5）。感官与颚口动物相似。迄今为止，尚未发现有雄性个体，推测其为孤雌生殖。雌体具1对卵巢，内含单个卵母细胞，尚未发现有输卵管和生殖孔，卵母细胞每次仅成熟1个，直接发育，其他方面的描述还有待研究。

思考题

1. 有颚动物各门主要特征是什么？
2. 比较有颚动物各门之间的演化关系。
3. 掌握轮虫生活史，孤雌生殖是如何进行的？

第10章

苔藓动物、隐担轮动物

第一节 苔藓动物

苔藓动物（Polyzoa）包括环口动物门（Cycliophora）、内肛动物门（Entoprocta）、外肛动物门（Ectoprocta），这三类动物都有一个共同的结构——触手冠，三个门之间比较紧密的亲缘关系现已得到了多基因系统学研究的支持。

一、环口动物门

演化地位：环口动物门在系统发育中属于原口动物，内出芽和幼虫的孵育与内肛动物和外肛动物相似，分子证据也支持这一观点。

环口动物目前已被描述的仅有2个物种，第一个物种于1995年底在挪威龙虾（*Nephrops norvegicus*）口器上被首次发现，体长0.35mm，宽0.1mm，是一种无体腔、两侧对称的后生动物，由于奇特的内出芽和生殖方式，被命名为潘多拉共生虫（*Symbion pandora*）。第二个物种命名为美洲共生虫（*Symbion americanus*），于2006年被描述，生活在美洲螯龙虾的触须上，占据类似于前者的生态位。

环口动物身体囊状，前端为漏斗状的口，周围有一纤毛环，故称环口动物门。主要生活在北半球海洋底栖甲壳类口器上，以细菌及甲壳类口器上残留的食物碎屑为食。

身体由口漏斗、躯干、柄组成，口漏斗边缘有一纤毛环，躯干部囊状，向后逐渐变为一细柄，柄末端扩大成吸附盘（图10-1）。体表为单层的上皮，外覆角质层。

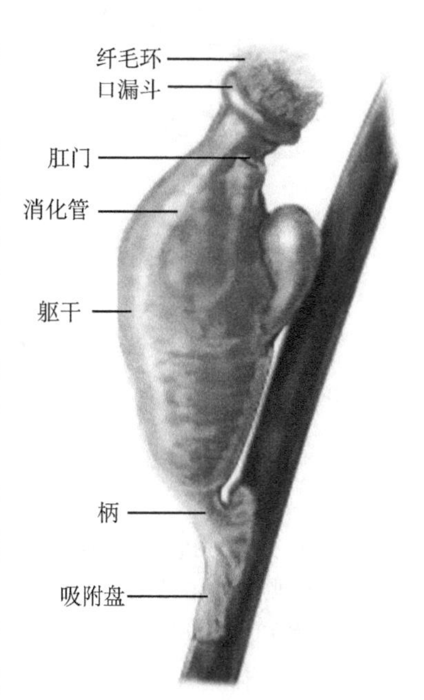

图10-1 环口动物外形

消化管U形，由口腔、食管、胃、肠、直肠和肛门组成，肛门开口于身体前端纤毛环外侧，无体腔。

环口动物在体内可长出数个内芽（internal bud），即潘多拉幼虫（pandora larva），这些幼虫一旦被释放出来即可成为摄食体（feeding individual），并且会迅速占据龙虾口器剩余的空间。摄食体的口漏斗和消化系统会不断衰退，此时，内芽可发育为新的摄食体，内芽还可对原来的消化系统给予补充和更新。目前仍未观察到呼吸、循环系统存在，很可能通过体表扩散进行。原肾管仅存在于类索幼虫（chordoid larva）时期。

生活史有无性和有性生殖交替出现现象。摄食体内有成团的干细胞，可发育为实球幼虫，成熟后离开母体发育为摄食体，不同的摄食体会以无性生殖的方式分别产生雌性幼虫或雄性幼虫。雄性幼虫会寻找新的含有雌性幼虫摄食体的栖息场所，并在其顶部栖息。此时的雄性幼体需要经过进一步发育，形成含有生殖器官的次级雄体（secondary male），雌性幼体被摄食体排出后，与次级雄体相遇完成体内受精，此时，雌性幼体内的受精卵进一步发育为脊索状幼虫，此时幼虫会从内部吃掉雌性幼体，然后，独自在水中游泳寻找新的栖息场所，固着后发育为摄食体。

二、内肛动物门

内肛动物门大约150种。大多海产，从潮间带到500m的海底都有分布，常与贝类、藻类共栖。少数淡水生种类栖息于溪流中的石块下。因肛门位于触手冠内，因此称为内肛动物门。

（一）外形

身体微小，由萼部（calyx）和柄部（stalk）及附着盘（attachment disc）构成。萼部杯状，顶部具触手冠，柄部是萼部的延伸，柄的基部膨大为附着盘，盘内有黏液腺，固着生活。体长不超过5mm，群体或单体生活，群体生活的种类附着盘变成匍匐茎（stolon），多个柄连在茎上（图10-2）。

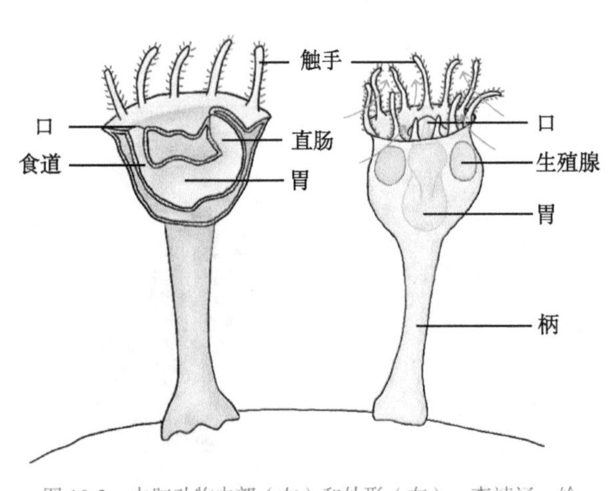

图10-2 内肛动物内部（左）和外形（右） 李靖涵 绘

（二）内部结构与生理

体壁由角质层、单层上皮、纵肌组成，触手冠及柄部均为体壁的延伸。触手冠由8～30条触手围成，每个触手的侧面及内侧面布满纤毛，且能够独立运动。触手向内弯曲以遮盖口和肛门。口后为U形的肠管，口和肛门均开口于触手冠内。内肛动物借触手侧面较长的纤毛击动水流，内侧较短的纤毛负责猎取水中的原生动物、硅藻及碎屑等，然后送入口中。消化、吸收在胃和肠内进行，残渣经肛门排出。体壁与消化管之间为原体腔，但大部分被实质组织填充。排泄系统为1对原肾，迂回于实质组织中，肾孔开口于触手冠内。呼吸主要靠体壁尤其是触手冠进行，无专门的呼吸及循环器官。神经节位于胃的腹侧，由此发出放射状神经至触手、萼及柄部等处，感官包括感觉毛和感觉窝。

内肛动物少数雌雄异体，大多雌雄同体，雄性先成熟。生殖包括无性出芽生殖和有性生殖。群体生活的种类可以产生雌雄同体或雌雄异体的芽体，甚至雌雄两性的芽体。生殖腺 1 对，有性生殖时，先产生精子，一段时间后再产生卵子。生殖腺有生殖导管通向触手冠内的生殖孔。体内受精，受精卵在位于生殖腺和肛门之间的卵囊内发育。卵裂为镶嵌式螺旋卵裂，以内陷法形成原肠胚。幼虫为纤毛幼虫（类似于担轮幼虫），经过短暂的游泳，固着变态成成体。

三、外肛动物门

外肛动物门身体一般小于 0.5mm，大多群居，固着生活，也有缓慢滑行和快速爬行的种类。每个个员（zooid）都会由上皮细胞分泌一个小室，也称虫室（zoecium）供自己栖息。这些小室有胶质的、几丁质的、钙质的不等，小室形态包括箱形、卵圆形、管形等，相当于它们的外骨骼。肛门位于触手冠外侧，因此称为外肛动物。

自奥陶纪以来，由于它们拥有坚硬的体表，因而留下了大量的化石。现存约 5000 种，海水、淡水均有分布，但都在浅水中生活。

（一）外形

由多个个员组成的群体，形态呈树枝状、片状、块状等。每个个员包括一个虫室和室内虫体（polypide），室内虫体由翻吻（introvert）和躯干组成，翻吻前端为触手冠（马蹄形）。海产种类触手冠常呈环形，淡水生种类 U 形。

（二）内部结构与生理

室内虫体体壁由上皮细胞、环肌、纵肌、体壁体腔膜组成。体壁肌肉收缩使体腔内压力增加，促使触手冠伸出小室，收集水中的食物微粒，一旦受到刺激，牵缩肌收缩，触手冠聚成一束，连同翻吻迅速缩回室内，并关闭虫室盖（图 10-3）。

摄食时，触手冠张开形成漏斗状，触手上的纤毛拍打水流进入漏斗，水再由触手间流出，漏斗内纤毛的摆动及咽部肌肉通过抽吸作用将水中的食物颗粒吸入口中。消化系统 U 形，口后依次为咽、食管、胃、肠、肛门。细胞外消化主要发生在胃，而肠则进行胞内消化。真体腔发达，位于室内虫体体壁与消化管之间，借一横隔膜，将较大的后体腔分成了中体腔和后体腔，前体腔仅发生在淡水生种类。无专门的呼吸、循环、排泄器官。呼吸通过触手冠和体表进行，体腔液起到了循环的作用。神经系统包括 1 个神经节和咽部的神经环，无感官。

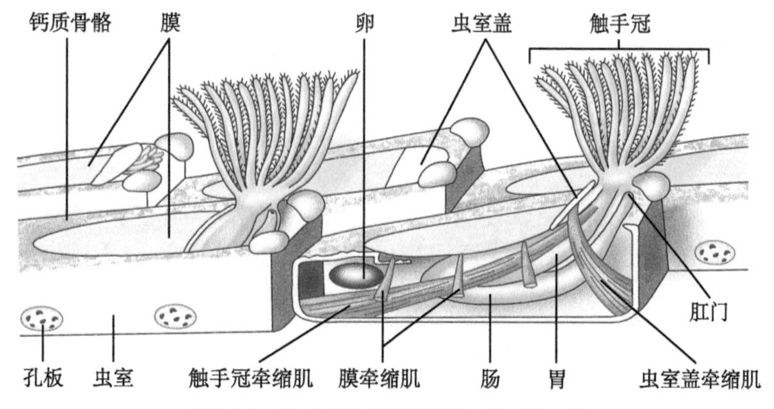

图 10-3　外肛动物内部结构图　高元满　绘

外肛动物大多雌雄同体，精子或卵子可通

过体腔孔（coelomopore）进出，但由于雌、雄性腺不同时发育，自体受精基本不会出现，确保了远系繁殖。多数种类将卵产于体腔或卵室（ovicell）内，以便进一步孵化，也有少数种类未经孵化阶段，将卵排入海水中。非孵化种类的幼虫具有消化管，经过几个月的游泳发育为成体固着下来；孵化种类的幼虫无消化管，经过短暂的游泳生活，靠附着囊的分泌物固着在石块下，经过变态发育为成体。某些情况下，初始的胚胎会快速无性生殖。卵裂为镶嵌式螺旋卵裂。对于中胚层的分化还知之甚少。

每个群体都来自于1个初始的个员，又称初虫（ancestrula），通过无性出芽生殖的方式产生多个个员形成群体。淡水生的种类，以休眠芽（statoblast）的方式进行无性生殖。休眠芽是一种硬的、抗逆的胶质囊，内含大量的芽细胞。休眠芽多在夏、秋季形成，当群体在秋季死亡后，休眠芽保留下来，到翌年春天发育为虫体，进而形成群体。

第二节 隐担轮动物

隐担轮动物（Kryptrochozoa）包括腕足动物（Brachiozoa）和纽形动物（Nemertea），它们在发育过程中都有被隐藏的担轮幼虫阶段，故称隐担轮动物。

演化地位：腕足动物包括腕足动物门（Brachiopoda）和帚虫动物门（Phoronida），从分子特征和形态特点都支持这两个门之间有着紧密的亲缘关系。

腕足动物与软体动物和环节动物等10余个动物门类一起构成后生动物中分异度最大的谱系分支——冠轮动物。分子系统学和基因组系统学的大量研究基本证实了腕足动物为单系起源，分类上属于原口动物，从而彻底否定了上百年传统动物学教科书中腕足动物属于后口动物或原口动物与后口动物之间的过渡类群的观点。腕足动物作为寒武纪演化动物群的重要组成部分和寒武纪大爆发期间的主要动物门类代表，因其形态发育和壳体矿化等多项特点以及海量的化石记录，历经数十余年单系、多系和并系起源的争论之后，其单系起源得到了分子生物学、基因组系统学和形态学（包括化石和现生类群）研究越来越多的强力支持。

一、腕足动物门

这是一古老的类群，曾在古生代和中生代非常繁盛。现存325种，化石12000种。现存种类与奥陶纪种类相比，几乎没有变化。体外具背腹两壳，很像双壳纲的贝类。尽管它们发生在大洋深处，但更喜欢在浅水底栖生活。

（一）外形

现存种类的壳长度为5～80mm，而化石种类有的却达到了300mm。腹壳常略大于背壳。壳由几丁质或钙质构成，壳后端有1孔，肉质柄由此伸出用于固着，并可快速收缩。

（二）内部结构与生理

腕足动物身体包括触手冠和躯干两部分。体壁延伸形成了外套叶（mantle lobes），壳由外套叶分泌而成，两外套叶围成的腔称套膜腔（mantle cavity），内有触手冠，由数条触手及触手上的纤毛构成。触手冠在前端扩展成 2 个环形或马蹄形腕。两壳前端张开时，水流及食物颗粒进入套膜腔，触手用于捕获食物颗粒，纤毛帮助将食物颗粒（有机碎屑和藻类）沿腕沟送入口中。腕足动物似乎还可以从环境中直接吸收营养。腕足动物有 3 个体腔，分别为前体腔（protocoel）、中体腔（mesocoel）和后体腔（metacoel），后体腔内有脏器。

躯干位于两壳间的后部。消化系统 U 形，包括口、胃、消化腺、肠、肛门。循环系统由心脏和血管组成，血管通向体腔，属开管式循环，主要功能是运输营养。触手冠和外套叶具有呼吸功能。排泄系统为 1 ～ 2 对后肾，肾口开口于体腔，肾孔开口于套膜腔，排泄物为氨，大部分排泄物是通过体表扩散排出，尤其是触手冠。这种后肾还有生殖导管的作用。神经系统由背部的神经环和 1 个大的腹神经节组成。

腕足动物大多雌雄异体，由临时性腺产生精子或卵子，经肾管排出体外，大多体外受精，仅少数种类在套膜腔内孵化。辐射型卵裂，至少有些种类体腔和中胚层是以肠腔法形成的，胚孔关闭，胚孔与口的关系尚难确定。无铰纲幼虫一般无变态，幼虫与成虫相似，固着下来即可发育为成体。有铰纲的幼虫一旦附着下来就开始变态，然后发育为成体（图 10-4）。

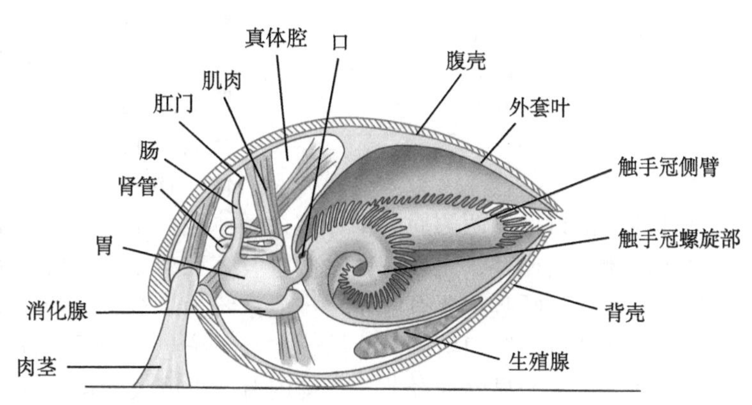

图 10-4　腕足动物内部结构　高元满　绘

（三）分类

腕足动物根据两壳的连接结构，可分为 2 纲，无铰纲（Inarticulata）和有铰纲（Articulata）。

无铰纲柄较长，大部分为肌肉，两壳仅靠肌肉连接，如海豆芽（*Lingula*）；有铰纲柄较短，无肌肉，大部分为结缔组织，两壳以铰齿和铰窝相铰合，如酸浆贝（*Terebratella coreanica*）。极少种类无柄，以腹壳黏附在底物上。

二、帚虫动物门

帚虫动物门大约 20 种，身体微小，蠕虫状，生活在自身分泌的几丁质或革质管中，从不出来。这些管可以单独锚定，也可以缠绕一起固着于岩石、木桩、贝壳或将管埋于沙中。一旦受到惊扰，身体就会迅速缩回管内。全部浅海生活，底栖。由于形似一把扫帚（图 10-5），因此得名。

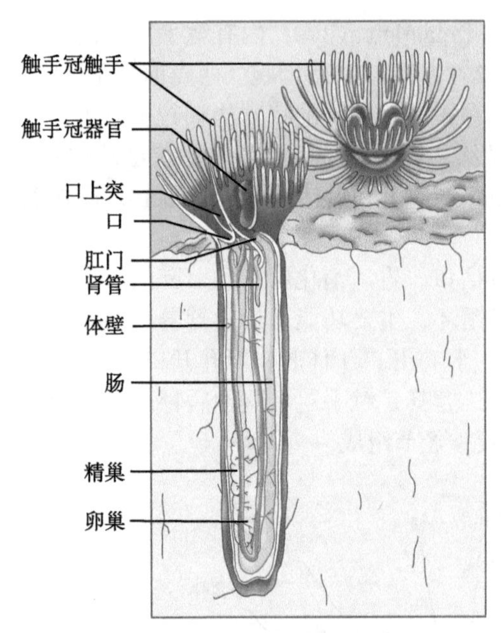

图 10-5 帚虫动物内部结构 高元满 绘

（一）外形

身体圆柱状，体长从数毫米到 30cm 不等，虫体可分为触手冠和躯干部，2 个平行的马蹄状触手冠位于端部，口位于 2 个马蹄形凹陷处之间。

（二）内部结构与生理

触手冠及触手均为体壁的延伸。触手内部中空，外部布满纤毛。纤毛击动水流，将食物颗粒（浮游生物、有机碎屑）与黏液混在一起送入口中。体壁由角质层、单层表皮、基膜、环肌、纵肌组成。靠肌肉伸缩，触手冠伸出、回缩。消化管 U 形，由口、食管、胃、肠和肛门组成，胃壁上有纤毛，可以推动消化管内食物流动，肛门开口于触手冠背部外侧。体壁内为真体腔，口上突（epistome）内为前体腔，沿口上突两侧通向中体腔，后体腔位于躯干部，被隔膜分隔成 4 个小腔。不是真正的闭管式循环，无心脏，靠血管收缩推动血流。血液中含有红细胞，血红蛋白存在于红细胞内。呼吸主要靠触手。排泄系统为 1 对后肾管，位于虫体两侧。肾口开口于体腔，肾孔开口于肛门两侧。弥散的神经系统包括触手基部 1 个神经环及发出的分支至触手和体壁，无明显脑神经节，表皮内有 1 根巨大的运动纤维和表皮神经丛支配体壁和表皮。

帚虫动物多为雌雄同体，少数异体。无性生殖只出现在个别种类。有性生殖多为体外受精，少数体内受精。临时的生殖腺产生精子或卵子。精子排出时被触手冠器（lophophoral organ）包装成精夹被排放到海水中，被异体的触手冠捕获，穿过体壁进入后体腔，与卵子结合受精。受精卵通过后肾管排出，孵化常在触手冠内或海水中进行。辐射型卵裂，以高度改变的肠腔法形成真体腔，但最终原口（胚孔）形成了动物的口。可自由泳的纤毛幼虫，称辐轮幼虫（actinotrocha），沉入海底，变态后发育为成虫，再分泌 1 个管，固着，栖息其中。

三、纽形动物门

纽形动物门也称吻腔动物门（Rhynchocoela），身体两侧对称，三胚层，无体腔，生活于岩石和藻类之间、泥沙中，个别种类生活在胶质的管内，大约 1000 种，几乎全部海产。

（一）外形

身体呈扁平的带状或线状，体宽一般为 5 ～ 10mm，体长一般小于 20cm，个别种类可达 60m，是世界上最长的动物。

（二）内部结构与生理

1. 体壁与运动

纽形动物的体壁为单层的纤毛上皮，胞间有大量腺细胞，少数种类细胞间有杆状体，但这与涡虫纲的杆状体不同源。表皮下依次为基膜、环肌、纵肌。运动方式包括滑行（纤毛摆动）、爬行（肌肉收缩）、游泳（身体波动）。

2. 消化与营养

具有完全的消化管，主要捕食环节动物及其他小型无脊椎动物。由于种间的差异，有的食性专一，有的食性非常广泛。身体前端有 1 个吻孔，孔内有一可翻出的吻（proboscis），位于吻腔（rhynchocoel）内，吻端具刺和毒腺，现已证明，有些种类分泌的毒素为河豚毒素。捕食时，吻腔收缩使吻通过吻孔翻出体外，用以刺杀、黏附、缠绕猎物，不用时，借肌肉收缩将吻收回吻腔中，这是纽形动物独有的结构（图 10-6）。口位于身体前端腹侧，消化管纵贯身体，肠壁仅由单层上皮构成，靠消化管纤毛运送内容物，以胞外消化为主，肛门开口于身体后端。

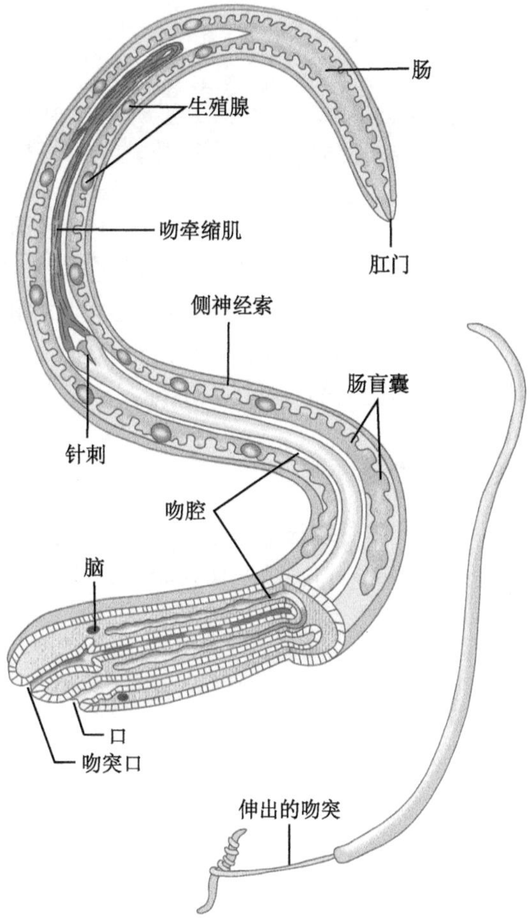

3. 循环

闭管式循环，包括 1 条背血管和 2 条侧血管，由于缺乏心脏，仅靠血管收缩和身体运动推动血流，因此血液流动不规则，又称原始的闭管式循环。但总体上讲，背血管中的血液由后向前流动，侧血管中的血液由前向后流动，血液多无色。

图 10-6　纽形动物外形及内部结构　高元满　绘

4. 呼吸与排泄

无专门的呼吸系统，由于身体扁平，靠体壁渗透即可满足身体需要。排泄系统为原肾管，2 个或多个焰球构成的原肾管与循环系统紧密联系，这说明纽形动物原肾管具有真正的排泄功能，与扁形动物有明显差别。

5. 神经与感官

由 1 对神经节（比扁形动物更集中），1 对或数对纵神经索与横向神经连接组成。感官包括单眼（感光）、纤毛沟（化学感受器）。

6. 生殖与发育

纽形动物大多为雌雄异体，少数雌雄同体。生殖包括无性生殖和有性生殖。无性生殖以断裂和再生为主，编者曾亲眼目睹了无沟纽虫（*Baseodiscus curtus*）的断裂过程，瞬间可断裂多段，理论上每段都可发育为一个新的个体（图 10-7）。有性生殖多为体外受精，少数体内受精，甚至有些是卵胎生。螺旋形卵裂，幼虫为帽状幼体（pilidium），与担轮幼虫相似，但缺少担轮幼虫的中央纤毛环。然而新的研究表明，在发育过程中，帽状幼体中央纤毛环确实短暂存在过，只是后来消失了，从而支持了纽形动物在冠轮动物中的地位。

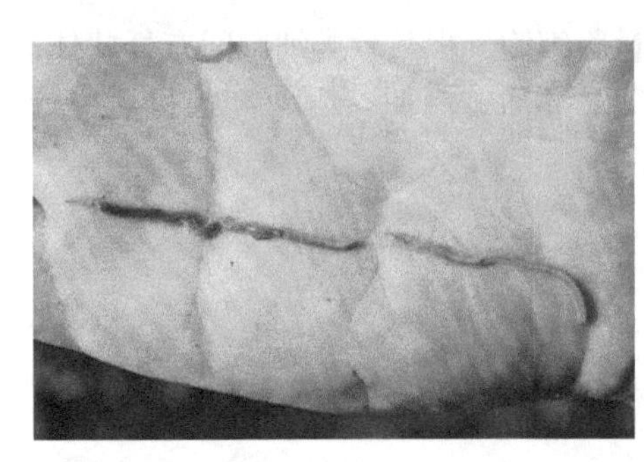

图 10-7 无沟纽虫断裂 王宝青 摄

纽形动物究竟是有体腔动物还是无体腔动物，目前仍存在争议。有人认为吻腔是由中胚层裂开形成的，然而，一个典型的真体腔应该充满体腔液，环绕在消化管周围，体腔在肌肉的作用下还能起到保护和发挥流体静力骨骼的功能；而吻腔位于消化管背侧，且占据了自前端至体长 3/4 的长度，吻腔内有液体，周围也有肌肉，肌肉收缩让吻外翻，这表明吻腔在位置和功能上都与真体腔不符。

思考题

1. 本章各门动物形态结构特点有哪些？
2. 本章所列门类彼此间的亲缘关系如何？

第 11 章

软体动物门

演化地位：软体动物门（Mollusca）是原口动物中冠轮动物有体腔类的分支。身体两侧对称、三胚层，个体发育经螺旋形镶嵌卵裂，裂体腔法形成真体腔，具有担轮幼虫期和面盘幼虫（veliger larva）期。由于身体尚未出现分节，因此它们应是比环节动物更早演化出来的一个分支，自本门开始，所有器官系统均已出现。

软体动物因身体柔软得名，它们种类多，是动物界中仅次于节肢动物的第二大门，现存近 110000 种，还有 70000 余种化石。从个体微小的种类至体长 20m 的种类都有存在，但 80% 的种类体长都在 10cm 以下。它们的分布非常广泛，从赤道到极地、从海拔 7000m 的高山到数千米深的海底都有它们的足迹。化石证据显示，软体动物起源于海洋，大部分的演化都是沿着海岸进行的，只有双壳类、腹足类才进入到半咸水、淡水生活，有的腹足类甚至陆栖，与人类的关系极为密切。

第一节 软体动物的主要特征

一、外形

软体动物由于种类繁多，栖息地千差万别，因而身体形态各异。根据对现存种类比较形态学及胚胎学和早期化石种类的研究，所有软体动物都构建在一个基本的模式上，这就是人们设想的软体动物祖先模式（图 11-1）。

软体动物身体一般可区分为头、足、内脏团（visceral mass）、外套膜（mantle）及贝壳（shell）。

（一）头

头位于身体前端，多数种类比较发达，包括口、触角、感光器官或眼等。口腔内

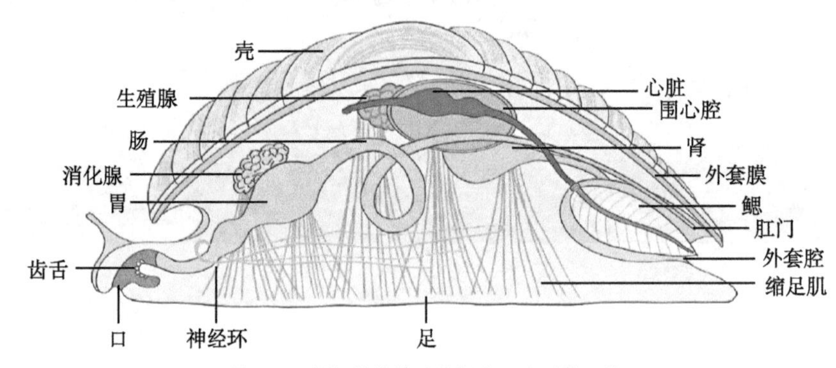

图 11-1 假想的软体动物祖先 李昕萌 绘

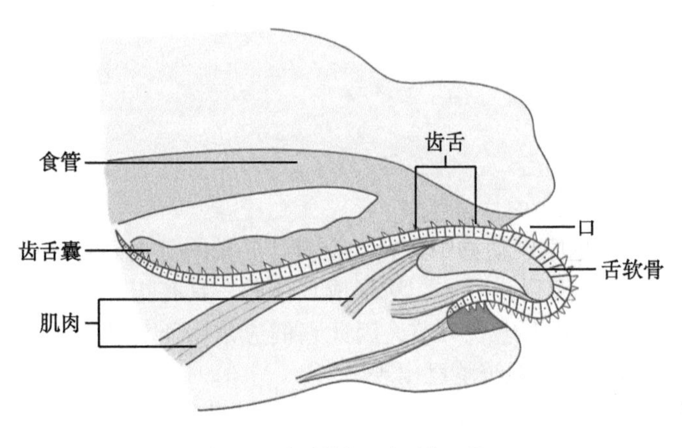

图 11-2 齿舌结构 李昕萌 绘

具齿舌（radula），这是软体动物（双壳纲及多数沟腹纲种类除外）特有的取食结构，齿舌形似一条带状的弯曲膜，上面布满向后指向的细小牙齿（软骨），似锉刀，齿舌位于口腔底部的齿舌囊（radula sac）内，靠复杂的肌肉控制齿舌从囊内伸出，用以刮食、输送食物，故名齿舌（图 11-2）。前端的齿舌磨损较大，可不断地被后部新长出的齿舌取代。齿舌的数目（数颗～250000颗）和排列方式是软体动物重要的分类特征。

（二）足

足位于身体腹面，由于生活方式不同而形态各异，有盘状（帽贝）、斧状（双壳类）、特化的腕（头足类）等形态，靠足内肌肉伸缩完成运动，蜗牛和双壳纲种类主要靠足内血液充盈度来进行运动。固着生活的种类（牡蛎）足退化。

（三）内脏团

多位于足的背侧，脏器集中于此，多数种类左右对称排列，但螺类由于身体发生了扭转，失去了两侧对称形式。

（四）外套膜与贝壳

外套膜由内脏团背侧的皮肤沿身体两侧向下延伸形成，每侧包括内外两层上皮及中间所夹的结缔组织、肌肉组织构成，两侧外套膜将内脏团包裹其中，外套膜与内脏团之间的空腔为外套腔，外套膜外侧紧贴贝壳。

外套腔是软体动物重要的生理活动场所，水流的驱动、摄食、消化、排泄、生殖都与之相关。此外，在头足类还形成了高效的喷射推进器官。

贝壳是软体动物被动防御的杰作，由外套膜分泌形成，用以保护其柔软的身体。贝壳形态大小各异，突起部分称为壳顶（umbo），是贝壳最先形成的部分。贝壳可分为 3 层，最外层为角质层（periostracum），是醌鞣蛋白（quinone-tanned protein），可免受酸碱及钻孔生物的侵蚀，由外套膜边缘分泌，因此，随着动物的生长，只能沿边缘扩大贝壳的面积，老旧的壳顶部分常有磨损。中间为棱柱层（prismatic layer），是致密的方解石（calcite），由外套膜边缘分泌，角质层和棱柱层一旦形成后不能增加壳的厚度，只能扩展壳的面积。内层为珍珠层（nacreous layer），紧贴外套膜，是霰石（aragonite），光滑，由整个外套膜外表皮分泌，此层可终生增厚。若有微小生物或沙粒在偶然的情况下进到贝壳与外套膜外表皮之间，就会导致该处外表皮细胞分裂增殖，将异物包裹，形成珍珠囊，并不断分泌霰石，最终形成珍珠。时间越久，珍珠生长的越大（图 11-3）。珍珠作为高级饰品和名贵中药，与人类生活密切相关。

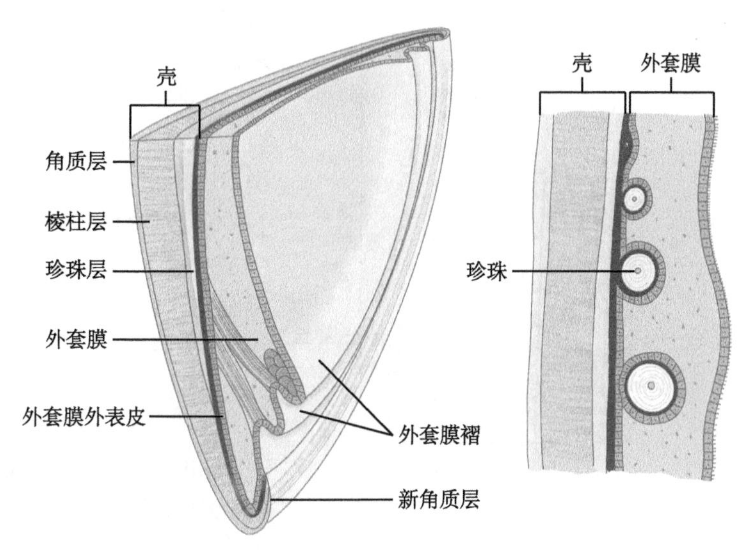

图 11-3 壳的结构与珍珠形成 李昕萌 绘

此外，淡水生种类的贝壳角质层比海生种类的角质层厚，因为淡水中的枯枝落叶腐败后会使水体变酸，为了防止酸性物质侵蚀棱柱层，因而角质层厚度增加。

二、内部结构与生理

（一）摄食与消化

原始的软体动物主要以微小颗粒为食（藻类、有机颗粒），现存种类也大多保留了这种形式。由于种间差异，也出现了摄食大型猎物的种类。

完全的消化管有了进一步分化，一般可分为前肠（foregut）（口、口腔、咽、食管）、中肠（midgut）（胃、盲囊、肠）和后肠（hindgut）（直肠、肛门）。消化管内广泛分布纤毛。

消化腺包括唾液腺、消化盲囊等，消化包括胞内消化和胞外消化。

（二）体腔与循环

软体动物的真体腔极不发达，仅存在于围心腔（pericardial cavity）、部分肾管内腔、生殖腺内腔，原体腔形成了血窦。动物的循环系统是伴随着真体腔的出现而出现的，软体动物多为开管式循环系统（open circulatory system），包括有搏动能力的心脏和血管、血窦。开管式循环就是血液并非在一个密闭的管道中运行，其循环的路径为心脏→动脉血管→血窦（担负循环功能的组织间隙）→静脉血管→心脏。这种循环方式的特点为：

①血压低；②血液流速慢；③循环效率低；④适于运动缓慢的类群（靠气管呼吸的昆虫纲除外）。头足类为闭管式循环系统（closed circulatory system），包括心脏、血管、毛细血管网，即血液始终在密闭的血管中运行，其循环路径为心脏→动脉血管→毛细血管网→静脉血管→心脏。这种循环方式的特点为：①血压高；②血液流速快；③循环效率高；④适于运动快速的类群。

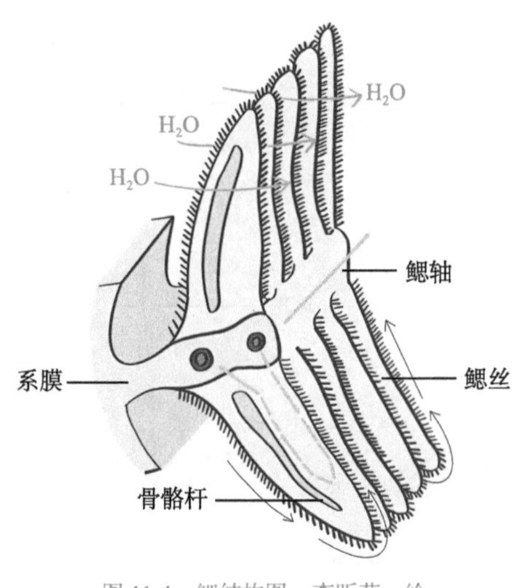

图 11-4　鳃结构图　李昕萌　绘

多数软体动物血液中的呼吸色素为血蓝蛋白，少数种类为血红蛋白，但都存在于血浆中而非血细胞内，因而携氧效率低。

（三）呼吸

水生种类出现了专门的呼吸器官——栉鳃（ctenidium），由鳃轴（gill axis）和鳃丝（gill filament）组成。鳃轴是由外套膜或体壁延伸成一条扁平的长轴，内有血管、肌肉、神经等。鳃丝呈叶片状，若是由鳃轴两侧生出鳃丝称双栉鳃或羽状鳃；若单侧生出鳃丝称栉鳃（图 11-4），鳃片内有几丁质的骨杆支持。页状鳃丝彼此分离，表面布满纤毛，靠纤毛摆动驱动水流，水流方向与血流方向恰好相反，形成逆流交换。不同类群，鳃也出现一些变化，如瓣鳃、丝鳃、次生鳃等。

陆生种类用肺呼吸，即由外套腔内一定区域的毛细血管网形成，可直接摄取空气中的氧气。

（四）排泄

大多数软体动物有 1 对后肾管（metanephridium）。典型的后肾管包括开口于体腔的肾口（nephrostome）、肾管和排出端的肾孔（nephridiopore）。

（五）神经与感官

低等种类的神经系统无明显的神经节，高等种类包括脑神经节（cerebral ganglion）、足神经节（pedal ganglion）、侧神经节（pleural ganglion）、脏神经节（visceral ganglion）和与之相连的神经索，完成感觉、运动等功能。感觉器官包括触角、眼、嗅检器（osphradium）、平衡囊（statocyst）等。

（六）生殖与发育

大多数软体动物雌雄异体，少数雌雄同体。在发育过程中，由受精卵发育为担轮幼虫，经过变态形成类似于小石鳖样的幼体，似软体动物祖先，但许多海产软体动物，尤其是腹足类和双壳类，担轮幼虫又出现了一个独有的面盘幼虫期，面盘幼虫具有 1 个足、壳、外套膜，往往担轮幼虫在卵内发育，游泳一段时间后进入面盘幼虫期，开始进行自由泳生活。头足类、淡水双壳类、淡水和海产的蜗牛类没有自由泳的幼虫阶段，直接发育为成体。

第二节 软体动物的分类

软体动物根据身体结构及发育特征可分为8个纲，尾腔纲（Caudofoveata）、沟腹纲（Solenogasters）、多板纲（Polyplacophora）、单板纲（Monoplacophora）、腹足纲（Gastropoda）、双壳纲（Bivalvia）、掘足纲（Scaphopoda）、头足纲（Cephalopoda）。

一、尾腔纲

大约120种，身体蠕虫状，海产，体长2～140mm，大多穴居，洞穴垂直，外套腔和鳃位于洞穴入口处，主要以微生物和腐殖质为食。虫体无壳，但外被钙质鳞片，具1个口盾（oral shield）和齿舌，口盾与对食物的选择和摄入有关。呼吸器官为1对鳃，雌雄异体，是最原始的一个类群，如毛皮贝（*Chaetoderma*）等。

二、沟腹纲

大约250种，海产，通常无齿舌，无鳃，穴居，因腹中线有一狭长的足沟而得名（图11-5）。底栖，以刺胞动物为食，肉食性。雌雄同体，如新月贝（*Neomenia*）、龙女簪（*Proneomenia*）等。有些学者也将尾腔纲和沟腹纲合称为无板纲（Aplacophora）。

图11-5 新月贝

三、多板纲

大约有1000种，石鳖可作为本纲的代表动物。身体两侧对称，背腹扁平，但背部稍隆起并有8个覆瓦状排列的壳板，壳边缘均嵌入外套膜中，各板间可相对前后移动。壳板下面是外套膜，外套膜包裹着足。外套膜与足两侧之间为外套腔，形成两条沟，又称外套沟。足扁宽，吸附力强，主要用于附着岩石表面或做缓慢的觅食运动。当石鳖要脱离石块时，身体发生卷曲，顺势滚落它处（图11-6）。

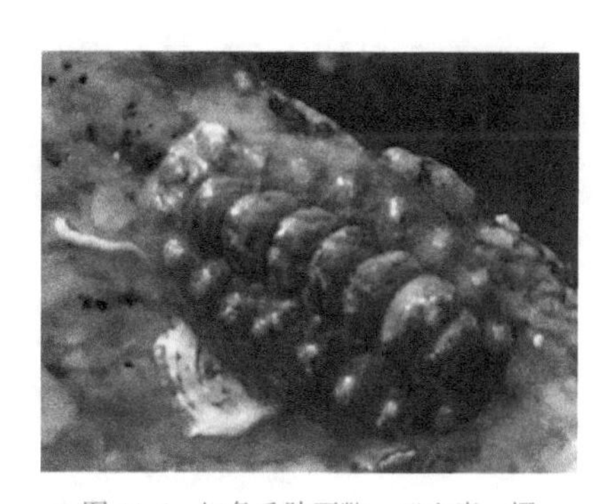

图11-6 红条毛肤石鳖 王宝青 摄

多板类体长一般2～5cm，个别种类可达30cm。头部和感官退化，口位于前端腹部中央，以口中伸出的齿舌刮食岩石表面的藻类，经食管送至胃中，胃有消化盲囊，可分泌蛋白酶，主要进行胞外消化。胃连接肠管，末端以肛门开口于外套沟内。呼吸器官为栉鳃，成对前后排列于两侧外套沟内。外套腔前端有入水孔，足后为出水孔。水通过栉鳃时进行气体交换。心脏包括1心室2心耳。排泄器官为1对后肾管，负责收集围心腔内废物并排出体外。神经系统由围食管神经环及向后发出的2对纵向神经索构成梯状，多数种类在外套腔后端有1对嗅检器。

多板类一般雌雄异体，在水中或雌性外套腔内受精，受精卵经过完全不均等卵裂，进一步发育为担轮幼虫→成虫，无面盘幼虫阶段。

四、单板纲

单板纲曾经一直被认为早已灭绝，对其了解也仅限于化石水平上。直到 1952 年，在哥斯达黎加西海岸 3570m 深的海底发现了生存个体，以后又陆续发现一些，才定名为新碟贝（*Neopilina galathea*）。现存大约 25 种。

单板类具有 1 个低矮、似圆锥形的贝壳，壳顶指向前端，因此得名。壳内为外套膜，外套膜包裹足及脏器，足与外套膜之间为外套沟。体长 0.3 ～ 3cm，内部脏器多两侧对称排列。体腔包括围心腔、生殖腺内腔。口位于前端腹侧，具齿舌，胃内有晶杆和晶杆囊，肠高度盘旋，直肠穿过围心腔，肛门位于外套沟末端。外套沟内 3 ～ 6 对栉鳃前后排列。心脏包括 2 对心耳和 1 个心室，开管式循环。排泄器官为 3 ～ 7 对后肾管。神经系统梯状。

雌雄异体，生殖系统包括 1 ～ 2 对生殖腺及生殖导管，体外受精。单板类的鳃、后肾管等均为重复排列，多数学者认为此纲是后面几个纲的祖先（图 11-7）。

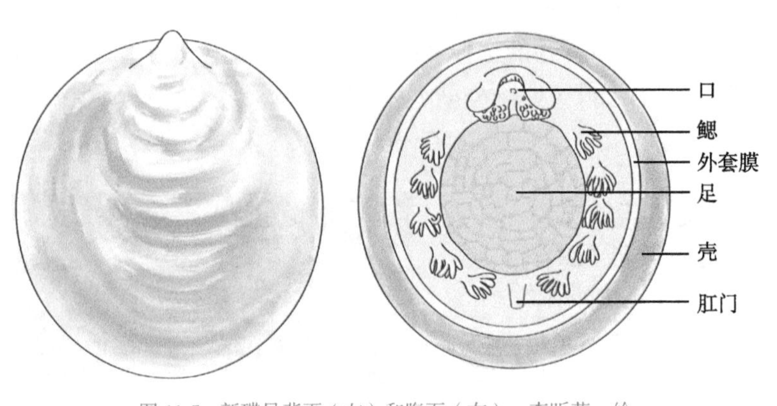

图 11-7　新碟贝背面（左）和腹面（右）　李昕萌　绘

五、腹足纲

腹足纲是软体动物门中最大的一个纲，现存约 75000 种，还有 15000 种化石。它们大多有一个厚重的壳，行动迟缓。壳顶尖，也是最早形成的部位，向下依次变大，围绕身体中轴呈螺旋排列。按照壳的旋转方向，可分为左旋壳和右旋壳。壳口部有厣或无厣。海水、淡水、陆地都有分布。

（一）腹足纲的主要特征

1. 扭转（torsion）

腹足类一般都要经历担轮幼虫和面盘幼虫两个阶段，贝壳是在面盘幼虫阶段形成的。当担轮幼虫游泳数小时后，纤毛环中央顶部位置下陷，担轮幼虫的口前纤毛环左右两侧突出形成翼状薄膜，即面盘，并于后背处分泌出一透明壳，26 ～ 28h 后，眼点、足、壳、厣已基本形成，然后再从头部生出触角，面盘退化，沉入海底变态为成体。在面盘幼虫早期，身体仍然是两侧对称的，后期身体开始发生扭转。

扭转通常分为两个步骤。第一步，身体一侧不对称的足牵缩肌收缩，将壳和脏器逆时针旋转 90°，结果将肛门连同脏器移到右侧（图 11-8）。

然而，更详细的研究表明，壳与内脏的扭转并无关联，壳的第一次运动使它旋转 90° ～ 180°，这次扭转会一直持续到成年。以往认为，成年个体的外套腔及腔内的鳃和肛门在前 90° 扭转时会随着肛门旋转；但现在的研究表明，外套腔是在身体右侧的肛门附

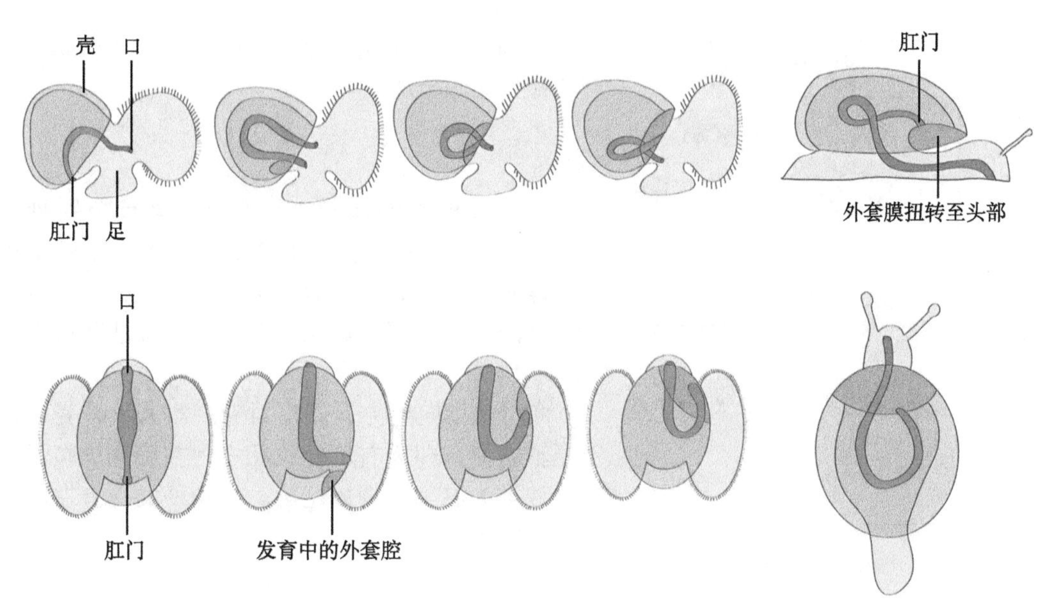

图 11-8　腹足类扭转过程　李昕萌　绘

近发展起来，两者最初是分开的，随着扭转，肛门扭转到外套腔内。第二步，外套腔内消化管及其他脏器共同向侧面及背面运动，最终外套腔及肛门旋转至头部上方；内部的鳃、肾、心房也移到了右侧；而原来右侧的鳃、肾、心房被扭转到了左侧。神经索被扭成“8”字形。由于外套腔移到前端，使得动物体前端获得了足够的空间，这样，敏感的头和感官可缩入壳中，再用发达的足和厣挡住壳口，形成了良好的保护。

2. 卷曲（coiling）

卷曲与壳和内脏团的扭转不同，它是发生在一个平面上的环绕。化石记录显示，卷曲是一个独立的演化事件，比扭转发生的更早，尽管现存的腹足类有些种类丢失了一些特点，但仍来自于共同的祖先。

早期的腹足类有一个两侧对称的平旋壳（planospiral shell），所有的螺纹都在一个平面上（似鹦鹉螺），但由于壳内空间有限，在演化过程中以圆锥螺旋逐渐取代了平面卷曲，使得壳内空间得到了扩展。然而这种形态显然影响了身体的平衡，通过锥壳向上和向后移动，解决了壳体的重量分布，达到了新的平衡（图 11-9）。显然，壳的主体依然留在了右侧，导致大多数腹足类右侧的鳃、心房、肾消失，形成了两侧不对称的体型。也有个别种类又次

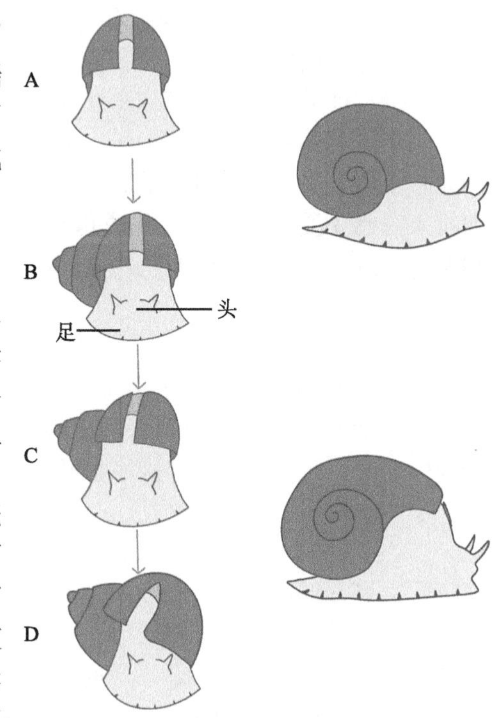

图 11-9　腹足类壳与外套膜的演化
A. 祖先的平旋壳；B. 壳顶向侧面隆起；
C. 壳顶向后部背侧扭转；
D. 扭转结果，使右侧受压的鳃、心房、肾脏消失，
达到新的平衡　李昕萌　绘

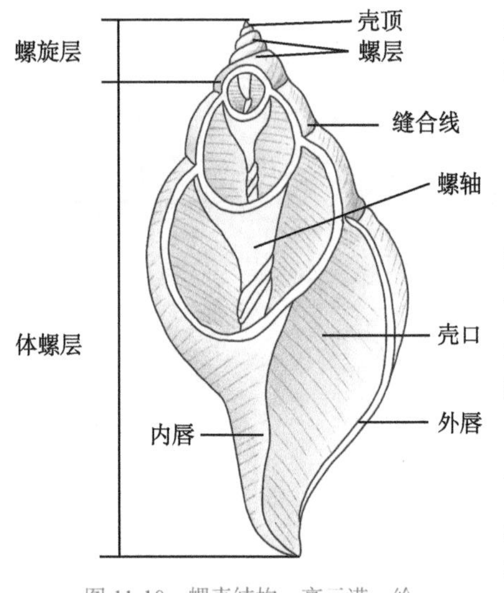

图 11-10　螺壳结构　高元满　绘

生性的演化到平旋壳。还有的壳埋在了外套膜中，有的种类壳完全消失。

3. 外形

大多数种类的体长 1 ～ 8cm，也有个别种类达 60cm，化石种类甚至有 2m 的个体。体外多被一个螺旋形的贝壳，少数种类为内壳或无壳，贝壳是重要的分类依据。贝壳一般分为螺旋部和体螺层（图 11-10）。

将壳顶指向上方，壳口对着观察者，若壳口位于壳轴右侧，即为右旋壳；反之为左旋壳。腹足类多数种类为右旋，少数左旋。有些种类既有左旋也有右旋个体。

4. 内部结构与生理

头部发达，触手 1 ～ 2 对，触手端部或基部有眼。肌肉质的足发达，足底多具纤毛和腺体，靠足的伸缩（大型种类）及纤毛（小型种类）运动。消化系统包括口、口腔、食管、胃、肠、肛门。腹足类多为植食性，以齿舌刮食岩石表面的藻类，也有食植物嫩芽、浮游生物等。此外，还有少数食腐、食肉甚至寄生种类。胃内以胞外消化为主，有的种类胃有凸起形成胃盲囊（消化盲囊），胃盲囊内多为胞内消化并吸收营养。呼吸器官多为栉鳃，少数种类可用外套膜或皮肤呼吸。心脏位于围心腔内，具 1 心室，1 ～ 2 心耳。肾多为 1 个。神经系统包括脑、足、侧、脏 4 对神经节及神经索。感官有触角、眼或简单的光感受器、平衡囊、触觉器官、化感器、嗅检器等。雌雄同体或异体。原始种类将精、卵排入海水中受精，进而孵化成担轮幼虫。大多数种类为体内受精，多卵生，圆田螺为卵胎生。海产种类一般经担轮幼虫、面盘幼虫两个阶段。

（二）代表动物——中国圆田螺

中国圆田螺（*Cipangopaludina chinensis*）为腹足纲前鳃亚纲中腹足目田螺科圆田螺属动物，广布于我国湖泊、河流、池塘等淡水水域，世界性分布。

1. 外形

图 11-11　中国圆田螺　王宝青　摄

贝壳高 60mm，宽 40mm，壳薄而坚固，缝合线明显，螺旋部圆锥形，螺层 6 ～ 7 层，体螺层膨大，壳口具角质厣，厣紧贴于足的背侧。活动时头、足由壳口伸出壳外，以肉质足腹面缓慢爬行。遇到危险时，头先缩入，足也随之缩入壳内并以厣封住壳口（图 11-11）。头部发达，前端为突出的吻，吻腹侧是口，吻基部着生 1 对触角。雄性右触角短粗，末端具 1 生殖孔，有交配功能。眼 1 对，位于触角基部外侧。头部后方两侧各有一外套膜形成的孔，左侧为入水孔，右侧为出水孔。

2. 内部结构与生理

（1）摄食与消化：多摄食水生植物、藻类、有机碎屑等，以齿舌刮食，口腔内具齿舌，口腔外有 1 对唾液腺，可分泌黏液（无消化作用），以导管通入口腔，后接咽、食管和膨大的胃。肠管扭转后，以肛门开口于出水孔附近。胃周围是肝脏，可分泌蛋白酶，由肝管通入胃。

（2）呼吸与循环：栉鳃 1 个，位于入水管内侧，是气体交换的场所。开管式循环，心脏 1 心耳、1 心室，由心室发出 1 条主动脉，后分 2 支，一支向前为头动脉，流向头、足、外套膜；另一支向后通入内脏团，再汇集为静脉入鳃，血浆内具血蓝蛋白。

（3）排泄：肾 1 个，圆锥状，肾口开口于围心腔，肾孔开口于出水管内，代谢废物为氨。

（4）神经与感官：神经系统包括 1 对脑神经节、1 对足神经节，1 对侧神经节，1 对脏神经节，神经节间借神经索相连。左右神经节间也有神经连接。侧脏神经索扭转成“8”字形。感官有 1 对眼，可视物；触角 1 对，主触觉；平衡囊 1 对，维持身体平衡；嗅检器 1 个。

（5）生殖与发育：雄性具 1 个精巢，后接输精管、储精囊、射精管，再进入右触角中。雌性卵巢 1 个，后接输卵管、膨大的子宫、雌性生殖孔。体内受精，卵胎生。

（三）腹足纲分类

腹足纲可分为 3 个亚纲，前鳃亚纲（Prosobranchia）、后鳃亚纲（Opisthobranchia）、肺螺亚纲（Pulmonata）。

1. 前鳃亚纲

最大的亚纲，约有 55000 种，贝壳螺旋形，壳口多具厣，几乎全部海产。外套腔位于身体前部，触角 1 对，鳃 1 ～ 2 个，位于心室前方，侧脏神经扭成“8”字形，多雌雄异体，可分为 3 个目。

（1）原始腹足目（Archaeogastropoda）：栉鳃 1 ～ 2 个，心耳多为 2 个，肾 1 对。常见种类有鲍（*Haliotis*）、翁戎螺（*Pleurotomaria*）、帽贝（*Patella*）等。

（2）中腹足目（Mesogastropoda）：单栉鳃 1 个，心耳 1 个，肾 1 个，齿舌每排 7 颗细齿。常见种类有滨螺（*Littorina*）、中国圆田螺、扁玉螺（*Glossaulax didyma*）等。

（3）新腹足目（Neogastropoda）：单栉鳃 1 个，心耳 1 个，肾 1 个，齿舌每排 3 颗细齿。常见种类有脉红螺（*Rapana venosa*）、秀丽织纹螺（*Nassarius festivus*）、皮氏蛾螺（*Buccinium perryi*）等。

视频 11-1

2. 后鳃亚纲

包括海蛞蝓、海兔、裸鳃类等，全部海产。贝壳与外套腔逐渐减少甚至消失，触角 1 ～ 2 对，鳃位于心室后方，侧脏神经索不扭成“8”字形。多雌雄同体。一般分为 4 个目。

（1）侧腔目（Pleurocoela）：具壳，外套腔开口于身体右侧，如泥螺（*Bullacta exarata*）、壳蛞蝓（*Philine auriformis*）等。

（2）翼足目（Pteropoda）：足前侧特化为翼状副足或足两侧延伸为鳍状，适于浮游，又称海蝴蝶，如龟螺（*Cavolinia tridentata*）、笔帽螺（*Creseis* sp.）等。

（3）囊舌目（Sacoglossa）：壳、外套腔、本鳃均消失，触手1对，齿舌仅具1列纵齿，如海天牛（*Elysia*）等。

（4）裸鳃目（Nudibranchia）：壳、外套腔、本鳃均消失，具次生性皮肤鳃，身体又恢复了两侧对称，色彩艳丽，如蓑海牛（*Eolis*）、日本石磺海牛（*Homoiodoris japonica*）。

3. 肺螺亚纲

大多数淡水生或陆生。鳃消失，以右侧外套腔内壁充血形成“肺”进行呼吸。心耳1个，肾1个，水生种类触角1对，眼位于触角基部；陆生种类触角2对，第二对触角端部具眼。贝壳无厣，侧脏神经不扭成“8”字形，肛门和肾孔开口于外套膜顶部形成的呼吸孔。雌雄同体，直接发育。最新研究显示，所有鼻涕虫都被认为是陆生蜗牛祖先演化来的。肺螺亚纲可分为2个目。

（1）基眼目（Basommatophora）：具壳，眼位于触角基部，水生种类有嗅检器。常见种类有椎实螺、扁卷螺（*Planorbis*）等。

（2）柄眼目（Stylommatophora）：眼位于第二触角端部，陆生，如褐云玛瑙螺（*Achatina fulica*）、蛞蝓（鼻涕虫）（*Agriolimax agrestis*）、石磺等。

六、双壳纲

双壳纲身体多具左右2个贝壳而得名。因足似斧头状，也称斧足纲（Pelecypoda），又因鳃呈瓣状，又称瓣鳃纲（Lamellibranchia）。大约有10000种，包括贻贝、蛤蜊、扇贝、牡蛎、船蛆等。海水、淡水都有分布。

（一）双壳纲的主要特征

1. 外形

贝壳两侧侧扁，两壳间背侧以铰合韧带相连，腹侧借韧带的弹性回缩而张开。背部有一突出的部分为壳顶。贝壳表面围绕壳顶有许多细密的同心环线，称生长线，也有的种类壳表面有放射状的肋和沟。壳顶部有狭长凹陷，壳顶前部的凹陷称小月面，后部为楯面。左右两壳背侧有交互排列的齿和槽，相互铰合，故称铰合部，铰合齿的数目和排列方式是重要的分类特征（图11-12）。

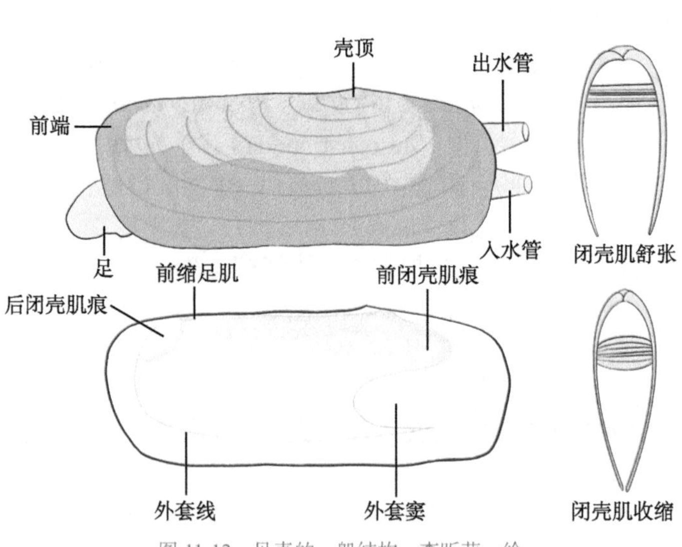

图11-12 贝壳的一般结构 李昕萌 绘

2. 内部结构与生理

（1）身体与外套膜：外套膜包裹着内脏团和肌肉质的足，两侧外套膜在身体后部褶皱形成上下两个孔，即背侧的出水孔和腹侧的入水孔，足位于内脏团腹侧。在一些海产种类中，出、入水管可被拉长，以便于钻入泥沙中的贝壳将出、入水管暴露于水中。

（2）运动：足是主要运动器官，运动时，将足向前伸出插入泥沙中，再把血液注入足中使其膨胀，此时的足起到锚的作用，然后足部纵肌收缩，拖动贝壳前移。扇贝类可以靠两壳快速拍击产生反作用力，由外套膜引导水流喷出，因此它们可向任何方向游泳。

（3）鳃：在原始的栉鳃基础上，从中央鳃轴两侧向下延伸出众多鳃丝，两侧鳃丝末端再折返向鳃轴，形成“W”形，称瓣鳃，鳃丝间彼此通过丝间隔连接成片状，在鳃丝间构成大量垂直的水管系统，丝间隔上有鳃孔，管内的水借纤毛的摆动由入水孔流入外套腔，再通过鳃孔进入鳃水管，然后汇入鳃上腔（suprabranchial chamber），最终由出水孔流出。鳃丝内有大量血管，血流与水流的方向恰好相反，构成了逆流交换。外套膜和鳃是气体交换的场所（图 11-13）。

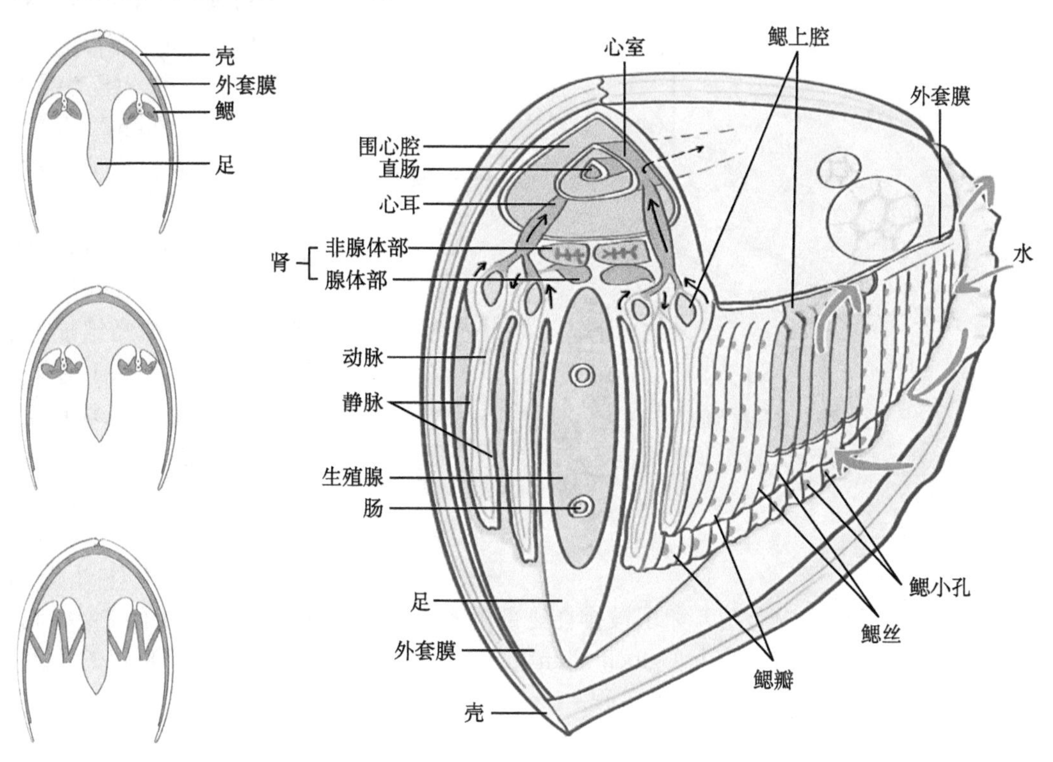

图 11-13　鳃的演化（左）和河蚌血流、水流路径（右）　李昕萌　绘

（4）摄食：双壳纲多为滤食性种类。水流不仅给鳃带来了氧气，鳃也可以在纤毛的阻挡下将水中的有机颗粒附集在鳃孔外，鳃上的腺体分泌黏液将颗粒黏合在一起形成众多的黏液团，受重力的影响下沉至鳃下缘，被纤毛推送至触唇附近，较小的颗粒则沿着鳃下的食物沟（food groove）向触唇移动。触唇表面也有纤毛，负责分拣颗粒，可食用的颗粒很快由触唇送入口中（图 11-14）。有些种类如船蛆，钻木而栖，靠体内共生细菌产生的纤维素酶来消化木材。

送入口中的食物流经食管入胃。滤食性的双壳类往往在胃的底部折叠形成纤毛束，

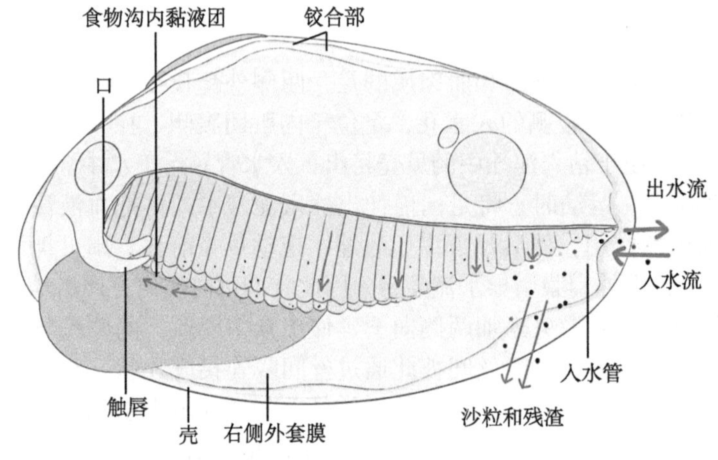

图 11-14 河蚌摄食 李昕萌 绘

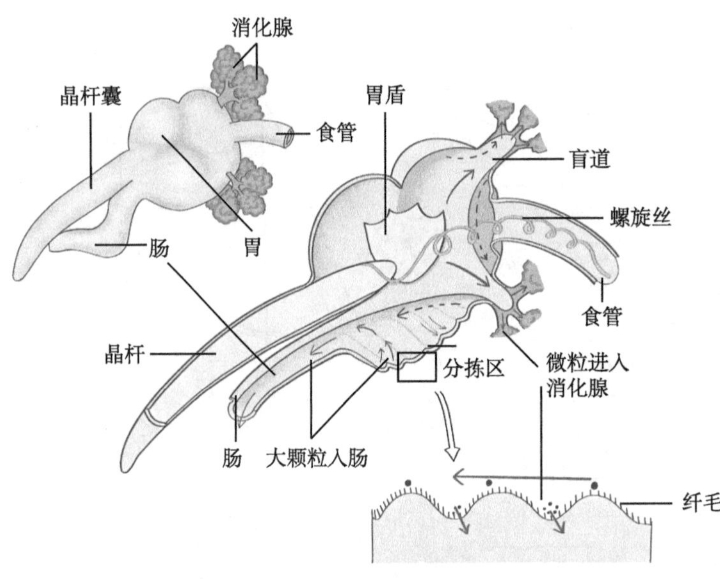

图 11-15 河蚌胃内部结构 李昕萌 绘

用来分拣食物流中的颗粒。多数种类在胃的一侧伸出一锥状囊，称晶杆囊（style sac），由囊分泌出一凝胶状晶杆（crystalline style），一端突入胃中，晶杆在纤毛的作用下不停地旋转，加速了晶杆表层的溶解，释放出消化酶（淀粉酶），并将颗粒粘合成食物团。晶杆端部还有伸入食管内的螺旋丝，起到搅拌食物的作用（图 11-15）。消化包括胞外和胞内消化。心脏位于围心腔内，包括 2 心耳、1 心室，跳动缓慢，0.2 ～ 30 次 /min，开管式循环。心脏腹面有 1 对 U 形后肾管，肾口开口于围心腔，肾孔开口于鳃上腔。神经系统由 3 对分离的神经节及联络神经组成，感官不发达，包括 1 对平衡囊、1 对嗅检器及外套膜上的色素细胞。

双壳纲雌雄异体，配子进入鳃上腔随水流被排出体外，多为体外受精。淡水生种类往往是体内受精，卵子被排在鳃部的水管内，与逆流进来的精子结合形成受精卵，并在此发育为钩介幼虫（glochidium），这些幼虫需要进一步依附在特定的鱼类宿主（如鳑鲏鱼等）才能完成发育的进程。

（二）代表动物——无齿蚌

无齿蚌（*Anodonta* sp.）又名河蚌，淡水生，分布极广，多栖息于江河、湖泊、池塘或水田等的泥沙中，营底栖生活。

1. 外形

具左右两瓣贝壳（图 11-16）。壳顶有硬蛋白形成的坚韧而有弹性的角质韧带，将两壳壳顶铰合在一起，称为铰合部，两壳的开、闭是由两块闭壳肌控制，分别称前、后闭壳肌。它们由横纹肌和平滑肌组成，具有很强的收缩力，所以，要将活的河蚌双壳打开非常困难。足扁平，呈斧状，位于内脏团腹面，运动时，两壳略张开，足从腹面前端伸出，作伸缩运动，在泥沙中缓慢移行。足的运动是靠前伸足肌和前、后缩足肌实现的。

图 11-16 河蚌

外套膜贴在贝壳内侧，背部相连，腹缘游离。两片外套膜的后缘部分愈合形成了上、下两个水管，即出、入水孔。水流自下面的入水孔流入外套腔，然后，再由上面的出水孔流出。进入体内的水流与瓣鳃类的取食、呼吸、排泄与生殖等都有密切关系。所以，多数种类，在身体埋入泥沙时，总是将后端露在泥沙外面。

生理状态下，外套膜与贝壳紧密相贴，很难有异物进入。如果外套膜边缘受损，与贝壳发生分离，往往沙粒、寄生虫等异物就容易侵入外套膜与贝壳之间，此时，外套膜外表面的上皮细胞受到刺激便迅速增生，形成包围异物的珍珠囊，并不断地分泌珍珠质包围在异物上，这样就形成了天然珍珠。无齿蚌偶然形成的珍珠一般较小，缺乏应有的光泽，经济价值不大。三角帆蚌常作为淡水中的育珠蚌，养殖人员往往人为填入一些碎的异物（如外套膜碎片），致使三角帆蚌体内形成十数颗珍珠，称淡水人工珍珠，具有较高的经济价值；而海产的珍珠也可分为人工珍珠和天然珍珠，其中以海产天然珍珠最为名贵。

2. 内部结构与生理

（1）消化系统：头部退化，口位于斧足前面基部。口腔内无齿舌、颚片及唾液腺，但在口两侧各有两片三角形触唇，上面密生纤毛，可以击拍水流，协助取食。口下面是较短的食管，其后是膨大的胃，滤食性种类胃底部有许多褶皱，用以区分不同的食物。胃后部突出一柱状晶杆囊，开口于胃腔，囊内有一晶杆，凭借囊内的纤毛可让伸入胃内的晶杆进行旋转，让晶杆释放消化酶（尤其是淀粉酶）与食物充分混合并形成柔软的食物团再进行消化。胃周围是肝脏，并以短的肝管与胃相通。胃后是肠管，盘绕于足背部，再穿过围心腔，以肛门开口于出水孔附近，粪便随水流排出。

（2）呼吸系统：水流从入水孔进入外套腔，经鳃小孔入鳃水管，再到鳃上腔，最后由出水孔流出体外。除去鳃，外套膜也可完成部分呼吸。河蚌常底栖，当水底有机物腐烂造成缺氧时，还可以借体内贮存的糖原进行无氧酵解获能。

（3）循环系统：开管式循环，心脏由 1 个心室和 2 个心耳组成，位于围心腔内，直肠也纵穿围心腔。心室似一肌肉质套管，套在直肠外面。其两侧各有 1 个三角形的薄囊状心耳与心室两侧的心孔相通。血液经心室流入前后两条动脉，再分支到达身体各部，进入血窦，再由静脉收集，分别经鳃、肾及外套膜流回心耳。

（4）排泄系统：肾脏 1 对，位于围心腔腹面两侧，呈 U 形，分上、下两部。上部呈管状，以肾孔开口于鳃上腔；下部为腺体部，前端是带有纤毛的肾口，通围心腔，下部为腺体部，通鳃上腔。肾脏既可由肾口收集含氮废物进入腺体部，也可经腺体部的微血管渗入，将代谢废物随水流排至体外（图 11-17）。

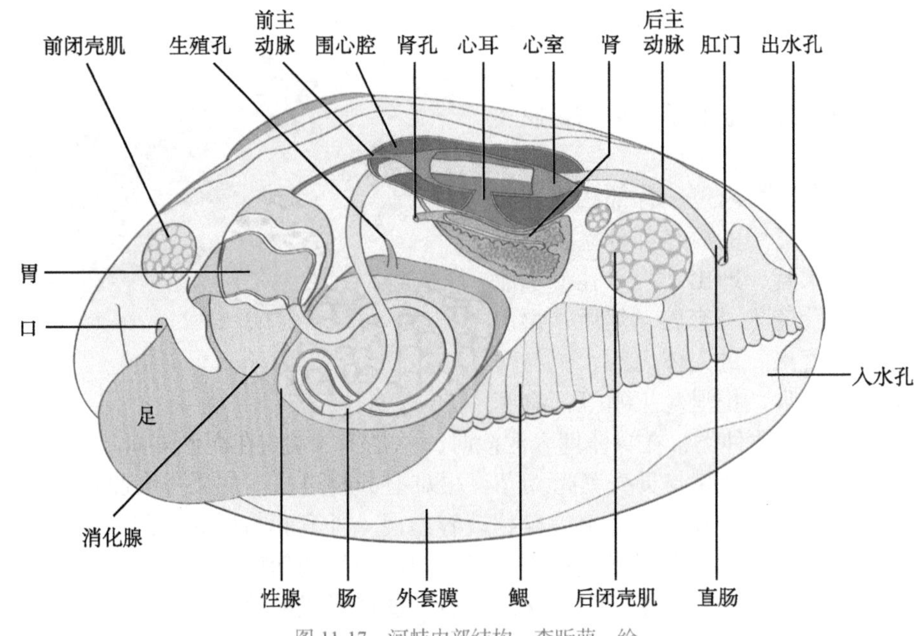

图 11-17 河蚌内部结构 李昕萌 绘

（5）神经系统：有 3 对神经节，脑神经节位于食管两侧，足神经节埋在足部中央，脏神经节位于后闭壳肌下方。由脑神经节发出神经纤维，分别与足神经节、脏神经节相连，再分支至身体各部。神经系统不发达，感觉器官也退化。

（6）生殖与发育：雌雄异体，生殖腺 1 对，呈葡萄状，位于足内的肠管盘绕处。精巢呈乳白色，卵巢淡黄色，各有 1 生殖导管通向生殖孔，开口于鳃上腔。在生殖季节，雄体排出的精子随水流进入雌体鳃水管，在那里与卵相遇而受精，并孵化成钩介幼虫。钩介幼虫有 2 片壳，壳边缘有倒钩，两壳间有 1 根足丝伸出壳外不断摆动。翌年春天，钩介幼虫离开母体，附在鱼鳃或鳍上，暂营寄生生活。经 1 ～ 3 个月，发育成幼蚌，即离开鱼体独立生活。

（三）双壳纲分类

本纲动物根据鳃的结构、摄食方式等可将其分为原鳃亚纲（Protobranchia）、瓣鳃亚纲（Lamellibranchia）、隔鳃亚纲（Septibranchia）3 个亚纲。

1. 原鳃亚纲

栉鳃，无瓣间联系，前、后闭壳肌相等，足位于腹面，滤食性，全部海产，如湾锦蛤（*Nuculo*，也称胡桃蛤）等。

2. 瓣鳃亚纲

鳃发达，丝状或瓣状，鳃丝间有纤毛，瓣间由结缔组织相连。前、后闭壳肌大小不等或前闭壳肌消失，如紫贻贝（*Mytilus galloprovincialis*）、栉江珧（*Atrina pectinata*）、栉孔扇贝（*Chlamys farreri*）、毛蚶（*Scapharca subcrenata*）、文蛤（*Meretrix meretrix*）、牡蛎（*Ostrea*）、竹蛏（*Solen*）、海笋（*Pholas dactylus*）、船蛆（*Teredo navalis*）等。

3. 隔鳃亚纲

鳃退化，鳃部出现隔肌板，板上具小孔，如中国杓蛤（*Cuspidaria chinensis*）。

七、掘足纲

掘足纲大约有 900 种，贝壳呈象牙状弯曲，故称象牙贝，壳凹的一面为背侧，突的一面为腹侧，海底生活。两侧外套膜在腹面愈合，将身体包裹形成了管状，体长多为 2.5 ～ 5cm，有的种类可达到 25cm，足位于壳口大的一端，称头足端，可突出钻入泥沙中。有些种类有头丝（captacula），头丝末端具吸盘，可协助摄食。小的一端为尾端，暴露于泥沙表面的水中（图 11-18）。水流通过足和纤毛的摆动流经外套腔，无鳃，气体交换由外套膜完成。消化系统包括口、齿舌、食管、胃、肠、肛门，主要以腐殖质和原生动物为食。循环系统包括血管、血窦，无心脏，靠足的伸缩推动血流。肾 1 对，位于身体中部。神经系统包括脑、足、侧、脏 4 对神经节。头丝有感觉功能。雌雄异体，生殖腺 1 个，生殖细胞由肾管排出，发育过程经过担轮幼虫和面盘幼虫阶段。常见种类如角贝（*Dentalium*）、管角贝（*Siphonodentalium*）等。

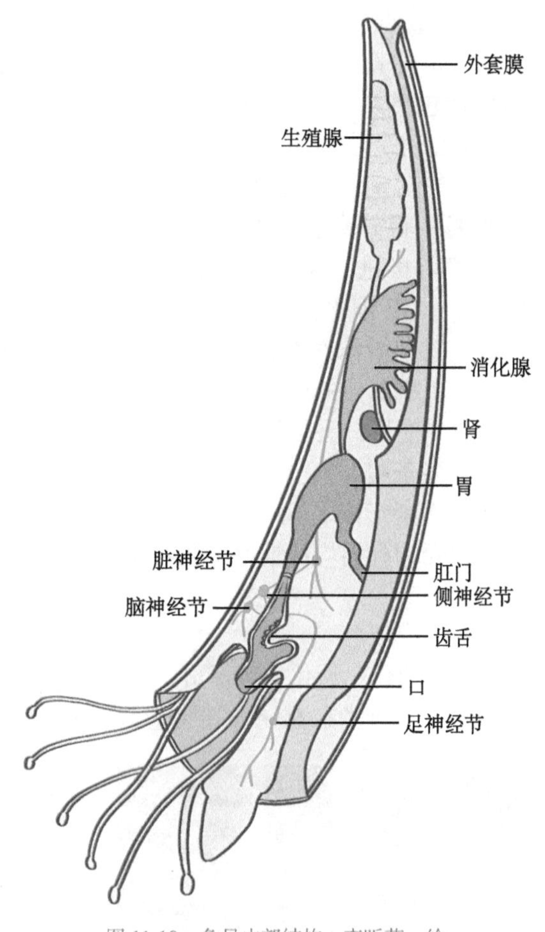

图 11-18　角贝内部结构　李昕萌　绘

八、头足纲

头足纲现存约 600 种，包括鹦鹉螺、乌贼、柔鱼、章鱼等，体长一般 20 ～ 50cm，但大王乌贼（*Architeuthis dux*）体长可达 18m，围粗 6m，体重可达 1t，是最大的无脊椎动物。全部海产，且多在较深的海底营自由生活，以鱼虾等为食，是十分活跃的捕食者。章鱼多栖息于潮间带的岩石和裂缝之间，乌贼则向更深的水域发展，有的甚至达到了 5000m。鹦鹉螺栖息在 50 ～ 560m 的深度。

（一）头足纲的主要特征

1. 壳及外形

（1）壳：早期的鹦鹉螺（*Nautilus pompilius*）和菊石（*Ammonite*）壳都很重，但现存的鹦鹉螺凭借一系列气室（gas chambers）的浮力让壳重得到了缓解，尽管鹦鹉螺壳也是旋转的，但完全不同于腹足类，它们被横隔分成了若干小室，只有最后一个小室才是它们的居所。随着生长，它们会逐渐向前移动并将身后的空间用分泌的隔膜逐一隔开，所有的小室都被1根室管（siphuncle）串联起来（图11-19）。乌贼的壳被外套膜完全包裹，鱿鱼的壳仅为一个角质条，同样被包裹在外套膜中，而章鱼的壳已经完全消失。

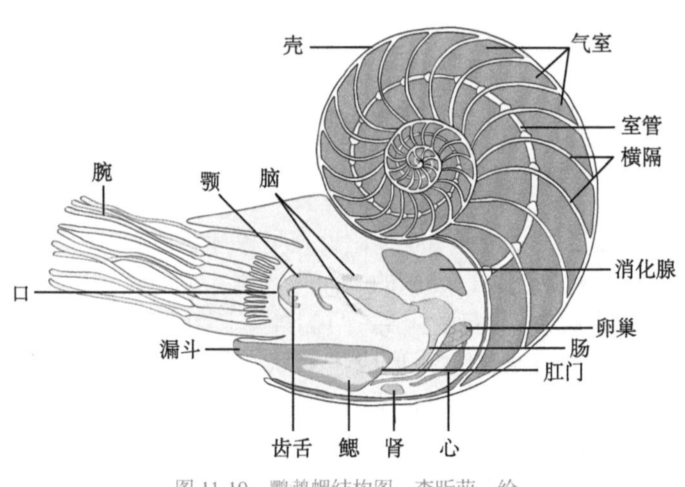

图11-19 鹦鹉螺结构图 李昕萌 绘

（2）运动：头足类一般通过腹漏斗将外套腔内的水排出进行喷射推进，漏斗可前后控制方向，以排水力控制速度。乌贼、鱿鱼游泳速度较快，它们的侧鳍起到了助推作用。鹦鹉螺多在夜间活动，速度较慢，章鱼靠漏斗的反作用力，可快速后退，但它们更适于在岩石或珊瑚上靠腕爬行。

（3）外形：头足纲的头和足合并在一起，足在口的周围分裂成8～10条腕（鹦鹉螺分裂为多条腕）。它们的化石可追溯到寒武纪时期，最早的化石是圆锥形的，经过漫长的演化，逐渐形成了现存鹦鹉螺的卷曲壳，也是曾经繁荣且目前尚存的唯一外壳类群，无壳和内壳的种类均从锥形壳演化而来。

2. 内部结构与生理

（1）消化：消化管包括口、口球（内有颚和齿）（图11-20）、食管、胃、胃盲囊、肠、肛门。有些种类在直肠末端肠壁衍生出一个墨囊（ink sac），囊内腺体可分泌墨汁，喷到海水中可使周围海水变黑，趁机逃脱。消化腺包括唾液腺、肝、胰等。

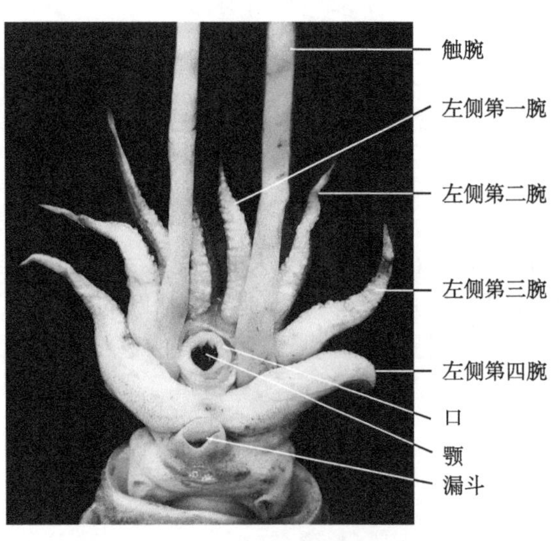

图11-20 乌贼头部结构（腹面）王宝青 摄

（2）呼吸、循环与排泄：鳃1对（鹦鹉螺除外），羽状，鳃叶布满鳃丝，内含丰富毛细血管网。靠纤毛击打水流已经无法满足对氧气的需要，所以鳃表面已无纤毛，取而代之的是强烈肌化的外套膜，当外套膜辐射肌收缩时，外套腔扩张，水进入外套腔内；当外套膜环肌收缩时，外套腔内的水被快速从漏斗喷出，形成动力推进。同时，大量的水流经鳃叶完成气体交换。软体动物祖先开管式循环已无法适应快速运动的头足类，因此，头足类已演化为闭管式循环，心脏包括1心室，2～4个心耳，心耳数目与鳃、肾的数目一致，心脏位于围心腔内。体循环在血液到达鳃之前已经完成（脊椎动物血液离开心脏后直接进入鳃或肺），显然由于远离心脏，导致推动血液的能力受到限制，然而，头足类在鳃的底部发展出了鳃心（branchial heart），以增加血液通过毛细血管的压力。头足类血液中含血蓝蛋白。肾口开口于围心腔，肾孔开口于外套腔（图 11-21）。

（3）神经系统与感官：头足类神经系统是软体动物中最发达的类群。大脑由数百万的神经细胞组成，由中胚层分化出的软骨形成脑匣将大脑保护起来，这在无脊椎动物中是唯一的。鱿鱼有巨神经纤维（giant nerve fibers），当受到惊吓时，这种巨纤维会快速传导兴奋，引起外套膜强烈收缩，迅速逃离险境。

头足类感官（鹦鹉螺除外）高度发达，包括眼、平衡囊、嗅检器等，尤其是眼睛，包括角膜、晶状体、腔室、视网膜（图 11-22）。眼睛与重力保持恒定的关系，因此，狭缝状的瞳孔总是处于水平位置。几乎所有头足类都是色盲，但它们的水下视力远胜于人类。它们的腕有丰富的触觉细胞和化学感受器，但听觉似乎缺乏。章鱼还能进行观察性学习，一旦同类做出某些动作得到了奖赏，其他也会模仿去做。

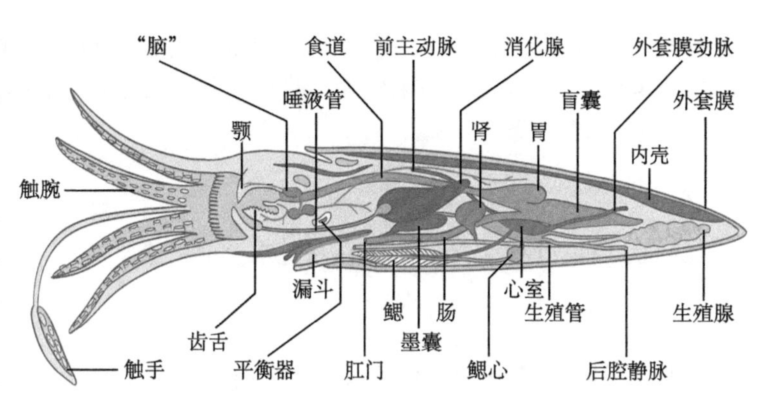

图 11-21　乌贼内部结构　李昕萌　绘

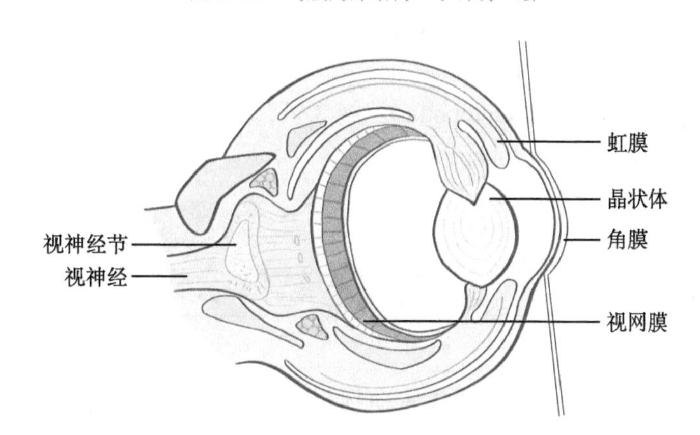

图 11-22　头足类眼睛结构　李昕萌　绘

（4）通信联络：鹦鹉螺和深水生活的种类在社会行为方面仍知之甚少，但对近海生活的种类如乌贼、枪乌贼、章鱼等研究比较广泛。虽然它们触觉发达，但视觉信号仍是主要交流方式。这些信号包括腕、鳍、身体复杂运动以及体色变化等。体色改变是由于皮肤中含有色素细胞（chromatophore），细胞内有色素颗粒，微小的肌肉细胞（横纹肌）分布于每个色素细胞周围。当这些肌肉收缩时，将色素细胞的边界扩展，面积增大，导致色素细胞内的色素颗粒展露，呈现出五彩斑斓的体色；当肌肉舒张时，色素细胞又回归到原来的形态，此时色素颗粒集中，体色变淡。这样，在神经也许还有激素的调控下，它们能够快速改变身体颜色、条纹、斑点或呈不规则形状，这些可以作为危险警示、保护色、求偶等方面的信号。鱿鱼可同时传递 3 ～ 4 种不同信号，并且可以瞬间改变，这在无脊椎动物中是极为少见的。

（5）生殖：头足类雌雄异体。雄性具茎化腕（hectocotylus），十腕目多为左侧第 4 腕茎化，八腕目为右侧第 3 腕茎化。雄性先将产生的精子包裹在若干个精荚内，再将这些精荚储存在一个囊中，此囊开口于外套腔。交配时，雄性会用茎化腕取出精荚送入雌性

外套腔内的输卵管开口处附近，卵子排出时与精子结合形成受精卵，端黄卵经盘状卵裂，直接发育。

（二）头足纲分类

根据鳃、腕的数目，头足类一般分为鹦鹉螺亚纲（Nautiloidea）、菊石亚纲（Ammonoidea）和蛸亚纲（Coleoidea）。

1. 鹦鹉螺亚纲

鳃2对，它们繁盛于古生代和中生代的海洋中，现仅存鹦鹉螺1属5种。具平卷外壳，腕60～90个，无吸盘，用来感知、猎捕食物。头下面是漏斗，壳内有外套膜、外套腔和内脏团，如鹦鹉螺。

2. 菊石亚纲

约5000种，均为化石，已于白垩纪末全部灭绝。

3. 蛸亚纲

鳃、心耳、肾各1对，包括现存的所有头足类（鹦鹉螺除外），具内壳或无。腕8或10条，具吸盘。

（1）十腕目（Decapoda）：腕10条，吸盘有柄，具内壳，如乌贼（*Sepia*）、柔鱼（*Ommatostrephes*）等。

（2）八腕目（Octopoda）：腕8条，躯干部略呈球形，吸盘无柄，内壳退化甚至消失，如章鱼（*Octopus*）等。

第三节 软体动物的起源与演化

迄今为止，最早的软体动物化石是在早寒武纪地质层中发现的，最近又在加拿大艾伯塔省发现了一个齿舌化石。软体动物海产种类个体发育为螺旋形卵裂，且具有担轮幼虫，排泄器官为后肾管，这些特点均与环节动物尤其是多毛类近似。软体动物与环节动物同属具有真体腔的原口动物，但究竟软体动物是否来自独立于环节动物类似的蠕虫状祖先，还是真体腔出现后与环节动物分享了同一个祖先，或是与环节动物共享了共同祖先的一个片段，现仍不得而知，软体动物与其他原口动物的关系仍在进一步探索中。

软体动物门中的尾腔纲、沟腹纲、多板纲及单板纲较为原始，这几类的近似梯式的神经，蠕虫状体形，无壳等，由于这些原始性状的存在，有理由认为它们最接近软体动物的原始祖先，各自朝着独立的方向发展。

腹足类相对较为原始，其生活方式稍活跃，头部较发达。双壳纲生活方式不活跃，无头，但原始种类与腹足纲接近。

掘足纲头不明显，肾成对，脑神经节与侧神经节分开，这些表明接近于原始的瓣鳃类，但掘足类无鳃，无心脏，贝壳筒形，又显示与其他纲在演化上较为疏远，可能是较早分出的一支。

头足纲为一古老类群，起源早，化石种类多。它们生殖腔与体腔相通，似无板纲；个体发生中在胚胎早期无肾，似多板纲和无板纲；生殖导管来源于体腔导管又似多板纲。由于头足类具有原始软体动物的特点说明它们与软体动物的原始种类接近。但头足类有些结构，如复杂神经系统高度集中，且被软骨包围；眼的结构似脊椎动物，闭管式循环系统；直接发育，无幼虫期。头足类既有原始性状，又有高度的进步特征，故推测它们可能是很早就分出的一支，沿着更为活跃的生活方式独立发展的结果。

思考题

1. 珍珠是如何形成的？有哪些类型？
2. 软体动物鳃是如何演化的？
3. 软体动物有哪些特有的特征？
4. 软体动物各纲的主要特征？
5. 比较腹足纲的扭转和鹦鹉螺的卷曲。
6. 双壳纲各系统有哪些特征？
7. 头足类比其他类群的进步性特征有哪些？原因何在？
8. 软体动物的系统发生及演化特点何在？
9. 试绘制软体动物门思维导图。

第12章

环节动物门

演化地位：环节动物门（Annelida）属原口动物分支，三胚层、螺旋式卵裂，裂体腔法形成的真体腔，间接发育的种类具有担轮幼虫期，是最早出现身体分节的类群。

第一节 环节动物的主要特征

环节动物包括沙蚕、蚯蚓、蚂蟥等，身体分节标志着高等无脊椎动物的开始。

一、身体分节

环节动物身体由头部和若干相似的体节（metamere）及尾节（pygidium）组成。头部包括口前叶（prostomium）、围口节（peristomium）两部分。这种分节的特点是除头部和尾节以外，其余各节基本相同，而且神经、排泄、循环、生殖等内部器官，也按体节重复排列，因此，又称同律分节（homonomous metamerism）。生长节位于尾节（身体最后一节）前的数节，这种生长是从身体后部连续增加新体节的结果（图 12-1）。

分节的产生深刻地影响着环节动物结构与功能的方方面面，促进了动物的形态结构和生理功能向更高水平方向分化和发展。这种分节现象起源于中胚层，体腔被分割成了一系列的小室，其他各系统也都按节排列。肌肉作用于一系列相对独立的小腔上，这不仅使各系统分工明确，效率提高，也使得各节的独立运动成为可能，提高了运动调控的精确性。分节也提高了动物有机体的抗损伤能力，如某部分受到损伤，其他体节仍可执行功能而不会导致致命的伤害。这种既分散又统一的结构模式，使得动物更适合于复杂的生活环境。

在动物界，身体分节还发生在节肢动物门和脊索动物门，如果我们目前对系统发育的认识是正确的，这些不同门类的分节应该是独立演化的结果。

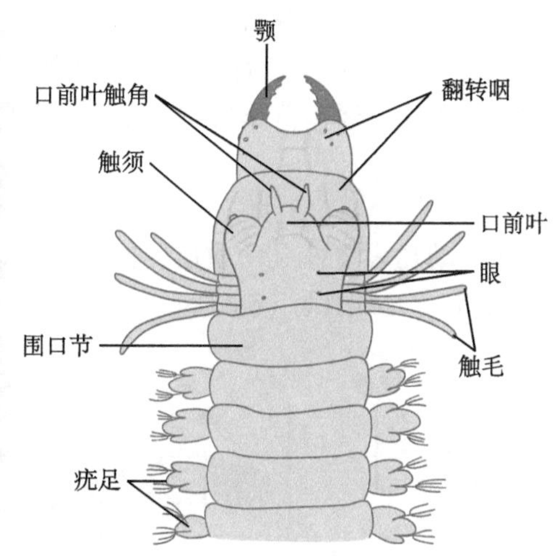

图 12-1 沙蚕的外形（左）和头部结构（右） 李昕萌 绘

二、真体腔

真体腔又称次生体腔（secondary coelom），环节动物的真体腔发展到了极致。大多数环节动物在胚胎发育的早期，中胚层以裂体腔法在每节内的体壁与肠管之间裂开形成 1 对体腔囊（图 12-2）。随着真体腔的扩展，前后相邻体节的体腔膜贴合在一起，构成了体节间的隔膜；左右两侧体腔膜在背部相贴形成背肠系膜（dorsal mesentery），在腹侧相贴为腹系膜（ventral mesentery）。与此同时，靠近体腔外侧的中胚层分化出体壁肌肉层和体壁体腔膜，与表皮一起构成体壁，强化了运动机能；靠近体腔内侧的中胚层分化出脏壁体腔膜和肠壁肌肉层，与肠上皮一起构成肠壁，使得肠壁也具有了肌肉，强化了肠壁的机械消化能力。真体腔的扩展，导致原体腔受到挤压，在背肠系膜和腹肠系膜中，遗留下来的原体腔部分形成了贯通身体前后的背血管和腹血管的管腔。各体腔室间不仅有小孔相通，又通过各自的排泄管与外界相通。

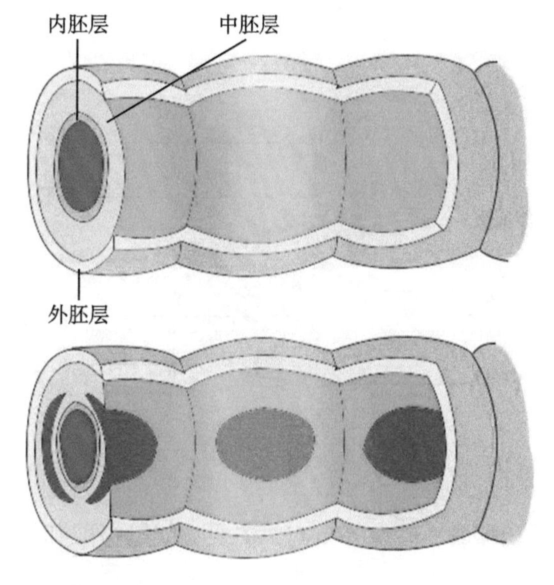

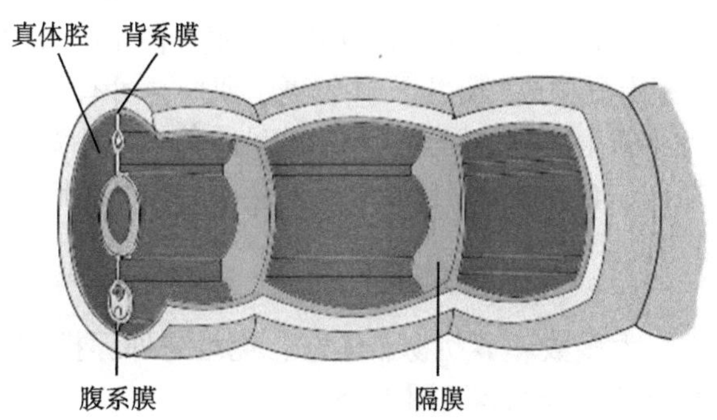

图 12-2 真体腔的发生 高晨晰 绘

大多数环节动物的真体腔内充满了体腔液（蛭类除外），通过身体环肌、纵肌交替收缩作用在众多小腔上，作为流体静力骨骼（hydrostatic skeleton）所发挥的运动灵活性、调控的精准性和效率远高于原体腔提供的流体静力骨骼。此外，体腔液内含体腔细胞，具有体内防卫功能，有的体腔细胞还含有血红蛋白，可运输气体。体腔液还可作为运输营养物质的介质，也是贮存代谢废物的场所。

三、疣足和刚毛

环节动物表皮外具角质层，同时首次以附肢的形式出现了专门的运动器官，即疣足（parapodium）和刚毛（chaetae）。

疣足为游走类和一些隐居类所具有，是由每节两侧体壁外突形成的疣状中空结构，真体腔也伸入其中，疣足内壁密布微血管网，疣足末端具刚毛。因此，疣足既是运动器官，也可进行气体交换（图 12-3）。

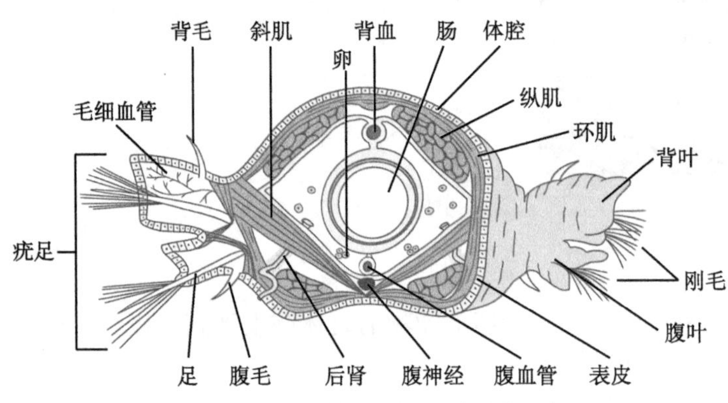

图 12-3 多毛类横切示意图 李昕萌 绘

刚毛由表皮细胞内陷形成一刚毛囊，囊底部有一毛原细胞，由毛原细胞分泌形成几丁质刚毛。刚毛受牵引肌控制，可进行伸缩，有利于爬行及锚的作用（图 12-4）。在寡毛类疣足退化，刚毛直接着生在体壁上。蛭类刚毛甚至消失，部分体节特化为吸盘。

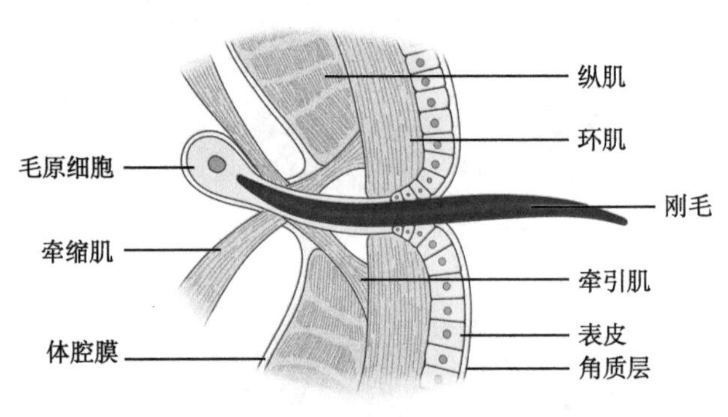

图 12-4 刚毛 韦竞嘉 绘

四、消化与营养

大多数环节动物的消化管是一条位于体腔中的直管，有了前、中、后肠的分化。前肠分化出口腔、咽、食管、嗉囊、砂囊等结构，主要功能是摄取和软化、磨碎食物；中肠分化出胃和肠并与消化腺相通，主要进行消化吸收营养；后肠较短，经肛门通体外。体节间的隔膜（体腔膜）保持了消化管在体内相对固定的位置。由于脏壁中胚层参与了肠壁建设，使得肠壁不再仅由1层上皮构成，肠上皮外包裹了肌肉，可有效地储存、研磨、推送食物。多数蛭类为吸血性半寄生生活，消化管的结构和功能产生了高度适应，出现了前吸盘，咽壁周围有发达的肌肉，有可以分泌抗凝血素（蛭素）的单细胞唾液腺，以及用于贮存血液的嗉囊。

五、呼吸与循环

大多数环节动物靠体壁、疣足与外界扩散进行气体交换，疣足及身体褶皱增加了气体交换的表面积（图 12-5）。

环节动物出现了真正的闭管式循环系统，包括位于消化管背侧的背血管（前部可收缩，称心脏）和消化管腹侧的腹血管，身体前部有环血管连接背血管和腹血管。背部的血液由身体后部向前流动，腹部的血液由前向后流动，这也是原口动物（如果有循环系统）普遍的循环路径。值得指出的是，大部分蛭类的体腔被结缔组织和来源于体腔上皮的葡萄状组织（botryoidal tissue）所填充，导致体腔极度退化，仅残留了一些腔隙或管道，称血窦（sinus）。蛭类包括背血窦（dorsal sinus）、侧血窦（lateral sinus）、腹血窦（ventral sinus），因此，担负循环功能的实际是血体腔系统（haemocoelomic system），故大部分蛭类为开管式循环，少数原始种类（棘蛭）真体腔发达，为闭管式循环。此外，血浆细胞及血浆中往往出现了呼吸色素，这对高效运氧起到了积极的推动作用，然而，大多数呼吸色素都没有结合在血细胞上，这和脊椎动物氧气结合在红细胞上相比运输氧气的能力仍有限。动物界存在着 4 种呼吸色素，它们在无脊椎动物体内存在形式及所属类群、携氧效率详见下表 12-1。

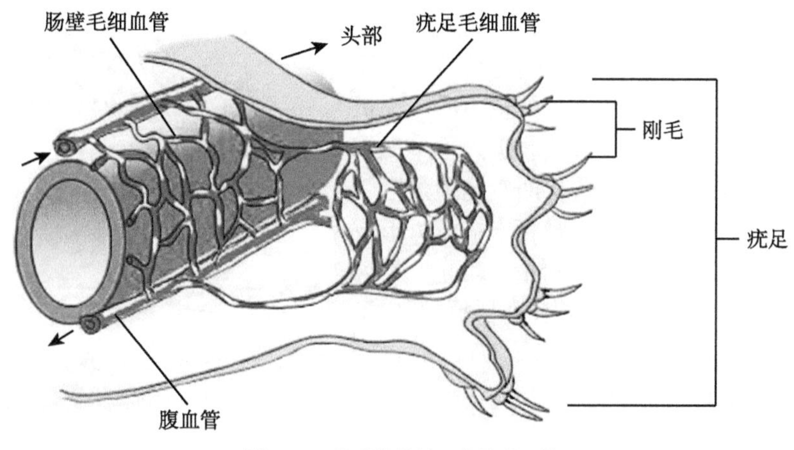

图 12-5　多毛类循环　高晨晰　绘

表 12-1　四种呼吸色素的分布及与氧的亲和力

色素名称	颜色	金属物质	分布类群	与氧亲和力 O_2ml/100ml 血液
血红蛋白	红	铁	环节动物血浆 软体动物血浆	1～10 2～6
血绿蛋白	绿、粉红	铁	环节动物血浆	5～9
血蓝蛋白	蓝	铜	软体动物血浆 甲壳类血浆	1～5 1～4
蚯蚓血红蛋白	红、紫	铁	环节动物血浆、血细胞 星虫类血浆、血细胞	1～2

六、排泄

大多数环节动物的排泄系统按体节排列，由左右成对的后肾管组成。水生种类代谢废物为氨，可向水环境中扩散；陆生种类排泄物为尿素。环节动物有两种肾管，原始种类为原肾管，由管细胞（solenocyte）和排泄管组成，主要调节水分平衡，同时也会排出一些代谢废物。大多数环节动物具有来源于中胚层的后肾管（metanephridium），一般每个体节有 1 对。典型的后肾管是 1 条迂回盘绕的细管，收集端称肾口（nephrostome），漏斗状，边缘具纤毛，借纤毛摆动，可收集前一体节体腔内大部分物质，通过一细长的管道，进入后一个体节，并与血管缠绕在一起，至此，肾管与血管有了物质交换。有用的物质（如蛋白质、无机盐类、水等）被重吸收进入毛细血管内；血液中的一些代谢废物通过肾管壁过滤进入肾管。肾管末端膨大形成膀胱（bladder），有储水、重吸收离子的作用，肾管排出端以肾孔开口于体外或肠管（图 12-6）。有的后肾管甚至兼有排泄和生殖功能。

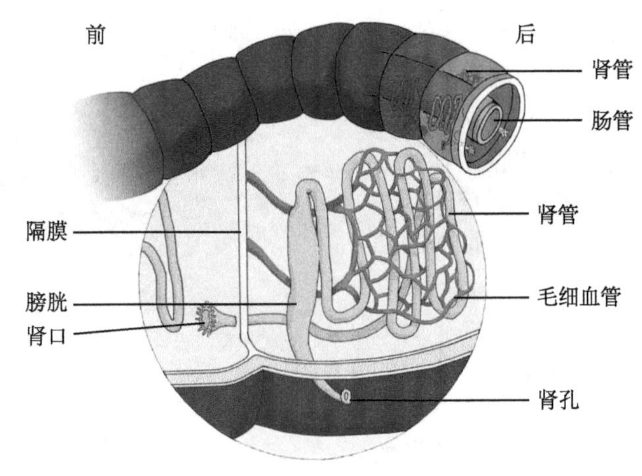

图 12-6　后肾管结构　韦竞嘉　绘

七、神经与感官

几乎所有环节动物都是相似的链状神经系统，包括咽上神经节（suprapharyngeal ganglion）、围咽神经（circumpharyngeal connective）、咽下神经节（subpharyngeal ganglion）和 2 条纵贯体长的腹神经索，每个体节内有 1 对神经节，腹神经索和神经节在不同的类群愈合程度也不同。每对神经节可发出侧神经支配体壁肌肉和其他结构，也能够独立调节每个体节的游泳、爬行运动，相邻的神经节间还可相互协调。

咽上神经节主要调控感官和进食；咽下神经节主要调控远端体节运动。腹神经索中含有众多细小神经纤维（直径 4μm，神经脉冲 0.5m/s），还含有巨纤维（giant fiber），直径大约 50μm，神经脉冲可达 30m/s，电阻低，传递速度快。当虫体受到强烈刺激时，可迅速逃离（图 12-7）。

环节动物有多种感官，包括 2 ～ 4 对眼，化学感受器，重力感受器和触觉感受器。项器（nuchal organ）为头部成对的感觉窝或裂缝，周围具纤毛，受咽上神经节调控，一般认为是探测食源的化学感受器，受损后则无法取食。

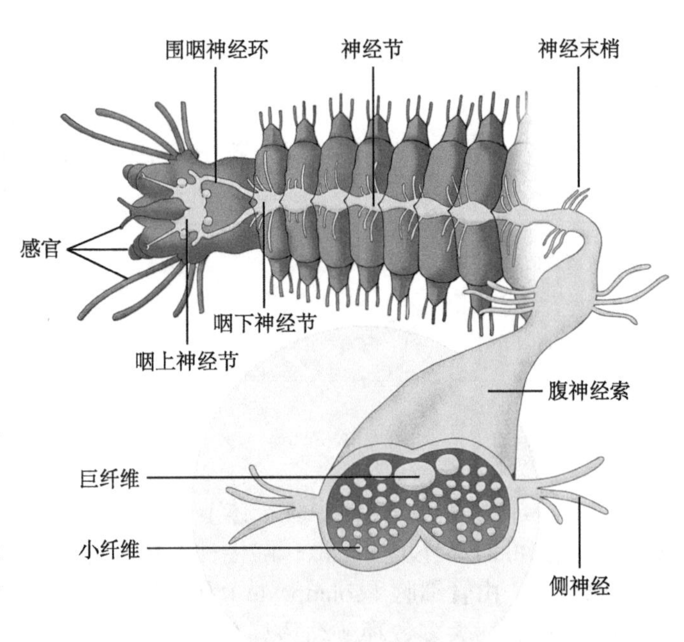

图 12-7　环节动物神经系统（部分）和局部放大　韦竞嘉　绘

八、再生与繁殖和发育

多数环节动物有着很强的再生能力，有些物种被猎食者抓住时，可以丢弃自身的一部分，然后再生。有些种类可以通过出芽或横裂进行无性生殖。环节动物雌雄同体或异体，多进行有性生殖。游走类大多雌雄异体，生殖细胞来源于体腔上皮。原始种类每个体节都有性腺，高等种类一般存在于特定的体节内。配子可进入体腔并继续发育成熟，再进入肾口，最终由肾孔排出体外。游走类大多为体外受精，仅个别种类为体内受精。海产种类在胚胎发育过程中有一个担轮幼虫阶段。受精卵在体外经螺旋卵裂发育为原肠胚，进而发育成担轮幼虫（trochophora）。担轮幼虫形似陀螺（图 12-8），身体可分为 3 部分，①口前纤毛区（prototroch region）：包括前纤毛环（prototroch）、口、顶感觉器和顶纤毛束；②口后纤毛区（metatroch region）：包括后纤毛环（metatroch）和肛门；③生长带区（growth zone region）：包括前纤毛环和口后纤毛环之间的区域。发育初期的担轮幼虫具原体腔和原肾管，身体未出现分节，也未形成真体腔，可自行游泳，以浮游生物为食。变态发育早期，幼体逐渐向后拉长，并于肛门前产生体节，真体腔出现，继续发育便沉入水底附着，由身体后部依次增加新的体节，变态前的部分仅形成了口前叶和围口节。

淡水生种类、陆生种类多为直接发育，无担轮幼虫期。

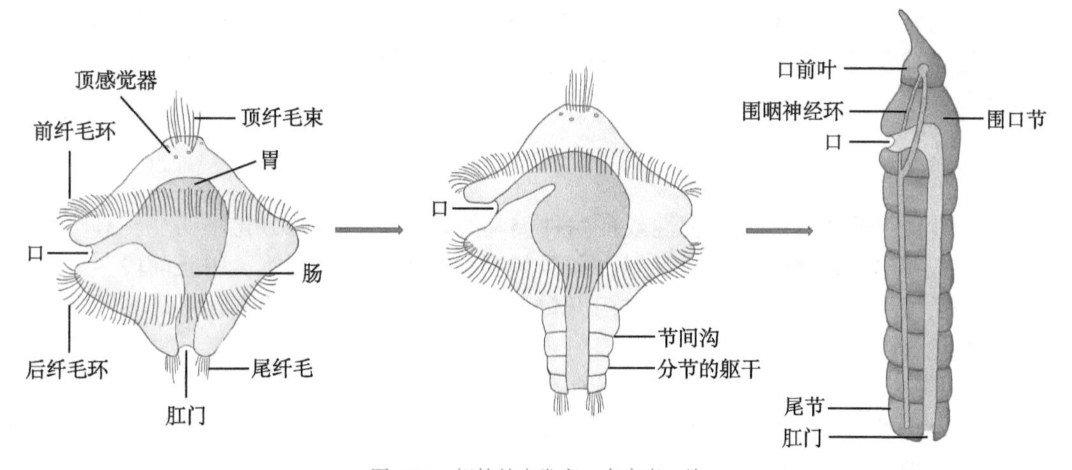

图 12-8 担轮幼虫发育 韦竞嘉 绘

第二节 环节动物的分类

环节动物大约有 15000 种，经典分类系统一般包括 3 个纲：多毛纲、寡毛纲、蛭纲。多毛纲一般又称多毛类，它们口前叶发达，口前叶后为围口节，围口节上有口触须，躯干部每个体节上有 1 对双叉形疣足，雌雄异体，如沙蚕类等；寡毛纲是指以蚯蚓为代表的种类，头部不明显，感官不发达，身体前部有环带，刚毛数量比多毛类明显减少，雌雄同体；蛭纲是指以水蛭为代表的种类，体节数目固定，刚毛消失，雌雄同体。

然而，越来越多的基因序列研究表明，多毛类并非单系起源，而环带类（寡毛纲、蛭纲）则是由多毛类祖先演化而来的。最近的系统发育研究表明，蚯蚓的形态是衍生的，环节动物祖先是一群身体两侧有皮瓣状延伸的类群，头部的感官主要用来收集食物。有些演化为快速运动的种类（爬行或游泳生活）；有些演化为少运动甚至不运动种类（固着或穴居生活）。故在这里我们将环节动物分为游走纲（Errantia）和隐居纲（Sedentaria）。

一、游走纲

几乎全部海产，头部明显，有触须（palp）；疣足发达，疣足末端着生刚毛，感官发达。由此不难看出这是一类快速运动的类群，包括沙蚕（*Nereis*）、吻沙蚕（*Glycera*）、背鳞虫（*Lepidonotus*）等。

（一）游走纲的主要特征

1. 外形

身体一般呈背腹稍扁的圆柱形，大多数体长 5 ～ 10cm，也有不足 1mm 或体长达 3m 的种类，体色鲜艳。头部明显，感官发达。它们多生活在岩石下、珊瑚裂缝中或是废弃的贝壳内，是广盐性类群，可适应不同盐浓度环境。在海洋食物链中，它们扮演着重要角色，是鱼类、甲壳类、水螅等捕食者的食物。典型的虫体具可伸缩或不可伸缩的口前叶，其上通常着生 1 至数对眼（感光）、触手和感觉触须（sensory palp）。口周围着生刚毛和触须，捕食类口内有几丁质颚。身体分节明显，多数体节具疣足，用以爬行、呼吸，有的种类具鳃。

2. 内部结构与生理

（1）摄食与消化：多为捕食性或食腐种类。原始种类消化管分化不明显。高等种类消化管一般可分为前肠、中肠和后肠，前肠包括口、咽或吻、食管；中肠前段主要分泌消化酶，后段是吸收场所；后肠以肛门开口于尾节。借助肠壁肌肉和体腔的压力，推动食物在消化管内运行。

（2）呼吸与循环：无专门的呼吸器官，主要通过疣足和体壁进行气体交换。多为闭管式循环，由背血管、腹血管和环血管组成，靠背血管的管壁收缩推动血液循环。血液中血细胞体积小、数量少，但体腔液中的体腔细胞也可运输氧气。

（3）排泄：排泄器官大多为后肾管，原始种类具原肾管。少数种类以原肾管和体腔管联合形成混合型原肾（protonephromixium），也有的种类以后肾管和体腔管联合形成混合型后肾（metanephromixium）。

（4）神经与感官：典型的链式神经系统，由脑发出神经分支到眼、触手、触须等感官，咽下神经节发出分支到围口节、咽部，腹神经链发出数对侧神经分布到体壁、疣足、肌肉等器官。

感官包括眼、项器和平衡囊。有些种类眼达到了软体动物头足类的水平，对其脑电波的研究表明它们对深海昏暗的光线很敏感。

（5）繁殖与发育：大多雌雄异体，无固定生殖腺，仅在生殖季节出现。性细胞由体腔上皮产生，有些种类落入体腔由肾管排出，也有的通过体壁破裂排出体外。体外受精，发育大多经过担轮幼虫期。少数种类还可通过出芽或断裂进行无性生殖。

（二）游走纲主要代表

视频 12-1

包括各种沙蚕等游走多毛类。

代表动物——沙蚕，通常自由生活于低潮线附近，白天栖息于布满黏液的洞穴内，或临时栖息于石块下，夜间出来觅食。

身体大约 200 个体节，体长 30 ～ 40cm。头部明显，包括口前叶和围口节，口前叶上有 1 对短粗的触须，可感受触觉和味觉；1 对短的触手协助摄食；2 对背眼，对光敏感。围口节腹侧有一口，口内有几丁质的颚，围口节周围有 4 对感觉触手，为感觉和摄食器官。此后每个体节（尾节除外）两侧都有 1 对疣足，疣足分背、腹两叶。背叶有背须，腹叶有腹须，背、腹须均有触觉和呼吸作用。叶内密布毛细血管，每叶末端有一束刚毛和 1 ～ 2 根足刺。疣足受腹中线发出的斜肌控制，具有爬行、游泳、气体交换等功能。沙蚕还能借助身体侧向波动，快速游泳，以微小动物或其他蠕虫、幼虫为食。排泄孔位于疣足腹侧基部。末节有 1 对肛须，肛门位于肛须之间。雌雄异体，生殖系统较为原始，无生殖环带，发育中有担轮幼虫期。

二、隐居纲

包括许多管栖和穴居的种类、须腕动物、螠虫动物，也包括有环带类。管栖、穴居的种类身体结构与游走纲相似，但头部退化，口前叶无触须，具触手，可用于捕食，管栖种类还可用于呼吸。咽不能翻出，无颚。疣足不发达，在管中起锚的作用，有的种类疣足消失。如沙蠋（*Arenicolidae*）、毛翼虫（*Chaetopterus variopedatus*）、龙介虫（*Serpula*）、丝鳃虫（*Audouinia comosa*）等。环带类包括寡毛亚纲、蛭亚纲。

（一）管栖种类

管栖种类往往分泌多种管型而栖息其中（如鳞沙蚕、龙介等），这些管道有类似皮革质的、钙质的，也有用沙粒、贝壳、海藻等黏合在一起的；更多种类则穴居于泥沙中。这些少活动的种类往往用纤毛或黏液捕食微小颗粒。

（二）须腕动物

须腕动物（pogonophoran）曾经作为一个独立的门，但现在被正式归入环节动物门。第一例标本于 1900 年采自印度尼西亚水域，直到 1963 年才被正式描述。目前已发现 150 余种。

它们多生活在 200m 以下的海床上，身体蠕虫状，直径不足 1mm，体长 5 ～ 85cm 不等。通常生活在自身分泌的几丁质管内，管是体长的 3 ～ 4 倍，它们可以在管内上下移动，但不能转身，只有摄食时才将前体部伸出。身体可区分为前体部（presoma）、细长的躯干部（trunk）和分节的后体部（opisthosoma）。前体部具触手，触手内有体腔、血管、神经深入其中，这样的触手结构仅须腕动物所特有。躯干和后体部具成对的表皮刚毛。体壁结构由表及里依次为角质层、表皮、基膜、环肌、纵肌（图 12-9）。须腕动物无口和消化管，借触手上的凸起和微绒毛直接吸收溶解于海水中的葡萄糖、氨基酸、脂肪酸。现已发现在其体内有共生的化能

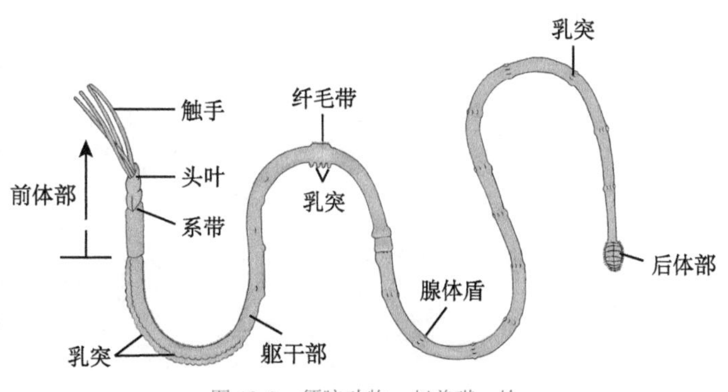

图 12-9　须腕动物　赵美琪　绘

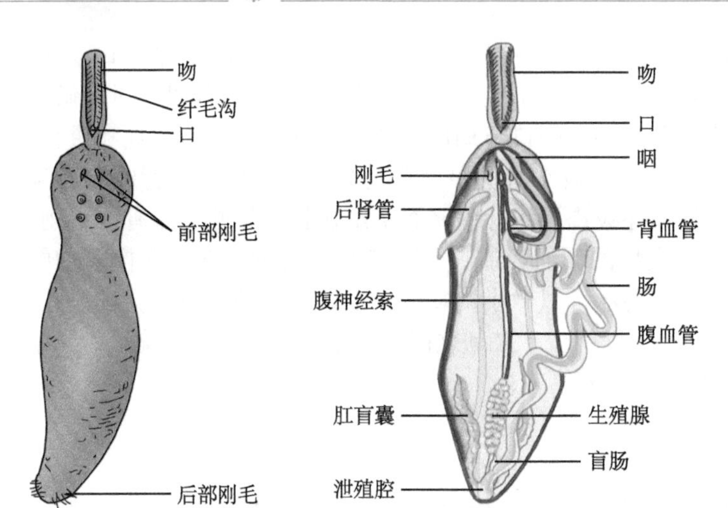

图 12-10 螠虫外形（左）和内部结构（右） 赵浩辰 陈雨晴 绘

自养细菌（chemoautotrophic bacteria）可为其提供能量。闭管式循环，雌雄异体，螺旋或辐射型卵裂。

（三）螠虫动物

螠虫曾经被单独列为螠虫动物门，现在已归入隐居纲。主要以温暖海域沿岸分布为主，少数种类在极地水域也有发现。体长从数毫米至 40 ～ 50cm 不等。螠虫动物大约有 140 种，身体蠕虫状，不分节，吻不能伸缩。闭管式循环，有 1 ～ 3 对囊状后肾管（少数种类多对），1 条腹神经索及 1 神经环。直肠末端有 1 对直肠囊，开口于体腔，可能与呼吸和排泄有关。螺旋型卵裂，具担轮幼虫期（图 12-10）。

（四）环带类

包括蚯蚓及其近亲和蛭类。这一分支共享了一个独特的生殖结构——环带（clitellum）。分子数据也证明了这一划分。

1. 寡毛类（oligochaetes）

寡毛类，又称寡毛亚纲，并非构成了一个单系群。多为陆栖、淡水生种类，也有少数海产甚至寄生种类。这一类群超过 4/5 种类是蚯蚓。这些土壤中生活的种类，无论在形态结构还是身体机能等方面都显示出独有的特征。现以蚯蚓为例予以描述。

（1）寡毛类的主要特征

1）外形

蚯蚓表现出了对土壤生活的适应，头部退化，感官不发达。疣足退化，刚毛着生在体壁上，以便在土壤中钻行时身体可获得支撑。达到性成熟的个体，会在局部体节增厚形成生殖带，也称环带，其分泌物可形成蚓茧（图 12-11）。

图 12-11 环毛蚓外形 王宝青 摄

2）内部结构与生理

①体壁：蚯蚓的体壁由表及里依次为角质层、表皮、基膜、环肌、纵肌和体腔膜。表皮细胞内具黏液腺，分泌黏液润滑体表以利于在土壤中钻行。体壁背中线有一列背孔，通至真体腔，排出的体腔液同样可湿润体表。通过体壁环肌和纵肌的交替收缩及刚毛锚的作用完成运动（图 12-12）。

视频 12-2

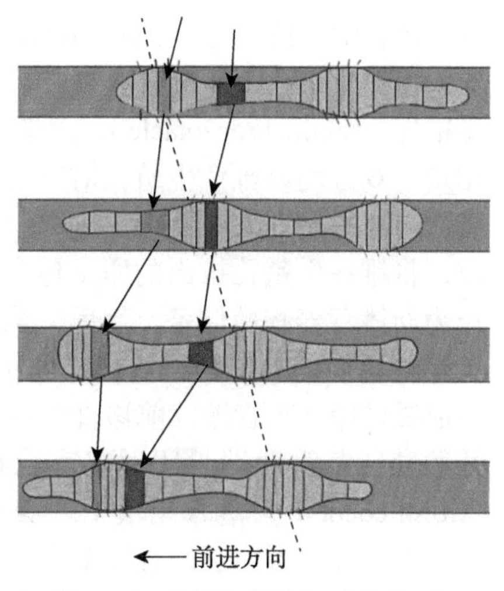

图 12-12　蚯蚓运动机制　高晨晰　绘

②摄食与消化：蚯蚓多为腐食性，主要摄食腐烂的有机物，常夜间出来活动。蚯蚓的消化系统包括口腔、咽、食管、嗉囊、砂囊、胃、肠、肛门。咽部肌肉发达，通过抽吸作用取食。陆生种类食管两侧有 1 至数对的钙腺（calciferous gland），其分泌的碳酸钙进入食管以中和土壤酸度。砂囊肌肉发达，可研磨、碎化食物。肠为消化吸收的主要场所，肠管前端 1 对盲肠可分泌消化酶。肠管背侧的盲道（typhlosole）可增加消化吸收面积。

③呼吸与循环：通过体表进行气体交换。水生种类有的体壁形成了丝状突起，起到鳃的作用。循环系统包括背血管、环血管、腹血管、神经下血管及毛细血管网。只有背血管和腹血管才有搏动能力，氧气自体壁进入毛细血管网并随血液进入体内各组织。

④排泄：一般每个体节有 1 对后肾管，水生种类排泄物为氨，陆生种类为氨和尿素。

⑤神经与感官：神经系统链状，包括中枢神经系统、周围神经系统、交感神经系统。中枢神经系统包括咽上神经节（脑）、围咽神经、咽下神经节和腹神经索。周围神经系统包括感觉神经细胞和运动神经细胞。感觉神经细胞将刺激传递到中枢神经系统，再由运动神经将冲动传送至肌肉而产生运动，这也是最简单的反射弧（reflex arc）。大多数寡毛类在腹神经索中含有 5 条巨纤维，中间的一条由前向后传导冲动，两侧的由后向前传导。表皮中的感觉细胞可感受触觉和化学感觉功能。水生种类具色素杯状的眼，陆生种类感官退化、无眼（图 12-13）。

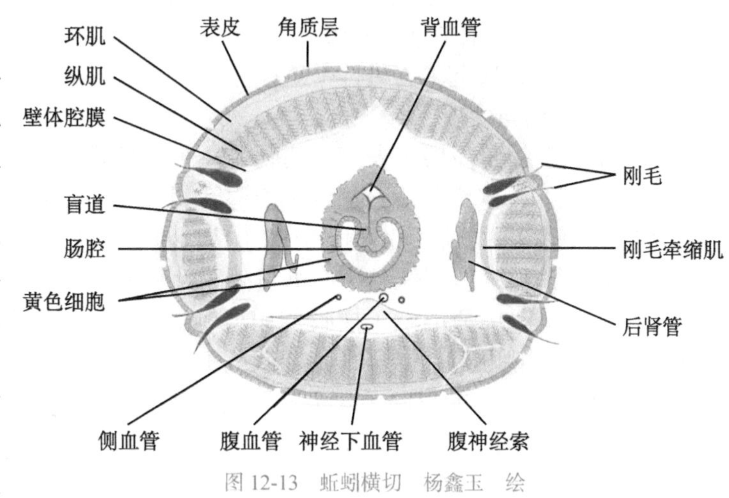

图 12-13　蚯蚓横切　杨鑫玉　绘

⑥生殖与发育：寡毛类均雌雄同体，生殖腺仅存在于少数体节内。水生种类多有性生殖，少数无性生殖，包括出芽、横裂生殖。陆生种类有性生殖，一般精巢 1 ～ 2 对，位于身体前部，精巢和精漏斗（sperm funnel）常被包在精巢囊（seminal sac）内，精巢囊连接贮精囊此为精子成熟的地方，向后连接输精管，输精管远端连接前列腺，其分泌物可为精子提供润滑、运动、营养作用，末端为 1 对雄性生殖孔。卵巢 1 对，产生的卵子

落入体腔中，稍后为卵漏斗（oviduct funnel），负责收集卵子，再经2条输卵管合二为一，通入雌性生殖孔（环带腹侧中央）。生殖带前方腹侧常有数对受精囊孔，有小管通入体内受精囊（seminal receptacle），接受、储存异体精子。当2条蚯蚓交配时，头部相对，腹部相贴，双方均以雄性生殖孔对准另一方的受精囊孔，互换精子，暂时贮存于对方的受精囊内，这一过程大约持续2～3h。而后，两者分开。此时，环带分泌黏蛋白和几丁质物质，将雌性生殖孔排出的卵子包裹其中，形成茧管，同时，环带还会向茧管内分泌蛋白作为幼体营养物质储备。然后，茧管与环带分离并逐渐前移，当行至受精囊孔时，贮存于受精囊内的异体精子排出与卵子结合，形成受精卵，茧管继续前移直至蚯蚓前端并脱落，茧管两端封闭形成麦粒状蚓茧（worm cocoon），落入土壤中。受精卵在蚓茧中经螺旋形卵裂，直接发育，经1至数周（因种而异），可孵化出10余条小蚯蚓，最终由蚓茧的一端钻出（图12-14）。

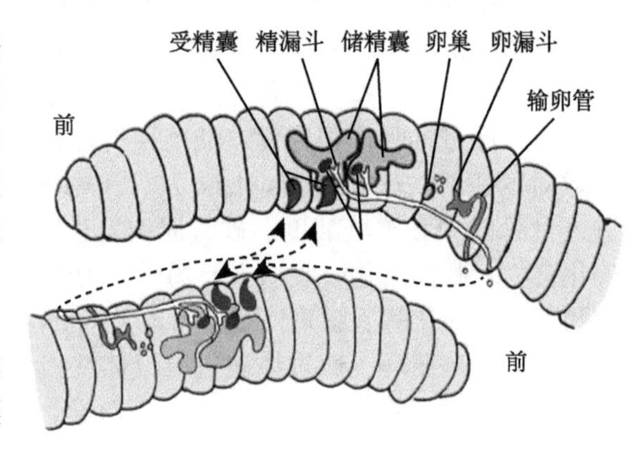

图12-14 蚯蚓生殖系统结构 高晨晰 绘

（2）代表动物——环毛蚓

环毛蚓（*Pheretima tschiliensis*）在我国分布广泛，生活于潮湿而肥沃的土壤中，多昼伏夜出，以土壤中腐殖质为食，菜地、果园、农田沟渠尤其多见。

1）外形

身体圆柱状，同律分节明显。背部颜色略深、腹部色淡。身体除去第1节和尾节外，每个体节中部都有一圈刚毛。在6～7、7～8、8～9三个体节间的腹面两侧有3对受精囊孔，性成熟的个体在14～16体节处形成环带，第14体节腹面中央有1雌性生殖孔；18体节腹面有1对突起，为雄性生殖孔。

2）内部结构与生理

①体壁：包括角质层、表皮、基膜、环肌、纵肌、体壁体腔膜。表皮细胞中夹有腺细胞、感觉细胞，腺细胞所分泌的黏液起到润滑及促进呼吸的作用，感觉细胞可感受刺激，刚毛突出体表。纵肌层发达，有利于钻行。体节间有隔膜，可固定脏器的位置。

②消化：消化管位于体腔中，纵贯隔膜。从前至后依次形成了前肠（肠上皮来源于外胚层）：口、肌肉质的咽（抽吸作用）、嗉囊（暂时储存食物）、砂囊（研磨）；中肠（肠上皮来源于内胚层）：胃肠（消化吸收）、肛门。肠两侧（26～27体节处）向前方伸出两个牛角状盲肠，能分泌消化酶，可视为消化腺。肠管背中线处折叠下陷形成盲道，以增加消化吸收面积；后肠（肠上皮来源于外胚层）：包括直肠和肛门。

③呼吸与循环：无专门呼吸器官，靠体壁渗入交换气体，闭管式循环。血细胞无色，呼吸色素存在于血浆中（图12-15）。

④排泄：环毛蚓的排泄系统与其他蚯蚓有所不同，环毛蚓的肾管为小肾管，包括3种类型。隔膜小肾管（septal micronephridium）：肾口开口于前一节体腔，肾孔开口于肠腔；咽头小肾管（pharyngeal micronephridium）：位于咽部和食管两侧，无肾口，肾孔开口于咽部；体壁小肾管（parietal micronephridium）：位于体壁内侧，无肾口，肾孔开口于体表。

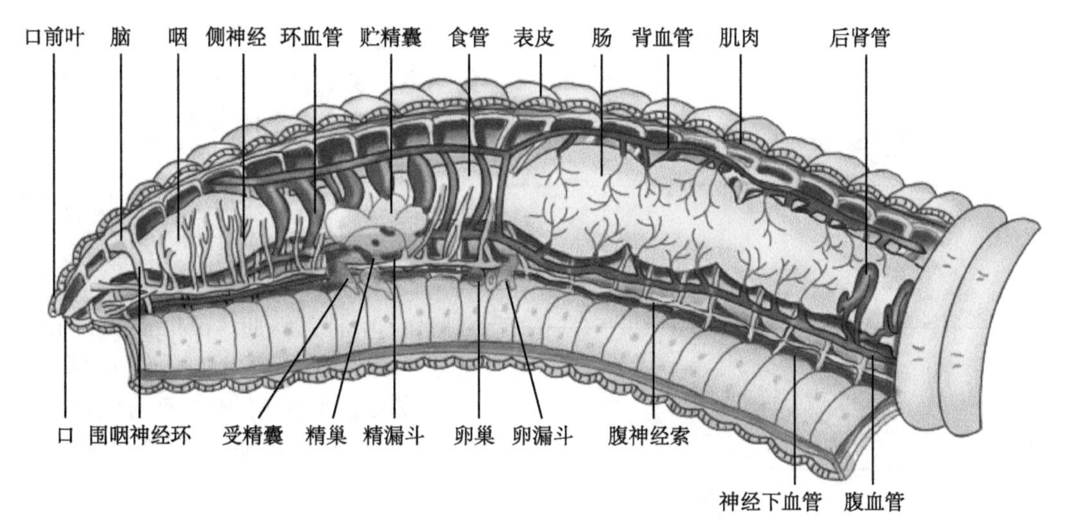

图 12-15 蚯蚓内部结构 陈雨晴 绘

⑤神经和感官：脑神经节发出分支至口前叶、口腔壁；围咽神经节发出分支至口腔壁和第 1 节；咽下神经节发出分支至前端体节的体壁；腹神经索每个神经节发出 3 对分支至体壁和各器官；脑神经节发出分支至消化管，称交感神经系统。巨纤维发出分支至纵肌，可快速运动（图 12-16）。

感官退化，表皮细胞间的感觉器可感受触觉，分布在口腔的感觉器可感受味觉、嗅觉，光感受器分布于口前叶等处，可感光，无视物功能。

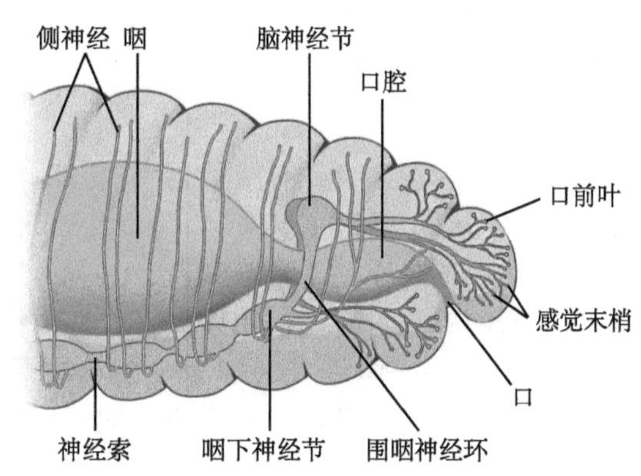

图 12-16 蚯蚓神经系统（头部） 韦竞嘉 绘

⑥生殖与发育：雌雄同体，异体受精。

（3）寡毛类主要类群

根据生殖腺、环带、刚毛等结构，一般分为 3 个目。

1）带丝蚓目（Lumbriculida）：每个体节 4 对刚毛，环带薄，淡水生，如带丝蚓（*Lumbriculus*）。

2）颤蚓目（Tubificida）：每个体节 4 束刚毛，环带略隆起，淡水或海水生，如水丝蚓（*Limnodrilus*）等。

3）单向蚓目（Haplotaxida）：多为陆生，少数淡水生，环带厚，如环毛蚓、爱胜蚓（*Eisenia*）等。

2. 蛭类（leeches）

蛭类也称蛭亚纲，包括水蛭、蚂蟥等。大约 500 余种，大多数淡水生，少数海产或陆栖。

（1）蛭类的主要特征

1）外形

身体扁桶状，前端略窄，体节数目固定（34 节），但每个体节又有数个次生性体环（annulus），故从外表很难辨别体节的数目。体长一般 2 ～ 6cm，最大的南美水蛭属

（*Haementeria*）可达30cm。前、后端各具1个吸盘。头部不明显，无疣足，大多数种类无刚毛，少数种类刚毛仅存在于前面数个体节，性成熟个体出现环带。

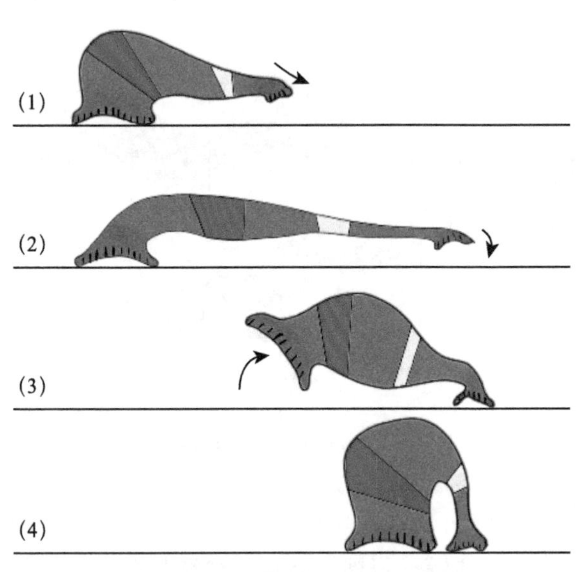

（1~2）后吸盘附着反射性引起前吸盘舒张；体壁环肌收缩，纵肌舒张，身体变细前伸；
（3~4）前吸盘附着反射性引起后吸盘舒张；体壁环肌舒张，纵肌收缩使身体短粗；后吸盘在此附着。
图12-17 水蛭运动机理 高晨晰 绘

2）内部结构与生理

①体壁、体腔与运动：蛭类的体壁比其他环节动物更复杂，由表及里依次为角质层、表皮、真皮（内有色素细胞）、环肌、斜肌（oblique muscles）、纵肌、背腹肌。成对的体腔及隔膜消失，被大量结缔组织和葡萄状组织所填充，残余的腔隙内充满体腔液而构成了循环系统的一部分。原始种类的棘蛭尚存发达的体腔，血管系统仍存在，属闭管式循环。独特的体壁结构赋予了蛭类特有的运动方式（图12-17），此外，蛭类还可在水中游泳。

②摄食与消化：蛭类大多以捕食小型无脊椎动物或吸食无脊椎动物体液为食，也有一些种类吸食脊椎动物血液。口位于前吸盘正中央，有些种类口内的咽可翻出，形成吻。也有的种类口内具3个几丁质的颚，用以切割寄主组织。取食时，唾液腺分泌蛭素（hirudin），防止血液凝固。咽部肌肉发达，抽吸作用明显。咽后为食管并通向胃。胃狭长，两侧有数对盲囊，用以储存血液或体液且不会变质。摄食后，体重可增加2～20倍（因种而异）。胃后为短的肠管，是消化的场所，饱餐后可数月不进食，肠管末端开口于肛门（图12-18）。

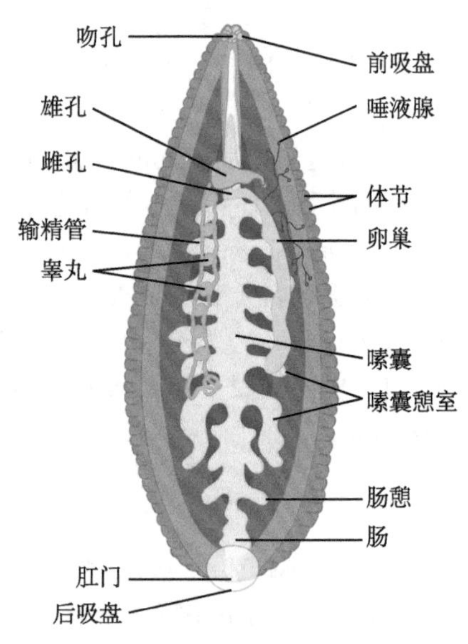

图12-18 水蛭内部结构 高晨晰 绘

③呼吸、循环与排泄：水蛭通过体壁进行气体交换，仅个别种类具鳃。有些种类保留了基本的环节动物循环模式，大多数种类体腔窦取代了血管，体腔液取代了血液功能。排泄器官为后肾管，一般10～17对，此外，一些体腔细胞也参与了排泄功能。

④神经与感官：蛭类有2个“脑”，一个是由前部6对神经节愈合成的1个围咽神经环，另一个由后端7对神经节愈合而成。其余21对神经节构成了双链腹神经索。感官包括游离于表皮中的感觉神经末梢和感光细胞及每个体节上的感受器。

⑤生殖与发育：雌雄同体，异体受精，均有性生殖，生殖腺由残余的体腔形成。没有无性生殖和再生现象。性成熟个体大多具有环带。雄性生殖器官有精巢4至数对，每个精巢都被包裹在1个囊内，通过输精小管汇入两侧

的输精管，再进入贮精囊、射精管、阴茎。雌性生殖器官有卵巢 1 对，也被包裹在卵巢囊内，两侧的输卵管汇合形成阴道，经雌性生殖孔开口于体表腹中线处。交配时头部相对，腹部相贴，以阴茎将精子送入对方雌性生殖孔内。无阴茎种类可将精囊排入至对方皮下，经特殊组织和短的导管，连接到卵巢处。交配后，环带分泌卵茧，并逐渐向前移行，到达雌性生殖孔时，受精卵排至茧中，茧脱落后，落入水底或潮湿的土壤中，经过数周直接发育，形成新个体。

（2）蛭类主要类群

蛭类一般可分为 4 个目。

1）棘蛭目（Acanthobdellida）：原始，身体 27 节，前 5 节上有刚毛，仅一个后吸盘，无前吸盘，体腔明显，如棘蛭。

2）吻蛭目（Rhynchobdellida）：吻可伸出，无颚和刚毛，如扬子鳃蛭（*Ozobranchus jantseanus*）。

3）颚蛭目（Gnathobdellida）：口内具 3 片颚，无刚毛，如金线蛭（*Whitmania pigra*）、山蛭（*Haemadipsa*）。

4）咽蛭目（Pharyngobdellida）：无吻，口中无颚片，如石蛭（*Erpobdella*）。

第三节　环节动物的起源与演化

关于环节动物起源，传统的认为起源于扁形动物涡虫纲，运用更先进的手段来解释环节动物起源问题仍在继续研究中。环节动物也属于冠轮动物分支，与软体动物、腕足动物、苔藓动物、纽形动物等共享同一个祖先。尤其是和软体动物具有许多共同的发育特点，为此，它们之间有比较近的亲缘关系。

环节动物是一组经历了广泛适应辐射的多样化类群，尤其是多毛类，它们占据了广阔的栖息地。一项最近的系统发育分析表明，螠虫动物体表存在着成对的表皮刚毛，它们更接近多毛类。无论从形态学、发育学、基因序列数据的研究表明，螠虫动物、须腕动物现均已归入环节动物门。

以往动物学家认为体腔和分节具有同源性，目前的系统分类学不支持这种假设，因为体腔的形成方式不同，体腔在原口动物和后口动物是独立演化的。而分节现象在动物演化史上至少经历了 3 次，分别是原口动物的冠轮动物分支、蜕皮动物，后口动物。很可能所有两侧对称动物都有分节的基因，但在大多谱系中受到抑制，目前的证据支持分节是多次独立演化的结果。

分子证据表明，环节动物和软体动物亲缘关系紧密，而星虫动物是环节动物的近亲。

附：星虫动物门

星虫动物门（Sipuncula）生活在海洋底部泥沙中，约 350 种。多数种类生活在热带和亚热带水域中，栖息于蜗牛壳，珊瑚缝隙或植物丛中，底栖生活，从潮间带直至 6000m

的深海都有分布。身体圆柱形，长 2mm ～ 75cm，大多数种类介于 15 ～ 30cm 之间。身体不分节，也不具刚毛。

身体前端具 1 个能迅速伸缩的翻吻，表面布满了棘、钩和乳状突（papillae）。翻吻伸缩由体壁肌肉作用于体腔液的流体静压完成。当翻吻外翻时，可见口位于触手冠中央处（图 12-19），触手表面分布大量纤毛。触手展开时呈星芒状，故称星虫。触手内的空腔并非直接连于体腔，而是连接到 1 ～ 2 个代偿囊（compensatory sac）内；当翻吻缩入时，代偿囊靠特殊的缩肌回收触手内的液体。

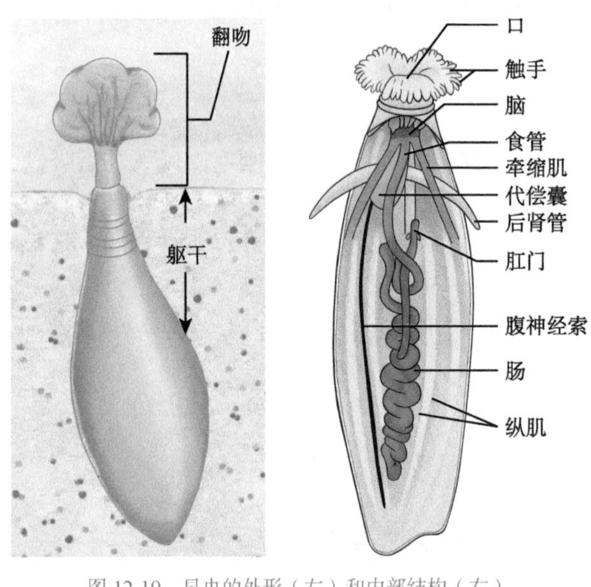

图 12-19　星虫的外形（左）和内部结构（右）
何茜　刘紫宸　绘

安静状态时，星虫通常伸出触手探测、收集食物，多以海底沉积物、腐殖质等为食。触手上具黏液，被黏附的食物可通过纤毛运动送入口中。体壁外层为角质层，由表及里依次为表皮、不发达的真皮、环肌、斜肌、纵肌。真体腔发达，无隔膜。脏器均浸浴在体腔液中。

消化管呈盘曲的 U 形螺旋管道，包括口、食管、中肠、直肠、直肠盲囊、肛门等。肛门开口于翻吻基部。无循环和呼吸系统，但体腔液内含有蚯蚓血红蛋白，可运输氧气，起循环作用；气体交换主要靠触手和翻吻。排泄器官为 1 对囊状后肾管，兼做生殖导管。神经系统包括食管背面的脑神经节、环食管神经环和腹神经索，腹神经索无神经节。触手感觉灵敏。雌雄异体，具临时生殖腺，卵巢或睾丸仅在生殖季节发育，精（卵）会落入体腔中，经肾孔排出体外受精，间接发育种类具担轮幼虫期，典型的螺旋式卵裂，也有直接发育的种类。星虫还可进行无性横裂生殖。我国沿海常见种类有方格星虫（*Sipunculus*）等。目前一般认为星虫动物是在环节动物出现分节以前就分化出的一支。

思考题

1. 动物身体分节的意义何在？
2. 环节动物是如何起源与演化的？
3. 原肾管和后肾管有何异同？
4. 开管式循环与闭管式循环有何异同？
5. 游走纲和隐居纲的主要特征有哪些不同？对比生活环境与生活方式对各自产生的演化方向的影响。
6. 试绘制环节动物门思维导图。

第13章

蜕皮动物——线虫及蜕皮动物小门类

演化地位：蜕皮动物（Ecdysozoa）是指所有会产生蜕皮现象动物的总称，最初由Auinaldo等学者于1997年定义，主要根据的是18S核糖体RNA树，这种分类同时也被一系列形态学证据所支持。现已证明蜕皮动物为系统发生上原口动物的一个分支，这个分支由两个演化支组成，一支是线虫动物门及其他4个蜕皮动物小门类；另一支是节肢动物门和2个小门类构成的泛节肢动物（Panarthropoda）。它们都有相同的分子特征和由表皮分泌的特有的无生命且柔韧或坚硬的角质层（如线虫、节肢动物等）覆盖于体表，由此制约了虫体生长，只有通过周期性地蜕去角质层，虫体才能继续长大，蜕皮由蜕皮激素调控。因此，线虫及其他小门类与节肢动物的亲缘关系更紧密。本章将介绍线虫动物门（Nematoda）、线形动物门（Nematomorpha）、兜甲动物门（Loricifera）、动吻动物门（Kinorhyncha）、曳鳃动物门（Priapulida）。

第一节 线虫动物门

已被命名的线虫动物大约有25000种，有学者推断，仅线虫可能有500000种。它们从海洋、淡水到陆地，从极地到热带，从山顶到海洋深处都有分布，肥沃的土壤可能达到上百万条线虫/m²。几乎每种动、植物也都有它们寄生的种类，有资料显示，果园地上1个腐烂苹果里有多达90000条线虫。

一、线虫动物主要特征

多数线虫细胞数目恒定，身体圆柱状，具有柔韧的角质层，无鞭毛或纤毛，只有纵肌而无环肌，假体腔发达。

（一）外形

自由生活的线虫体长一般在1～2.5mm左右，寄生种类可达20～30cm甚至1m，虫

体圆柱状，两端略尖。前端具口，周围被唇片包围。一般海产原始种类6片，其余3片，也有的种类无唇片，有的种类头部甚至出现了保护性的头盾（head shield）。虫体后端腹侧具肛门，雌虫腹中线上有一雌性生殖孔。

（二）内部结构与生理

1. 体壁

线虫体壁由角质层、表皮、肌肉组成。

（1）角质层：由上皮细胞分泌，类似于高等动物的胶原蛋白。包括脂质层（lipid layer）、皮层（cortex）、基质层（matrix layer）、基底层（basal layer）和基板，由交错的网状纤维组成，使得虫体有一定纵向弹性，同时也限制了其侧向扩展的能力（图13-1）。

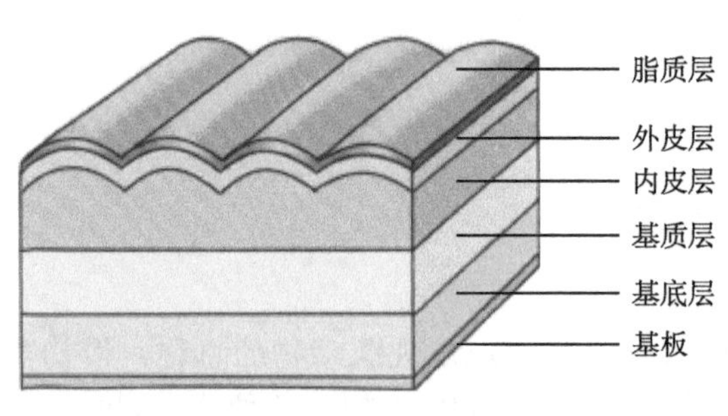

图13-1 线虫角质层示意图 陈雨晴 绘

线虫的成功演化在很大程度上归功于非细胞结构的角质层，具有韧性和弹性。角质层有的光滑，有的含刺、感觉毛、乳突、疣（wart）或嵴（ridge）等，这些都是线虫的分类特征。角质层在保持体型、提供机械保护、维持体内压力方面具有重要作用，寄生种类还可抵抗寄主消化酶的消化。大多数线虫一生蜕皮4次，蜕皮只发生在幼体阶段。

（2）表皮：由1层排列紧密的上皮细胞构成，单层表皮在背、腹及两侧分别向内凹入、增厚形成4条纵向皮索（hypodermal cord），细胞核通常位于其中，形成合胞体结构。背索、腹索内有神经，2个侧索内各有1排泄管。4条皮索在体表清晰可见，分别称为背线、腹线和2条侧线。

（3）肌肉：线虫仅具纵肌，无环肌。纵肌为斜纹肌，被皮索分隔成4个象限，连接表皮的一端丝状，具收缩能力，为肌细胞的收缩部，另一端突入假体腔，为肌细胞胞体部，含有细胞核，无收缩能力，是储存糖原的场所。每个肌细胞胞体都会延伸并连接到背神经或腹神经，接受神经支配，这种罕见的连接方式有别于其他动物（神经发出分支分布到肌肉）。由于无环肌，只能靠纵肌收缩（图13-2）。

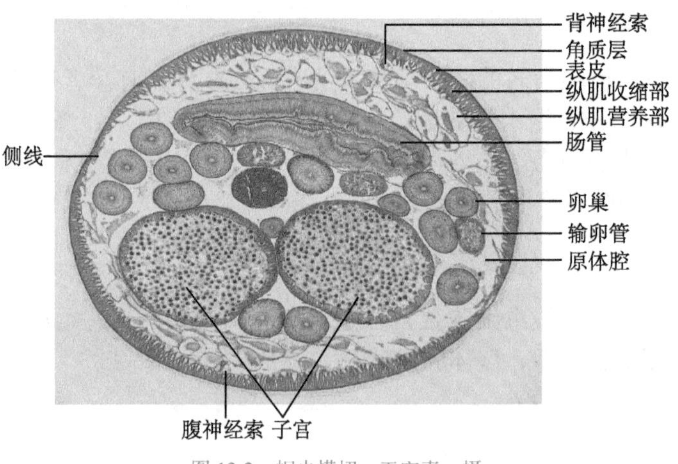

图13-2 蛔虫横切 王宝青 摄

2. 假体腔与运动

假体腔（pseudocoel）也称原体腔或初生体腔，来源于胚胎发育时期的囊胚腔，被体壁包围，这是一个密闭的大液腔，内部充满体腔液，器官均被浸浴在体腔液中。体腔液对营养物质、代谢废物及气体的扩散、陆生种类的保水都有重要意义。与真体腔相比，它没有体腔膜，不与外界相通，但肌肉收缩的力量同样可传递到液腔上，因此，假体腔为动物提供了有效的支撑，这也被称作流体静力骨骼。

当线虫纵肌收缩时没有与之对抗的环肌，而发达的角质层充当了这一角色，因此身体不能缩短。所以线虫只能一侧肌肉收缩，通过液腔传递到另一侧，拉伸对侧的角质层；当肌肉松弛时，由于角质层弹性回缩，又使虫体恢复到休息状态，构成了线虫特有的“抽打运动”，线虫假体腔内的流体静压要比有环肌（拮抗肌）的静压高得多。假体腔的系统发育意义不大。

视频 13-1

3. 摄食与消化

线虫具有完全的消化管，包括前肠、中肠和后肠。前肠包括口、口腔、咽、食管。口腔内有角质层形成的齿、颚等结构，可刺入动、植物体内。咽肌肉质，有抽吸作用；中肠肠壁无肌肉，是消化吸收的场所；后肠包括直肠和肛门。前肠和后肠内壁同样具有角质层，蜕皮时一同脱落。线虫种类繁多，食性多样，有肉食性、植食性、杂食性、腐食性或以寄主血液、组织液为食。

4. 呼吸与循环

无专门的呼吸器官。自由生活种类线虫个体微小，多以体表进行气体交换；体内寄生种类厌氧呼吸，由于缺乏有氧代谢特征的柠檬酸循环和细胞色素系统，只能通过糖酵解获取能量。循环主要以体腔液为载体进行运输，无专门循环器官。

5. 排泄与渗透调节

线虫的排泄系统属原肾管，但完全无纤毛，无焰细胞。可分为两类，一种是腺型，一种是管型。海产原始种类多见于腺型，仅由 1 ～ 2 个位于咽部的腺肾细胞（renette cell）组成，腺肾细胞从体腔液中收集废物，完成排泄和水分调节，排泄孔位于虫体前端腹侧。寄生种类多为管型，由腺型演化而来，即腺肾细胞向后延伸成 2 条管，呈 H 形，分别位于 2 条侧线内，排泄孔开口于虫体前端腹侧。原肾管可调节体内水分平衡，以保证体腔液的压力。

6. 神经与感官

神经系统由围咽神经环及其发出的向前、向后的 6 条神经组成。6 条向前的神经分布到唇、乳突、化学感受器等处，6 条向后的神经中，1 条为背神经，位于背线内，为运动神经纤维；1 条为腹神经，位于腹线内，为运动和感觉神经纤维；其余 4 条侧神经两两合并，分别位于两条侧线内，为感觉神经并调节排泄（图 13-3）。某些神经内分泌物参与了生长、蜕皮、角质层形成和变态。

线虫感官不发达，包括体表分布的感觉毛、乳突。头感器（amphid）是线虫特有的 1 对化学感受器，由头部两侧角质层内陷形成，凹陷处有感觉末梢。线虫末端还有 1 对尾感器（phasmid），也是化学感受器，寄生种类头感器退化，尾感器发达。头感器和尾感器都是重要的分类特征。

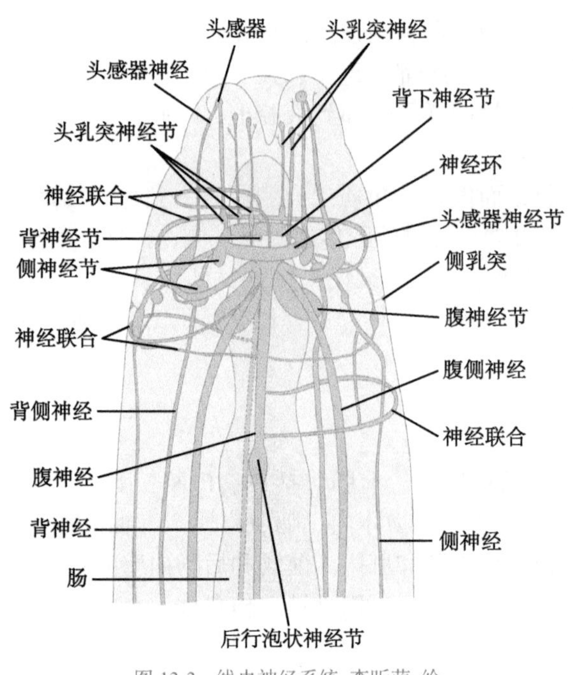

图 13-3 线虫神经系统 李昕萌 绘

7. 生殖与发育

大多数线虫雌雄异体，雄性小，末端具 1 对交合刺（copulatory spicule）。少数雌雄同体。雄性生殖系统由 1 ～ 2 条盘曲的管道组成，均位于假体腔内。游离端细，为精巢，以后延伸为较粗的输精管，继续延伸膨大为贮精囊，末端为肌肉质的射精管并开口于泄殖腔（cloaca）。雌性生殖系统多为 2 条盘曲的生殖管道，游离端细，为卵巢，以后延伸为输卵管，继续延伸形成粗大的子宫，末端 2 条子宫合并为短的阴道，开口于雌性生殖孔。

交尾时，雌、雄倒抱一起，雄性以交接刺撑开雌性生殖孔，靠假体腔内的静水压力将精子射入雌孔内。线虫精子无鞭毛，呈椭圆或圆锥形，以变形运动至子宫，继续运动至输卵管处遇卵受精，受精卵进入子宫继续发育，最终经雌孔排出。虫体产卵数量因种而异，少则数百个每天，多则数十万个每天。有些种类受精卵在体内发育，直接生出幼虫，即所谓卵胎生。有些种类则将受精卵排至外界孵化为幼虫。幼虫一般要经历 4 次蜕皮才能变成成虫，但有些种类在孵化前已经完成了 1 ～ 2 次蜕皮。

二、代表动物

（一）人蛔虫

人蛔虫（*Ascaris lumbricoides*）成虫寄生于人体小肠内，曾经统计人类大约有 10 亿人感染此病，世界各国均有分布。身体圆柱状，前端渐尖，末端急尖（图 13-4）。成虫雌体可达 20 ～ 35cm，虫体前端 1/3 处，可见一横缢，横缢腹面有一雌性生殖孔，以此可判断虫体的背、腹面。雄体较短，一般 15 ～ 30cm。末端卷曲，卷曲末端有 2 根交接刺。

成虫在人体小肠内交配产卵，日产卵量可达 20 万粒。粗大的子宫内充满受精卵，靠流体静压排至小肠内，随粪便一同排出宿主体外。新排出的卵无感染能力，卵对环境抵抗力很强，在土壤中可存活 1 ～ 5 年。若在 20 ～ 30℃、温暖潮湿的土壤中，经 2 周卵内发育，即可形成幼虫。幼虫经过 1 周发育，在卵内第一次蜕皮发育为具有感染能力的卵。人若误食了感染卵，到达小肠后继续孵化，幼虫可穿过肠上皮进入静脉，随血液循环经肝脏、心脏到达肺泡

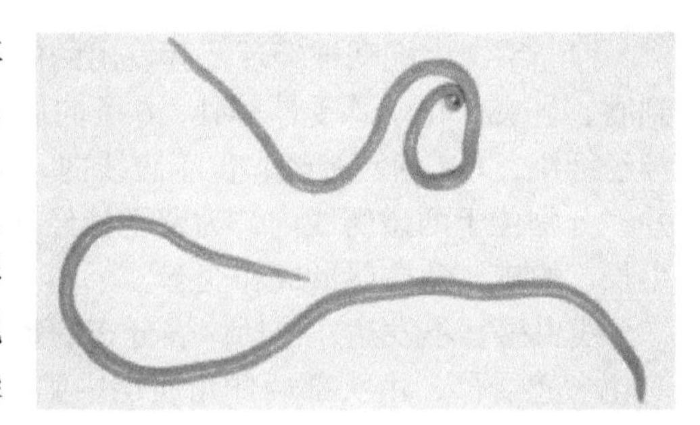

图 13-4 猪蛔虫雄体（上）和雌体（下） 王宝青 摄

内寄生，由于氧气的存在，幼虫发育很快，经过 2 次蜕皮，幼虫可达 1 ～ 2mm。此时，幼虫会沿着毛细支气管、支气管、气管上行至咽喉处，伴随着寄主的吞咽动作再次进入食管、胃，最终到达小肠，到达小肠后仅表现为细胞体积的增加而不是数量的增长，形成成虫。自宿主误食虫卵到形成成虫一般需要 60 ～ 70d。蛔虫的寿命大约为 1 年。

（二）秀丽隐杆线虫

秀丽隐杆线虫（*Caenorhabditis elegans*）是重要的模式动物，自 1965 年起，悉尼・布雷内（Sydney Brenner）就首先利用其作为分子生物学和发育生物学研究领域的模式动物。体长约 1mm，体细胞数目恒定，身体透明，发育周期仅为 3d。共有 959 个体细胞，研究人员已经构建了成体中每个细胞的完整祖先，即线虫的细胞谱系（cell lineage）。第一次细胞分裂后，仅需半天，即可形成 558 个细胞的幼体，进一步分裂后，有 113 个细胞死亡，最终形成了一个 959 个细胞的成体（图 13-5）。

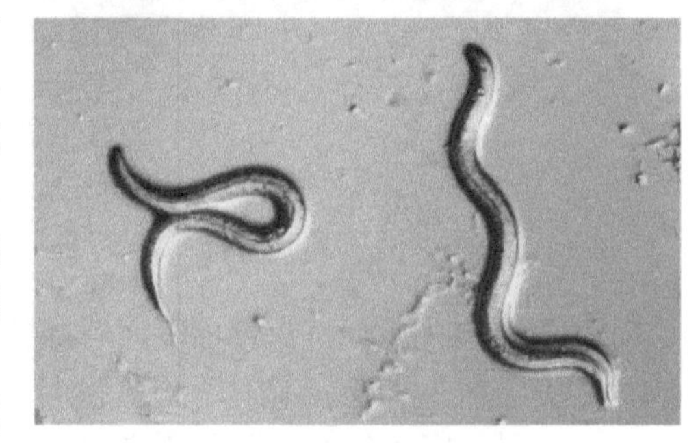

图 13-5　秀丽隐杆线虫

三、几种重要的寄生线虫

（一）蛲虫

又称蠕形住肠线虫（*Enterobius vermicularis*），成虫外形很像蛔虫，但个体较小，乳白色，尾端呈“6”字形卷曲。宿主因误食虫卵而感染，在儿童中的感染较为普遍，可引起蛲虫病。成虫寄生于人体的盲肠、阑尾、结肠、直肠和回肠下段。雌虫可移行至宿主肛门附近产卵，儿童由于搔抓而导致虫卵污染手指，经口食入而形成自身感染。蛲虫的这种产卵行为会引起肛门及会阴皮肤瘙痒及继发性炎症、烦躁不安、失眠、食欲减退等。

（二）旋毛虫

旋毛虫（*Trichinella spiralis*）寄生于人和多种哺乳动物。旋毛虫成虫和幼虫可寄生在同一宿主的不同器官内，不需在外界发育，但必须更换宿主才能完成生活史。成虫寄生在宿主十二指肠及空肠前部。雌雄交配后，雌虫入肠黏膜或肠系膜淋巴结内产出幼虫。幼虫经血液、淋巴分布到全身，最后在横纹肌中才能发育，成为细胞内最大的寄生虫之一。幼虫卷曲于肌纤维中，形成带硬壳的包囊，此时的肌细胞失去横纹，变成了哺育幼虫的细胞。宿主因食入含有旋毛虫幼虫包囊的肌肉而被感染。患者往往出现胃、肠管感染、不规则的高热、肌肉疼痛或运动障碍、浮肿等。

（三）丝虫

成虫乳白色，细长如丝，寄生于人体的淋巴系统，使淋巴液回流受阻并刺激皮肤增生加厚，出现象皮肿。雌虫卵胎生，产出的微丝蚴被中间宿主（吸血昆虫如按蚊或库蚊）吸入体内发育，当中间宿主再次叮咬时，感染期幼虫进入终末宿主体内，发育为成虫。常见的人体丝虫有马来丝虫（*Brugia malayi*）和班氏丝虫（*Wuchereria bancrofti*）（图 13-6）。

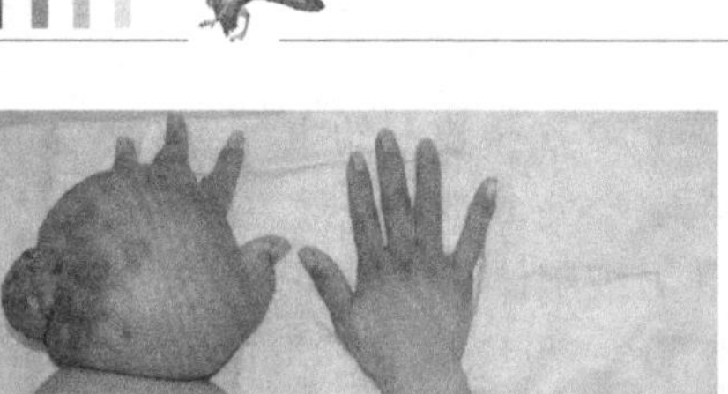

图 13-6　象皮肿患者上肢（左）和犬心丝虫（右）

（四）钩虫

钩虫（*Hookworm*）虫体前端向背部弯曲，端部有口囊，口囊边缘和内部具有角质齿。成虫寄生于宿主小肠，吸附于肠黏膜上，利用小齿刺破宿主肠黏膜，吮吸血液和组织液为营养，引起宿主贫血、营养不良、肠溃疡和腹泻等症状。当宿主接触到被污染的土壤时，土壤中已孵化发育为丝状蚴的幼体会钻入皮肤而感染（图 13-7）。人体钩虫主要有十二指肠钩虫（*Ancylostoma duodenale*）和美洲钩虫（*Necator americanus*）等。

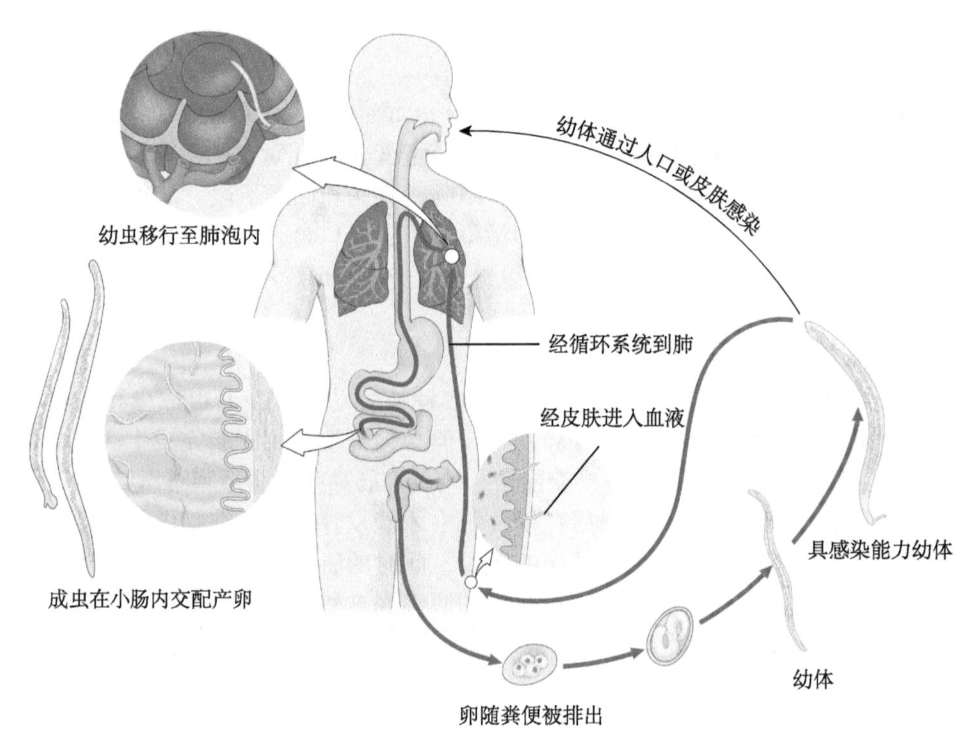

图 13-7　钩虫生活史　韦竞嘉　绘

（五）小麦线虫

小麦线虫（*Anguina tritici*）成虫体小，雌虫向腹面卷曲盘绕，体较雄虫大。寄生于小麦麦穗上，使麦粒形成虫瘿，一个虫瘿中有数千至数万条幼虫。虫瘿一旦被误播入农田，吸收水分，其中的幼虫就会钻出来，进入土壤，然后向上移到小麦中发育为成虫，再次形成虫瘿，严重影响小麦产量。

第二节　线形动物门

线形动物身体细长，分布在淡水、潮湿土壤以及海洋中。一般成虫自由生活，长 30 ～ 150cm；幼虫寄生在节肢动物体内。由于很多特征与线虫动物门相似，目前被认为是线虫动物门的姊妹群。已知有 325 种左右，代表动物为铁线虫（*Gordius aquaticus*），似一段锈铁丝而得名（图 13-8）。

图 13-8　铁线虫

一、外形

虫体圆柱状，直径 0.5 ～ 3mm，体长可达 1m。前端圆形，末端圆形或具 2 ～ 3 个尾叶。

二、内部结构与生理

体壁结构与线虫相似，但角质层硬化，其内为表皮和纵肌。假体腔发达或不发达，里面大部分被结缔组织、间质填充。消化管退化，成虫期不再取食，主要消耗幼体时期储存的营养。没有呼吸器官、排泄系统和循环系统。神经系统由前端的神经环和向后延伸的 1 条腹神经索构成。

线形动物雌雄异体，一般雌虫比雄虫长，且雌虫末端为圆形，雄虫末端分叉，呈倒 V 字形。生殖系统包括 1 对生殖腺和 1 对生殖导管。雄性生殖管末端通入直肠或泄殖腔，没有交合刺。雌性的输卵管和受精囊均开口在泄殖腔中。交配季节时，常常多条虫体缠绕在一起。交配后雌虫在水中产卵并完成受精，受精卵在水中孵化，刚孵化的幼虫前端有一个可伸缩的吻。被宿主吞食或依靠吻的伸缩经体表侵入宿主。宿主多为生活在水边的蝗虫、蟋蟀、螳螂等。当雨后或昆虫尸体落入水中时，幼虫即离开宿主，发育为成虫，营自由生活。

第三节　兜甲动物门

本门动物直到 1983 年才被描述，目前已发现的 100 余种，被描述的仅 10 余种。体长 0.1 ～ 0.5mm，具保护性兜甲（lorica），是一类两侧对称的小型海产动物。幼体自由生活，

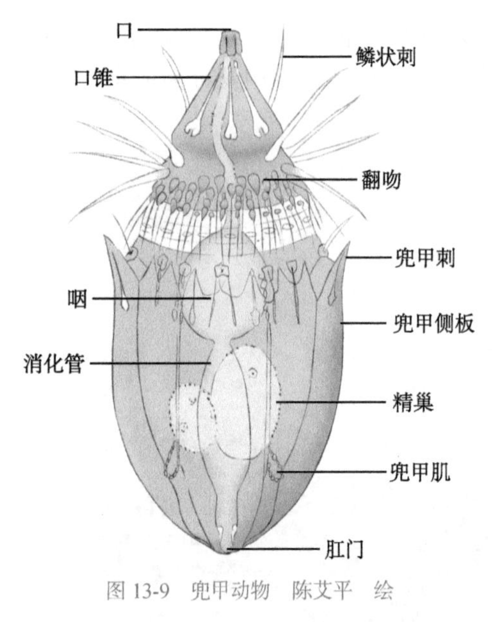

图 13-9　兜甲动物　陈艾平　绘

成体生活在大西洋海底的沙砾间或其他底物上，营外寄生或共生。

身体可分为头、颈、胸、腹 4 个部分。头部具口锥（mouth cone）。

体前端为口，能缩入体内。头部（翻吻）有 9 排鳞状刺，具感觉和运动的功能。颈部不明显。胸部分 2 节，腹部被 6 块板组成的兜甲包围，身体前半部分可缩入兜甲内，肛门开于末端。1 对尾肢或趾，几乎能朝任何方向转动。兜甲动物的食性尚不得而知，消化系统为完全的消化管。有些种类具有假体腔，有些种类无假体腔。神经系统由大脑及其发出的分支和其他神经组成。雌雄异体且异形。生活史尚不为人们所知。详细结构见图 13-9。

第四节　动吻动物门

本门动物被描述的有 179 种。海产，身体微小，体长一般不超过 1mm，尤其喜欢泥质底栖生活，从潮间带到 8000m 深的海底都有发现。

身体背拱、腹平，由 13 ～ 14 节组成，可分为头部、颈部、躯干部。躯干部分为 11 节，节与节之间的角质膜很薄，体表具刺和角质层板。头（翻吻）可伸缩，上有 5 ～ 7 个棘环，有运动、感受化学和机械刺激功能。

体壁由几丁质角质层、表皮、纵向皮索、肌肉组成，皮下肌肉分布也与表皮分节相关，肌肉包括环肌、纵肌、斜肌，具假体腔（图 13-10）。

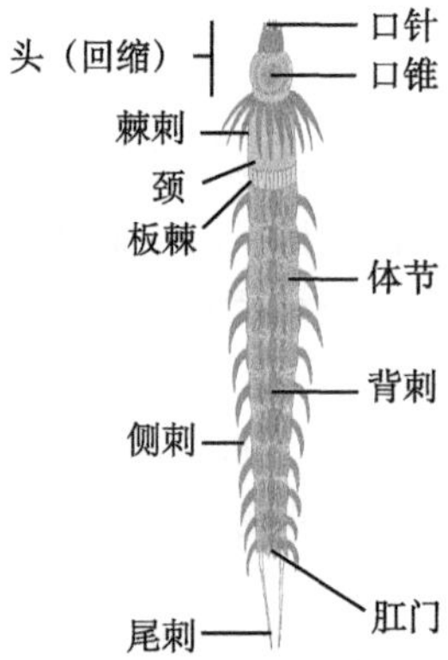

图 13-10　动吻动物　李昕萌　绘

头可缩入体内，动吻动物体表无纤毛，不会游泳，运动时，先将可伸缩的头部插入泥中，用反向的棘刺固着，再向上牵引身体，直至再将头部伸出淤泥为止。

完全的消化系统包括口、咽、食管、胃肠和肛门，以泥中的硅藻或有机物为食。假体腔内充满了体腔液和变形细胞，排泄系统是位于身体两侧 10 ～ 11 对多核管细胞构成的原肾。神经系统包括脑（多叶的围咽神经环）和腹神经索，与表皮相连。感觉器官包括眼点和感觉毛。动吻动物雌雄异体，生殖腺、生殖导管成对存在，大约要经历 6 个幼虫阶段，成虫不蜕皮，目前尚未发现无性生殖现象。

第五节 曳鳃动物门

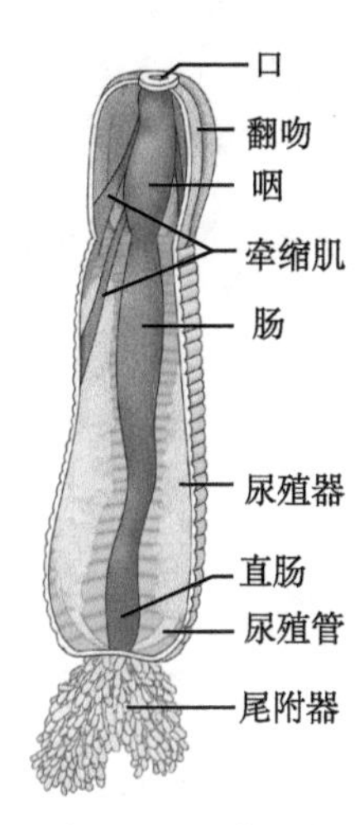

图 13-11 尾曳鳃虫
韦竞嘉 绘

现已描述的仅 18 种，多在两半球较冷水域自潮间带至数千米深的泥底或沙底营底栖生活，是寒武纪无脊椎动物的优势种。身体蠕虫状，圆柱形，体长多在 0.5 ～ 200mm 之间，躯体由翻吻、躯干和 1 ～ 2 个尾附器（caudal appendages）3 部分组成。翻吻可伸缩，其上具环状排列的咽齿。躯干部不分节，但有 30 ～ 100 的环轮，体表具瘤状突和棘刺，推测有感觉功能。多为穴居、肉食性。通常将身体埋于泥沙中，仅露出口，如尾曳鳃虫（*Priapulus caudatus*）（图 13-11）。

单层表皮外具几丁质角质层，终生周期性脱落，具假体腔。消化管由吮吸咽、肠、直肠组成。口位于翻吻的前端，肛门位于躯干部后端。末端尾附器可能与呼吸有关，原肾管负责排出体内废物和配子。神经系统包括 1 围咽神经环和 1 腹神经索。雌雄异体，体外受精，辐射型卵裂，关于其他发育情况仍有待研究。

第六节 蜕皮动物的起源与演化

前已述及，原口动物被划分为 2 个大的演化支，即冠轮动物和蜕皮动物。最早的蜕皮动物化石出现在寒武纪早期。蜕皮动物又进一步分为两个演化支，其中一支是本章所描述的五个门类，它们在生长过程中都要周期性的蜕皮，都在咽部周围有一个神经环，都具有假体腔。在这个支系中，线虫动物门和线形动物门具有胶原角质层结构，这两个门是姊妹类群；线粒体基因组序列数据支持动吻动物门与曳鳃动物门是姊妹群；这些亲缘关系也得到了形态学证据的支持。铠甲动物门与其他 4 个门的关系还不太确定，也有人认为它是动吻动物门和曳鳃动物门分支的姊妹类群。

思考题

1. 线虫动物的角质层来源与结构以及生理功能是什么？
2. 简述蛔虫生活史，哪些特点适于寄生生活？
3. 线虫动物门各系统主要特征的比较，自由生活与寄生种类有哪些异同点？
4. 秀丽线虫作为模式动物，5 年内进行了哪些主要研究？
5. 试绘制蜕皮动物思维导图。

第 14 章

蜕皮动物——节肢动物门

演化地位：节肢动物门（Arthropoda）属蜕皮动物另一分支，这个演化支包括节肢动物门、有爪动物门（Onychophora）和缓步动物门（Tardigrada），又称泛节肢动物，详细描述见后文。节肢动物身体两侧对称，三胚层，混合体腔，开管式循环，外骨骼发达，多数种类蜕皮，身体高度异律分节（heteronomous segmentation），各部有明显的机能上分工，附肢特化并分节使其运动灵活性得到了极大的提高（图 14-1）。

图 14-1　赤蜻　杨大祥　摄

节肢动物种类繁多（约 110 多万种），数量巨大，约占动物界种类的 85%，且分布广泛，水中、陆地、空中、动植物体内外，广袤的生物圈都有它们的踪迹，与人类的关系极为密切。

第一节　节肢动物的主要特征

一、身体异律分节

节肢动物不仅身体分节，附肢也分节，故名节肢动物。与环节动物相比，节肢动物连续相似体节相互愈合，以达到体段（tagmata）功能高度专门化，称为体段化。这在环节动物中一些多毛类也曾发生过，但节肢动物达到了前所未有的水平。如蜘蛛类，分为头胸部和腹部 2 部分；昆虫类、大多数甲壳类分为头、胸、腹 3 部分（图 14-2）。每个体段都有各自的形态功能，头部是感觉和摄食的中心；胸部是支撑与运动的中心；腹部是生殖和代谢的中心。本门动物中也有不少的种类头部与胸部愈合成头胸部或胸部与腹部愈合成胸腹部。这种反映在外部形态和生理功能上截然不同的分节现象，称异律分节。附肢上相邻的关节发挥杠杆作用，极大地提高了运动能力，包括飞行。

节肢动物很少超过60cm，但古生代的板足鲎类可达3m。现存种类中，日本巨蟹属（*Macrocheira*），跨度可达4m，最小的螨类体长不足0.1mm。

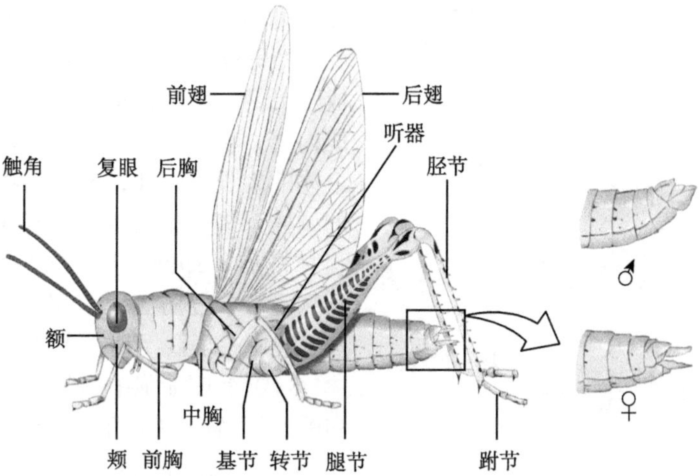

图 14-2 蝗虫外部结构 陈艾平 绘

二、几丁质外骨骼

寒武纪早期，节肢动物祖先柔软的角质层通过沉积蛋白和多糖，形成了无生命、硬化的几丁质并覆盖于体表，即几丁质外骨骼（exoskeleton）。角质层由上皮细胞分泌，它赋予了节肢动物一系列选择优势，也成就了目前地球上最成功的演化类群。

节肢动物角质层由上角质层（epicuticle）和原角质层（procuticle）组成。原角质层又包括外角质层（exocuticle）和内角质层（endocuticle）。上角质层由蛋白和脂类组成，昆虫体表通常含蜡质，因此，体表不能进行气体交换，另一方面也防止了体内水分的蒸发。上角质层比较薄，仅占外骨骼厚度的3%，这层蛋白质通过化学交联获得稳定和硬化，起到了更好的支持和保护作用。原角质层较厚，其中，外角质层在蜕皮前分泌，内角质层在蜕皮后分泌，内、外角质层均含蛋白和几丁质（图14-3）。

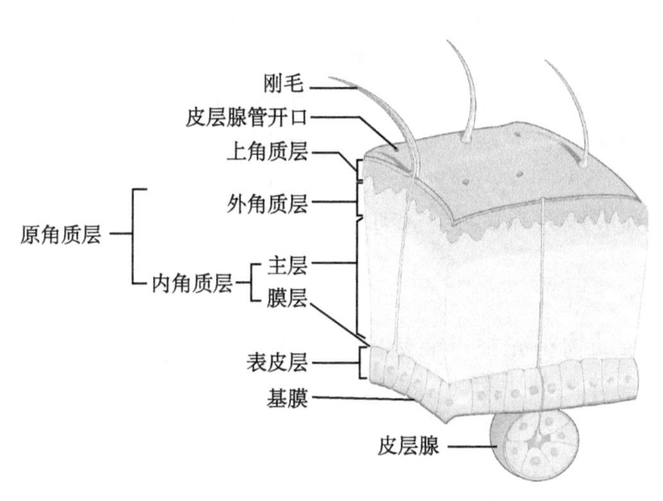

图 14-3 甲壳类体壁结构图 胡思源 绘

几丁质是一种含氮的多糖，不溶于水、碱、弱酸，不仅轻盈、灵活，还可防止脱水并起到保护和承受物理压力的作用。昆虫的几丁质含量可占原角质层的50%，其余为蛋白质。在一些甲壳类，几丁质可占60%～80%。此外甲壳类原角质层还沉积了大量的钙盐以增加硬度，如龙虾和螃蟹。

外骨骼有着巨大的演化潜力，它包括了所有的体表及消化道两端的部分。外骨骼的弹性也为翅膀拍打、跳跃等活动储存了能量。几丁质不会被脊椎动物所消化，但可被降解，形成纤维，据此也可以制作药物胶囊植入人体内，在体内长时间缓慢释放，还可制成手术缝合线等。此外，软体动物的齿舌、双壳纲的铰链、足丝、韧带，环节动物的颚，

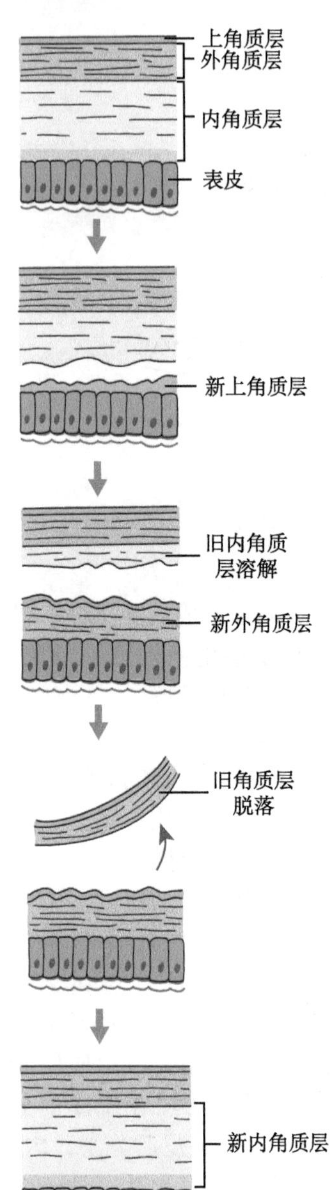

图 14-4　节肢动物蜕皮过程
高元满　绘

多毛类的刚毛，线虫的卵壳等都有几丁质成分。

外骨骼多柔韧而富有弹性，在关节处和体节间很薄，构成了灵活的关节，运动自如，此外，外骨骼还可向内突起形成内突，供骨骼肌附着。尽管外骨骼优势明显，但也限制了个体的生长，为此，节肢动物要每隔一段时间，在体内激素的调控下进行蜕皮生长，直到成体，这种旧角质层脱落的过程称蜕皮（ecdysis）。2 次蜕皮之间的生长期为龄期，节肢动物一般要经历 2 ～ 10 次蜕皮方能长成成体。

蜕皮一般要经历以下 4 个时期。

（1）上皮细胞中的腺体分泌蜕皮液，内含几丁质酶和蛋白酶，溶解旧的原角质层并与上皮细胞层分离。

（2）上皮细胞分泌新的面积更大的原角质层，但限于旧外骨骼的包裹，新的原角质层处于皱缩状态。

（3）部分旧的外骨骼受酶的作用溶解，并在一定的位置（依种而异）裂开缝隙，当外界的空气、水分进入体内后，血容量大增，血腔的压力也增加，导致身体膨胀，新的角质层伸展。至此，虫体已经换上了更大的全新角质层，并从裂缝中钻出。

（4）全新的角质层附着钙盐后硬化形成新的外骨骼。硬化过程可能需要数小时至数天的时间，此时，动物没有防御能力，只能保持隐蔽、安静（图 14-4）。

陆生种类在蜕皮过程中要经历更多的困难，蜕皮也是其最脆弱时期。蜕皮时，大多数节肢动物由于外骨骼尚未硬化，暂时无法实现支撑功能，一般都依靠血腔压力升高帮助运动。

视频 14-1

三、附肢

节肢动物祖先很可能是由一系列相似体节组成的，每个体节在体侧都生有 1 对附肢，但不再是由表皮简单突起形成，而是与身体形成关节，且附肢本身也分节，在运动灵活性等方面比环节动物更具优势。附肢是中空的杠杆，高度特化，关节间附着成束的横纹肌。附肢上分布有感觉毛、刚毛，帮助感觉、摄食、爬行、游泳甚至呼吸、生殖等。

附肢的原始构造包括原肢（protopod）和端肢（telopod）。原肢连接体壁，由 1 ～ 2 个肢节组成，分别称基节和底节，原肢内侧和外侧常有叶状突起，分别称内叶（endite）和外叶（exite）；内叶可形成颚基（gnathobase），切割食物，外叶往往具有呼吸功能（图 14-5）。端肢有数个肢节，若由原肢向内、外两侧同时发出 2 条端肢，即内肢和外肢，称双肢型（biramous type）附肢，如三叶虫和甲壳类附肢；若外肢缺失或退化称单肢型（uniramous type）附肢，如多足类、六足类。

四、肌肉

节肢动物肌肉为成束的横纹肌，附于外骨骼内。没有横纹肌节肢动物可能永远无法飞行。与脊椎动物相比，节肢动物每束肌肉的肌细胞数量很少，只接受很少的神经元（2～3 个）支配，甚至 1 个神经元可支配多个肌细胞；而脊椎动物则一个肌纤维至少受 1 个神经元支配，一个特定肌肉束可受数百万个神经元支配。

节肢动物肌肉收缩的强度也不同于脊椎动物，它取决于神经传导到肌肉的速度而不是肌纤维的数量。由于体小，神经传导到肌肉的速度更快，伸缩也更为迅速有力。

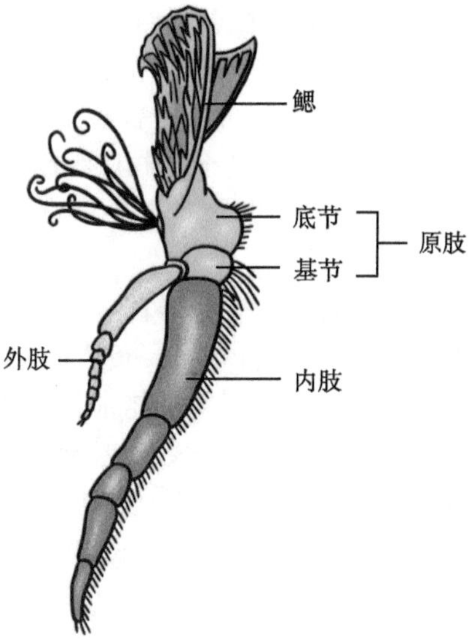

图 14-5　双肢型附肢示意图　桂紫瑶　绘

五、血腔（混合体腔）

在发育的早期，节肢动物和环节动物一样，由中胚层形成了裂体腔，但节肢动物由于出现了坚硬的外骨骼，体腔在运动中的作用大大降低导致体腔退化，真体腔仅存在于生殖腺和排泄器官的内腔，曾经属于真体腔的围心腔在进一步发育过程中被打开，与体壁和消化道之间的原体腔混合形成了混合体腔，腔内充满血液，又称血腔（hemocoel）。蛛形纲的动物是通过增加血腔的压力伸展附肢的，而其他节肢动物，血腔作为流体静力骨骼的功能微乎其微。

除少数甲壳纲动物的血液中含有血红蛋白外，绝大多数节肢动物的血液含有血蓝蛋白，故血液常呈青色或青绿色。

六、摄食与消化

节肢动物取食广泛，包括肉食、草食、杂食、食腐等。头部的附肢也演化成了取食、咀嚼器官。消化管可分为前肠、中肠和后肠，且每部分都有了进一步分化。前肠和后肠的肠上皮由外胚层内陷形成，几丁质也存在于其中。中肠的肠上皮由内胚层形成。前肠可储藏、研磨并初步消化食物；中肠可分泌消化酶，是主要的消化、吸收场所；后肠有回收营养、储存水分、排出粪便的功能。

七、呼吸与循环

节肢动物种类繁多，分布广泛，由此演化出了复杂的呼吸器官及多样化的呼吸方式。呼吸器官均为表皮衍生物。水生种类通常以表皮细胞外突形成鳃、表皮细胞或体壁折叠形成书鳃呼吸。陆生种类以体壁内陷形成气管、内陷并折叠形成书肺呼吸。以上各种呼吸器官将在各亚门中分别描述。小型节肢动物没有专门的呼吸器官，借体表呼吸。

开管式循环。大部分脏器浸浴于血腔中，血液自心脏搏出后进入动脉，再进入血腔。心脏壁上有心孔，这也是节肢动物独有的特征，血液经心孔可直接由血腔进入心脏。开管式循环血压低，流速慢，这是对易于折断的附肢避免引起大出血的一种适应。小型种类甚至无心脏、血管，血液只存于体腔和附肢的血腔内。

血液中含有血蓝蛋白，主要负责营养物质、激素及代谢废物的运输。

节肢动物的呼吸与循环密切相关，呼吸系统越复杂、循环系统越简单，反之也成立。这是由于鳃呼吸的种类需要靠复杂的循环系统运输氧气到各器官，而气管呼吸的种类可将氧气直接输送到组织器官所致。

八、排泄

节肢动物的排泄器官有 2 种主要类型。一类是与后肾管同源的腺体结构，体内一端为盲端（退化的体腔），负责收集代谢废物（氨），末端开口于体表，排出代谢废物，也称过滤肾，如甲壳纲的排泄器官为绿腺和颚腺、蛛形纲基节腺。另一类为马氏管，由内胚层或外胚层形成的数条甚至数百条盲管，基部着生于消化管中、后肠的交界处，盲端游离于体腔中，也称分泌肾，代谢废物为尿酸。尿酸不溶于水，这样，动物在排出代谢废物时就不会带走大量的水，更适于在干燥的环境中生存。见于昆虫、蜘蛛、多足类等。

九、神经与感官

与环节动物链状神经系统相似，但由于身体高度区段化导致相邻的神经节往往愈合成较大的神经节，如身体前部神经节愈合成了脑，腹神经索的相邻神经节愈合往往与体节愈合相一致。

感觉器官类型多样化，主要包括视觉、听觉、触觉、嗅觉、味觉、平衡觉等。

视觉包括单眼和复眼。单眼形似小杯，表面光敏，背后有吸收光的色素。小杯常被晶状体遮盖。光敏色素是一种维生素 A 和蛋白结合的衍生物，光刺激引起感受器色素产生化学变化，进而产生动作电位，由神经传递到相应部位，单眼仅感光，不能成像。许多扁形动物、软体动物、环节动物等都有相似的单眼。

复眼可成像，如甲壳类、大多数昆虫的复眼都有晶状体。昆虫对紫外线敏感，这也使得昆虫在植物或其他物体上能够看到人类看不到的图案，有些昆虫（傍晚或黎明前飞行的昆虫）对红外线很敏感。

其余感官将在各亚门中讨论。

十、生殖与发育

大多数雌雄异体，有性生殖，体内或体外受精；有些固着、寄生种类雌雄同体；少数自由生活的种类具有不同程度的无性生殖，如一些鳃足类、淡水桡足类、少数昆虫由未受精卵发育而来，即孤雌生殖，也有些种类甚至从未发现过雄性。

第二节 节肢动物的分类

节肢动物分类主要取决于身体形态、功能、分布、附肢数量、胚胎发生等方面。本书依上述主要特征将其划分为 5 个亚门。

三叶虫亚门（Trilobitomorpha）：海产，已灭绝。身体分为头、胸、尾 3 部分，背面有 2 条纵行的沟，外观上似 3 个纵向的页片，因此得名，仅 1 纲。

三叶虫纲（Trilobita）：仅存化石种类。

螯肢亚门（Chelicerata）：身体分为前体部（头胸部）、后体部（腹部）。第 1 对附肢为螯肢。

肢口纲（Merostomata）：海产，具书鳃。

蛛形纲（Arachnida）：大多陆生，具书肺、气管，4 对足。

海蜘蛛纲（Pycnogonida）：海产，腹部小，无专门呼吸、排泄器官，4 ～ 6 对足。

多足亚门（Myriapoda）：身体分为头部、躯干部。头部 4 对附肢。附肢单肢型，包括马陆、蜈蚣。

倍足纲（Diplopoda）：身体桶状，每体节 2 对足。

少足纲（Pauropoda）：体小（0.5 ～ 2mm）而柔软，身体 11 节，9 对足。生活在腐殖质丰富的土壤中。

唇足纲（Chilopoda）：身体扁桶状，每节 1 对足，具毒爪。

综合纲（Symphyla）：体长 2 ～ 10mm，10 ～ 12 对足，土壤中生活。

甲壳亚门（Crustacea）：大多水生，头部2对触角，1对上颚，2对下颚，附肢双肢型。

六足亚门（Hexapoda）：身体分头、胸、腹 3 部分，头部附肢 5 对，胸部 3 对。

各亚门之间的关系目前尚存争议，其中有颚假说（mandibulate hypothesis），即有颚的节肢动物包括多足类、甲壳类、六足类之间的亲缘关系更紧密，这也得到了最近一些系统发育，包括使用线粒体基因组特征的研究支持这一观点。

一、三叶虫亚门

三叶虫是寒武纪（距今 6.0 亿年）至石炭纪（3.45 亿年）时期的海洋中优势种群，营底栖生活，身体可卷曲成一个球，以保护柔软的腹面，以环节动物、软体动物、有机质为食，2.6 亿年前全部灭绝。现已发现 4000 余种化石。

三叶虫纲：虫体扁平，卵圆形，体长 2 ～ 67cm，体表覆盖几丁质外骨骼。全身可分为头、胸和尾 3 部分。因背甲有 2 条明显纵沟将身体分为中间的背叶和两侧的侧叶而得名三叶虫。头部具 1 对单肢型触角、1 对复眼和 4 对双肢型附肢。胸部有数个体节，每个体节有 1 对双肢型附肢，内肢用于爬行，外肢具刺或丝，可能用于钻穴或游泳或呼吸。腹部短，各节愈合，最后一节为尾节，无附肢（图 14-6）。

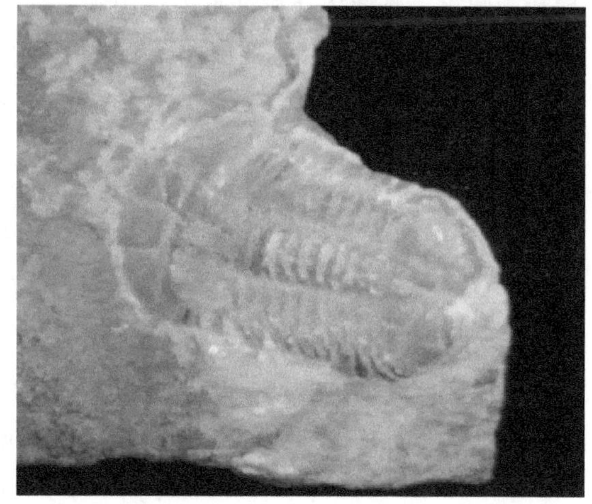

图 14-6　三叶虫化石　王宝青　摄

二、螯肢亚门

身体分为头胸部（cephalothorax）或前体部、腹部或后体部。头胸部具眼，但无触角，主要负责感觉、摄食、运动。附肢成对，第 1 对为螯肢（chelicerae），用于摄食；第 2 对为须肢（pedipalp），用于感觉、摄食、运动和生殖，须肢后为成对排列的足。腹部含

消化、呼吸、排泄、生殖等器官。

（一）肢口纲

海产，以书鳃呼吸，现存 3 属 4 种。分为 2 个亚纲。

1. 剑尾亚纲（Xiphosura）

我国有 3 种，包括东方鲎（*Tachypleus tridentatus*）、南方鲎（*T.gigas*）、圆尾鲎（*Carcinoscorpius rotundicauda*），分布于我国东南沿海一带。美洲鲎（*Limulus polyphemus*）广泛分布于大西洋、墨西哥湾。

鲎（*Limulus*）又称马蹄蟹，身体分为头胸部、腹部和尾剑（telson）3 部分。头胸部有马蹄形背甲，具 1 对单眼和 1 对复眼，6 对附肢。第 1 对螯肢，短小，分 3 节；第 2 对须肢，以后 4 对为步足，2 ～ 5 对附肢末端钳状，第 6 对足末端不呈钳状，但有数个突刺，适于在沙地上挖掘、爬行。腹部体节愈合，形成 1 个六角形腹甲，末端是不分节的尾剑。当海浪掀翻鲎的身体时，尾剑可助其回位。腹部也具 6 对附肢，第 1 对附肢左右愈合形成生殖厣（genital operculum），其余 5 对附肢双肢型，外肢扁宽，重叠似书，是其呼吸器官——书鳃（book gill）（图 14-7）。

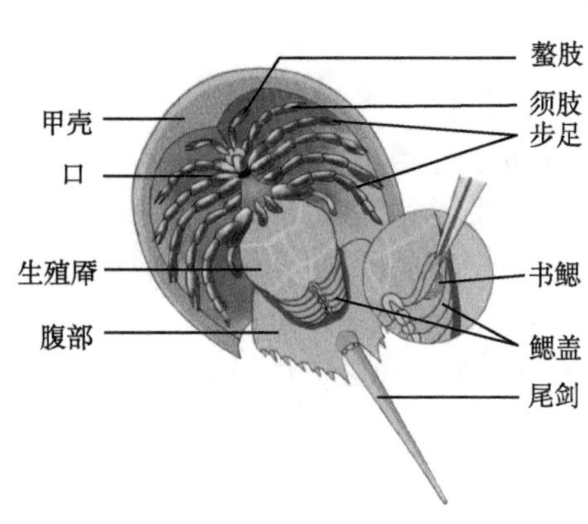

图 14-7　鲎（腹面）　陈雨晴　绘

鲎生活于浅海，游泳或爬行，以环节、软体动物等为食，开管式循环，排泄器官是来源于中胚层的基节腺（coxal gland），排泄产物为氨，可通过书鳃排出。雌雄异体，生殖期雌雄聚集在潮间带，雄性伏在雌性背上，用须肢抓牢，雌性在沙地上挖出 1 浅窝并将卵产于其中，雄性排出精子使卵子受精，受精卵被埋于沙中自行发育，幼虫似三叶虫。

2. 板足鲎亚纲（Eurypterida）

生活于寒武纪到二叠纪，现已全部灭绝。又称巨水蝎，是化石种类中最大的节肢动物，体长可达 3m，身体具有很多类似于鲎的特征，化石显示，前部附肢很大，推测它们应该是当时的强势捕食者。

（二）蛛形纲

据推测，蛛形纲起源于板足鲎类，是早期的陆栖节肢动物。水生蝎类化石可追溯到志留纪（4.05 ～ 4.25 亿年），陆生蝎类化石可追溯到泥盆纪（3.5 ～ 4 亿年）。其余蛛形纲化石都发现于石炭纪（2.8 ～ 3.45 亿年）。本纲包括蜘蛛类、蝎类、拟蝎类、蜱类、螨类等，共 80000 余种，是节肢动物门中仅次于昆虫纲的第二大纲，喜栖息于温暖干燥地，也是最早陆栖的节肢动物种类之一，大多数种类对人类无害。

1. 外形

身体分为头胸部和腹部。头胸部愈合，腹部分节或不分节。头胸部具 1 对螯肢，1 对须肢和 4 对步足，腹部无附肢（图 14-8）。

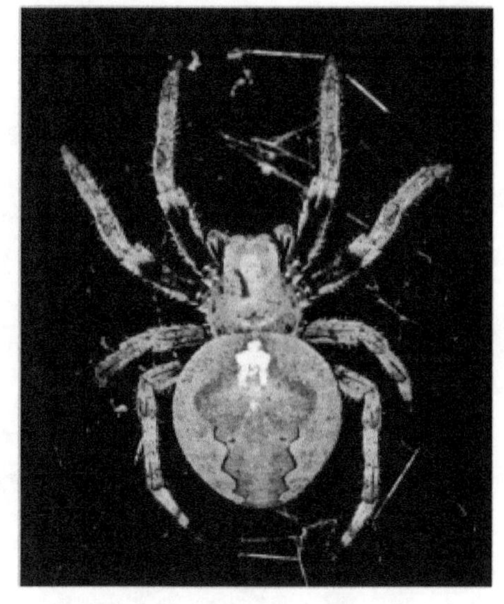
图 14-8　大腹园蛛　王宝青　摄

2. 内部结构与生理

（1）摄食与消化：蛛形纲动物多肉食性，通常以螯肢抓住猎物，将肠管中的酶倾泻到猎物上，也有的用中空的螯肢将酶注入猎物体内，待猎物组织液化后，吮吸动物汁液。

消化系统包括前肠、中肠、后肠。前肠的胃具吮吸功能；中肠具分泌和吸收功能，中肠向两侧发出了数个盲囊，可储存食物、增加消化面积；后肠可重吸收水分。

视频 14-2

（2）呼吸：呼吸器官为书肺，空气通过狭窄的裂缝进入书肺，并在层片间与血液进行气体交换。有些种类体侧或腹部有数对气门（spiracle），通向一系列分支的气管（内衬几丁质），蛛形纲的气管尽管与昆虫相似，但分支远不及昆虫分支复杂，而且两种气管是独立起源的。

（3）循环：开管式循环，背部的血液由后向前流经可搏动的心脏，再经前方流向腹侧继续向后流动到达血腔进行气体交换，通过主动脉开口回流至背主动脉。血液中含血蓝蛋白（hemocyanin）和变形细胞（amoeboid cell），增加携氧效率及抗凝血。

（4）排泄：排泄器官为基节腺和马氏管。基节腺由 1 对球状薄囊和排泄管组成，与后肾管同源，球状囊沐浴在血腔中收集含氮废物，通过盘曲的排泄管转运至步足基部的排泄孔排出体外。适应干燥环境类群的排泄器官为马氏管，来源于内胚层，这些由中后肠交界处生出的盲管，游离于血腔中，收集代谢废物运送至肠道，随粪便以尿酸的形式排出，因而失水很少。

（5）神经系统与感官：神经节更趋于愈合，只有蝎类保持了腹神经索和神经节。多种感受器包括机械感受器（mechanoreceptor）、化学感受器等，如裂缝、突起、刚毛、孔、感觉细胞等，都与外骨骼相关。其中振动感受器（vibration receptor）对某些类群极为重要，如蜘蛛结网捕获猎物，它可通过猎物在网上的振幅，判断猎物的大小、方位。蛛形纲动物的化学感受器与脊椎动物的味觉、嗅觉相当。眼睛 1 至数对，主要用于探测运动和光的强弱，有些种类也许有成像功能。

（6）生殖与发育：雌雄异体，成对的生殖孔开口于腹部第 2 节。雄性常将精子贮存于精包或精荚内，当求偶仪式确认为同一物种后，再用须肢将精包植入雌体内，直接发育。许多蛛形纲种类具有护卵和护幼行为。

3. 蛛形纲主要类群

（1）蝎目（Scorpiones）：大约有 1400 种，喜干燥，白天伏在石块或木头下，晚上出来觅食，大多以昆虫和蜘蛛为主。身体可分为头胸部和腹部。头胸部较短，具背甲，背甲上有 1 对中眼（median eye），属单眼，中眼两侧有 2 ～ 5 对侧眼（lateral eye），属复眼。螯肢短小，突出于背甲前端；须肢发达，末端钳状；以后是 4 对步足。腹部分为前腹部和后腹部，前腹部扁宽，7 节，生殖孔位于第 1 节腹面，第 2 节腹面具 1 对栉状器，有感

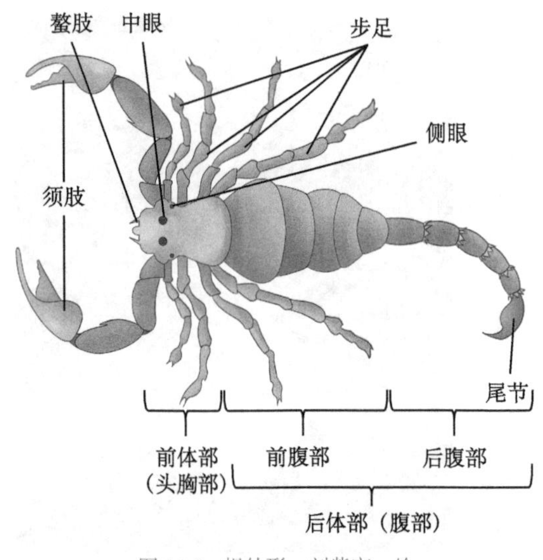

图 14-9 蝎外形 刘紫宸 绘

觉功能，3～6 节间各具 1 对气门，后腹部狭长，共 5 节，末端有 1 尾刺（stinger），尾刺基部膨大，内含毒腺，尾刺内部中空，开口于尾尖。尾刺刺入猎物时，平滑肌收缩，将毒液注入。人被蜇伤后一般不会致命。生殖前，两性一般会有 5 分钟至数小时的求偶期，即头部相对，后腹部向背侧弯曲，雄性用须肢抓住雌性，反复前后移动，雄性将精子产于精包内并留置地面，此时，雄性会调整雌性位置，让雌性生殖孔对准精包，当雌性腹部向下的压力碰到精包的触发结构时，精子溢出进入雌体内，受精卵在雌体内发育直至幼蝎产出。产出的幼蝎会爬到母亲背上，停留 1 个月左右，待第一次蜕皮后才独立生活，寿命可达 15 年（图 14-9）。

（2）蜘蛛目（Araneae）：大约 40000 种，是蛛形纲最大的类群，分布广泛。身体分为头胸部和腹部，两者间靠一细柄连接。

头胸部有隆起的背甲，背甲前上方有 3～4 对单眼，单眼的数量和排列是重要的分类特征。第 1 对螯肢，仅 2 节，基节膨大，内有毒腺，端节具螯爪（cheliceral claw），毒腺开口于爪尖，可刺穿猎物体壁并注入毒液。第 2 对须肢，由 6 节组成，分别为基节、转节、腿节、膝节、胫节、跗节组成，须肢外缘有锯突，内缘有毛丛，末端具爪，具有感觉和协助取食功能，雄性须肢末节膨大为交配器官，其余 4 对为步足。

腹部膨大为球形或拉长，多不分节。有生殖孔和书肺、气管的开口。有些种类腹部分节，这是原始种类的特征。

所有的蜘蛛都是肉食性的。用螯爪将毒液注入猎物体内，液化后吸食。

呼吸器官为气管或书肺，也有的种类气管和书肺兼有，书肺以裂缝开口于外骨骼表面，在书肺层片间与血液进行气体交换；气管外端以气孔开口于外骨骼表面，另一端经反复分支进入血腔进行气体交换，两者均靠血液运输气体，而不像昆虫气管那样将气体直接送到组织器官。

蜘蛛的排泄器官为马氏管或基节腺。蜘蛛的马氏管与昆虫的马氏管是独立演化的。

蜘蛛的神经系统集中包围在食管处，背侧发出分支到眼和螯肢，腹侧发出分支到步足和腹部。蜘蛛通常有 4 对单眼，视觉较差，主要探测移动物体，有些种类可以视物。感觉刚毛（sensory setae）着生在腿上，可感受蛛网甚至空气的振动（图 14-10）。

蜘蛛腹部后下方，常有 2～8 个锥形凸起物，即纺绩突（spinneret），这是腹部附肢的遗迹，也是本目特有的结构。突起上有小孔，与腹内多种腺体相通。蛛丝是蛋白质，由重复序列的甘氨酸、丙氨酸组成，在体内以凝胶的形式储存，固体蛛丝形成时，水被除去，脂类和硫醇加入，同时释放 H^+ 维持酸性以保护蛛丝免受细菌、真菌感染，凝胶从小孔被步足抽出结网。蛛丝有弹性，可以缠住猎物。目前，已经掌握了蛛丝的基因编码序列，正在试图利用分子技术生产人造蛛丝，这些比钢丝还硬的蛛丝既有弹性还可生物降解，用途将十分广泛，如医用缝合线、防弹衣、降落伞、渔网、人工韧带、肌腱等。

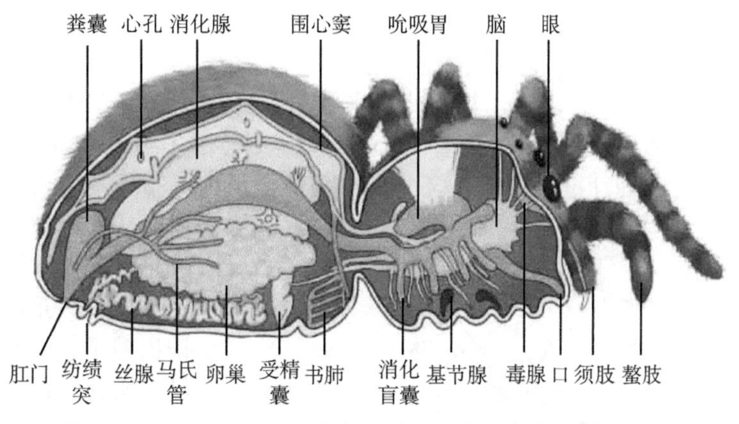

图 14-10　蜘蛛内部结构　韦竞嘉　绘

大腹园蛛（*Araneus ventricosus*）在结网时，首先抽出的是辐射线，以多条辐射线交叉的中心点为原点，再抽出框线，按一定间距（2 ～ 3cm）编织蛛网的环形框线。确定好蛛网的轮廓后再回到原点，抽出黏性丝，由中心向四周编织纬线，它会用第一对步足探测框线间距，在两条框线间编织，框线仅用来探测距离，编织到下一条框线时，将框线吃掉再继续编织黏性纬线，直至结网完毕。蛛网上只有纬线有黏性，其余丝线均无黏性。

蜘蛛均雌雄异体，且异形。雌性会将信息素（pheromone）涂在身体上或网上以吸引雄性。交配前，雄性先把精子排到一张小网上，再用须肢收集到其端部的贮精器内并开始寻找雌性。交配时，须肢充血，插入雌性生殖器中，排出精子。交配完成后，雄蛛立即逃走，否则有被雌蛛吃掉的危险。雌性很快排出受精卵，常将多达 3000 枚卵包裹于丝质卵囊内，随身携带或置于安全之处，经 1 ～ 2 周孵化，卵囊内的幼体第一次蜕皮后，钻出卵囊独立生活，再经 4 ～ 12 次蜕皮发育为成体。

（3）盲蛛目（Opiliones）：多分布于温带潮湿的土壤或洞穴中，约 5000 种。头胸部与腹部间无柄，广泛连接，最显著的特征是步足细长，足端具爪，仅 2 只眼。

（4）蜱螨目（Acarina）：大约有 40000 种，也有学者估计有 50 ～ 100 万种，身体圆形或卵圆形，包括螨（mite）和蜱（tick），分布极为广泛，有自由生活的水栖、陆栖种类，也有在人类和家畜体外寄生种类。

螨类大多体长不足 1mm，头、胸、腹完全愈合在一起。1 对螯肢和 1 对须肢有穿刺、固着、吮吸、咬等功能，这些功能因种而异，其后为 4 对步足。用气管或体壁呼吸，开管式循环系统，无心脏，排泄器官为肾囊或马氏管，神经系统包括脑和咽下神经节，感官有眼及感受器。寄生螨类多为临时寄生，少数长期寄生，寄主症状表现出炎症和瘙痒等。寄生在人表皮中的螨每天可产 20 枚卵，与患者接触可造成感染。恙螨（*Chigger mites*）寄生于脊椎动物和人的体表，可传播回归热等疾病。粉尘螨（*Dermatophagoides farinae*）是人对灰尘过敏的主要原因。

图 14-11　蜱外形

蜱类与螨类外形相似，但体长可达 3cm，附着在寄主体表吸血为食，可传播疾病，它们身体硬化程度比螨类要低，吸血后身体可膨胀数倍（图 14-11），在寄主体表交配。雌性饱食后脱落至地面再产卵，受精卵蜕皮后成为若虫，此时已具备寄生能力，若遇到寄主，经数次吸食、蜕皮即可变为成虫。因此，寄生是间断性的，如狗蜱（*Dermacentor* sp.），俗称狗豆子。

（三）海蜘蛛纲

均海产，多见于极地冷水水域，底栖，以刺胞动物为食。本纲大约 1000 种。体长从几毫米至数十厘米不等。头小，2 对单眼（图 14-12）。口位于端部，可吸食刺胞动物、软体动物的汁液。消化系统分支可延伸至足内。循环系统仅包括背侧的心脏，无呼吸和排泄系统，以体壁进行气体交换，具 4 对细长的足。雌雄异体，生殖腺 U 形，分支同样可延伸至每只足内。当雌性产卵时，雄性同时排出精子，受精卵聚成团块状，并附于雄性足上孵化，此足称携卵足（oviger）。有学者认为，海蜘蛛是早期节肢动物分离出来的一支，不属于任何亚门，但分子证据及形态学都支持本纲属于螯肢亚门。

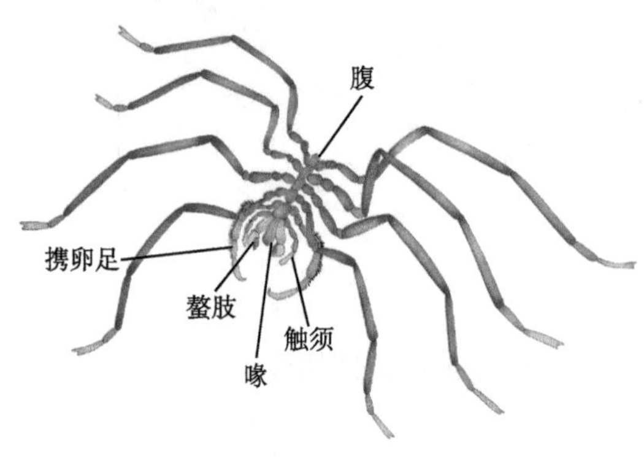

图 14-12 海蜘蛛 刘彦希 绘

三、多足亚门

现存约 13000 种。大多数种类栖息于潮湿、温暖的枯枝落叶或土壤中。目前，许多形态和分子证据支持这是一个单系群。

身体桶状或扁桶状，可分为头、躯干 2 部分。头部由 6 个体节愈合而成，原第 1 体节具前脑和眼，无附肢；第 2 体节具中脑，附肢为 1 对触角；第 3 体节退化且无附肢；第 4、5、6 体节附肢分别演化为大颚、第 1 小颚和第 2 小颚，3 对脑神经节愈合为咽下神经节。躯干部由一系列相似体节组成，大多每节具 1 对附肢。消化管为 1 直管，无盲囊，分前肠、中肠和后肠，以气管呼吸，开管式循环，排泄器官为马氏管，源于外胚层。神经系统由脑、食管下神经节和腹神经索组成，感官包括单眼和触角。雌雄异体，直接或间接发育。本亚门包括 4 个纲：倍足纲、少足纲、唇足纲和综合纲。

（一）倍足纲

视频 14-3

这一类群的祖先在泥盆纪时期就出现在陆地上，是最早的陆生节肢动物之一。现存约 10000 余种，俗称马陆（图 14-13）、千足虫。身体长桶状，行动缓慢，受到惊吓时身体可盘卷。

头部有 2 簇眼，1 对触角，上颚和下颚。胸部（躯干部前 4 节）4 节，每节有 1 对附肢。躯干部在胚胎期原始分节的基础上，进一步愈合，形成了现存种类的 11 ～ 100 个体节，这种愈合体现在每节有 2 对附肢，应该是相邻两节愈合的结果。类似的内部结构如 2 对神经节、2 对气孔、2 对气管干同样存在。它们的外角质层蜡质含量少，保水性差，因而更喜欢在潮湿地区生活。大多以腐烂的植物咀嚼取食，也有的种类以特化的口器吸取植物汁液。许多种类具有产生氰化氢的腺体，以驱离其他动物。未成熟的动物在每次蜕皮后可产生更多的体节和附肢，直到成年。多数种类第 7 节附肢演化为交配器官，生殖孔开口于躯干部第 3 节腹面。交配后

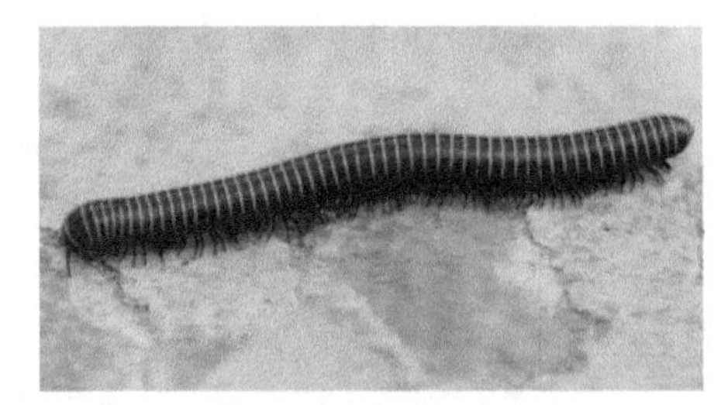

图 14-13 马陆 王宝青 摄

雌虫在巢内产卵，经数周孵化，变为幼虫。

（二）少足纲

生活在热带、亚热带丛林下富含腐殖质的土壤中，大约 500 种，分布广泛。以真菌、腐殖质和其他有机质为食。身体圆柱状，0.5 ～ 2mm，头小，有 1 对分叉的触角，无真正的眼。头部具 1 对感觉器。躯干部 12 节，但仅具 9 对附肢（第 1 节及末端 2 节无附肢），每 2 节覆盖 1 块背板，外骨骼柔软、潮湿，有利于气体交换和代谢物质运输，无呼吸、循环器官，借体腔扩散营养物质和转运代谢废物，可能与倍足纲亲缘关系紧密（图 14-14）。

图 14-14　少足纲动物

（三）唇足纲

通称蜈蚣，约 3000 种，大多栖息于岩石、木桩等下面，在地面碎屑中爬行，由于体表蜡层不发达，保水能力有限，因而喜欢生活在潮湿地区。身体扁桶状，由数节至百余节组成，每节 1 对附肢。最后 1 对附肢长，有感觉功能。最大体长可达 30cm。

蜈蚣是快速移动的捕食者，多以小型节肢动物、蚯蚓、蜗牛甚至青蛙、小型哺乳动物为食。头部具 1 对侧眼、1 对触角、1 对上颚、1 ～ 2 对下颚，后三者由附肢演化而来。躯干部第 1 对附肢为颚足（maxilliped），端部具毒爪，用于捕获、抓握猎物。消化系统是一直管，前端具唾液腺。2 对马氏管开口于肠腔，心脏细长、具心孔，每节有 1 对动脉，血液中有血蓝蛋白，开管式循环。每节有 1 对气门但不能关闭，以气管呼吸。神经系统链状。雌雄异体，交配期，雄性先织一张网，将精子收集、包裹于精子囊中并置于网上，雌性将精子囊拾入雌性生殖孔内，排卵时受精。雌性将受精卵产于自体周围或土壤中孵化，孵化出的幼体经蜕皮生长并逐步增加体节和附肢数量，直至成年（图 14-15）。

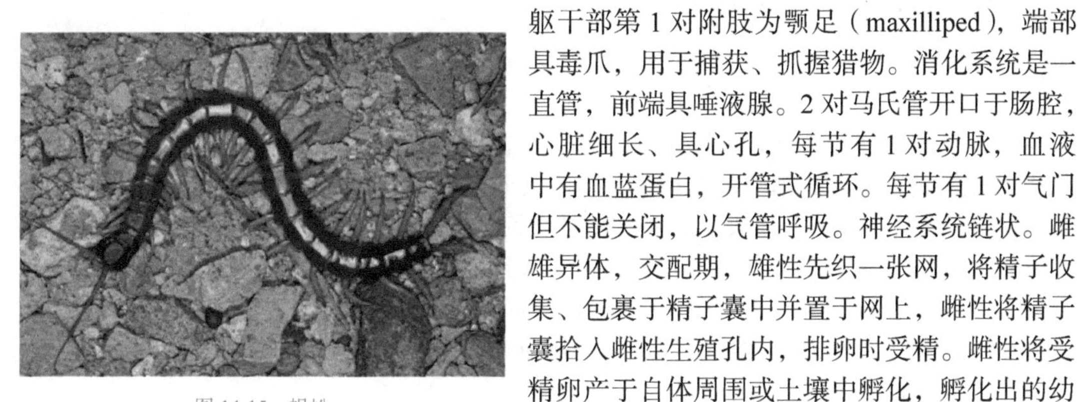

图 14-15　蜈蚣

（四）综合纲

体型与蜈蚣相似，生活于腐殖质丰富的土壤中。大约 175 种，多呈纯白色，体长 2 ～ 10mm。身体分头部和躯干部。头部无眼，触角线状，触角基部有感觉窝，综合纲大颚与倍足纲非常相似。躯干部由 14 节组成。前 12 节有 12 对附肢，第 13 节有 1 对纺绩器（源于附肢），第 14 节有 1 对较短的尾铗。气管系统仅存于前端，具 1 对气门。生殖孔位于第 2 和第 3 步足之间（图 14-16）。

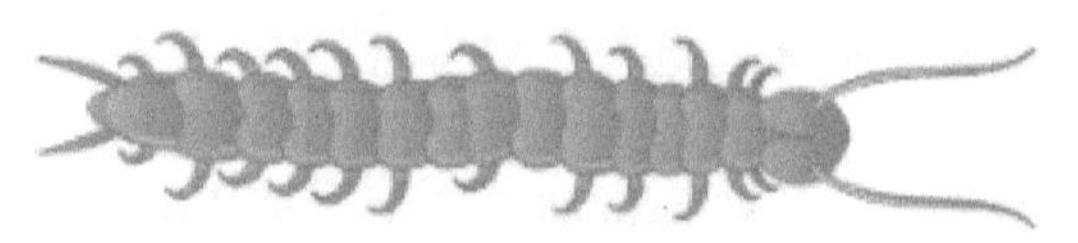

图 14-16　综合纲动物

四、甲壳亚门

甲壳亚门约有67000种，包括常见的小龙虾、虾、蟹等非常熟悉的类群，但还有许多常见但又不为人们所知的种类，如桡足类、枝角类、等足类、藤壶等。甲壳类与其他现存节肢动物有两点明显不同，第一是具有2对触角（其他种类1对或无触角）；第二是原始附肢均为双肢型，内、外肢叶状，不分节，有的附肢特化失去外肢而成为单肢型。附肢形态多样，功能各异，包括取食、防御、行走、游泳、呼吸等（图14-17）。

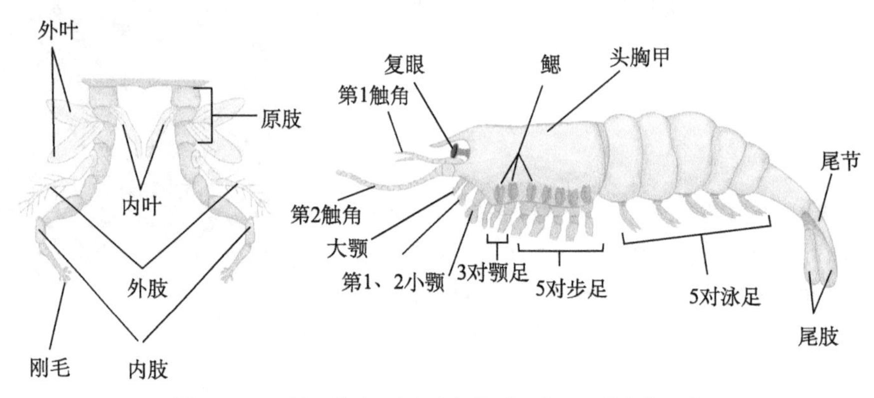

图14-17 双肢型附肢（左）和虾外形（右） 吴婉茗 绘

（一）甲壳动物亚门主要特征

1. 外形

体表覆盖着由表皮分泌的角质层（几丁质、蛋白质、钙质组成）。体型越大，外骨骼一般沉积的钙质越多、越硬，但在体节间的关节处薄而柔韧，确保运动的灵活性。大多数种类身体由12～20节组成，但少数种类可多达60节以上，大量的分节是祖先的特征。依功能特点，身体基本可分为头、胸、腹3部分，但多数甲壳类1至多个胸节与头部愈合构成头胸部，背侧覆以头胸甲。本亚门中最大的是软甲纲，包括龙虾、虾、蟹等。它们有恒定的体节和排列顺序。头部由5个体节愈合（胚胎期6节）而成，胸部8节，腹部6节（少数种类7节）和1尾节。

2. 附肢

甲壳类的附肢，基本上每节1对，第1触角单肢型，其余多为双肢型特化的附肢单肢型。典型的头部5对附肢，第1对小触角（antennule）与多足亚门的触角同源，有触觉、嗅觉及平衡功能；第2对大触角（antenna），主触觉；第3对大颚（mandible），原肢大而坚硬，具咀嚼功能；第4、5对分别为第1和第2小颚（maxilla），第1小颚可抱握食物，第2小颚可扇动水流。胸部附肢8对，第1～3对为颚足（maxillipede），有触觉、味觉和抱持食物功能；4～8对为步足（pereiopoda），外肢退化，主行走。腹部附肢为5对游泳足（pleopod），主游泳。有的虾类如对虾，雄性的第1泳足内肢特化为交接器，雌性可携带卵子。身体末节与第6腹足共同构成尾扇，有倒退及舵的功能（图14-18）。

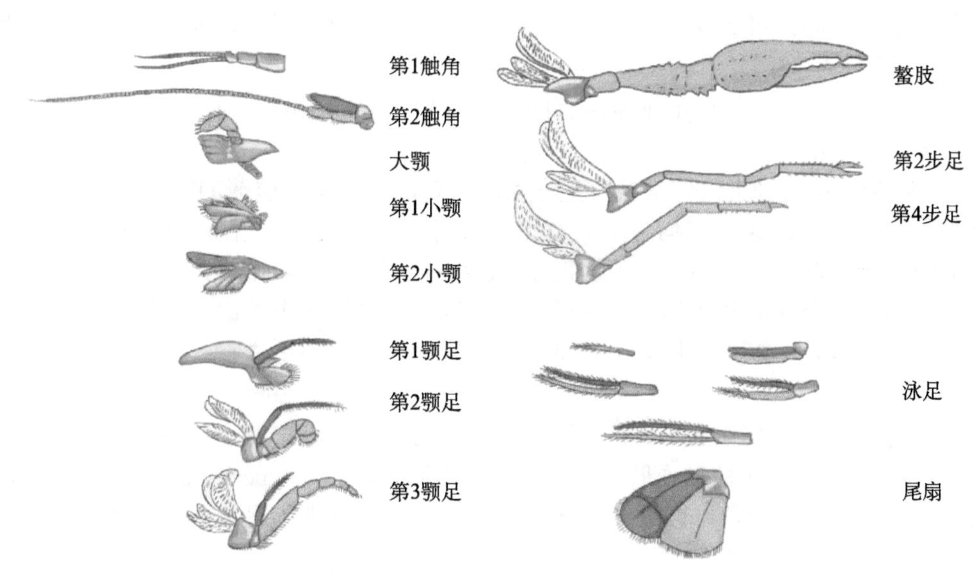

图 14-18 克氏螯虾（龙虾）各足形态 吴婉茗 绘

3. 体壁与肌肉

低等甲壳类外骨骼薄而柔软，但虾、蟹类沉积了大量钙质而变坚硬。

在表皮下面有放射状分支的色素细胞（图 14-19）。色素细胞不能改变自身大小、形态，胞质内含大量色素颗粒，包括红、黄、蓝、白、黑等颜色。

体色的改变依赖于胞质的流动，携带色素的胞质流入色素细胞分支，体色变深；若胞质仅局限于细胞中央，体色变浅。一个色素细胞可以有一种到几种色素颗粒，每种可独立运动，这种含有多颜色色素颗粒的色素细胞仅存在于虾体内，体色的改变受眼柄分泌的激素控制。体色的改变有两种形式，一种是生理变色（physiological color change），即色素细胞内色素颗粒的分散与集中；另一种是形态变色（morphological color change），表现在色素细胞内的色素颗粒丢失或形成，或色素细胞数目的改变。

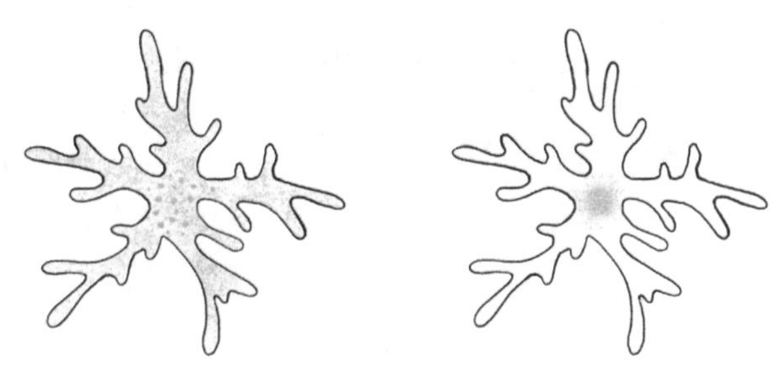

图 14-19 色素细胞中色素颗粒扩散（左）与色素颗粒集中（右） 崔永静 绘

肌肉发达，多为横纹肌，各体节和关节间都有拮抗肌，即作用力相反的两组肌肉，如伸肌（extensors）与屈肌（flexors）。虾类腹侧屈肌极为发达，收缩时腹部弯曲。

4. 内部结构与生理

（1）摄食与消化：甲壳类摄食广泛，包括植食性、肉食性、杂食性、腐食性等。摄食方式包括滤食性、捕食性等，但它们的口器类型基本相似，以上、下颚取食，颚足抓握，步足和螯肢捕获和撕裂。

消化管包括前、中、后肠。前肠由食管、胃组成，有些甲壳类胃内壁有几丁质形成的齿状、嵴状突起，可磨碎食物颗粒；中肠常有1至数对盲囊，帮助消化吸收；后肠内壁也具几丁质，以肛门开口于尾节基部。

（2）血腔：真体腔仅存于排泄器官的端囊和生殖腺周围的空间，其余均为充满血液的血腔（混合体腔）。

（3）呼吸：小型种类气体交换发生在附肢特化的鳃或角质层薄的区域甚至整个体表。大型种类以鳃呼吸，这些鳃均与附肢有关，由附肢基节生出的角质层极薄的羽状突起，称关节鳃（arthrobranch）；由底节生出的突起物称足鳃（podobranch）；十足类甲壳动物由头胸甲围成一个腹部开放的腔，鳃可伸入鳃腔，通过第2小颚扇动水流从头胸甲的腹侧或后侧流入鳃腔，蟹类仅从第1步足基部流入鳃腔，在那里进行气体交换，再由前部腹侧流出。

（4）循环：开管式循环，心脏位于背侧，由横纹肌构成，血液从心脏搏出，经动脉（内有瓣膜，防止倒流）流向血腔、组织腔隙，再回到围心窦（pericardial sinus），经成对的心孔入心。血液呈蓝色、微红色或无色，血液中的变形细胞可释放凝血酶，受伤时可凝血。

（5）排泄：甲壳类成体排泄器官为1对囊状肾（图14-20），肾孔开口于触角基部，又称触角腺（antennal gland）；幼体的排泄器官为小颚腺（maxillary gland）肾孔开口于第2小颚基部。

十足类触角腺生理状况下为绿色，也称绿腺。触角腺包括若干小泡构成的端囊（end sac）、海绵状迷路（labyrinth）、肾管和膀胱，末端为肾孔。端囊一端浸浴于血腔中，血腔的流体压力让液体进入囊内，囊内的滤液被吸收盐分、氨基酸、葡萄糖和一些水分后，以尿的形式排出体外，主要功能是调节离子平衡。含氮的废物主要通过鳃和体表（外骨骼不发达处）扩散。

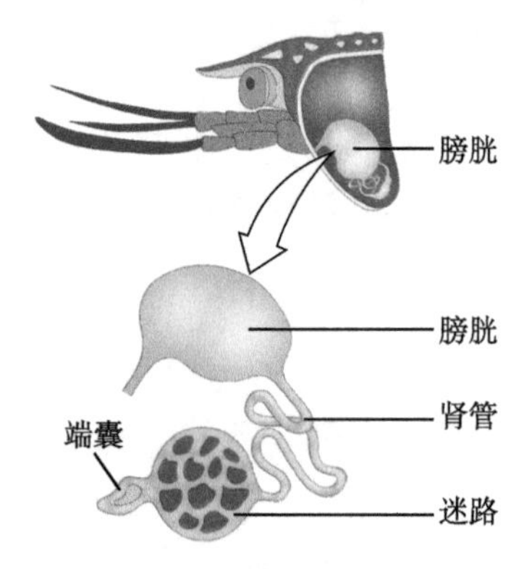

图14-20 虾触角腺示意图 刘彦希 绘

（6）神经与感官：原始种类如等足类包括脑及双链神经索，每个体节有1对神经节。高等种类如虾类双链愈合，蟹类胸腹部神经节与食管下神经节愈合为神经团。脑由前3对神经节愈合而成，又称食管上神经节（supraoesophageal ganglia），支配1对眼和2对触角；脑连接食管下神经节（subesophageal ganglion），此神经节由头部后3对神经节和胸部前3对神经节愈合而成（图14-21），分别支配口腔、附肢、食管、触角腺等，腹神经索上每个体节都有1对神经节支配附肢、肌肉等。除去上述中枢神经系统外，还可能存在与消化管相关的交感神经系统（sympathetic nervous system）。

甲壳类感官发达，包括单眼、复眼、平衡囊、触毛等，化学感受器如嗅觉、味觉也大量分布于大、小触角，口器等处。

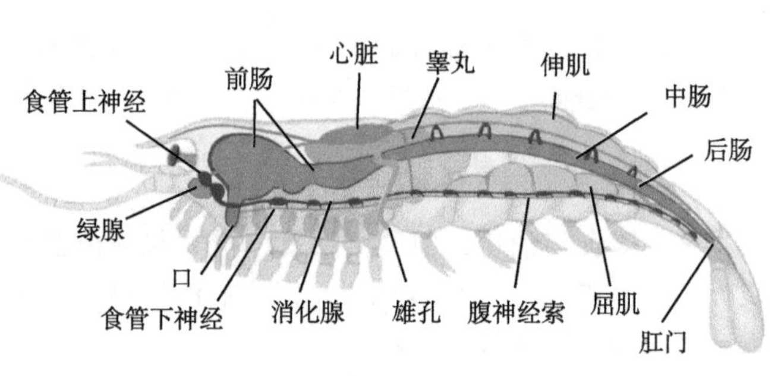

图14-21 虾内部结构 吴婉茗 绘

单眼是无节幼体时期的眼，也存在于原始种类的成体，仅有感光作用。大多数甲壳类有 1 对复眼，一般位于眼柄（ocular peduncle）上，眼柄分 2 ～ 3 节，可动。复眼由若干小眼合并而成，每只小眼只成像一部分，所以这种眼形成的是镶嵌像，复眼的详细结构将在昆虫纲描述。

平衡囊多位于触角或足的基部、尾节处。由外胚层内陷形成，囊内有几丁质和沙粒形成的平衡石（statolith），以背孔开口于体表，当身体位置发生变化时，感觉刚毛将刺激传递给大脑，并做出相应调整。每次蜕皮时，平衡石中的颗粒会有一些损失，再通过背孔补充。

（7）生殖：大多雌雄异体，少数雌雄同体。藤壶雌雄同体，但异体受精。有些类群雄性很少，如介形类、鳃足类，常进行孤雌生殖。多数种类产卵时受精，并将受精卵置于附肢间孵化，但鳃足类和藤壶有专门的孵化囊，桡足类孵化囊位于腹部两侧。甲壳类典型的发育模式为间接发育，包括几个幼虫期，第 1 个幼虫期称无节幼体（nauplius），此时身体尚未分节，具 3 对附肢（单肢型的第 1 触角、双肢型的第 2 触角和大颚），此时的主要功能是游泳。随着进一步蜕皮发育，幼体从肛门前增加体节，直至成体（图 14-22）。

（8）内分泌：虽然蜕皮是通过激素调控的，但却是中枢神经系统感知环境变化受到刺激启动的，如温度、光照时间、湿度等。中枢神经系统由 X 器官（大脑末端的一组神经分泌细胞）减少蜕皮抑制激素（molt-inhibiting hormone）的产生，在十足类，这一结构存在于眼柄内。激素沿 X 器官的轴突被转运到附近的窦腺（sinus gland）中保存，蜕皮前释放到血淋巴（hemolymph）中。蜕皮抑制激素水平下降，从而使由 Y 器官产生的蜕皮激素（molting hormone）水平升高，Y 器官位于上颚内收肌附近的表皮下，与昆虫的前胸腺同源。蜕皮激素一旦启动蜕皮程序，蜕皮过程会自动进行而不再需要来自 X、Y 器激素的进一步作用。若去除眼柄，会加速蜕皮。此外，表皮中色素细胞内色素颗粒的集中与扩散也是由眼柄的神经细胞分泌的激素调控的。为此，去除眼柄的甲壳类再也无法调整自身的体色，视网膜色素在眼睛中的迁移来适应明暗也是同样的道理。位于心包壁上的心包器官释放的神经分泌物可使心跳加速。虾蟹类在生活状态下，色素中的类胡萝卜素和蛋白质结合成虾青素，身体呈现青色，经煮熟后，其中的蛋白变性而成红色。

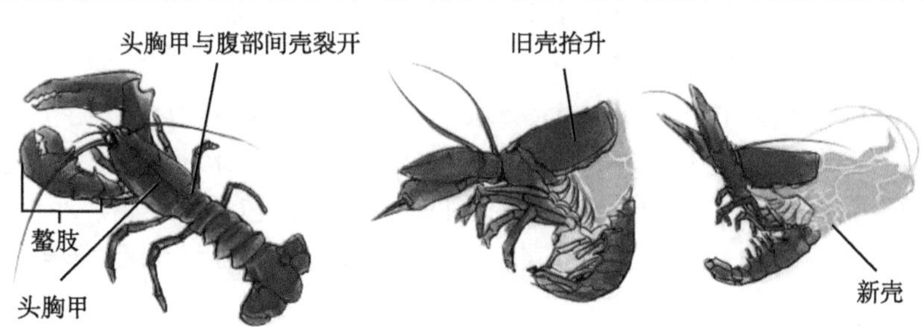

图 14-22　虾蜕皮过程　吴婉茗　绘

（二）甲壳亚门的主要分纲简介

1. 浆足纲（Remipedia）

是最原始的一纲，穴居，无甲壳，体长 10 ～ 40mm，体节可达 42 节，附肢双肢型且外形相同。

2. 头虾纲（Cephalocarida）

体小，3mm 左右，无眼，最接近祖先的一类。雌雄同体，独有的特征是卵子和精子通过一个共同的管道排出。

3. 鳃足纲（Branchiopoda）

大多数淡水生，身体可分头部、躯干部。胸肢扁平、叶状，具有呼吸、滤食、运动功能，腹部一般无附肢。体节数目不定。第 1 触角退化不分节，有尾叉，如丰年虫（*Artemia salina*）、鲎虫（*Triops*）、水蚤（*Daphnia*）等。

4. 软甲纲（Malacostraca）

最大的一纲，约 40000 种，包括虾、蟹、小龙虾、糠虾、等足类、磷虾等。

（1）等足目（Isopoda）：海产、淡水或陆生，也有寄生，无甲壳、眼柄，仅 1 对颚足，胸足 7 对，均单肢型，无特化，故得名。如海蟑螂（*Ligia*）、鼠妇（*Porcellio*）等。

视频 14-4　视频 14-5

（2）端足目（Amphipoda）：海产或淡水生，外形似虾，体侧扁，无甲壳、眼柄，颚足 1 对。

（3）磷虾目（Euphausiacea）：仅 90 种，但却是海洋浮游生物重要组成部分。体长 3 ～ 6cm，无颚足，具发光器（photophore），是许多鱼类的主要食物。

视频 14-6.1　视频 14-6.2

（4）十足目（Decapoda）：包括虾、蟹、小龙虾、龙虾等。胸部前 3 对附肢为颚足，形成一部分口器；后 5 对足为步足，单肢型。

5. 颚足纲（Maxillopoda）

约 12000 种，体短，由头（5 节）、胸（6 节）、腹（4 节）和 1 个尾节组成，胸足双肢型，腹部无附肢，一般分 2 个亚纲。

（1）桡足亚纲（Copepoda）：海产或淡水生，大多浮游生活，以第 2 小颚滤食，如剑水蚤（*Cyclops*）等。

（2）蔓足亚纲（Cirripedia）：大约 1000 种，海产，体外包背甲，常形成石灰质外壳，一般雌雄同体，固着或寄生生活，如藤壶（*Balanus*）、茗荷（*Lepas*）、蟹奴（*Sacculina*）等。

6. 五口虫纲（Pentastomida）

约 130 种，均寄生于脊椎动物肺脏和鼻腔内，身体仅分为头部和躯干部。头部具 5 个突起，前端有口。躯干长，表面具环。值得一提的是，原来的舌形动物门现已被归入此纲，这是基于对其核糖体 RNA、DNA 编码分子研究得出的这一结果。

身体蠕虫状，成体长 1 ～ 13cm，寄生生活，多见于脊椎动物肺脏及上呼吸道内，尤其是食肉性爬行类体内。体表出现了分节，但内部不分节，口可伸缩，周围有 2 对钩，用以附着寄主。体表覆有非几丁质多孔的角质层，在幼体阶段会周期性脱落。消化管简单，神经系统与其他节肢动物相似，无循环、呼吸、排泄器官（图 14-23）。雌雄异体，雌性略大，排卵量可达数百万粒，这些卵通过寄主气管进入消化管再被排出，感染中间寄主（如鱼、爬行动物等），在中间寄主消化管内随机移行，成为若虫，历经数次蜕皮、生长后，变成休眠幼体。当终末寄主猎食中间寄主后，幼体可找到通往肺部的路径，并在肺部以血液和组织为食，达到性成熟。如蛇舌形虫（*Arimillifer*），成虫寄生在蛇体内，而人是中间寄主。

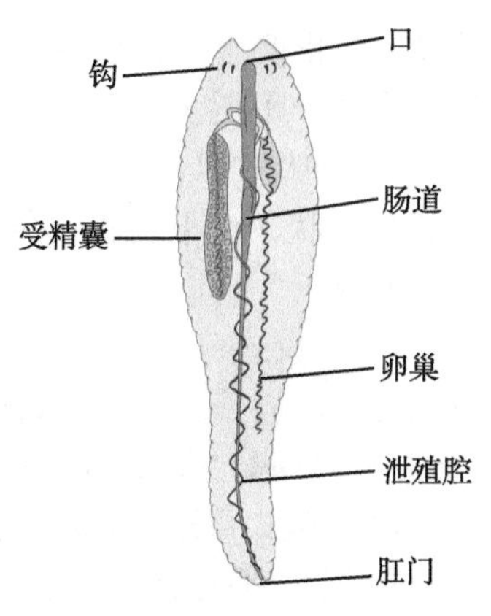

图 14-23　舌形动物　刘彦希　绘

五、六足亚门

（一）六足亚门的主要特征

六足亚门因具 6 个足而得名。这是动物界最大的一个纲，其数量超过了其他动物总和。现已知 110 万种，有专家估计会超过 3000 万种，更令人惊讶的是，昆虫正在不断地、有时甚至是迅速的演化，广泛分布于各种生境（海洋除外）。现一般分为 2 纲，内颚纲（Entognatha）和昆虫纲（Insecta）。以下主要以昆虫纲作为代表进行描述。

1. 外形

身体分为头、胸、腹 3 部分，头部由 6 个体节愈合而成，胸部和腹部分节明显。胸部 3 个体节，腹部一般 11 节，共 20 节。

（1）头部：感觉和摄食中心，由 6 个体节愈合而成，胚胎期每节 1 对附肢，以后第 1、3 对附肢退化，第 2 对演化出了触角，多由 3 节组成，由基部到端部依次为柄节（scape）、梗节（pedicel）、鞭节（flagellum）。种类不同，触角类型也不相同，甚至有的昆虫，如蚊，雌、雄之间也有所区别。常见的触角类型有：丝状（蝗虫）、刚毛状（蜻蜓）等（图 14-24），触角主要司嗅觉和触觉作用，有的也司听觉（雄蚊）。复眼 1 对，单眼无或 1～3 个。

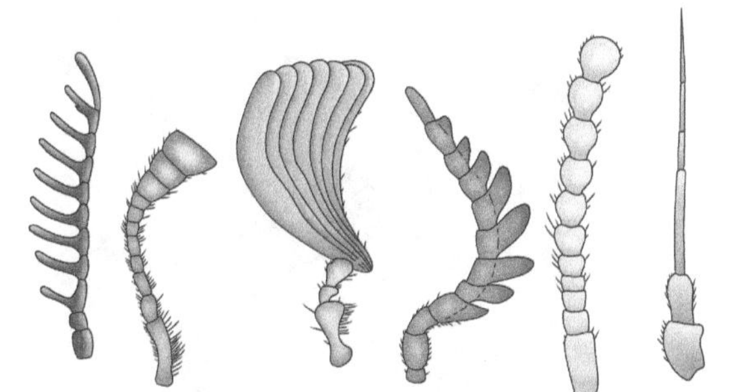

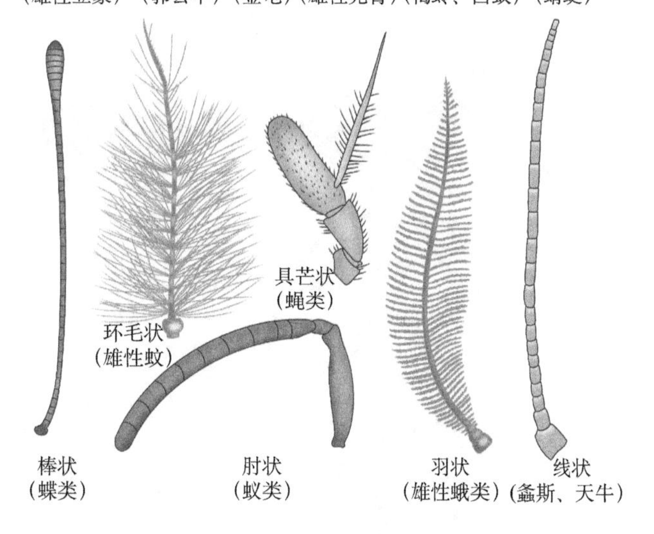

图 14-24　昆虫触角类型　高元满　绘

口器：昆虫的摄食器官，因食性和摄食的方式不同，分下列几种。

1）咀嚼式口器：最原始、最基本的类型，为多数昆虫所具有（蝗虫、蟋蟀等），适于摄食固体食物，由上唇、下唇、上颚、下颚和舌 5 部分组成，上颚、下颚、下唇分别来自头部 4、5、6 对附肢。上唇为面部的延伸，可前后活动，防止遗撒；上颚用于削磨切割，可左右移动；下颚及下颚须可感知、把持食物；下唇及下唇须可感知储食；舌为口腔底部突起，可感知食物。

视频 14-7

视频 14-8

2）刺吸式口器：与咀嚼式口器组成相同，但上唇、上颚、下颚和舌延长呈针状，由下唇将 6 条针包裹成针束，可刺入动物皮肤或植物组织中吸取血液或汁液（如蚊）。

3）舔吸式口器：其特点为上、下颚退化，上唇和舌形成食物管道，下唇延长，末端特化为 1 对唇瓣，瓣上有许多环状沟，两唇瓣间有 1 小孔，液体食物即由此孔直接吸入，或经环沟过滤，进入食物管道（如家蝇）。

4）虹吸式口器：上唇、下唇及上颚均退化，仅下颚的外颚叶延长并左右闭合成管状，平时盘卷成发条状，用时伸长，适于在花朵中采蜜（如蝶、蛾）。

视频 14-9.1　视频 14-9.2

5）嚼吸式口器：上颚有咀嚼功能，下颚和下唇延长，吸蜜时下颚和下唇合拢形成食物管道，可舔吸花蜜（如蜜蜂）（图 14-25）。

（2）胸部：昆虫运动中心，由 3 个体节组成，分前胸（prothorax）、中胸（mesothorax）和后胸（metathorax）。每个胸节 1 对单肢型附肢，分别称前足、中足和后足。

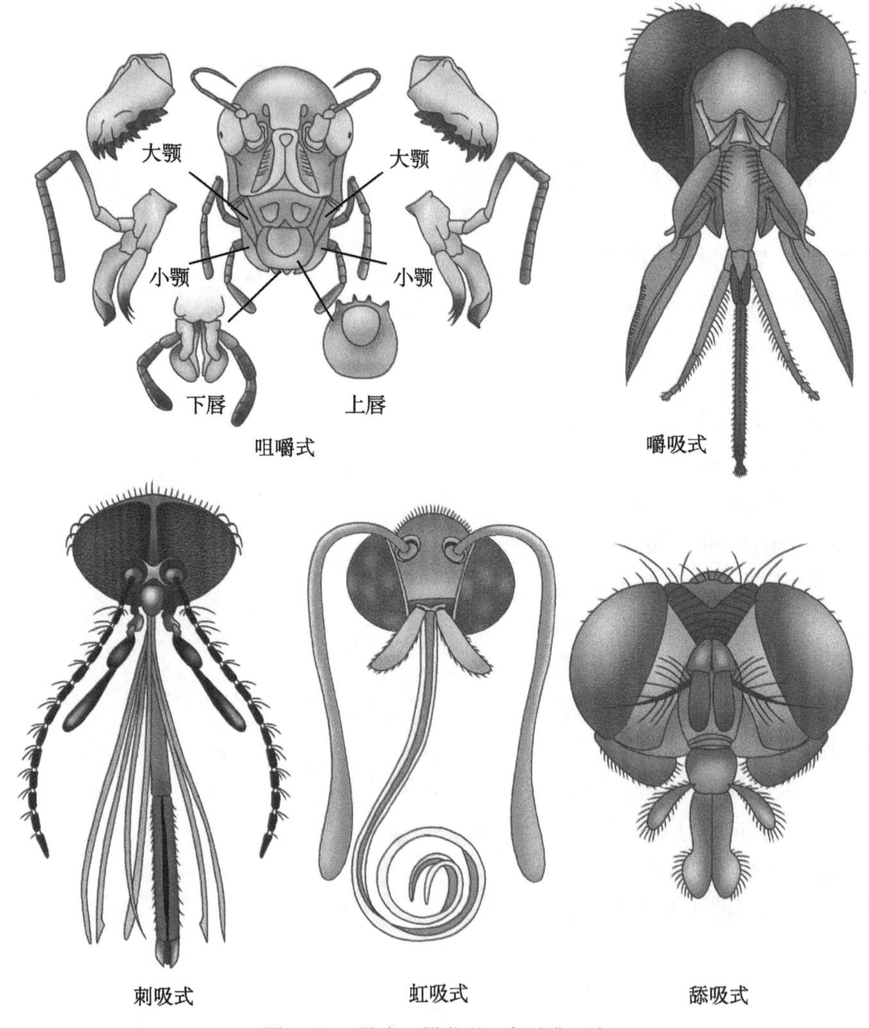

图 14-25　昆虫口器类型　高元满　绘

昆虫的足由 6 节组成，与胸部相连接的是基节（coxa），依次是转节（trochanter）、腿节（femur）、胫节（tibia）、跗节（tarsus）和前跗节（pretarsus），前跗节常变为爪和爪垫。由于生活方式不同，有的足发生了变异，如蝗虫后足，腿节特别发达，适于跳跃；螳螂的前足腿节和胫节能合抱在一起，适于捕虫等（图 14-26）。

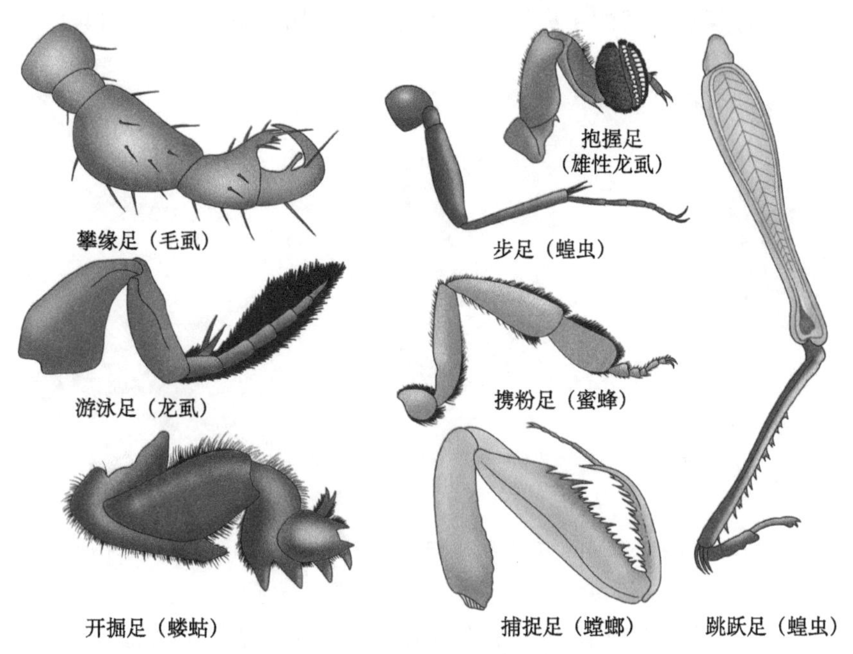

图 14-26 昆虫胸足类型 高元满 绘

多数种类中、后胸有 1 ～ 2 对翅，分别称前翅、后翅。翅由中、后胸背部的体壁突起并延展形成，翅内有翅脉（vein），是血液、气管和神经的通路，翅脉还可起到加固、支持翅的作用。翅脉在翅面上的分布形式，称脉相（venation），不同种类的昆虫脉相差异很大，因而是昆虫分类的重要依据之一。如金龟子等甲虫的前翅，称鞘翅，坚硬，厚且光亮；蝗虫前翅革质，薄且不透明；蝶、蛾的表面覆盖着各种颜色的鳞片，称鳞翅；蚊、蝇后翅退化成 1 对很小的平衡棒；臭虫、羽虱等体外寄生种类，则为次生性无翅。胸部具 2 对气门。

（3）腹部：昆虫生殖和代谢的中心，10 ～ 11 节，每节外骨骼上都有侧褶，以扩大腹腔容积（饱食、孕期），每节 1 对气门，还有特化的交配器、产卵器和尾须等，未成熟的水生昆虫腹部具鳃。每个体节都由 4 个板块组成，即 1 块背板（tergum）、1 块腹板和 2 块侧板。附肢末端有爪垫、爪。有的爪具黏性，有利于附着。水栖种类有的附肢桨状，体现出一系列复杂的适应特征。生殖器起源于 8 ～ 9 节附肢，尾须和产卵器都是附肢演化的。

2. 运动

（1）飞行：飞行是昆虫最重要的运动方式，昆虫也是最早会飞行的动物。昆虫的翅与鸟类的翅膀不同源，很可能昆虫在高大植物上滑落地面时首先起到滑行作用，逐渐地演化出了可扇动的翅。化石显示，昆虫在 4 亿年前就演化出了功能齐全的翅。

翅的扇动靠飞行肌伸缩完成。飞行的机制有 2 种，即直接飞行机制、间接飞行机制。

直接飞行机制是通过直接飞行肌实现的。直接飞行肌一端直接连于翅基部，另一端附着在腹板上，当肌肉收缩时，翅下降，如蜻蜓、蝴蝶、蚱蜢等。

间接飞行机制是通过改变外骨骼形态实现的，受间接飞行肌控制。间接飞行肌有 2 种，一种是肌肉两端分别附着于背板和腹板上，肌肉收缩时，背、腹板距离缩短，同时侧板恰好支撑起翅基部，从而翅抬升；另一种肌肉是连接身体前后的纵肌，当肌肉收缩时，身体变短，背腹板之间的距离拉长，背板隆起，翅向下扇动（图 14-27）。除上述的其他昆虫属此类型。

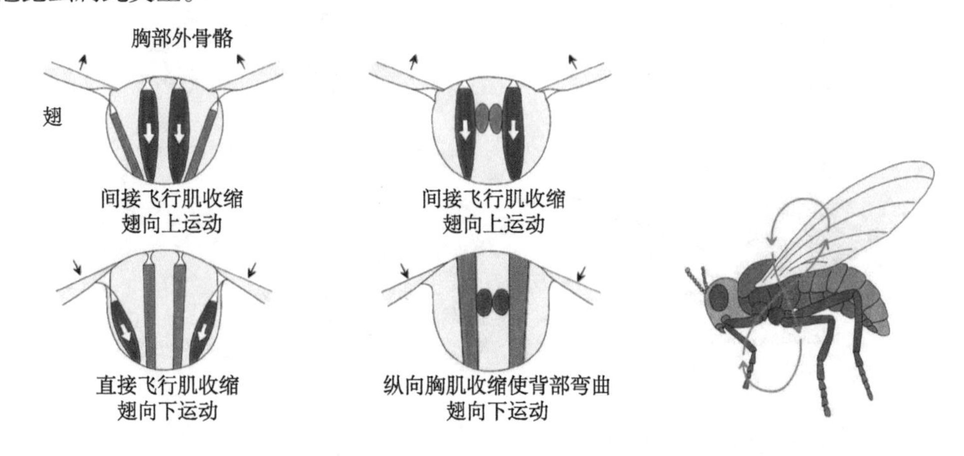

图 14-27 昆虫飞行肌伸缩示意图 刘彦希 绘

在翅扇动期间，胸部变形会将能量储存在外骨骼中，借助外骨骼弹性回缩，助力飞行；昆虫一个神经脉冲，可导致大约 50 个收缩周期；在翅底部的硬板上还有控制翅倾斜的肌肉以提供升力。以上种种特点，都成就了昆虫飞行专家的地位。此外，飞行肌快速收缩，需要一定的体温条件（也许 25℃以上），昆虫可借助太阳或在温暖的表面休息储存能量，也有的种类靠肌肉快速收缩获能。

视频 14-10

（2）其他运动形式：昆虫的运动形式极为多样，除了飞行还包括爬行（包括独特的尺蠖运动）、跳跃、奔跑、游泳等。大多数昆虫行走时，都会用一侧的前足和后足及另一侧中足同时着地，这 3 个支点赋予了身体的稳定性。水黾脚垫上有不被水湿润的毛，可以借水的表面张力在水面行走，两后足滑行时，前足可捕食。

跳跃种类（蝗虫）后足有发达的肌肉，可瞬间产生强大的推进力。跳蚤的跳跃距离可达自身体长的 100 倍。

3. 内部结构与生理

（1）体壁和肌肉：昆虫的体壁包括外骨骼、表皮、基膜。外骨骼最外面的蜡层，可有效防止体内水分蒸发，它们坚韧的外骨骼不是靠几丁质而是硬蛋白，这比起甲壳类沉积钙盐加强硬度，无疑减轻了重量，更适于飞行。昆虫的体表有大量形态各异的突起或毛、刺等，具感觉等功能。体壁凹陷内突可供肌肉附着，这些肌肉与体节和附肢关节间的协调作用，产生了复杂而灵活的运动。

（2）消化与营养：消化管由前肠、中肠、后肠组成。前肠（内衬几丁质）包括口、咽、食管、嗉囊和前胃（砂囊）。在胸部腹面，有 1 对唾液腺，直接开口于口腔底部，可湿润食物。食管后是膨大的嗉囊，可暂时贮存食物。但有些昆虫的嗉囊（如蜜蜂），可将采来的花粉，与嗉囊内唾液中的蛋白酶混合，酿成蜂蜜，因此又称蜜胃。嗉囊之后是前胃，前胃内壁上，有齿状突起，可磨碎食物。前胃与中肠间有 1 圈贲门瓣，可防止粗糙食物进入中肠。中肠又称胃，是分泌各种消化酶以及消化、吸收营养物质的主要场所。在前肠和中肠交界处，由中肠前端突出数条盲管状的胃盲囊（蝗虫 6 条），借以增加消化和吸收面积（图 14-28）。后肠（内衬几丁质）包括小肠和直肠，开口于肛门。后肠主要是重吸收水分和离子，最终形成干燥的粪便排出体外。

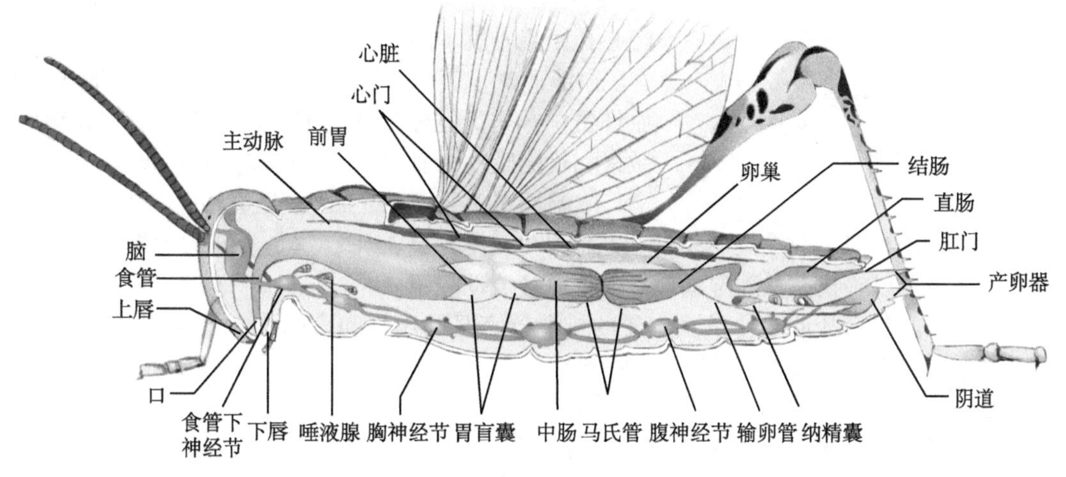

图 14-28　蝗虫内部结构　陈艾平　绘

大部分昆虫以植物汁液、植物组织为食；甲虫多为腐食性，也有肉食性种类；有些寄生种类，以脊椎动物血液为食；某些为重寄生（hyperparasitism），即：一种寄生昆虫被另一种昆虫寄生；还有些是拟寄生（parasitoids），即：寄生虫寄生于寄主体内吸收营养并逐渐将寄主杀死，这有利于控制昆虫的种群数量。

由于各种昆虫食性不同，消化管也有许多变异。如吸食植物汁液的蛾、蝶，胃盲囊较长，贮存的食物多，消化管也长；吸血性昆虫，消化管较短。

（3）气体交换：除一些微小的昆虫直接利用体壁呼吸外，其余昆虫都利用气管呼吸。气管仅由单层表皮内衬几丁质构成，是外胚层内陷形成复杂分支的网络结构。体表凹陷处是气门，气门有可活动的膜瓣调节开、闭，以调控进气量兼顾减少水分丢失。气门的数目基本上按胸、腹部的体节排列，但一般少于体节的数目。气门通入气管，气管壁有螺旋丝（taenidium）可防止气管塌陷，也可随着虫体运动收缩、扩张气管。分支后的毛细气管末端形成极细的网状微气管（tracheole），管内充满液体，直接伸入细胞的线粒体附近，代谢活跃的组织中尤其丰富，在那里进行气体交换。微气管壁也有几丁质，但不脱落，昆虫的气管系统是独立于其他节肢动物气管系统演化的。

气体进入体内的机制是飞行肌运动，交替压缩或扩张气管干，造成空气流动，也有的通过腹部肌肉收缩将气体吸入气管内。蝗虫两侧有纵向分布的侧气管干，背、腹有背气管干和腹气管干，还有连接主气管干的横气管，以及许多主气管的分支，直至形成盲管状的微气管网直接与组织进行气体交换，某些部位的气管还可局部膨大形成气囊，以贮存更多的空气。这既增加了飞翔时的浮力，也提供了充足的氧气（图 14-29）。

此外，一些水生昆虫可以利用水中的溶解氧进行呼吸，气门已失去功能，有些种类

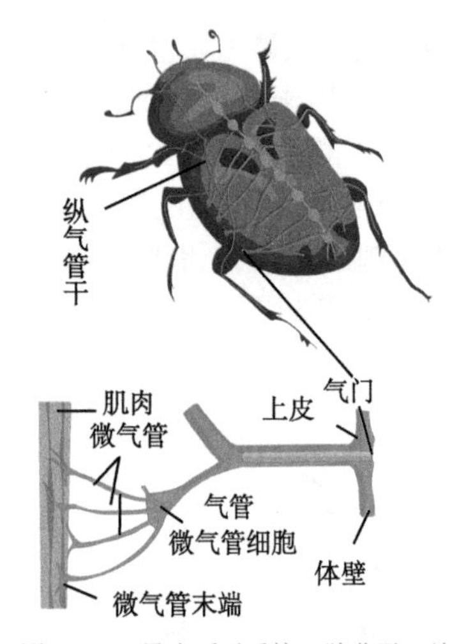

图 14-29 昆虫呼吸系统 陈艾平 绘

会将气泡覆盖在气门上潜入水中，而这些次生性水生昆虫仍需定时露出水面呼吸空气。还有些种类如未成熟的蜉蝣演化出了气管鳃，再通入气管系统。

（4）循环与体温调节：开管式循环。唯一的血管是位于消化道背面的背血管，前段称动脉，通向头部，后段称心脏，由一系列连续膨大的心室组成，可搏动，室与室之间有瓣膜，以便血液单向流动。血液由心脏流向头部，再经两侧流入内脏器官之间的血腔，最终经心孔回流心脏（图 14-30）。

血液通常呈黄色、绿色或无色，血内有白细胞，无血红蛋白，也无运输气体功能，仅负责输送营养物质、激素和代谢废物，血细胞参与机体防御和修复。

体温调节是昆虫飞行的必要条件，晒太阳和附在温暖物体表面，肌肉收缩均可迅速将肌肉从 0℃提升至 35℃，这是蜜蜂的理想飞行温度。反之，昆虫可以寻找凉爽潮湿的地方通过血液流动降温。

（5）排泄与水盐调节：昆虫主要的排泄器官是马氏管和直肠。六足动物马氏管来源于外胚层，位于中、后肠交界处，由众多细小的盲管组成，一端开口于肠腔，盲端游离于血腔中。尿酸、氨基酸及各种离子被主动分泌到管内，水分也随之进入，然后进入肠腔。在直肠内，水分和各种离子及其他物质被再次重吸收（尿酸除外），最终，血液中代谢产生的废物——尿酸，经后肠排出体外。初级含氮废物（氨）转化为尿酸的能源成本很高，几乎所食的一半能量都用于此。然而，这是一种演化的权衡，尿酸不溶于水，因而减少了水分的排出，以适应干燥的陆生生活。水生的昆虫只是借体壁扩散就可以将氨排出体外。

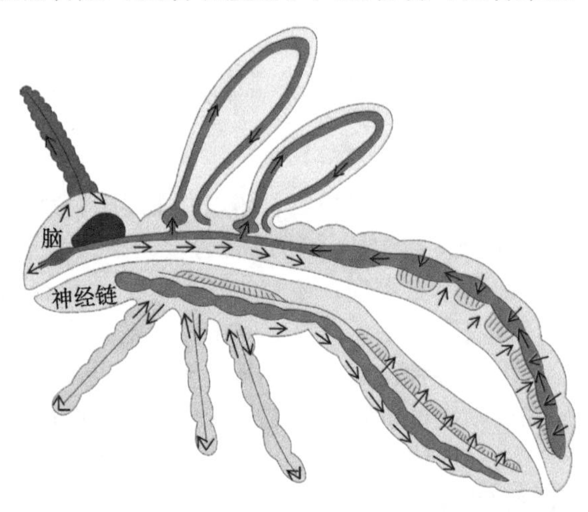

图 14-30 昆虫血液循环示意图 刘彦希 绘

（6）神经系统与感官：神经系统可分为中枢神经系统、交感神经系统和外周神经系统。

1）中枢神经系统包括脑（食管上神经节）、咽（食管）下神经节和腹神经索。脑是感觉和统一协调的中心；食管下神经节支配口器和唾液腺，可调节运动和生殖器官等，也可对其他部位产生普遍的兴奋性；腹神经索在不同种类愈合程度不同。

2）交感神经系统包括 3 个神经节（额神经节、后头神经节、嗉囊神经节），主要调控内脏器官的活动。

3）外周神经系统包括所有的感觉神经元和运动神经元及感觉器和效应器。

4）感觉器官：除眼和触角外，还有听觉器、味觉器、嗅觉器、感温器等。在触角、口器、附肢表面分布有大量刚毛，可感受触觉、空气流动、振动等。关节处及角质层、肌肉处分布有牵张感受器（stretch receptor），监测姿势和位置。听器由体壁凹陷形成室状，可共鸣，表面附有薄的角质层，角质层下有探测压力波的感觉细胞，可探测声音来源和方向。听器有的（蟋蟀、螽斯）位于足上，有的（直翅目、部分鳞翅目）位于腹部，有的（部分蛾类）位于胸部。化学感受器通常存在于触角、足、口器、产卵器上，往往以刚毛、凹窝的形式存在于体表，化学物质通过小孔扩散至体内感觉末梢，摄食、寻偶、交配、产卵等均与之相关。

昆虫视觉包括单眼（ocelli）和复眼（compound eye）。单眼一般 3 个，每只单眼角膜下大约有 500 ～ 1000 个感光细胞，只能感光，不能视物。大多数成虫都有发育良好的复眼，与甲壳动物相似，最新的研究显示，它们是同源的。每个复眼大约由 28000 个小眼（ommatidia）融合成一个多面眼，每个小眼最外为小眼面，即：角膜（cornea），由 2 个表皮细胞分泌而成，角膜下是晶锥（crystalline cone），为聚光结构，以后是小网膜细胞（retinular cell）及其感杆（rhabdomere）（图 14-31），感杆可将光能转化为神经脉冲，色素细胞包裹在晶锥周围，有时也包裹小网膜细胞。色素细胞可阻止光线从一个小眼透射到相邻的小眼（图 14-32）。复眼可探测 0.1° 的光点移动，也能探测到人眼所不能看见的波长的光，尤其是光谱中的紫外线。许多花在紫外线照射下呈靶心形图案，这是一种明显引导传粉昆虫进入花生殖器官的适应。

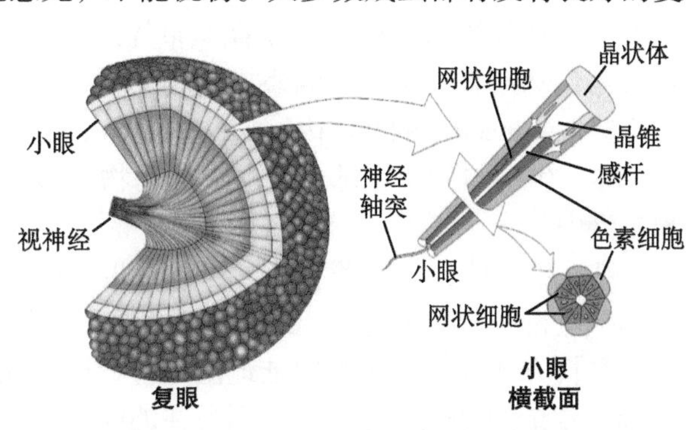

图 14-31　昆虫复眼及小眼放大示意图　刘彦希　绘

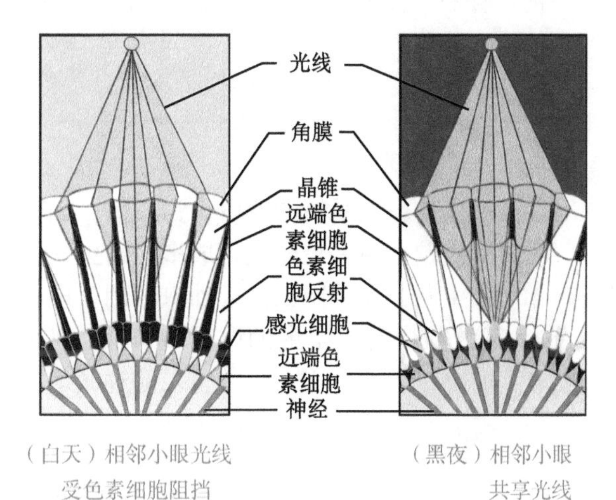

（白天）相邻小眼光线受色素细胞阻挡　（黑夜）相邻小眼共享光线

图 14-32　复眼视物原理　陈艾平　绘

（7）内分泌系统：内分泌控制着昆虫许多生理活动，包括角质层硬化、生殖、细胞代谢、卵子成熟、渗透调节、肠管蠕动、心率等。昆虫体内的有些腺体，可分泌激素，经血液循环至相应的部位，对不同的生长发育阶段起调控作用。这些腺体有：神经分泌细胞（neurosecretory cell），又称脑间腺，以及前胸腺（prothoracic gland）、咽侧体（corpora allata）、心侧体（corpora cardiaca）等。由于昆虫的种类繁多且与人类的关系密切，因此，对昆虫激素的研究也比较深入，现介绍如下。

1）促前胸腺激素（prothoracicotropic hormone，PTTH）：由大脑间和神经索上的神经节所含的神经分泌细胞分泌，通过神经分泌细胞轴突将 PTTH 运输至脑后的 1 对心侧体内储存、释放，经过血淋巴至前胸腺，激活前胸腺，促其产生蜕皮激素，启动蜕皮进程，导致蜕皮。因此，PTTH 具有活化前胸腺和咽侧体的功能，是内分泌系统的调控中心，也对卵巢发育和昆虫滞育有调控作用。心侧体分泌心脏刺激素，可调控心跳等。

2）蜕皮激素（molting hormone ）：由前胸腺分泌，蜕皮激素在保幼激素协调下，调控蜕皮。

3）保幼激素（juvenile hormone）：由咽侧体分泌，昆虫在未成熟阶段，咽侧体产生并释放保幼激素，确保幼虫正常发育。血液中保幼激素的水平决定了下一次蜕皮的性质。高浓度的保幼激素可导致蜕皮进入第 2 个幼体阶段；中等浓度的保幼激素可导致蜕皮进入第 3 个幼体阶段；当保幼激素处于非常低的水平时，幼虫蜕皮进入蛹期；低浓度的保幼激素可导致蜕皮进入成虫阶段。血液中保幼激素浓度的降低，可导致前胸腺退化，因此大多数昆虫到达成虫以后不再蜕皮。最后一次蜕皮为成虫后，保幼激素水平再次升高，但此时它会促进附属性器官发育、卵黄合成、卵子成熟。如果将幼虫的咽侧体切除，无法分泌保幼激素，接下来的蜕皮就发生变态。如果将早期幼体的咽侧体手术移植至最后一个龄期（instar）的幼体内，该幼体就会变成一个巨型幼虫。

（8）生殖与发育：昆虫能够成为动物界最大、最成功的类群原因之一就在于巨大的繁殖潜力。

雌、雄异体，生殖器官通常由 1 对生殖腺和 1 对生殖导管组成，少数种类（如内颚纲的弹尾目）为间接受精，即：雄性先将精子注入一个精子囊内，再由雌性收集至体内，这种受精方式在古代昆虫向陆地演化过程中比比皆是，这也体现了原始性；而大多数昆虫都有复杂的交配行为，如识别潜在的配偶、安抚、为交配定位配偶等，再将精子送入雌体内，储存在受精囊中，卵成熟后排至生殖腔时，与精子汇合而受精，雌体往往将卵产在幼虫食物附近。许多昆虫一生只交配 1 次，但有些种类如豆娘一天就可交配数次。

1）昆虫生殖：生殖方式多样，现简介如下。

①两性生殖：绝大多数昆虫为此类方式。一般为卵生，在体内受精，体外孵化。少数是卵胎生。

②孤雌生殖：未受精的卵发育为成体，如蜜蜂。

③多胚生殖：由一个卵发育成多个幼虫，如小蜂科昆虫。

④幼体生殖：少数昆虫尚处幼虫时期就进行生殖，如某些摇纹科的蛹。

2）发育与变态：昆虫的卵属多黄卵，卵黄位于卵的中央，卵的一端有卵孔，是精子进入的通道。卵的形态有球形、半球形、纺锤形等（图 14-33）。

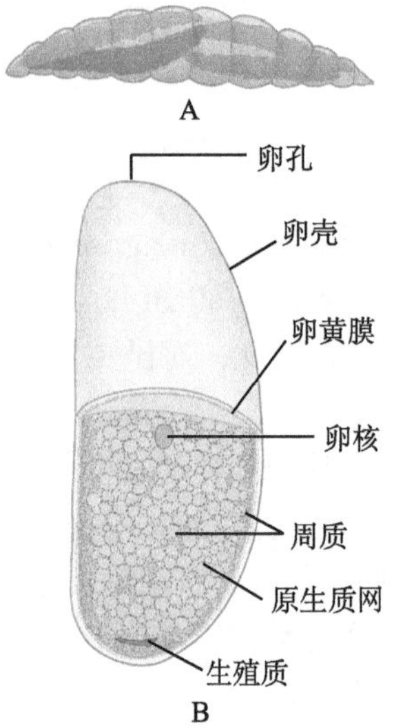

生长和变态（metamorphosis）：昆虫自卵中孵化出来到长成成虫的整个过程称胚后发育。刚孵化出来的虫体称幼虫，经过几次蜕皮，才能发育为成虫。刚孵化出来的幼虫称第 1 龄幼虫，第一次蜕皮后为 2 龄幼虫，虫龄是以蜕皮次数加 1 得出的。昆虫的幼虫在生长发育过程中，身体形态结构和生活习性要经过一系列的变化，称变态。变态多分为以下几种。

①无变态（ametabola）：即幼虫与成虫除了大小以外，外形上无显著区别，一生都在蜕皮生长，如衣鱼，成虫和幼虫均无翅，这也是原始种类的特征。

②不完全变态：在发育过程中只经过卵、幼虫和成虫 3 个阶段，不完全变态包括渐变态和半变态。

a. 渐变态（paurometabola）：幼虫与成虫在形态上比较相似，只是虫体较小，性尚未成熟，翅仍处

A
卵孔
卵壳
卵黄膜
卵核
周质
原生质网
生殖质
B

图 14-33　瘿蚊幼体生殖（A）与昆虫卵结构模式图（B）　杨天祎　绘

视频 14-11

在翅芽阶段，其他如生活环境和生活方式也相同，其幼虫称若虫（nymph），如蝗虫、蚱蜢、螳螂等幼虫陆生种类。

b. 半变态（hemimetabola）：幼虫和成虫在形态上有区别，生活环境也不同，幼虫水生、成虫陆生，幼虫称稚虫（naiad），如蜻蜓、蜉蝣、石蝇等幼虫水栖种类。

③完全变态：大约有 88% 的昆虫属于完全变态（holometabola），其生活史可分为卵、幼虫、蛹（pupa）、成虫 4 个阶段。幼虫（如毛毛虫、蛆等）与成虫不仅形态不同，生活环境与生活方式也多不一致，而且一定要再经过 1 个不吃不动的蛹期，最后才羽化（最后一次蜕皮）为成虫，如蚕。

3）休眠与滞育

①休眠（dormancy）：昆虫在生活史的某个阶段遇到不良环境条件时，生命活动会出现停滞以度过这一不良时期，这种现象常和温度相关，即夏眠（estivation）和冬眠（hibernation）。一旦不利因素解除，虫体可立即恢复正常的活动。生命周期往往与适宜的条件和丰富的食物是同步的。

视频 14-12

②滞育（diapause）：无论环境条件是否有利，有些物种都有长时间的生长停滞，同样表现出停止活动、降低代谢水平，而且一旦开始即使环境条件有利于生长，滞育也不会中途停止，因此滞育具有一定的遗传稳定性。在自然界，往往不良条件尚未到来之前，昆虫已经进入滞育状态。在昆虫生存的环境中，某些因素（如光照周期的改变）往往预示着不利条件的到来，如光周期和昼长常是启动滞育的信号。滞育结束也需要一些信号，如温度回升、干旱后的降雨（尤其沙漠地带）等。

（9）行为与通信：敏锐的感官让昆虫对很多刺激极为敏感，这些刺激包括内部的和外部的，而反应则是由动物的生理状态和神经调控的。很多反应很简单，如趋向和远离刺激（趋光和避光）、苍蝇趋向腐肉气味等。然而，很多反应相当复杂。蜣螂将粪便滚成一个球，将卵产入其中，再埋到合适的地方；蝉会将嫩枝树皮撕开裂缝将卵产于其中。

昆虫通过化学信号、视觉信号、听觉信号、触觉信号相互交流，其中化学信号是以信息素形式存在的。信息素是指一个个体分泌的物质会导致同一物种其他成员的行为和生理过程发生反应。风或水可将其带到数公里远的地方，这些分子一旦落到另一个体的化学感受器上，即使量很少，也足可引起反应。它们会吸引异性、发出警报等，尤其是社会性昆虫如蜜蜂、蚂蚁、黄蜂、白蚁等，均可通过信息素识别巢穴中的同族或异族，在某种程度上信息素还可决定其在族群中的地位和等级，人们可通过对信息素的监测，确定种群数量，也可预测潜在的疫情暴发。昆虫声音产生和接收也有重要意义，雄性蟋蟀靠前翅外缘基部相互拍打发声；蚊子靠振翅发声；蝉由腹部振动膜振动发声；这些信号可发出警告、驱离、求偶等作用。昆虫触觉交流形式多样，如轻敲、抚摸、抓握、触摸等，可发出识别、警告等信息；也有制造视觉信号的种类，如雄性萤火虫闪烁的光有助于找到潜在配偶，雌性会以特有的方式回应雄性，每个可闪光的物种都有其独特的闪光节奏；也有的种类发出其他物种的闪光节奏，用于诱捕该物种的雄性作为食物。

昆虫的社会行为是它们走向繁荣的另一个重要因素。在自然界，孤独生活的种类很少，绝大多数昆虫在其生命周期中总有一段时间生活在一起，形成了“昆虫社会”（insect society）。最典型的是蜜蜂、蚂蚁、白蚁。它们所有活动都是集体行为，并进行广泛的交流、分工、合作。如 1 个蜂巢可多达 60000 ～ 70000 只蜜蜂生活在一起，蜂巢内等级森严。

等级最高的为 1 只性成熟的雌性蜂后（queen），由受精卵发育而来（双倍体），负责产卵及维持蜂群稳定，即将成为蜂后的雌性幼虫被喂以蜂王浆（工蜂唾液腺分泌），蜂后的形成取决于摄取蜂王浆的量和摄取时间的长短，数个蜂后相互残杀，直至最后 1 只。蜂后的寿命 1 ～ 2 年，蜂后下颚腺分泌的信息素可阻止工蜂性成熟。

次高等的为数百只性成熟的雄蜂（drone），由未受精卵发育而来（单倍体），它们相互竞争交配权，只有数只雄蜂能够与蜂后交配，将精子排入蜂后受精囊内，确保终生排卵时受精。雄蜂交配后死亡，夏季结束时，所有雄蜂将被工蜂赶出蜂巢饿死。

其余为等级最低、性腺发育受阻的雌性工蜂（worker）。工蜂负责看护幼虫、分泌蜂蜡、营造蜂巢、采蜜、收集花粉、制造蜂蜜、通风、保护蜂巢等。工蜂是蜂群的主体，寿命仅为数月。羽化后 2 ～ 3 周内，主要负责蜂巢的保温和清洁；以后唾液腺开始发育，用花粉和蜜的混合物喂养较大的幼虫；待唾液腺发达时，用更高质量的蜂乳喂养幼虫，并开始出巢试飞；随着唾液腺逐渐退化，蜡腺开始发育，此时扩建蜂巢，并负责清运垃圾，当蜡腺退化后，主要负责蜂巢的安全保卫。

（10）昆虫与人类：昆虫在陆地动物中扮演了重要角色，没有它们，陆地生态系统将会崩溃。没有昆虫，其他陆生动物将很难存活下去。它们不仅为人类提供了蜂蜜、蜂蜡、蚕丝等，更重要的是大约有 65% 的植物需要昆虫授粉。它们在动物尸体处理、各种动物之间的平衡、供养其他物种以及与植物协同演化方面都有不可替代的作用。人类对于遗传学、群体生态学和生理学等方面的研究，昆虫更是不可或缺的类群，同时也为昆虫爱好者提供了无尽的乐趣。

至于害虫，编者一贯秉持“存在就是理由”的观点，事实上，只有 0.5% 的昆虫才对人类产生不利影响。站在生态角度，很难接受对人类有害就是“害虫”，对人类有益就是“益虫”，任何事物都是一分为二的，如果所有的“害虫”都被消灭，显然弊大于利，整个食物链也将支离破碎。为此，在我们狂热控制“害虫”的同时，虫体也在产生迅速的适应，最终的结果是将大量的杀虫剂留在了环境中，而用生物防控的方法可能是最佳途径。

（二）六足动物的主要类群

六足动物亚门通常可分为 2 个纲，内颚纲和昆虫纲。

1. 内颚纲

原始无翅类，口器隐藏于头内，上颚仅 1 个关节与头相连，附肢的跗节仅 1 节。包括 3 个目。

（1）弹尾目（Collembola）：体长 0.5 ～ 10mm，腹部有黏管用以保水，能跳跃，终生蜕皮，大约 6000 种。

（2）原尾目（Protura）：体长仅 0.5 ～ 2.5mm，淡白或黄色，触角退化，无尾须。大约 650 种。

（3）双尾目（Diplura）：体长 1.9 ～ 4.7mm，触角细长、多节，有 1 对明显尾须，无中尾丝，大约 600 余种。

2. 昆虫纲

口器暴露于头外，上颚有 2 个关节，马氏管发达。

（1）缨尾目（Thysanura）：原始无翅，无变态。体被鳞片，咀嚼式口器，触角丝状、细长，腹部 11 节，末端有很长尾须 2 ～ 3 条；如衣鱼（*Lepisma*），生活于居室抽屉、衣箱等处。

（2）石蛃目（Archaeognatha）：体被鳞片，无翅，触角丝状，复眼大，尾须长且具有长的中尾丝（median caudal filament），生活于草原、林区枯枝落叶下。

（3）蜉蝣目（Ephemeroptera）：虫体小至中型，体壁柔弱，翅膜质，前翅发达，后翅退化，尾须长，有的种类具中尾丝。成虫喜欢在溪流、滩湖附近活动，稚虫水生。

（4）蜻蜓目（Odonata）：触角短、刚毛状，复眼大，咀嚼式口器，翅膜质、多脉，腹部细长，半变态，稚虫水栖，成虫和稚虫肉食性，如蜻蜓（*Dragonfly*）、豆娘（*Agrion*）等。

视频 14-13

（5）直翅目（Orthoptera）：大型或中型昆虫。咀嚼式口器，前翅狭窄、革质，后翅宽大、膜质，且能折叠藏于前翅之下。腹部常具尾须及产卵器，发音器及听器发达。常见种类有：东亚飞蝗（*Locusta migratoria*）、螽斯（*Gampsocleis*）、蝼蛄（*Gryllotalpa*）、蟋蟀（*Gryllulus*）、中华蚱蜢（*Acrida chinensis*）等。

（6）蜚蠊目（Blattaria）：体扁平，头被前胸背板所遮盖，咀嚼式口器，前翅革质，后翅膜质，夜行性，植食性。如东方蜚蠊（*Blatta orientalis*），俗称蟑螂。

（7）竹节虫目（Phasmida）：又称䗛目（Phasmatodea），身体大型，树枝状或叶状，咀嚼式口器，翅或有或无，渐变态。善于拟态，如叶䗛。

视频 14-14.1

视频 14-14.2

（8）螳螂目（Mantodea）：身体较长，头部三角形，可灵活转动。前胸特别长且能活动，前足捕捉足，适于捕食其他小动物。咀嚼式口器，前翅革质，后翅膜质，如螳螂（*Paratenodera*）。

（9）螳䗛目（Mantophasmatodea）：该目 2002 年建立，已描述 19 种，均分布于非洲。体中小型，外形既像螳螂又像䗛而得名。口器咀嚼式，次生性无翅，以昆虫和蜘蛛为食。

（10）革翅目（Dermaptera）：俗称蠼螋，前翅革质。体中型，狭长略扁，触角丝状，口器咀嚼式，有翅或无翅，有翅种类前翅短小、革质，后翅大、膜质。休息时折叠于前翅下。尾须钳状，也称尾铗。渐变态。

视频 14-15

视频 14-16

（11）蛩蠊目（Grylloblattodea）：仅 29 种，体细长 5 ～ 30mm，无翅，触角丝状，复眼退化或无，无单眼，口器咀嚼式，跗节 5 节，尾须长，渐变态。

（12）襀翅目（Plecoptera）：体中小型，细长柔软。复眼发达，单眼 3 个。触角丝状，口器咀嚼式，翅膜质，后翅扇形，幼虫水生，具气管鳃，半变态。

（13）等翅目（Isoptera）：俗称白蚁，体柔软，咀嚼式口器，触角念珠状，翅膜质，前后翅相似且等长，是社会性昆虫，具多态性。我国主要分布于长江以南，如白蚁（*Coptotermes*）。

（14）纺足目（Embioptera）：体小型，触角丝状或念珠状，复眼发达，无单眼。雄性翅狭长、膜质，雌性无翅。口器咀嚼式。前足第一跗节膨大，特化为丝腺，可吐丝，渐变态。

（15）啮虫目（Corrodentia）：俗称啮虫或书虱，有些种类可把粮食蛀蚀成粉状。体微小，翅窄、膜质，呈屋脊状覆于腹部背侧，有些种类无翅，渐变态。

（16）缺翅目（Zoraptera）：仅 34 种，体微小，1.5 ～ 2.5mm，翅膜质、狭长，成体时脱落。口器咀嚼式，触角念珠状，渐变态。

（17）虱目（Anoplura）：俗称虱子，体小、扁平，无翅，头部向前突出，触角 3 ～

5节，复眼退化或消失，无单眼。胸部各节愈合，足粗短，刺吸式口器，寄生于哺乳类、鸟类及人体的体表，吸食寄主血液并传播疾病。种类较多，如人体虱（*Pediculus humanus*）、鸡虱（*Menacanthus*）等。

（18）缨翅目（Thysanoptera）：俗称蓟马，体小（0.5～5mm），善跳，翅狭长、膜质，翅缘具缨毛而得名。

（19）半翅目（Hemiptera）：现一般分为3亚目。①异翅亚目（Heteroptera）：身体略扁平，多数有翅，少数无翅。前翅基部为鞘翅，端部膜质，故称半翅目。后翅膜质，休息时藏叠于前翅下。刺吸式口器。常见种类有：三点盲椿象（*Adelphocoris fasciaticollis*）等各种椿象。通常以植物汁液为食。水生种类有红娘华（*Nepa chinensis*），俗称“水蝎”，可捕食鱼苗等。还有，在我国常见吸食血液的温带臭虫（*Cimex lectularius*）等。②头喙亚目（Auchenorrhyncha）：喙位于头后部与前足基节之间，触角刚毛状或锥状，如大青叶蝉（*Tettigella viridis*）、蝉（*Cicadidae*）等。③胸喙亚目（Sternorrhyncha）：喙从两前足基节之间发出，跗节1～2节，如蚜虫等。

（20）广翅目（Megaloptera）：300余种，体大型，口器咀嚼式，触角长，复眼大，翅发达，休息时呈扇状折叠，跗节5节，全变态。包括泥蛉（*Alderfly*）、鱼蛉（*Dobsonfly*）、齿蛉（*Corydalidae*）。

（21）蛇蛉目（Rhaphidioptera）：220种，体中到大型，体细长，触角丝状，口器咀嚼式，复眼大，单眼3个或无。翅透明，翅脉网状。雌虫产卵器细长，捕食性，全变态。

（22）脉翅目（Neuroptera）：翅两对，均膜质。前后翅的大小、形状、翅脉均相似，停歇时呈屋脊状。成虫复眼大，单眼3个或无。触角细长，丝状、念珠状或棒状，咀嚼式口器。幼虫和成虫均为肉食性，如草蛉（*Chrysopa*）、蚁蛉（*Myrmeleon micans*），前者已用于生物防治。

（23）鞘翅目（Coleoptera）：俗称甲虫。前翅角质，厚而坚硬，无翅脉。停歇时，两鞘翅合起来在背中线上相接成一直线、保护后翅。后翅膜质，起飞翔作用，停歇时一般折叠于前翅下面。咀嚼式口器。为动物界最大1目，约25万种，占昆虫总数的40%左右。本目包括摄食大豆、花生、蔬菜的金龟子（*Holotrichia*），摄食十字花科蔬菜的大猿叶甲（*Colaphellus bowringi*），栖息于森林、桑树的星天牛（*Anoplophora chinensis*），摄食马铃薯的二十八星瓢虫（*Henosepilachna vigintioctopunctata*），摄食绿豆的绿豆象（*Callosobruchus chinensis*）。此外，也有少数昆虫，如澳洲瓢虫（*Rodolia cardinalis*），能捕食柑橘树上的吹棉介壳虫，以及捕食蚜虫的七星瓢虫等。

视频14-17

（24）捻翅目（Strepsiptera）：体微小，雌性无足、无翅，无眼或触角，雌性和幼虫寄生于蜜蜂、胡蜂等体内。雄性自由生活，前翅退化（似用纸撮成的捻子而得名），后翅膜质。

（25）长翅目（Mecoptera）：通称蝎蛉，触角长、丝状；咀嚼式口器；2对翅狭长、膜质，完全变态。

（26）鳞翅目（Lepidoptera）：翅2对，均膜质，体表及翅上都被有鳞片及细毛。虹吸式口器。复眼发达，单眼2个或无。完全变态，幼虫一般称毛虫，大多植食性，危害多种作物、果树和森林，是昆虫纲种类较多、最为常见、对农业等影响较重的1目。可分两个亚目。

1）蝶亚目（Rhopalocera）：触角末端膨大、棒状。停歇时两翅竖立在背上。颜色艳丽，大多在白天活动，如柑橘凤蝶（*Papilio xuthus*）、菜白蝶（*Pieris rapae*）等。

2）蛾亚目（Heterocera）：触角形式多样。停歇时，翅平展在背上。大多数夜间活动。常见的有黏虫（*Mythimna separata*），其幼虫危害玉米等农作物。棉铃虫（*Helicoverpa armigera*）幼虫危害棉花。二化螟（*Chilo suppressalis*），其幼虫危害水稻。此外，也有一些益虫，如家蚕（*Bombyx mori*）、蓖麻蚕（*Philosamia cynthia ricini*）、柞蚕（*Antheraea pernyi*）等。

视频 14-18

（27）双翅目（Diptera）：成虫仅有 1 对膜质的前翅，后翅退化为平衡棒。刺吸或舔吸式口器。复眼发达。触角丝状（蚊类）、芒状（蝇类等）。幼虫绝大多数种类头部完全退化，缩在前胸内，体柔软，蠕虫状，称为蛆（蝇类）。蚊类的幼虫称孑孓，有明显的头部。

（28）蚤目（Siphonaptera）：通称跳蚤。体小，左右侧扁，无翅。刺吸式口器。复眼小或无，无单眼。腹部大，善跳跃。成虫寄生于哺乳类、鸟类的体表。吸食血液，饱食后离开寄主。有些种类能传播鼠疫。

（29）毛翅目（Trichoptera）：体小、柔软，成虫称石蛾（*Caddisfly*），幼虫称石蚕（*Caddisworm*）。休息时，翅呈屋脊状，翅表具细毛，翅脉明显，咀嚼式口器，上颚极度退化。幼虫水生，是水污染的指示昆虫。

（30）膜翅目（Hymenoptera）：2 对膜质翅，翅脉较少，后翅小于前翅，前缘中央有一系列小钩与前翅后缘连锁。口器一般为咀嚼式，仅蜜蜂为嚼吸式。胸部第 2 节常缩小成“细腰”，称腹柄。雌虫常有锯齿状或针状产卵器，全变态。有些为社会性昆虫，如蜜蜂（*Apis*）和蚂蚁（*Formicoidea*）以及赤眼蜂（*Trichogrammatid*）、胡蜂（*Vespidae*）等。

视频 14-19　视频 14-20

第三节　节肢动物的起源与演化

最早的节肢动物化石可追溯到大约 6 亿年前的前寒武纪时期，而三叶虫化石出现在寒武纪早期，因此，最早的节肢动物并非三叶虫，但三叶虫构成了从节肢动物祖先演化出来的第一个主要谱系。现多认为，三叶虫是所有其他节肢动物的姊妹群。生物学家认为，节肢动物祖先有一个分节的身体，并每节有 1 对附肢，在演化过程中，相邻的节段融合成具有特殊功能的区域。在现存的四个亚门中，对 *Hox* 基因研究表明，至少前 5 个片段愈合形成了头部，有螯动物类群的头胸部，与其他节肢动物的头部是相对应的。

自节肢动物主要类群分化以来，已经经历了 5 亿年的演化史，大约 4.5 亿年前，有螯类成为第一个成功登陆的类群，也构成了节肢动物第二个单系谱系。

越来越多的证据表明，多足类是甲壳类和六足类的姊妹群。甲壳类和六足类是泛甲壳类里的一个单系谱系，对甲壳动物和昆虫 *Hox* 基因研究表明，是由于该基因末端微小的结构变化导致了肢体形态的根本改变。

六足动物谱系出现在大约 4 亿年前的泥盆纪，伴随着 1.3 亿年前开花植物的出现，加之飞行的演化，可能促进了白垩纪时期昆虫的迅速多样化。

附 1：有爪动物门

有爪动物门现存约 70 种，体长 0.5 ～ 15cm，外形似毛毛虫，栖息在热带、亚热带雨林中。我国藏南地区曾有过报道。

化石显示，现代种类与 5 亿年前的祖先非常相似。它们起源于海洋，现均为陆生种类。常常夜间或空气湿度达到饱和才会出来，附肢短而不分节，无法做关节活动。凭借 14 ～ 43 对短粗的附肢（末端具灵活的肉趾和 1 对爪）活动，这种附肢比环节动物更靠近侧腹面。身体内部有分节现象，头部生有 1 对灵活的触角，触角基部有类似于环节动物的眼。

角质层含蛋白质和几丁质，在结构和化学性质上与节肢动物相似，但不硬化。与节肢动物不同的是蜕皮时角质层逐块脱落，并非整体脱落。体表有许多小的瘤状突起，有的突起生有感觉刚毛（图 14-34）。体腔为 1 血腔，体腔两侧有黏液腺，开口于口部乳突上，可喷出黏液，以粘住猎物或抵御敌害。

图 14-34　有爪动物　陈雨晴　绘

以昆虫、蠕虫类等为食，肉食性，口腔内有 1 牙齿和 1 对上颚，用于撕咬、切割猎物；也有的种类生活在白蚁穴内，以白蚁为食。呼吸为微气管系统（microtracheal system），氧气可直达组织细胞，体表的气孔无法关闭，容易丢失水分，因此只能生活在潮湿地区。这种气管系统与节肢动物不同，可能是独立起源的。心脏管状，开管式循环。排泄系统每个体节具 1 对原肾，肾孔开口于附肢的基部，排泄物为尿酸。神经系统包括 1 对脑神经节和 1 梯状神经索，并由此发出分支以支配附肢。

有爪动物雌雄异体，雄性通常将精子贮存于精荚内。遇到雌性个体就会将精荚置于雌性背部的纳精囊内，此时雌性血液中的白细胞将精荚下部溶解，精子进入体腔，在血液中移行至卵巢，在那里完成受精。有爪动物可能为卵生、卵胎生或胎生。有学者将此门纳入节肢动物原气管纲，但此类群尚未出现明显的异律分节等特征，可能是介于环节动物与节肢动物之间的类群。

附 2：缓步动物门

缓步动物又称水熊虫，身体微小，体长一般不足 1mm。已描述的有 900 种，绝大多数陆生，极少数种类淡水生、海产，它们与节肢动物有很多相似的特征。

身体椭圆形或柱状，不分节，头部与躯干部分化不明显。腹侧具 4 对短粗的附肢，比起环节动物位于侧腹部的附肢更靠近腹部，附肢不分节，末端有爪，只能做缓慢爬行运动，故名缓步动物。1 对锋利的螯针和吮吸咽可刺破并吮吸植物细胞或线虫、轮虫等动物，也有的寄生在海参、藤壶身体上。

体表具角质层（不含几丁质）并定期脱落（至少 4 次以上），与节肢动物一样，肌纤维附于外骨骼上，只有纵肌，无环肌。体腔为一血腔，真体腔仅存在于生殖腺内。无循环和呼吸器官，气体交换在体表进行。排泄器官为马氏管。神经系统与环节动物类似，但更为复杂，大脑几乎占据了咽的背侧。围咽神经连接到腹侧咽下神经节，并由此发出 2 条含有 4 个神经节的腹神经索，分别控制附肢。有些种类具 1 对眼点。雌雄异体，交配时有些种类雄性可将精子注入雌体受精囊或泄殖腔内，也有的种类刺穿角质层将精子注入体腔内。直接发育，大约 14d 后，幼虫即可用爪刺破卵壳，营自由生活。此时的幼虫体细胞数量已经恒定，继续生长只是细胞体积的增加而非数量增长（图 14-35）。

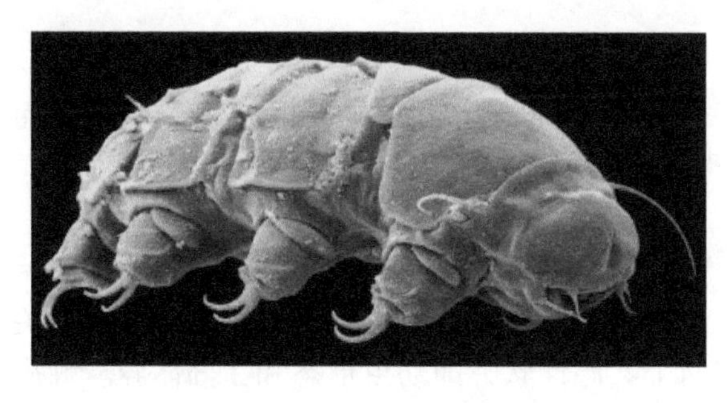

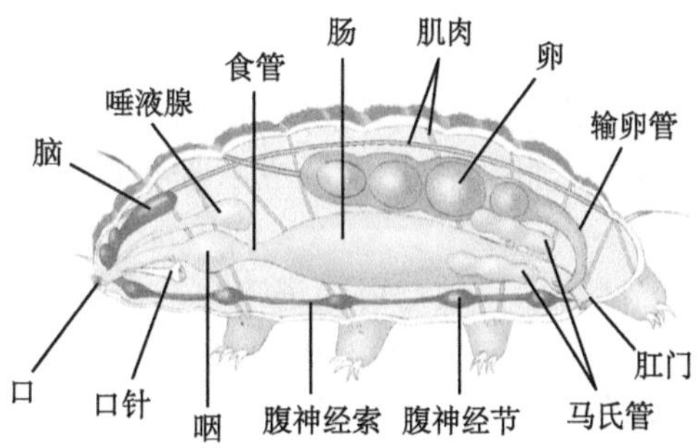

图 14-35　缓步动物　陈艾平　绘

陆生种类最显著的特征是对不良环境具有极强的忍耐能力，遇到干旱时，它们可将身体含水量由正常的 85% 降至 3%，此时运动停止，身体萎缩，在这种状态下，缓步动物可以抵御恶劣环境达数年之久，如极限温度、电离辐射、缺氧等，当环境好转时，身体再复苏，这种现象称隐生。

有学者将有爪动物、缓步动物、节肢动物合并为泛节肢动物门，因为它们的角质层都含有几丁质和蛋白质，在结构和化学性质上也相似；均为开管式循环，体腔也都形成了血腔；而线粒体基因组序列数据支持有爪动物和缓步动物有更紧密的亲缘关系。

思考题

1. 为什么节肢动物种类如此丰富？分布如此广泛？节肢动物的主要特征有哪些？
2. 何为几丁质外骨骼？有哪些特点和作用？
3. 混合体腔是指什么？为什么出现在节肢动物？
4. 试述甲壳亚门与六足亚门的主要区别，它们如何分别适应水栖和陆栖生活的？
5. 如何从演化的角度分析节肢动物附肢数量变化的过程？
6. 绘制节肢动物门思维导图。

第15章

棘皮动物门、半索动物门

演化地位：自棘皮动物门（Echinodermata）开始，动物的口不再起源于胚孔，而是在胚孔相对的一端形成了动物口，胚孔则变成了幼虫的肛门，这样的动物又称后口动物。

所有后口动物可能都来自一个共同的滤食性祖先，表现在都有真体腔和共同的胚胎特征。对 *Hox* 基因和 rRNA 基因及线粒体 DNA 的研究也证明棘皮动物、半索动物亲缘关系紧密，是一个姊妹群。此外，它们还有两个共源性状，即幼虫形态和 3 分体腔。棘皮动物成体为辐射对称，但幼体仍为两侧对称。尽管此类动物属非脊索动物，但从胚胎发育的角度看，它们更接近于脊索动物。然而，棘皮动物的演化结果却将自己推向与其他后口动物大相径庭的类群中。本章描述了 2 个后口动物类群，棘皮动物门、半索动物门（Hemichordata）。

第一节 棘皮动物门

一、棘皮动物的主要特征

（一）身体五辐对称

棘皮动物发出的腕为 5 或 5 的倍数，称五辐对称（pentaradial symmetry）。这种对称形式可以使动物的感官、摄食等结构均匀分布，更适合于固着或缓慢运动的生活节奏。然而，这种五辐对称是次生性的（幼体两侧对称），不同于刺胞动物的辐射对称。成体有口的一侧为口面（oral surface），相对的一侧为反口面（aboral surface）。棘皮动物口面由幼体左侧形成，反口面由幼体右侧形成（图 15-1）。

图 15-1 多棘海盘车（*Asterias amurensis*）反口面、口面 王宝青 摄

（二）体腔和水管系统

体腔由体腔囊法形成，随后 1 对真体腔不断扩展，形成 3 分体腔，即：前体腔，也称轴体腔（axocoel）；中体腔，也称水腔（hydrocoel）；后体腔，也称躯体腔（somatocoel）。在进一步发育过程中，左前体腔形成轴窦；左中体腔形成水管系统；左、右后体腔合并为体腔，其中左后体腔的一部分形成围血系统；右前体腔和右中体腔退化（图 15-2）。

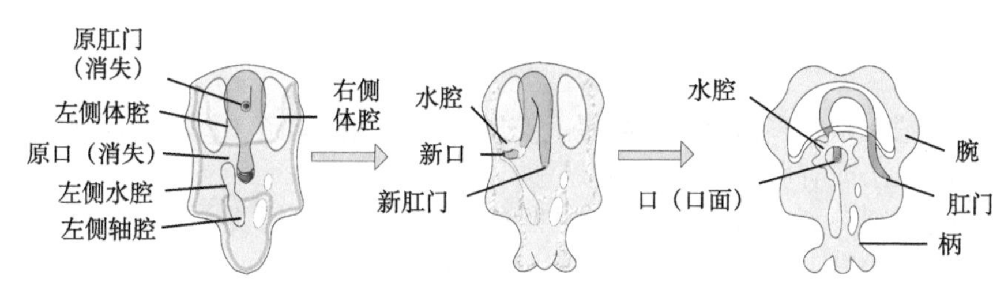

图 15-2 棘皮动物幼体发育 徐迎弟 绘

水管系统（water-vascular system）是棘皮动物特有的结构，由一系列充满水的管道组成，来自体腔，管内具纤毛。水管系统主要功能为运动、摄食、呼吸、排泄等。

水管系统由筛板（madreporite）、石管（stone canal）、环管、辐管、侧管（lateral canal）、罍、管足（tube foot）组成，以筛板开口于反口面体表。筛板位于体表，似筛子一样的圆板，是海水进出体内的唯一通道，可平衡水管系统和外界的压力差。筛板借石管通入环管，环管上有帖氏体（Tiedemann's body）和波氏囊（Polian vesicle），帖氏体的膨胀与缩小和环管相关，可调节水压，此外也可生成体腔细胞（coelomocyte）。波氏囊的功能也与环管有关，主要是储水。环管发出五辐的水管分支（与星形身体的腕有关），辐管借侧管连接管足，管足似倒置的保龄球，膨大部为罍，也称壶腹（ampulla），管足壁上附有结缔组织，可保持管足相对恒定的直径。当壶腹收缩时，管足充水而延伸（侧管瓣膜可防止水回流辐管），管足末端通常具吸盘。当附在物体上时，吸盘肌肉收缩形成真空而固着。有些种类管足末端变尖，可插入软泥中固着、摄食。管足还有呼吸、排泄和感觉的功能（图 15-3）。

（三）血系统和围血系统

血系统（hemal system）是环绕在水管系统附近分布的管道，来源于体腔，靠管内的纤毛循环液体。功能还尚未清楚，也许可运输营养及大分子、激素、体腔细胞、吞噬及运送代谢废物。体腔液与海水等渗，大多数棘皮动物没有渗透调节能力，因此很少进入微咸水域。

围血系统（perihemal system）也是体腔的一部分，包围在血系统外并与之并行。

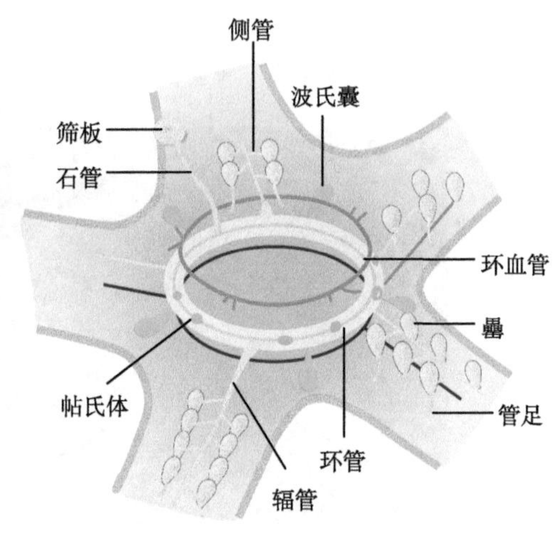

图 15-3 海星水管系统 徐迎弟 绘

（四）内骨骼

棘皮动物骨骼不同于其他无脊椎动物外骨骼，属内骨骼（endoskeleton），由中胚层形成的小骨片构成了其骨骼系统，来源于初级间质（primary mesenchyme）细胞；而脊椎动物的内骨骼来源于次级间质（secondary mesenchyme）细胞。

这些众多骨片（ossicle）由结缔组织固定，并被表皮层覆盖。表皮层磨损的地方，骨骼会暴露于体表。内骨骼或小而软（海参）或硬（海星、海胆），有的甚至形成突出体表的棘刺，这在动物界是独有的。这些细碎的内骨骼镶嵌在一起比有关节的骨骼更坚固，只是降低了运动的灵活性。

（五）消化、呼吸、排泄

棘皮动物消化系统多为囊状（海星、蛇尾）或盘曲的管道（海参、海胆），囊状一般无肛门（蛇尾类）或有肛门而不用（海星类）。

呼吸通过皮鳃（papula）、管足、呼吸树，黏液囊（蛇尾类）进行。无专门的排泄器官。

（六）神经系统

棘皮动物无脑、无神经中枢、无神经节。神经系统主要包括围口环（circumoral ring）和辐神经（radial nerve）。这种模式通常由 2 ～ 3 个位于身体不同层次的神经网络系统组成，即：口神经系（oral neural system）、下神经系（hyponeural system）、反口神经系（aboral neural system）组成。这 3 个神经系往往与水管系统伴行，且与上皮细胞联系紧密，因而部分上皮细胞也有传导刺激的功能，这一点与低等动物相似。其中口神经系来源于外胚层；反口神经系和下神经系来源于中胚层，这是动物界唯一的例外。

棘皮动物仅有少数专门的感官，包括触觉、化学感受器、光感器、平衡囊等。大多数感受器分布在身体和管足的表面。海星会对光、化学物质和各种机械刺激做出反应。它们的腕端通常有专门的感光器。

（七）生殖与发育

大多雌雄异体，少数雌雄同体。性腺起源于体腔上皮，生殖细胞经生殖管道由生殖孔排出，体外受精。

棘皮动物卵裂一般为辐射型等裂，经桑葚期、囊胚期到原肠期（内陷法），进而以肠腔法形成中胚层和体腔，体腔继续演化为 3 分体腔，胚孔形成肛门，胚孔对侧形成口。生长阶段包括自由泳的幼虫、两侧对称幼虫（有些种类直接发育）、五辐对称成体等阶段。

二、棘皮动物分类

棘皮动物始见于 5.7 亿年前的寒武纪早期，泥盆纪达到鼎盛时期。现存 7000 余种，已灭绝或化石种类 20000 余种。如今，深海中底栖的种类大多都是棘皮动物。从物种的数量上来看，棘皮动物似乎是正在走向衰落的一个门类，化石记录显示，早期也包含了两侧对称体型的种类。现存的后口动物中只有棘皮动物门、半索动物门和脊索动物门 3 个门类（异涡动物门尚存有争议）。

我国舒德干教授等与英国科学家合作，在早期动物演化研究领域取得了突破性成果，在我国澄江化石库中发现了新的后口动物化石，并将这一灭绝的类群命名为古虫动物门（Vetulicolia）。

根据棘皮动物的外形及其他主要结构特征，一般将现存棘皮动物分为有柄亚门（Pelmatozoa）和游移亚门（Eleutherozoa）。

（一）有柄亚门

身体杯状，口面向上，反口面向下，肛门位于口面，步带沟（ambulacral groove）开放，无筛板。是最原始的棘皮动物，现仅存 1 纲。

1. 海百合纲（Crinoidea）

大约 630 种，化石记录显示，曾经的种类要比现存的种类多很多。

（1）外形：海百合纲有两类，一类是海百合类（stalked crinoids），另一类是海羽星（feather star），又称海洋齿类（comatulids）。

海百合 80 余种，终生具柄，固着生活。似植物，靠一细长的柄附着于海底，柄上有轮生的卷枝，柄基部的卷枝用于固着，柄顶端是放射状的冠（crown）。冠由中央盘和腕组成，中央盘杯状，反口面骨板发达，为萼部；口面常具膜质盖板，口位于中央，肛门位于肛锥（anal cone）上。5 个腕由冠部放射状发出，每条腕又可分出更多的分支，每个分支向两侧伸出羽枝（pinnule），形似羽毛。腕中有步带沟，随着腕分支而分支，步带沟内具管足（无吸盘）、纤毛，5 个步带沟均通入口。

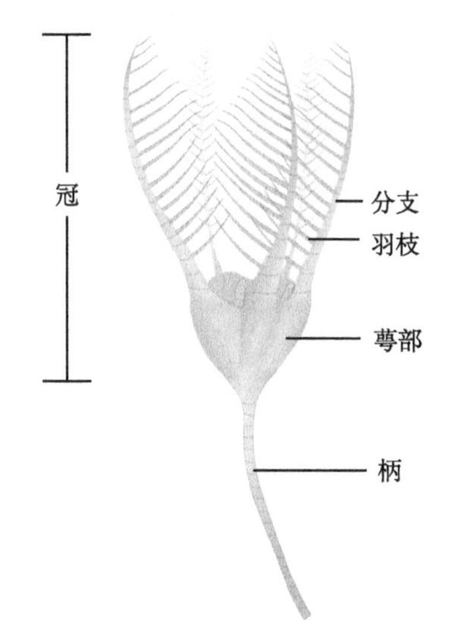

图 15-4　海百合　徐迎弟　绘

海羽星 550 余种，成体无柄，多自由生活，靠卷枝的摆动游泳或基部卷枝的交替固着缓慢运动。个体发育要经历一个桶形幼虫（doliolaria）阶段，再生能力强。

我国分布有海百合、海洋齿等（图 15-4）。

（2）内部结构与生理：体表为角质层及不发达的表皮，其下为真皮层，真皮的结缔组织中几乎全部被碎骨片充满。摄食独特，靠步带沟内管足猎取浮游生物，借沟内纤毛送入口中。位于海百合萼下的反口神经系发达，由此发出分支通向各腕，控制管足和腕的运动。循环、呼吸、排泄与其他类群相似。

视频 15-1.1

视频 15-1.2

多雌雄异体，雌雄同体的种类雄性先发育，以避免同体受精。配子由体腔上皮形成，通过腕壁裂缝处排出，体外受精、体外发育。

（二）游移亚门

身体星状、球状、盘状、桶状，口面向下、反口面向上，或口面向前、反口面向后。体具腕或无腕，步带沟关闭或开放。

1. 海星纲（Asteroidea）

约有 1500 种，海洋底栖生活。

（1）外形：海星身体扁平、五辐对称，腕与体盘（中央盘）分界不明显。每个腕中央有两行骨板，称步带板（ambulacral plate），中央有一步带沟，沟内有成对的管足，管足末端具吸盘。由腕端至中央盘的区域称步带区（ambulacral area），步带区之间称间步带区（interambulacral area）。口位于体盘中央腹面，口周围的棘刺与体壁构成可活动的连接，借这些棘刺运动。突出体表的棘刺，由体内石灰质骨板形成。海星的体表还分布有许多小的双层膜质突起，称皮鳃，外膜由表皮形成，内膜由体腔膜形成，具有呼吸和排泄功能（图 15-5）。

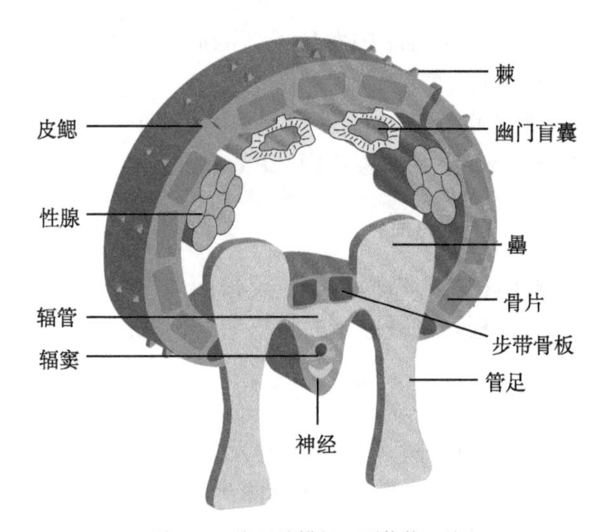

图 15-5　海星腕横切　贾伟伟　绘

（2）内部结构与生理：口内为短的食管，通向膨大的胃，胃分两部分，贲门胃（cardiac stomach）也称口胃，幽门胃（pyloric stomach）也称反口胃。贲门胃大，主收集摄取的食物；幽门胃小，并发出管道伸入腕内连接幽门盲囊，幽门盲囊是分泌、吸收的场所。幽门胃通向直肠，以肛门开口于反口面体盘中央。海星喜食双壳类，用管足吸附在双壳类表面，当双壳类裂开缝隙时（0.1mm），即可将贲门胃伸入并注入消化液，消化液可削弱闭壳肌收缩力，直至将壳完全打开，再将猎物摄入至幽门盲囊中进一步消化吸收，也可在此进行少量的胞内消化。气体、营养物质和代谢废物靠纤毛摆动及体腔液扩散运输。气体交换及废物排出在皮鳃、管足及其他膜性结构处进行（图 15-6）。

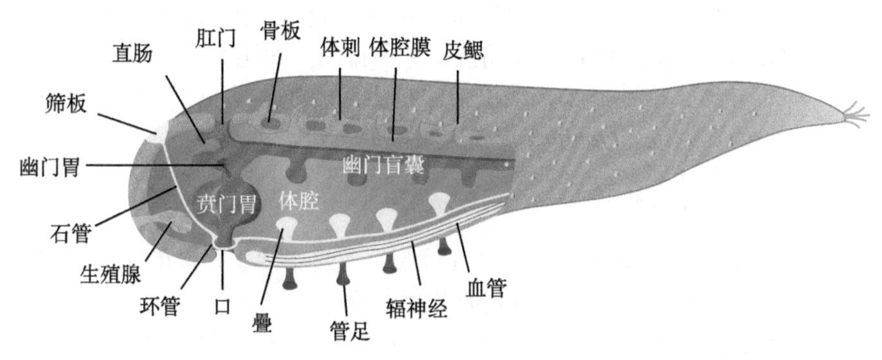

图 15-6　海星消化系统示意图　徐迎弟　绘

视频 15-2

视频 15-3

神经系统属于典型的棘皮动物模式，感光器官（单眼）常位于腕的端部。海星有很强的再生能力，任何一条腕断裂均可再生。有些种类断掉的腕含有一部分体盘，甚至可再生出一只完整的海星。一般情况下，至少需要 1/5 的中央盘方可再生出新个体。此外，海星还有“自切（autotomy）”行为，将受伤的腕断掉，然后再生一个新腕。海星多雌雄异体，每条腕上有 2 个性腺，开口于腕基部，体外受精，单个海星排出配子后，可同时释放信息素，诱导附近海星排出配子。初始的胚胎具纤毛，漂浮生活，以浮游生物为食，原肠期后形成两侧对称的幼虫，称羽腕幼虫（bipinnaria），继续发育出现腕，称短腕幼虫（brachiolaria），此时开始附着海底，逐渐发育为成体。我国北方常见种类有罗氏海盘车（*Asterias rollestoni*）、海燕（*Asterina pectinifera*）等。

2. 蛇尾纲（Ophiuroidea）

约有 2000 余种，喜栖息于岩石、珊瑚的缝隙或附着在海藻上，具有负趋光性。

（1）外形：蛇尾类腕细长而灵活，中央盘与腕分界明显。无皮鳃、无萼。管足无吸盘、无壶腹，靠管足基部肌肉收缩改变形态。与海星不同的是筛板位于口面。蛇尾类凭借其灵活的长腕可快速移动，因而也是棘皮动物中唯一存在大量共生种类的类群。水管系统与运动无关，它们以可弯曲的腕而不是管足进行运动，每条腕都可做蛇形运动，因此可缠绕海藻茎或钩挂珊瑚缝隙等处，蛇尾类步带沟闭合（图 15-7）。

（2）内部结构与生理：蛇尾类是食肉、食腐动物，靠腕和管足收集食物，口位于中央盘正中，5 个三角形的颚构成了咀嚼器，口内为囊状的胃，无肠，无肛门，粪便仍由口排出，消化管任何部位没有延伸至腕内，这些与海星纲不同。体腔退化，仅局限在中央盘，但仍有运输气体、营养物质和废物的功能，筛板位于口面。在腕的基部，通过内陷形成 5 对黏液囊（brusa），并以生殖器裂缝开口于口

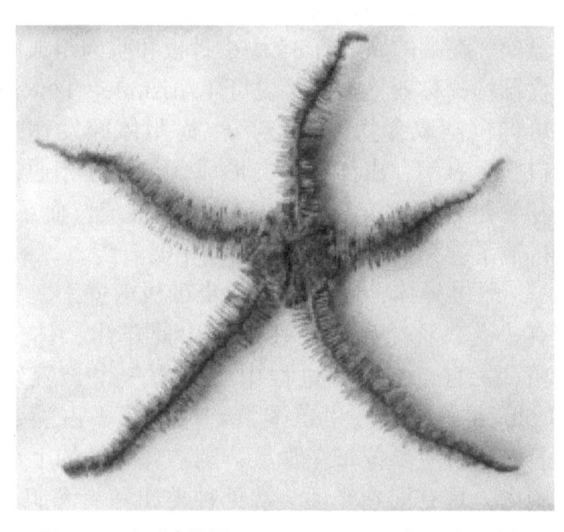

图 15-7　金氏真蛇尾（*Ophiura kinbergi*）　王宝青摄

面。每个囊壁上都有生殖腺，成熟的生殖细胞可排入囊中，再由囊排出体外并受精。身体产生的废物——氨，由管足和黏液囊扩散排出。蛇尾类再生能力也很强，有自切现象。雌雄异体，雄性略小，幼虫为浮游生活的蛇尾幼虫（ophiopluteus），经变态沉入水底。如真蛇尾（*Ophiura*）、阳遂足（*Amphiura*）等。

视频 15-4

3. 海胆纲（Echinoidea）

现存约 1000 种，几乎分布于所有海洋环境中，尤喜生活于坚硬的海底或岩石缝隙内，每天仅移动几厘米。也有的种类在泥沙表面挖洞生活。

（1）外形：身体近球型、盘型、心型，口面向下、平坦，反口面向上、隆起，相当于海星的五个腕向反口面愈合，体表具长刺（图 15-8）。

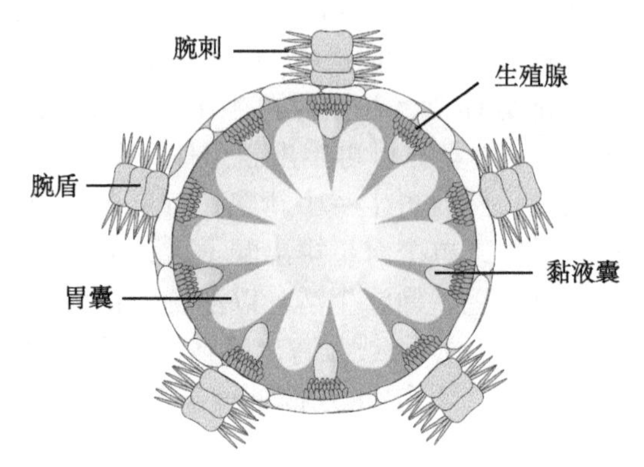

图 15-8 海胆（左）和海胆内部结构（右） 王宝青 摄 徐迎弟 绘

（2）内部结构与生理：海胆的骨骼，也称壳，由 10 组紧密贴合的拱板（步带板、间步带板）组成，沿口和反口轴放射状相间排列。步带板上有小孔，管足由此伸出。每个步带区分布有 2 列管足，以管足摄取有机物，间步带区无小孔、无管足。体表的长刺基部着生在壳的凹窝处，形成“关节”，由肌肉控制其运动，长刺端部尖锐有毒腺。

海胆以藻类、苔藓虫、珊瑚虫及动物尸体为食，口内为口腔、咽、食管、胃、肠，肛门开口于反口面正中央。消化管长，多在体内盘曲。在咽的周围有 35 块小骨板和肌肉组成的取食结构，称亚里士多德提灯（Aristotle's lantern），可伸出刮取食物（图 15-9）。海胆体腔发达，围口膜上有鳃，由体壁外突形成，与体腔相通，鳃和管足是气体交换的场所。水管系统、血系统、排泄系统和神经系统与海星纲相似。

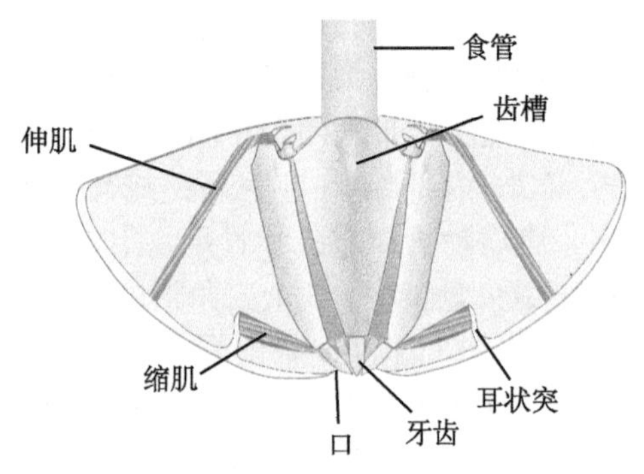

图 15-9 亚里士多德提灯 徐迎弟 绘

雌雄异体，性腺附于间步带板内壁上，壁上有小孔，称生殖孔，性细胞由此排出，体外受精、发育，在发育过程中要经历一个长腕幼虫（pluteus）阶段。生殖季节，性腺几乎占满了体腔。感官主要分布在管足、刺、棘等处的上皮细胞内，具有副趋光性。常见种类如马粪海胆（*Hemicentrotus pulcherrimus*）、细雕刻肋海胆（*Temnopleurus toreumaticus*）等。

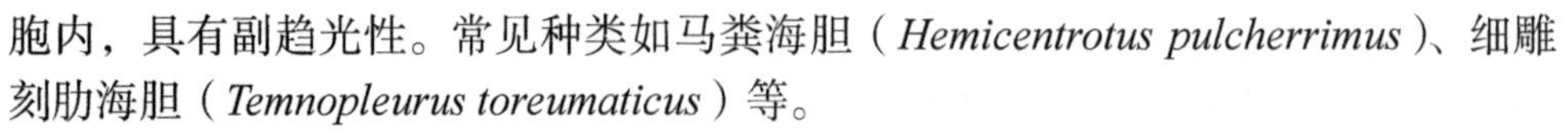

视频 15-5

4. 海参纲（Holothuroidea）

约 1500 种，多在不同深度的岩石缝隙或软质海底生活。

（1）外形：身体桶状，体长大多 10 ～ 30cm，无腕，口 - 背轴拉长，腹面扁平，出现次生性的两侧对称，口周围的管足发达，特化为 10 ～ 30 条触手。体壁厚，肌肉发达，体表无棘刺，骨片大量减少。

（2）内部结构与生理：表皮之下是发达的真皮，内含细小的骨片。稍大的骨片构成了一个钙质的口环，是肌肉的附着点。真皮下是环肌、纵肌。水管系统独特，充满体腔液，筛板游离于体腔液中。环管周围形成 1 ～ 10 个波里氏囊，5 条幅管从环管发出至触手，管足 3 排，主要用于附着。

大多数海参以覆盖黏液的触手摄取有机颗粒，消化管由口、胃、肠、直肠、肛门组成。体腔细胞可穿过肠壁、分泌酶帮助消化，并吞噬、运输营养物质。海参体腔发达，通过体腔壁上的纤毛摆动循环体腔液，因此在气体、营养物质和代谢废物的运输等方面都发挥了重要作用。海参的血系统非常发达，包括血窦和分支的血管系统，主运输、分配营养物质。由海参直肠处生出 1 对树状结构，并贯穿体腔，称"呼吸树"（respiratory tree），直肠可将水泵入其中。当直肠扩张时，水自肛门进入，肛门括约肌及直肠再同时收缩，水被压入呼吸树中；分支的呼吸树小管（又称居维叶氏小管 Cuvier's tubule）收缩时，水排出，气体和含氮废物可在呼吸树和体腔间进行交换。有些种类呼吸树小管还可从肛门翻出，小管含有黏液和毒素，以缠绕、抵御捕食者。当海参受到强烈刺激时，体壁强力收缩，甚至可将呼吸树、肠管、生殖腺全部由肛门排出，然后通过再生恢复。神经系统除了触手基部有 1 个神经环并发出分支至触手和咽外，其余与其他棘皮动物类似。眼点位于触手基部（图 15-10）。

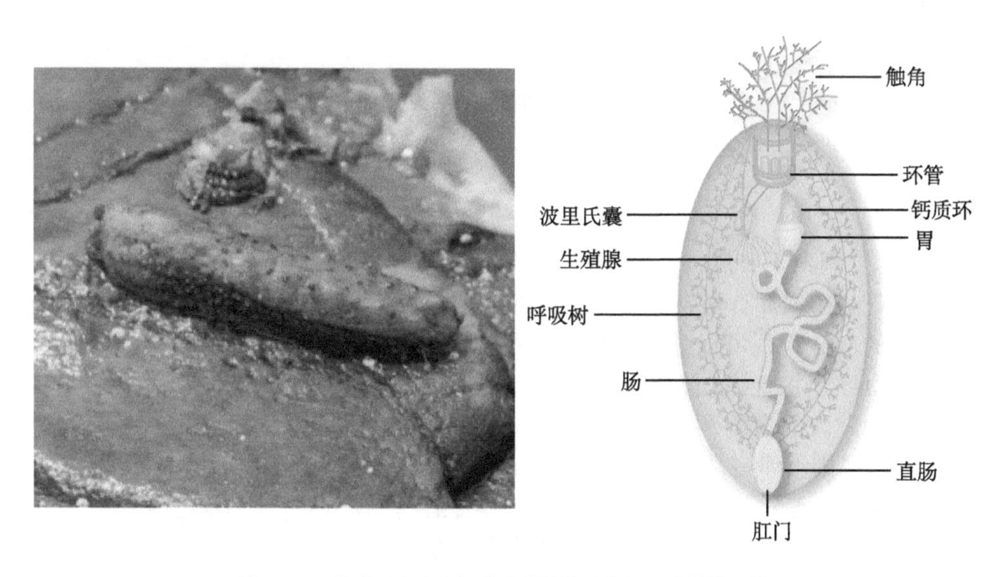

图 15-10　海参（左）和海参内部结构（右）　冯明霞　绘

海参大多雌雄异体，生殖腺位于体腔前部，生殖孔开口于触手基部。体外受精、发育。极少数种类也可在体腔内发育。发育过程要经历耳状幼虫（auricularia）、樽形幼虫阶段，然后变态为幼参。

视频 15-6

第二节 半索动物门

演化地位：后口动物类群分支，幼虫阶段具有与棘皮动物相似的特征。半索动物全部海产，100 种左右，由于它们具有一类似脊索的器官，所以曾经一度被认为是脊索动物。但对其组织学和胚胎学的研究表明，它与脊索既非同功、又非同源器官，实际上是一“口索（stomochord）”，所以，现已公认它是无脊椎动物中的一个门。

一、半索动物的主要特征

半索动物身体蠕虫状，喜群居，多生活于潮间带的沙质、泥沙质中，在 U 形管内生活。主要特征有：具鳃裂、口索、雏形背神经管、三分体腔（吻腔 1 个，领体腔、躯干体腔各 1 对）。体壁包括环肌和纵肌，具完全的消化管，开管式循环，鳃裂既是滤食器官，也是气体交换的场所，排泄器官为后肾（肾小球与血管相连），身体正中央的表皮下分别有背神经索和腹神经索，在领部背、腹神经索相连成神经环。背神经索在伸入领的部分出现小腔，称雏形背神经管，吻部感官可感受化学刺激。雌雄异体，生殖腺位于体腔内。

二、半索动物分类

半索动物可分为肠鳃纲（Enteropneusta）和羽鳃纲（Pterobranchia）。

（一）肠鳃纲

生活于泥质或沙质的潮间带地区，常在洞穴内或石块下隐居。

1. 外形

身体呈蠕虫状，体长 10 ~ 40cm，个别种类可达 2m，分为吻、领和躯干 3 部分。口位于吻和领之间的腹侧。咽鳃裂有几个至数百个排列在躯干部两侧。

2. 内部结构与生理

表皮单层，具纤毛和腺体。

（1）吻：吻和领都有发达的肌肉，吻能缩入领内，是身体最活跃的部分，既可以甄别环境，又可以将食物黏附于吻表面，由纤毛将食物颗粒输送到领边缘的沟内，再进入口中并吞咽。大的食物颗粒则被口拒之于外。吻靠吻腔和领腔的充水和排水伸缩，由此还可掘穴和移动身体。

（2）鳃系（branchial system）：领后躯干两侧，各有 1 排鳃孔，向内通向一系列鳃囊，鳃囊连于咽壁两侧的 U 形内鳃裂，即咽壁两侧裂缝，也称咽鳃裂。鳃裂上没有鳃但血管丰富，气体交换是在血管鳃的上皮及体表进行的。依靠纤毛摆动，水流由口→咽→内鳃裂→鳃室→鳃孔→外界（图 15-11）。

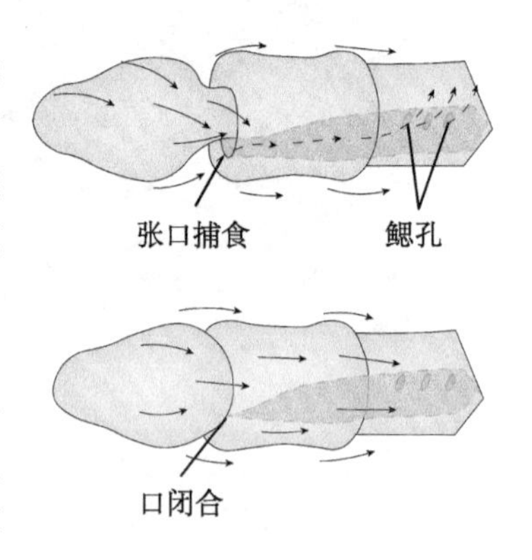

图 15-11　食物流动　贾伟伟　绘

（3）摄食与消化：口后是口腔，口腔背侧突出一盲囊伸入吻体腔，称口索，是一内分泌器官，由于口索曾被认为是不完全的脊索，所以具有口索的动物被称为半索动物。

口腔后是咽，肠鳃类是黏附型的猎食者，依靠吻、领处纤毛的摆动，将黏附的食物颗粒随水流通过鳃裂，经咽的下部进入食管及肠，前段肠管有许多中空的指状突起，称肝囊（hepatic sac），可分泌消化酶，是消化吸收的场所，以后为直肠、肛门。

（4）循环与排泄系统：开管式循环。肠管背侧有背中血管延伸至领中形成血窦，继续前行形成心囊（heart vesicle）。血液无色，沿血管从后向前流入血窦、心囊。再进入一球形血管网中（脉球），这里是排泄场所，然后流入肠管腹侧的腹血管、血窦，流经肠管和体壁，返回背血管。

（5）神经系统和感官：半索动物神经系统非常独特，同时具有背、腹 2 条神经索。神经细胞交织成网状或神经丛，神经纤维与上皮细胞形成突触联系，并在背腹处加厚，分别形成背神经索和腹神经索（到目前为止，这在动物界中是唯一的），两条神经索在领后借一神经环相连，背神经索在领内继续延伸构成领索（领索内有小的腔隙，即雏形背神经管），并发出分支至吻神经丛。感受器包括神经感受细胞和光感受细胞。

（6）生殖与发育：雌雄异体，卵巢或精巢囊状，沿躯干前部排列成行，每个囊有一孔开口于体表。体外受精，辐射式卵裂，发育过程与棘皮动物类似（图 15-12）。

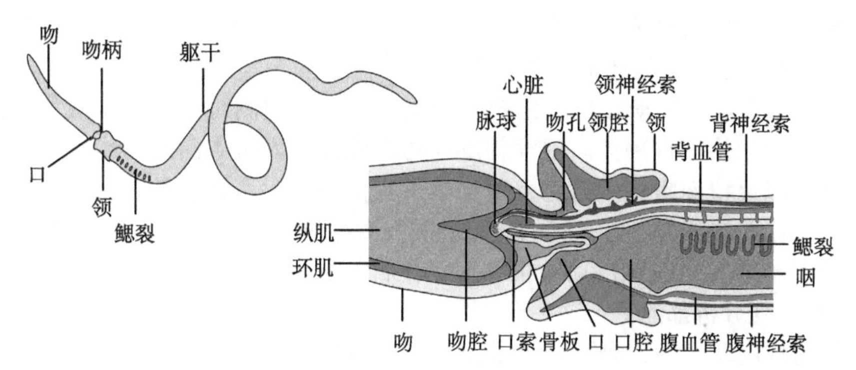

图 15-12　柱头虫外形（左）与内部结构（右）　贾伟伟　绘

（二）羽鳃纲

大约 20 种，大多生活在深海海底，体长 2 ～ 14mm，通常群居，管栖生活，通过管孔将触手伸出。代表动物有头盘虫（*Cephalodiscus dodecalophus*）和杆壁虫（*Rhabdopleura*）等（图 15-13）。

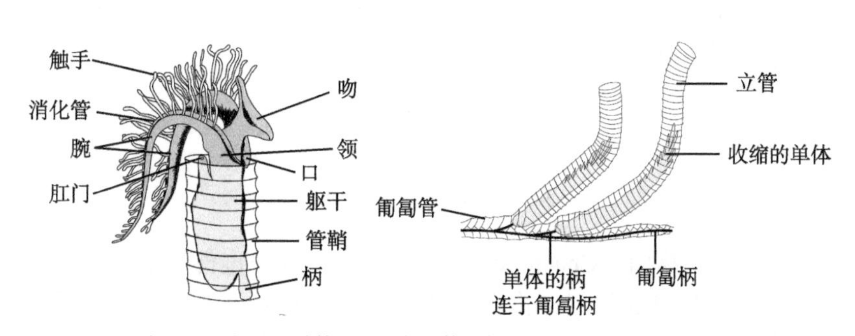

图 15-13　杆壁虫单体（左）与群体一部分（右）　贾伟伟　绘

1. 外形

头盘虫身体分为吻、领、躯干3部分，但仅有1对鳃裂。栖息于自身分泌的管内，以柄附着于海底。

2. 内部结构与生理

吻楯形，消化管U形，肛门开口于口附近。杆壁虫无鳃裂，无排泄器官。有些种类雌雄异体也有雌雄同体的种类。生殖包括有性生殖和无性出芽生殖。受精卵要经过1个纤毛幼虫阶段，变态后，再以出芽繁殖形成群体。

第三节 棘皮动物、半索动物的起源与演化

棘皮动物和半索动物是最早的后口动物，所有的后口动物都可能来自一种滤食性的祖先。棘皮动物留下了大量的化石记录，至少有20纲，现存仅5纲。根据两侧对称的幼体及最近发现的两侧对称成体化石，棘皮动物祖先应该是两侧对称的。现存棘皮动物五辐对称体制是次生性的，幼体依然保留两侧对称。

据推断，从古代棘皮动物发展出两个分支，一支是两侧对称的沉积取食种类，另一支是辐射对称的悬浮取食种类。现存棘皮动物祖先都是固着生活的，然后演化出了自由移动的类群。以反口面附着于海底，演化出了有柄的现存海百合类；以口面附着的种类演化出了自由移动的种类。已灭绝的化石种类与现存种类的棘皮动物演化关系尚不明确。现存海百合类与最古老的棘皮动物很相似，化石外形特征的相似性以及对核糖体RNA、线粒体DNA序列分析都证明了这一点。

在现存的棘皮动物中，海百合类最原始。大多数分类学家认为海胆类与海参类亲缘关系紧密，但海星类与蛇尾类的关系尚有争议，此处不再赘述。

棘皮动物、半索动物、脊索动物都有共同的相似特征。如半索动物与脊索动物的咽鳃裂，这应该是后口动物的祖先特征，基因表达研究也支持了半索动物与脊索动物咽鳃裂是同源的。研究人员还发现已灭绝的腕足类也具有鳃裂，咽鳃裂最初发生时应该是滤食器官。尽管鳃裂在羽鳃类和现存的棘皮动物中已消失，但鳃裂丢失可能发生在与现存的棘皮动物分支谱系之前。棘皮动物与半索动物被认为是姊妹群，原因在于它们早期胚胎发育的相似性、拥有共同的弥漫性表皮神经系统及3分体腔，这样的体腔与冠轮动物和毛颚动物的体腔不同源。

附：毛颚动物门

演化地位：毛颚动物门（Chaetognatha）的演化地位一直备受争议。这是一群远洋食肉动物，它们的历史超过5亿年。化石与现存种类在外形上极为相似，现将其放在原口和后口两大类群以外。

一、外形

毛颚动物又称箭虫类，全部海产，是高度特化的一类海产浮游动物，已知有 65 种，身体笔直，几乎透明，体长 2.5 ～ 10cm，它们通常夜间游至水面，白天潜入水中。大多数时间是随波漂流。然而，依靠尾鳍和纵肌，也能迅速前进，侧鳍主要起稳定、平衡作用。

身体包括头部、躯干部、尾部。头下方的凹陷为 1 大的空腔称前庭（vestibule），通向口。前庭有牙齿，前庭两侧有弯曲的几丁质棘刺，用于捕食浮游生物、桡足类甚至小鱼。背侧 1 对眼。颈部的褶皱可前伸盖住头和棘，形成头罩。捕食时，缩回头罩，露出棘以捕获食物（图 15-14）。

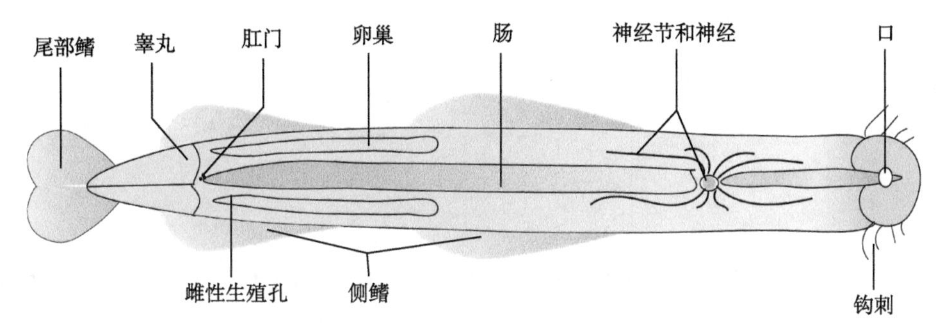

图 15-14　毛颚动物结构　徐迎弟　绘

二、内部结构与生理

体表具单层表皮，但在体侧则为复层上皮，这与其他无脊椎动物截然不同。具完全的消化系统。次生体腔发达，体腔形成的确切性质还有争议，体腔也没有内衬的体腔膜，无循环、呼吸、排泄系统。神经系统包括围食管神经环及其背侧的脑神经节、数个侧神经节和 1 个腹神经节。感官包括眼、感觉毛。雌雄同体，但异体或自体受精。最近的研究表明，在卵裂 4 细胞期的卵裂面与线虫、甲壳类相似。一些基于核苷酸序列的系统发育将毛颚动物置于蜕皮动物中，但尚未见到有蜕皮的报道。

毛颚动物是生命树中非常奇怪的一个分支，本门的地位仍值得讨论。形态学和胚胎学尚无法确定它究竟是后口动物还是原口动物。此外，成体由头、躯干和尾所组成，与后口动物特别是脊索动物相似，但具几丁质表皮，这一特征又表明它与原口动物相关。一项以 *Hox* 基因为特征的系统发育研究表明，毛颚动物是在原口动物与后口动物分离前就分化出来了。

思考题

1. 棘皮动物各纲的主要特征是什么？共性有哪些？
2. 水管系统的作用是什么？
3. 比较各纲消化系统特点有哪些异同？
4. 作为最早的后口动物，哪些特征与脊椎动物相似？
5. 半索动物有哪些特点？为什么与棘皮动物是姊妹群？
6. 毛颚动物有哪些特点？
7. 试绘出棘皮动物门的思维导图。

第16章 脊索动物门

演化地位：脊索动物（Chordata）是动物界中最高等的类群。它们的身体结构复杂，机能完善，生活方式多样。少数种类在幼体或终生具有脊索（notochord），大多数种类的脊索仅出现于胚胎时期，之后被脊柱所替代，成体的脊索完全退化或者仅保留残余，故称脊索动物。动物界由此开始演化出了一支拥有强大支撑结构、适应各种复杂环境条件的类群，这一与众不同的结构为其生活习性、身体结构与功能的特化提供了广阔的栖息机会。

第一节 脊索动物的主要特征

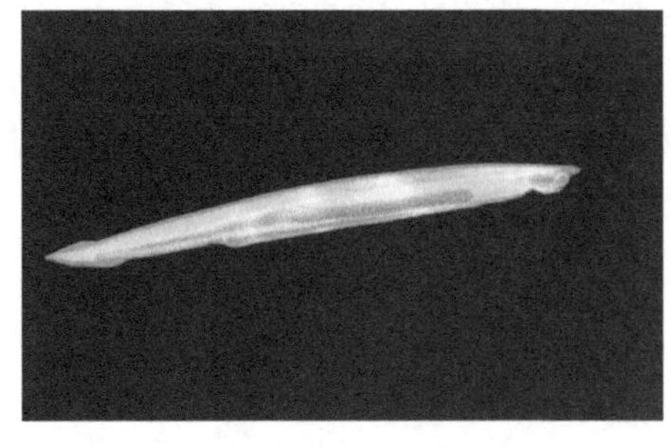

图 16-1　文昌鱼

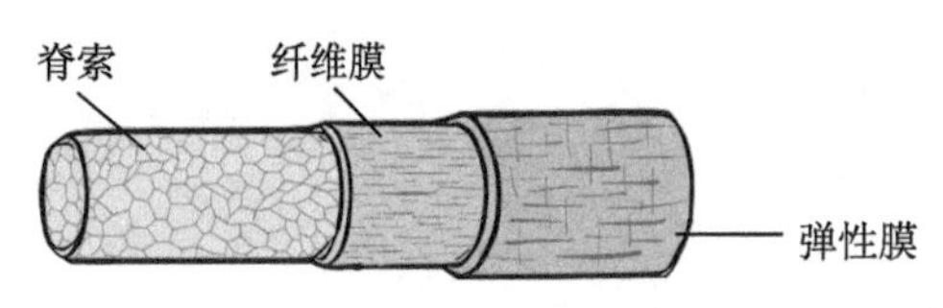

图 16-2　脊索结构示意图　赵浩辰　绘

脊索动物门各类动物差异很大，但它们有共同的 3 个主要特征（图 16-1）。

一、脊索

脊索是一条支持身体的棒状结构，起源于胚胎时期的原肠内胚层细胞。脊索外面包有 1 ～ 2 层的结缔组织膜（纤维膜和弹性膜），称为脊索鞘。脊索内由富含液泡的细胞组成，使脊索具有一定的硬度和弹性，起支撑作用，成为原始的中轴骨骼（图 16-2）。低等脊索动物的脊索终生存在，或仅存在于幼体阶段；高等种类仅存在于胚胎期，随后被脊椎骨组成的脊柱所取代，具有脊椎骨的动物又称脊椎动物。

脊索的出现，加强了动物体的支持与保护，

极大提高了其运动能力，使动物捕食、逃避敌害效率更高，也为动物向大型化发展奠定了基础。

二、背神经管

背神经管（dorsal tubular nerve cord）是脊索动物原始的中枢神经系统，位于脊索背方，是一条中空的管状结构，起源于外胚层，由胚体背面中央下陷、两侧向上卷拢形成。脊椎动物神经管前端分化为大脑，管腔在脑内形成脑室；脑后发育为脊髓，管腔在脊髓内形成中央腔，这与非脊索动物的腹神经索有着本质的区别。

三、咽鳃裂

脊索动物消化管前段咽部两侧有左右成对排列、数目不等的裂孔，直接或间接与外界相通，称为咽鳃裂（gill slits），它是由外胚层内陷和内胚层外突，最终形成裂缝所致，为呼吸器官。水栖种类的鳃裂终生存在，陆生种类仅存在于早期胚胎发育的短暂时间，随着发育，最终完全消失，幼体出生后以肺进行呼吸。

脊索动物还有一些次要特征：通常具内骨骼；心脏位于消化管的腹面，肛后尾等。此外，两侧对称、真体腔、后口和分节等特征是与一些高等非脊索动物所共有。

第二节　脊索动物的分类

已知的脊索动物约有 70000 种，现存约 49000 余种，一般分为 3 个亚门。

尾索动物亚门（Urochordata），如海鞘；头索动物亚门（Cephalochordata），如文昌鱼；脊椎动物亚门（Vertebrata），如鱼等。

尾索动物亚门和头索动物亚门是低等脊索动物，总称原索动物。由于它们没有明显的头部，又称无头类。脊椎动物亚门有明显的头部，又称有头类。

一、尾索动物亚门

（一）尾索动物亚门主要特征

尾索动物的脊索仅存在幼体尾部，因此得名。幼体经变态发育为成体后，脊索随尾部一起消失。成体表面包有一层粗糙而坚厚的被囊，具保护功能，又称被囊动物。被囊由外套膜上皮分泌的被囊素形成，其化学成分近似植物的纤维素，这在动物界中极为罕见，如海鞘（*Ascidia*）。

海鞘成体外形似壶（图 16-3），壶口为入水孔，壶嘴为出水孔，壶底是身体基部，用以附着，固着生活。

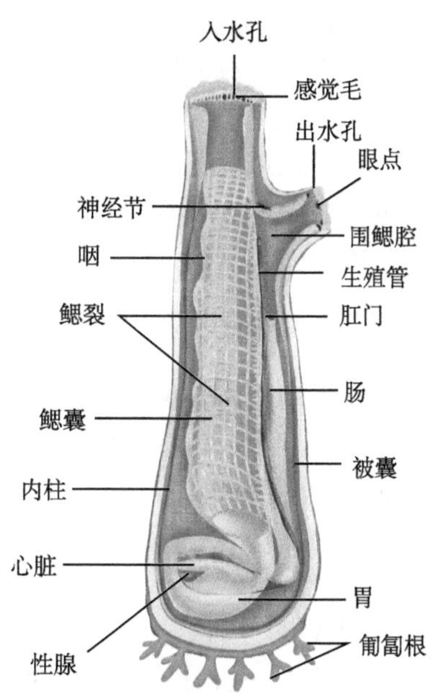

图 16-3　海鞘结构图　何茜　绘

海鞘被囊内为外套膜，外套膜分为 3 层，外层是上皮，具分泌功能；中层为结缔组织，含有血管、环肌、纵肌；内层为上皮。海鞘入水孔位于顶部，孔内为口，口下咽部被围鳃腔包围，咽壁上有大量横向排布的鳃裂，鳃裂缘有很多纤毛，纤毛摆动时，引起水流从入水孔经口流到咽部，水中带有食物颗粒和氧气，近口处的缘膜能滤去粗大食物和杂物，咽腔内壁背侧和腹侧各有一沟状结构，分别称背板（咽上沟）和内柱（endostyle），沟内有腺细胞分泌黏液，将细碎的食物黏合成食物团，借沟内纤毛的摆动通过内柱、围咽沟，沿背板推入食管、胃、肠并进行消化，食物残渣由肛门排入围鳃腔，经出水孔排出体外。水通过布满血管的鳃裂时进行气体交换，水流出鳃裂即进入围鳃腔，再经出水孔排出体外。心脏前后各发出一条血管，向前为鳃血管，分布于鳃裂间咽壁上；向后为肠血管，分布到脏器形成血窦，属开管式循环。血管无动、静脉之分，心脏在跳动间歇期，血液可以倒流，这种循环方式在动物界也是绝无仅有的。肠附近有一团具有排泄功能的细胞，称小肾囊（renal vesicles），排出的废物进入围鳃腔。固着生活导致神经系统退化为一个神经节，位于出、入水孔之间。

海鞘可出芽生殖，也进行有性生殖，一般为雌雄同体但异体受精。

海鞘幼体外形似蝌蚪，在水中自由生活。脊索存在于尾部，脊索背方是背神经管，其前端膨大形成脑泡，咽部有成对的鳃裂。脊索动物3个主要特征在海鞘幼体上都出现了，由此揭示了其脊索动物的特征，然而幼体时期是短暂的，数小时后，幼体前端吸附在其他物体上，并开始变态，幼体尾部连同脊索逐渐消失，背神经管退化为一个神经节。咽部扩大，鳃裂数目剧增，围鳃腔随之形成，口和肛门转移至顶端，此时发育成成体，其体表形成被囊，固着生活。

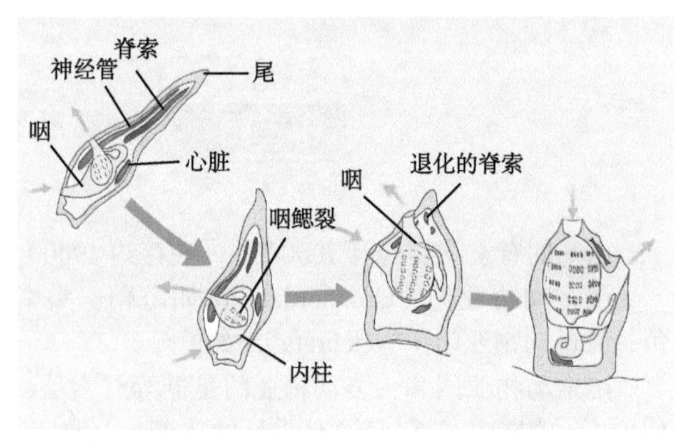

图 16-4 海鞘逆行变态 赵美琪 绘

海鞘经过变态，失去了一些重要的进步性特征，使身体变得更简单了，这样的变态称逆行变态（retrograde metamorphosis）（图 16-4）。

（二）尾索动物亚门分类

尾索动物栖息在海洋中，约3000种。少数种类营自由生活，多数种类幼体自由生活，成体固着生活。一般分为3个纲：尾海鞘纲（Appendiculariae）、海鞘纲（Ascidiacea）、樽海鞘纲（Thaliacea）。

1. 尾海鞘纲

现存60余种，主要分布于温带、热带海洋。身体区分为躯干和尾两部分。身体似蝌蚪，体表有一层胶质、透明的被囊（如住囊虫 *Oikopleura*），仅1对鳃裂开口于体外，无逆行变态期。

2. 海鞘纲

本纲是最大一纲，约占尾索动物 90% 以上，幼体自由生活，成体单体或群体固着生活。身体具纤维素被囊，以有机碎屑、浮游生物为食，雌雄同体，异体受精，也可出芽生殖。常见种类如柄海鞘（*Styela clava*）等。

3. 樽海鞘纲

身体樽形，大多漂浮生活，入水孔与出水孔分别位于前、后端，以此推动身体前行，同时完成摄食、呼吸。咽壁鳃裂 2 个或更多。生活史较复杂，具无性与有性世代交替。代表动物如樽海鞘（*Doliolum*）等。

二、头索动物亚门

头索动物终生具有脊索、背神经管、咽鳃裂。这一亚门的种类很少，约有 32 种，文昌鱼（*Branchiostoma belcheri*）是本亚门的代表动物。

文昌鱼生活在浅海沙滩里，底栖生活，白天通常将身体钻入沙中，很少活动，只露出口前端，借水流摄取藻类食物，有时也侧卧在水底，夜间较活跃。我国厦门、青岛均有分布。

体长 42 ～ 47mm，左右侧扁，两端稍尖，无明显头部，又称双尖鱼。背面有 1 纵行皮肤褶皱称背鳍，延伸到身体后端与尾鳍相连，尾鳍腹面向前延伸至体后 1/3 处为臀鳍。腹两侧皮肤下垂形成腹褶。腹褶与臀鳍交界处有 1 个腹孔，是水和生殖细胞排出之处。口位于身体前端腹面，周围有触须环绕。触须有感觉和阻挡粗物进入口的功能。肛门位于尾鳍腹面的左侧（图 16-5）。

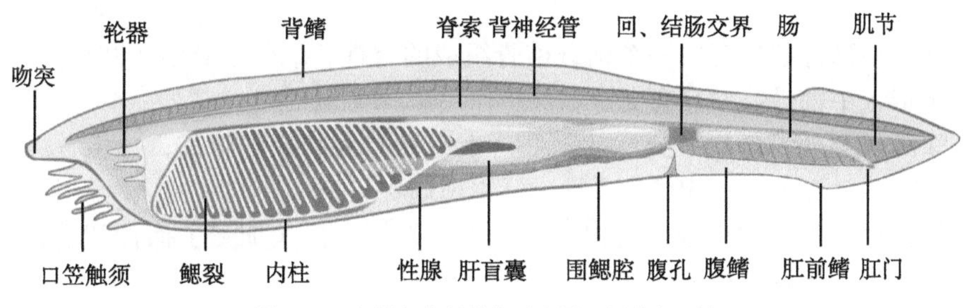

图 16-5　文昌鱼内部结构示意图　刘紫宸　绘

皮肤由单层表皮和冻胶状结缔组织构成，肌肉分节明显。脊索从身体后端一直延伸到身体前端，故称头索动物。

消化系统包括口、咽、肠、肛门。肠为一条直管，尚未分化。在肠前段的腹侧向前方伸出 1 个盲囊，称肝盲囊（hepatic diverticulum），能分泌消化液，与脊椎动物的肝脏是同源器官。咽内的背壁有 1 条纵沟称咽上沟或背板，腹壁的 1 条纵沟称内柱，具有纤毛和分泌黏液的腺细胞，内柱和背板在前端均与一围咽纤毛带相通，食物进入咽内，集结在内柱粘成食物团，以纤毛摆动将食物送到围咽纤毛带，继而进入咽上沟，咽上沟纤毛驱动向后落入肠内进行消化。食物残渣由肛门排出。

咽壁两侧有许多成对斜行排列的鳃裂，鳃裂间隔的纤毛摆动，引起水流通过鳃裂，咽壁上血管内的血液可排出二氧化碳，水中的氧气进入血液完成呼吸作用，最后水经围鳃腔的腹孔排出体外。

血液循环属闭管式，与脊椎动物基本相似，但心脏尚未分化出来。

排泄器官是肾管，位于咽壁背部的两侧，约100对，每一肾管是一个短而弯曲的小管，排出端具肾孔，开口于围鳃腔；收集端为管细胞（来源于体腔上皮），末端膨大。

背神经管是原始的中枢神经系统，几乎没有脑和脊髓的分化，只是前端背神经管腔稍膨大，称为脑泡（brain vesicle）。感觉器官不发达。

文昌鱼雌雄异体，生殖腺约26对，按体节排列在体壁两侧，凸向围鳃腔。成熟的精子或卵子穿过生殖腺壁和体壁，进入围鳃腔经腹孔排出体外，在水中受精发育。

文昌鱼有一定的经济价值和科学研究价值，以我国厦门的文昌鱼产量最为丰富。

关于原索动物的起源与演化，从比较解剖学、胚胎学和生物化学等分析，一般认为文昌鱼是由脊索动物和棘皮动物的共同祖先演化而来。由这个祖先分出1支演化为棘皮动物；另1支演化为原始脊索动物，即原始无头类。由原始无头类演化为原始有头类，即脊椎动物的祖先。其中一部分原始无头类特化为侧支，演变为现存的原索动物，包括钻沙泥、少活动的文昌鱼。

三、脊椎动物亚门

（一）脊椎动物主要特征

脊椎动物亚门是动物界演化到最高等的类群，主要特征体现在以下几个方面。

（1）发达而集中的神经系统。神经管前端分化出结构复杂的脑，包括端脑、间脑、中脑、小脑、延脑，此外还有眼、鼻和耳等感觉器官，脑后分化为脊髓。脑有头骨保护，脊髓有椎弓包围。脑、眼、鼻和耳都集中到前端，构成了明显的头部，故脊椎动物又称有头类。

（2）脊椎动物背部具有由一系列脊椎骨组成的脊柱，取代了脊索（圆口类除外）。脊柱与头骨组成了中轴骨骼，具有支持和保护作用。

（3）除圆口类外，产生了成对的附肢。水生种类为胸鳍和腹鳍；陆生种类为前肢和后肢。使动物运动更灵活，积极主动地生活以适应更复杂多变的环境。

（4）除圆口类外，都出现了可以活动的上、下颌，极大加强了捕食和消化能力，为身体进一步向大型化发展打下了基础。

（5）水生种类用鳃呼吸，陆生种类用肺呼吸。脊椎动物在胚胎时期都出现鳃裂，次生性水生种类仍用肺呼吸。

（6）出现了肌肉质的心脏，收缩力强，血液循环迅速，机体代谢旺盛，动物由变温演化为恒温动物。

（7）出现了集中的肾脏，满足了高代谢强度下有机体代谢废物的排出。

（二）脊椎动物分类

现存的脊椎动物约有49000余种，可分为七鳃鳗纲、盲鳗纲、软骨鱼纲、硬骨鱼纲、两栖纲、爬行纲、鸟纲、哺乳纲。

根据颌的有无，分为无颌类，包括圆口类（七鳃鳗纲、盲鳗纲）；有颌类包括软骨鱼纲、硬骨鱼纲、两栖纲、爬行纲、鸟纲和哺乳纲。

根据胚胎发育时有无羊膜，分为无羊膜动物，包括圆口类（七鳃鳗纲、盲鳗纲）、软骨鱼纲、硬骨鱼纲、两栖纲；羊膜动物包括爬行纲、鸟纲、哺乳纲。

根据体温，可分为变温动物又称冷血动物，包括圆口纲、鱼类、两栖纲、爬行纲；恒温动物又称温血动物，包括鸟纲、哺乳纲。

（三）脊椎动物起源与演化

到目前为止，最早的脊椎动物化石——海口鱼、昆明鱼，发现于我国云南澄江生物群（距今 5.3 亿年前）。这一重大发现表明，脊椎动物在早寒武纪就开始分化了。海口鱼具有“之”字形的肌节、背鳍、腹鳍、围心腔、鳃区软骨等结构，然而，海口鱼仍旧保留了一些无头类原始的生殖结构，如多对重复的生殖腺，这也符合生殖系统演化相对于其他系统更保守一些，这种独特的“先进—保守”混合特征恰好证明海口鱼由无头类演化到有头类的关键环节。

有头类向两个方向发展，一类是没有上、下颌的无颌类；另一类是具有可活动上、下颌的有颌类。随着有颌类在水中的演化，由于地球造山运动导致地表水域面积缩小，水生鱼类的一个分支——总鳍鱼类，被迫登陆并获得了初步成功，演化出了两栖类，又由古两栖类演化出了真正陆生的爬行类，爬行类进而演化出了鸟类和哺乳类。

思考题

1. 脊索动物各亚门的主要特征是什么？划分的依据是什么？
2. 何为逆行变态？为什么会发生这样的演化？
3. 脊椎动物的进步性特征是什么？
4. 脊椎动物是如何起源与演化的？
5. 尾索动物有哪些特有的特征？
6. 绘制脊索动物门思维导图。

第 17 章

圆口类

演化地位：曾经认为最早的脊椎动物化石发现于晚寒武纪和奥陶纪地层中，是一种无颌的甲胄鱼。20 世纪 90 年代，在我国澄江动物化石群又发现了 2 种距今 5.3 亿年的鱼形动物，称海口鱼（*Haikouichthys*）和昆明鱼（*Myllokunmingia*），它们具有许多与脊椎动物类似的特征，如心脏、成对的眼、耳囊、退化的椎骨等。这使得脊椎动物起源可以追溯到寒武纪早期。

圆口类（Cyclostomata）是一群缺乏可活动上、下颌的类群，除了已经灭绝的甲胄鱼（*Ostracoderm*）和上述一些种类外，还包括现存的盲鳗（*Myxiniformes*）和七鳃鳗（*Lampetra japonicum*）。盲鳗和七鳃鳗在形态上相似，实际上在 4.5 亿年前就分道扬镳了，但依据分子数据的系统发育研究表明，它们有着紧密的亲缘关系，在脊椎动物中构成了一个单系群，盲鳗更简化的特征很可能是穴居生活的结果。

第一节 圆口类的主要特征

一、原始特征

圆口类是脊椎动物中最原始的类群。无可活动的上、下颌及真正的牙齿，仅具由表皮衍生而来的角质齿，不能撕咬捕食；只有奇鳍而无成对的偶鳍；脊索终身保留，但已出现脊椎骨的雏形（脊索鞘背面的软骨弧片）；肌肉分化少，仍保留原始的肌节排列；脑颅发育不完整，无顶盖，脑发育程度低，无脑曲，仅 10 对脑神经，内耳只有 1 或 2 个半规管；生殖腺单一，无生殖导管。

二、特化特征

圆口类常以鱼类和龟类为临时寄主，因长期寄生或半寄生生活而形成了显著的特化特征。如皮肤无鳞，富有黏液腺；具有能吸附、不能开闭的口漏斗，并有角质齿和锉舌组成的锉刀式摄食器，食腐或半寄生；鳃位于特殊的鳃囊（gill pouch）中，因此，又称囊鳃类，鳃囊内有来源于内胚层的鳃丝，这与其他脊椎动物鳃不同源；嗅囊单个，单一的外鼻孔开口于头顶中线部（故又称单鼻类，Monorhina）（图 17-1）。

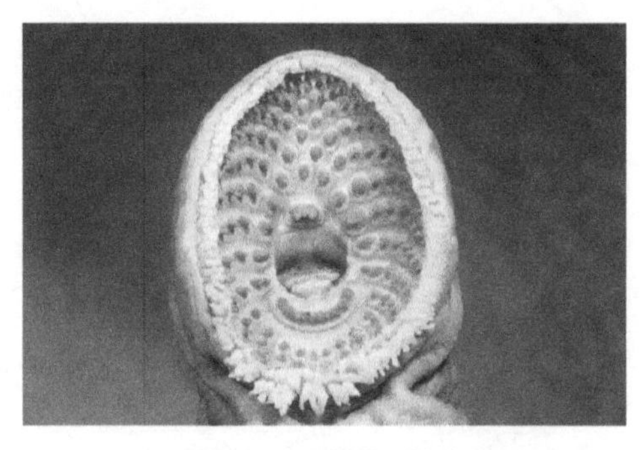

图 17-1　七鳃鳗口漏斗

三、代表动物——东北七鳃鳗

现以我国东北七鳃鳗（*Lampetra morii*）为例加以描述。

（一）外形

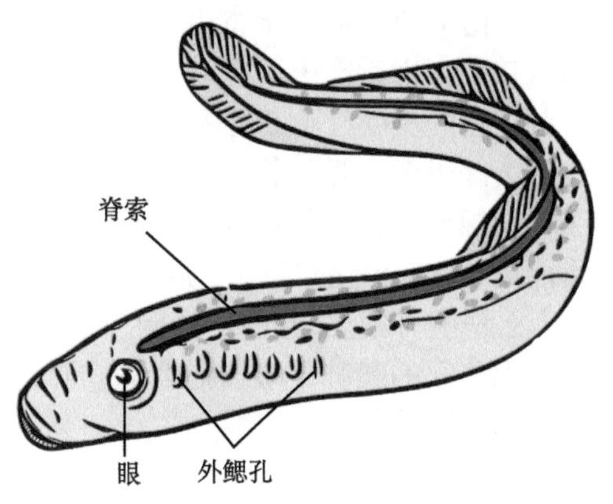

图 17-2　七鳃鳗外形图　赵浩辰　绘

东北七鳃鳗身体细长呈鳗形，长约 30cm，分为头、躯干和尾 3 部分。头部前端腹面有一个漏斗状的口吸盘，也称口漏斗，四周边缘有乳头状突起，称触须，能吸附在鱼类等寄主体表。口漏斗内面和舌上都有角质齿，故称其舌为锉舌。头部中央有一个鼻孔，其后方的皮下有一个松果眼。头两侧有 1 对眼，无眼睑，覆盖一层透明膜。眼后方各有 7 个圆形的鳃裂孔，故名七鳃鳗。

鳃裂孔看起来像眼，故有“八目鱼”之称。无偶鳍，只有奇鳍，1～2 个背鳍，1 个尾鳍，雌体另有 1 个臀鳍。躯干部和尾部交界处的腹面有一肛门，后方有一乳头状突起为泄殖突，突起末端为泄殖孔（图 17-2）。

（二）皮肤及其衍生物

皮肤裸露无鳞，包括表皮和真皮。表皮由多层上皮细胞组成，内有发达的单细胞黏液腺，可分泌黏液润滑体表。真皮为排列规则的结缔组织，包括胶原纤维和弹性纤维，纤维走向多与身体平行，少量纤维则与体表垂直。真皮内有星芒状的色素细胞，能使体色变深或变浅，幼体更明显。皮肤衍生物有角质齿、黏液腺和色素细胞。

（三）骨骼系统

骨骼原始，包括软骨和其他结缔组织。身体的主要支持结构是终生保留的脊索。脊索背侧每一体节内都有 2 对小软骨弧片，用以保护神经管，是脊椎骨的雏形。

头骨包括脑颅、咽颅和口吸盘骨。七鳃鳗出现了保护脑和感觉器官的脑颅，结构较原始，只有脑下方的基板和两侧向上延伸的头骨侧壁及一些枕部横行的软骨，无顶盖，脑顶仅覆盖着纤维膜。单一的嗅软骨囊和成对的听软骨囊并未与颅骨完全愈合，仅由结缔组织与脑颅相连，此结构相当于高等脊椎动物胚胎发育早期阶段的颅骨。咽颅也称鳃笼（branchial basket），由 9 对横行弯曲的弧形软骨和 4 对纵行的软骨条相互连接而成，形成支持鳃囊的软骨篮结构，其末端形成杯形软骨包围了心脏。整个鳃笼不分节，紧贴皮下包在鳃囊外面。口吸盘骨包括支持口漏斗与舌的特殊软骨。

（四）肌肉系统

肌肉与文昌鱼相似。体壁肌肉分化少，由一系列原始的肌节组成，呈“∑”形，无水平生骨隔。仅分化出鳃笼、口吸盘和舌等部位的复杂肌肉。

（五）消化系统黏膜

消化系统因适应半寄生生活而表现出原始性和特殊性。无颌，口位于口漏斗底部，通入口腔，锉舌能上下运动，内有分泌抗凝血的特殊口腺。以口漏斗吸附于鱼体，用锉舌刺破鱼的皮肤且不断地吸食血肉。口后为咽，分化出背腹两条管，背面为狭窄的食管，腹面为呼吸管，呼吸管前端有缘膜可阻挡食物进入。食管直接与肠相连，无胃。肠内有纵行的螺旋状褶，称盲沟或螺旋瓣，以增加吸收面积和延缓食物通过肠管的时间，让食物能被充分地消化和吸收，肠末端为肛门。

七鳃鳗有独立的肝脏，分左右两叶，位于围心囊后方。幼体有胆囊、胆管，成体则无。无独立的胰脏，胰细胞聚集成群分布于肝和肠壁上，能分泌蛋白质分解酶及与糖代谢相关的物质。

（六）呼吸系统

成体的呼吸管是咽后向腹面发出的 1 支盲管，其两侧各有 7 个内鳃孔，每个内鳃孔各与 1 个球形的鳃囊相通。每个鳃囊各有 1 个外鳃孔通体外，鳃孔周围有括约肌和缩肌，控制鳃孔大小和启闭。鳃囊内有鳃丝，其上有丰富的毛细血管，可进行气体交换。七鳃鳗用口吸盘寄生时，水流由外鳃鳃孔流入，经鳃囊交换气体后，仍由外鳃孔流出，这是七鳃鳗适应寄生生活的一种呼吸方式。七鳃鳗自由生活时，水流由口进入，经内鳃孔入鳃囊完成气体交换后，由外鳃孔排出体外。

盲鳗无呼吸管。内鳃孔直接开口于咽部，各鳃囊的外鳃孔不直接通体外，而是汇总到 1 条总鳃管内，在远离头部的后方开口于体外，故体外只能见到 1 对外鳃孔。

（七）循环系统

血液循环方式与文昌鱼相似，但出现了心脏，心脏位于鳃囊后的围心囊内，包括 1 心房、1 心室和 1 静脉窦。由心室发出 1 条腹大动脉，再发出 8 对入鳃动脉，分布于鳃囊壁上形成毛细血管，进行气体交换后，由 8 对出鳃动脉集中到 1 对背动脉根内，由此向前左右各发出 1 条颈动脉至头部，向后会合成背大动脉，再分支至体壁和内脏器官中。经过组织器官交换后，身体前后部的血液分别汇入 1 对前主静脉和 1 对后主静脉，二者共同汇入总主静脉，再入静脉窦。七鳃鳗有肝门静脉，无肾门静脉。

（八）排泄系统

排泄系统由 1 对狭长的肾脏、2 条沿肾脏腹侧后行的输尿管、泄殖窦以及通向体外的泄殖孔组成。肛门开口于泄殖孔前方。胚胎期肾脏为前肾，成体为中肾（mesonephros）

或后位肾（opisthonephros），与生殖系统无关联，但盲鳗前肾终生保留。

（九）神经系统和感觉器官

脑分化为大脑、间脑、中脑、小脑和延脑 5 部分。脑体积小，各部排列在一个平面上。大脑半球不发达，其前端连有较大的嗅叶，大脑表面无神经细胞，故称古脑皮。大脑为嗅觉中枢；间脑顶部有松果体和松果旁体，底部有脑漏斗和脑下垂体；中脑只有 1 对视叶，顶部有脉络丛，在脊椎动物中仅圆口纲只有 1 个脉络丛；小脑与延脑尚未分离，相当于 4 部脑阶段；脑神经 10 对。

感觉器官包括嗅觉、听觉、视觉和侧线。嗅觉器官为鼻，只有 1 个外鼻孔开口于头部背中央，向内通入嗅囊；听觉器官为 1 对内耳，位于耳软骨囊内，只有前后 2 个半规管（盲鳗只有 1 个半规管），椭圆囊和球状囊未分化；视觉器官为 1 对眼（盲鳗的眼退化隐于皮下），无眼睑；鼻孔后方头顶部有松果体和松果旁体（又称顶器或顶眼），二者的结构与功能相似，只能感光不能成像；头部和躯干的两侧皮肤上各有一纵行浅沟称侧线，是水流感受器（图 17-3）。

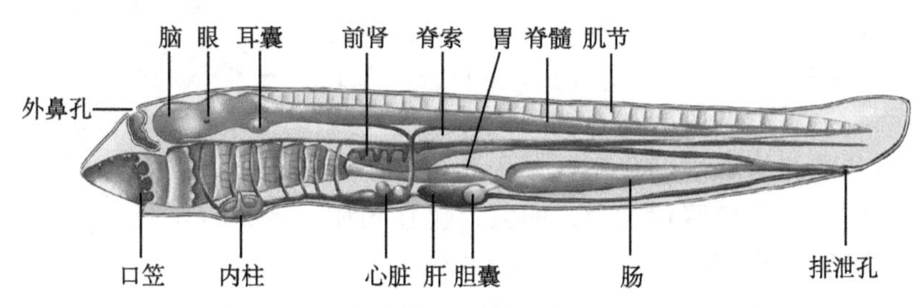

图 17-3 七鳃鳗幼体（沙隐虫）结构图 何茜 绘

（十）生殖与发育

雌雄异体，仅 1 个生殖腺，无生殖导管。成熟的精子或卵子可穿过生殖腺壁落入体腔，经腹孔入泄殖窦，从泄殖孔排出体外。盲鳗为雌雄同体，但生理上两性是分开的，其幼体生殖腺的前部为卵巢，后部为精巢。在以后的发育中，若前部发达则后部退化，成体发育为雌性，反之为雄性。

每年 5、6 月份，七鳃鳗聚集成群，溯河而上至江河上游具砾石的溪流中排精产卵。七鳃鳗通常用口吸盘先造浅窝，而后雌性吸附在砾石上，雄鳗吸附在雌鳗的头背上，相互卷绕、摆尾排精产卵，卵在水中受精。每尾雌鳗在生殖季节产卵总量达 1.4 万～2 万枚。繁殖后亲鳗大都筋疲力尽，相继死去。受精卵沉入水底，约经 1 个月的时间孵化成幼体（沙隐虫）。幼体长约 10cm，其形态与成体相差甚远，须经 3～7 年才变态发育为成体。幼体特征和生活习性与文昌鱼非常相似。

第二节 圆口类的分类

现存圆口类有 110 余种，分为七鳃鳗纲（Petromyzontida）和盲鳗纲（Myxini）。

（一）七鳃鳗纲

七鳃鳗纲有 41 种，分布于淡水或海水中，半寄生生活。具漏斗状口吸盘和角质齿，口位于漏斗底部。鳃囊 7 对，外鳃孔分别开口于体外，鳃笼发达。内耳有 2 个半规管。卵小，变态发育。我国有 3 种，即东北七鳃鳗、日本七鳃鳗（*L.japonica*）和雷氏七鳃鳗（*L.reissneri*）。

（二）盲鳗纲

盲鳗纲约 70 种，均海产，寄生生活，常以软体、环节、甲壳类及其他动物尸体为食。一旦遇到刺激，它们会分泌大量乳白色液体，与海水接触后会变成异常黏滑的黏液。无背鳍和口漏斗，口位于身体最前端，有 4 对口缘触手。鼻孔开口于吻端。眼退化隐于皮下，但嗅觉和触觉极为灵敏。头骨不发达，鳃笼退化，仅在尾部脊索背面有软骨弧片。鳃囊 6 ～ 15 对，外鳃孔大多由一总管通向体外，少数分别开口通体外，内鳃孔通咽部，无呼吸管。循环系统包括 1 个主心脏及 3 个附属心脏，构成了一个低压循环系统。盲鳗体液与海水等渗，这与其他任何脊椎动物不同。内耳仅有 1 个半规管。雌雄同体，生殖腺仅 1 个，卵大，包在角质卵壳中，直接发育（图 17-4）。常见种类有盲鳗、中国黏盲鳗（*Eptatretus chinensis*）、蒲氏黏盲鳗（*Eptatretus burgeri*）和杨氏黏盲鳗（*E.yangi*）等。

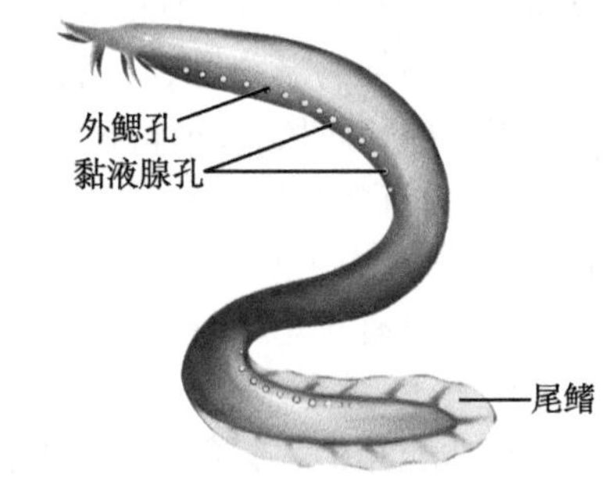

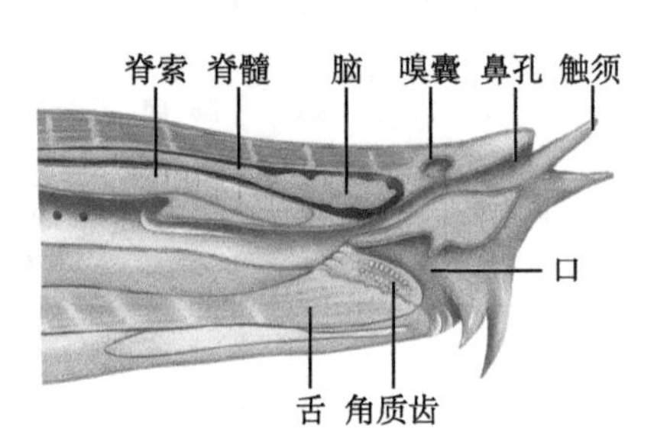

图 17-4　盲鳗外形与内部结构
何茜　绘

思考题

1. 圆口类的原始性特征体现在哪些方面？
2. 七鳃鳗与盲鳗的区别何在？
3. 圆口类为什么没有更大的个体出现？

第18章

鱼 类

演化地位：鱼类是脊椎动物演化中古老而又多样化的水生类群，在多种水环境中占据了主导地位。尤其是可活动的上、下颌出现，使脊椎动物由滤食演化为主动捕食的生活方式，极大提高了取食与适应能力，为以后有颌类更广泛地演化奠定了坚实的基础。在泥盆纪，有颌类演化出4大类群，即盾皮鱼类、棘鱼类、软骨鱼类和硬骨鱼类。

鱼类主要特征：身体多呈流线型，可悬浮于水中保持静止或调节自身的比重来适应不同水深以便轻松游动；靠鳃呼吸，摄取水中溶解氧；大多具鳍，是主要运动器官；终生生活于水中；体表多具鳞片和侧线系统。由于盾皮鱼类和棘鱼类已经灭绝，以下我们将对软骨鱼纲和硬骨鱼纲分别予以描述。

第一节 软骨鱼纲

软骨鱼是泥盆纪时期出现的一个古老的类群，由早期的盾皮鱼类演化而来，石炭纪至二叠纪渐趋繁盛，体外被盾鳞或无鳞，骨骼全部是软骨，具奇鳍或偶鳍。体内受精，卵胎生或卵生，大多海产。发达的感官、有力的下颌、食肉的习性使得它们在水生群落中拥有了稳定的生态位，并依此向板鳃类和全头类两个方向演化。

一、软骨鱼纲的主要特征

本部分仅述及软骨鱼特有的特征，其余特征将在硬骨鱼中阐述。

（一）外形

由头、躯干和尾3部分组成。躯干部有1对胸鳍、1对腹鳍，背鳍和臀鳍。偶鳍水平位，活动灵便。鳍条为无分支、无分节的真皮鳍条（fin ray）。尾鳍多为歪尾型，特化者有的呈鞭状（图18-1）。

图 18-1 鲨鱼外形 刘楚君、张琪 摄

（二）皮肤及其衍生物

皮肤由表皮和真皮组成，均为多层细胞，表皮来源于外胚层，真皮来源于中胚层。盾鳞（placoid scale）是板鳃类特有的鳞片，由棘突和基板（basal plate）组成。棘突突出体表，可缓解水的湍流，基板埋于真皮内。盾鳞的外层为釉质，属于表皮衍生物；内层为齿质，属于真皮衍生物，因此与人类牙齿同源，均为表皮和真皮联合衍生物。实际上鲨鱼的牙齿就是口缘鳞片的特化（图 18-2）。

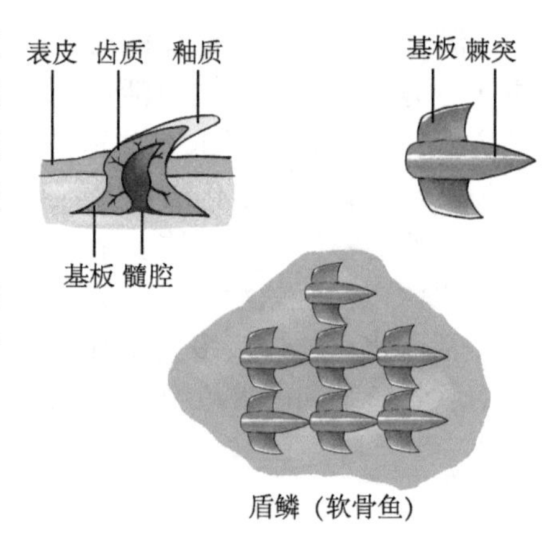

图 18-2 软骨鱼鳞片 帅燊 绘

（三）骨骼

内骨骼均为软骨，某些部位钙化后有一定硬度。全身骨骼可分为中轴骨和附肢骨两类。

1. 中轴骨：包括头骨、脊柱和肋骨

（1）头骨：包括脑颅（cranium）和咽颅（splanchnocranium）。脑颅为一整体，无接缝；咽颅为 7 对软骨弓，第 1 对为颌弓，构成了上下颌；第 2 对舌弓，支持舌；3 ～ 7 对为鳃弓。

（2）脊柱和肋骨：比较原始，仅区分为躯椎和尾椎，椎体双凹型，脊索残留多，呈念珠状。躯椎无脉弓、脉棘，椎体两侧有横突，肋骨短小。

2. 附肢骨：包括带骨和鳍骨

（1）带骨：包括肩带（pectoral girdle）和腰带（pelvic girdle）。肩带是一个半环状的软骨棒，与胸鳍相关节，不直接连于脊柱。腰带仅为一条软骨棒，又称坐耻棒，悬挂腹鳍。

（2）鳍骨：由基鳍骨（basipterygium）、辐鳍骨（radialium）和真皮鳍条（fin ray）组成，自身体向远端依次排列。雄性个体腹鳍内侧由基鳍骨延伸出 1 对棒状交接器，称鳍

脚（clasper）。

（四）消化系统

消化系统由消化管和消化腺组成。

1. 消化管

口位于腹面，呈一横裂，上、下颌边缘具齿，牙齿仅以结缔组织连于颌骨上，仅能捕捉、撕咬食物，无咀嚼功能。胃明显，肠壁向内突出形成螺旋状薄膜，称螺旋瓣，有增加消化吸收面积和延长食物在肠中停留时间等功能，肠末端开口于泄殖腔。

2. 消化腺

鲨鱼的肝很大，分左、右2叶，主要功能是储存和加工营养物质，合成尿素、尿酸，降低身体比重、增加浮力等。胆囊可贮存胆汁，以胆管通入小肠前部。鲨鱼有独立的胰，位于胃和十二指肠之间的肠系膜上，有胰管通入十二指肠。

（五）循环系统

心脏包括1静脉窦、1心房、1心室和1动脉圆锥。软骨鱼心室壁延伸膨大形成有节律性搏动的动脉圆锥，是心脏的一部分（图18-3）。静脉窦是一个近似三角形的薄壁囊，能收集和贮存体静脉回流的缺氧血。心房壁薄。心室壁较厚、肌肉质，是心脏的主要搏动部位。在窦房间、房室间、动脉圆锥与心室交界处均有防止血液倒流的瓣膜。

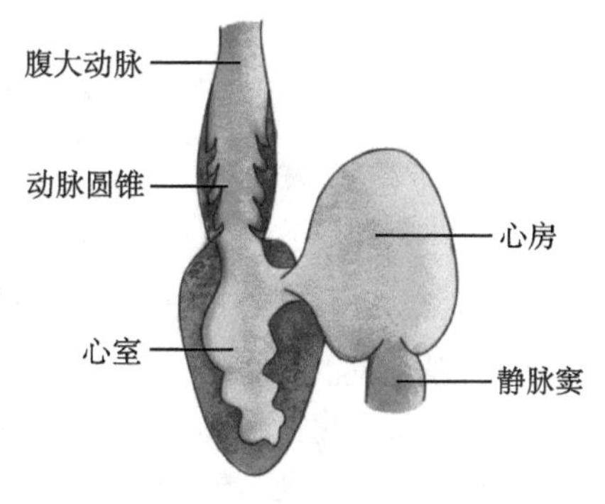

图18-3 鲨鱼心脏 陈雨晴 绘

（六）呼吸与排泄系统

软骨鱼类（鲨鱼）咽部两侧有5对鳃弓和鳃裂，鳃裂直接开口于体表，无鳃盖保护。在两眼后各有一个通咽的水孔，称喷水孔，是退化的第1对鳃裂痕迹。鳃间隔极发达，与体表皮肤相连，故鳃瓣由上皮折叠形成，栅板状，覆在鳃间隔上，称为板鳃。第5对鳃弓的后壁上无鳃瓣，故鳃的总数是4个全鳃、1个半鳃。软骨鱼类呼吸依靠鳃节肌的舒张收缩，控制口开关，使水由口和喷水孔入鳃腔，经鳃裂排出体外，在流经鳃裂时完成气体交换。

鲨鱼的排泄系统包括肾脏、中肾管、副肾管、泄殖腔和泄殖孔。肾脏1对，红褐色，长条形，前窄后宽，位于体腔背部的脊柱两侧。雄性中肾管是专门的输精管，不输尿，输尿管是肾脏后部发出的数条副肾管。雌性的中肾管和副肾管则共同输尿，最后通至泄殖腔由泄殖孔排出（图18-4）。

软骨鱼血液中含有大量尿素，血液和体液的渗透压比海水高，海水会大量渗透入体内，多余的水分通过肾脏排出，进入体内多余的盐分则由直肠腺排出体外。

（七）神经系统与感官

鲨鱼的5部脑分区明显，体积更大，尤其在大脑表面已出现神经物质，这方面比硬骨

鱼还要发达。

鲨鱼的感官发达。

嗅觉：嗅囊 1 对，囊内有褶皱，因而嗅觉异常灵敏，在海水中可嗅出百万分之一浓度的血液。

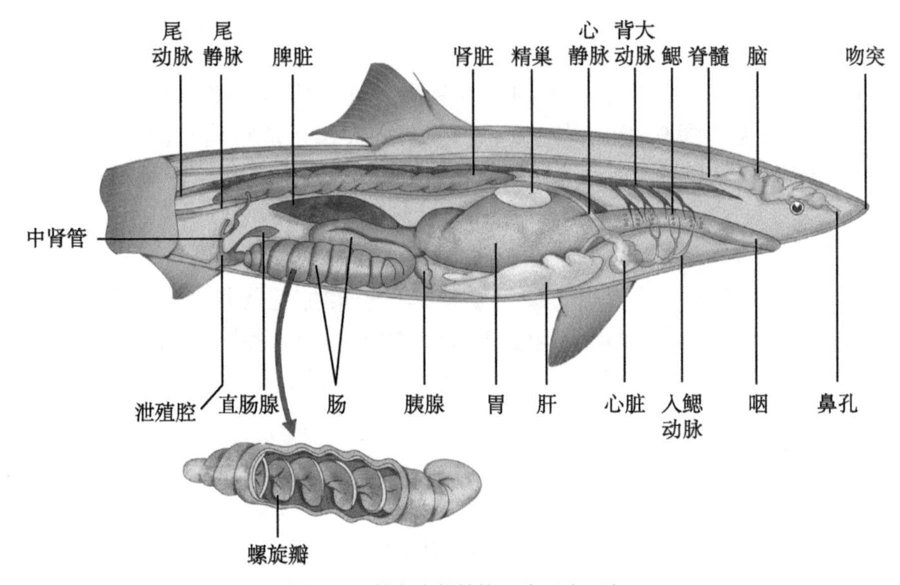

图 18-4 鲨鱼内部结构 陈雨晴 绘

视觉：鲨鱼具有可动的第三眼睑（瞬膜）；脉络膜中有亮层，可反光，有利于在暗环境中增强视觉。

罗伦氏壶腹：在头部背腹侧有若干小孔，轻轻挤压会有黏液流出，孔内连接一小管（罗伦氏小管），管末端膨大即壶腹。这是改造的侧线器官，是电感受器，能接收微弱的电刺激，可寻找埋在沙中的猎物（图 18-5）。

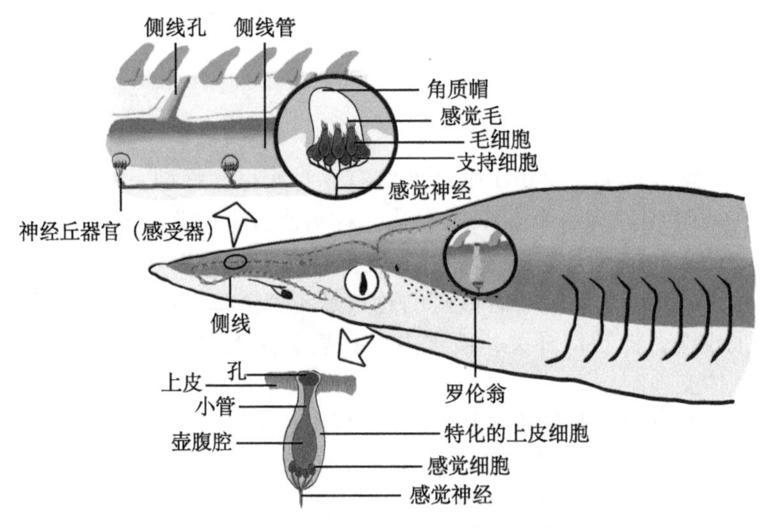

图 18-5 鲨鱼罗伦式壶腹 帅桑 绘

（八）生殖与发育

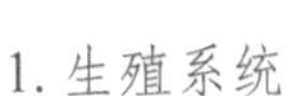

1. 生殖系统

（1）雄性生殖系统：

包括 1 对精巢，1 对输精管（中肾管），膨大的贮精囊，最后以泄殖孔排出精子，雄性具交配器，即鳍脚。

（2）雌性生殖系统：卵巢 1 对；输卵管 1 对，但不直接连于卵巢，而是以喇叭口开口于体腔，收集卵子，输卵管末端膨大形成子宫，并开口于泄殖腔。

2. 发育

软骨鱼为体内受精，卵生、卵胎生或假胎生。假胎生是指胚胎在母体输卵管内发育，前期由卵黄囊供给营养，后期卵黄囊壁出现许多褶皱并嵌入子宫壁内，构成卵黄囊胎盘，并在此由母体提供营养，完成发育。

二、软骨鱼的分类

全世界约有1000种，大多数海产，淡水生仅28种，分为2个亚纲。我国有260余种。

（一）板鳃亚纲（Elasmobranchii）

身体纺锤形或扁平形，体被盾鳞。口大，横裂在头部腹面，5～7对鳃裂直接开口于体表，上颌与脑颅不愈合，可分2个总目。

视频 18-1

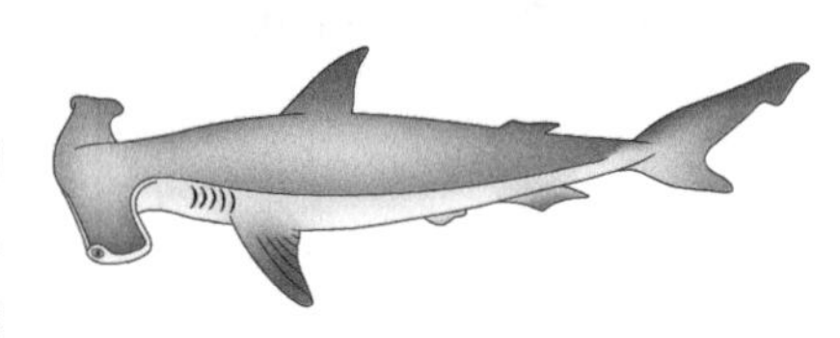

图 18-6 鲨总目代表 姥鲨（上）与锤头双髻鲨（下） 高元满 绘

1. 鲨总目（Selachoidei）

又称侧孔总目，身体纺锤形，眼和鳃裂侧位，胸鳍与头侧不愈合，舌颌软骨具鳃条软骨，肩带的左半部与右半部背面分离，歪尾型，如各种鲨鱼，共分8目。全世界有鲨鱼250～300种，我国有130余种。代表种类有扁头哈那鲨（*Notorynchus cepedianus*）、白斑星鲨（*Mustelus manazo*）、日本扁鲨（*Squatina japonica*）、姥鲨（*Cetorhinus maximus*）、锤头双髻鲨（*Sphyrna zygaena*）等（图 18-6）。

2. 鳐总目（Batoidei）

视频 18-2.1

视频 18-2.2

又称下孔总目（Hypotremata），身体背腹扁平，菱形或圆盘形，眼位于头背侧，鳃裂腹位，胸鳍前缘与头侧愈合，无臀鳍，尾鳍或有或无，底栖生活，共分4目。常见种类如许氏犁头鳐（*Rhinobatos schlegeli*）、中国团扇鳐（*Platyrhina sinensis*）、鸢鲼（*Myliobatis tobijei*）、电鳐（*Torpediniformes*）等（图 18-7）。

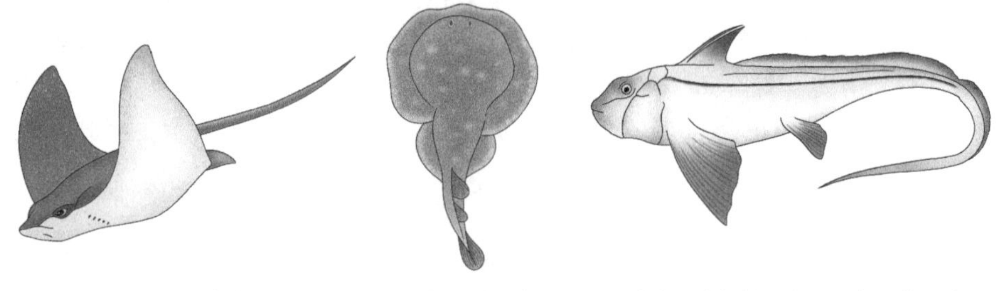

图 18-7 鳐总目代表 鸢鲼（左）、电鳐（中）与全头亚纲代表黑线银鲛（右） 高元满 绘

（二）全头亚纲（Holocephali）

这是一类至少3.8亿年前从鲨鱼谱系中分离出来的类群残余，它们头大，侧扁，下颌

无明显牙齿，而是具扁平的齿板，这是其最不寻常的特征。鳃裂4对，被软骨遮盖，仅以1对鳃孔通体外。身体光滑无鳞，侧线沟状，尾细长如鞭。上颌与脑颅愈合，故称全头类。现有种类很少，仅银鲛目（Chimaeriformes）1个目。我国有2科，银鲛科和长吻银鲛科，如黑线银鲛（*Chimaera phantasma*）（图18-7）。

第二节 硬骨鱼纲

化石记录显示，在志留纪就出现了棘鱼类（原始有颌类），到泥盆纪开始出现了一类具有硬骨的脊椎动物，并由它们演化出了现存的96%硬骨鱼及四足动物分支。硬骨鱼的骨骼或多或少为硬骨，多正尾型。体被骨鳞、硬鳞或次生性退化为无鳞。1对鼻孔位于吻端背侧，鳃间隔退化，鳃丝着生在鳃弓上，具鳃盖，4对鳃裂不直通体外。大多有鳔，肠内多无螺旋瓣。生殖腺壁延伸为生殖导管，多为体外受精，卵生。

一、硬骨鱼纲的基本特征

（一）外形

鱼体可分为头部、躯干部和尾部3个部分。圆口类和板鳃类头部和躯干部的分界线为最后1对鳃裂，硬骨鱼等有鳃盖的鱼类则为鳃盖骨的后缘。躯干部与尾部一般以肛门后缘为界，有些肛门特别前移的鱼类，则以体腔末端或最前1枚具脉弓的椎骨为界。其中臀鳍最后一枚鳍条基部至尾鳍基部为尾柄（图18-8）。

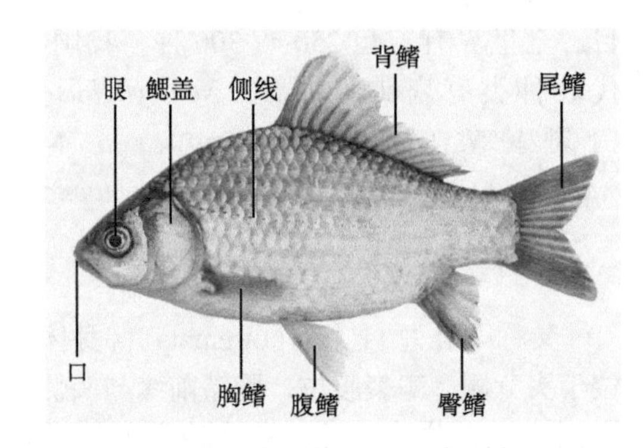

图18-8 鲫鱼外形 王宝青 摄

鱼类的身体有3个体轴。头尾轴：通过头尾纵贯鱼体中央的一条水平假设线。背腹轴：与头尾轴垂直，自身体最高处通过主轴，贯穿鱼体背腹的轴线。左右轴：横贯鱼体中心，与头尾轴和背腹轴垂直的轴线。

鱼类体型多种多样，包括纺缍型、侧扁型、平扁型和棍棒型等4种基本体型和一些特殊体型（海马、海龙、翻车鱼）等。

鱼鳞的排列方式是鱼类重要的分类依据之一，通常用鳞式来表示。鳞式可书写为：侧线鳞数目 $=\frac{\text{侧线上鳞数目}}{\text{侧线下鳞数目}}$。侧线鳞数目是沿体两侧各有一行与身体长轴平行且被侧线管穿孔的鳞片数目；侧线上鳞数目是从背鳍起点处的横列鳞向下斜数至侧线鳞为止的鳞片数目；侧线下鳞数目是从臀鳍起点基部横列鳞向上斜数至侧线鳞的数目。鲤鱼的鳞式为：$34\sim38\ \frac{5}{8}$ 表示侧线鳞数目为34～38，侧线上鳞数目为5，侧线下鳞数目为8。

偶鳍包括胸鳍和腹鳍各1对，胸鳍位于鳃盖后方左、右两侧，可平衡鱼体和控制运动方向。鲤鱼的腹鳍位于肛门前方，称腹鳍腹位；有的硬骨鱼腹鳍前移至胸鳍下方，称腹鳍胸位；腹鳍若移至胸鳍前方则称腹鳍喉位。腹鳍具有稳定鱼体和辅助升降的作用。

奇鳍包括背鳍、臀鳍和尾鳍。鲤鱼的背鳍单个，较长，几乎占躯干部的3/4。臀鳍较短，主要维持鱼体的垂直平衡及搅动排出的精或卵及时分散，利于受精。尾鳍具舵和推动躯体前进的作用。

鱼鳍内有鳍条支撑，鳍条可分为鳍棘和软鳍条。鳍棘硬而不分节；软鳍条柔软且分节，其末端不分叉或分叉。各种鳍条的数目依种类而异，常以鳍式表示，是鱼类分类的依据之一。鳍式中的A、C、D、P、V分别表示臀鳍、尾鳍、背鳍、胸鳍和腹鳍，罗马数字表示鳍棘的数目，阿拉伯数字表示软鳍条的数目。鲤鱼的鳍式为“D. Ⅲ～Ⅳ -17～23；P. Ⅰ -15～16；V. Ⅱ -8～9；A. Ⅱ～Ⅲ -5～6；C.20～22”，表示鲤鱼背鳍具3～4根鳍棘和17～23根软鳍条，胸鳍有1根鳍棘和15～16根软鳍条，腹鳍有2根鳍棘和8～9根软鳍条，臀鳍有2～3根鳍棘和5～6根软鳍条，尾鳍只有20～22根软鳍条。

鱼尾鳍类型分为原尾型、歪尾型和正尾型（图18-9）。原尾型的尾椎位于尾鳍正中，上、下对称，如肺鱼、胚胎期仔鱼等；歪尾型的尾椎向背方延伸至尾端，上大、下小，不对称，如鲨鱼等；正尾型的尾椎上伸仅达尾基部，外形对称但内部不对称，包括大多数硬骨鱼类。

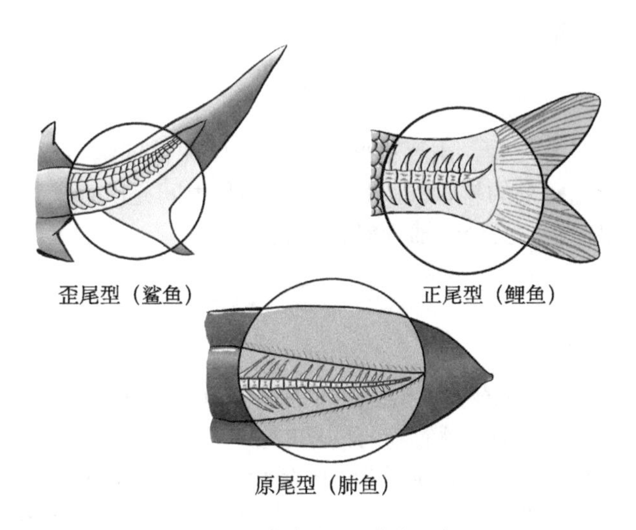

图18-9 鱼类尾型 帅燊 绘

（二）皮肤及其衍生物

1. 皮肤结构

硬骨鱼皮肤结构与软骨鱼相当，所有鱼类皮肤与肌肉连接非常紧密，有利于水中运动。皮肤的主要功能是保护身体、辅助呼吸、感受外界刺激和吸收少量营养物质（图18-10）。

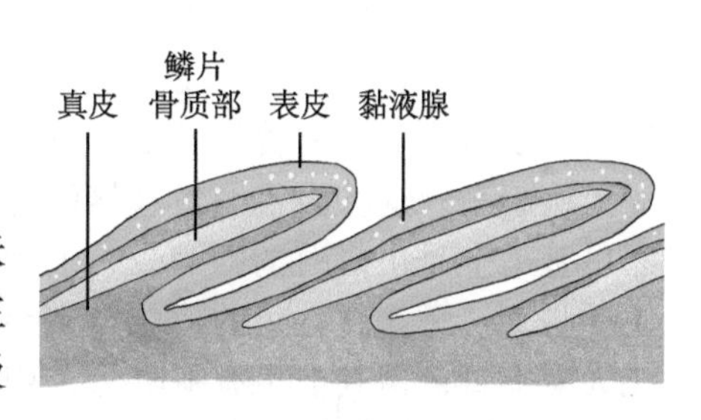

图18-10 硬骨鱼皮肤结构图 帅燊 绘

2. 皮肤衍生物

（1）鳞片：鱼类鳞片分为盾鳞、硬鳞和骨鳞 3 种类型。盾鳞由表皮和真皮联合形成，为板鳃类所特有；硬鳞是埋于真皮中的菱形骨板，由真皮衍生而来，成行排列，为中华鲟（*Acipenser sinensis*）等硬鳞鱼类所特有；骨鳞也是真皮衍生物，呈覆瓦状排列，为高等硬骨鱼类所具有。骨鳞又分圆鳞和栉鳞。圆鳞游离缘呈圆形且光滑、无栉齿，如鲤形目鱼类等；栉鳞游离缘呈齿状，如鲈形目鱼类等（图 18-11）。

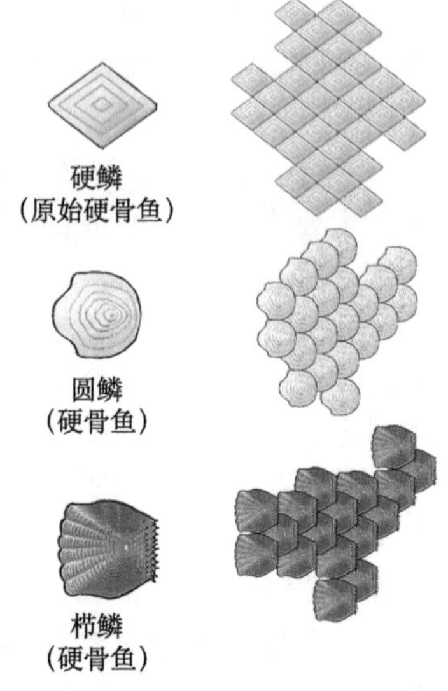

图 18-11 鱼类鳞片 帅燊 绘

（2）腺体：表皮内含大量单细胞黏液腺（unicellular mucous gland），可分泌黏液润滑体表，减少游泳时的阻力，还可形成保护层减少损伤及免受病虫害侵袭，维持体内渗透压，有利于鱼类洄游。多细胞腺体少，有的特化成了毒腺或照明器。

（3）色素细胞：鱼类色素细胞是表皮衍生物，主要有黑色素细胞、黄色素细胞、红色素细胞和虹彩细胞（反光体）4 种。鱼类丰富多彩的体色就是由各种色素细胞相互配合产生的。

（4）发光器官：许多深海鱼类有发光器官，用于取食、照明和种间或异性间的联系信号等。发光的原理有：有些鱼类皮肤上有发光细菌与其共生；有些鱼类具有发光腺，能分泌含磷荧光素，被氧化后成为氧化荧光素，发出不同颜色的光；还有些鱼类皮肤上的晶体、反射层等能发光。

（三）骨骼系统

硬骨鱼类的骨骼多为硬骨，主要由坚硬的骨基质和骨细胞组成，有两种来源：一种是由间充质经软骨骨化而来的软骨性硬骨；另一种是由间充质直接骨化而成的膜性硬骨。按骨骼的着生部位和功能，又分中轴骨骼和附肢骨骼。

1. 中轴骨骼

包括头骨、脊柱和肋骨。

（1）头骨：包括脑颅和咽颅。硬骨鱼类的脑颅位于头骨上部，由多达 180 余块小骨片组成，大多为硬骨，具保护脑和感觉器官的功能。

咽颅由 7 对咽弓组成，位于脑颅下方，围绕和保护消化管前段。第 1 对颌弓构成上下颌：软骨鱼分别由腭方软骨构成上颌、麦氏软骨构成下颌，这是脊椎动物最早出现的原始型颌，故称初生颌（primary jaw），同样也存在于硬骨鱼胚胎时期；硬骨鱼如鲤鱼由前颌骨、上颌骨组成上颌，由齿骨、隅骨构成下颌，此颌弓取代了初生颌的地位，故称次生颌（secondary jaw）。第 2 对为舌弓：软骨鱼舌弓包括基舌骨、角舌骨、舌颌骨，鲤鱼还增加了舌内骨、上舌骨及下舌骨，舌弓的功能是支持舌，其中舌颌骨还可将颌弓与脑颅连接起来，这种由舌颌骨连接颌弓与脑颅的方式称为舌接式。其余 5 对为鳃弓，每对鳃弓基本上是由成对的咽鳃骨、上鳃骨、角鳃骨、下鳃骨及单块的基鳃骨组成，其功能主要是支持鳃。软骨鱼的第 1 对鳃裂特化为喷水孔；硬骨鱼中的鲤科鱼类第 5 对鳃弓特化为咽下骨，但其上生有咽喉齿，用以嚼碎食物。咽喉齿的形状、数目、排列方式因种而异，常作为鲤科鱼类分类的依据（图 18-12）。

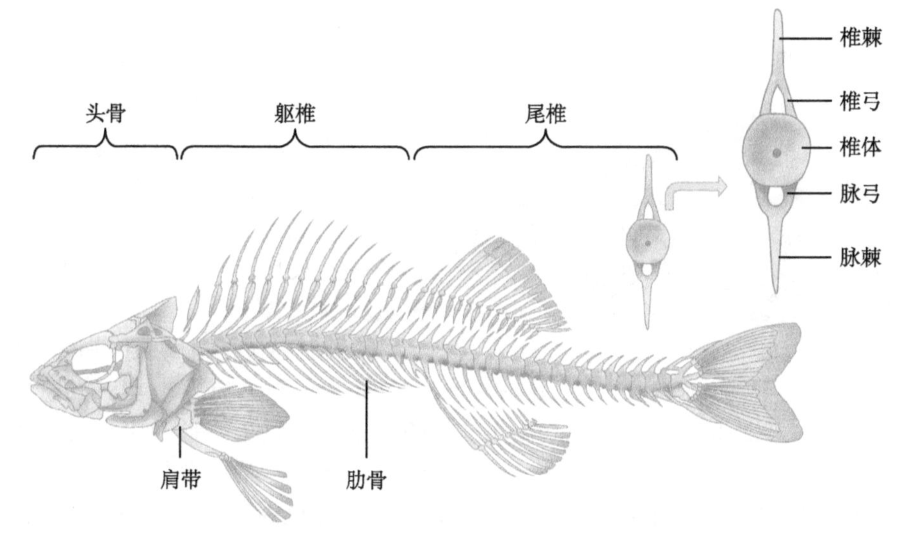

图 18-12　硬骨鱼骨骼　杨天祎　绘

（2）脊柱和肋骨：鱼类的脊柱与脑颅连接紧密，由脊椎串联而成，取代了脊索，成为支持身体、保护脊髓的新中轴骨骼。鱼类脊柱分化程度低，仅有躯椎和尾椎之分。椎体两端凹入，称双凹型椎体（amphicoelous centrum），椎体间的凹处仍有残余的脊索。躯椎由椎体、椎弓、椎棘和横突构成，尾椎则由椎体、椎弓、椎棘和脉弓、脉棘构成。躯椎以侧腹面横突与肋骨相关节，肋骨有保护内脏的作用（图 18-13）。

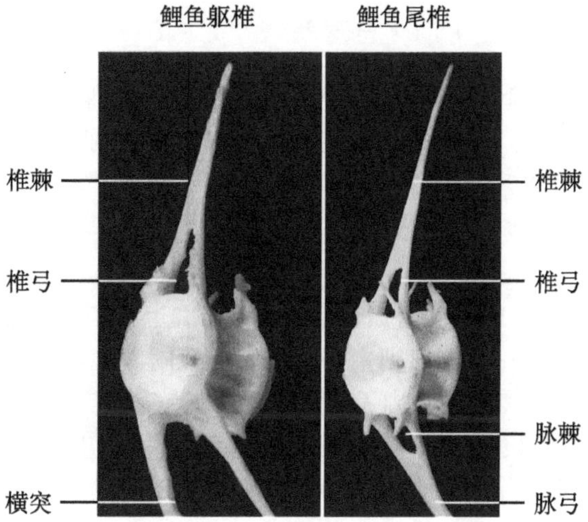

图 18-13　鲤鱼躯椎（左）与尾椎（右）　杨大祥　摄

2. 附肢骨骼

鱼类的附肢骨包括带骨和鳍骨，与脊柱均无关节联系。这是与四足脊椎动物的重要区别。

（1）带骨：包括肩带和腰带。肩带是支持胸鳍的带骨，位置较靠前，由肩胛骨、乌喙骨、上匙骨、匙骨等组成，通过上匙骨与头骨相愈合，为硬骨鱼类所特有；腰带是支持腹鳍的带骨，仅由 1 对无名骨构成，同样，腰带与脊柱也不直接联系。

（2）鳍骨：与软骨鱼相似，但硬骨鱼偶鳍中的基鳍骨大多消失，辐鳍骨退化，鳞质鳍条（lepidotrichia）直接连于带骨上。背鳍和臀鳍的基鳍骨发达，每个基鳍骨都直接连一根棘或鳍条。尾鳍由尾部椎骨后端骨骼特化而成。

（四）肌肉系统

肌肉是鱼类完成各种运动的物质基础。骨骼肌附着在骨骼上，在意识支配下牵拉着骨骼使肢体和躯体摆动，完成鱼体各种运动，如摄食、防御、繁殖、洄游等。鱼类的肌肉系统分化程度仍较低，躯干和尾部肌肉与圆口类相似，由肌节组成，肌节表面呈倒

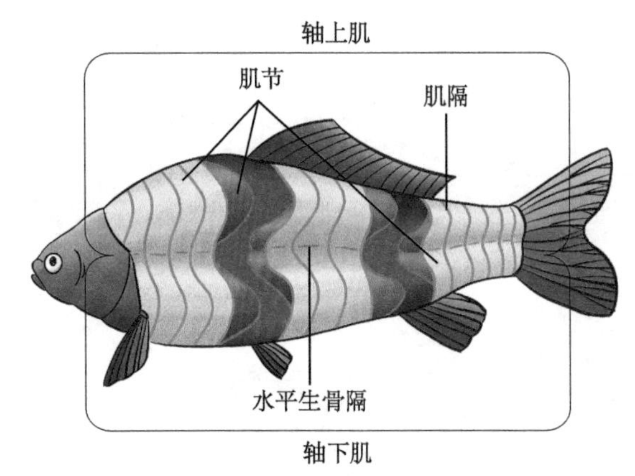

图 18-14 鱼肌肉系统 帅燊 绘

"W"形，肌节之间有肌隔。另有水平生骨隔将肌肉分为背腹两部分，背侧的称轴上肌，腹侧的称轴下肌（图 18-14）。

头肌由眼肌和鳃节肌构成，受脑神经支配。躯干肌包括体壁肌、鳍肌和鳃下肌，受脊神经支配。

躯干及尾部肌肉主要包括大侧肌和棱肌。

附肢肌肉包括奇鳍肌肉和偶鳍肌肉。

某些鱼类具有发电器，发电器是肌肉的变态物，属于一种受中枢神经支配的效应器，其基本功能单位是电细胞。发电器在鱼体中的分布随着鱼类种类的不同变化较大，其功能也因种而异，一般有御敌、捕食和求偶功能。

（五）消化与营养

鱼类的消化系统由消化管和消化腺构成。消化管通常包括口腔、咽、食管、胃、肠和肛门等，消化腺主要包括肝脏、胰脏（鲤科鱼类为肝胰脏）、肠腺、胃腺（少数无胃的鱼缺乏胃腺）。

1. 鱼类消化系统的共同特点

（1）口的位置因食性而异。上位口主要摄取浮游生物；端位口主要摄取中、上水层食物；下位口则主要摄取底栖或附着生物。

（2）口腔内无唾液腺，口腔底部有不能动的舌。

（3）鳃耙的多少、长短与食性密切相关。肉食性鱼类的鳃耙少而粗短，只有保护鳃瓣的作用；杂食或草食性鱼类鳃耙的数量、长短适中；滤食性鱼类的鳃耙长而密，滤过作用如同细筛。

（4）消化管分化也因食性而异。肉食性鱼类的胃、肠分化明显，肠管较短；草食或杂食性鱼类胃、肠分化不明显，肠管较长。

2. 消化管

硬骨鱼类牙齿着生在颌或口咽腔的骨骼上。鲤鱼的口腔内无齿，咽部有 3 列咽喉齿，齿式为 1·1·3 / 3·1·1。咽部左、右两侧的每一鳃弓内缘着生两排鳃耙，为鳃部过滤器官。食管较短，无明显的胃，下接肠管。小肠、大肠较长但区分不明显。小肠主消化、吸收，肠壁上的肠腺可分泌肠液，与胆汁、胰液汇集于此参与消化。未能消化的残渣后移形成粪便由肛门排出。

3. 消化腺

鲤鱼肝脏的形状极不规则，呈弥散状分布于肠间的肠系膜上。肝脏是鱼类最大的消化腺，也是最重要的代谢器官之一，位于体腔前端。胆囊较大，深绿色，埋于肝脏内。

肝脏分泌胆汁，经肝管入胆囊中贮存，再以胆管通入小肠。胆汁能促进脂肪的分解、乳化，同时也有助于消化蛋白质。胰脏呈弥散状，散布于肝脏中，故合称肝胰脏，这也是鲤科鱼类的共有特征。

（六）循环系统

鱼类循环系统包括血液循环和淋巴循环。

1. 血液循环

（1）心脏：鱼类的心脏位于围心腔内，接近头部，有肩带保护。心脏较小，重量仅占体重的0.033%～0.25%，压送血液流动的力量较弱。心脏只收集回心的缺氧血，并压送到鳃部交换气体。

硬骨鱼的心脏包括1静脉窦、1心房和1心室。前端腹大动脉膨大形成动脉球，动脉球壁的肌肉为平滑肌，无搏动功能，因而不是心脏组成部分（图18-15）。静脉窦是1个近似三角形的薄壁囊，能收集和贮存体静脉回流的缺氧血。心房壁薄，心室壁较厚，是心脏的主要搏动部位。在窦房间、房室间、动脉圆锥（软骨硬鳞鱼）或动脉球与心室交界处均有防止血液倒流的瓣膜。

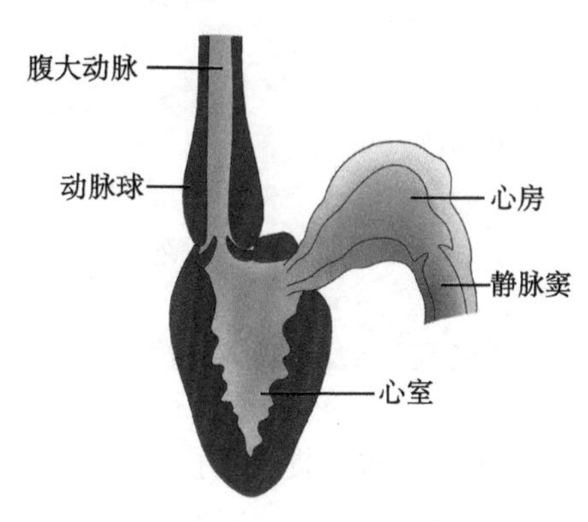

图18-15 鲤鱼心脏 高元满 绘

（2）动脉：硬骨鱼分别由动脉圆锥或动脉球发出1条腹大动脉，腹大动脉向前发出入鳃动脉，经鳃换气后进入出鳃动脉，出鳃动脉在背部汇合成1条背大动脉。背大动脉向前发出1对颈动脉至头部；向后发出成对的锁骨下动脉、腰（体）动脉、髂动脉、肾动脉和尾动脉分别至胸鳍、体侧肌肉、腹鳍、肾脏和尾部，另发出不成对的腹腔动脉、胃脾动脉和肠系膜动脉等至内脏各器官。

（3）静脉：体静脉包括收集头部的前主静脉和颈下静脉各1对；收集身体后部、肾脏及尾部血液的1对后主静脉；收集来自体侧和偶鳍的1对侧腹静脉。前、后主静脉汇合为总主静脉入静脉窦，侧腹静脉也汇入总主静脉。大多数硬骨鱼没有侧腹静脉，来自体侧和偶鳍的血液直接进入总主静脉。肝门静脉收集内脏（胃、肠、胰、脾）的血液进入肝，再由肝静脉送入静脉窦。肾门静脉发达，收集来自尾静脉的血液入肾脏，再由肾静脉汇入后主静脉。

（4）循环方式：鱼类的血液循环为单循环。流回心脏的全是缺氧血，由心室压送至鳃进行气体交换后，多氧血不再回心而直接经出鳃动脉至背动脉分布于全身各部，整个血液循环途径是一个以心脏为起点，流经头部、背部、腹部、回流心脏的大圈，故称单循环。

2. 淋巴循环

淋巴系统虽然有淋巴液、淋巴管、淋巴心和淋巴器官，但不发达。其功能是协助静脉系统带走多余的细胞间液、清除代谢废物和促进受伤组织的再生等。硬骨鱼类在最后1枚尾椎骨下方有2个圆形的淋巴心，能不停地搏动，推送淋巴液流入后主静脉。鱼类的脾脏是重要的淋巴器官，是造血、过滤血液和破坏衰老红细胞的场所。

（七）呼吸系统

1. 鳃

鳃是鱼类的呼吸器官，由鳃弓、鳃耙、鳃间隔和鳃丝（瓣）组成，鳃丝源于外胚层。鳃弓是供鳃耙、鳃间隔或鳃丝着生的骨架，鳃丝是鳃间隔两面的栅板状或丝状突起的结构，富含毛细血管，为气体交换的主要部位（图 18-16）。

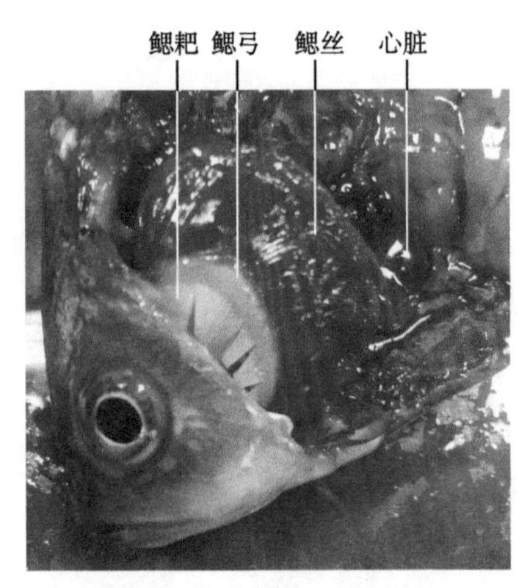

图 18-16 鳃的结构 王宝青 摄

硬骨鱼类咽部两侧也有 5 对鳃弓和鳃裂（鲤鱼为 4 对），鳃裂不直接开口于体外，而开口于鳃腔，外有硬骨鳃盖保护。鳃间隔退化，鳃瓣由无数鳃丝构成，直接长在鳃弓上。鲤鱼有 4 对全鳃，第 5 对鳃弓着生咽喉齿。

硬骨鱼类的呼吸主要靠口瓣、鳃盖、鳃膜及附着的肌肉协同运动来完成，呼吸效率由此得到极大提高，这也是硬骨鱼类形成广泛辐射演化的重要原因。当鱼撑开鳃盖时，附于鳃盖边缘的鳃膜因受外部压力紧贴体壁，鳃腔扩大，内部压力减小，口瓣打开，水流由口经咽进入鳃腔；当鳃盖关闭时，口瓣关闭，鳃膜打开，水由鳃腔经鳃裂排出体外。水流经鳃丝时恰好与血流方向相反，这种逆流交换可摄取水中 85% 的溶解氧，极大提高了摄氧效率。

2. 鳔

绝大多数硬骨鱼都有鳔，由原肠管突出形成，与脊椎动物的肺为同源器官。软骨鱼类和少数硬骨鱼无鳔是次生现象。依据有无鳔管，可分为开鳔类和闭鳔类。

（1）开鳔类：鲤形目、鲱形目等属于开（喉）鳔类（图 18-17）。鲤鱼的鳔位于消化管背侧，中央部缢缩成前后 2 室，内有可伸缩的少量肌纤维调节鳔内气体。从后室腹侧前方伸出 1 鳔管，入食管背面。鳔内壁光滑，分布许多毛细血管。鳔内气体主要通过鳔管直接由口吞入或排出，也可由血管分泌或吸收一部分气体。

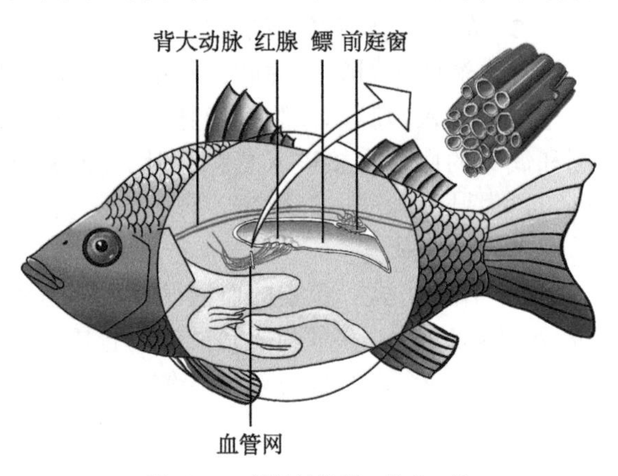

图 18-17 鳔的结构图 帅燊 绘

（2）闭鳔类：鲈形目等为闭鳔类，无鳔管，依靠红腺和前庭窗调节鳔内气体。在鳔的前腹侧内壁上集中了大量毛细血管网，称红腺，其形态因种而异。红腺的腺上皮细胞能将血液中血红蛋白结合的氧气和碳酸氢盐中的二氧化碳分离，进入鳔内充气。鳔排气依靠其背后方的前庭窗吸收，前庭窗入口处由括约肌控制。供给红腺血液的是腹腔肠系膜动脉，回流血管是肝门静脉。进入前庭窗的血管是背大动脉，返回的血管是后主静脉。

（3）鳔的其他功能：大多数鱼类的鳔是比重调节器官，借鳔内气体量的改变调节鱼体沉浮以稳定在某一水层活动；少数鱼鳔具呼吸作用，如肺鱼、总鳍鱼等；大、小黄鱼的鳔能与器官摩擦而发声。鲤形目鱼类的前 3 块躯椎的一部分分别特化为三脚骨、间插骨和舟骨，这 3 块小骨构成韦伯氏器。三脚骨与鳔壁相接触，舟骨通内耳围淋巴腔。外界水体的变化可引起鳔内气体的振动，经小骨传至内耳，从而产生类似陆生脊椎动物的听觉。

（八）排泄系统与渗透压调节

硬骨鱼排泄系统功能为排出尿液、维持正常体液浓度和调节渗透压。软骨鱼的排泄物以尿素为主，而硬骨鱼则以氨和铵盐为主。

1. 排泄系统

由中肾、输尿管、膀胱、泄殖窦和泄殖孔组成。

鲤鱼的排泄系统包括肾脏、输尿管和膀胱。1 对左右相连呈深红色的中肾，紧贴于体腔背壁。两肾各有 1 输尿管沿体腔背壁后行，在近末端处合并扩大成膀胱，最后通至泄殖窦，以泄殖孔开口于肛门后方。前端的头肾是淋巴器官，无排泄功能。

2. 渗透压调节

淡水硬骨鱼血液和体液的浓度高于淡水，外界水会不断地渗透入鱼体内，依靠中肾能排出大量稀薄的尿液，因而肾小体数目众多。

海产硬骨鱼血液和体液与海水相比是低渗溶液，导致体内水分不断地向外渗透，面临失水的威胁，除减少泌尿外，还必须大量吞饮海水，再通过肾脏将多余的水分排出，多余盐分则通过鳃部的排盐腺排出。

（九）生殖与发育

鱼类一般雌雄异体，体外或体内受精，体内受精的雄鱼有特殊的交配器。硬骨鱼类的雌、雄生殖导管均由生殖腺壁延伸而成，这在脊椎动物中绝无仅有。

1. 生殖系统

（1）雄性生殖系统：白色的精巢 1 对，俗称鱼白，在生殖季节几乎与体腔等长。由精巢膜延伸而成 2 条输精管，末端会合于泄殖腔通向泄殖孔。

（2）雌性生殖系统：卵巢 1 对，性成熟时非常发达，内含大量卵粒。由卵巢膜延伸成输卵管，成熟的卵不进入体腔而直接入输卵管，其末端通泄殖腔经泄殖孔排出。

2. 生殖方式

硬骨鱼类的生殖方式通常有 2 种类型。

（1）体外受精，体外发育，卵生。鲤鱼等绝大多数硬骨鱼均是此类生殖方式。卵小，成活率低，但产卵量大（鲤鱼一次产卵可达 10 多万粒）。

（2）体外受精，体内发育，卵胎生。罗非鱼等少数鱼类会将受精卵吞入消化管，在口或胃中发育。

（十）神经系统和感觉器官

1. 神经系统

鱼类的神经系统包括中枢神经系统和外周神经系统。

（1）中枢神经系统：包括脑和脊髓，分别包藏在脑颅和椎弓内。

1）脑：5部脑分化明显，但脑体积和弯曲度均小，基本上排列在一个水平面上（图18-18）。

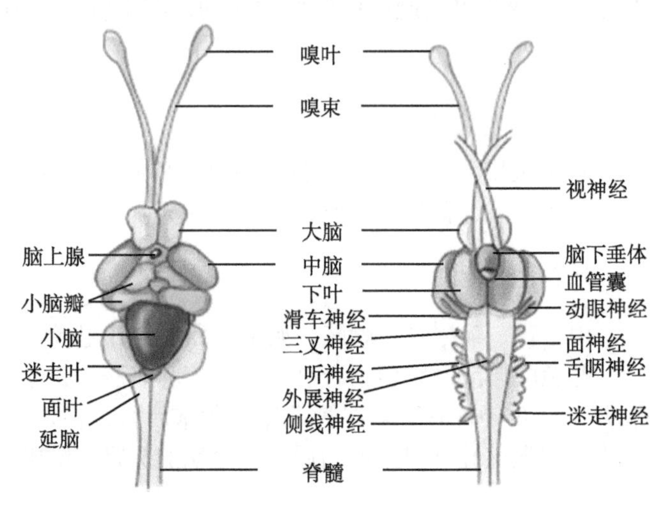

图18-18 鲤鱼的脑和脑神经
背面（左）与腹面（右） 陈雨晴 绘

大脑：软骨鱼类较硬骨鱼类发达，大脑半球和脑室均未完全分开。硬骨鱼大脑为古脑皮，软骨鱼出现了有神经物质的原脑皮。脑皮下为古纹状体。大脑是嗅觉中枢。

间脑：不易看到，背面有与生物钟有关的松果体和能过滤血液形成脑脊液的前脉络丛；腹面有视神经交叉，视交叉后方是漏斗体及与之相连的脑下垂体。漏斗体两侧为一对下叶，下叶后是鱼类特有的血管囊。血管囊由间脑底部突出形成，是1个富含毛细血管的薄壁囊，通间脑室，是鱼类特有的压力感受器，可感受水的深度。

中脑：视叶发达，是视觉中枢，也是各部感觉的高级中枢。

小脑：小脑发达，是运动调节中枢，有维持鱼体平衡、协调肌肉张力的作用。

延脑：背面有后脉络丛，前端两侧有耳状突，是听觉和平衡觉中枢，也是皮肤感觉、呼吸、调节皮肤颜色等多种生理机能的中枢。

2）脊髓：位于椎弓内，是中枢神经的低级部位，以脊神经与机体各部相联系。

（2）外周神经系统：由脑神经和脊神经及自主神经系统组成。

1）脑神经和脊神经：其功能是将皮肤、肌肉、内脏器官等感觉刺激传递至中枢神经，再由中枢向这些部位传导运动冲动。鱼类的脑神经为10对。脊神经约36对，从脊髓发出背、腹根穿出椎骨后，合并为1条混合脊神经。每条脊神经又分成背、腹、脏3支，分别控制背、腹部的皮肤肌肉和内脏。

2）自主神经系统：分为交感神经系统和副交感神经系统，支配和调节内脏平滑肌、心肌、内分泌腺和血管张缩等活动，与内脏的生理活动、新陈代谢等密切相关。

硬骨鱼类出现2条完整的交感神经干，但较细弱、原始。

2. 感觉器官

（1）视觉：鱼类眼睛角膜平坦，晶体大而圆且离角膜近，晶体无弹性、凸度不可变（图18-19）。视觉调节为单重调节，只能调节晶体与视网膜之间的距离，故鱼类近视。鱼虽看不远，但视角大，靠光线在水中的折射作用可看到岸上物体。视网膜内富含视杆细胞，脉络膜中具有反光照明结构，在光线非常弱的水中，鱼类仍能看清物体，可迅速无误地猎捕食物。视网膜内缺少视锥，辨色能力差。无泪腺，一些鲨鱼有可动的瞬膜能遮盖眼球，鲤鱼具不能动的眼睑和瞬膜，故从不闭眼。

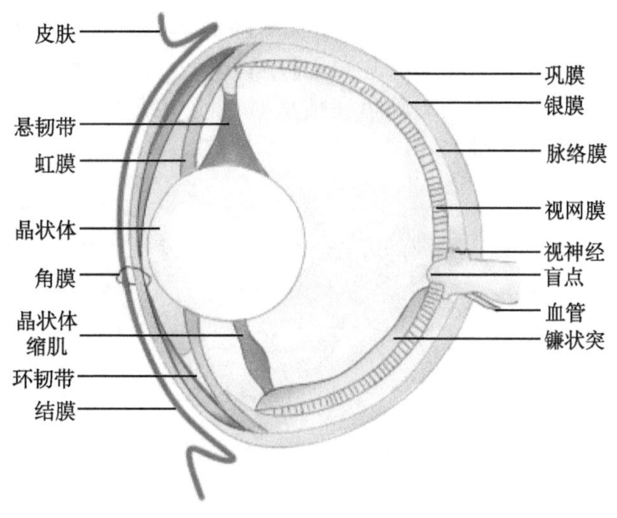

图 18-19 硬骨鱼眼睛结构 陈雨晴 绘

（2）听、平衡觉器官：鱼类具1对内耳，位于眼后方的听软骨囊内。每个内耳包括椭圆囊、球状囊和3个彼此垂直的半规管（图 18-20）。每1半规管都有膨大的壶腹。从球状囊前部伸出的内淋巴管末端开口于头部体表（软骨鱼）或封闭（硬骨鱼）。整个内耳的管腔内充满了内淋巴液，在内耳和听软骨囊之间充满了外淋巴液。内淋巴液中有呈悬浮状态的小耳石，在球状囊和椭圆囊内各有1块较大的耳石和感觉毛细胞。硬骨鱼的瓶状囊内也具耳石。

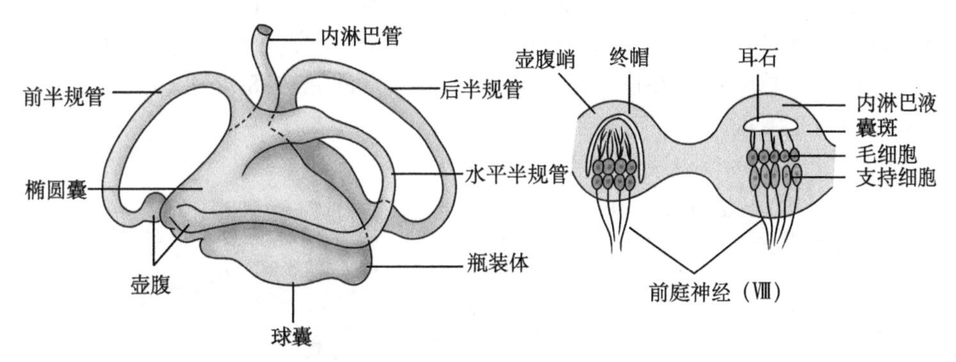

图 18-20 鱼类内耳结构（左）与听脊及囊斑放大（右） 杨天祎 绘

半规管是动态平衡感受器，球状囊和椭圆囊是静态平衡感受器。当鱼体游动或受水波动影响时，内淋巴液和耳石移动，刺激壶腹、球状囊和椭圆囊内的感觉细胞，感觉信息经听神经传递至中枢神经系统，产生听觉、平衡觉。

（3）嗅觉器官：鱼类具1对嗅囊，位于鼻软骨囊内，只有外鼻孔，无内鼻孔。囊内壁的嗅黏膜上富含嗅神经细胞，肉食性鱼类嗅觉发达。

（4）皮肤感受器：侧线器官是低等水栖脊椎动物能感知低频振动、水流方向与压力变化等的感觉器官。鲤鱼侧线是埋在头部和体两侧的具分支的纵行小管，小管穿过鳞片并开口于体表。

二、硬骨鱼纲的分类

（一）肺鱼亚纲（Dipnoi）

本亚纲是一类古老的淡水鱼。骨骼大多为软骨，原尾型。心脏具动脉圆锥，肠内有螺旋瓣。有内鼻孔通口腔，鳔似肺，有鳔管通食管，能以鳔代“肺”呼吸。

肺鱼最初发生在泥盆纪，曾广泛分布于全球的淡水中。我国四川曾发现过肺鱼化石。

现在全球仅有3属5种，如澳洲肺鱼（*Neoceratodus forsteri*）、非洲肺鱼（*Protopterus annectens*）和美洲肺鱼（*Lepidosiren paradoxa*）。澳洲肺鱼在低氧的水中，能以鳔呼吸；非洲肺鱼和美洲肺鱼在枯水时也能用鳔呼吸空气。水干涸时，它们能钻入淤泥夏眠，可达数月（图18-21）。

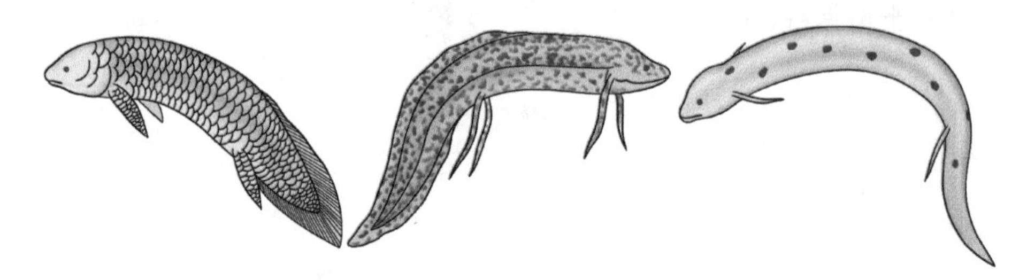

图18-21　肺鱼：澳洲肺鱼（左）、非洲肺鱼（中）、美洲肺鱼（右）　桂紫瑶　绘

（二）总鳍亚纲（Crossopterygii）

总鳍鱼和肺鱼一样，具鳃和鳔，可用鳔呼吸，现生种类鳔退化。偶鳍肉叶状，骨骼构造与陆生脊椎动物的四肢相似，偶鳍基部肌肉发达，外覆鳞片，卵胎生。在水域干涸或缺氧时，有的种类以鳔呼吸空气，以偶鳍支撑身体，爬越泥沼。过去人们一直认为，总鳍鱼类在白垩纪完全绝灭了。然而在1938年和1952年，分别在南非近海先后捕到2条鱼，最终定名矛尾鱼（*Latimeria chalumnae*），至今已捕到80余条，它们正是存活下来的总鳍鱼，是动物界珍贵的"活化石"（图18-22）。

视频18-3

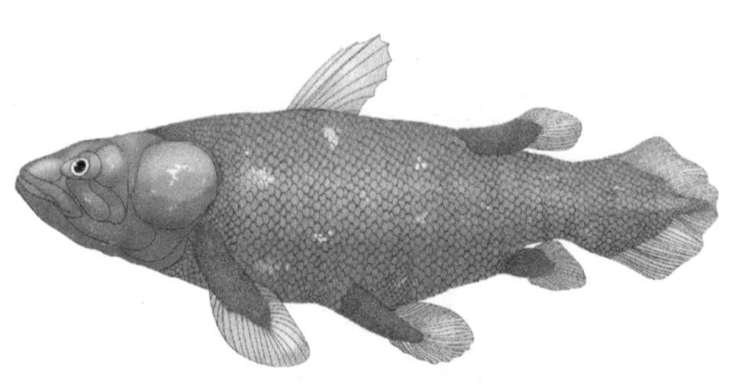

图18-22　矛尾鱼　韦竞嘉　绘

（三）辐鳍亚纲（Actinopterygii）

现代鱼类中最繁盛的类群，占鱼类总数的90%以上，分布广泛，生态类型多样。骨骼几乎全部为硬骨，鳍由辐射状骨质鳍条支持。体多被硬鳞、圆鳞、栉鳞或无鳞，无内鼻孔。生殖导管为生殖腺壁延伸而成，无泄殖腔，泄殖孔与肛门分别开口于体外。

1. 软骨硬鳞总目（Chondrostei）

又称硬鳞总目，古老而原始的类群，大部分为软骨，体被硬鳞或裸露，歪尾或原尾，有骨质鳃盖，具动脉圆锥，肠内有螺旋瓣，大部分已灭绝，现仅存鲟形目（Acipenseriformes）和多鳍鱼目（Polypteriformes），常见种类如：中华鲟、白鲟（*Psephurus gladius*）、多鳍鱼（*Polypterus bichir*）等（图18-23）。

2. 全骨总目（Holostei）

又称硬骨硬鳞总目，介于软骨硬鳞总目与真骨总目之间的类群。硬骨比较发达，体被硬鳞或圆鳞，鳃间隔退化，肠内螺旋瓣退化，动脉圆锥消失，出现动脉球，正尾。繁盛于中生代，白垩纪衰退，现仅存弓鳍鱼目（Amiiformes）和雀鳝目（Lepidosteiformes），如弓鳍鱼（*Amia calva*）和雀鳝（*Atractosteus spatula*）等（图 18-23）。

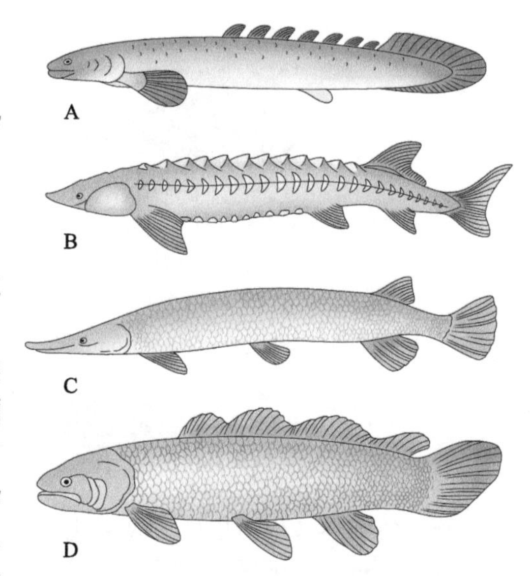

图 18-23 软骨硬鳞总目 A. 多鳍鱼；B. 中华鲟全骨总目；C. 雀鳝；D. 弓鳍鱼 高元满 绘

3. 真骨总目（Teleostei）

硬骨骨化程度高，体被圆鳞或栉鳞，鳃间隔消失，心脏无动脉圆锥，具动脉球。肠内无螺旋瓣，正尾。我国主要经济鱼类包括鳗鲡目（Anguilliformes），如日本鳗鲡（*Anguilla japonica*）；鲱形目（Clupeiformes），如沙丁鱼（*Sardina pilchardus*）、鲱鱼（*Clupea pallasi*）；鲤形目（Cypriniformes），如胭脂鱼（*Myxocyprinus asiaticus*），青鱼（*Mylopharyngodon piceus*）、草鱼（*Ctenopharyngodon idella*）、鲢鱼（*Hypophthalmichthys molitrix*）、鳙鱼（*Hypophthalmichthys nobilis*）是我国传统养殖的“四大家鱼”，此外，还有鲤鱼（*Cyprinus carpio*）、鲫鱼（*Carassius auratus*）、团头鲂（*Megalobrama amblycephala*）、泥鳅（*Misgurnus anguillicaudatus*）等；鲇形目（Siluriformes），如胡子鲇（*Clarias fuscus*）、黄颡鱼（*Pelteobagrus fulvidraco*）等；合鳃目（Synbranchiformes），如黄鳝（*Monopterus albus*）等；鲈形目（Perciformes），如鳜鱼（*Siniperca chuatsi*）、花鲈（*Lateolabrax japonicus*）、石斑鱼（*Epinephelus* spp.）、尼罗罗非鱼（*Oreochromis niloticus*）、乌鳢（*Channa argus*）、大黄鱼（*Pseudosciaena crocea*）、小黄鱼（*Larimichthys polyactis*）、带鱼（*Trichiurus haumela*）、鲐鱼（*Pneumatophorus japonicus*）、蓝点鲅（*Scomberomorus niphonius*）、金枪鱼（*Thunnus tonggol*）、真鲷（*Pagrosomus major*）等；鲽形目（Pleuronectiformes），如半滑舌鳎（*Cynoglossus semilaevis*）和牙鲆（*Paralichthys olivaceus*）等（图 18-24）。

视频 18-4

视频 18-5

视频 18-6 视频 18-7

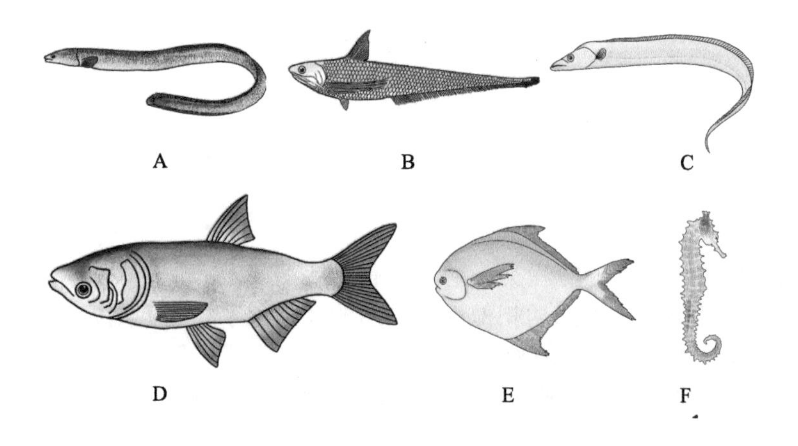

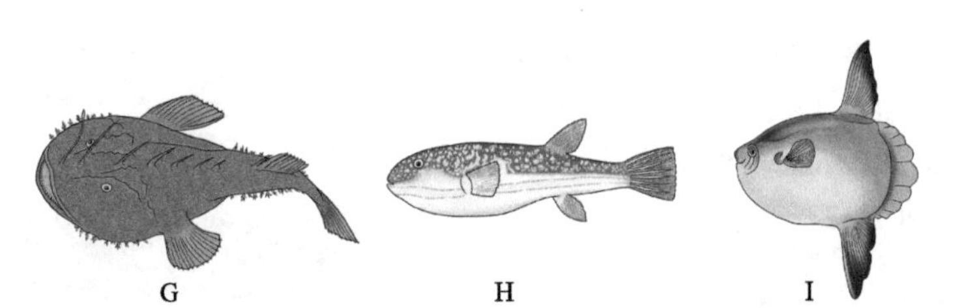

图 18-24 真骨总目代表 A. 海鳗；B. 风鲚；C. 带鱼；D. 鳙鱼；E. 银鲳；F. 海马；G. 鮟鱇；H. 虫纹东方鲀；I. 翻车鱼 杨天祎 绘

第三节 鱼类洄游

有些鱼类在其生活史中，具有周期性、定向性、集群性、规律性的迁移运动，称洄游（migration）。洄游有 3 种类型。

1. 生殖洄游

鱼类性成熟后，为了寻找适宜的产卵繁殖场所而进行的洄游。可分以下几种类型。

1）近陆洄游：平时生活于深海，繁殖期由深海游向浅海或近海岸产卵，如大黄鱼、小黄鱼和鲥鱼。

2）溯河洄游：生活于海洋，繁殖期从海洋游向江河产卵，如大马哈鱼和中华鲟。

3）降河洄游：生活于江河，繁殖期从江河游向海洋产卵，如鳗鲡。

4）淡水生殖洄游：淡水鱼从河到河、从河到湖或从湖到河的产卵洄游，如四大家鱼。

2. 索饵洄游

鱼类为追捕食饵而进行的洄游，即从产卵场、越冬场到育肥场的洄游。

3. 越冬洄游

鱼类为选择水温适宜的越冬场所而进行的洄游。如大、小黄鱼和带鱼等。

研究并掌握鱼类洄游的规律，对探测渔业资源量及群体组成变化，预报汛期、渔场，制订鱼类繁殖保护措施，提高渔业生产具有重要意义。

第四节 鱼类的起源与演化

无颌类仅包括盲鳗类和七鳃鳗类，它们没有可活动的上、下颌，无硬骨、无鳞片和成对的附肢。根据两类身体形态的相似性，早期的动物学家将它们划归为圆口类。尽管如此，这两类至少在 4.5 亿年前就彼此分道扬镳了。

到 20 世纪 90 年代，研究发现七鳃鳗具有很多有颌类的特征，如小脑、晶状体、雏形脊椎骨等，但盲鳗没有。然而，随后的分子系统发育研究结果一致支持盲鳗和七鳃鳗的圆口类分类地位，这表明，盲鳗简单的形态结构是退化的结果。

在志留纪晚期的化石记录中，颌骨完全形成，现仍未发现无颌类和有颌类之间的类群。

到了鱼类时代——泥盆纪，出现了几种有颌鱼类。其中一种是古老的棘鱼类（Acanthodii），化石存在于距今大约4.5亿年前的地层中，已于石炭纪灭绝，推测与现代的硬骨鱼关系密切。另一种是盾皮鱼类（Placodermi）但也在随后的石炭纪灭绝。这两类都具偶鳍，有比较厚重的铠甲作为保护，推测均为运动缓慢的种类。

软骨鱼出现于3.7亿年前的泥盆纪，起源于盾皮鱼类，它们失去了厚重的盔甲，软骨，大多是活跃的捕食者，繁盛于泥盆纪和石炭纪，在古生代末期濒临灭绝，但在中生代早期又得到恢复，形成现代的软骨鱼类。

硬骨鱼出现于志留纪早期，到泥盆纪中期，有两类硬骨鱼出现了广泛的多样性。一个分支是辐鳍鱼类，包括现存的硬骨鱼，也是目前种类最丰富的脊椎动物类群，它们适应了几乎所有的水域。另一分支是肉鳍鱼类（Sarcopterygii），包括肺鱼和总鳍鱼，并由总鳍鱼类演化出陆生四足脊椎动物。

思考题

1. 何为鳞式？鳍式？韦伯氏器？洄游？分别介绍其内容和功能。
2. 鱼类的鳞、鳍和尾各有哪些类型？
3. 鱼鳔有哪些类型？功能是什么？
4. 鱼类渗透压调节的方式有哪些？
5. 鱼类适应水生生活有哪些主要特征？
6. 鱼类骨骼有哪些特点？
7. 试绘出鱼类的思维导图。

第19章

两栖纲

演化地位：两栖纲（Amphibia）是首次登陆的脊椎动物，初步具备了陆生脊椎动物的形态结构，但仍未完全摆脱对水环境的依赖，即使经过了3.5亿年的演化，它们仍徘徊在水和陆地环境之间，无论是在个体发育还是系统发育上，都显示出了由水生到陆生的过渡特征，属于水陆环境的“桥梁类群”。如今我们仍旧能够从现存的两栖类看到其曾经水生的特点。

第一节 从水生到陆生的转变

一、水陆环境的主要差异

水环境与陆地环境之间存在极为显著的差异，这些差异主要体现在以下几个方面。

1. 温度

水、陆环境温度的恒定性不同。水温的变化幅度相对较小，而陆地温度存在剧烈的年、日周期性变化。

2. 氧气含量

水、陆环境氧气含量差异较大。空气中的含氧量要比水中的溶解氧大20倍，而且氧气在空气中的扩散速度远比水中快。为此，依靠肺和皮肤表面呼吸的类群，氧气获取的效率比鳃更高。

3. 密度

水、陆环境介质密度不同。水的密度是空气密度的1000倍，致使动物在水、陆环境中的浮力及运动阻力差异巨大。动物在水中仅需提供较少的支撑来对抗重力，而陆生动物就要求发展强壮的四肢乃至重塑骨骼来获得足够的身体支撑。

4. 环境多样性

水、陆环境的多样性差异较大。陆地环境较水环境多样而复杂，从而为动物提供了更多样化的栖息、隐蔽等条件。

二、水生过渡到陆生面临的主要矛盾

水、陆环境的巨大差异，导致动物从水生过渡到陆生，会面临一系列的矛盾，主要如下。

（1）在陆地上支撑身体并完成运动。

（2）防止体内水分蒸发。

（3）呼吸空气中的氧气。

（4）在陆地上繁殖。

（5）维持体内生理、生化活动所必需的温度条件。

（6）适应陆地环境的感官和完善的神经系统。

由此可见，动物对陆地环境的适应过程，将涉及皮肤、肌肉、骨骼、呼吸、循环及生殖等一系列的巨大改变。这些改变是在漫长的历史过程中，通过无数物种的演化逐渐完成的。

三、两栖类对陆生的初步适应性和不完善性

（一）初步适应性

（1）两栖类初步解决了在陆地上运动问题。出现了五趾型附肢，脊柱分化出了 1 枚颈椎和 1 枚荐椎，且腰带直接与荐椎连接，获得了对身体的支撑力，从而扩大了活动范围，增强了陆地捕食、逃避敌害等能力。

（2）初步解决了从空气中获得氧气的能力。两栖类首次出现了肺，加之皮肤辅助呼吸，循环系统也由单循环演化为不完全的双循环，这些是适应于陆地呼吸的主要因素。

（3）初步适应了复杂的陆地环境。出现了比鱼类进步的感觉器官和神经系统，其大脑顶壁出现了零星的神经细胞，又称原脑皮（archipallium），出现了中耳、眼睑和眼腺，视、嗅、听觉功能均增强，提高了对陆地环境的感知能力。

（4）早期的肺螺类及昆虫的成功登陆，为两栖动物登陆解决了食源问题。

（二）不完善性

（1）两栖类没能从根本上解决陆地生存和繁殖问题。皮肤薄、湿润且角质化程度不高，不能有效防止体内水分散失；从卵受精到幼体完成变态都必须在水中进行，故未能彻底摆脱水的束缚。

（2）肺呼吸不完善，还必须靠皮肤和口咽腔辅助呼吸。

（3）由于肺呼吸不完善和血液循环为不完全双循环等原因，因此，体温随环境温度的变化而变化，属于变温动物，冬季需要冬眠才能度过，以上 3 点极大限制了它们的分布范围。

第二节 两栖动物的主要特征

一、外形

身体通常分为头、躯干、四肢和尾 4 部分，无明显颈部。为适应不同的生活方式，体形发生了较大变化，穴居种类似蚯蚓，体表常具环状褶皱，眼和四肢退化，如版纳鱼螈（*Ichthyophis bannanicus*）等；水栖种类，体表有颈褶和肋沟，四肢短小，前后肢基本相似，尾发达，如大鲵（*Andrias davidianus*）等；陆栖种类蛙状，后肢发达，适于跳跃，如黑斑蛙（*Pelophylax nigromaculatus*）等。

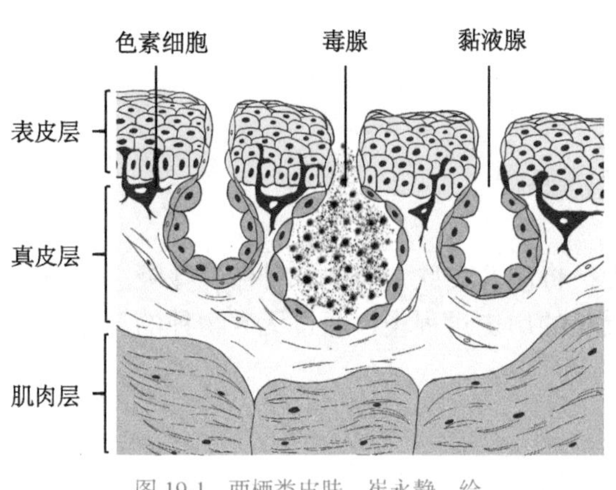

图 19-1　两栖类皮肤　崔永静　绘

二、皮肤及其衍生物

皮肤裸露，富含腺体，除少数穴居无足类在皮下尚有残留的真皮鳞片，现代两栖类普遍缺少角质或骨质的覆盖物，这是现代两栖类皮肤与古两栖类及其他脊椎动物的重要区别。

皮肤包括表皮和真皮（图 19-1）。表皮由多层细胞构成，体表 1 ～ 2 层宽扁的细胞有不同程度的角质化；内层为单层柱状细胞，能不断地分生新细胞补充至外层。通过脑下垂体和甲状腺的调控，角质细胞会出现蜕皮。

表皮下是真皮海绵层，分布有大量的血管、神经、多细胞腺体和色素细胞等；海绵层下是致密结缔组织，含血管、胶原纤维和弹性纤维。皮下有发达的淋巴间隙和毛细血管，故两栖类皮下组织远比鱼类发达，皮肤还有辅助呼吸的功能。某些水生种类及冬眠期的两栖类，几乎全靠皮肤呼吸。真皮比表皮厚，对保水有积极意义。

两栖类的皮肤衍生物包括皮肤腺和色素细胞两大类，均由表皮产生。终生水生种类和幼体水生的蛙蜍类皮肤腺与鱼类相似，以单细胞黏液腺为主；陆生的成体蛙蜍类为多细胞腺体，包括黏液腺和颗粒腺（granular gland）。黏液腺小，有输出管将分泌的黏液排至体表，形成黏液层，保持皮肤湿润；颗粒腺大，能分泌轻微刺激性或有毒物质，故称毒腺，具保护和防御功能，所有两栖类都会产生皮肤毒素，以抵御捕食者。表皮和真皮内均有色素细胞，这是一种多分支的细胞，依靠细胞内的色素颗粒集中（颜色变浅）与分散（颜色变深）来调控皮肤颜色。色素细胞由外向内分 3 层，即黄色素细胞（xanthophore）含黄、橙、红色素；虹色素细胞（iridophore）含银色、反光色素；黑色素细胞（melanophore）含黑色或棕色的黑色素。虹色素细胞似一面镜子，将反射回黄色素细胞层，形成了两栖动物的体色及色纹变化。雨蛙和树蛙是两栖动物中具保护色并能迅速变色的典型代表。

三、骨骼系统

两栖动物的骨骼比鱼类具有更大的坚韧性和灵活性，基本具备了典型陆栖脊椎动物的骨骼系统（图 19-2），包括中轴骨和附肢骨。附肢骨包括肩带、腰带和前、后肢骨。

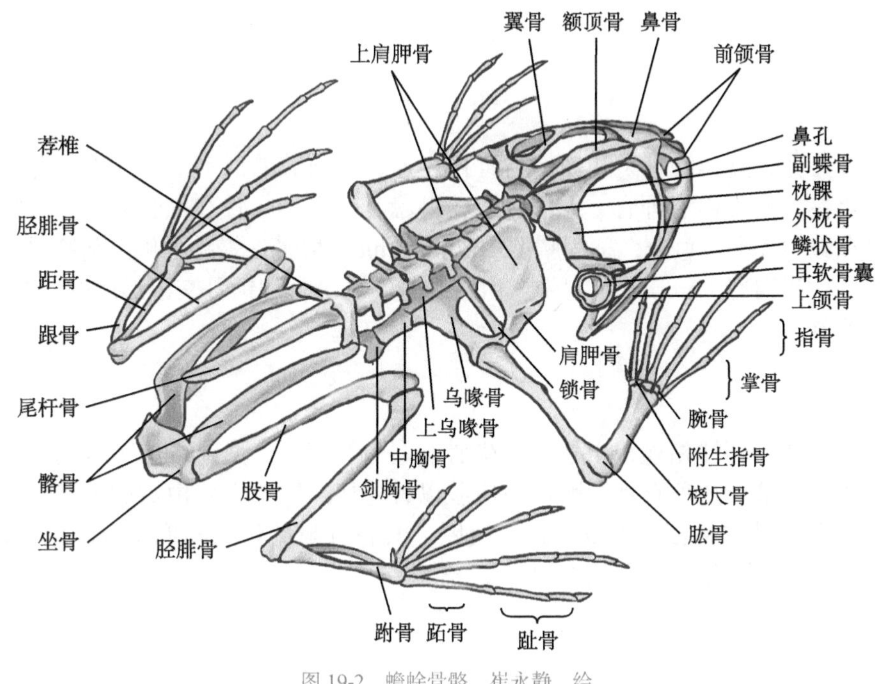

图 19-2 蟾蜍骨骼 崔永静 绘

（一）中轴骨

包括头骨和脊柱。头骨扁宽，脑匣窄长，无眼窝间隔，属平颅型。左、右外枕骨各具 1 个关节突起，即双枕髁，头骨骨化程度高。

1. 头骨

蚓螈类头骨骨片大，排列紧凑而坚实，一般无大的窝孔。有尾目头骨边缘多不完整。无尾目头骨骨片减少或愈合，眼眶大。蛙蜍类成体鳃弓骨骼大部分退化，仅一小部分演化为支持喉头的勺状软骨、环状软骨及支撑气管的环状软骨。鱼类的舌颌骨演化为两栖类的耳柱骨，颌弓与脑连接属自接型。蝌蚪的头骨仍具 4 对鳃弓。

2. 脊柱

两栖类脊柱已分化为颈椎、躯干椎、荐椎和尾椎 4 部分。除原始种类椎体为双凹型外，大多前凹或后凹型。首次出现 1 枚颈椎和 1 枚荐椎。颈椎前端的 1 对关节窝与颅骨后缘 2 个枕髁构成可动关节，使头部能上下活动。荐椎横突发达，无尾两栖类尤为明显，外端与腰带的髂骨连接，使后肢获得较为稳固的支持。无足类椎骨数量可多达 285 枚，而典型的蛙类仅具 9 枚躯干椎和 1 个尾杆骨（尾椎愈合），与真正陆栖脊椎动物的运动与支持功能相比，仍处于初级阶段。

两栖类的椎体类型与数目因种而异，是分类的重要依据之一。

两栖类首次出现胸骨（sternum），这也是四足动物特有的结构。胸骨位于胸部中央，但因多数成体的肋骨发育不完善或融合在椎体横突上，致使胸骨与躯干椎的横突或肋骨

互不相连，故未能形成胸廓。

（二）带骨和肢骨

1. 肩带

肩带与头骨分离，借肌肉和韧带与脊柱相连，使前肢的活动范围加大，并能缓冲对脑的剧烈震荡。肩带由肩胛骨、上肩胛骨、乌喙骨、上乌喙骨和锁骨等构成。蛙类左右上乌喙骨在腹中线平行愈合，称固胸型（firmisternia）肩带；蟾蜍两侧上乌喙骨在腹中线彼此重叠，称弧胸型（arcifera）肩带。由肩胛骨、乌喙骨和锁骨交汇形成的凹窝为肩臼，与肱骨相关节。

2. 腰带

腰带借荐椎与脊柱相连，由髂骨、坐骨和耻骨构成。3块骨骼相连形成的凹陷是髋臼，与股骨相关节。这种脊柱、腰带与后肢以骨连接，体重主要由后肢承受的结构，是陆生脊椎动物的共同特征。但蛙类适于跳跃，其荐骨与髂骨之间形成可动的荐髂关节，则与其他大多数陆栖脊椎动物不同。

3. 肢骨

两栖类已演化出五趾型附肢。蛙类前肢骨包括肱骨、桡尺骨、腕骨、掌骨和指骨；后肢骨包括股骨、胫腓骨、跗骨、跖骨及趾骨。此外，蛙类的附肢也存在一些次生性变化，如前肢第一指退化，拇指内侧有距（图 19-2）。

四、肌肉系统

随着骨骼发生了巨大变化，与之相关的肌肉也得到了相应的发展。其特点如下。

无足类、有尾类及无尾类幼体（蝌蚪）仍然保留着靠躯干摆动为主的运动方式，躯干肌分节现象明显；无尾类成体肌肉的原始分节现象多已消失，演化为纵行或斜行长短不一的肌肉群。

四肢肌肉发达，后肢肌肉尤其明显。带骨的肌肉将肩带和腰带与中轴骨紧密相连。这种连接方式不仅有利于平衡、增强运动能力，也为四肢稳固地支持身体并完成多种形式的运动提供了充足的动力。

轴上肌退化、轴下肌发达，利于保护内脏、支持腹壁、完成陆上运动和呼吸等。

视频 19-1

鳃肌大多退化，一部分转变为咽喉部肌肉。

五、摄食与消化

消化系统由消化管和消化腺构成。消化管包括口咽腔、食管、胃、小肠、大肠和泄殖腔。消化腺包括肝脏、胰脏、口腔腺、胃腺和肠腺。

（一）消化管

口咽腔内具牙齿，蛙类具上颌齿和犁骨齿，蟾蜍无齿。口咽腔内还有内鼻孔（internal

naris）、耳咽管孔（auditory tube）、喉门和食管等的开口，分别与体外、中耳、气管和消化管相通（图 19-3）。蛙类多为肉食性，以昆虫、蜘蛛、蠕虫、蛞蝓、蜗牛等小动物为食，牙齿仅能咬住食物、防止食物从口中滑脱，无咀嚼功能。多数无尾类的口腔底部有一能动的肌肉质舌，舌根固着在下颌前端，舌尖大多分叉（蟾蜍不分叉），能突然翻出口外黏捕食物，食物靠眼球下陷推进食管入胃，经小肠消化吸收后入大肠至泄殖腔。肠管长度与食性相关。蝌蚪时期多为植食性，因此消化管相对较长。

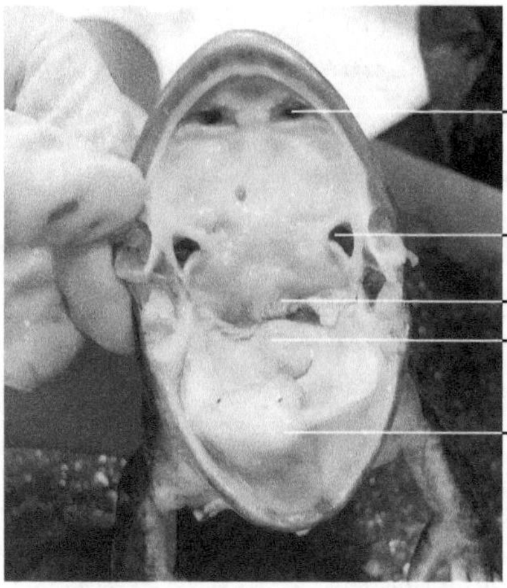

图 19-3 牛蛙口咽腔结构图 王宝青 摄

（二）消化腺

两栖类首次出现唾液腺（颌间腺），位于前颌骨和鼻囊之间，所分泌的黏液不含消化酶，仅能湿润和辅助吞咽食物。肝位于体腔前部，分左右 2 大叶和中间 1 小叶。2 大叶间有胆囊。胰位于胃和十二指肠间的系膜上，淡黄色、弥散状分布，胰液经胰管入胆总管后，再入十二指肠。胃壁黏膜上有胃腺，能分泌胃蛋白酶原和盐酸。小肠黏膜下有肠腺，能分泌消化酶，食物在此消化吸收（图 19-4）。

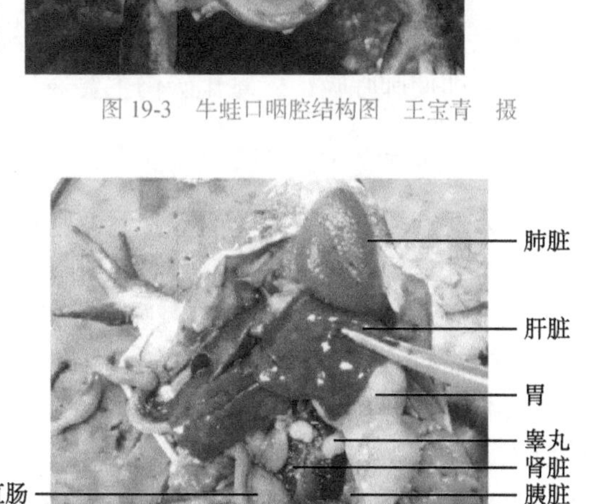

图 19-4 牛蛙内部解剖 王宝青 摄

六、呼吸和循环系统

对于初步登陆的两栖类，呼吸方式较多，水陆过渡性十分明显。不同种类或同一种类不同发育时期以及不同生理状态下，呼吸方式均有较大差异。

（一）呼吸

1. 鳃呼吸

蝌蚪和有尾两栖类主要靠鳃呼吸。蝌蚪先具外鳃，后又生出内鳃，成体时消失。有尾类鳃的数目及形态变异较大，穴居种类鳃孔数目趋于减少，甚至消失（图 19-5）。

图 19-5 一种有尾类的外鳃

2. 肺呼吸

又称吞咽式呼吸。肺是无尾类成体的主要呼吸器官，其结构十分简单，仅为 1 对肺囊，呼吸面积有限，效率不高，尚未形成胸廓，以特有的吞咽式呼吸（正压呼吸）来完成肺呼吸。具体过程为：吸气时，口和喉门关闭，外、内鼻孔张开，口底下降，空气进入口咽腔，在其黏膜处进行气体交换；鼻孔关闭，喉门开启，口底上升，将口咽腔内的空气压入肺内，在肺内完成气体交换；口底下降，借助肺的弹性回缩和腹壁肌的收缩，废气被压回口咽腔，该过程可以反复多次，能充分利用吸入的氧气并减少失水；最后，鼻孔张开，口底上升，将废气排出体外（图 19-6）。

视频 19-2

图 19-6　蛙类吞咽式呼吸过程　崔永静　绘

3. 皮肤呼吸

无尾类成体的皮肤薄且湿润，富含毛细血管，通透性强，是重要的辅助呼吸器官。事实上，即使肺呼吸，二氧化碳仍主要通过皮肤排出。在蛰眠期，几乎全部以皮肤呼吸。

4. 口咽腔呼吸

多数两栖类口咽腔黏膜上富含毛细血管，也是辅助呼吸器官。首先口腔底部下沉，空气由外鼻孔经内鼻孔进入口咽腔。此时喉门一直处于关闭状态，新鲜气体仅在口咽腔黏膜上的毛细血管处进行气体交换，然后口咽腔底部抬升，空气通过内鼻孔经外鼻孔排出。

两栖类首次出现发声器官——声带（vocal cord）。声带是着生在喉门的勺状软骨内侧的弹性纤维带，雄蛙的声带比雌蛙发达，靠肺内气体冲出而发声。蛙类口咽腔两侧或底部有 1 对或 1 个声囊（vocal sac）开口，声囊是发声的共鸣器。雄蛙用蛙鸣吸引伴侣，大多数物种都有独特的声音。

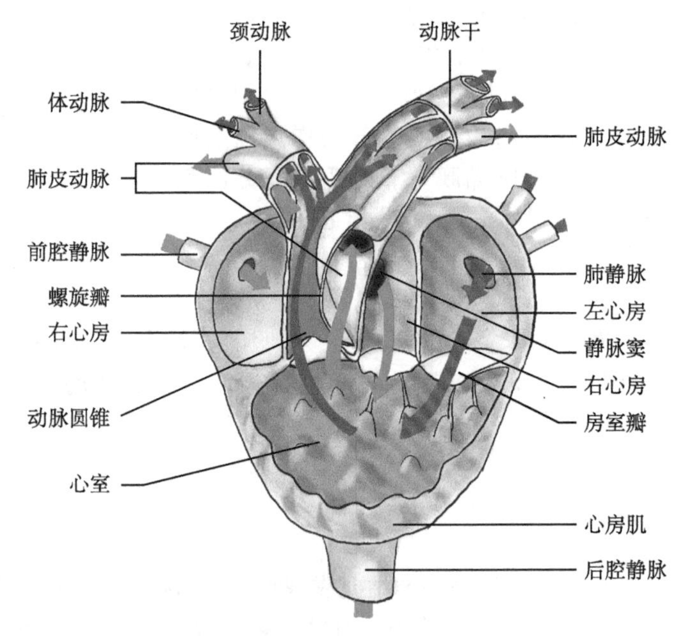

图 19-7　蛙心脏示意图　崔永静　绘

（二）循环

不完全双循环和体动脉内含有混合血液是两栖类血液循环最为显著的特点。

1. 心脏

两栖类的心脏位于围心腔内，包括静脉窦、心房、心室和动脉圆锥 4 部分。心房被房间隔分成左右 2 腔，左心房接收由肺静脉回心的多氧血，右心房与静脉窦相通。静脉窦汇集由前腔静脉和后腔静脉回心的缺氧血。2 心房内的血液由 1 个共同的房室孔流入心室。心室无间隔，肌肉发达。动脉圆锥自心室右侧发出，与心室连接处环生 3 个半月瓣，可防止血液倒流。其内还有一纵行螺旋瓣，能随动脉圆锥的收缩而转动，可辅助心脏搏出含氧量不同（来自左心房的血液含氧量高）的血液循序进入相应的动脉（图 19-7）。

2. 动脉

由动脉圆锥伸出左右 2 条腹侧动脉干，每条动脉干由内向外依次发出 3 支：颈动脉弓、体动脉弓和肺皮动脉弓。

每 1 颈动脉弓分外颈动脉和内颈动脉 2 支，分叉处有 1 圆球形的颈动脉腺，可监测动脉血压变化。左、右体动脉各自发出至前肢的锁骨下动脉后，汇合成 1 条背大动脉，沿脊柱向后延伸，并发出数条动脉分支至躯干、内脏各器官和后肢等处。左、右肺皮动脉各分 2 支，1 支通向肺动脉，在肺壁形成毛细血管网；另 1 支为皮动脉，进而形成毛细血管网。

3. 静脉

身体后部和后肢的静脉血液，通过臀静脉和股静脉汇入肾门静脉和腹静脉。肾门静脉的血经肾脏后由肾静脉汇至后腔静脉。肝门静脉收集胃、肠、胰、脾的血液与腹静脉合并后通至肝脏，再由肝静脉汇至后腔静脉。

身体前部和前肢的静脉血由颈外静脉、无名静脉和锁骨下静脉汇入 1 对前腔静脉。前腔静脉和后腔静脉通至静脉窦。肺静脉 1 对，收集由肺返回的血液，左右肺静脉合二为一，通入左心房。

4. 淋巴系统

两栖类具发达的淋巴系统，包括淋巴管、淋巴窦、淋巴心和脾脏等结构，无淋巴结。淋巴窦是淋巴管膨大的淋巴腔隙，内充满淋巴液。肌质的淋巴心能搏动，可推送淋巴液回心。脾脏是体内最大的淋巴器官。

七、排泄系统

两栖类的排泄器官是 1 对中肾。鲵螈类的肾脏呈长扁形带状。蛙蟾类肾脏位于体腔中后部的脊柱两侧，呈暗红色长椭圆形，其腹面有线形的橙黄色肾上腺。左、右肾外缘各连接 1 条输尿管（中肾管），直通泄殖腔。雌性中肾管只输尿，雄性的中肾管输尿兼输精。泄殖腔腹壁突起形成一较大的薄壁膀胱，称泄殖腔膀胱。可贮存尿液、重吸收水分和维持渗透压平衡等。淡水生活的两栖类排泄物是氨，毒性强，但可迅速扩散至水中；多在陆地上生活的种类排泄物是尿素，毒性比氨小，可储存于膀胱内，但排出时要带走大量水。有的两栖类水中排氨，陆地上排泄尿素。

两栖类面临最大的问题是渗透调节。肾脏会产生大量低渗尿液，皮肤和膀胱壁的毛细血管可将 Na^+、Cl^- 和其他离子重吸收入血。成体两栖类陆地生活时，不能像其他四足动物一样靠喝水来补充水分，也不会产生高渗尿液，更缺乏有效的保水皮肤，为此，它们只能减少白天在空气中暴露的时间来克服水分丢失，多夜间活动。丢失的水分可在水中靠湿润皮肤补充，这也是它们只能在水源附近活动的主要原因。此外膀胱可储存大量的水，越是干燥地区生活的种类，膀胱越发达。

八、生殖与发育

大多数两栖类雌雄异体且异形，雄性不具交配器官，体外受精，体外发育，但无足目和有尾目的蝾螈多为体内受精，在输卵管内发育。

（一）生殖

蛙蜍类雄性具1对精巢，精巢内有许多产生精子的精细管，再由输精管经肾、中肾管到达泄殖腔。雄性蟾蜍仍保留着退化的输卵管，即米勒管（Mullerian duct）。精巢前端有一粉色的卵巢残余，称毕氏器（Bidder's organ）。人工摘除精巢后，毕氏器将发育为卵巢，退化的输卵管发育成子宫，这种由雄性转变为雌性的现象称性逆转（sex reversal）。

雌性卵巢1对，体腔两侧各有1条白色迂回的输卵管，前端以喇叭口开口于肺基部附近，后端扩大类似子宫，开口于泄殖腔。卵成熟后穿破卵巢壁落入腹腔内，借助腹肌的收缩和腹腔膜纤毛的作用，卵进入喇叭口，沿输卵管下行。输卵管壁富含腺体，卵经过输卵管时即被腺体分泌的胶状物质所包裹，继续下行入输卵管膨大部暂时贮存。

雌雄两性的生殖腺前方均有1对白色多分支的脂肪体，繁殖期间能供给生殖腺发育和生殖细胞营养，还可为蛰眠期机体代谢提供能量。深秋季节脂肪体最发达，次年繁殖期后萎缩。

（二）发育

蜍蛙类受精卵首先发育成有尾无四肢的蝌蚪，再继续发育为有尾具四肢的蝌蚪，最后发育为成体（图19-8）。

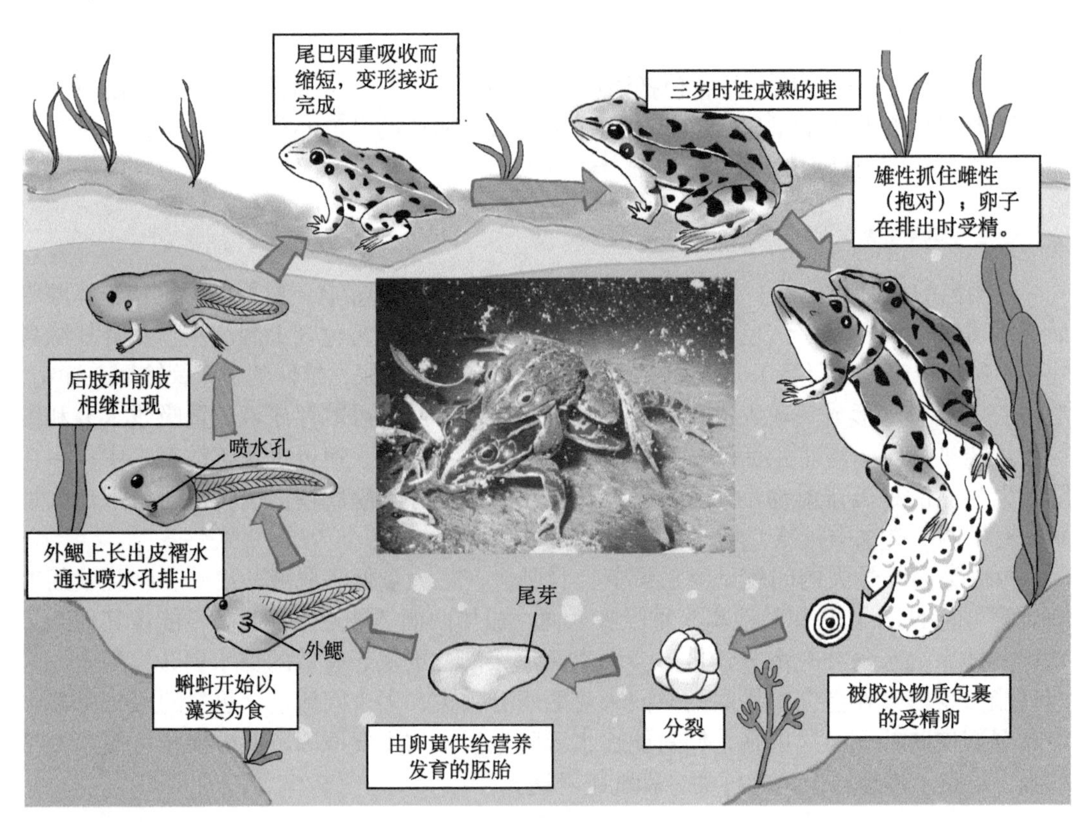

图19-8 蛙生活史 崔永静 绘

尽管蜍蛙类和鱼类均为体外受精，但较鱼类进步之处是蜍蛙类在繁殖期出现了抱对现象和卵外被有胶质卵膜。

蜍蛙类雌雄抱对可持续数小时至数日。雌性受抱对的刺激，可将贮存在子宫内的成熟卵一次性排出体外，雄性同时也会将精液排出，精卵在水中受精。受精卵彼此相连成大型的卵团，遇水膨胀漂浮于水面上。胶质卵膜能保护受精卵，防机械损伤、病菌侵染等，还能提高孵卵的温度和氧气供给量。

受精卵经 4 ～ 5d 发育成蝌蚪。蝌蚪无四肢。头部最初有 3 对羽状外鳃，随后消失，在其前方产生 4 对内鳃。心脏具 1 心室、1 心房，单循环。

蝌蚪自由生活一段时间后，依次长出成对的后肢芽和前肢芽，尾部逐渐退化至消失，体长缩短，口角扩大，眼突出。内脏器官也同时变化，咽部生出 2 个盲囊状肺芽，心脏逐渐发展为 2 心房、1 心室，中肾代替前肾，消化管变粗短并有明显的胃肠分化。蝌蚪需经历 3 个月变态才能发育为幼体，幼体性成熟约需 3 年。

九、神经系统与感觉器官

（一）神经系统

5 部脑在四足动物中处于最低水平，脑弯曲小。大脑两半球已完全分开，大脑皮层的底部、侧部和顶部都出现了一些零散的神经细胞，称原脑皮，脑皮下有纹状体。间脑顶部有一不发达的松果体，底部有漏斗体和脑下垂体。中脑顶部为 1 对圆形的视叶，底部增厚为大脑脚。中脑不仅是视觉中枢，也是身体活动的最高中枢。小脑紧贴视叶，延脑与脊髓相连。脑神经 10 对，脊神经 10 对。蛙类已有发育较完备的植物性神经系统（图 19-9）。

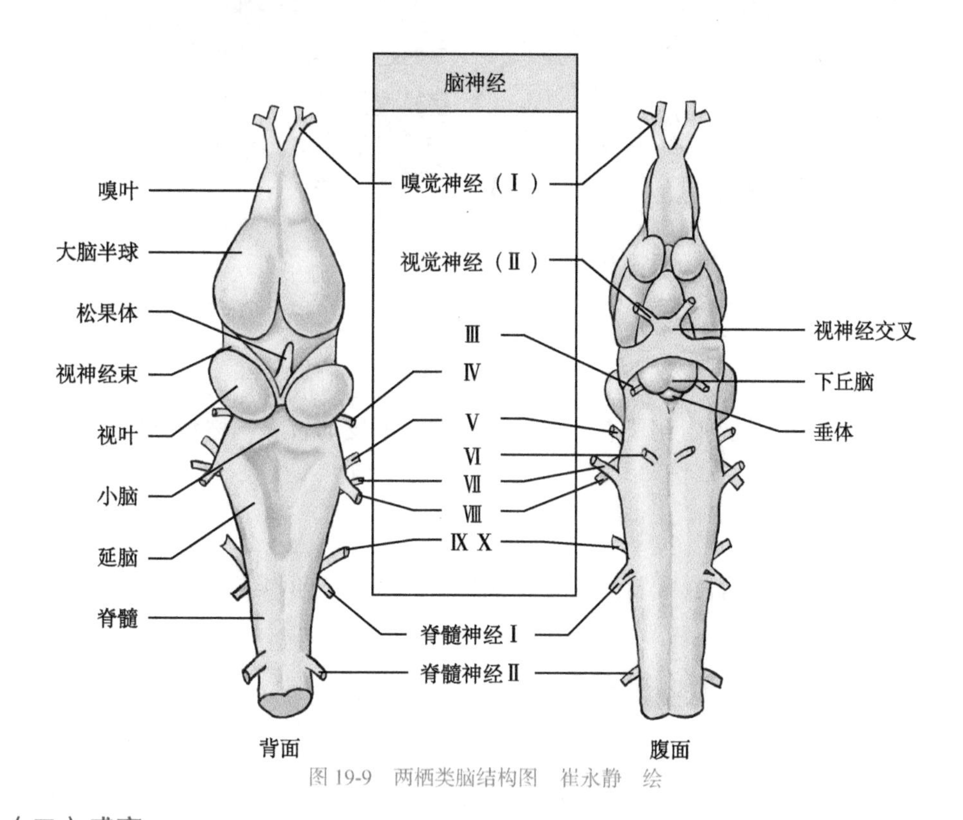

图 19-9　两栖类脑结构图　崔永静　绘

（二）感官

两栖类的感觉器官有视觉、听觉、嗅觉和侧线器官等。

1. 视觉器官

陆生种类如蛙的眼具有可活动的下眼睑和半透明的瞬膜（图 19-10）。首次出现眼腺（哈氏腺，Harderian gland），其分泌物能润滑眼球和瞬膜。角膜略突出，水晶体近似圆球但稍扁平，晶体与角膜间的距离较远，适于观看较远的物体。蛙的视觉调节较鱼类完善，但仍属单重调节。蛙类对移动物体极敏感，能准确地捕捉到飞虫。

2. 听觉器官

两栖类具有内耳和中耳（middle ear），无外耳（图 19-11）。内耳构造与鱼类相似，分化出的瓶状囊能感受空气中的声波，内耳兼有平衡和听觉功能。首次出现的中耳，由鼓膜、鼓室（中耳腔）和耳柱骨组成。鼓膜暴露于头部皮肤的外面，内为鼓室。鼓室内有耳柱骨（听小骨），借耳咽管与口咽腔相通。耳柱骨的外端顶住鼓膜内壁，内端顶住内耳前庭窗。声波振动鼓膜时，经耳柱骨传入内耳，刺激内耳膜迷路中的感觉细胞，经听神经传入脑的听觉中枢，产生听觉。

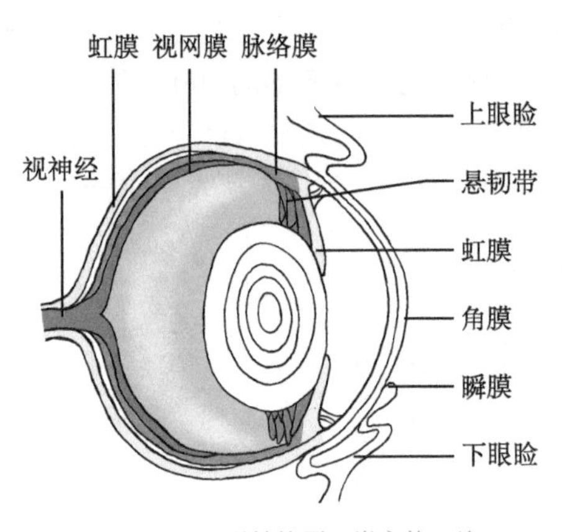

图 19-10 蛙眼结构图 崔永静 绘

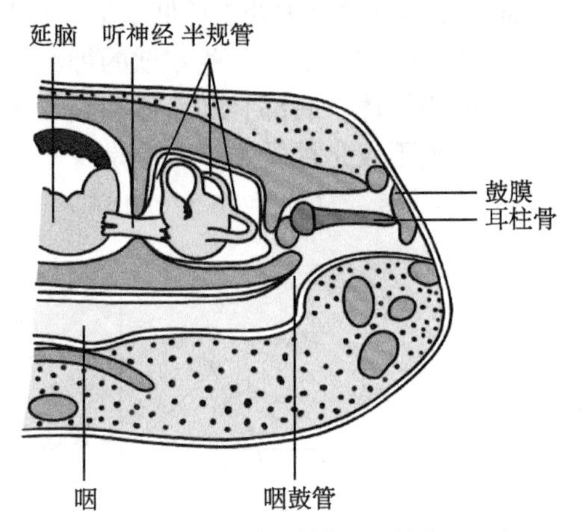

图 19-11 蛙耳的内部结构图 桂紫瑶 绘

3. 嗅觉器官

蛙类有 1 对鼻囊，由外鼻孔与外界相通，以内鼻孔与口咽腔相通。鼻腔是嗅觉器官和气体进出的通道，其腹内侧壁有 1 对覆以嗅黏膜上皮的盲囊，称犁鼻器（vomeronasal organ），是化学感受器，这也是多数四足动物共同的特征。

4. 侧线器官

所有两栖类幼体、有尾类成体和少数无尾类成体都有与鱼类相似的侧线器官。

第三节 两栖动物的分类

现存两栖类约 5500 种，我国有 11 科 61 属 350 余种，主要分布于秦岭以南，其中以云南和四川两省种类最多，而东北、华北、西北地区种类较少。两栖类可分为无足目（Apoda）、有尾目（Caudata）和无尾目（Anura），分别代表穴居、水生和陆生 3 种特化方向。

一、无足目

图 19-12　版纳鱼螈　梁乐　摄

无足目又称蚓螈目（Gymnophiona），是穴居生活的原始特化类群。本目有 10 科 200 余种，我国仅有鱼螈科（Ichthyophidae），1 属 1 种，即分布于云南、广西的版纳鱼螈，体长约 30cm，生活在河流附近，卵生，雌性有“孵卵”现象。

无足目是两栖纲中最低等的类群，保留着一系列原始特征：环褶真皮内有退化的骨质小圆鳞；无荐椎；椎体双凹型；具长肋骨但无胸骨；左、右心房间的隔膜发育不完全，动脉圆锥内无纵瓣。身体细长（65 ～ 1600mm），似蚯蚓，皮肤裸露，四肢及带骨退化（图 19-12）。嗅觉发达，肉食性，主要取食蚯蚓、白蚁等无脊椎动物。雄性身体末端具有泄殖腔壁突起形成的交配器，体内受精，卵生或卵胎生，幼体孵出前有一个 3 对外鳃的阶段，外鳃仅具有吸收营养的作用。当幼体孵出后，外鳃消失，幼体水中生活，变态后上陆穴居。

二、有尾目

有尾目又称蝾螈目（Salamandriformes），身体鲵螈型，多呈圆筒状，具长尾。一般可分为头、躯干、四肢和尾 4 部分。四肢短小细弱，前肢 4 趾，后肢 5 趾或 4 趾。尾部侧扁且相对发达，是游泳和爬行器官。

体表裸露无鳞，定期蜕皮。舌圆或椭圆形，舌端不完全游离，不能外翻摄食；两颌周缘有细齿；具犁骨齿。头骨骨块少，颅侧边缘不完整。椎体低等种类双凹型，高等种类后凹型；肋骨、胸骨和带骨大多为软骨质；有分离的桡骨、尺骨及尾椎骨。体侧常具肋沟。一般具不活动的眼睑，无鼓膜及鼓室，但有耳柱骨。低等种类终生具鳃，无肺或肺不发达。高等种类幼体水栖，鳃呼吸。成体多数肺呼吸，大多半水栖生活，少数终生水栖或陆栖。除小鲵科和隐鳃鲵科为体外受精外，其余均为体内受精。绝大多数卵生，少数卵胎生，雄性无交配器。现存有 9 科 700 余种，主要分布于北半球，少数渗入热带地区。我国产 3 科 80 余种。

1. 小鲵科（Hynobiidae）

体长不超过 30cm。皮肤光滑无疣粒。具可活动眼睑、颌齿或犁骨齿。椎体双凹型，成体无外鳃，肺或有或无，体外受精。

本科现存 10 属 60 余种，我国有 8 属 30 余种。中国小鲵（*Hynobius chinensis*）（图 19-13）为我国特有种。

图 19-13　中国小鲵（左）与中国大鲵（右）　李辰亮　摄

2. 隐鳃鲵科（Cryptobranchidae）

现存两栖类中体形最大的类群。身体扁平，尾侧扁。口裂宽大。眼小，无眼睑。幼体具鳃，成体具肺。椎体双凹型，体外受精。本科现存2属3种，我国仅1种。代表种类大鲵（*Andrias davidianus*）（图19-13）主要分布于我国华中、华南和西南等地区，是我国特有物种。终生居于山溪中，因其叫声与婴儿啼哭声相似，故称“娃娃鱼”。白天隐居在山溪的石隙中，夜间出来活动觅食，肉食性。每年7～9月份产卵繁殖。最大者可达2m以上。

3. 蝾螈科（Salamandridae）

种类多，分布广。体长常大于20cm。身体略扁平。皮肤光滑或具瘰疣，肋沟不明显，很多种类有鲜艳的警戒色。具可活动眼睑。前肢4指，后肢5或4趾。成体具肺，椎体后凹型，体内受精。成体多水栖。本科现存22属120余种，我国产5属40余种。该科动物广布于北半球温带地区，我国仅分布在秦岭以南地区。代表种类有东方蝾螈（*Cynops orientalis*）和黑斑肥螈（*Pachytriton brevipes*）等（图19-14）。

图19-14　东方蝾螈　李辰亮　摄

三、无尾目

无尾目是现存两栖类中最高等、种类最多的类群。成体分头、躯干和四肢3部分。身体宽短，幼体有尾，成体尾消失。五趾型附肢，前肢短小且4指，指间一般无蹼；后肢较长、5趾，趾间多具蹼，适于游泳和跳跃。雄性前肢的第一、二指内侧局部隆起成婚垫（nuptial pad），垫上富有黏液腺或角质刺，用以抱对。树栖蛙类的趾末端膨大成吸盘，能吸附在枝干或叶片上，适于攀爬。

皮肤裸露，富含黏液腺，有的种类具发达的毒腺。有可动的下眼睑和瞬膜，多数具鼓膜，鼓室发达。椎体前凹或后凹型，胸骨发达，荐椎后的椎骨愈合成尾杆骨，一般不具肋骨。幼体水栖，鳃呼吸；成体水陆两栖，肺呼吸为主。水中繁殖，体外受精。

无尾目现存56科，约7000种。我国有9科400余种，常见7科。除南极外，分布于世界各大洲，热带和亚热带种类最丰富。

1. 铃蟾科（Bombinatoridae）

背部皮肤粗糙，具大小瘰疣或刺疣。腹面皮肤光滑。舌盘状，不能伸出口外。仅上颌具齿。雄性无声囊，无鼓膜，无耳柱骨。本科现存2属8种，我国仅1属3种。代表种类东方铃蟾（*Bombina orientalis*）分布于我国东北部、俄罗斯、朝鲜及日本。

2. 角蟾科（Megophryidae）

皮肤光滑或具大、小疣粒。舌卵圆形，后端游离且具缺刻。现存200余种，我国有100余种，较常见的种类有桑植角蟾（*Megophrys sangzhiensis*）、峨眉髭蟾（*Leptobrachium boringii*）和齿蟾类等（图19-15），主要分布于亚洲、欧洲、非洲西北部和北美洲，我国多分布于秦岭以南地区。

3. 蟾蜍科（Bufonidae）

体短粗壮，背部皮肤具稀疏且大小不等的瘰粒。舌后端游离，无齿。有发达的耳后腺，可分泌毒液，其干制品即著名中药蟾酥。鼓膜大多明显，陆栖性较强，昼伏夜出。分布几乎遍及全球。本科现存 600 余种，我国有 6 属 19 种，常见的种类为中华大蟾蜍（*Bufo gargarizans*），还有分布于长江以北的花背蟾蜍（*B.raddei*）和长江以南的黑眶蟾蜍（*B.melanostictus*）等（图 19-16）。

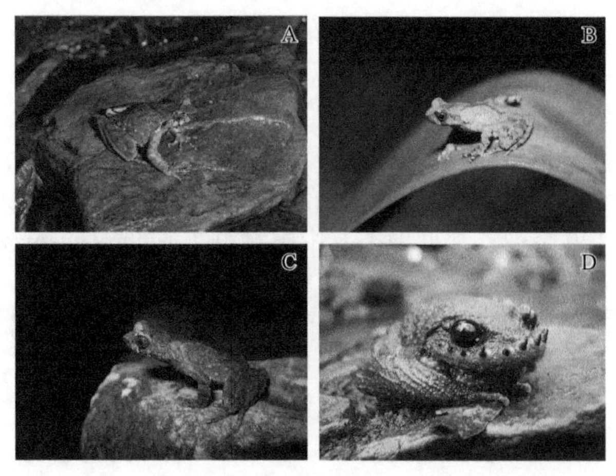

图 19-15　桑植角蟾（A）；巫山角蟾（B）；淡肩角蟾（C）；峨眉髭蟾（D）　李辰亮　摄

图 19-16　中华大蟾蜍（左）与黑框蟾蜍（右）　李辰亮　摄

4. 雨蛙科（Hylidae）

身体较小，腿较长，皮肤光滑。趾末端膨大成吸盘，适于吸附在植物表面。主要分布于温热带地区。本科现存 700 余种，我国有 1 属 8 种，如无斑雨蛙（*Hyla immaculata*）和中国雨蛙（*H.chinensis*）等（图 19-17）。

5. 树蛙科（Rhacophoridae）

外形及生活习性和雨蛙相似，但亲缘关系甚远。趾末端膨大成吸盘，趾间具半蹼，多树栖。分布于亚洲及非洲南半部的热带和亚热带地区。现存 400 余种，我国有 80 余种，如大树蛙（*Rhacophorus dennysi*）和经甫树蛙（*Rhacophorus chenfui*）等（图 19-17）。

图 19-17　中国雨蛙（左）、经甫树蛙（中）与花狭口蛙（右）　李辰亮　摄

6. 姬蛙科（Microhylidae）

陆栖中小型蛙类。头狭，口小，体短。舌端不分叉，指（趾）间无蹼。主要分布在亚洲、非洲、大洋洲及美洲的热带地区。现存 600 余种，我国有 5 属 17 种，如北方狭口

蛙（*Kaloula borealis*）、花狭口蛙（*K. pulchra*）等（图 19-17）。

7. 蛙科（Ranidae）

体短且粗壮，后肢发达，善于跳跃。鼓膜明显或隐于皮下，一般无毒腺。舌端游离且分叉，具上颌齿。分布于除大洋洲和南极洲以外各大洲。本科现存 300 余种，我国有 120 余种，常见种类有中国林蛙（*Rana chensinensis*）、黑斑侧褶蛙和花臭蛙（*Odorrana schmackeri*）等（图 19-18）。

中国林蛙俗称哈士蟆，其输卵管干制品即为中药滋补品“哈士蟆油”。

黑斑侧褶蛙也叫青蛙、田鸡，分布极为广泛，常栖息于河流、池塘、稻田的水中及岸边草丛中，是捕食昆虫的能手。体长 7～8cm。背面一般褐色或绿色，腹面白色。背部有两条纵行的细皮肤褶，中央有 1 纵行白色条纹。在身体两侧和后肢上有很多黑色斑纹。

图 19-18 花臭蛙（左）、绿臭蛙（中）与崇安湍蛙（右） 李辰亮 摄

第四节 两栖类的起源与演化

大约 4 亿年前的泥盆纪，鱼类得到了空前发展，包括许多淡水生种类，直到水生四足动物祖先出现了内鼻孔，同时具有充满气体的空腔和成对的四肢，才使得陆地呼吸空气和支撑身体的演化成为可能。鱼鳔和肺是同源的。究竟古两栖类起源于何种鱼类，由于发现的相关化石有限，目前仍存在争议。

如今的主流学说更支持两栖类起源于古总鳍鱼类，原因是强有力的偶鳍骨与古两栖类四肢骨的相似性、可呼吸空气的鳔等，至于现存的矛尾鱼至今没有找到内鼻孔，也许古代的总鳍鱼类具有内鼻孔，这将有待于科学家们寻找化石证据。

最新的研究显示，随着一系列距今 3.75 亿年的 Tiktaalik 鱼化石被发现，即一种大型浅水鱼化石，具备了早期四足动物的一些特征，并推断欧美大陆泥盆纪晚期漫滩上的浅水环境是鱼类过渡到四足类主要场所，然而，仍缺乏有力的证据。

古两栖类在石炭纪和二叠纪达到了顶峰，但到三叠纪均已灭绝。就目前掌握的资料，古两栖类可分为块椎类和壳椎类。由块椎类形成广泛的辐射，演化出了陆生、半陆生和次生性的水生类群。

目前，两栖类正以惊人的速度消失，原因尚未明了。在过去 25 年时间里，有超过 120 多种灭绝。

在生物演化过程中，往往存在着一种趋势，即随着身体结构和生理功能的复杂性提高，越是高等类群，其每个细胞里所含的 DNA 就会越多，但肺鱼是个例外，它每个细胞里 DNA 的含量几乎是哺乳类的 40 倍，原因是 DNA 里含有大量的重复序列、非转录顺序和非编码序列，也许这些序列为肺鱼蓄积突变提供了极为有利的条件，这是否意味着四足动物是由原始肺鱼的祖先演化而来？这将有待于分子生物学和化石的新发现给出令人振奋的答案。目前公认的四足类起源仍是总鳍鱼类。

思考题

1. 两栖类保留了哪些水生特点？
2. 水陆环境的主要差异有哪些？从水生过渡到陆生所面临的主要矛盾是什么？
3. 两栖类动物对陆地生活的初步适应性和不完善性体现在哪些方面？
4. 试绘制两栖类思维导图。

第20章

爬行纲

演化地位：爬行纲（Reptilia）是一支完全适应了陆地生活、体被角质鳞片、能够在陆地繁殖的真正陆生、变温动物。2.8 亿年前，两栖动物的迷齿类演化出了爬行类祖先，所产的羊膜卵（amniotic egg），可使胚胎摆脱对水的依赖而在干燥的陆地环境中进行发育。事实上这种具壳的卵用一层膜（羊膜）包裹着一个充满液体的腔并在液腔内完成了早期胚胎发育，因此，早期的胚胎发育仍在水环境中进行，这也是与高等的鸟类和哺乳类所共有的特点。因此，爬行纲、鸟纲和哺乳纲动物总称为羊膜动物。

第一节 爬行动物的主要特征

一、羊膜卵及其在动物演化史上的意义

羊膜卵内有一大的卵黄囊（yolk stalk），囊内有丰富的卵黄，可保证胚胎发育所需的养料。当胚胎发育到原肠期后，在胚胎周围发生向上隆起的环状皱褶——羊膜、绒毛膜褶，不断生长的环状皱褶由四周渐渐往背部中央聚拢，彼此愈合并打通后成为环绕整个胚胎的两层膜，即羊膜（amnion）和绒毛膜（chorion）（图 20-1）。羊膜包裹的闭合腔称为羊膜腔（amniotic cavity），里面充满羊水（amniotic fluid），胚胎浸浴在羊水中，因而可以抵御干燥和防止机械损伤。位于羊膜和绒毛膜之间的腔称为胚外体腔。当羊膜形成时，消化管后端突起并扩大呈囊状，这是

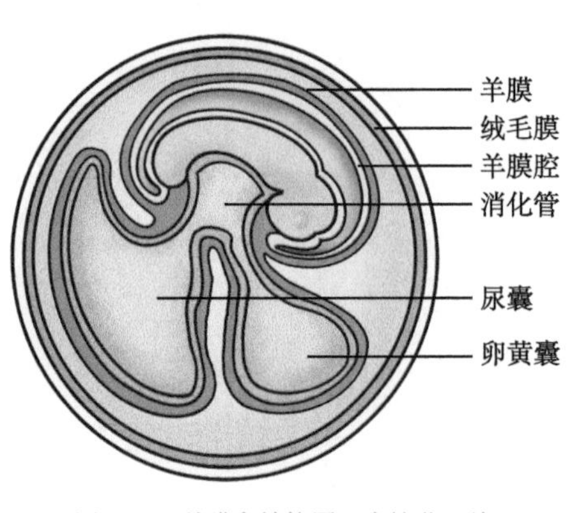

图 20-1　羊膜卵结构图　朱婉莹　绘

胚胎排泄器官，称尿囊（allantois），可收集胚胎代谢产生的废物——尿酸，同时，绒毛膜和尿囊膜高度血管化，是胚胎的呼吸器官。所有的羊膜卵都有 4 个胚外膜，即绒毛膜、羊膜、尿囊、卵黄囊。羊膜卵的外面，有一层石灰质的卵壳，尽管许多蜥蜴、蛇和哺乳类没有带硬壳的卵，但通常有柔软的外壳包裹，卵壳表面有许多小孔，通风性能良好，可确保胚胎发育过程中的气体代谢（图 20-2）。

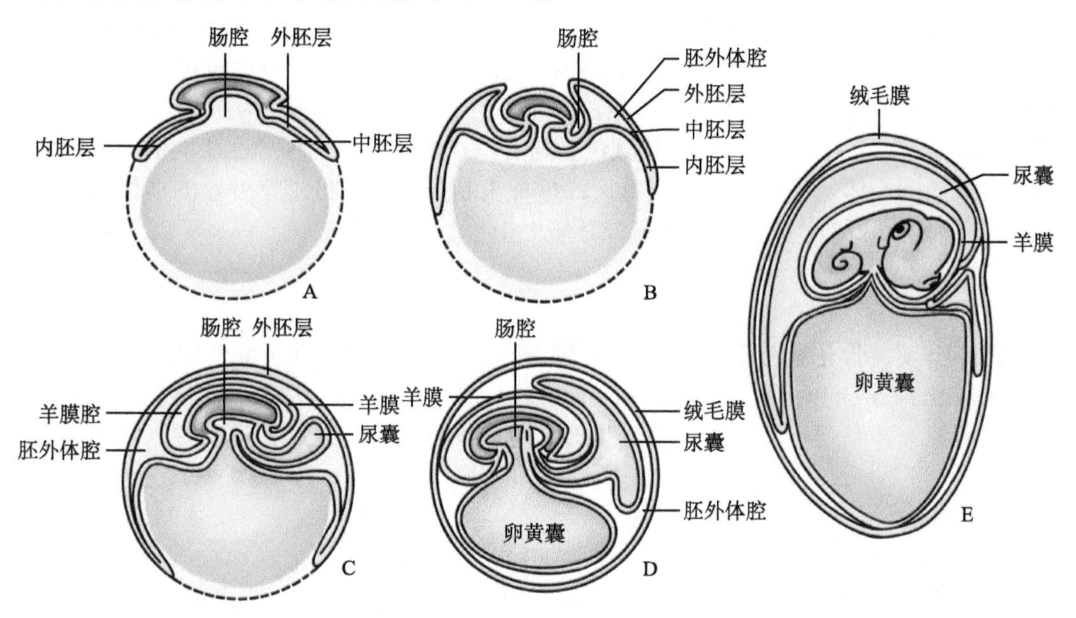

图 20-2　羊膜动物胚膜发生（A ～ D）、蜥蜴的羊膜卵（E）　朱婉莹　绘

羊膜卵的出现，为动物征服陆地、进而向陆地纵深发展提供了有力保障，使之成为完全的陆生脊椎动物。在脊椎动物从水生到陆生的漫长演化历程中，羊膜卵的出现在动物演化史上无疑是一个飞跃。

二、身体结构与生理

（一）外形

身体分为头、颈、躯干、四肢和尾 5 部分（图 20-3）。体形包括蜥蜴形、蛇形、龟鳖形；分别适应于地栖、树栖、水栖和穴居等不同生活方式。蜥蜴形大部分具四足，奔跑时会左右摇摆。指（趾）端具爪，是与两栖类在外形上的根本区别。蛇形无四肢，颈部不明显。龟鳖形身体被甲，最小的龟长度不超过 8cm，最大的棱皮龟（*Dermochelys coriacea*），体长 3m，重达 1t。

图 20-3　无蹼壁虎（*Gekko swinhonis*）　梁乐　摄

（二）皮肤

爬行类皮肤厚实、干燥、角质化程度高，保水能力强，因此失去了呼吸功能。鳞片和鳞甲可通过骨板加固，并可根据不同的功能进行修饰。例如，蛇巨大的腹部鳞片让它们在移动过程中能更贴近地面，获悉地面信息。尽管爬行类皮肤上腺体比两栖类少得多，

但它们的分泌物中也含信息素，具有识别性别和防御功能。

蜥蜴和蛇的角质鳞片可周期性脱落，这一过程被称为蜕皮。这些鳞片与鱼类真皮鳞片不同源。蜕皮通常始于头部，蛇和大部分蜥蜴，表皮层会整体脱落。少数蜥蜴的外表皮小片地脱落。蜕皮的频率因种而异，幼体蜕皮频率比成体要高。鳄鱼不蜕皮，鳞片终生生长以取代磨损。

爬行类皮肤上有色素细胞，具保护色（protective coloration）、拟态（imitation）和警戒色（warning color）等功能。体色变化在性别识别和体温调节中也可发挥作用。有些种类皮肤颜色会受海拔高度的影响，如生活在西班牙东南部高海拔地区的侧纹奔蜥（*Psammodromus algirus*），背部皮肤颜色会随着海拔的升高而加深，在相同的太阳辐射水平上，深色的个体比浅色个体升温更快，这种机制可以起到抵御紫外线的损伤和御寒的作用，有利于爬行动物在高海拔的低温环境中生存。

（三）骨骼系统

骨骼坚硬，骨化程度高，几乎没有软骨。具有典型的五趾（指）型四肢。四肢骨（bones of the extremities）与中轴骨（axial skeleton）呈横向直角关系，不能将身体抬离地面，因而绝大多数爬行动物在运动时腹部贴地或仅稍稍抬离地面，运动时以爬行为主要方式。

1. 头骨

高而隆起，属高颅型（tropibasic type），反映脑腔的扩大，骨化更完全。头骨具颞窝（temporal fossa）和单一的枕髁（occipital condyle）。颞窝也称为颞孔，是颅骨两侧和眼眶背面的1或2个孔洞，由颞弓包围，是爬行动物头骨最重要的特征。颞窝是颞肌（temporalis）的附着部位。颞窝的出现为咀嚼肌（masseter）提供了充足的附着空间。颞窝有4种类型，即：无颞窝类（Anapsida）、上颞窝类（Parapsida）、合颞窝类（Synapsida）、双颞窝类（Diapsida）。①无颞窝类：最原始的爬行类如杯龙类属于此类。传统分类观点认为，现代龟鳖类头骨属于无颞窝类，但有些种类具有次生孔；②上颞窝类：上颞弓由后眶骨和鳞骨组成，现仅存化石种类。在古代爬行动物中，鱼龙类（Ichthyosauria）属于这一类；③合颞窝类：颅骨两侧各有1个颞窝，由后眶骨，鳞骨和颧骨包围，古代兽齿类（Theriodont）和由此演化出的哺乳类属于此类；④双颞窝类：颅骨两侧各有2个颞窝。多数爬行动物（蜥蜴、蛇、鳄鱼）和鸟类都属于这一类（图20-4）。

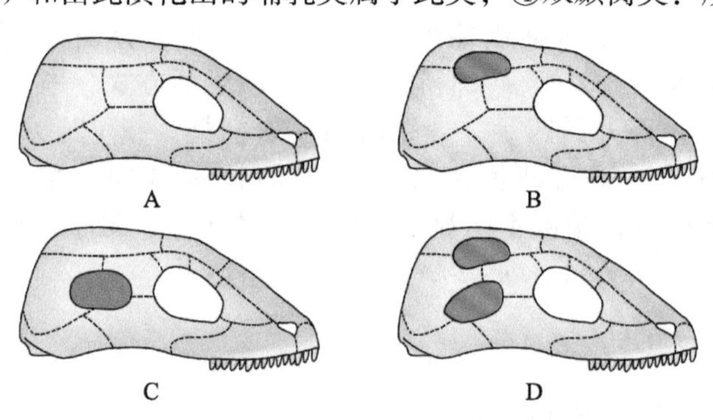

图20-4 颞窝类型 朱婉莹 绘
A. 无颞窝类（龟鳖类）；B. 上颞窝类（槽齿龙类）；C. 合颞窝类（兽齿类、哺乳类）；D. 双颞窝类（喙头类、鳄、蜥蜴、蛇、鸟类）

枕髁即枕骨末端形成的突起，与脊柱相关节，爬行类为单枕髁。

次生腭（secondary palate）：在脑颅底部，由前颌骨、上颌骨、腭骨的腭突和翼骨愈合而成（图20-5），它的出现将口腔和鼻腔分隔开，同时内鼻孔向后移动，使呼吸效率得到提高，并且在动物进食时仍可以正常呼吸，鳄鱼的次生腭完整。

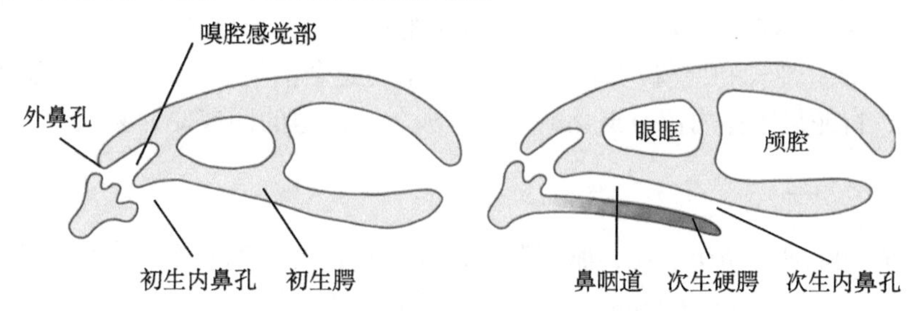

图 20-5　次生腭示意图　刘彦希　绘

2. 脊柱

脊柱分化为颈椎（cervical vertebra）、胸椎（thoracic vertebrae）、腰椎（lumbar vertebrae）、荐椎（sacrum）、尾椎（caudal vertebra）5 部分。低等种类的椎体为双凹型，其余为后凹型或前凹型。爬行类由于颈部延长，颈椎数目（2 枚以上）也比两栖类多。第 1、2 枚颈椎分别特化为寰椎（atlas）和枢椎（epistropheus），寰椎有关节面与头骨的枕髁相关节，寰椎与枢椎间形成寰枢关节，为头部提供了更大的活动自由。寰椎孔被一韧带分为上下两部，上部通过脊髓，下部容纳齿状突（odontoid process）。胸廓（thorax）由胸骨、胸椎、肋骨（rib）围成，可保护内脏和增强肺呼吸。荐椎 2 枚以上，加强了身体后部支撑能力，腰带关节增强了后肢承受重量的能力。

3. 带骨和肢骨

肩带的膜原骨和软骨原骨骨化良好，骨块数目较多。肩带由肩胛骨、乌喙骨、前乌喙骨和锁骨组成。在蜥蜴类，除上述骨片外，还有上肩胛骨。另外，蜥蜴与鳄类的肩带中有一块上胸骨（间锁骨），呈十字形，把胸骨和锁骨连接起来。

腰带由髂骨、坐骨和耻骨组成，但左右耻骨只在前端愈合，左右坐骨只在后端愈合，而且结合处接以软骨，分别叫耻骨联合（上耻骨）和坐骨联合（上坐骨）。由于这种联合，使坐骨、耻骨之间形成一个大的空腔，叫坐耻孔（ischiopubic foramen）（图 20-6）。这样的结构可以减轻体重，成为支持后肢的坚强支架，非常有利于陆地运动。

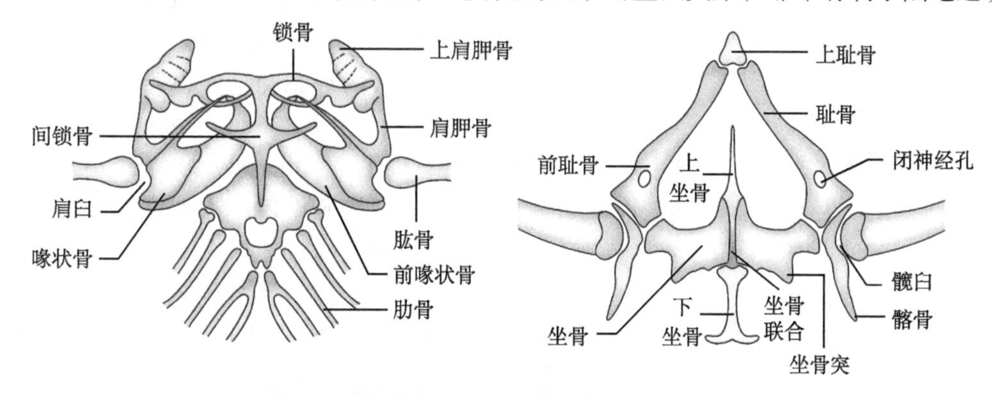

图 20-6　蜥蜴肩带（左）和腰带（右）　高元满　绘

前肢为典型的五指型附肢，由肱骨、尺骨和桡骨、腕骨、掌骨和指骨组成，指骨末端具爪。

后肢骨由股骨、胫骨和腓骨、跗骨、跖骨和趾骨组成，趾骨末端也具爪。与两栖类相比，后肢踵关节不在胫、腓之间，而在两列跗骨之间，形成了跗间关节。蛇及某些蜥蜴穴居生活，导致带骨和肢骨均有不同程度退化或完全消失。如蛇类的四肢及带骨完全退化，蟒科、盲蛇科等体内留有退化的髂骨和股骨；海龟的四肢变为桨状。

（四）肌肉系统

肌肉系统与陆地运动相适应，躯干肌和四肢肌比两栖动物复杂。特别是皮肤肌（skin muscle）和肋间肌（intercostal muscle），为陆生脊椎动物特有。

皮肤肌通常起自躯干、附肢或咽部，止于皮肤。蛇皮肤肌最发达，皮肌收缩可引起皮肤及其附属的鳞片产生活动。2 对肋皮肌分别与前、后腹鳞相连。收缩时能使腹鳞运动，凭借反作用的推力，使蛇体蜿蜒爬行前进。此外，蜥蜴和龟的颈括约肌也属于皮肤肌。

颞肌（temporalis）和咬肌（masseter），均为闭口肌，舌弓及下颌骨腹面的 2 块腹肌为开口肌，是前 2 块肌肉的拮抗肌。咬肌因颞孔的出现，收缩时肌腹可以容纳在窝内，使咬合能力加强。

肋间肌可分为肋间外肌和肋间内肌，用于调节肋骨的上升和下降，控制胸部和腹部的容积变化，并与腹肌配合完成呼吸。

躯干肌渐趋萎缩。背最长肌主要担负着脊柱屈曲的机能，在两侧还分化出一层薄片肌，为髂肋肌（iliocostales），往下伸展到腹壁，止于肋骨侧面。背最长肌和髂肋肌均起自颅骨枕区后缘，肌肉收缩与头、颈部的转动有关。腹肌由表及里为外斜肌、内斜肌、横肌，腹直肌发育良好。

四肢上部的肌肉粗大，前臂肌大多起自背部、体侧、肩带（如背阔肌、三角肌和三头肌等），收缩时可前举和伸展前肢；后肢有位于腰腿间的耻坐股肌、髂胫肌，腿部的股胫肌和臀肌等，主要功能是将大腿向内拉并封闭膝关节，将动物身体稍抬离地面并向前爬行。

（五）消化系统

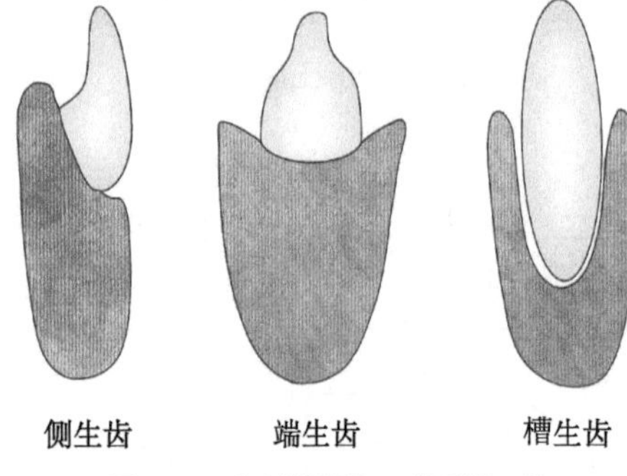

图 20-7　爬行类牙齿　高元满　绘

消化管更加复杂和完善。口腔里有很多牙齿，但无咀嚼功能，仅能撕咬、吞食。齿为同型齿，即：各齿的形态和功能无明显差异。爬行类牙齿一般可分为侧生齿（pleurodont）、端生齿（acrodont）、槽生齿（thecodont）（图 20-7）。侧生齿：牙齿着生在颌骨的内侧表面，容易脱落，如大多数蜥蜴；端生齿：牙齿着生于颌骨咬合面的上表面，无齿根，容易脱落，如大多数蛇类；槽生齿：牙齿着生在颌骨齿槽中，有发达的齿根，坚固不易脱落，如鳄类。

口腔和咽分化明显，口腔腺发达，如唇腺（labial gland）、腭腺（palatine gland）、舌腺（lingual gland）和舌下腺（sublingual gland），它们的分泌物有助于湿润食物利于吞咽。

蛇类的舌分叉，俗称“信子”。舌除捕食和协助吞咽外，尚有辅助触觉、收集空气中气味颗粒的作用。口腔后部通入咽，咽后通食管。食管细长，通向胃，胃接小肠。从爬行类开始在小肠与大肠的交界处出现盲肠，植食性陆生龟类的盲肠发达，这与消化植物纤维有关。大肠末端为直肠，通泄殖腔。泄殖腔孔（cloacal opening）是消化管通向身体外部的出口。大肠及泄殖腔均具有重吸收水分的功能，这对减少体内水分散失和维持水盐平衡具有重要意义（图 20-8）。

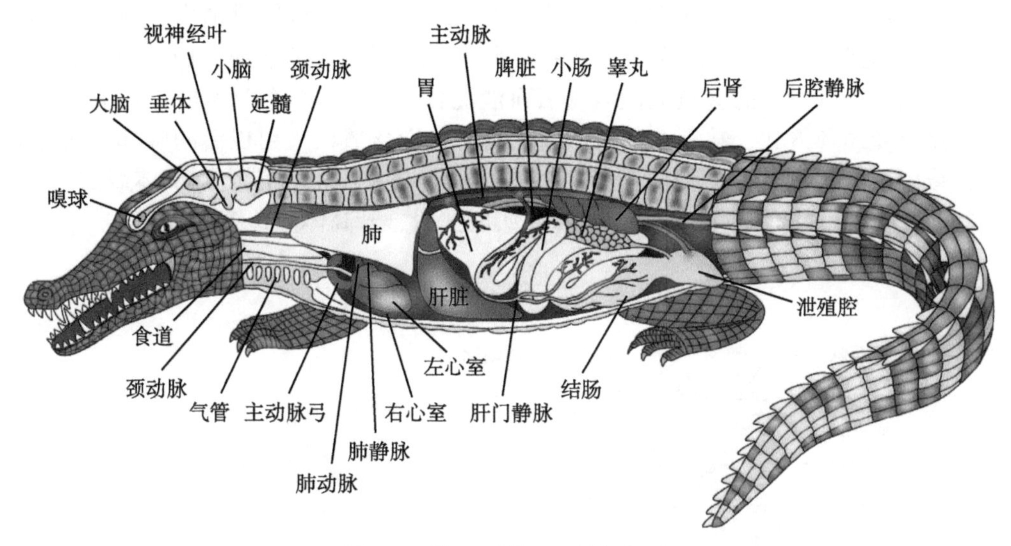

图 20-8 鳄鱼内部结构 刘彦希 绘

（六）呼吸系统

爬行类由于皮肤丧失了呼吸功能，气体交换主要在肺部，出现了真正的喉头和由“C”形软骨环支撑的气管（trachea），没有声带，并且首次出现了支气管（bronchus）。内鼻孔开口位于上颚中央或靠近喉咙，气管和支气管分化明显，呼吸运动主要通过胸廓的舒张和收缩来完成，称胸腹式呼吸，属负压呼吸，这也是羊膜动物共有的呼吸方式；龟鳖类由于肋骨与背甲愈合，仅靠肌肉收缩移动肩带位置来改变内脏腔的容积完成呼吸。爬行类除了肺呼吸外，还有类似两栖类的口咽式呼吸。水生种类的咽壁、泄殖腔壁和副膀胱壁有大量毛细血管，也可辅助呼吸。

软骨支撑着爬行动物的呼吸通道，避免塌陷。肺脏1对，囊状，但内壁出现了复杂的分隔，形成海绵一样互相连接的腔室，比两栖类肺脏具有了更大的表面积。肺泡上有丰富的毛细血管，增加了气体交换功能。限于体型，蛇和蛇蜥的肺通常为两侧不对称，而且左肺大多萎缩或退化，如蝮蛇（*Agkistrodon halys*）。避役（*Chamaeleonidae*），又称变色龙，肺具有特殊的结构，前部是呼吸部；后

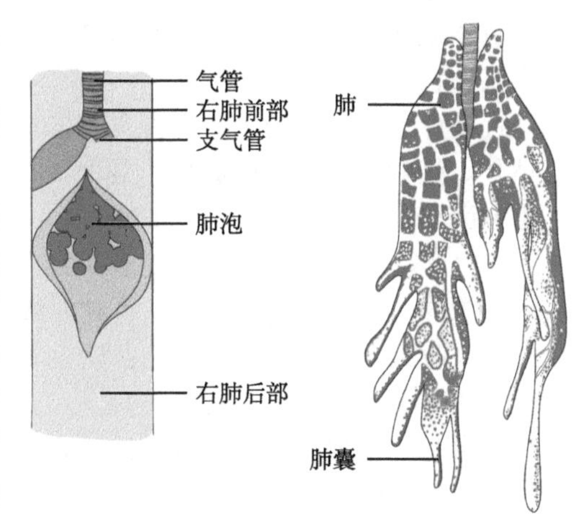

图 20-9 尖吻蝮气管和肺（左）与避役肺（右） 李昕萌 绘

部光滑，又称储气部，并伸出数个气囊分布于内脏器官间，称储气囊（reservoir hag），无气体交换功能（图 20-9）。

（七）循环系统

循环系统包括体循环和肺循环。它们具有 3 腔室的心脏，包括 2 个心房和 1 个心室，但心室出现了不完全的分隔，因此，血液循环为不太完善的双循环，与两栖类相比，含氧血和缺氧血进一步分开。它们通常只有 1 对大主动脉，动脉圆锥消失；静脉窦退化为一团细胞，起到心脏起搏器的作用（海龟除外）。当血液流经心脏时，由于心室出现了不完全的分隔，只有少量的含氧血液与缺氧血液混合。但是，鳄鱼潜水时，血液可以通过心脏瓣膜改变循环方式，缺氧血液可以流向身体，而含氧血液可以流向肺部，同时降低心率，减少热量丢失，这使得鳄类及一些水生种类在有限的范围内调节体温成为可能。陆生爬行类可以通过晒太阳同时提高心率来吸收热量，升高体温（图 20-10）。

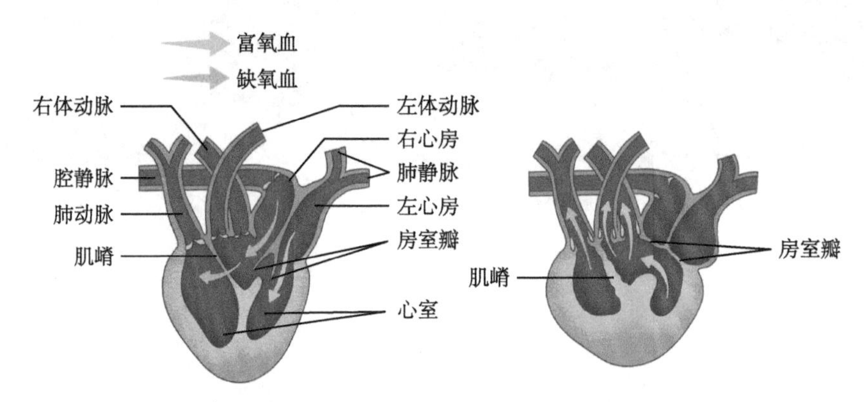

图 20-10　心房收缩时，血液流入心室，房室瓣可阻止由于心室分隔不全造成的富氧血和缺氧血混合（左）；心室收缩时，肌嵴将富氧血和缺氧血分别推向体动脉和肺动脉（右）　高元满　绘

（八）排泄系统

肾脏为后肾（metanephros），位于腹腔后半部。肾脏的基本结构与更高等陆栖脊椎动物没有本质区别，只是肾单位小且数量少，因此滤过后的液体也少，可以避免体内水分过多流失。

后肾管专门用于排尿，不再具有输精功能，因此被称为输尿管。尿液通过泄殖腔排出体外。蜥蜴在泄殖腔的腹面上还有一个膀胱，该膀胱从胚胎时期的尿囊发育而来，因此被称为尿囊膀胱（allantoic bladder）。

陆生爬行动物的代谢废物主要以尿酸和尿酸盐（urate）的形式排出（淡水鳄鱼主要排氨和尿酸，龟鳖类的主要排尿素和尿酸）。尿酸几乎不溶于水而沉淀，并且在沉淀过程中被重吸收到血液中，又由于肾小管（renal tubule）、膀胱、泄殖腔等都具有重吸收功能，因此几乎没有因排尿而引起水分流失。同时，胚胎在卵壳内发育完成，必须要保持一定量的水分，以尿酸的形式排泄，这可以使水分的损失降到最低，且代谢废物可以以最小的体积容纳于尿囊中。

当尿酸沉淀时，并非尿中的所有离子都一起沉淀，仍有某些离子（如钾离子和钠离子）保留在溶液中，并与水一起被吸收到血液中。因此，一些爬行动物，如海龟、海鬣蜥（*Amblyrhynchus cristatus*）、海蛇等，都有相应的盐分泌器——盐腺（salt gland）。盐腺执行肾外排盐的功能，血液中的过量盐通过盐腺的分泌物而被排出体外。盐腺对于爬行动物的水盐平衡和酸碱平衡有重要意义。

（九）神经系统与感官

1. 神经系统

大脑各部没有排列在同一平面上，延脑（medulla oblongata）形成了明显的弯曲。大脑半球的体积明显大于其他各部脑，但增大和增厚的主要部分仍局限于大脑底部的纹状体（striatum）。大脑半球的顶壁和大脑的两侧基本上是原脑皮，但锥体细胞（pyramidal cell）开始出现在大脑表面并聚集成神经细胞层，称新脑皮（neopallium）。间脑几乎很难在背面辨认出来，并由此产生松果体和顶器（parietal organ）。在中脑后部有一对圆形视叶，它们仍然是爬行动物的高级神经中枢。从视神经传递到下丘脑的大部分神经纤维直接通向视叶，但也有少数神经纤维到达大脑。这表明从爬行动物开始，神经活动已开始逐渐向大脑集中，这种现象在哺乳动物时达到高峰。中脑在蟒蛇和响尾蛇中分化为四叠体（corpora quadrigemina），前视叶体积通常较小。小脑比两栖动物大，但没有鱼发达，这与爬行动物的缓慢活动习惯有关。擅长游泳的水生爬行动物（龟鳖类）小脑发达，其后缘通常被延脑菱形窝的前半部分覆盖。在鳄类小脑两侧，甚至已经开始分化出一对小脑耳，是鸟类和兽类中蚓体和小脑鬈的前身，其功能与平衡有关。

爬行动物开始具 12 对脑神经。鳄类和龟鳖的脊副神经（spinal accessory nerve）已与迷走神经分开，并被包在颅骨中。蛇和蜥蜴只有 11 对脑神经。蛇的迷走神经和脊副神经尚未分离，而鳄蜥的脊副神经在与大脑分离后会融合迷走神经，未成为独立的游离神经。

2. 感觉器官

爬行动物的感觉器官大多发达，但蛇等少数种类没有外耳。

（1）视觉：有上、下眼睑及瞬膜（nictitating membrane），但蛇和一些穴居的蜥蜴眼睛总是睁开的，眼球外被透明且固定的膜覆盖，这层膜由上下眼睑愈合而成，因而在蜕皮期，蛇类会暂时致盲。视觉调节不仅取决于由睫状肌（ciliary muscle）改变晶状体与视网膜之间的距离，还可通过改变晶状体凸度以实现更趋完善的视觉调节功能。

（2）听觉：由于鼓膜下陷，爬行动物的听觉器官具有 1 条锥形的外耳道。中耳有耳柱骨（columella）和耳咽管（eustachian tube），耳柱骨的外端接触鼓膜，内端靠近内耳的椭圆窗（fenestra ovalis），椭圆窗下出现了 1 个正圆窗（fenestra rotunda），窗上覆盖着一层薄膜，这使内耳的淋巴液流动有回旋余地。内耳的膜迷路结构与两栖动物大致相同，但听觉的瓶状体已显著增大。瓶状体的底部由感觉毛细胞组成，并被胶质基膜覆盖，是重要的听觉区域。声波通过鼓膜的振动，由听骨从椭圆窗传递进入内耳，然后淋巴管绕过瓶状体的基乳突（basilar papilla）到达正圆窗。外淋巴管仅通过基膜的薄层与基乳突下的感觉毛细胞相隔。基膜的振动可以刺激感觉毛细胞的同步振动，并且毛细胞下方的神经将传输到大脑以感知听力。鳄类的瓶状体延长成卷曲的耳蜗（cochlea），内有螺旋器，是真正的听觉器，雌雄鳄在繁殖期相互之间以吼声传递讯息，也可证明其听觉器官发达。蛇类适应穴居生活，中耳、鼓膜和耳咽管均已退化，无法感知空气震动，但是耳柱骨仍保留，它的下颌骨可以敏锐地接收来自地面的振动波，并将其通过方骨和与之相关的耳柱骨传递到内耳，从而感觉到听力。

（3）嗅觉器官：出现了鼻甲骨（turbinate）。鼻甲骨是第一个出现在爬行动物鼻腔中的复杂结构，对鼻翼有少许支撑作用。在鳄类中已发展到具有3个鼻甲骨的水平，龟鳖类的鼻甲骨不发达。许多爬行动物拥有犁鼻器。犁鼻器是成对而被包覆在鼻上皮细胞中的管状构造，开口于口腔顶壁，犁鼻器整体位于鼻腔底部，当其搏动时，会使鼻壁上的液体流过犁鼻器的化学感受器，进而产生信号。信号经传递汇到嗅球，再上传到脑部的相应区域。例如，蛇的犁鼻器位于口腔的上颚部分，以分叉的舌在空气中收集气味分子再送回犁鼻器（图20-11）。

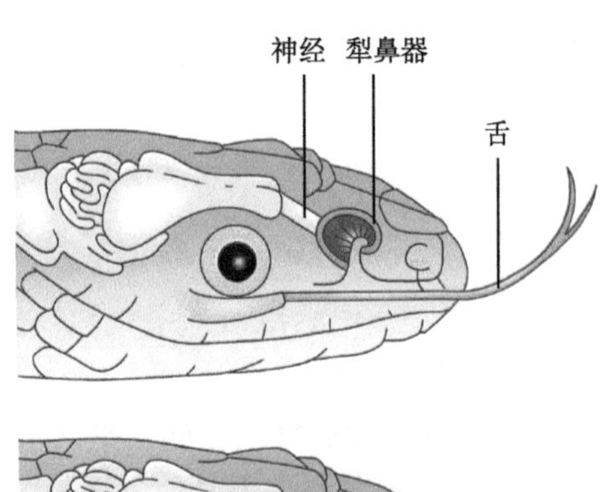

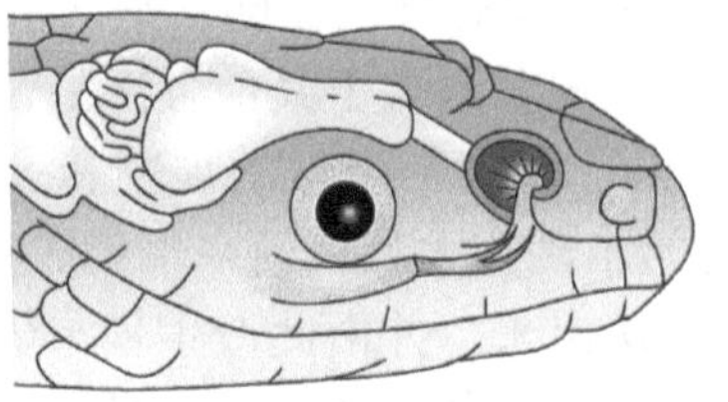

图20-11　犁鼻器　高元满　绘

（4）红外线感受器：蝰科蝮亚科和蟒科蛇类头部特有的热能感受器，即位于蝮蛇、竹叶青、响尾蛇等眼鼻之间的颊窝（facial pit）及蟒类唇鳞表面的唇窝（labial pit）。尖吻蝮的颊窝是1对三角形凹陷，窝内有一层厚仅10～15μm的薄膜，将窝分隔为内、外2室，外室较大，开口朝外；内室位于颊窝深处，以1细管通向眼前角，借1小孔通至皮肤表面，可调节内、外室之间的压力，孔口有括约肌。颊窝膜内壁上密布着三叉神经分支的神经末梢，其终端略为膨大，内部充满线粒体。这是一种极其敏感的热能检测器，只需$123.68 \times 10^{-5}J/cm^2$的微弱能量就能使之激活，可感知在数尺距离内0.001℃的温差变化，并在35ms的瞬息之间迅速做出反应，其效能之高为现今最灵敏的红外线探测器所不及。人们可以在观察颊窝膜上的神经末梢时，见到其线粒体的形态发生热缩冷胀的相应改变，这就表明热能感受器的作用与线粒体的关系非常密切。蛇的颊窝不但能觉察到周围环境中的温血动物，甚至还能确定该动物的位置，从而进行追踪和准备袭击，因此也可视为一种有助于夜间觅食的特殊感觉器官。唇窝是位于蟒类吻鳞或上唇鳞表面的凹陷。其结构与蝮亚科蛇类的颊窝相似，也是一种热测位器，能感知0.026℃的温差变化，灵敏度稍逊于颊窝。

（十）生殖系统

除了陆龟与海龟以外，大部分的雄性爬行动物具有半阴茎（hemipenis），陆龟和海龟有1个阴茎。所有陆龟均为卵生，一些蜥蜴和蛇为卵生或卵胎生。爬行动物借泄殖腔进行交配和繁殖；泄殖腔位于尾的底部，可用于排泄和繁殖。

对于某些有鳞目物种，当雌性达到一定数量时，它们可以进行孤雌生殖。现在有6种蜥蜴和1种蛇，已被证实具有孤雌生殖能力，如美洲蜥蜴科（Teiidae）、壁虎、蜥蜴。科莫多巨蜥（*Varanus komodoensis*）也具有孤雌生殖的能力。爬行动物中有些如鳄鱼类后代的性别受孵化温度影响，巢穴的温度达到或低于31.5℃时产出后代为雌性；温度在32.5～33℃之间时产出后代为雄性；温度在大约32℃时后代雌雄都有可能。

第二节 爬行动物的分类

全世界现存爬行类有 11440 种，可分 5 目：喙头目（Rhynchocephalia）、龟鳖目（Chelonia）、蚓蜥目（Amphisbaeniformes）、有鳞目（Squamata）和鳄目（Crocodilia）。截至 2019 年底，我国现存种类有 3 目 35 科 135 属 511 种，包括鳄形目 1 科 1 属 1 种；龟鳖目 6 科 18 属 34 种；有鳞目蛇亚目 18 科 73 属 265 种，蜥蜴亚目 10 科 43 属 211 种。

一、喙头目

最古老的类群，因头部前端似鸟喙，故得名，现仅存 1 属 1 种。头骨具上、下 2 个颞窝；椎体双凹型，肋骨的椎骨段具钩状突；腹部有腹膜肋，代表坚头类腹甲的残余。雄性个体无交接器；泄殖腔孔为一横裂。具瞬膜（第三眼睑），当上下眼睑张开时，瞬膜可从眼内角沿眼表面缓慢向外侧移动；头部上方有顶眼，晶状体和视网膜很小。分布在新西兰几个岛屿上的喙头蜥（*Sphenodon punctatus*），是现存的喙头目唯一物种，被认为是"活化石"（图 20-12）。

图 20-12 喙头蜥

喙头蜥又称鳄蜥、楔齿蜥。体表皮肤上布满了皱纹和斑点，后面长着一条长尾巴。尾巴折断后，具有再生的能力。牙齿为端生齿。喙头蜥的寿命通常超过 1 年。

喙头蜥每次产卵 8 ～ 15 枚。它们很少建造自己的洞穴，而喜欢与海鸟生活在一起。海鸟在洞穴中排泄的粪便，可吸引许多小昆虫，从而成为喙头蜥无穷无尽的食源。

二、龟鳖目

身体短宽，外被壳甲。壳甲由背甲和腹甲组成。壳甲的外部是角质板，但鳖的外部是厚软的皮肤。脊椎和肋骨大多与背甲层骨质板愈合。头、尾和四肢有鳞片。上颌和下颌无牙齿，但有坚硬的角质鞘（cuticular sheath）覆盖，形成喙。大多数种类颈部、四肢和尾都可以一定程度地缩回壳甲内。四肢变化很大，陆生种类有适于爬行的四肢；水生种类则趾间有蹼或演化成了鳍足，用于游泳。现存龟鳖类分为侧颈龟亚目（Pleurodira）和曲颈龟亚目（Cryptodira），隶属 14 科，100 属和 299 种，其中侧颈龟亚目有 82 种（全部为水生龟），主要分布在南非、南美洲、大洋洲等地；曲颈龟亚目共有 217 种，包括水生龟，半水生龟，海龟，底栖鳖类和陆龟，除南极洲外，几乎在世界各地分布（图 20-13）。

1. 平胸龟科（Platysternidae）

又称大头龟、鹰嘴龟或大头平胸龟等，该科现仅存有 1 属 1 种，是很古老的龟类，水陆兼栖。主要分布在中国南部，老挝，缅甸，泰国和越南的高原河流中。

2. 龟科（Emydidae）

半水栖或水栖龟类，也有陆栖种类。可分为 2 亚科：淡水龟亚科（Batagurinae）和龟亚科（Emydinae）共33属约91种，除大洋洲及撒哈拉沙漠以南的非洲外，广布于热带到温带地区（图20-13）。

3. 棱皮龟科（Dermochelyidae）

又称皮革海龟，是龟鳖目中大型种类，最大体长可达3m，龟壳长2m多；体重达1t。棱皮龟的龟甲全部软化成胶质，硬度不如一般乌龟，因此导致很多肉食海洋动物（大白鲨、虎鲸等）会以它为食。棱皮龟擅于潜泳，可在深至1000m海底活动，非常温顺，主要以水母为食。多分布在热带太平洋、大西洋和印度洋，也偶见于温带海洋。一般栖息于海水的中、上层，有时也进入近海和港湾中。

视频20-1.1

视频20-1.2

4. 海龟科（Cheloniidae）

现存4属6种，其分布遍及各个温暖海域。我国有4属4种。四肢桨状，具1或2爪，尾短。终生生活于暖水性海洋中。以鱼、虾、头足类动物及海藻为食。卵生，于海岸沙滩掘穴产卵。

5. 鳖科（Trionychidae）

半水栖的软皮龟类，又名甲鱼、水鱼、泥龟、王八。体扁平，背甲椭圆形或卵圆形。头呈橄榄形，吻向前延长成吻突，鼻孔位于吻端；鼓膜不显。两颌外围肉质软唇，颌缘无齿，覆有锐利角鞘（图20-13）。

图20-13 亚达伯拉象龟（左）（陈丹琼 摄）和中华鳖（右） （张轶卓 摄）

鳖对外界温度的变化很敏感，当气温降到10～12℃时，会进入冬眠；当春季的水温上升到15℃左右时，又会从冬眠中慢慢苏醒开始摄食；当水温达20℃以上时，雌鳖和雄鳖进行交配产卵。

鳖卵的孵化温度可以影响其性别。试验结果表明，在一定温度范围内，温度越高孵化出的雄性所占比例越大。如30℃为中华鳖鳖卵的适宜孵化温度，在该温度下孵化出的中华鳖鳖苗雌雄比例接近1∶1。孵化温度低于30℃时，雌性个体占比较大；高于30℃时，雄性个体所占比较大。鳖主要分布在亚洲、非洲、美洲的淡水湖泊、池塘、水库、三角湾和流动缓慢的河里。

三、蚓蜥目

身体长圆柱形，具浅沟。无外耳，眼退化。均无后肢，多数无前肢，穴居。头顶具大型坚硬鳞片，用以钻洞。蚓蜥与蚓螈类似，均肉食性，咬力强，既可生活于湿润的土壤中，也可生活在干燥的沙质中，与蜥蜴亚目近缘。主要分布于南美洲和非洲，在北美洲、中东和欧洲也能见到（图 20-14）。

图 20-14　蚓蜥

蚓蜥科（Amphisbaenidae）

蚓蜥目中最大的 1 科，有 18 属 147 种。蚓蜥，又名蠕蜥，与蜥蜴科是近缘物种。蚓蜥体内，右肺体积变小以适应其狭长的身体，而在蛇体内是左肺体积变小。

蚓蜥主要分布于非洲和南美洲，还有小部分种分布在西亚、伊比利亚半岛、中美洲、加勒比地区、佛罗里达半岛、下加利福尼亚半岛和墨西哥中部。

四、有鳞目

身体一般被角质鳞片，双颞窝型，颅底低平，无顶眼。端生齿或侧生齿。椎体一般前凹型，低等种类双凹型；椎骨具有间椎体，颈椎及尾椎常具椎体下突。犁鼻器发达。卵生或卵胎生，雄性交配器成对，是由泄殖腔壁外翻形成的 1 对囊状物，称半阴茎。营水栖、半水栖、陆栖、树栖、穴居等多种生活方式。世界各地均有分布，分为 2 个亚目，即蜥蜴亚目和蛇亚目。

（一）蜥蜴亚目（Lacertilia）

通称蜥蜴，有超过 6000 个物种。蜥蜴体长小至几厘米的变色龙、壁虎，大可到 3m 的科莫多巨蜥。体表被以角质鳞片；绝大多数种类有四肢，少数四肢退化，但肢带残存。上下颌骨表面着生有齿。尾长一般超过体长，具有成对的交接器，多数种类有鼓膜和可活动的眼睑。多分布于热带、亚热带地区。以陆栖为主，也有树栖、穴居、半水栖的种类。大部分以昆虫、蚯蚓、蜗牛，甚至老鼠等为食，但也有以仙人掌或海藻为主食，或是杂食性的。

1. 石龙子科（Scincidae）

蜥蜴亚目最大 1 科。身体中等，头顶具对称排列的鳞片，体表为覆瓦状排列的光滑圆形角质鳞片，眼较小，瞳孔圆形，骨膜深陷或被鳞。侧生齿，常具翼骨齿。四肢发达，也有退化或缺失者。四肢退化者身体延长，尾粗且长，圆形，易断，断后可再生，但再生部分无椎骨。多陆生，喜在干燥及多岩石处活动，也有水栖、树栖及穴居种类，主要以昆虫为食。卵生或卵胎生。

图 20-15　大壁虎　陈丹琼　摄

2. 壁虎科（Gekkonidae）

又称守宫，是蜥蜴目中的第二大科。壁虎身体较小，皮肤柔软。眼大，无活动眼睑，鼓膜裸露，内陷。舌长而宽，前端微缺，侧生齿。尾易断，但再生力强（图 20-15）。多分布于热带和亚热带的丛林、沙漠地区。

3. 蜥蜴科（Lacertidae）

大部分体长小于 9cm，但最大可达 46cm，身体细长，尾长。体表覆以鳞片，有 1 对眼睛和 1 对耳孔，鳞片表面覆以一层角蛋白（keratin），多能改变体色。体色和花纹差别很大，即使同一物种亦是如此。头较大，皮肤往往有骨化现象，大多数种类两性异形。多卵生，少数卵胎生。

4. 避役科（Chamaeleonidae）

视频 20-2.1

视频 20-2.2

可根据环境因素（温度、光度、湿度等）变化而变换体色，故又名变色龙。身体侧扁，头上有角、嵴或结节。两眼突出可单独转动，眼睑可留一窄缝视物，能一只眼盯住猎物而转动头部，然后伸出舌将猎物快速捕获。尾可扭成螺旋状，缠绕树枝。主要分布在非洲和马达加斯加岛，向东至印度。大多树栖。肉食性，多以鳞翅目昆虫为食。多数种类卵生，少数卵胎生。

5. 巨蜥科（Varanidae）

有 1 属 34 ～ 56 种。尾长通常约占身体长度的 3/5。全身密被细小鳞片，头窄长，吻较长，尾侧扁，四肢粗壮。鼻孔在近吻端处。舌较长，尾背鳞片突起形成两列峭。

生活于山区的溪流附近，常到水中游泳，亦能攀附矮树。以小型哺乳动物、鱼类和蛙类为食。

6. 鬣蜥科（Agamidae）

鬣蜥科有 40 ～ 53 属，300 ～ 377 种。身体黄绿色，下颌外侧鳞片白色，颈上部有圆形的针状脊突，背部有 1 列膨大的锯齿状脊椎突，受到惊扰时会全部竖起，并以后肢支撑身体站立，然后奋力奔跑，尾巴可维持平衡。鬣蜥科尾很长，可用来防御，游泳时也可推动身体前进。多栖息于热带低海拔湿热河谷的树上和灌木丛上，以无脊椎动物为食，也会取食青蛙、小蜥蜴、鸟类及果实等（图 20-16）。

图 20-16　长鬣蜥　陈丹琼　摄

视频 20-3

7. 鳄蜥科（Shinisauridae）

鳄蜥又名懒蛇、大睡蛇，是比较古老的一类，仅见于中国广西瑶山等地。白昼隐栖于水塘或溪流上方的树枝上，受惊时立即坠入水中，凌晨较活跃。以昆虫及其幼虫为食，卵胎生。

8. 蛇蜥科（Anguidae）

蛇蜥科有 10 ～ 13 属，90 ～ 110 多种，可以分成 4 个不同的亚科，侧褶蜥亚科

（Gerrhonotinae）和肢蛇蜥亚科（Diploglossinae），四肢健全；蛇蜥亚科（Anguinae）和蠕蜥亚科（Anniellidae）无四肢，外形似蛇或蚯蚓，但有可以活动的眼睑，尾部可以自行截断。

（二）蛇亚目（Serpentes）

通称蛇，目前全球共有3000多种。蛇类的舌尖呈叉状，可收集空气中的漂浮粒子，并将其传递至犁鼻器以探测气味。蝰蛇（*Vipera russelli siamensis*）、蟒蛇（*Python bivittatus*）及部分蚺蛇身体都有热能感应器，让蛇类能更准确地掌握猎物的位置。主要代表动物有眼镜蛇（*Naja*）、响尾蛇（*Crotalusadamanteus*）、蟒蛇、蝮蛇等。

图20-17 红尾蚺 陈丹琼 摄

1. 盲蛇科（Typhlopidae）

盲蛇科种类多、分布广，生活在各热带大陆和许多岛屿上。体长大多数为150～400mm之间，身体粗细相似，颈部不明显，尾短。整个身体被覆大小一致的平滑鳞片，眼隐于眼鳞下；口小，位于头部腹面；嘴部鳞片十分突出，呈铁铲状，适于穴居，有掘土习性，体内有残余的后肢带。多以蚯蚓、多足类昆虫、白蚁、其他昆虫及其幼虫为食。大多卵生，少数卵胎生。

图20-18 黄金蟒 陈丹琼 摄

2. 蟒科（Boidae）

蟒科是一类较原始的低等无毒蛇类。许多蟒蛇身体很长，如绿森蚺（*Eunectes murinus*）、网纹蟒（*Python reticulatus*）等，但也有些很小或中等大小的蟒蛇，如沙蟒（*Eryx miliaris*）。蟒有后肢的残余，以棘的形态存在，雄性这一特征更为突出。卵胎生或卵生（图20-17，图20-18）。

图20-19 眼镜王蛇 陈丹琼 摄

3. 眼镜蛇科（Elapidae）

又名蝙蝠蛇科。眼镜蛇科许多是含剧毒的种类。体形最大的眼镜蛇体长可达6m左右。蛇毒主要作用于神经系统，称神经毒类，也有具混合毒的。头顶有对称排列大鳞，瞳孔圆形。如珊瑚蛇（*Micrurus*）等，主要栖息于热带或亚热带地区，包括亚洲、非洲、美洲、澳大利亚等地（图20-19，图20-20）。

图20-20 眼镜蛇 陈丹琼 摄

4. 蝰科（Viperidae）

蝰科蛇类均为毒蛇，蝰蛇和蝮蛇是这一科的代表物种。具典型毒蛇的体形，头大、呈三角形，与颈区

图 20-21 尖吻蝮 陈丹琼 摄

分很明显，眼中等，瞳孔垂直椭圆，躯干一般较粗短，尾短或中等。蝮蛇鼻眼间有颊窝，但蝰蛇无颊窝。蝰科蛇类可喷射毒液。蛇类的毒素是十分复杂的蛋白质混合物，眼镜蛇为神经毒素，蝰蛇为体液毒素。蝰科蛇类一般情况下活动较迟缓，常可盘成团长时间不动。陆栖、树栖或穴居，以多种脊椎动物为食，广泛分布于除大洋洲外的世界各地（图 20-21）。

5. 海蛇科（Hydrophiidae）

海蛇大多有毒，如杜氏剑尾海蛇（*Aipysurus duboisii*）是全球毒性最强的三大蛇类之一。

海蛇善游泳，鼻孔朝上，有瓣膜可以启闭，吸入空气后，可关闭鼻孔潜入水下达 10min 之久，可下潜数十米，有从头延伸至尾的肺，也可用皮肤呼吸。舌下有盐腺，可排盐。主要分布在印度洋和西太平洋的热带海域中，大西洋中没有。我国有 19 种，广泛分布于广东、广西、福建、浙江、山东、辽宁等省的沿岸近海。

视频 20-4.1

视频 20-4.2

6. 游蛇科（Colubridae）

是最大的一个科。头背面覆盖大而对称的鳞片，背鳞覆瓦状排列成行，腹鳞横展宽大。有树栖、穴居、水栖或半水栖等种类，卵生。大多无毒，对人类的威胁不大（图 20-22，图 20-23）。

图 20-22 虎斑游蛇 陈丹琼 摄

图 20-23 滑鼠蛇 陈丹琼 摄

五、鳄目

通称为鳄鱼，体长一般在 1.5 ～ 7m；一些史前物种，如晚白垩世的恐鳄（*Deinosuchus*），体长可达约 11m。两性异形，雄性的体型一般比雌性大。皮肤覆盖粗大的鳞片，口鼻细长扁平以及尾巴形状侧扁有力。眼睛、耳孔和鼻孔位于头顶，因此大部分身体能够藏在水下。鳄类具有照膜（tapetum），可以在低光照条件下增强视力，但在水下会减弱。当身体完全浸没时，瞬膜会覆盖其眼睛。此外，瞬膜上的腺体分泌一种具有润滑作用的液体，可以保持眼睛清洁。成体无犁鼻器。发达的三叉神经使它们能够检测水中的振动。舌不能自由移动。大脑很小，基本只有脑干，但学习能力很强。喉部有 3 个皮瓣，通过振动产生声音。鳄类似乎已经失去了松果体，但仍会分泌褪黑素。

鳄鱼喜欢栖息于河流、湖泊、沼泽中，或生活于丘陵中的潮湿地带，主要分布在热带到亚热带的大河与内地湖泊，有极少数入海。现存 24 种，主要代表动物有扬子鳄（*Alligator sinensis*）、湾鳄（*Crocodylus porosus*）等（图 20-24，图 20-25）。

图 20-24　美洲短吻鳄的卵和幼体

图 20-25　扬子鳄　陈丹琼　摄

第三节　爬行动物的起源与演化

一、爬行动物起源

最早的爬行动物出现在大约 3.2 ～ 3.1 亿年前的石炭纪晚期，这是从原始两栖类迷齿亚纲（Labyrinthodontia）演化而来的一支。林蜥（*Hylonomus*）是已知的最古老的爬行动物之一，该化石在加拿大新斯科细亚省发现。体长约 20cm（包括尾），看起来像蜥蜴，脚趾分开，无蹼。快速奔跑时会用尾巴保持平衡。林蜥耳上的一些细节表明，它不善于聆听来自空气的声音。颌骨中有一排小而锋利的牙齿，表明它主要以小无脊椎动物为食，如千足虫或早期昆虫。

二、爬行动物演化

在古生代中期爬行动物出现以后，它们被分为两支，即盘龙类（Pelycosauria）和杯龙类（Cotylosaurs）。

盘龙目出现在石炭纪晚期，并在二叠纪早期达到顶峰，少数幸存到了晚二叠纪。它们被兽足类的后代所取代，后者在二叠纪至三叠纪灭绝事件之前曾短暂的繁荣过。盘龙类通过兽孔类在三叠纪晚期演化为哺乳动物。

早期的盘龙类头骨具有完整的骨骼成分，从迷齿类到爬行动物的过渡过程中只有间颞骨消失了。它有一个松果孔，有脊椎的间椎体和类似于杯龙类的四肢，但更细长。早

期的盘龙类的头骨在很多方面与大鼻龙头骨非常相似。这也是大鼻龙类作为这些爬行动物祖先的原因之一。

杯龙类被认为是爬行动物演化的主干。杯龙，又称大鼻龙科（Captorhinidae），是一群蜥蜴状的小型爬行动物，体长从十几厘米到 2m 以上不等，存活时间为石炭纪晚期到二叠纪。与近亲原古蜥科相比，大鼻龙科的头骨更坚固，牙齿可以更好地处理较硬的植物。大鼻龙科的头骨宽阔，粗壮，略呈三角。前上颌骨向下弯曲。早期的物种只有一排端生齿，而衍生的物种，如大鼻龙，则具有多排齿和槽生齿。大鼻龙的身体骨骼仍然非常类似于早期的爬行动物。在 20 世纪初期的传统分类法中，西蒙螈形类、阔齿龙形类，以及大鼻龙类，通常被认为是最早的爬行动物，它们都归类于杯龙目。西蒙螈形类、阔齿龙形类属于爬行动物的早期演化分支。大鼻龙科的尾椎有特殊的裂纹，因此它们可能具有逃生的断尾技巧，但这并不表示它们在断尾后具有弹跳力和新尾巴再生的证据。

思考题

1. 从功能或结构上分析，为什么羊膜动物比无膜动物更适合陆地生存？
2. 全球变暖对鳄鱼类有什么影响？
3. 为什么蛇会捕食比自身大得多的猎物？蛇类有哪些特有的特征？
4. 爬行动物比两栖动物进步的特点有哪些？
5. 爬行类各目有哪些特点？如何适应各自生活方式的？
6. 试绘制爬行类思维导图。

第21章 鸟纲

演化地位：鸟纲（Aves）被定义为包含始祖鸟（*Archaeopteryx lithographica*）和现存鸟类及其所有后代祖先的演化支，属恒温动物，是由中生代侏罗纪时期的羊膜类演化出来的一支适应于陆上和飞翔生活的高等脊椎动物。从发生上看，是由兽脚类恐龙演化而来，因而鸟类和恐龙有着很近的亲缘关系。为此，它们的外部形态与内部结构，既具有一系列与飞翔生活相适应的特点，也有与爬行类相似的特征。同时，由于大多数鸟类选择了飞翔，逃避了地面残酷的竞争，也使得鸟类失去了大踏步演化的机会。

第一节 鸟类的主要特征

一、鸟类进步性特征

与爬行类相比，鸟类最主要的进步性特征包括：①体温高而恒定（37～44.6℃），始终保持身体高代谢率，更能适应复杂多变的环境；②飞翔可迅速地趋利避害；③发达的神经系统和感官能协调各种复杂的行为；④比较完善的生殖方式（营巢、孵卵、育雏）提高了后代成活率。

二、恒温及其在动物演化史上的意义

在动物界中鸟类和哺乳类同属恒温动物，也称温血动物。恒温动物是指具有完善的体温调节机制，通过身体新陈代谢所产生的热量，能在环境温度变化的情况下保持体温相对稳定的动物。与此相对的是变温动物，也称冷血动物，即动物体温随着环境温度的变化而变化。

恒温的出现，在动物演化史上无疑是一个巨大的进步。高而恒定的体温，提高了体内各种酶的活性，使成千上万种化学反应获得最优化的调节，极大提高了有机体新陈代

谢水平，与变温动物相比，基础代谢率至少提高6倍。体温高，肌肉黏滞性下降，肌肉收缩迅速有力，提高了动物运动水平，有利于捕食和逃避敌害。体温高而恒定，减少了对环境的依赖，扩大了生活和分布的范围。恒定的体温往往略高于环境，有利于散热。鸟类的体温调节中枢在丘脑下部。

三、鸟类的身体结构与生理

（一）外形

鸟类的身体流线形，体表被羽，形成稳定的轮廓，减少了飞行阻力。身体分为头、颈、躯干、尾和四肢5部分。

头较小而圆，前端有角质喙，是取食、御敌、梳羽、筑巢、育雏的器官。喙的形状与食性和取食方式有关，鸡、鹤类的圆锥状，适于啄食谷粒或种子；雁鸭类扁平且边缘有缺刻，适于滤食；猛禽锐利弯曲，便于撕裂食物。喙基部有鼻孔。头两侧有发达的眼。眼后有耳孔，其周围被覆耳羽，可收集声波，夜行性鸟类耳孔尤为发达。

图21-1 红尾鸫 杨大祥 摄

颈多呈S形，长而灵活，弥补了前肢特化为翼、背部骨骼大面积愈合造成的运动不便。

躯干部卵圆形，结构坚固（图21-1）。

尾部椎骨愈合、尾短并着生尾羽，飞行时起舵的作用。

鸟类的所有解剖结构都是围绕飞行而演化的。前肢特化为翼，由上臂、前臂和手组成，后缘均生有长的飞羽，翼可伸展扇动空气成为飞翔的重要器官。后肢由股、胫、足3部分组成，具有支持身体、步行、攀缘、游泳等功能。后肢裸露部分均被覆鳞片，足常为4趾，趾端有爪。一般鸟类3趾向前，1趾向后，游禽趾间有蹼。

（二）皮肤及其衍生物

1. 皮肤

鸟类皮肤薄而干燥，缺乏腺体，只有尾脂腺，可分泌油脂用以涂抹羽毛，使羽毛润泽和防水，水禽的尾脂腺更发达。

鸟类皮肤的表皮和真皮很薄，真皮内分布有血管和神经末梢，有连接羽毛根部的皮肌，用以牵制皮肤和运动羽毛。

2. 表皮衍生物

包括羽毛、角质喙、爪、鳞片、距、尾脂腺等。

羽毛是鸟类特有的表皮衍生物，轻、薄，有韧性，它们构成飞行表面，提供升力和辅助转向，同时在保温、隔热、调节体温、求偶、孵化、防水、防损伤、形成保护色等方面都发挥着重要作用。从发生上看，羽毛与爬行动物鳞片相似，由表皮增厚形成。然而，鸟类羽毛以管状发育，鳞片则以平面发育。随着表皮细胞增殖形成一个细长的管状羽鞘（feather sheath）（图 21-2），羽鞘基部表皮向下形成羽囊（feather follicle）并由此延伸至真皮层。羽鞘与毛细血管相连并由此获得营养，最终羽鞘的外层形成角质鞘，内层形成羽轴（shaft）和羽枝（barb）。当羽毛接近生长末期时，柔软的羽轴和羽枝因角蛋白沉积而变硬，此时末端的羽鞘开裂，羽枝展开。每个羽枝两侧又生出许多带钩或槽的羽小枝（barbule），相邻的钩与槽相互连锁形成结实又有韧性的羽毛。当羽毛被风或障碍物使沟槽脱开时，通过鸟喙的梳理又可恢复。

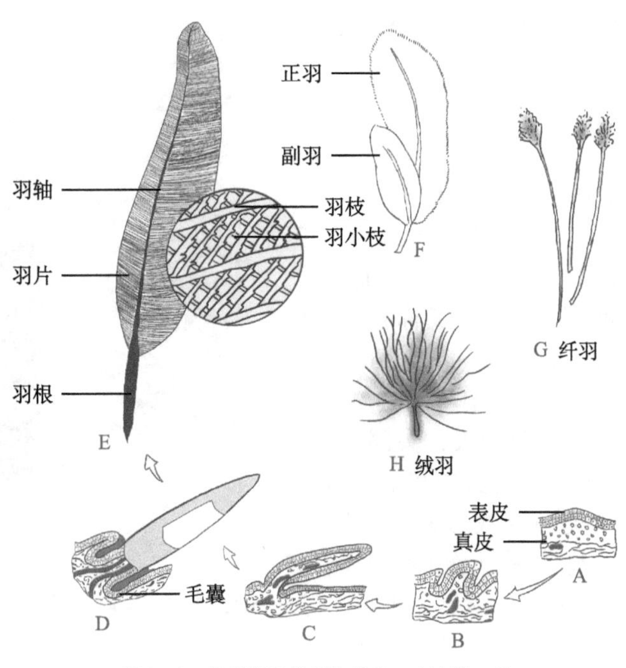

图 21-2 鸟类羽毛类型与发生 卢东凯 绘

鸟类并非全身被羽，只是着生在一定区域，有羽毛着生的区域称羽区（pteryla），无羽毛着生的区域称裸区（apterium）。这有利于肌肉收缩，适应飞翔生活。但平胸总目的鸟类无裸区和羽区之分，羽毛均匀分布。

鸟类羽毛可分为正羽（contour feather）、绒羽（down feather）和纤羽（hairy feather）。

（1）正羽：被覆体表的大多数羽毛，着生在翅膀上的正羽又称飞羽（flight feather），由羽轴、羽片构成。着生在腕掌骨、指骨部的大型羽片称初级飞羽（primaries），生在尺骨部的称次级飞羽（secondaries），生在肱骨部的称三级飞羽（tertiaries），生在尾椎部的称尾羽（tail feather）。它们的数量、形状、大小是分类的依据。正羽覆盖在飞羽、尾羽的基部，身体其余部分较小的羽片称为副羽（after feather）。

（2）绒羽：是最原始的一种羽毛，生在正羽下面，羽轴短小，其顶端生出松软丝状的羽枝，羽小枝无钩。保温性能好，水禽绒羽尤为发达。

（3）纤羽：散布在其他羽毛之间，顶端有一簇倒钩，拔掉其他的羽毛后才可看到，具触觉功能。

鸟羽的颜色绚丽多彩，是由化学性的色素沉积和物理性的折光现象所产生的。羽毛的颜色因性别、年龄、季节的不同而异，一般雄性性成熟期和夏季的羽毛色泽较鲜艳。鸟类一年有两次季节性换羽（molt）现象，换羽是一个高度有序的过程。春季更换的新羽称夏羽（summer feather），秋季更换的新羽称冬羽（winter feather），大多数鸟类都进行部分或全部换羽。雁、鸭类换羽时，飞羽同时脱去，暂时失去飞翔能力，几周后羽毛丰满即恢复飞翔活动，其他鸟类逐渐换羽不影响飞翔活动。甲状腺分泌的甲状腺素可以促进换羽和羽毛的生长。

（三）骨骼系统

鸟类轻而坚固的骨架是保证飞行的必要条件，与始祖鸟相比，现代鸟类骨骼明显更轻、更精致、更坚固并带有空腔，表现为骨片薄、骨腔充气以及骨骼发生愈合，这是对

飞翔生活的适应（图 21-3）。

1. 脊柱

由颈椎、胸椎、腰椎、荐椎、尾椎 5 部分组成。

第 1 枚颈椎称寰椎、第 2 枚枢椎，其余为普通颈椎，椎体马鞍型，又称异凹型椎体（heteracoelous centrum），为鸟类所特有（图 21-4）。颈椎活动范围大，头部可转动 180°，猫头鹰可转 270°。鸟类颈椎数目多而不固定，如鸡 14 枚，胸椎数目少，仅 5～6 枚。最后一枚胸椎与全部腰椎、荐椎、部分尾椎共同构成综荐骨（synsacrum），也称综合荐椎，末端几块尾椎愈合成一块尾综骨（pygostyle）。

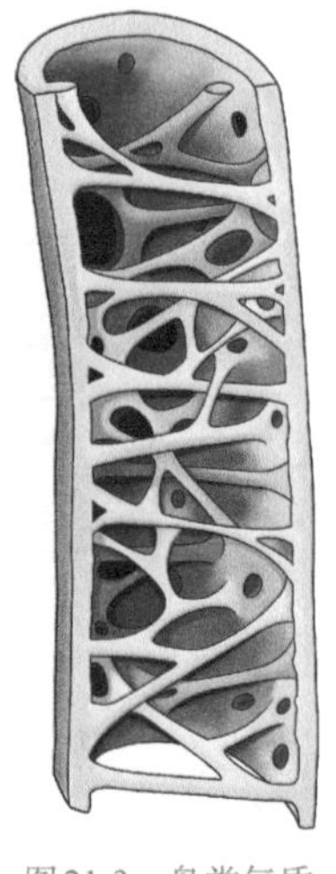

图 21-3 鸟类气质骨 杨天祎 绘

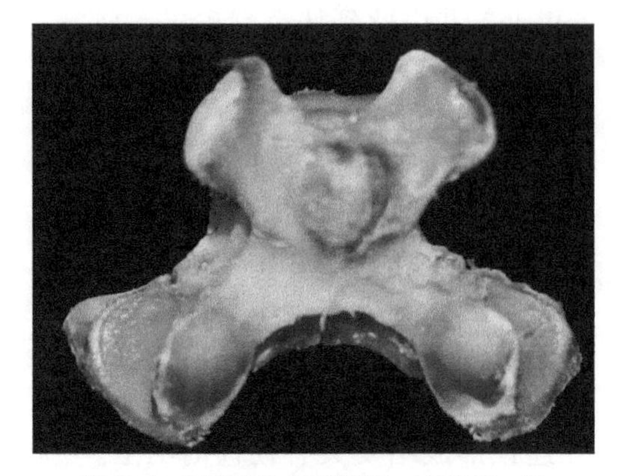

图 21-4 家鸭颈椎（马鞍型） 王宝青 摄

2. 胸骨与肋骨

胸骨发达呈板状，中间高耸突起部分称龙骨突（keel），以扩大肌肉附着面。每枚胸椎都有 1 对肋骨与胸骨连接，共同构成胸廓，此外，肋骨间有钩状突相互勾连以确保稳定的支撑。

3. 头骨

头骨薄而轻（如家鸽头骨仅占其体重的 0.21%），骨内有蜂窝状小孔。成鸟头骨的骨片消失，脑颅已愈合为一个整体。颅腔大，顶部呈圆拱形，与脑发达有关，枕骨大孔已移至腹面。

眼窝大而深，眼球发达。上、下颌骨前伸成喙，外被角质鞘。现代鸟类无牙齿，是对减轻体重的适应。

4. 带骨与肢骨

（1）肩带：由肩胛骨、乌喙骨和锁骨构成，3 骨的联结处构成肩臼与前肢的肱骨相关节。锁骨形成了一个弹性分叉，又称叉骨（furcula），为鸟类特有，当翅膀扇动时，叉骨显然储存了能量。

（2）前肢骨：由肱骨、桡骨、尺骨、腕骨、掌骨、指骨组成，其中腕骨仅留 2 块，其余与掌骨愈合为腕掌骨。指骨仅留 3 指，其余退化，3 指中 1、3 指仅有 1 节指骨，2 指有 2 节指骨。前肢骨的骨节愈合且退化，使翼内关节连成坚固的整体，可在水平方向折翅和展翅。

（3）腰带：由髂骨、坐骨和耻骨 3 对骨愈合而成。髂骨宽大，上接愈合荐椎，下接坐骨。髂骨与坐骨之间有坐骨孔。耻骨细长，沿坐骨腹缘向后延伸，两耻骨不在腹中线处愈合，形成“开放式骨盆”，这与鸟类产大型硬壳卵有关。

（4）后肢骨：由股骨、胫跗骨、跗跖骨和趾骨组成。腓骨退化为刺状，附于胫骨外侧。跗骨分别与胫骨、跖骨愈合为胫跗骨和跗跖骨，这与其他陆生四足动物相比，多了一节长而直立的跗跖部，可能与鸟类起飞和降落时，增加弹力和缓冲力有关。后肢一般有4趾，1趾向后，其余3趾向前（图21-5）。

（四）肌肉系统

背部骨骼由于大面积愈合导致背部肌肉退化。胸肌最发达，可分为胸大肌和胸小肌。胸大肌位于表层，起于胸骨和龙骨突，止于肱骨腹面，收缩时翼下降。胸小肌位于胸大肌深层，起于胸骨及龙骨突前端，以长的肌腱止于肱骨前端背侧，收缩时翼上扬（图21-6）。

后肢的股部和胫跗部上方的肌肉很发达，纤细而强壮的肌腱向下延伸直至脚趾，脚趾上几乎没有肌肉，使脚变得纤细、轻盈，异常灵敏，这与行走、支持身体和抵抗冻伤有关。

支配前肢和后肢运动的肌肉都集中于身体的中心部分，这对保持重心稳定，维持在飞行中的平衡有重要意义。

后肢具有适于握枝的肌肉，如栖肌、贯趾屈肌和腓骨中肌，这些肌肉着生于耻骨、股部和胫部，以长的肌腱止于4趾。当鸟类栖于树枝时，形成一套巧妙的脚趾锁定装置：身体重量下压时导致肌肉的肌腱拉紧，足趾自动握枝，甚至睡觉、休息时也不会坠落（图21-7）。

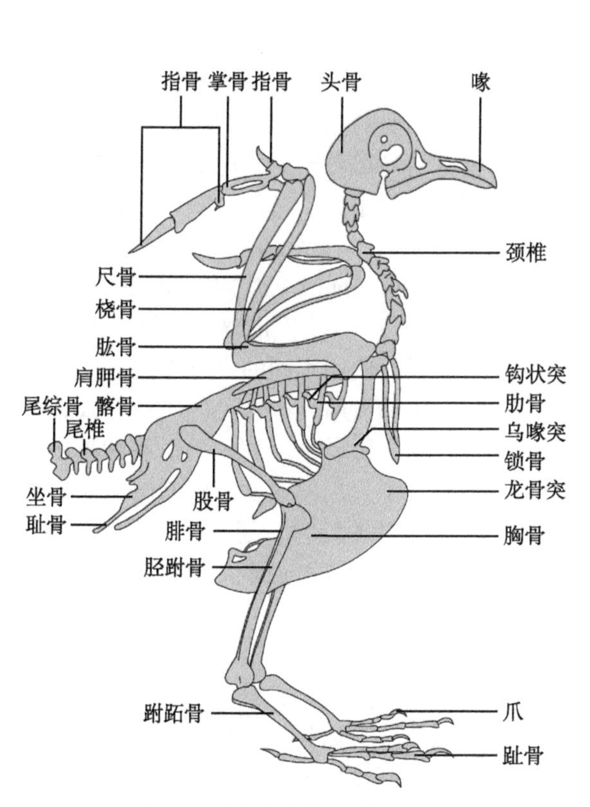

图21-5 鸟骨骼系统 李昕萌 绘

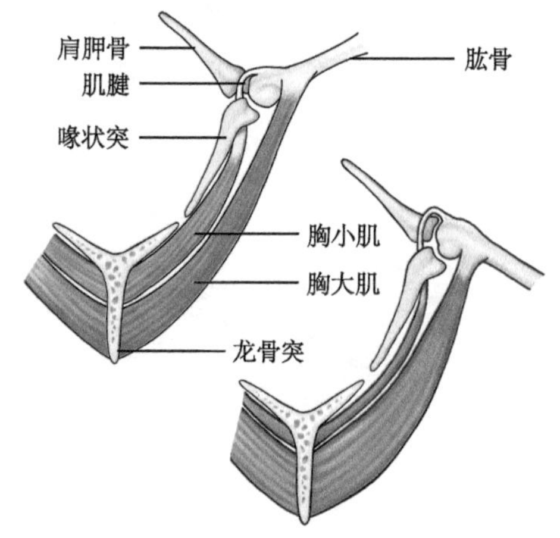

图21-6 胸大肌与胸小肌 朱婉莹 绘

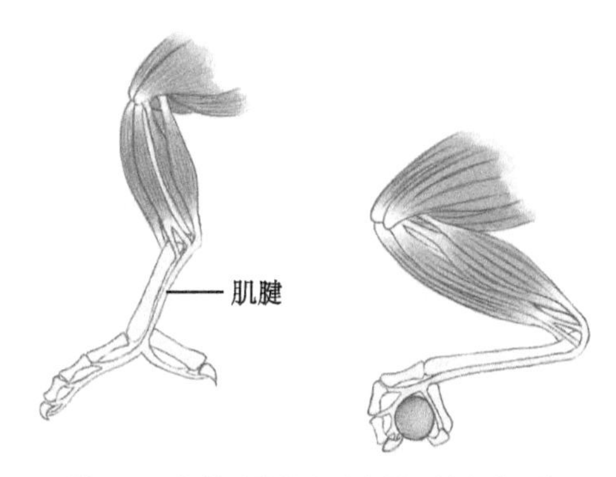

图21-7 鸟类后肢肌肉示意图 刘奕璇 绘

最复杂的肌肉系统在颈部，细而多肌腱的肌肉巧妙编织和细分，为鸟类颈部提供了巨大的灵活性。现存鸟类已经失去了祖先留下的长尾，取而代之的是一个肌肉丘，借此着生尾羽并控制飞行。皮下肌较发达。

气管下方有特殊的鸣肌，可调节鸣管的形状和紧张程度，使鸟类发出多变的鸣声。

（五）飞行

鸟类的翅膀前缘比后缘厚，上表面微凸，下表面平坦或微凹，这样，通过翅膀背面的空气比腹面的空气传播得更快、更远，由此产生升力。翅膀产生的升力必须克服鸟的重量，推动鸟前进的力必须克服鸟在空气中飞行的阻力。增加翅膀前缘与迎面而来的空气形成的角度（迎角）也可增加升力。然而，随着迎角的增加，上表面的气流会变成湍流，相反会减少升力。如果空气能够快速通过翅膀前缘的狭缝，湍流就会减少。鸟类翅膀前缘正是由中指骨支撑的一组小翼羽（alula），通过小翼羽展开可产生众多狭缝，以减少湍流产生。在起飞、降落和悬停过程中，迎角增大，产生升力；在高速飞行时，迎角减小，同时小翼羽减少狭缝。由于离肩关节较远，翅膀的远端比近端移动得更远、更快，因此，翅膀远端部分提供了飞行大部分推进力。在向下俯冲期间，翅膀远端前缘略微下降，产生类似螺旋桨提供的推力；在向上飞行时，翅膀远端向上，减少阻力。鸟的尾羽在飞行中起到各种平衡、转向、刹车的作用，在低速飞行时可产生升力。水平飞行时，尾羽展开增加尾部升力，使头部下沉；尾羽闭合会产生相反的效果。尾羽歪向一侧就会转弯，当鸟类着陆时，尾羽向下偏转，起到刹车的作用。

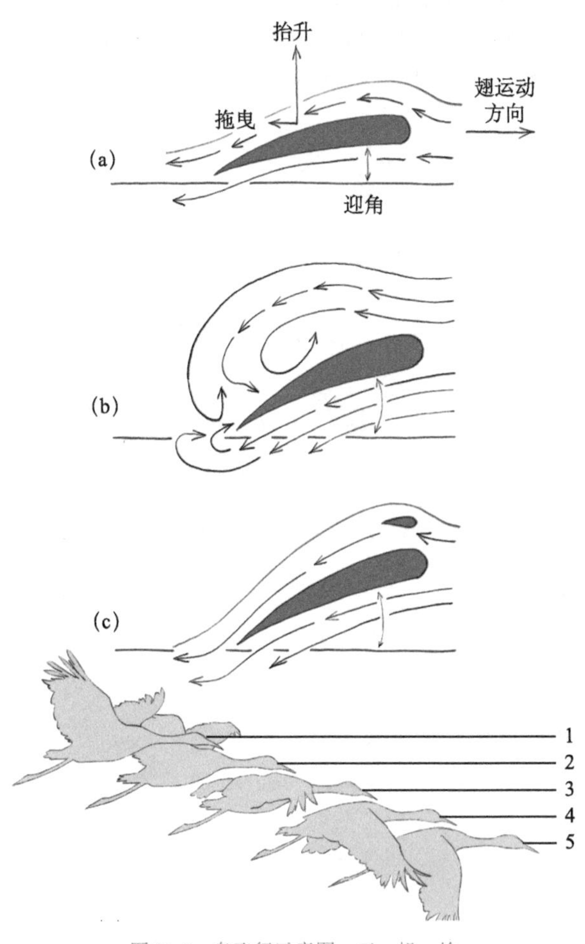

图 21-8　鸟飞行示意图　王一帆　绘

鸟类飞行方式主要包括扑翼飞翔（flapping flight）、滑翔（gliding）和翱翔（hover）。不同的鸟或者同一只鸟在不同时间使用不同的飞行方式。

扑翼飞翔是最常见的飞行方式，可为飞行提供动力。翅膀的形态和拍击模式决定了飞翔的速度和机动性。

滑翔飞行时，翅膀几乎是静止的，此时鸟滑翔高度逐渐降低，水禽降落时使用此种方式。

翱翔飞行时鸟类会利用上升气流获得高度，如鹰、秃鹫沿着山谷盘旋，它们顺风飞行以加快速度，然后逆风飞行以提升高度。蜂鸟悬停于空中时，主要是通过前后翅扇动（50～80 次 /s）完成（图 21-8）。

（六）消化系统

大多数鸟类是贪婪的捕食者，这种旺盛的食欲支持了高代谢率，使恒温和飞行成为可能。鸟类的消化系统包括消化管和消化腺两部分。

消化管分为喙、口腔、咽、食管、嗉囊、胃、小肠、盲肠、直肠和泄殖腔。喙角质，由于食性不同，演化出了不同类型的形态（图21-9）。口腔顶部有一纵行裂缝，称腭裂，腭裂有内鼻孔开口。口腔底部有一活动的舌，舌尖角质化。口腔后部的咽很短，向后还有耳咽管、喉门和食管的开口。口腔有唾液腺，可分泌唾液湿润食物，一般不含消化酶。食管较长，在下半段有膨大的嗉囊，是临时贮存和软化食物的场所，家鸽的嗉囊小或消失。鸟类的胃分为腺胃和肌胃两部分。腺胃的胃壁较薄，富有消化腺，分泌的消化液含有蛋白酶和盐酸。肌胃又称砂胃，有肌肉质的厚壁，内壁衬有一层黄色角质层（中药所称的鸡内金即为此部分）。肌胃内借助食入的砂粒，有研磨食物进行机械消化的功能。室内饲养的家禽在饲料中应常添加砂粒，以提高消化力和避免肌胃萎缩。肉食性鸟类的肌胃不发达。鸟类小肠较长，小肠和大肠交接处有1对盲肠，杂食性鸟类如鸡、鸭的盲肠很发达，具有吸收水分、分解植物纤维、合成和吸收维生素的功能。大肠（直肠）短，不贮存粪便，有利于飞行时减轻负重，是鸟类对飞行生活的适应。大肠末端开口于泄殖腔，泄殖腔内有前后两个皱褶，可将其分成3部分：最前面是粪管，为直肠的延伸，略膨大；中间是输精（卵）管和输尿管的开口；后面是肛管，通向泄殖孔；最终以泄殖孔开于体外。

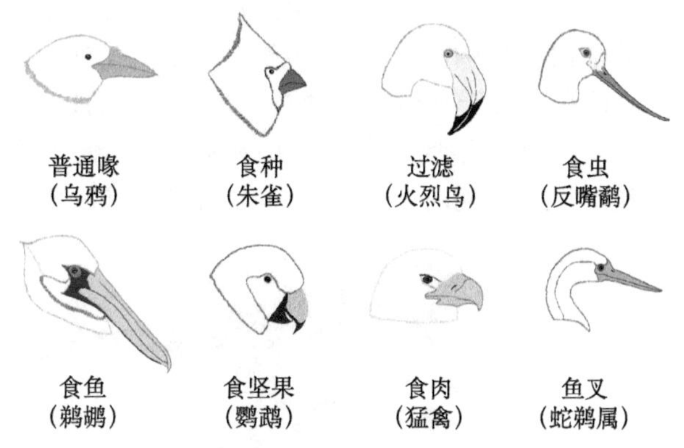

图21-9 几种不同食性的鸟喙形态 卢东凯 绘

泄殖腔背壁有1个盲囊，称腔上囊（又称法氏囊）（bursa Fabricii），是鸟类特有的一种淋巴组织，幼鸟发达，随年龄增长而缩小，可作测定年龄的指标。

鸟类的消化腺有肝和胰。

鸟类可快速彻底地消化食物，如一只伯劳3h内可彻底消化一只老鼠；一只画眉可在30min内让浆果完全通过消化管。

（七）呼吸系统

鸟类呼吸系统独特，包括海绵状的肺及与其连接的9个气囊，形成特殊的“双重呼吸”方式，这与飞翔时需要高耗氧密切相关。

鸟类特有的气囊共9个，即2个颈气囊、1个锁骨间气囊、2个前胸气囊共同构成了前气囊；2个后胸气囊和2个腹气囊共同构成了腹气囊。所有气囊均为中级或次级支气管末端膨大形成的薄膜囊。

呼吸系统由鼻腔、喉、气管、支气管、肺和气囊组成。外鼻孔位于喙的基部，鼻腔后部的内鼻孔通咽。咽后为喉，喉门纵裂状，由1个环状软骨和1对杓状软骨支持。喉头下接气管，为一圆柱形长管，管壁由许多软骨环构成支架。气管进入胸腔后，在分出左右支气管交界处有1鸣管，是鸟类的发声器官，鸟类吸气、呼气均能发音。

鸟类的肺由各级分支的气管形成彼此相通的网状管道系统构成，弹性较小，体积不大，紧贴于体腔背壁肋骨之间。进入肺的支气管主干直达肺后部，与后气囊相连的主气管又分成中支气管，中支气管再行分出次级支气管，次级支气管再行分支，称三级支气管。三级支气管辐射出许多细小的微气管，管壁只有单层细胞，彼此联通成网状，周围被毛细血管包围着。气体交换就在微支气管和毛细血管间进行，这种管道式的结构，其呼吸面积远大于其他脊椎动物，是鸟类特有的高效能气体交换场所。

飞行中的鸟类，随着翼上扬和下降，使气囊扩大和缩小来完成呼吸。当吸气时，前气囊与后气囊同时扩张，大部分新鲜空气沿中级支气管直接进入后气囊，未经气体交换而富有氧气；与此同时，一部分新鲜空气经过中支气管直接入肺，在通过肺内微支气管时，进行了1次气体交换，交换后的“废气”被收集到前气囊中。

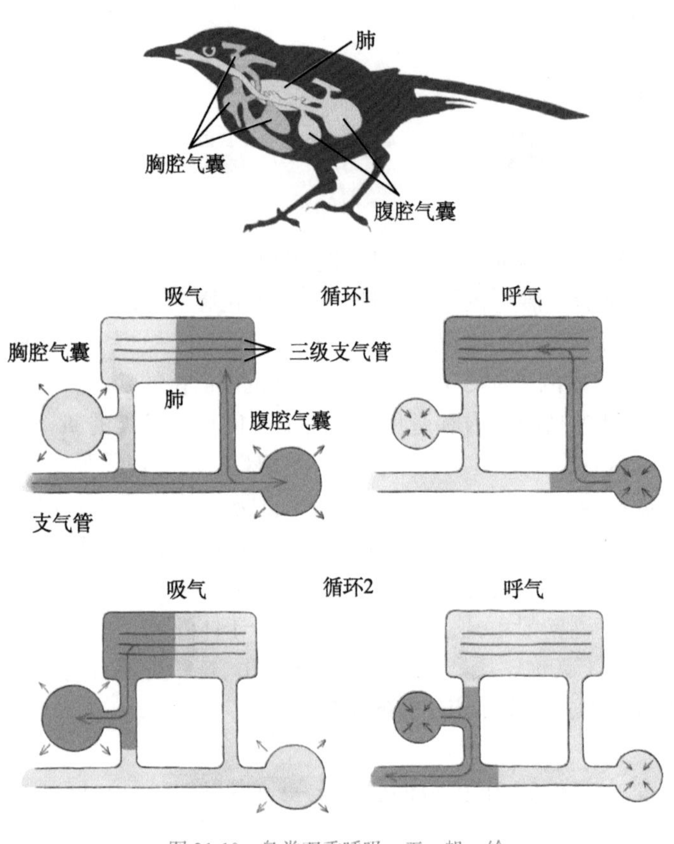

图21-10 鸟类双重呼吸 王一帆 绘

呼气时，前、后气囊同时收缩，前气囊内的“废气”被排出体外，后气囊的新鲜空气再次经肺内的三级支气管时，又进行了1次气体交换，这种在吸气和呼气时，都进行了气体交换的现象，称“双重呼吸”。这里不难看出，前气囊内所含的气体永远是“废气”，后气囊内的气体永远是新鲜气体。而气体在肺内的流动永远是单向（由后向前）的并在此交换，因此，无论在吸气还是呼气时都有连续的新鲜气体流经呼吸表面，这与其他脊椎动物相比，肺中的“死”空气数量急剧减少。一般情况下，一股新鲜空气要经过2个呼吸周期才能最终排出体外（图21-10）。最近的研究表明，鳄鱼肺内也发现了类似的气体单向流动证据，但鳄鱼没有气囊。这一研究也证明了单向肺通气也许在古爬行动物中就出现了。

鸟类在静止时的呼吸动作，靠胸骨和肋骨的升降，胸廓的扩大与缩小来完成。

气囊的功能，除辅助呼吸外还有减轻身体比重、减少肌肉间和内脏间的摩擦、降低飞翔时体温等作用。

（八）循环系统

鸟类的循环系统在爬行动物基础上有了进一步发展，心脏分为4腔（2心房2心室），为完全双循环，体循环与肺循环完全分开，只留1条右体动脉弓，心跳频率快，血压较高，新陈代谢旺盛，体温高而恒定，这与鸟类飞翔生活所需要的高能量、高耗氧相适应。

1. 心脏

分化为左心房、左心室和右心房、右心室（图 21-11），静脉窦已消失。心房和心室间有房室孔，左房室孔有膜状的二尖瓣。右房室孔处有一肌肉质瓣，为鸟类的特点。主体动脉弓在左、右心室发出处和肺动脉在右心室发出处，均有 3 个口朝上的半月瓣，这些瓣膜可防止血液倒流。脊椎动物中，鸟类的心脏所占体重比例最大，约占体重 0.95% ～ 2.37%。体温一般在 38 ～ 45℃。

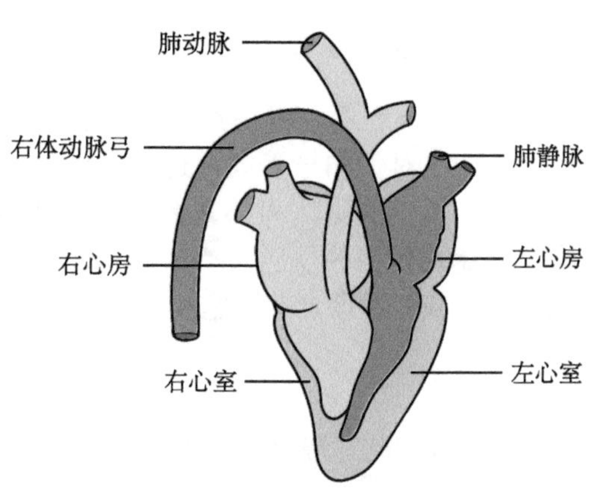

图 21-11 鸟类心脏及主要血管 杨天祎 绘

多氧血自左心室压出，经右动脉弓及其分支流到身体各部分组织器官；经过气体交换后，全身各部分的缺氧血，经体静脉流回右心房，称为体循环（大循环）。缺氧血由右心房入右心室，心室收缩将血液压入肺动脉至肺脏，在肺内经过气体交换后的多氧血，经肺静脉流回左心房，称为肺循环（小循环）。体循环与肺循环完全分开，称为完全双循环。鸟类的心跳与体重呈反比关系（蜂鸟心跳可达 1000 次 / 分钟，鸵鸟 40 ～ 50 次 / 分钟）。

2. 动脉

右体动脉弓由左心室发出输送血液至全身，左体动脉弓消失（图 21-12）。

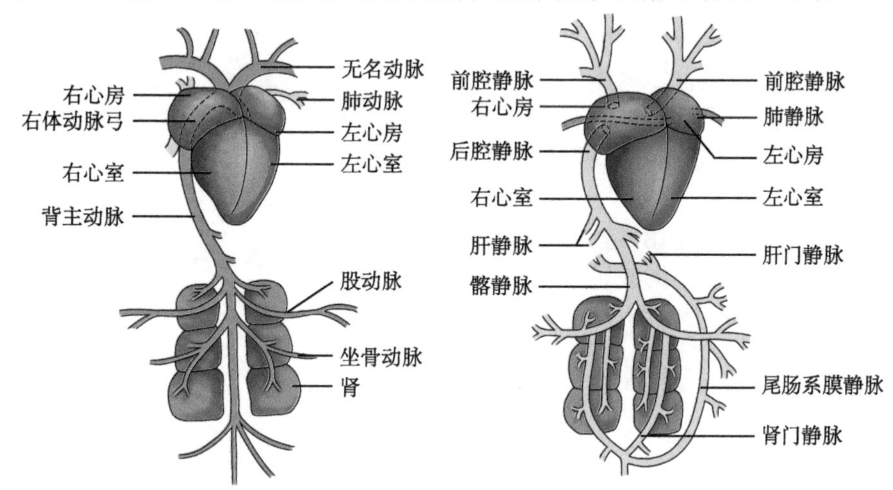

图 21-12 鸟动脉系统（腹面观）（左）与鸟静脉系统（腹面观）（右） 杨天祎 绘

3. 静脉

1 对颈静脉有交叉静脉连接，这是一种适应。当头部旋转时，血液可从一个静脉分流到另一条静脉。1 对前腔静脉、锁骨下静脉和胸静脉来的血液流入右心房。1 条粗短的后腔静脉，汇集身体后部的髂总静脉和肝静脉来的血液，也汇入右心房。肾门静脉趋于退化。

鸟类具有特有的尾肠系膜静脉，向前汇入肝门静脉。

4. 淋巴系统

主要有淋巴管、淋巴结、腔上囊、胸腺、脾脏等。淋巴管以盲端起于组织间隙，最终汇集成1对大的导管向前通入前腔静脉。淋巴结在鸭、鹅等少数鸟类有发现，具过滤淋巴液、消灭病原体和补充新生淋巴细胞等作用。腔上囊和胸腺（在气囊两侧）是淋巴组织起免疫作用的反应中心。脾为一个卵圆形的紫红色小体，在十二指肠附近，具有产生淋巴细胞、吞噬衰老细胞和参与免疫反应等功能。

5. 血液

鸟类红细胞一般呈卵圆形，具核，数量比哺乳类少。

（九）排泄系统

排泄器官在胚胎时期为中肾，成体为后肾，约占体重2%以上，这与其新陈代谢旺盛而产生大量废物需要迅速排出、保持盐水平衡是相适应的。

肾脏1对，棕红色，紧贴腹腔背壁，分为前、中、后3叶长形的扁平体。2肾腹面各有1条输尿管发出，直接开口于泄殖腔中部。鸟类没有膀胱，不贮存尿液，尿液随时与粪排出体外，有利于减轻体重。尿的主要成分是尿酸，难溶于水，可暂时储存在泄殖腔中，此处有重吸收水分的功能，所以水分损失很少，排出的尿常为浓缩的白色物。

鸟类虽有减少水分损失的能力，水的需求量比其他陆生动物少些，但供水仍是成活的关键因素之一，主要用于呼吸时水分蒸发，以及高温时水的蒸发冷却作用。海鸟以饮海水获得水分，还会摄食含盐量高的无脊椎动物，多余的盐由眼眶上部的盐腺排出，盐腺分泌盐的浓度是其体液的2～3倍，由此可以维持体液平衡，这对海鸟，尤为重要（图21-13）。

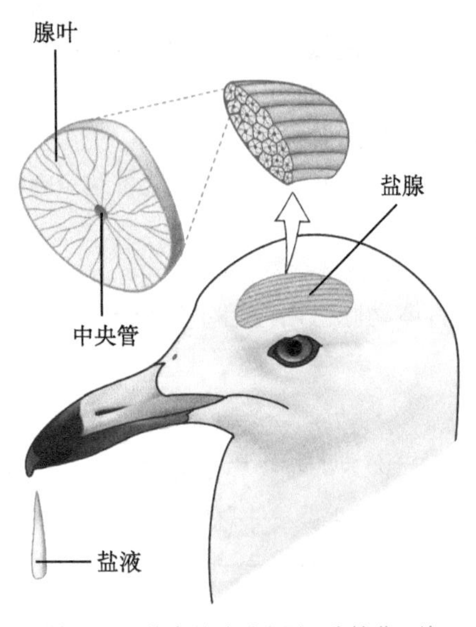

图21-13 海鸟盐腺示意图 朱婉莹 绘

（十）神经系统与感觉器官

鸟类比爬行动物进步，大脑、小脑和视叶发达，嗅叶退化，这与鸟类的复杂本能和运动方式相关。

大脑体积大（图21-14），由左右两半球组成。顶壁薄，而底部增厚，称纹状体，发达的纹状体使大脑增大。纹状体是鸟类的本能活动和“智慧”的中枢，包括视觉、学习、进食、求偶、筑巢等。大脑前端的嗅叶退化，与鸟类嗅觉不发达有关。间脑小，被大脑半球遮盖，

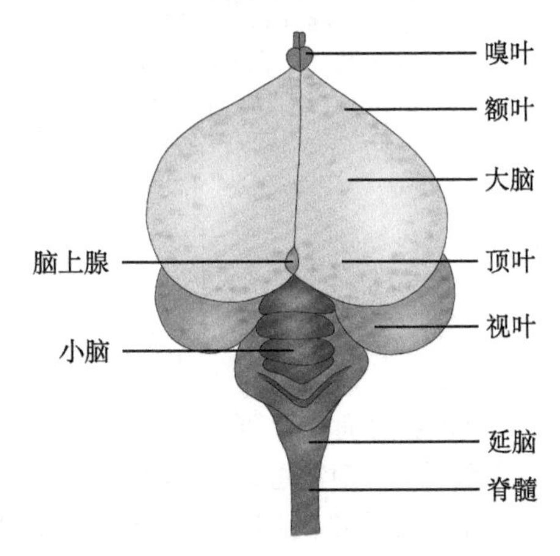

图21-14 家鸽脑（背面观） 刘彦希 绘

由上丘脑、丘脑和下丘脑组成。下丘脑是体温调节中枢，也对脑下垂体的分泌有直接影响。中脑的背侧形成1对发达的视叶，与鸟类视觉发达有关。小脑更为发达，分化为中央的蚓状体和两侧的小脑卷，为复杂运动和平衡中枢。延脑与脊髓相连，为呼吸、心跳、分泌和飞翔中定位、身体平衡中枢。

鸟类脑神经有12对，但第11对的副神经不甚发达。

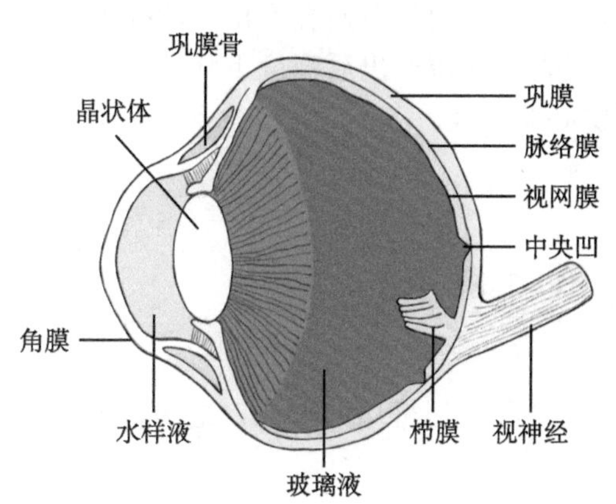

图21-15 鸟眼结构图 王一帆 绘

鸟类视觉器官尤其发达。眼大，外观多呈扁圆形，具上、下眼睑和发达的瞬膜，瞬膜透明，覆盖着眼球，飞行时用以保护角膜（图21-15）。视网膜有大量视杆细胞（用于弱光视觉）和视锥细胞（用于视觉和色觉）。在夜间活动的鸟类视杆细胞数量更多，白天活动的鸟类视锥细胞占主导地位。

鸟类的视觉有三重调节：以睫状肌（横纹肌）调节晶体的凸度，角膜调节肌调节角膜的凸度，巩膜周围的环肌调节水晶体与视网膜之间的距离。这样，鸟类便具有独特而完善的视力调节功能，能在瞬间由远视的“望远镜”变为近视的“显微镜”。为此，鸟类在高空飞翔时可迅速、准确捕捉到地面目标。鹰的视力大约是人类的8倍，猫头鹰在昏暗的光线下视力是人的10倍以上。鸟类还有很好的色觉，许多鸟类能看到紫外线波长，而人类无法看到。

听觉器官较发达，耳的结构与爬行类相似，由短的外耳（无外耳壳只有1个耳孔）、中耳（内有1听骨——耳柱骨）和内耳组成，夜间活动的鸟类听觉更加发达。

大多数鸟类嗅觉器官不发达。少数种类如秃鹫可凭嗅觉寻找食物，因而嗅觉发达。

（十一）生殖系统

为减轻体重，鸟类生殖腺只在生殖季节发达。雌性左侧卵巢和输卵管发达，右侧退化。

1. 雄鸟

1对卵圆形的睾丸位于肾脏腹面，在繁殖期体积可增大到几百倍到1000倍，非繁殖期萎缩。从睾丸发出1对多弯曲的输精管，近末端膨大为贮精囊，最后开口于泄殖腔。大多数鸟类无交配器，只靠雌、雄鸟的泄殖腔相互吻合完成输精作用。少数种类如雁、鸭、鹅和鸵鸟等由泄殖腔壁突起形成交配器进行输精。公鸡的泄殖腔有残存的交配器，可作鉴别雌雄的标志。

2. 雌鸟

生殖器官一般只有左侧卵巢和输卵管发达，右侧退化，这与产大型硬壳卵以及飞行时的剧烈运动有关（图21-16）。卵巢在非繁殖期很小，繁殖期增大，众多圆形的卵依次成熟和膨大。

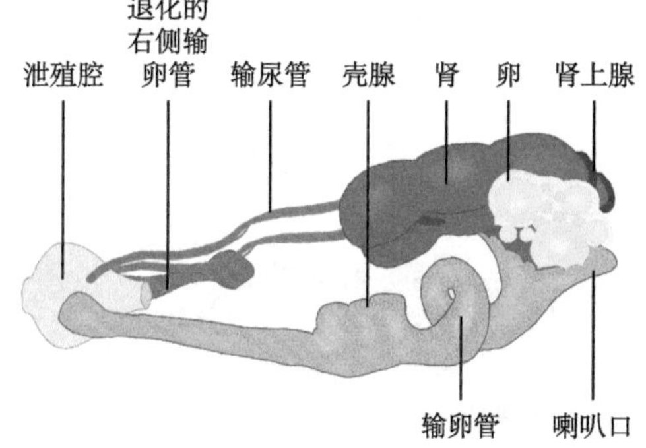

图21-16 雌鸟的生殖系统 卢东凯 绘

成熟的卵由喇叭口进入输卵管，在输卵管上端受精，受精卵沿输卵管下行至蛋白分泌部，被此处管壁分泌的蛋白包裹，当卵黄在输卵管旋转下降时，卵黄两端的蛋白层组成系带，将卵黄悬挂在中心位置。由于重力关系使胚盘永远朝上，有利于接触亲鸟“孵卵斑”进行孵化，这是一种重要的生物学适应。受精卵下行到输卵管峡部，形成内壳膜、外壳膜，最终形成蛋壳。卵经过阴道时蛋壳覆上一层透明的水溶性薄膜，有防止水分蒸发和细菌入侵的作用，这也是养禽业切忌清洗鲜蛋的原因。卵最后通过泄殖孔产出。卵壳上有大量小孔，在孵化时可进行气体交换。卵钝端的两层壳膜在蛋产出后温度下降，卵内的卵黄和卵白体积缩小而分离成气室，气室的空气可供胚胎呼吸。

第二节 鸟类的分类

世界已知的鸟类约有 10500 余种，我国约有 1470 种。根据鸟的形态、结构特点分为 2 个亚纲：古鸟亚纲和今鸟亚纲。

一、古鸟亚纲

古鸟亚纲（Archaeornithes）的种类早已灭绝，只有化石标本，其中最著名的称始祖鸟（图 21-17）。主要特征：具牙齿，肋骨无钩状突，胸骨不具龙骨突起，前肢掌骨不合并，指端具爪，尾椎骨 18 块以上且不愈合。始祖鸟是从爬行类演化到鸟类的中间类型。

图 21-17 始祖鸟复原图 引自 Hickman

二、今鸟亚纲

今鸟亚纲（Neornithes）传统的主要分类特征包括：龙骨突的有无；羽毛色泽；翅型；尾型；喙的形状；趾型及脚蹼等（图 21-18）；如今，随着分子生物学、发育生物学等学科的发展，更强调亲缘关系的远近。

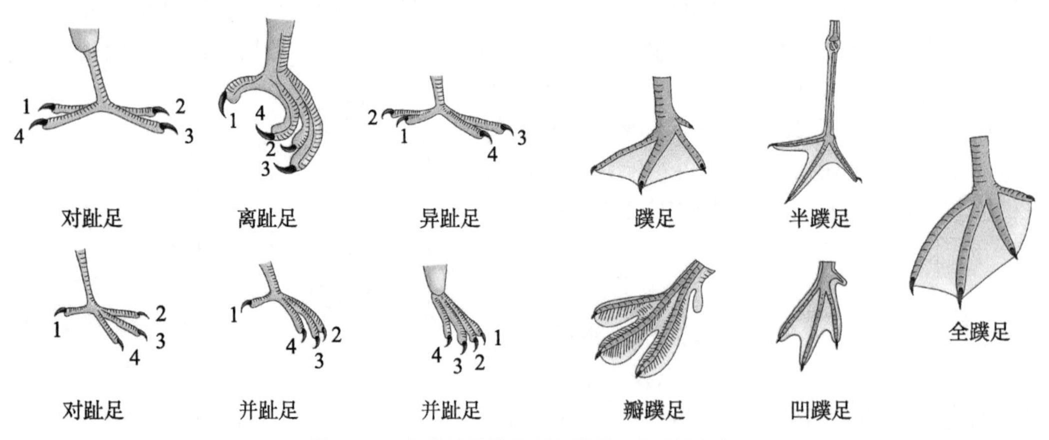

图 21-18 鸟类的常见足型和蹼型 高元满 绘

今鸟亚纲主要特征：口无牙齿，3块掌骨愈合为1块，且远端与腕骨愈合成腕掌骨，尾椎骨不超过13块，且多有愈合的尾综骨，胸骨发达，多为突胸。今鸟亚纲可分为3个总目：齿颚总目、古颚总目、今颚总目。其中齿颚总目为化石种类，其余2个总目为现存鸟类。

（一）古颚总目（Palaeognathae）

又称平胸总目，是大型奔走鸟类，翼退化，羽毛分布均匀，无裸区和羽区之分，显然羽毛的主要功能是保温。羽小枝无羽小钩，羽枝松散，胸骨扁平无龙骨突起，骨盆多数封闭型，锁骨退化，后肢强大适合奔跑。雄性有交配器。

鸵鸟目（Struthioniformes）包括鸵鸟科、美洲鸵鸟科、䳍科、鹤鸵科、无翼科。

1. 鸵鸟科（Struthionidae）

非洲鸵鸟（*Struthio camelus*）（图21-19），是现存最大的鸟类，体重130～150kg，身高2.6m，长1.8m，后肢长而强健，足2趾，善于奔走，时速可达60km。非洲鸵鸟喜食植物茎、叶、果实，也食昆虫和小动物，营巢于地面凹窝中。通常几只雌鸵鸟共用1巢产卵，卵重1.5kg。卵壳厚，黄白色。鸵鸟在人工饲养下，2.5～3岁性成熟，繁殖期为40～50年，寿命70～80年。产于非洲。

图21-19 非洲鸵鸟 郭冬生 摄

2. 美洲鸵鸟科（Rheidae）

体较非洲鸵鸟小，足3趾，内趾有锐爪，开放式骨盆。仅1种，即大美洲鸵鸟（*Rhea americana*），分布于南美洲草原。

3. 䳍科（Tinamidae）

小型地栖鸟类，头小、喙薄，颈细长。翅短、尾短，不善飞。

4. 鹤鸵科（Casuariidae）

体较长，足3趾，第二趾具锐爪，翼退化。副羽发达。一雄一雌生活，雄性担任孵卵。如鸸鹋（澳洲鸵鸟）（*Dromaius novaehollandiae*）、双垂鹤鸵（食火鸡）（*Casuarius casuarius*），产于大洋洲。

5. 无翼科（Apterygidae）

体型大小同鸡，地栖，翼完全退化，足4趾，无锁骨，开放式骨盆，如小斑几维鸟（无翼鸟）（*Apteryx owenii*）。

（二）今颚总目（Neognathae）

又称突胸总目。包括现存的绝大多数鸟类，主要特征：翼发达，善于飞翔，正羽发达，羽小枝上有羽小钩构成羽片，有羽区和裸区之分，龙骨突发达，骨骼内充气，有尾综骨。全世界约有35个目，我国约有26个目，现将重要目简述如下。

1. 鸡形目（Galliformes）

图 21-20 环颈雉（左）（倪一农 摄）与褐马鸡（右）（郭冬生 摄）

陆禽。腿脚健壮，适于地面行走，翼短圆，飞翔力弱，喙短而坚强，雄性有距，羽毛美丽，一雄多雌，早成鸟，以植物种子为食，也食昆虫。本目鸟类有重要经济意义。红原鸡（*Gallus gallus*）是家鸡的祖先。环颈雉（*Phasianus colchicus*）、鹌鹑（*Coturnix coturnix*）、中华鹧鸪（*Francolinus pintadeanus*）等，可人工饲养供食用。绿孔雀（*Pavo muticus*）、红腹锦鸡（*Chroysolophus pictus*）、褐马鸡（*Crossoptilon mantchuricum*）等是观赏和珍稀鸟类（图 21-20）。

2. 雁形目（Anseriformes）

大中型游禽。喙平扁，其边缘有齿形缺刻。腿短，前 3 趾间有蹼，后趾小而不着地。绒羽丰厚，尾脂腺发达。翼的飞羽上常有光泽的“翼镜”。雄性有交配器。早成鸟。是重要的经济水禽。常见的有各种野鸭、雁、天鹅等。绿头鸭（*Anas platyrhynchos*）是家鸭的祖先，在长江流域以南为冬候鸟，北方为夏候鸟。鸿雁（*Anser cygnoides*）是家鹅的祖先。大天鹅（*Cygnus cygnus*）为珍稀鸟类，可供饲养。鸳鸯（*Aix galericulata*）也是珍稀鸟类（图 21-21）。

图 21-21 绿头鸭（左）、豆雁（中）与大天鹅（右） 郭冬生 摄

3. 䴙䴘目（Podicipediformes）

视频 21-1

图 21-22 小䴙䴘（左）与凤头䴙䴘（右） 郭冬生 摄

中小型鸟类，水栖，足着生身体后方，跗跖侧扁，前趾有蹼。翼短，尾羽退化，善于潜水和游泳，早成鸟。如小䴙䴘（*Tachybaptus ruficollis*），又称水葫芦。常见于我国湖泊、水库及河流（图 21-22）。

4. 鸽形目（Columbiformes）

山地或森林鸟类。喙短，翼发达善飞，尾短圆，腿足短健，前3趾和后趾在同一平面上。嗉囊发达。能分泌“鸽乳”育雏。晚成鸟或早成鸟。以植物种子为食，如原鸽（*Columba livia*），为家鸽的祖先，珠颈斑鸠（*Spilopelia chinensis*）、山斑鸠（*Streptopelia orientalis*）（图21-23）。

图21-23 珠颈斑鸠（左）与山斑鸠（右） 郭冬生 摄

5. 沙鸡目（Pteroclidiformes）

生活于荒漠地带。身体沙土色，体型似鸽类。翅、尾长而尖，跗跖部被毛。翼长善飞，可集群远距离迁飞，寻找水源，如毛腿沙鸡（*Syrrhaptes paradoxus*）。

6. 雨燕目（Apodiformes）

小型攀禽。外形和习性与家燕相似。喙短而稍曲，基部宽阔，口裂深，飞翔时张开大口捕食飞虫。翼尖长，适于疾飞。脚短而强，4趾全向前（前趾足）。晚成鸟。如普通雨燕（*Apus apus*）、白腰雨燕（*Apus pacificus*）等，金丝燕（*Collocalia* sp.）能制造“燕窝”。雨燕目多为集群飞翔，边飞边鸣（图21-24）。

7. 鹃形目（Cuculiformes）

森林攀禽。外形似小鹰，但喙稍向下弯曲而不成钩。对趾足（第2、3趾向前，1、4趾向后）。将卵产在其他鸟巢中，排挤义亲的卵或幼鸟，独享义亲孵化和育雏。晚成鸟。如大杜鹃（*Cuculus canorus*），又称布谷鸟，噪鹃（*Eudynamys scolopaceus*），遍布我国西部和南部（图21-24）。

图21-24 雨燕目普通雨燕（左），鹃形目大杜鹃（中）、噪鹃（右） 郭冬生 摄

8. 鸨形目（Otidiformes）

栖息于开阔草原、农田、灌木丛。体型大，重达10kg。颈长，嘴粗，翅长而宽，飞行有力而持久，足前3趾，后趾消失，如大鸨（*Otis tarda*）。

9. 企鹅目（Sphenisciformes）

18种，具有适应游泳和潜水特征：翼浆状，具4趾（第一趾小）全部向前、向外，趾间有蹼，善于游泳。足短而靠近躯体后方，陆上走路时身体直立左右摇摆。羽毛鳞片状，骨骼内不充气，内含多脂肪的骨髓。皮下脂肪发达，有利于抵御寒冷。企鹅目分布于南半球，如白眉企鹅（*Pygoscelis papua*）（图21-25）、王企鹅（*Aptenodytes patagonicus*）。王企鹅体重可达20kg，以鱼、虾、乌贼为食，每窝产卵1枚，雄鸟负任孵卵。

图21-25　白眉企鹅　雷维蟠　摄

10. 鹤形目（Gruiformes）

涉禽，喙长、颈长、腿长，后趾小且着生位置高于前3趾，4趾不在一个平面上。趾间蹼不发达，胫下部裸露。翼和尾均短。早成鸟。以鱼、虾、昆虫或植物为食，如丹顶鹤（*Grus japonensis*），为珍稀鸟类，白骨顶鸡（*Fulica atra*）等（图21-26）。

图21-26　丹顶鹤（左）与白骨顶（右）　郭冬生　摄

11. 鸻形目（Charadriiformes）

中小型涉禽。大多脚长，尾短，胫一部分裸露，有蹼或无蹼，后趾小或缺，喙长短不一。翼较长而尖。早成鸟，如金眶鸻（*Charadrius dubius*）、针尾沙锥（*Gallinago stenura*）和风头麦鸡（*Vanellus vanellus*）。一些中型海洋性鸟类，体羽多为银灰色，翼长而尖，善飞。足短，常4趾，前3趾具蹼，如红嘴鸥（*Larus ridibundus*）、普通燕鸥（*Sterna hirundo*）、黑翅长脚鹬（*Himantopus himantopus*）等（图21-27）。

图21-27 金眶鸻（左）、红嘴鸥（中）与黑翅长脚鹬（右） 郭冬生 摄

12. 鹳形目（Ciconiiformes）

大中型涉禽。喙长、颈长、脚长，胫部部分裸露，趾长，3趾向前1趾向后，4趾在同一平面上，趾基有蹼。晚成鸟，如黑鹳（*Ciconia nigra*）、东方白鹳（*Ciconia boyciana*）、苍鹭（*Ardea cinerea*）、大白鹭（*Ardea alba*）、朱鹮（*Nipponia nippon*）等（图21-28），我国均有分布。

图21-28 东方白鹳（左）、大白鹭（中）与苍鹭（右） 郭冬生 摄

13. 鲣鸟目（Phalacrocorax）

大型食鱼水鸟，嘴强而长，锥状，具全蹼。栖息于海滨、湖沼中，如普通鸬鹚（*Phalacrocorax carbo*）等（图21-29）。

14. 鹈形目（Pelecaniformes）

大型游禽，4趾向前，趾间具全蹼，喙强大具钩，下颌有发达的喉囊，善于潜水和游泳，捕食鱼类。晚成鸟，如斑嘴鹈鹕（*Pelecanus philippensis*）等（图21-29）。

图21-29 普通鸬鹚（左）与鹈鹕（右） 郭冬生 摄

15. 鹰形目（Accipitriformes）

大中型猛禽。喙强健，翼发达，善飞翔。足强壮，3趾向前，1趾向后，具锐利钩爪。视觉敏锐。捕捉鼠、鸟及其他小动物为食，有的种类嗜食动物尸体。

鹰科（Accipitridae），如黑鸢（*Milvus migrans*）（俗称老鹰）、苍鹰（*Accipiter gentilis*）和金雕（*Aquila chrysaetos*）等（图21-30）。另如秃鹫（*Aegypius monachus*）喜食动物尸体，见于我国西部和北部高山上。

图21-30 金雕（左）与灰林鸮（右） 郭冬生 摄

16. 鸮形目（Strigiformes）

夜行性猛禽。喙强大而钩曲，基部具蜡膜。眼大而向前，眼周有辐射状羽毛形成面盘。耳孔大，其周围有耳羽，听觉敏锐。跗跖部常全部被羽，第4趾能前后转动，爪锐利。体被松软羽毛，飞行无声，夜出昼伏，捕食鼠类及小型鸟类，如长耳鸮（*Asio otus*）（俗称猫头鹰）、草鸮（*Tyto longimembris*）、斑头鸺鹠（*Glaucidium cuculoides*）、灰林鸮（*Strix aluco*）等（图21-30）。

17. 犀鸟目（Bucerotiformes）

喙粗厚而直，嘴上有的具盔突，似犀牛角而得名。树栖或地栖，如冠斑犀鸟（*Anthracoceros coronatus*）、戴胜（*Upupa epops*）等（图21-31）。

18. 佛法僧目（Coraciiformes）

森林攀禽，多体色鲜艳，喙长而强直或短阔。跗跖短，趾3前1后（并趾足）。翼短有力，尾亦短。多栖河流旁树木上，以鱼为食。栖于森林中的以昆虫为食。晚成鸟，如普通翠鸟（*Alcedo atthis*）、三宝鸟（*Eurystomus orientalis*）等（图21-31）。

19. 啄木鸟目（Piciformes）

森林攀禽。喙强直呈锥状，适于凿木。舌长，尖端具倒钩，善于钩取树干中的蛀虫。对趾足，趾端具锐爪，尾羽坚直，可支撑身体。晚成鸟。以林木中昆虫为食，如灰头绿啄木鸟（*Picus canus*）、大斑啄木鸟（*Dendrocopos major*）（图21-32）。

图21-31 戴胜（左）与普通翠鸟（右） 郭冬生 摄

图21-32 大斑啄木鸟 郭冬生 摄

20. 隼形目（Falconiformes）

与鹰形目鸟类相似，中小型猛禽。喙先端两侧有齿突；鼻孔圆形，自鼻孔向内可见一柱状骨棍；翅长而狭尖，尾较细长，如红隼（*Falco tinnunculus*）（图 21-33）。

21. 鹦鹉目（Psittaciformes）

森林攀禽。喙强大钩曲，喙基具蜡膜。对趾足，善于攀缘。羽毛艳丽，能模仿人语，多为观赏鸟类。晚成鸟，如大紫胸鹦鹉（*Psittacula derbiana*）、绯胸鹦鹉（*Psittacula alexandri*），产于云南、广西和海南岛（图 21-33）。

图 21-33 红隼（左）与大紫胸鹦鹉（右） 郭冬生 摄

22. 雀形目（Passeriformes）

鸟纲中最高等，约 5100 种，占总数的 60%，一般体型较小，脚细短，足具 4 趾，3 前 1 后，后趾与中趾等长，跗跖后部有愈合成整块靴状鳞，鸣肌发达，善于鸣叫，巧于筑巢，晚成鸟。常见种类如云雀（百灵）（*Alauda arvensis*）、家燕（*Hirundo rustica*）、白鹡鸰（*Motacilla alba*）、黑枕黄鹂（*Oriolus chinensis*）、喜鹊（*Pica pica*）、鹊鸲（*Copsychus saularis*）、八哥（*Acridotheres cristatellus*）、画眉（*Garrulax canorus*）、大山雀（*Parus major*）、麻雀（*Passer montanus*）、黄胸鹀（*Emberiza aureola*）、灰眉岩鹀（*Emberiza cia*）等（图 21-34）。

图 21-34 灰眉岩鹀（左）、家燕（中）与大山雀（右） 郭冬生 摄

第三节 鸟类的繁殖和迁徙

一、鸟类的繁殖

鸟类繁殖具有明显的季节性，一般春夏季繁殖，一些热带食谷鸟类几乎四季繁殖。繁殖年龄因种而异，大多数鸟类孵出后1岁可繁殖，也有些热带鸟类孵出后3～5个月即可繁殖，而鸵鸟2.5～3岁、秃鹫9～12岁才能繁殖。

鸟类的生殖腺发育成熟，在光照、温度、自然景观的作用下，通过神经、内分泌系统的活动，发生一系列的繁殖行为：如占区、筑巢、产卵、孵卵和育雏活动等，这些都是对提高后代成活率保持种族延续的适应。

（一）占区

视频 21-2

在鸟类繁殖季节，雄鸟先到繁殖地点占领一定区域，作为繁殖活动和取食范围，不准其他同种鸟类入侵，若有入侵者，则奋起攻击。雄鸟常以嘹亮的鸣叫或美丽的羽色吸引同种雌鸟，以各种姿态求偶。大多数鸟类一雄一雌配偶，并维持到繁殖结束，也有的终生结成伴侣（鸳鸯、天鹅），少数鸟类一雄多雌（环颈雉）和一雌多雄（彩鹬）。

（二）筑巢

大多数鸟类有筑巢习性，在交配前后就进行筑巢，一般由雌鸟承担，也有雌雄鸟共同筑巢，如家燕。但杜鹃不筑巢，而是将卵产在其他鸟巢中，称巢寄生（nest parasitism）。杜鹃的卵可出现在30种以上其他鸟的巢中。为适应巢寄生，其孵化时间短至12.25d，比宿主的卵先孵出，届时幼鸟会本能地将宿主的卵或雏鸟推出巢外，以独享养父母饲喂的食物。鸟巢是产卵、孵卵、育雏的场所，其大小、形状、位置和结构各异。

（三）产卵和孵化

交配和筑巢完成后便开始产卵，1种鸟产满1窝卵的数目称为窝卵数，大多数鸟类1年产1窝卵，但家禽1年中可持续不断产卵。大多数鸟类产满1窝卵才开始孵化，有些鸟类，如啄木鸟，在产卵中途开始孵化。亲鸟孵化时腹部接触卵的部分，称孵卵斑（brood patches），即：孵化期间腹部羽毛有斑块状脱落（1～3块），该处真皮增厚，毛细血管丰富，温度也较身体其他部分高，有利于卵的孵化，孵化期间亲鸟常翻卵和离巢凉卵。

（四）育雏

卵孵化期满，雏鸟以喙尖上的临时“卵齿”啄破卵壳而出。刚孵出的雏鸟依其发育程度不同，分为晚成雏（altricial）和早成雏（precocial）两类。晚成鸟出壳后未充分发育，身体裸露或稀有小绒羽，不能站立和独立取食，全靠亲鸟喂养。大多数晚成鸟的眼睛未睁开，如苍鹭、麻雀、鹰等就属这一类。

早成鸟身被稠密绒羽，眼睛睁开，腿脚强健，能跟随亲鸟奔跑和觅食。大多数地栖鸟类和游禽属此类，如鸡、鸭（图21-35）。

育雏常由双亲共同担任，负责喂食、供水、清除巢内粪便、暖雏等。陆禽雏鸟的食物大多数是昆虫。

图21-35 晚成雏（左）与早成雏（右） 乔然 绘

二、鸟类的迁徙

鸟类每年在繁殖地区和越冬地区之间定期、有规律地长距离迁飞，称迁徙（migration）。终年栖息于繁殖地区的鸟类称留鸟（resident），如麻雀、喜鹊等。每年随季节变化而周期性迁居的鸟类称候鸟（migrant）。候鸟又分夏候鸟（summer migrant）、冬候鸟（winter migrant）和旅鸟（transient）。春季飞来繁殖，秋季南去越冬的鸟称夏候鸟，如家燕、杜鹃、丹顶鹤等。秋冬季飞来越冬，春季北去繁殖的鸟类，称冬候鸟，如雁、野鸭等。夏季在我国以北繁殖，冬季在我国以南越冬，春、秋季路过我国某地作短暂栖息的鸟称旅鸟，如黄胸鹀、沙锥等。

候鸟迁徙的时间是每年的春、秋两季，大多数鸟在夜间迁徙，以利白天取食，也有日间迁徙如燕、鹤。而雁、鸭类日夜迁徙，常以数只或大群形成迁徙。候鸟飞行高度一般为300～1000m。迁徙的地点可在两地区之间，国与国之间，洲与洲之间，如大滨鹬在澳大利亚越冬，繁殖在西伯利亚。

鸟类迁徙的原因很复杂，至今尚无肯定的结论，大多数鸟类学家认为迁徙主要原因是对冬季不良食物条件的一种反应，以寻求南方温暖的冬天有较多的食物，北方的夏季日长夜短，有足够的时间觅食和进行繁殖，因而北迁繁殖。还有大量实验证明，光照条件的改变，可以通过视觉、神经系统作用于间脑下部的睡眠中枢，引起鸟类处于兴奋状态，光刺激还增加了脑下垂体的活动，促进性腺发育和影响甲状腺分泌，增强机体代谢进一步提高对外界刺激的敏感性而引起迁徙。据鸟类生理学研究得知，生殖腺的内分泌作用对迁徙有一定的关系。春季生殖腺长大时，促使鸟类北迁繁殖，繁殖期过后生殖腺萎缩，内分泌机能衰退则又南迁。

总而言之，鸟类的迁徙是长期对季节变化的适应所形成的一种本能。

第四节 鸟类的起源与演化

现有的证据表明，鸟类起源于1.5亿年前的古代爬行类。在漫长的演化过程中，鸟类除了羽毛，所有种类的前肢都演化出了翅膀，后肢都适合行走，游泳或栖息，喙角质化，无牙齿，卵生。

1861年，在石灰岩采石场发现了一块大约1.47亿年前的化石，大小似乌鸦，头骨与现代鸟类相似。具骨质牙齿，有长长的多椎骨组成的尾，指端具爪，具腹肋等兽脚亚目恐龙的特征，这表明已灭绝的兽脚亚目恐龙与鸟类之间的系统发育关系，该化石被命名为始祖鸟。始祖鸟可能是由爬行类向鸟类过渡的类群。

20 世纪 90 年代以来，在我国北方又发现了 1.6 亿年前的兽脚类恐龙祖先，这些化石也许不代表鸟类的祖先，但进一步证明鸟类的祖先特征在一个重要谱系的不同物种中都存在，目前至少发现了 10 余种带有羽毛的兽脚亚目恐龙的化石。如同家鸡大小的恐龙——中华龙鸟（*Sinosauropteryx*），体表有小管状结构，类似于现代鸟类早期发育阶段的羽毛，火鸡大小的尾羽鸟（*Caudipteryx*），这两种都不能飞行，因为只有不对称的羽毛才是飞行动力学所需。这些化石都证明羽毛早于飞行出现。最早的羽毛可能在体温调节、防水、求偶、伪装或地面奔跑掌握平衡等方面起到作用，飞行显然是次要功能。另一种兽脚亚目小盗龙（*Microraptor*），发现于 1.25 亿年前的地层中，其骨骼特征表明这是一种攀登者，化石表明它有适合飞行的不对称羽毛，还有带羽毛的尾巴，也许它能爬树，然后用翅膀滑行飞行。所有这些证据都进一步支持了兽脚亚目恐龙祖先假说。

始祖鸟叉骨发育良好，但胸骨是平的，用于附着肌肉的翼骨也不太发达。由此推断始祖鸟最初可能是滑行飞行，飞行可能是由从一个树枝跳到另一枝或者跳到地面的滑行，再到后来微弱的扇动翅膀补充了滑行，最后导致向扑翼飞行的演化。

兽脚亚目恐龙生活在各种生态环境中，到中生代末期与恐龙一道灭绝。最早的今鸟化石，出现于中生代白垩纪，是现代鸟类的近祖，这些鸟类的祖先经历了一次非常迅速的辐射演化。

思考题

1. 鸟类适应飞翔生活的特征有哪些?
2. 双重呼吸是如何进行的?
3. 鸟类的进步性特征有哪些?
4. 鸟类与爬行类的相似的特征及差异体现在哪些方面?
5. 何为鸟类的迁徙? 迁徙的路线靠什么决定?
6. 鸟类划分的亚纲、总目的主要特征有哪些?
7. 鸟类骨骼特点体现在哪些方面?
8. 鸟类羽毛的起源及类型，分别分布在哪些区域? 有何作用?
9. 分析水栖、地栖、飞翔生活鸟类的异同特点?
10. 试绘制鸟类的思维导图。

第22章

哺乳纲

演化地位：哺乳纲（Mammalia）因能通过乳腺分泌乳汁给幼体哺乳而得名。哺乳类和鸟类作为同是起源于爬行动物、几乎同时出现的两个类群，虽然在某些局部功能上（如运动、代谢方面）鸟类要高出些许，但综合来看，不论在整体机能上，还是在生态系统中，哺乳类的至尊地位都是不可动摇的。形成这种结局的根本原因，在于它们迥然不同的发展道路：选择树栖飞翔生活的鸟类，在摆脱了敌害的同时，也失去了大踏步演化发展的动力；而地栖生活的哺乳动物，则在残酷的生存竞争环境中百炼成钢。

哺乳类适应于几乎所有的生态环境（陆栖、穴居、树栖、飞翔和水栖等），成为脊椎动物中身体结构最完善、行为和功能最复杂、适应能力最强和演化地位最高等的类群。

第一节 哺乳动物的主要特征

现代哺乳动物是二叠纪时期羊膜动物合颞窝类支系的后代，高度发达的神经系统和复杂的个体、社会行为等特征，使哺乳动物与其他所有现存的羊膜动物区别开来，呈现出明显的特征，如全身被毛、运动快速、恒温、胎生、哺乳、体内有膈等（图 22-1）。

图 22-1　川金丝猴

一、哺乳动物的进步性特征

（1）牙齿的分化（槽生异型齿）及发达的唾液腺使哺乳类出现了口腔内的咀嚼和消化，消化能力得以明显提升。

（2）代谢水平高及精准的体温调控能力保证了哺乳类高而恒定的体温（25 ～ 37℃），加强了抵御外界多变

环境的能力。

（3）坚固的骨骼和强大的肌肉系统使运动能力大大加强，能有效地捕食和逃避敌害。

（4）神经系统尤其是大脑皮层（cerebral cortex）高度发达，感官敏锐，能够应对复杂的环境。

（5）胎生和哺乳，只有哺乳类有胎盘（placenta），仅少数例外，并在此孕育新的生命，胎儿出生后，以母体乳汁喂养幼体，极大地提高了幼仔的成活率。

二、胎生、哺乳及其在动物演化史上的意义

（一）胎生

指受精卵在母体子宫内发育，胚胎通过胎盘从母体获取营养并排出废物，直至幼体出生。胎盘由胚胎的绒毛膜、尿囊与母体子宫内膜结合形成。胚胎与母体的血液循环系统是相互独立的，中间被一层约 2μm 的膜隔开，营养物质与代谢废物通过膜扩散作用完成，这种扩散是有选择性的。氧气、二氧化碳、水、电解质均可自由通过；盐、糖、尿素、氨基酸、简单的脂肪及脂溶性维生素和激素可以通过，但大的蛋白质分子、红细胞等无法通过。上述物质的转运，是通过绒毛膜上的数千根绒毛深入到子宫内膜中实现的，这极大地增加了交换的表面积（图 22-2）。

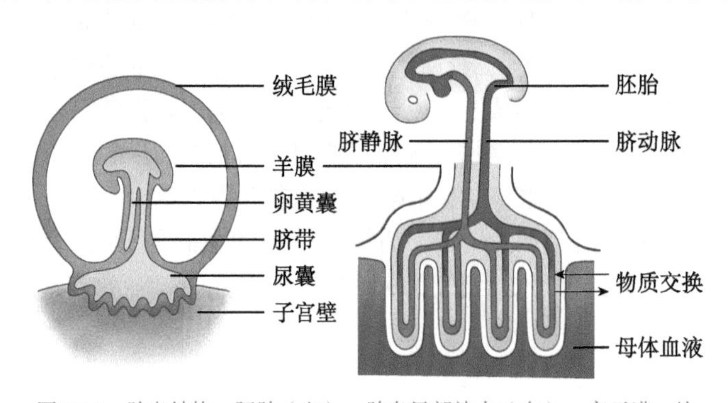

图 22-2　胎盘结构：胚胎（左）、胎盘局部放大（右）　高元满　绘

哺乳动物的胎盘依绒毛膜分布的不同，可分 4 种类型（图 22-3）。包括绒毛均匀分布的弥散胎盘（diffuse placenta）；绒毛集中成丛的子叶胎盘（cotyledonary placenta）；绒毛集中成宽带的环状胎盘（zonary placenta）；绒毛集中成盘状的盘状胎盘（discoidal placenta）。

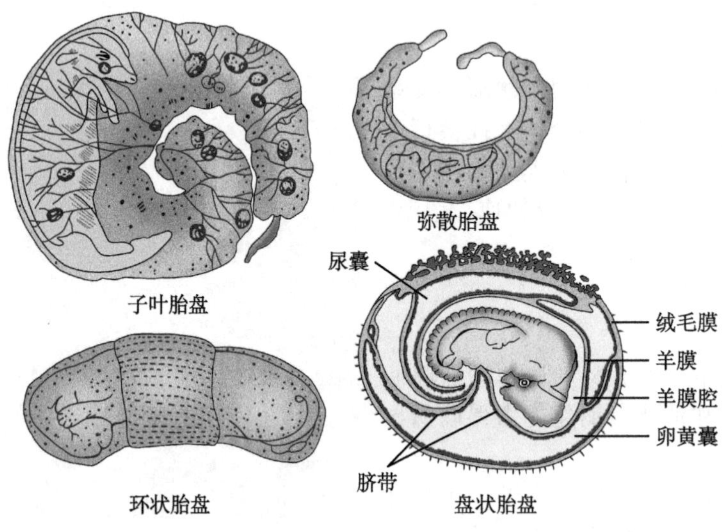

图 22-3　哺乳动物胎盘类型　高元满　绘

依绒毛膜与子宫内膜的联系紧密程度又可分为蜕膜胎盘（placenta deciduata）和无蜕膜胎盘（placenta adeciduata）。蜕膜胎盘的尿囊、绒毛膜与母体子宫内膜联系紧密，产仔时会将子宫内膜一同撕下，出现流血现象。蜕膜胎盘一般包括环状胎盘（食肉目、象、海豹等）和

盘状胎盘（食虫目、翼手目、啮齿目、多数灵长目）；无蜕膜胎盘的尿囊、绒毛膜与母体子宫内膜联系不紧密，产仔就像手与手套一样容易脱离，不易出血，一般包括弥散胎盘（鲸、狐猴及部分有蹄类）和子叶胎盘（多数反刍类）。

胚胎在母体子宫内的发育过程称妊娠（gestation）。各种动物的妊娠期一般比较稳定，胎儿发育完成后产出，称分娩（child birth）。

（二）哺乳

幼仔产出后，母体以乳腺分泌的乳汁喂养幼体。乳汁中含有易于消化的水、蛋白质、脂肪、糖、无机盐、酶、维生素等营养物质。

（三）胎生、哺乳在动物演化史上的意义

胎生可在多样的环境条件下繁育后代，让胎儿处在母体内安全而稳定的环境中发育，使外界环境对胚胎发育的不利影响减到最低。因此，哺乳类具有远比其他脊椎动物类群高得多的成活率。哺乳类的母体都有乳腺，除单孔类外都具乳头。乳腺分泌的乳汁富含营养和抗体，能保证幼兽迅速生长。同时，母兽还具有一系列复杂本能活动来保护哺育中的幼仔，包括营造安全的巢穴等。处在哺乳期的幼仔形影不离地跟随在母兽身边，可以从母兽那里学习并获得生活技能。母兽会维系母子间的社会联系，促进幼兽早期学习，使幼兽受到捕食和社会行为的基础训练，直至幼兽独立生活。所以，胎生和哺乳是脊椎动物演化史上的一大进步。

三、哺乳动物的身体结构与生理

（一）外形

身体被毛发是哺乳动物最显著的特征，这种特有的毛发在哺乳动物共同的祖先中演化，并在以后所有物种中不同程度地保留下来。身体一般可分为头、颈、躯干、四肢和尾 5 部分。头部圆形，有颜面和脑勺之分。颈部灵活。躯干部圆筒形，被四肢支撑悬于空中。前肢肘关节后曲、后肢膝关节前突，四肢紧贴于躯干侧下方，形成一种强支撑、稳定而又富于弹性的体态。由此，腹壁得以提离地面，不再需要粗大的尾巴来辅助支撑和稳定身体，行走和奔跑更为敏捷、快速。在哺乳类，尾巴作为快速运动的平衡器官，经常疾速奔跑的种类相对发达，许多种类则趋于退化，主要功能是平衡（图 22-4）。

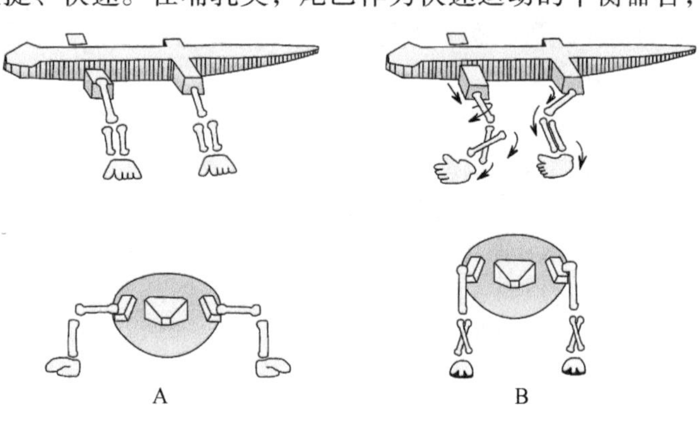

图 22-4　低等陆栖脊椎动物（A）与哺乳动物（B）　高元满　绘

有些哺乳动物的体型特化，如鲸型：水栖，身体流线型，附肢特化为桨状，水平叉状尾能划水。蝙蝠型：飞翔生活，前肢特化为翼状，具翼膜，善于飞行。鼹鼠型：穴居，身体粗短，前肢特化为铲状，适于掘土。

（二）皮肤及其衍生物

哺乳动物的皮肤比其他脊椎动物要厚，但同样由表皮和真皮构成。有毛发保护的部位，表皮通常较薄，但在经常接触和使用的部位，表皮增厚，如手掌、脚底等部位。表皮外层因角蛋白（纤维蛋白）而增厚，构成了指甲、爪、蹄和毛发。

1. 表皮和真皮加厚

表皮包括角质层和生长层，角质层由角化的死亡细胞层叠形成，通常可达数十层（人）甚至数百层（犀牛、大象、河马等）。生长层细胞分裂旺盛，可以不断补充脱落的角质层。表皮内无血管，由真皮提供营养。

真皮由致密结缔组织构成，富含胶原纤维和少量弹性纤维，坚韧而厚实。真皮内含丰富的血管、神经和感觉末梢，能滋养表皮、感受压力及痛觉、温觉。在表皮和真皮内有来自外胚层形成的黑色素细胞（melanocyte），可产生黑色素颗粒，使皮肤呈现黄色、暗红色、褐色及黑色（图 22-5）。

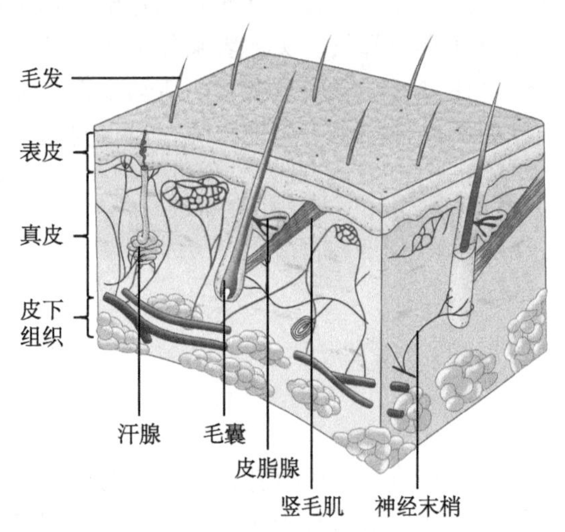

图 22-5　哺乳动物皮肤　高元满　绘

皮下组织由疏松结缔组织构成，是联系真皮和肌肉的组织，可贮存丰富的脂肪形成皮下脂肪层，具有保温、隔热、贮存营养和缓冲机械压力等功能。哺乳动物毛发由毛干和毛根组成，覆盖差异很大，多数全身被毛，但人类仅保留了少部分，鲸鱼只存在于鼻部的感觉刚毛。

毛发自表皮形成的毛囊（hair follicle）中产生，毛根深埋在真皮的毛囊内，通过毛囊内细胞的快速增殖而持续增长，当毛干向上生长时就失去了营养来源，形成角蛋白。因此，毛发由死亡的、充满角蛋白的表皮细胞构成。

毛囊上部有竖毛肌与之相连，收缩时使毛直立可调温。竖毛肌受交感神经控制，许多动物在应激状态下（刺激、恐惧）毛会竖立，特别是颈部和肩部的毛竖起以扩大身体恐吓对方。

哺乳动物的毛发包括 3 种，针毛（guard hair）、绒毛（underfur）和触毛（tactile hair）。针毛长而粗糙，以一定的方向着生，起防湿、保护作用；绒毛柔软而浓密，可隔绝空气，起隔热、保温作用，水生种类如毛皮海豹、水獭、海狸等更发达，可形成一层“毛毯”防水；触毛是特化的针毛，有触觉作用。

当毛发长到一定长度时，即停止生长，一般情况下，会留在毛囊中，然后脱落，即周期性脱毛，如春秋季的换毛，换毛是动物对季节变化的适应。

2. 角

哺乳动物的角包括洞角、实角和毛角。洞角（如牛角）质地坚硬，不分叉，连续生长，终生不更换，由头骨突出并套以表皮角化形成的角质鞘组成。实角（如鹿角）为骨质角，有分叉，每年更换一次，由真皮骨化突出皮肤形成。新生的鹿角皮肤柔软，外被绒毛，内含血管，故称为鹿茸，是贵重的药材。秋季繁殖季节前，鹿角内血管收缩，雄鹿以摩擦树木去除鹿茸，繁殖期过后，鹿角脱落，数月后再长出新的、更大的鹿角。毛角仅包括犀牛角，实心，终生不更换，由表皮角化形成，没有附着在头骨上。长颈鹿角由额骨突出形成，较短，实心，终生附有绒毛，但不更换（图22-6）。

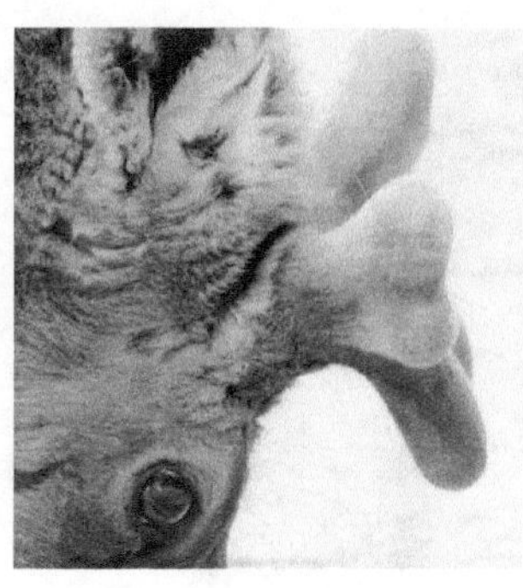
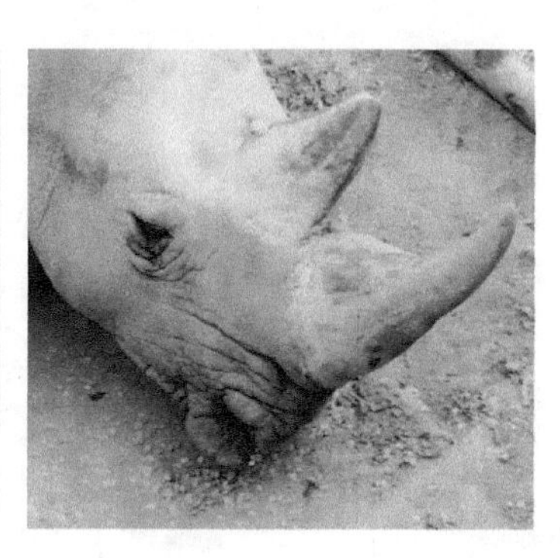

图22-6 洞角（左）、实角（中）与毛角（右） 王宝青 摄

3. 皮肤腺

在脊椎动物中，哺乳动物的皮肤腺种类最多，主要包括汗腺（sweat gland）、味腺（scent gland）、皮脂腺（sebaceous gland）和乳腺（mammary gland）4种类型，它们均源于表皮生发层，属多细胞腺体。

（1）汗腺：管状、高度卷曲的腺体，哺乳动物独有，分布于大多数哺乳动物体表。汗腺又可分为2种，即：①外分泌腺（eccrine gland），又称小汗腺，分泌水样液体，皮肤表面蒸发时，可将热量吸走，这种腺体多分布在无毛区。在啮齿类、兔和鲸鱼汗腺要么减少、要么消失。②顶质分泌腺（apocrine gland），又称大汗腺，拥有更长而盘曲的分泌管道，位于真皮中并可延伸至皮下组织。这种汗腺在青春期发育，仅分布在腋窝（人）、阴阜（mons pubis）、乳房（breast）、包皮（prepuce）、阴囊（scrotum）和外耳道（external auditory canal）。大汗腺的分泌物是乳白色或黄色液体，干燥后可在皮肤上形成一层膜，不参与热调节，与生殖周期有关。

（2）味腺：几乎所有哺乳动物都有，可用来与同一物种个体间的交流、标记领地、警告或防御。味腺大多位于眼眶、趾骨、指间、阴茎、尾巴下面、肛门周围等区域。交配季节，许多哺乳动物会发出强烈的气味吸引异性。

（3）皮脂腺：大多数哺乳动物全身都有，属泡状腺，多开口于毛囊基部。腺细胞被腺体分泌出来，并通过细胞分裂不断更新，这些细胞被脂肪堆积、膨胀而亡，并以油脂混合物——皮脂（sebum）的形式注入毛囊中，它不会变质，可使皮肤、毛发柔韧而有光泽。

（4）乳腺：哺乳动物特有的腺体，在胚胎发育过程中，腹部两侧的表皮增厚，形成两条脊线，性成熟时变大，孕期和哺乳期进一步增大。大多数哺乳动物乳腺分泌的乳汁自乳头流出，但单孔目无乳头，乳汁仅分泌到母体腹部的皮毛上，供幼崽舔舐（图22-7）。

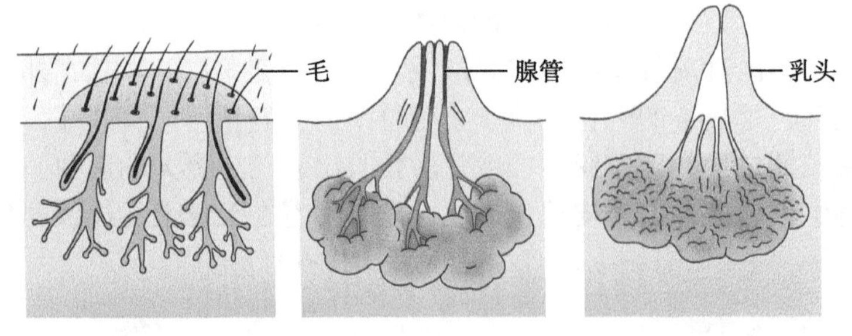

图 22-7 哺乳动物乳头类型 鸭嘴兽（左）；人（中）；有蹄类（右） 高元满 绘

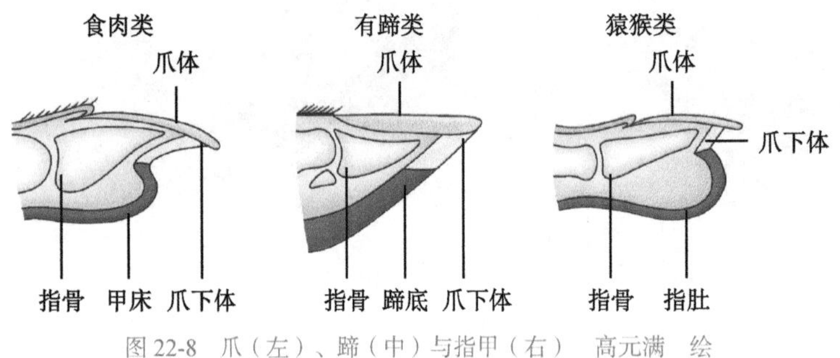

图 22-8 爪（左）、蹄（中）与指甲（右） 高元满 绘

哺乳动物皮肤衍生物除了毛、角、皮肤腺外，还有爪（claw）、蹄（hoof）和指甲（nail）。爪、甲和蹄都是指（趾）末端表皮衍生物，与爬行类同源，是适应陆地生活的产物，其形态和功能因适应不同生活而异。爪由爪体（nail plate）、爪下体（sole plate）和甲床（肉垫 volar pad）3 部分组成（图 22-8）。甲和蹄为爪的变形。绝大多数哺乳类有爪，用于取食、进攻和防卫。甲为灵长类所特有，爪体变薄，爪下体退化、甲床成指肚，有挠抓、拿捏、剥食等功能。蹄的爪体变厚，向下包住爪下体，适于迅速奔跑。

（三）骨骼系统

哺乳动物的骨骼系统十分发达，分中轴骨骼和附肢骨骼两部分（图 22-9），不仅能支持身体，保护内脏器官，与关节、肌肉组成运动装置，而且骨组织能调节血中钙磷代谢，是哺乳动物体内最大的钙库，部分骨骼的骨髓还具造血功能。

1. 中轴骨骼

包括头骨，脊柱、肋骨、胸骨。

（1）头骨：骨块数减少且坚硬，愈合成坚固的骨匣。枕骨大孔移至腹面，双枕髁与寰椎相关节。合颞窝型，次生腭完整。出现了哺乳动物特有的顶部脑勺、鼻腔扩大而成的颜面和颧弓（zygomatic arch），哺乳类特有的颧弓是分类的依据，也是强大的咀嚼肌的起点。

（2）脊柱、肋骨、胸骨：哺乳动物的脊柱明显分为颈、胸、腰、荐及尾椎 5 部分（图 22-9）。颈椎大多为 7 枚（树懒 6 或 9 枚、海牛 6 枚），前 2 枚颈椎特化为寰椎和枢椎，增强了头部运动的灵活性；胸椎 12 ～ 15 枚，两侧横突与肋骨相关节，由胸椎、肋骨及胸骨构成胸廓，是保护内脏、协助呼吸的重要装置。腰椎粗壮，一般 4 ～ 7 枚。荐椎 3 ～ 5 枚，多愈合为 1 块荐骨，以支持后肢腰带。尾椎数目不定且多退化。

哺乳类的椎体宽大、两端关节面平坦，称双平型椎体（amphiplatyan centrum）。两椎体间有软骨构成的椎间盘相隔，椎间盘中央有残留脊索形成的髓核。椎间盘坚韧而富有弹性，这种结构特点既提高了脊柱的负重能力，又能减少椎骨间的摩擦和减缓快速奔跑、跳跃对脑及内脏的震动。

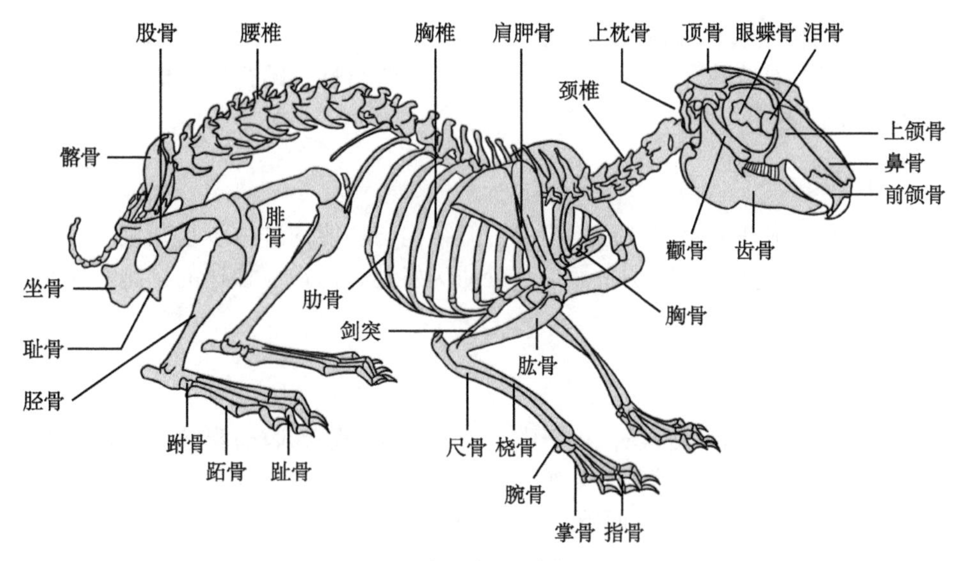

图22-9 家兔骨骼 桂紫瑶 绘

2. 附肢骨骼

包括带骨和肢骨。

（1）带骨：包括肩带和腰带。

①肩带：由肩胛骨、乌喙骨及锁骨构成。肩胛骨十分发达，呈宽大的片状；乌喙骨则退化成肩胛骨上的一个突起，称乌喙突；锁骨多退化，只有攀缘种类（如灵长类）、掘土种类（如鼹鼠）和飞翔种类（翼手目）较为发达。

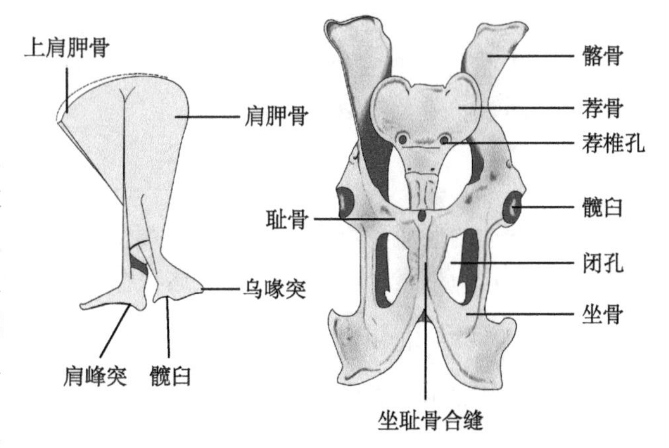

图22-10 哺乳动物肩带（左）与腰带（右） 乔然 绘

②腰带：由髂骨、坐骨和耻骨构成。髂骨与荐骨相关节，左右坐骨与耻骨在腹中线缝合，构成封闭式骨盆，加强了对后肢的支撑。产仔时坐耻骨合缝处韧带变软，骨盆腔变大，利于分娩（图22-10）。

（2）肢骨：包括前肢骨和后肢骨。

肢骨发达，基本结构与一般陆生脊椎动物相似。但前肢肱骨与桡尺骨形成向后的肘关节，后肢股骨与胫腓骨形成向前的膝关节，前、后肢骨生在身体腹面，与身体垂直，将身体完全抬离地面，既增强了支撑能力，又扩大了步幅，提高了运动速度。

陆生兽类行走、跑跳时四肢末端着地的方式，一般分为3种类型。①跖行性：跗跖部和趾部全着地，如灵长类、猿、猩猩等，这种方式与地面接触面积最大，有利于直立行

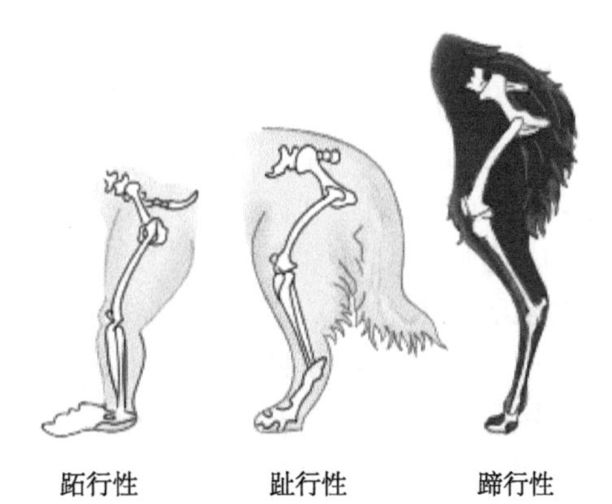

图22-11 哺乳动物足型 陈雨晴 绘

走的种类维持躯体平衡；②趾行性：仅趾部着地，如猫、虎、犬等绝大多数哺乳类；③蹄行性：趾端（蹄）着地的，如猪、牛、马、羊等。趾行性、蹄行性与地面接触面小，适于快速奔跑（图 22-11）。

（四）肌肉系统

哺乳类肌肉系统基本上与爬行类相似，但结构与功能均进一步复杂化。最显著的表现是具有强大的四肢肌肉，特别是髋关节处肌肉发达，以适应快速的奔跑。除此之外还具有以下特点。

1. 膈肌

膈肌起于胸廓后端的肋骨缘，止于中央腱，构成分隔胸腔与腹腔的横隔。膈肌运动可改变胸腔容积，是呼吸运动的重要组成部分。另外，胸、腹腔的分隔还使心、肺这两个重要器官免受胃肠的挤压，从而始终维持正常的功能。

2. 皮肤肌

皮肤肌发达，可抖动皮毛，甩掉体表的水滴、脏物和寄生虫，并具威吓功能。灵长类面部的皮肤肌发展成为表情肌（mimetic muscles），用来表达情感，从而能够在社群生活中进行高级、复杂的信息交流。

3. 咀嚼肌

具有发达的颞肌和嚼肌，分别起自颅侧和颧弓，止于下颌骨（齿骨）。强大的咀嚼肌是哺乳类利用口捕食、防御并形成发达咀嚼功能的基础。

（五）摄食与消化

哺乳动物消化系统包括消化管和消化腺。

1. 消化管

消化管分化更完善，由口、口腔、咽、食管、胃、小肠、大肠、直肠和肛门组成。哺乳动物首次出现口腔咀嚼和消化，大大提高了对食物的消化效率。

咀嚼肌强大，增强了捕食、咀嚼、进攻和防御功能。口缘具肌肉质的唇（lip），为哺乳动物特有，具吮吸、摄食、辅助咀嚼和发音等功能。口腔两侧壁出现肉质颊部，能暂存食物和防止食物脱落。口腔顶壁为腭，前部为硬腭，后部为软腭。腭部常有角质棱，能防止食物散落。口腔底部有能自由活动的肌肉质

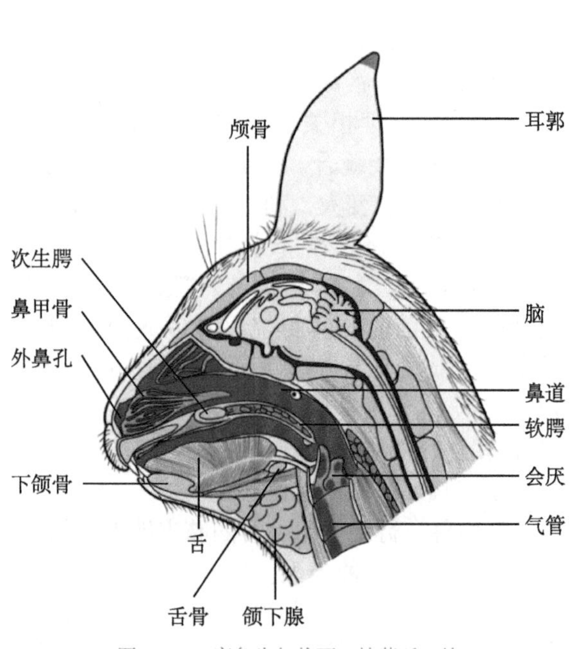

图 22-12　家兔头矢状面　桂紫瑶　绘

舌，其表面布满含味蕾的舌乳头。舌具摄食、搅拌、吞咽和发音等功能（图22-12）。

哺乳动物在中生代，牙齿开始分化为门齿（incisor）、犬齿（canine）、前臼齿（premolar）和臼齿（molar），分别执行不同功能，称异型齿（heterodont）。哺乳动物的牙齿属槽生异型齿、再生齿。门齿：齿冠简单，边缘锋利，主要行切割、剪断。犬齿：齿冠圆锥形，主要是刺穿功能。前臼齿和臼齿的齿冠上有1至多个尖，适合剪切、压碎、研磨等。齿型和齿数在同一物种是稳定的，可作为分类的依据。哺乳动物牙齿的种类、数目和排列的次序可用齿式表示。

如人的齿式为：$2*\dfrac{2.1.2.3}{2.1.2.3}=32$，牛的齿式为：$2*\dfrac{0.0.3.3}{4.0.3.3}=32$

人的齿式表示一侧牙齿的数目是：上、下门齿各2枚，上、下犬齿各1枚，上、下前臼齿各2枚，上、下臼齿各3枚，计16枚，整副牙齿即为16×2=32枚。

牛的齿式为，表示牛一侧牙齿的情况是：上门齿缺如、下门齿4枚，上、下犬齿均缺如，上、下前臼齿、臼齿都是3枚，计16枚，整副牙齿为16×2=32枚。

哺乳类的牙齿有乳齿与恒齿的区别。乳齿（即婴儿首次生出的门齿、犬齿、前臼齿）在出生后一定年龄内脱落，然后即被重新长出的恒齿替换，恒齿终生不再更换。臼齿无乳齿，生出后就不再更换，所以儿童时臼齿的保护非常重要。

哺乳类牙齿比任何单一的身体特征更能揭示它们的生活习性，牙齿形态分化可反映其食性。

食虫类：门齿尖锐，以刺穿猎物外骨骼或皮肤，犬齿不发达。如鼩鼱、鼹鼠、食蚁兽和大多数蝙蝠均以昆虫和其他小型无脊椎动物为食，很少食纤维植物，无须发酵，故肠管很短。

草食类：草食动物消化管长而发达。包括有蹄类（马、牛、羊、鹿、羚羊）、一些啮齿类和野兔等，犬齿不发达或缺如，臼齿、前臼齿宽、齿冠高，适于磨碎植物纤维。也有的啮齿类如海狸，门齿锋利，终生生长，必须不断磨损才能确保一定长度。脊椎动物无法合成纤维素酶，但食草的反刍动物在瘤胃内有厌氧菌和纤毛虫，它们可在发酵过程中产生纤维素酶，借以消化纤维素。单胃的草食动物（马、兔、大象、某些啮齿类，甚至灵长类）在盲肠内发酵，而吸收主要在前段的小肠内，造成许多营养物质随粪便丢失。为此，兔和一些啮齿类经常会吃自己的粪便颗粒，使营养物质二次通过小肠吸收。

肉食类：犬齿十分发达，并且上颌最后一个前臼齿和下颌第一臼齿特别增大，形成剪刀状切面，用于撕裂切割猎物的肌肉和肌腱。消化管短，盲肠较小甚至无盲肠。

杂食类：臼齿齿冠有丘形隆起，称丘型齿。这类动物既吃植物也食动物（猪、多数啮齿类、多数灵长类、熊、人类），由于食入的纤维含量有限，盲肠不甚发达（图22-13）。

咽位于呼吸道和消化管交叉处，是食物入食管和气体入气管的共同通道。食管是细长的肌肉质管，穿过膈肌与胃相连。

胃位于膈肌后方腹腔内，其形态结构与食性有关。大多数哺乳动物为单胃，草食性反刍类为复胃。单胃由连接食管的贲门部、连接十二指肠的幽门部和胃体构成。复胃一般由瘤胃（rumen）、网胃（reticulum）、瓣胃（omasum）和皱胃（abomasum）4室组成，前3个胃由食管膨大而成，不分泌消化液。瘤胃中含有大量的微生物，使植物纤维发酵分解。网胃壁有许多蜂窝状皱褶，可将食物分成小团块继续发酵。粗糙食物上浮刺激瘤

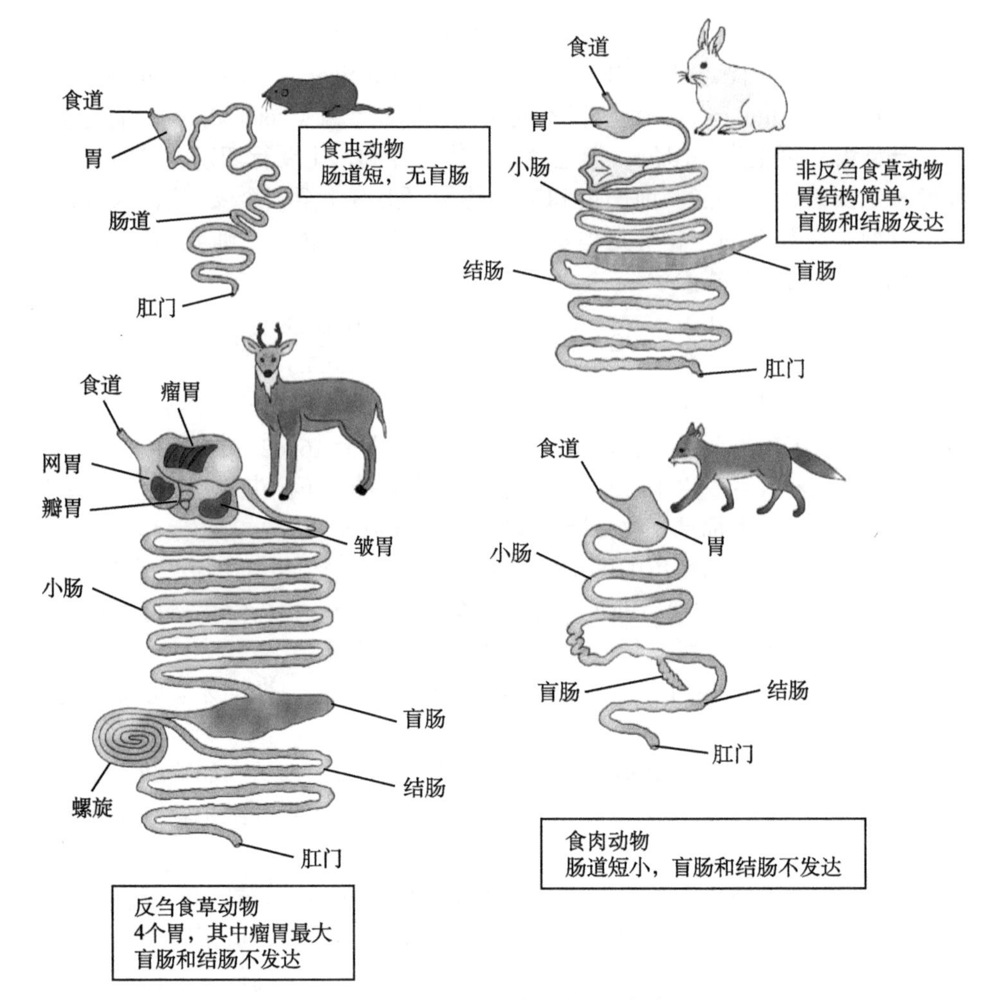

图 22-13 不同食性消化管比较 刘彦希 绘

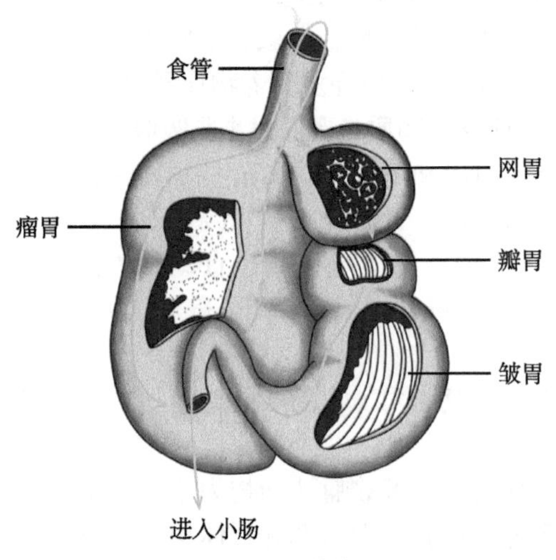

图 22-14 瘤胃 柱紫瑶 绘

胃前庭和食管沟，引起逆呕，使食物返回口中重新咀嚼，故称反刍（rumination）。食物再次咽下经瓣胃进入皱胃，皱胃可分泌消化液，也是胃的本体（图 22-14）。

肠分小肠和大肠。小肠分化为十二指肠、空肠和回肠 3 部分。十二指肠 U 形，前端接幽门胃，空肠最长，回肠最短，二者无明显界限。在小肠内，来自胃的食糜受到肝脏分泌的胆汁、胰脏分泌的胰液和小肠腺分泌的肠液 3 种消化液的作用，快速分解为可被小肠绒毛吸收的简单营养物质。大肠包括盲肠、结肠和直肠 3 部分。盲肠位于大、小肠交界处，内有大量微生物，能分解纤维素，草食类盲肠发达。结肠与盲肠相接，二者有明显的蠕动和逆蠕动，保证了微生物充分分解纤维素。结肠后端接直肠，具吸收水分和形成粪便的功能，末端以肛门开口于体外。

2. 消化腺

哺乳动物的消化腺包括唾液腺、肝、胰、胃腺、小肠腺、大肠腺等。

口腔内一般有 3 对唾液腺，即舌下腺、颌下腺和耳下（腮）腺。唾液腺可分泌含有淀粉酶和溶菌酶的黏液，具口腔消化和抑菌等功能。

肝脏位于腹腔前部，家兔的肝脏分为 6 叶，胆囊生在右中叶上，胆汁由胆管注入十二指肠。家兔的胰脏位于十二指肠系膜上，树枝状，分泌的胰液经胰管注入十二指肠。

胃腺主要分泌盐酸和胃蛋白酶原，胃蛋白酶原在盐酸作用下转变为有活性的胃蛋白酶。小肠腺位于小肠黏膜内，能分泌肠液，内含肠激酶、肠肽酶、乳糖酶和麦芽糖酶等。大肠腺主要分泌碱性黏液，有保护、润滑肠壁和利于排便的功能。

（六）呼吸

哺乳动物呼吸系统非常发达，包括呼吸道和肺两部分。

1. 呼吸道

呼吸道由鼻腔、咽、喉、气管和支气管组成，是气体进出肺的通道。鼻腔经外鼻孔、内鼻孔与咽相通，内有发达的鼻甲骨。鼻甲骨和腔壁表面均密布血管、腺细胞、纤毛细胞、嗅觉细胞和神经末梢的黏膜，可温暖空气、湿润、除尘和产生嗅觉等功能。哺乳类还有鼻甲骨伸入至头骨骨腔内形成的鼻旁窦，有进一步加强温暖和滤过空气作用，也是发声的共鸣器。

喉位于咽后部，是气管前端的膨大部，为呼吸通道和发声器官，主要由甲状软骨、环状软骨、会厌软骨和 1 对杓状软骨构成（图 22-15），前两者之间是喉腔，在腔内的甲状软骨和杓状软骨之间有声带，为发声器官。喉下为气管，由一系列背面有缺口的 U 形软骨支撑，气管入胸腔后分为左、右支气管，分别入左、右肺。

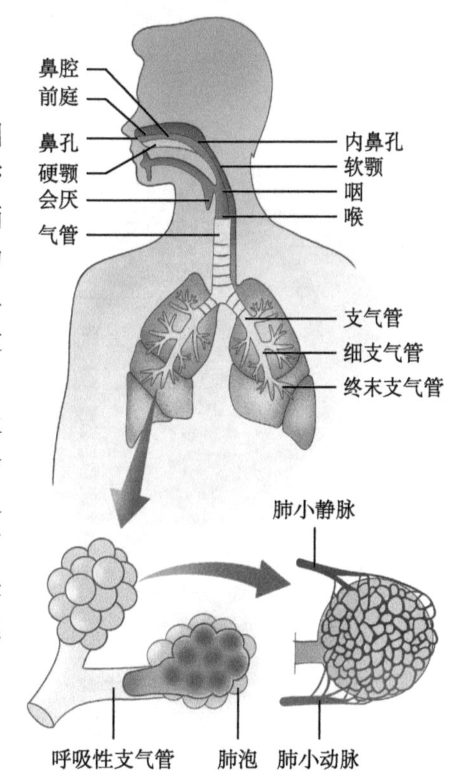

图 22-15　人呼吸系统　高元满　绘

2. 肺

位于胸腔内，为 1 对粉红色海绵状器官（图 22-15）。哺乳动物的肺由各级支气管构成的支气管树及肺泡组成。支气管入肺后，经次级、三级、四级等逐级分支，最后分支为呼吸细支气管，其末端膨大成肺泡管并通向若干肺泡囊，肺泡囊壁向外凸出形成半球形盲囊，即肺泡。肺泡壁是单层上皮细胞，壁上密布毛细血管网，是气体交换的场所。

哺乳动物借特有的膈，形似倒扣的锅，将胸腔与腹腔分开，使胸腔成为密闭腔，进而通过膈肌和肋间肌协同运动完成呼吸。吸气时，膈肌和肋间外肌同时收缩，膈变平，肋骨上提，胸廓扩大，胸腔扩张；呼气时则相反，膈肌和肋间外肌同时舒张，膈突起似

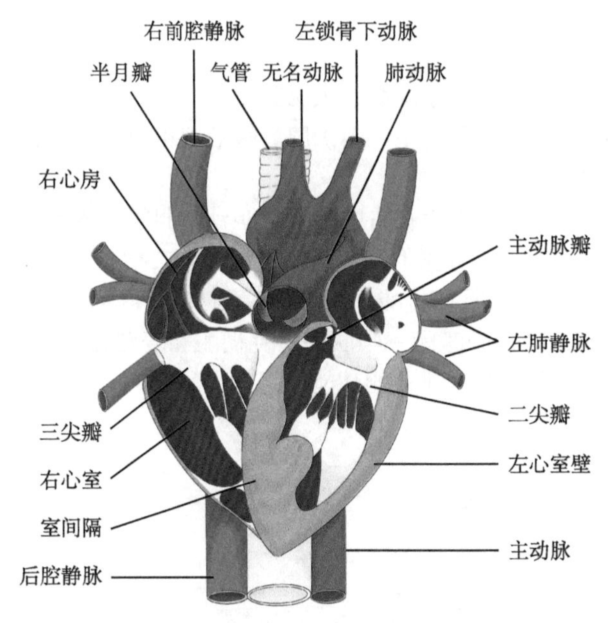

图 22-16　哺乳动物心脏　乔然　绘

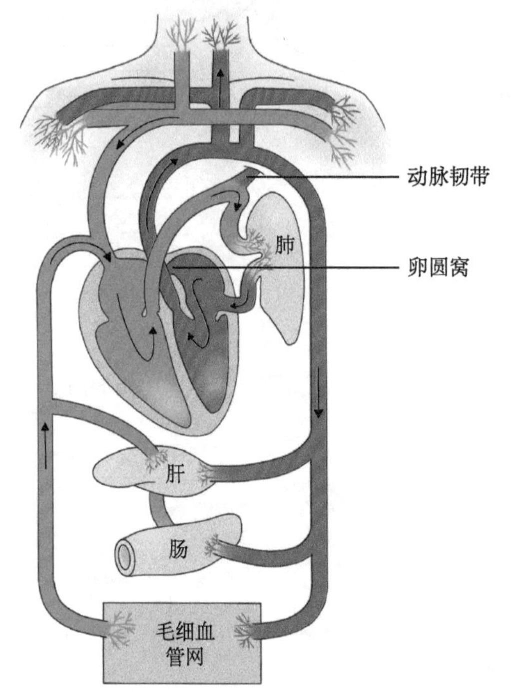

图 22-17　成年人循环系统模式图　高元满　绘

锅，胸廓回缩，胸腔缩小。

（七）循环系统

哺乳类的循环系统主要包括血液循环系统和淋巴循环系统。具有 4 腔心脏，完全双循环，仅有 1 条左体动脉弓，静脉系趋于简化。

1. 血液循环

包括心脏、血管、血液。

（1）心脏：位于胸腔偏左的心包腔中，分为 2 心房和 2 心室。左侧心房、心室间有二尖瓣，右侧心房、心室间有三尖瓣。从心脏发出的体动脉和肺动脉基部内各有 3 个半月瓣。这些瓣膜能防止血液倒流，保证血液沿一个方向流动（图 22-16）。

血液循环方式为完全双循环。右心房接收来自身体各部回流的静脉血入右心室，通过肺动脉至肺进行换气，再经肺静脉进左心房和左心室构成肺循环。左心室的动脉血经体动脉送至身体各部，回流血经体静脉回到右心房和右心室构成体循环。

（2）血管：血管包括动脉、静脉、毛细血管和心血管。

哺乳类仅有左体动脉弓，自左心室发出，向前左转至心脏背面成为沿脊柱腹侧后行的背大动脉，直达尾部，沿途发出各分支血管至全身。颈总动脉和锁骨下动脉从左体动脉弓上发出的位置因种甚至因个体而异。肺动脉从右心室发出，左转向心脏背侧分成 2 支，分别入左、右肺。

哺乳类静脉系趋于简化，大多只有前、后大静脉各 1 条，静脉窦和肾门静脉消失，成体的腹静脉也消失（图 22-17）。兔具前大静脉 1 对，后大静脉 1 条。肺毛细血管汇合成 3 条肺静脉，共同开口于左心房。毛细血管是分布全身各组织细胞间的微细血管。

心血管具供应心脏营养的功能。由左体动脉弓基部发出 2 条冠状动脉，分布至左、右心室外壁。冠状静脉 4 条，收集心壁的血液入右心房。

（3）血液：由血浆、红细胞（成熟无核，大多呈双凹型）、白细胞和血小板等构成。

血液总量占体重的 7% ～ 8%。

2. 淋巴循环

哺乳动物的淋巴系统发达，遍布全身，包括淋巴液、淋巴管、淋巴结和淋巴器官等。其功能是辅助组织液回心，维持血量恒定；产生淋巴细胞和单核细胞，参与免疫；运送脂肪等。

淋巴管是输送淋巴液的通道，组织液以渗透方式进入毛细淋巴管，逐渐汇集到淋巴管，再汇入胸导管和右淋巴导管，最后入前大静脉回心脏。淋巴结广布于淋巴管通道上，肉色、形状大小不一，颈下、腋下、腹股沟、小肠肠系膜是重要淋巴结分布之处。

淋巴器官包括脾脏、胸腺和扁桃体。扁桃体位于消化管和呼吸道的交汇处，可产生淋巴细胞和抗体，具有抗细菌、抗病毒的防御功能。脾为暗红色的长条状，紧贴胃大弯左侧，能产生淋巴细胞参加免疫反应，吞噬分解衰老红细胞，回收血红素和铁质用于造血。胸腺是 T 细胞分化、发育和成熟的场所，它通过分泌胸腺类激素调节 T 细胞的分化发育和功能。幼体的胸腺发达，成体的胸腺开始萎缩。

以肺呼吸和完全的双循环，能充分满足动物体代谢所需的氧气和营养物质。

（八）排泄系统

哺乳动物的排泄系统由肾脏、输尿管、膀胱和尿道所组成（图 22-18）。其功能有排泄废物、参与水和盐的调节、维持酸碱平衡和体内环境稳定等。皮肤是哺乳类特有的排泄器官，少部分代谢废物可通过皮肤出汗排出。哺乳动物排泄物为尿素，毒性比氨小，但具有高溶水性，因此，排泄一直是哺乳动物水分流失的主要途径。

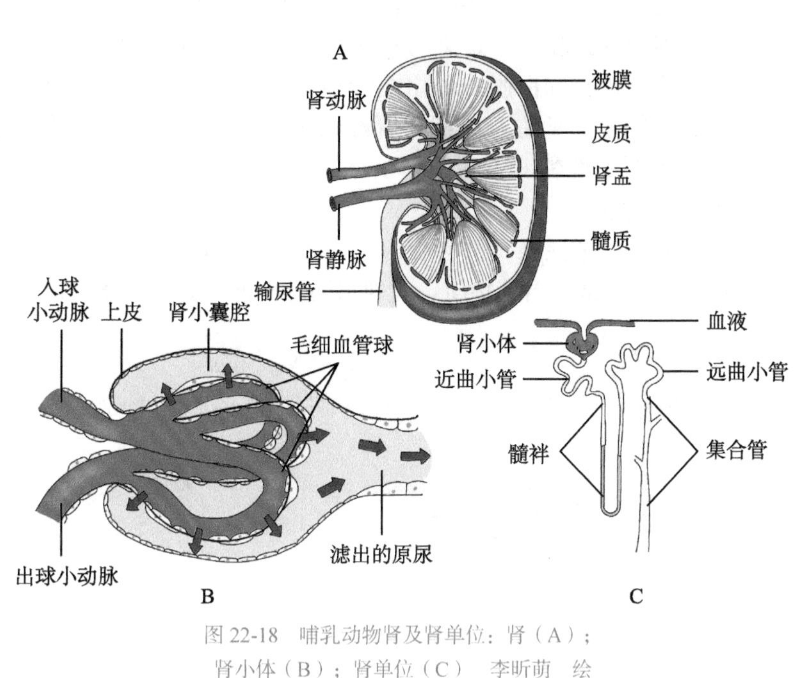

图 22-18　哺乳动物肾及肾单位：肾（A）；肾小体（B）；肾单位（C）　李昕萌　绘

1. 肾脏

属后肾，位于腰椎两侧。内侧凹陷处称肾门，为输尿管、血管、淋巴管、神经等出入肾的门户。肾由皮质和髓质组成，肾外层为皮质，由无数肾小体构成，肾小体由肾小球外包肾小囊而成；肾内层为髓质，由肾小管和集合管组成。输尿管起始端膨大处为肾盂，髓质的集合管伸入肾盂形成乳头状突，称肾乳头。

肾小体和肾小管组成肾单位，是构成泌尿系统的基本单位，肾脏实体由肾单位和排尿的集合小管构成。在皮质部血液经肾小体中的肾小囊过滤形成原尿（水、葡萄糖、氯

化钠、尿素、尿酸等)，通过髓质部的肾小管、集合小管对原尿中的有用物质重吸收后形成终尿，经肾乳头进入肾盂。

2. 输尿管、膀胱及尿道

输尿管始于肾盂，沿腹腔背侧后行，止于膀胱基部背侧。膀胱为梨形的肌质囊，受植物性神经支配，可暂时贮存尿液。尿道起自膀胱，雄性尿道既排尿也排精，开口于阴茎头，雌性的尿道开口于泄殖孔。

(九)生殖系统

雌雄异体、体内受精。

1. 雄性生殖系统

包括睾丸(精巢)、附睾、输精管、阴茎和副性腺。

睾丸1对，是产生精子、分泌雄性激素的器官，其位置因种类而异。有的终生留在腹腔内，不具阴囊，如单孔类、鲸、象、鳍脚类等；有的胚胎早期在腹腔内，后期下降并终生留在阴囊中，如有袋类、食肉类、有蹄类、灵长类等；有的是生殖期留在阴囊中，非生殖期则回到腹腔内，如兔、啮齿类、翼手类、食虫类等。

睾丸外被鞘膜和白膜，内由结缔组织隔分成许多睾丸小叶，每个小叶内充满曲细精管，是产生精子的地方。曲细精管经输出小管连通附睾，附睾是细长弯曲的管，附睾管壁细胞分泌弱酸性黏液，利于精子存活和发育成熟。附睾末端连输精管，再进入尿道并开口于阴茎前端。

雄性重要的副性腺有精囊腺、前列腺和尿道球腺等，它们的分泌物构成精液的主体，内含促进精子存活的营养物质。前列腺还分泌前列腺素，能促进平滑肌收缩，有助于受精。

2. 雌性生殖系统

包括卵巢、输卵管、子宫、阴道和外阴部(图22-19)。

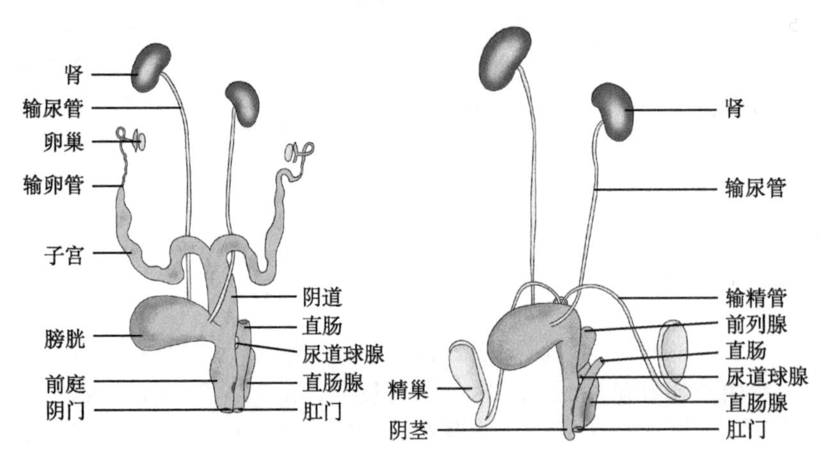

图22-19 哺乳动物泌尿生殖系统 雌性(左)；雄性(右) 乔然 绘

卵巢1对，卵圆形，淡粉色，位于腹腔背侧。卵巢外被生殖上皮和白膜，内部外周是含不同发育阶段卵泡的皮质部，中央是含许多血管、神经的髓质部。输卵管1对，其前端以喇叭口开口于卵巢上方的体腔内，后端连膨大的子宫。卵成熟后卵泡破裂，卵子落入喇叭口，于输卵管上段与精子相遇而受精，受精卵种植于胎盘内。胎儿通过脐带接受母体营养而发育，成熟后经阴道产出体外。

哺乳类的子宫主要有 4 种类型（图 22-20）。①双子宫（原始类型），两侧子宫完全分开，并分别开口于阴道，如许多啮齿类、兔类、翼手类等。②双分子宫（较高等），两侧子宫在近阴道处合并，以同一个孔开口于阴道，如多数肉食类、某些啮齿类、猪和牛等。③双角子宫，其两子宫的合并程度更大，仅上端分离。如多数有蹄类、食虫类、鲸类和部分食肉类等。④单子宫，两子宫完全合二为一，如猿、猴、人等，单子宫一般产仔较少。

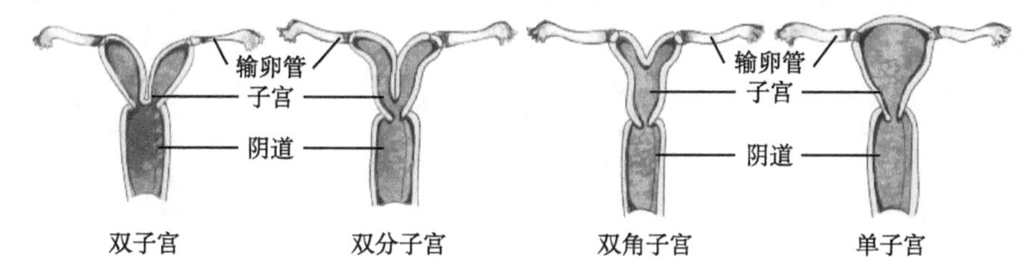

图 22-20 哺乳类子宫类型 陈雨晴 绘

（十）神经系统和感觉器官

1. 神经系统

哺乳动物的神经系统高度发达，包括中枢神经系统、周围神经系统和植物性神经系统。新脑皮在哺乳动物高度发展，形成神经活动高级中枢。

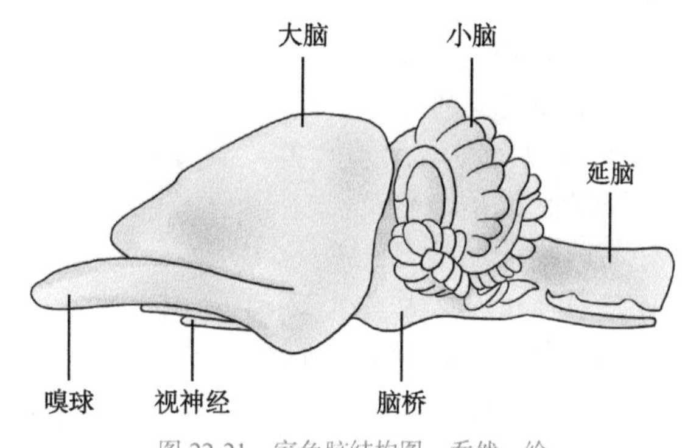

图 22-21 家兔脑结构图 乔然 绘

（1）中枢神经系统：中枢神经系统包括脑和脊髓（图 22-21）。大脑体积增大，向后盖住了间脑、中脑，灵长类的小脑也被遮盖。新脑皮构成的大脑皮层外层为灰质，内层为白质，形成了沟和回，是神经活动的高级中枢。连接左右大脑半球间出现横行神经纤维束，称胼胝体（corpus callosum），为哺乳动物特有。间脑由两侧的丘脑、背部的上丘脑、腹部的下丘脑和第三脑室组成。下丘脑是植物性神经系统活动、内分泌、体温、性活动、睡眠等调节中枢。中脑不发达，背部的四叠体是视觉和听觉反射中枢。小脑极发达，出现小脑半球，为哺乳类所特有。小脑腹面突起形成脑桥，是小脑与大脑皮层间的联络桥梁。小脑有维持肌肉张力、平衡和协调运动等机能。延脑前接脑桥，后接脊髓，是重要的内脏活动中枢，又称活命中枢。圆柱形的脊髓位于脊柱的椎管内，有两个膨大，分别是臂神经丛和腰神经丛分出的部位。脊髓的不同部位有不同的反射中枢，但都在高级中枢控制下活动。

（2）周围神经系统：周围神经系统是中枢神经系统与身体各器官间神经联系的总称，包括脑神经12对和脊神经37~38对。

（3）植物性神经系统：植物性神经系统包括交感神经系统和副交感神经系统（图22-22），一般共同分布于内脏、血管平滑肌、心肌和腺体等处，二者对同一器官的调节作用是相互拮抗、对立统一的，且不受意识支配。

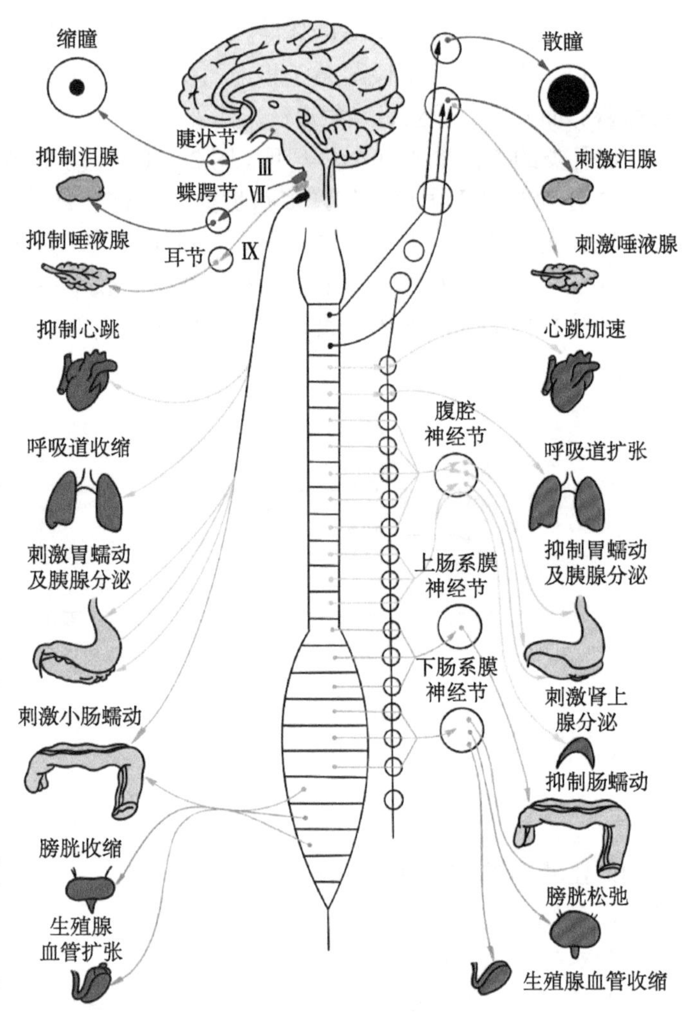

图22-22 哺乳动物植物性神经系统 桂紫瑶 绘

2. 感觉器官

哺乳类的感觉器官十分发达，嗅觉和听觉高度灵敏，对哺乳动物觅食、求偶、育幼、避敌有重要作用。

哺乳动物的嗅觉高度敏锐，表现为鼻腔扩大，鼻腔内出现复杂盘卷的鼻甲骨，其上附有嗅神经末梢和嗅觉细胞的黏膜，使嗅觉表面积大为增加，如兔的嗅神经细胞多达10亿个。

哺乳动物的听觉敏锐，包括外耳、中耳和内耳等（图22-23）。出现可转动的外耳壳，能有效收集声波。中耳由鼓膜、鼓室、听小骨和耳咽管组成，鼓室内出现3块听小骨（锤骨、砧骨、镫骨）组成了灵敏的听觉系统。内耳包括3个半规管，即椭圆囊、球状囊和耳蜗管。前三者称内耳前庭，主管身体平衡；耳蜗管为哺乳动物特有，主要接受听觉刺激。

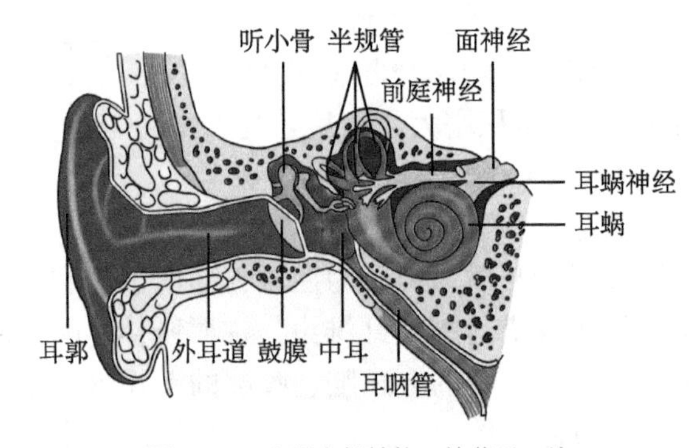

图22-23 人耳内部结构 桂紫瑶 绘

哺乳动物视觉发达，眼球由眼球壁和一套折光系统构成。眼球壁分3层。最外层是巩膜，在眼前部中央处完全透明，称角膜。中间层为脉络膜，富含血管、神经和色素细胞，在近眼前部变厚成睫状体，其眼前部为虹膜，虹膜的中央游离缘围成瞳孔。内层为视网膜，是眼的感光部位，包括能感受强光且辨别颜色的视锥细胞和只能感受弱光的视杆细胞。眼球的折光系统包括角膜、晶状体和玻璃液等（图22-24）。眼的辅助装置包括眼睑、瞬膜、泪腺和结膜等结构，具有保护和湿润眼球的功能。

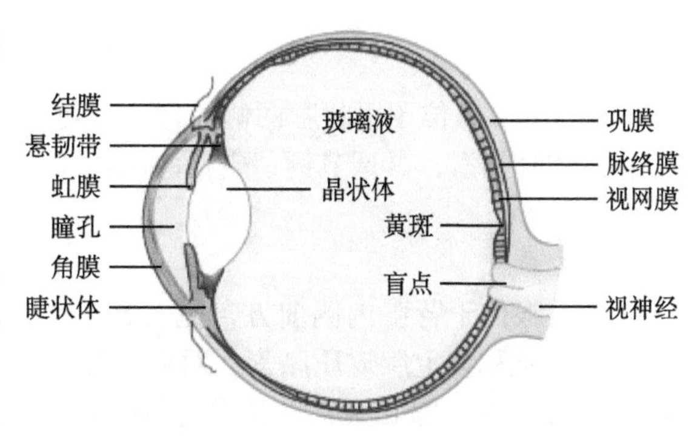

图22-24 哺乳动物眼球结构 陈雨晴 绘

（十一）内分泌系统

哺乳类的内分泌系统极发达，对调节有机体内环境的稳定、代谢、生长发育和行为等有重要作用。包括脑垂体、甲状腺、甲状旁腺、肾上腺、胰岛等（图22-25）。

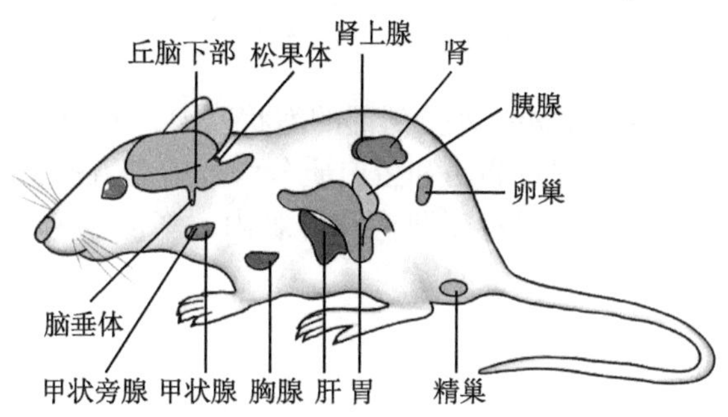

图22-25 啮齿动物内分泌腺 桂紫瑶 绘

1. 脑垂体

脑垂体位于间脑底部，视神经交叉后方，是动物体内最重要的内分泌腺，能产生多种激素，这些激素不仅能调节动物体的生长、代谢、生殖等，还能调节和影响其他内分泌腺的分泌。脑垂体包括腺垂体和神经垂体两部分，其中腺垂体的远侧部称垂体前叶，中间部称中叶，神经垂体的神经部称后叶。

腺垂体的垂体前叶和中叶分泌的激素见表22-1。垂体后叶主要分泌由下丘脑神经细胞产生的催产素（oxytocin）和抗利尿素，又称神经激素。

表22-1 腺垂体分泌的激素及其作用（引自刘凌云）

激素	靶器官或组织	作用
促肾上腺皮质激素（ACTH）	肾上腺皮质	促进皮质激素（类固醇化合物）的生成与分泌
促甲状腺激素（TSH）	甲状腺	促进甲状腺激素的合成与分泌
生长激素（GH）	所有组织	促进组织生长，RNA与蛋白质的合成，抗体的形成，脂肪的分解，葡萄糖与氨基酸的运输
促卵泡激素（FSH）	卵泡、曲精细管	促进卵泡成熟或精子生成
促黄体激素（LH）	卵巢间质细胞精巢间质细胞	促进卵泡成熟，雌激素分泌，排卵，黄体生成，孕酮分泌，促进雄激素合成与分泌
催乳激素（PRL）	乳腺	促进乳腺生长，乳蛋白合成，分泌乳汁
促黑激素（MSH）	黑色素细胞	促进黑色素的合成及黑色素细胞的散布

2. 甲状腺

甲状腺位于气管前端两侧，呈蝴蝶形，能分泌甲状腺素。甲状腺素分泌不足称“甲减”，表现为代谢降低、行动迟缓、呆笨等；相反称“甲亢”，表现为代谢升高、眼球突出、神经过敏、身体消瘦等。

3. 甲状旁腺

甲状旁腺是位于甲状腺两侧的背面或埋在甲状腺内的4个非常小的腺体，能分泌甲状旁腺素和降钙素，具调节钙、磷代谢的功能。

4. 肾上腺

肾上腺位于肾脏内侧前方，左右各1个，由表层皮质和内部髓质构成。皮质分泌的几种激素统称肾上腺皮质激素，对调节盐类（特别是钠、钾）、水分和糖的代谢有重要作用，并有促进性腺和第二性征发育的作用。髓质分泌的激素是肾上腺素，其功能与交感神经兴奋时相似，能使心脏收缩加强、心跳加快，血压上升，常作为强心剂。

5. 胰岛

散布于胰脏外分泌部的泡状腺中，形如小岛，故名胰岛。胰岛中的α细胞分泌胰高血糖素，能促进脂肪和蛋白质分解及血糖升高；胰岛中的β细胞分泌胰岛素，能促进血糖变成糖原，贮存于肌肉和肝脏内，降低血糖。胰岛素分泌不足时，血糖升高，葡萄糖随尿液排出而产生糖尿病。

6. 性腺

睾丸和卵巢除能产生生殖细胞外，还具内分泌功能。睾丸主要分泌睾酮和雄烷二酮等雄性激素，能促进雄性器官和精子及第二性征的发育。雌激素由卵泡产生，主要是雌二醇，能促进雌性器官和第二性征的发育及调节生殖活动周期。

第二节 哺乳动物的分类

按照《世界哺乳动物物种》（*Mammal Species of the World*）一书（2005），目前哺乳纲有约5676个物种，约占脊索动物门的10%，分原兽亚纲（Prototheria）、后兽亚纲（Metatheria）和真兽亚纲（Eutheria）。

一、原兽亚纲

原兽亚纲是现存哺乳类中最原始的类群，保留着许多近似爬行类的原始特征。如卵生，母兽有孵卵习性，具泄殖腔，以单一的泄殖腔孔开口体外，故又称单孔类；口缘具扁喙而无肉质唇，成体口腔内无齿；无外耳壳；肩带有独立的乌喙骨、前乌喙骨和发达的间锁骨；大脑皮层不发达、无胼胝体。同时也具哺乳动物的特征，如体表被毛，以乳汁哺育幼仔（有乳腺但无乳头），体腔中具膈肌。仅具左体动脉弓。下颌由单一的齿骨组成。体温恒定在26～35℃。本亚纲只有单孔目，代表动物有鸭嘴兽（*Ornithorhynchus anatinus*）、短吻针鼹（*Tachyglossus aculeatus*）等（图22-26），仅分布于大洋洲及其附近的岛屿上。

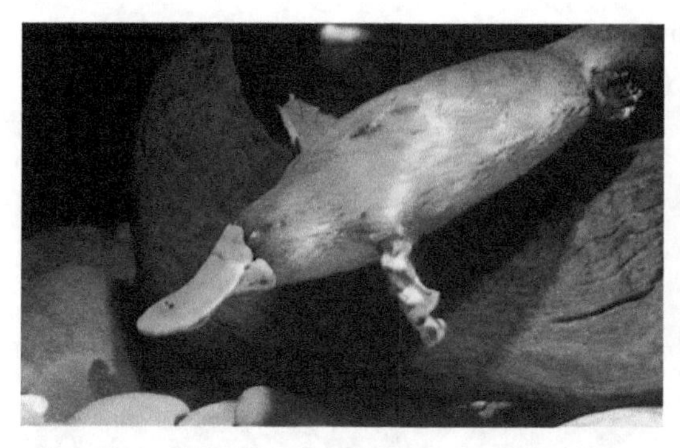

图 22-26 鸭嘴兽（左）与短吻针鼹（右） 引自 Hickman

二、后兽亚纲

后兽亚纲又称有袋亚纲，是介于原兽亚纲和真兽亚纲之间的类群。主要特征有：胎生，但多无真正的胎盘，妊娠期短（约 40d）；母兽具特殊的育儿袋，乳腺具乳头，乳头开口在育儿袋内，发育不完全的幼仔出生后需在育儿袋内继续完成发育；大脑半球体积小，无沟回和胼胝体；雌兽具双子宫；异型齿。本亚纲主要分布于大洋洲及其附近的岛屿上，只有有袋目，代表动物有红大袋鼠（*Macropus rufus*）、北美负鼠（*Didelphis virginiana*）和大洋洲的袋狼（*Thylacinus cynocephalus*）、树袋熊（*Phascolarctos cinereus*）等有袋类动物（图 22-27）。

图 22-27 大赤袋鼠（左）与考拉（右） 张铁卓 提供

三、真兽亚纲

真兽亚纲种类最多，占现存哺乳类的 95% 左右，是最高等的类群。分布广泛，生活环境多样。主要特征为：有真正的胎盘，故又称有胎盘亚纲，胎儿在子宫内发育完全后产出；具乳腺和乳头；大脑皮层发达，具沟回及胼胝体；异型齿，有乳齿与恒齿之分；肩带的肩胛骨极发达、乌喙骨和锁骨多退化；体温恒定，一般为 37℃左右。

真兽亚纲现存种类约 4000 种，隶属 18 个目，我国约有 600 种。

1. 食虫目（Insectivora）

本目是最原始的有胎盘类。个体较小，体被绒毛或硬刺；吻细尖，适于食虫，牙齿结构较原始；四肢多短小，趾端具爪，适于掘土，大多夜行性。常见种类有刺猬（*Erinaceus amurensis*）、鼩鼱（*Sorex araneus*）等（图 22-28）。

视频 22-1

图 22-28 食虫目代表：刺猬（左）与鼩鼱（右） 郭冬生 摄

2. 翼手目（Chiroptera）

图 22-29 蝙蝠 张轶卓 提供

能飞翔的哺乳类。前肢特化，具特别延长的指骨。由指骨末端至肱骨、体侧、后肢及尾间，着生有薄而柔韧的翼膜，借以飞翔。后肢短小，具长而弯的钩爪。胸骨具龙骨突起，锁骨发达，均与特殊的运动方式有关。齿尖锐，适于食虫，夜行性。全世界现存蝙蝠超过 1300 种，我国蝙蝠种类有 150 多种，主要分布在西南、华中和华南等地，北方温带地区也有分布。常见种类为东方蝙蝠（*Vespertilio sinensis*）。蝙蝠是许多人畜共患病毒的自然储藏库，携带有 SAS 病毒、埃博拉病毒和狂犬病病毒等近百种病毒（图 22-29）。

3. 灵长目（Primates）

本目为哺乳动物最高等的类群。除少数种类外，拇指多能与其他指相对，适于树栖攀缘及握物。锁骨发达，掌跖部裸露，并有两行皮垫，利于攀缘。指（趾）端部除少数种类具爪外，多具指甲。杂食性。大脑半球高度发达，视觉、听觉发达，嗅觉退化。雌兽有月经。广泛分布于热带、亚热带和温带地区。本目代表性种类有蜂猴（*Nycticebus bengalensis*）、猕猴（*Macaca mulatta*）、长臂猿（*Hylobatidae*）和黑猩猩（*Pan troglodytes*）等（图 22-30）。

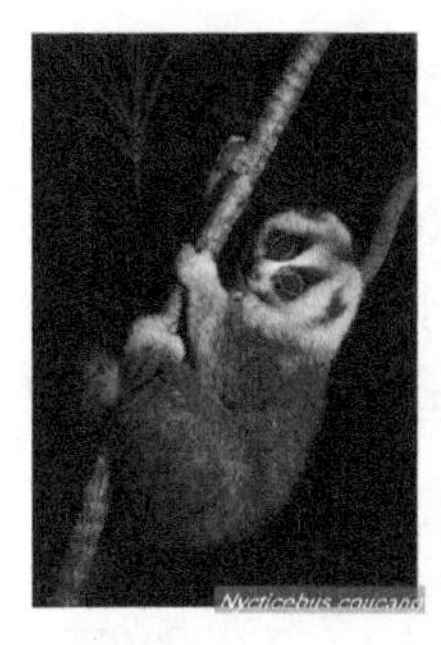

图 22-30　蜂猴（左）、猕猴（中）与滇金丝猴（右）　张轶卓　提供

4. 鳞甲目（Pholidota）

本目动物体外被鳞甲，鳞片间杂有稀疏硬毛。头尖小，吻尖，无齿，舌发达。四肢粗短，前爪极长，适于挖掘蚁穴，舔食蚁类等昆虫。多生活在亚洲或非洲的热带或亚热带地区。本目仅有鲮鲤科，种类稀少。产于我国南方的中华穿山甲（*Manis pentadactyla*）是本目代表，因数量少，繁殖率低，被列为国家Ⅱ级保护动物（图 22-31）。

图 22-31　穿山甲（标本）　王宝青　摄

5. 兔形目（Lagomorpha）

中、小型草食动物，与啮齿目亲缘关系较近。上颌具 2 对前后重生的门齿，后 1 对很小，隐于前 1 对门齿的后方，故称重齿类；下颌 1 对门齿，无犬齿，在门齿与臼齿间有很大的空隙，上唇具唇裂，尾短或无尾。主要分布在北半球。常见代表有达乌尔鼠兔（*Ochotona daurica*）及草兔（*Lepus capensis*）。欧洲地中海地区的穴兔（*Oryctolagus cuniculus*）是所有家兔品种的原祖。黑唇鼠兔（*Ochotona curzoniae*）为我国青藏高原草甸生态系统的关键物种（图 22-32）。

图 22-32　黑唇鼠兔　赵新全　摄

6. 啮齿目（Rodentia）

本目种类及数量为哺乳类中最多的类群，全球约 2800 种，我国有 180 余种。繁殖力强，适于多种生态环境，遍布全球。上、下颌各具 1 对门齿，无齿根，终生生长，需常磨牙。无犬齿，门齿与前臼齿间具空隙。嚼肌发达，适于啮咬硬物。

（1）松鼠科（Sciuridae）：树栖或半树栖、地栖及穴居等多种生活方式。树栖类耳郭大，尾长且毛蓬松，为树上跳跃的平衡器官，如松鼠（*Sciurus vulgaris*）。地栖或穴居类耳小、尾短，如达乌尔黄鼠（*Spermophilus dauricus*）。岩松鼠（*Sciurotamias davidianus*）

是中国特有物种（图 22-33）。分布于华南的大鼯鼠（*Petaurista petaurista*）和华北的复齿鼯鼠（*Trogopterus xanthipes*）是会滑翔的哺乳动物。

（2）河狸科（Castoridae）：为半水栖的大型啮齿类，体重可达 30kg，全世界仅 2 种，只分布于北半球北部水域。植食性，以水生植物的根茎为食。我国新疆分布的河狸（*Castor fiber*）是珍贵的毛皮兽，其香腺分泌物为名贵香料（河狸香），是世界四大动物香料之一。

（3）仓鼠科（Circetidae）：鼠形啮齿类，其体型随生活方式有变异。我国有仓鼠属等 23 个属，常见种类有黑线仓鼠（*Cricetulus barabensis*）、布氏田鼠（*Lasiopodomys brandtii*）等（图 22-34）。麝鼠（*Ondatra zibethicus*）是适应于水生的大型种类。

图 22-33 岩松鼠 唐施翼 摄

图 22-34 布氏田鼠 迟庆生 摄

（4）鼠科（Muridae）：鼠科种类多、分布极广，繁殖及适应能力均强。尾长而裸且外被鳞片，无前臼齿。常见种类有小家鼠（*Mus musculus*）和褐家鼠（*Rattus norvegicus*）等。作为实验动物的小白鼠和大白鼠分别是小家鼠和野生褐家鼠的变种。

（5）跳鼠科（Dipodidae）：荒漠鼠类。前肢短、后肢和尾显著加长，且具尾端丛毛，跖、趾骨趋于愈合及减少，适于跳跃。夜行性。三趾跳鼠（*Dipus sagitta*）分布于我国内蒙古和新疆等北部地区，后肢仅 3 趾。

（6）豪猪科（Hystricidae）：体表有长的棘刺作防御器官。夜行性。豪猪（*Hystrix hodgsoni*）喜食玉米、小麦、稻谷、萝卜、南瓜、花生等（图 22-35）。

图 22-35 豪猪 王宝青 摄

（7）鼢鼠科（Spalacidae）：体型粗壮，吻钝，门齿粗大；四肢短粗有力，前足爪特别发达，善挖掘洞道；眼小，几乎隐于毛内，视觉差，故有瞎老鼠之称，主要栖息于高寒草甸、高寒灌丛、高原农田、荒坡等比较湿润的河岸阶地、山间盆地、滩地和山麓缓坡地带，仅分布在我国。

7. 鲸目（Cetacea）

水栖大型兽类。无明显颈部，体形似鱼，前肢鳍状，后肢消失，有水平的叉状尾。无体毛、皮脂腺和耳郭，皮下脂肪发达。肺弹性好、容积大，能大量贮存氧气，可潜水

30 ～ 70min。雄兽睾丸终生位于腹腔内。雌兽在生殖孔两侧有 1 对乳房，借乳房周围的肌肉收缩能将乳汁喷入仔鲸口内。根据分子生物学、古生物学和形态学证据都支持鲸类与偶蹄类有比较近的亲缘关系。蓝鲸（*Balaenoptera musculus*）体长达 35m，体重达 150t，是世界上最大的哺乳动物。白鳍豚（*Lipotes vexillifer*）分布于长江流域，为我国特产，国家Ⅰ级保护动物。

8. 鳍脚目（Pinnipedia）

本目为海产食肉兽类。体呈流线型，被密短毛，四肢特化为鳍状，前肢鳍大无毛，后肢转向体后，利于上陆爬行。一生除交配、产仔、换毛上陆外，均在水中度过。无裂齿，嗅觉、耳郭均退化。皮下脂肪发达。我国代表种类为斑海豹（*Phoca largha*）（图 22-36），体色灰黄，具棕黑色斑，无耳壳。皮及油脂具有经济价值。

图 22-36　斑海豹　王宝青　摄

9. 食肉目（Carnivora）

本目为肉食性猛兽。门齿小，犬齿强大而锐利，臼齿也特发达，用以撕裂食物，特称裂齿。趾端具利爪，多以肉为食。毛厚密且多具色泽，为重要毛皮兽。

图 22-37　藏狐　赵新全　摄

（1）犬科（Canidae）：体型似犬，颜面部长且突出，四肢适于奔跑。犬、裂齿均发达，肉食性。我国常见的狼（*Canis lupus*）、赤狐（*Vulpes vulpes*）、貉（*Nyctereutes procyonoides*）、豺（*Cuon alpinus*）、藏狐（*Vulpes ferrilata*）（图 22-37）等。豺是大熊猫的主要天敌。

（2）熊科（Ursidae）：体肥壮，头圆阔，吻长，颈短，尾短。四肢粗壮、均 5 指（趾），爪强利但不能伸缩。裂齿不发达，杂食性。代表种类为棕熊（*Ursus arctos*）、黑熊（*Ursus thibetanus*），能上树，具冬眠习性。我国多数地区均有分布，是国家Ⅱ级保护动物（图 22-38）。

（3）大熊猫科（Ailuropodidae）：本科仅有 1 属 1 种，即我国特产的大熊猫（*Ailuropoda melanoleuca*）。体似熊但吻短。以竹为主食，是食肉目中的“素食者”。仅分布于四川西北部、甘肃和陕西省最南部地区，栖于海拔 1500m 以上的原始竹林中，为国家Ⅰ级重点保护动物（图 22-38）。

图 22-38　棕熊（左）（张轶卓　摄）、大熊猫（中）（谌利民　摄）与狗獾（右）（殷宝法　摄）

视频 22-2

（4）鼬科（Mustelidae）：体细长，四肢短且均具 5 趾，爪不能伸缩，尾长。多在肛门附近有臭腺。如紫貂（*Martes zibellina*）、黄鼬（*Mustela sibirica*）、狗獾（*Meles meles*）和小爪水獭（*Lutra lutra*）等（图 22-38，图 22-39）。

（5）猫科（Felidae）：头圆吻短，犬、裂齿均发达。后足 4 趾，爪能伸缩，善攀缘及跳跃。本科代表种类有狮（*Panthera leo*）、虎（*Panthera tigris*）、豹（*Panthera pardus*）和猞猁（*Lynx lynx*）等（图 22-40）。

图 22-39 小爪水獭 张铁卓 提供

图 22-40 非洲狮（左）（张铁卓 摄）、孟加拉白化虎（中）（张铁卓 摄）与猞猁（右）（赵新全 摄）

10. 长鼻目（Proboscidea）

现存最大陆栖动物，仅 1 属 2 种，即非洲象和亚洲象。体毛退化，头大颈短，具圆筒状、富含肌肉的长鼻，借以取食。上门齿特发达，突出唇外，通称“象牙”，为进攻武器。臼齿咀嚼面具多行横棱，以磨碎坚韧的植物纤维。四肢粗柱状，睾丸终生留在腹腔内。我国云南南部产的亚洲象（*Elephas maximus*）为国家 I 级重点保护动物。鼻端部具一突起，耳较非洲象小，雌象无象牙，后足 4 趾。非洲象是陆地最大的哺乳动物，最高可达 4.1m，体重 6t（图 22-41）。

11. 奇蹄目（Perissodactyla）

本目为草原奔跑兽类。主要以第 3 趾负重，其余各趾退化或消失。趾端具蹄，利于奔跑。门齿适于切草，犬齿退化，臼齿咀嚼面上有复杂的棱脊。单室胃、盲肠发达。本目代表种类有普氏野马（*Equus przewalskii*）、亚洲野驴（*Equus hemionus*）、藏野驴（*Equus kiang*）和印度犀（*Rhinoceros unicornis*）等（图 22-42、22-43）。犀角为珍贵药材及饰物，已列为国际禁止买卖对象。

图 22-41 非洲象 张铁卓 摄

图 22-42 藏野驴 赵新全 摄

图 22-43 普氏野马 徐峰 摄

12. 偶蹄目（Artiodactyla）

本目动物第3、4趾特发达，趾端具蹄，故称偶蹄，以此负重，其余各趾退化。尾短。上门齿退化或消失，下门齿为有效切割工具。臼齿结构复杂，适于草食。具复室胃种类多有反刍行为盲肠小。除大洋洲外，遍布全球各地。

（1）猪科（Suidae）：体被鬃状毛。头长吻长，吻端鼻孔处圆盘状，用以掘土觅食。四肢短。雄性上犬齿外突成獠牙，杂食性，单室胃。我国仅1属1种。野猪是家猪的原祖。

（2）河马科（Hippopotamidae）：毛少皮厚，体大腿短。吻圆大，眼凸，耳小，门齿和犬齿均呈獠牙状。半水栖生活，植食性，3室胃，无反刍。仅产于非洲，代表动物为河马（*Hippopotamus amphibius*）。

（3）驼科（Camelidae）：体毛软而纤细。头小、颈长，上唇延伸并有唇裂。足具宽大2趾，下有弹力厚肉垫，适于在沙漠中行走。3室胃，反刍。分布于中、西亚沙漠地区。双峰驼（*Camelus bactrianus*）为本科代表，是国家Ⅰ级保护动物（图22-44）。

（4）鹿科（Cervidae）：多数雄兽具1对分叉的鹿角。无上门齿，臼齿齿面具新月状脊棱。我国的鹿类共15种，代表种类有梅花鹿（*Cervus nippon*），为国家Ⅰ级保护动物（图22-45）；马鹿（*Cervus canadensis*）是国家Ⅱ级保护动物；麋鹿（*Elaphurus davidianus*）俗称“四不像”，即角似鹿、头似马、身似驴、蹄似牛；麝（*Moschus moschiferus*）雌雄均无角，雄兽犬齿呈獠牙状。

（5）长颈鹿科（Giraffidae）：颈长、腿长，角不分叉，终生不脱落。代表种类为长颈鹿（*Giraffa camelopardalis*）（图22-46）。

图22-44 双峰驼 赵新全 摄

图22-45 梅花鹿 王宝青 摄

图22-46 长颈鹿 张轶卓 摄

（6）牛科（Bovidae）：大多雌雄兽均具1对洞角（少数具2对），草食性，四室胃，反刍。广布世界各地。代表种类有野牛（*Bos gaurus*）、黄羊（*Procapra gutturosa*）、羚牛（*Budorcas taxicolor*）、盘羊（*Ovis ammon*）、藏羚（*Pantholops hodgsonii*）等。其中野牛、羚牛和藏羚均为我国Ⅰ级保护动物，盘羊为Ⅱ级保护动物（图22-47）。野牛发现于云南南部，数量极少。羚牛与大熊猫的分布区重叠。盘羊分布于华北及西北，数量不多。黄羊广布于东北及西北地区，常集成百只以上的大群。已被驯化成家畜的牛科种类有黄牛、水牛、牦牛、山羊、绵羊等，是肉食、毛皮及役用的重要畜类。

图 22-47 盘羊（左）、藏羚（中）与牦牛（右） 赵新全 摄

第三节 哺乳动物的起源与演化

哺乳动物是起源于古代爬行类的盘龙类后裔——兽孔类（Therapsids）。兽孔类的后裔大部分在二叠纪末灭绝，而其中的兽齿类（Theriodonts）得以幸免，成为了哺乳动物的祖先。最早的哺乳类个体小（似现代的老鼠）、夜行性，在生态系统竞争中面对体型硕大的爬行类处于完全劣势，正是因为体型小且夜间活动，在激烈的竞争中才得以幸存下来。到中生代末期，随着恐龙的大灭绝，这种小型的哺乳类已演化出现代哺乳类几乎所有的特征，并凭借其先进的胎生方式同时以母乳喂养幼崽，后代可以得到安全的保护及良好的营养供给，才使得哺乳类迅速发展起来并形成了广泛的适应辐射。

现存的哺乳类很可能是多系起源的，原兽亚纲是哺乳动物唯一的卵生种类，可能是三叠纪末多结节齿类（Multituberculata）的后裔，因大洋洲在中生代末与大陆板块脱离即被隔离在那里；古兽类（Pantotheria）是后兽亚纲与真兽亚纲的祖先。后兽亚纲因地理隔离，在没有更高级的有胎盘类的竞争下独立的发展起来。最早的真兽亚纲（有胎盘类）出现于 7000 万年前的白垩纪蒙古地区，然后逐渐扩散。

一、人类起源与演化

比较生物化学的研究表明，人类和黑猩猩在基因上相似度很高，比较细胞学也表明，人类和类人猿的染色体是同源的。所有灵长类四肢都有手指，指甲扁平而不是爪，具有双目视觉和出色的感知能力。最早的灵长类外观可能类似于树鼩，夜行性。这个祖先后分为 2 个谱系，一支演化出了原猴亚目，另一支演化出了类人猿亚目。大约 5500 万年前，大多数灵长类都变成了昼行性的，这使得感知和视觉得到了极大地增强。类人猿亚目中的一些猴类，迁移至南美洲，发展成今天的新大陆猴（卷尾猴）。旧大陆猴（狒狒、猕猴等）稍晚与古代类人猿分离。现代类人猿（长臂猿、猩猩、大猩猩、黑猩猩）与人类具有共同的祖先。大多数基因证据表明，人类大约在 600 万年前从黑猩猩分化出来。

2001 年在乍得沙漠中出土了一具完整的人科动物头骨，称为萨赫勒人（*Sahelanthropus tchadensis*），距今约 650 万年。虽然他的大脑没有黑猩猩（320 ～ 380cm^3）大，但犬齿较小，枕骨大孔腹侧位，表明可能是人类头骨。现已知最早的人类是来自埃塞俄比亚的南方古猿（*Australopithecus*），距今 440 万年前。2009 年，人们又发现了较多此类化石，其中包括一具 45% 的完整女性南方古猿化石，命名为阿迪，身高约 120cm，2 足人类，但仍保留了许多树栖生活的特征，如长长的手臂、手指、脚趾等。另一具早期的人类化石是一具保存了 40% 完整的女性南方古猿，被命名为露西（Lucy），大脑（380 ～ 450 cm^3），身高 1m，推断男性身高 1.5 米。根据牙齿推断，它们应该以水果树叶为食，兼有少量肉食，距今大约 370 ～ 300 万年前，两足动物最早出现在森林的古人类中。

2010 年，在南非 200 万年前的岩石中，发现了两具原始人类的骨骼化石，并被认为在系统发育上接近于人属。

现代人，至少在 80 万年前，现代人类与非洲直立人分道扬镳。大约在 30 ～ 20 万年前，出现了欧洲的尼安德特人和非洲智人。尼安德特人占据了欧洲和中部大部分地区，他们的大脑与现代人相似，制造的石器比直立人也更复杂。化石证据表明，智人起源于 20 万年前的非洲。大约 39000 年前，尼安德特人消失了。

现代类型的智人始于 3 ～ 4 万年前，其化石遍布于五大洲，包括克罗马农人、我国的周口店山顶洞人、广西柳江人、云南丽江人、内蒙古河套人等。

根据化石和分子生物学的研究，现代人可能起源于非洲，但也有人认为是多地区起源的，这将有待于进一步研究。

二、人类与动物

至少在 15000 年前，狗被人类驯养，这是一种从狼演化而来适应性极强的可塑性物种。家猫是非洲野猫的一种，也被人类驯养。在 10000 ～ 2500 年前，人类又驯养了绵羊、猪、山羊、牛、驴、马、骆驼和美洲鸵等。

哺乳类实验动物在动物行为学、现代医学、免疫学、药物筛选与检验、肿瘤研究等领域中具有重要的地位，最常用的实验动物包括家兔、大白鼠、小白鼠、犬和猴等。

一些哺乳动物的结构、生理特性也是仿生学的研究对象，如蝙蝠和鲸类的回声定位、鲸类的回声定位脉冲等。科学家根据回声定位原理，发明了军事和民用的雷达以及在潜艇和渔船上使用的“声呐”“鱼探机”等。

思考题

1. 为什么说哺乳类是动物界最高等的类群？结合各个器官系统结构和功能归纳其进步性特征。

2. 哺乳动物为什么能保持体温恒定？恒温、胎生和哺乳的生物学意义何在？

3. 哺乳类动物皮肤的结构特点及其衍生物的类型有哪些？

4. 哺乳类动物的骨骼和肌肉有哪些特点？分析哺乳动物能在陆上快速运动的原因。

5. 举例说明哺乳类动物子宫和胎盘的类型。

6. 水栖、陆栖、穴居、飞翔生活的哺乳动物是如何适应各自不同生活环境的？

7. 试绘制哺乳动物思维导图。

第23章 动物的被覆物及动物的运动

动物最显著的特点也是最基本特征之一就是能够主动运动，至少在生命周期的某一段时间内是如此。肌肉系统和骨骼系统一起构成动物的运动系统，并受到神经系统调控。

第一节 被覆物

动物被覆物即动物体表的覆盖物，是保证动物体内环境稳定最初的屏障系统。除了屏蔽功能外，同时还承担机体的排泄、呼吸、分泌、感觉等各种相应的生理功能。当然，被覆物最基本的功能就是保护身体、维持一定身体形态、防止体内水分的过度蒸发或体外水分的大量渗入，防止病原菌侵入、减轻损伤等作用。

原口动物体表均为单层表皮，有的在表皮外分泌非细胞结构的角质层、黏液、几丁质等来加强自身的保护。其中节肢动物的外骨骼，是无脊椎动物中最复杂的一类被覆物。

脊椎动物被覆物一般称作皮肤，由多层表皮和真皮组成。它们的皮肤随着动物生存环境从水生到陆生发生了相应的变化：水生鱼类表皮薄，富有单细胞黏液腺。两栖类皮肤裸露，富有腺体，有些两栖类表皮开始出现角化，目的是减少水分的散失。有些物种表皮、真皮内含色素细胞使皮肤色泽鲜艳，体色变化繁多；皮肤腺有分泌功能。爬行动物皮肤角质化程度进一步加强，可进一步减少水分散失，真皮层比两栖类更厚，体表被鳞。鸟类体表具羽毛，皮肤薄，缺乏腺体。哺乳类皮肤致密，体表被毛，具有很强的感知能力，皮肤腺发达。

脊椎动物皮肤具有多种衍生物，鱼类和两栖类的黏液腺、爬行类的角质鳞、鸟类的羽毛、爪，哺乳动物的毛、蹄、指甲、皮脂腺、汗腺、乳腺和气味腺等都是表皮衍生物。软骨鱼盾鳞和哺乳动物的牙齿是表皮和真皮衍生物。真皮衍生物相对较少，如鱼类的硬鳞和骨鳞，鳍条，爬行类的骨板和哺乳动物的鹿角（鹿角是哺乳动物中唯一能完全再生的器官）等。

动物的颜色和皮肤衍生物中的色素细胞密切相关。被覆物的颜色通常是由色素细胞中的色素产生的，但是许多昆虫和一些脊椎动物，尤其在鸟类中，物理结构的皮肤表面的组织能够反射某一特定波长的光而呈现出特有的颜色。动物常常利用皮肤层中色素细胞中的色素富集程度来改变体色，如甲壳动物色素细胞中的色素集中在某一点，动物的颜色变浅；色素扩散开来，则体色变深。但软体动物头足类动物的体色变化机制和上面的不同，其色素细胞通过其周围的肌肉纤维收缩来展露色素颗粒，从而迅速改变体色。这种收缩变化很快，使章鱼或鱿鱼能很快改变自身颜色以适应环境变化。脊椎动物被覆物的颜色很多是和色素细胞中的黑色素相关，黑色素存在于黑色素细胞中。脊椎动物具有的黄色和红色与黄色素细胞中的类胡萝卜素相关。大多数脊椎动物体内不能合成类胡萝卜素，而需要从食物中获得。很多动物在性选择中可以通过异性的这种颜色的强弱来判定潜在配偶的质量特征。身体内的黄色素和蓝色素重叠产生绿色。被覆物中如果具有虹细胞，这种细胞中的鸟嘌呤或其他嘌呤较多时，通过反射光线能够产生银色或者金属的体色。哺乳动物的体色并不算“丰富”，大多动物显现较为“沉闷的”体色，但有些哺乳动物的皮肤具有鲜艳多彩的斑块，如山魈的面部等，灵长类动物因为具有颜色视觉就可以识别这种特有的颜色斑块，其实该斑块的颜色也是由存在于真皮中黑色素细胞的黑色素沉积于毛发中形成的。

被覆物除了执行相应的生理功能外，其色泽、斑纹、大小等还传递着该物种的年龄、性别、健康状况等多种信息。

第二节 运 动

一、动物的运动方式

动物能够主动地从一个地方迁移到另一个地方，而运动需要推进机制和调控机制。“推进机制”有很多种，包括鞭毛、纤毛的摆动和变形运动以及肌肉收缩产生的运动。动物运动有非肌肉运动和肌肉运动，非肌肉运动有变形运动和鞭毛与纤毛运动。

虽然动物的运动各有不同，但在所有的动物类群中，运动遵循物理的一般性原则是一致的，因为对运动的物理约束——重力和摩擦力在每种环境中都一致，差异仅是程度不同而已。

（一）变形运动

是指依靠伪足进行的运动方式，伪足是由原生质流动形成的。电子显微镜观察表明：变形虫内有粗、细 2 种微丝，类似脊椎动物横纹肌的肌球蛋白丝和肌动蛋白丝。伪足内微丝的滑动引起伪足运动。

（二）鞭毛与纤毛运动

鞭毛与纤毛外面有一层膜，与细胞的原生质相连接。鞭毛长度可达 150μm，数量较少，摆动是对称的，包括几个左右摆动的运动波；纤毛平均长度为 5 ～ 10μm，其运动呈波状依次进行，多为原生动物的运动方式（图 23-1）。

（三）肌肉运动

指肌肉的收缩运动，是肌动蛋白丝在肌球蛋白丝之间主动地相对滑行的结果；或在其基础上的特定体位运动，肌肉运动可分为以下 3 种主要形式。

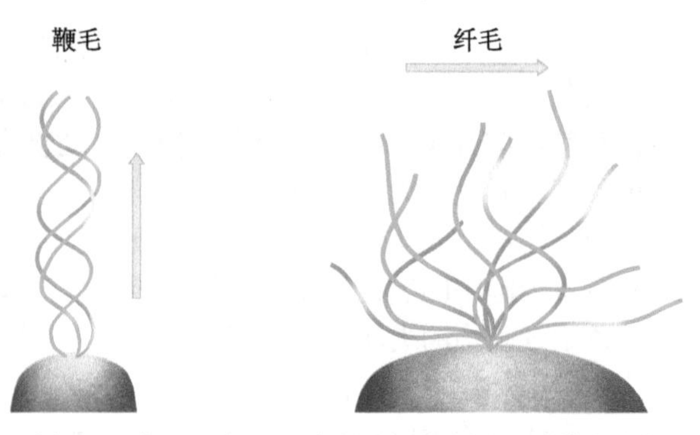

图 23-1 鞭毛运动（左）与纤毛运动（右） 陈紫暄 绘

1. 肌肉实体的组织运动

如扁形动物的躯体、软体动物的足和哺乳动物的舌等，都是由纵横交错的肌纤维所构成的肌肉组织，通过屈曲、伸展、扁平化等自由地改变形态。

2. 管状肌运动

为中空排列的肌肉组织即管状肌所进行的运动，如心脏的搏动以及水母、乌贼的游泳运动，是由于快速地收缩和舒张而产生泵的作用，棘皮动物的管足运动也是如此。

3. 骨骼肌运动

肌肉附在外骨骼内面或内骨骼外面，通过跨越可动关节肌肉的活动而产生运动，包括躯干和附肢的杠杆作用进行的各种局部运动、移动运动和整体运动。

二、动物运动遵循物理学中的一般性原理

运动受到所在环境的浮力、重力和摩擦力的综合影响，动物运动能力存在明显差异。

（一）水中游动需克服水的摩擦力

水的浮力降低了重力，阻碍前进的主要是摩擦阻力，所以身体的形状对减小阻力非常重要。一些海洋无脊椎动物使用“液压”推进系统运动。例如，扇贝击拍它们的双壳，利用闭壳肌和出水管的协调进行运动；鱿鱼和章鱼通过肌肉收缩喷水进行反推运动或正向游泳运动。

大多数无脊椎动物和所有水生脊椎动物都需要身体某一部分赋予推进运动的动力。一个极端例子，鳗鱼和海蛇靠整个身体波浪状的蜿蜒起伏运动，这种运动是由身体左右轴两侧的肌肉交替收缩产生“推动波”，使其不断摇摆，此时，水会产生与动物推击力相等但方向相反的反作用力，由于身体的每个部分依次弯曲摇摆，移动的波浪推动身体向前移动。

大多数鱼靠尾鳍产生大部分的推动力，演化允许身体前段出现相当程度的特化，但同时不会牺牲推进力，鳄鱼也以同样的方式靠尾的连续摆动推进游动。

鲸鱼和海洋其他哺乳动物为次生性水生生活，并逐渐演化出类似鱼类的运动方式。然而，不同的是尾部上下拍击水流，而非左右摆动。哺乳动物的脊柱结构和鱼类的结构有差异，前者脊柱更硬化，几乎不允许两侧灵活性弯曲。当鲸鱼的祖先重新进入水生环境时，也因此演化出了适于自身游泳的方式，即尾鳍背腹式弯曲。

许多陆生四足脊椎动物能够游泳，常常是通过四肢运动实现的。鸭、鹅、青蛙可用

有蹼的后肢，在水中划动产生推动力；其他游泳的脊椎动物往往演化出鳍状前肢。

（二）陆地运动需解决重力的困境

空气密度比水小很多，因此在陆地上运动的摩擦力会比水中小很多。然而，对抗重力却是对陆生动物的最大挑战，因此要么支撑起身体、要么选择空中飞行。

陆生动物有 3 大类：软体动物腹足类、大多数节肢动物、羊膜动物。腹足类比其他动物运动缓慢，蜗牛、蛞蝓等可分泌出黏液，通过足肌向前滑动。陆生节肢动物和脊椎动物凭借附肢发展出了快速的运动方式。它们首先支撑起身体，确保稳定性，再通过附肢做杠杆运动。

附肢数目不等也决定了动物步行、步态的明显差异。陆生脊椎动物以 2 条或 4 条腿行走，基本行走模式都是左后腿、右前腿、右后腿和左前腿的循环往复，奔跑时常常靠一条腿着地交替运动，甚至四肢同时腾空，如袋鼠、兔和两栖类的青蛙都是跳跃高手。节肢动物具有更多的附肢，这尽管增加了稳定性，但也降低了绝对速度。然而，许多小型昆虫能够跳跃超过它们体长百倍的高度，如蝗虫和跳蚤等，这也许是真正的跳跃之“王”。

（三）飞翔生活以空气为介质

飞行的演化是趋同演化的一个经典案例，它独立地出现了 4 次，一次在昆虫中，其余 3 次（翼龙、鸟类、蝙蝠）发生在脊椎动物中。它们都把前肢演化成了翅的结构，但方式不同，自然选择有时可以通过不同的演化路径建立相似的结构。翼龙和鸟类的翅膀建立在骨骼的支撑上，翼龙仅由延伸的第四指骨承担，而鸟类为延长的桡骨、尺骨和腕骨；蝙蝠的翅膀由细长的指骨提供支撑。此外，翼龙和蝙蝠的翅膀为皮肤形成的翼膜，而鸟类则为羽毛。

在所有飞翔的动物中，主动飞行的方式大致相同。飞行的推进力是通过翅膀在空中上下扇动实现的。这其中也提供了足够的升力，有的甚至可以悬停于空中。

鸟类和大多数昆虫，翅膀扇动是通过伸肌和屈肌交替收缩实现的。苍蝇的飞行属于“莱维飞行”，是一种随机飞行，即：它的飞行轨迹无法被准确预测；蚊子、黄蜂、蜜蜂和甲虫能以 100 ～ 1000 次 / 秒的频率拍打翅膀，比神经传递冲动的速度还要快。在这些昆虫中，飞行肌肉根本不在翅膀上，而是附着在胸腔硬化的外骨骼上。在收缩过程中，一个肌肉群的收缩会牵引另一个肌肉群，从而触发它们的收缩而无须等待神经冲动的到来。

除了主动飞行之外，许多种类还演化出通过增加身体表面积从而减缓下降速度的皮瓣、皮褶等结构，以增强它们滑翔能力，如鼯鼠、飞蜥，甚至少数蛇类；青蛙趾间的蹼和一些蜥蜴肋骨的延伸并通过皮肤连接，可以展开形成一个更大的滑翔表面。

第三节　肌肉系统

一、肌肉组织的结构

无脊椎动物的肌肉组织一般为平滑肌、斜纹肌和横纹肌，与流体静力骨骼或外骨骼配合完成运动。

脊椎动物肌细胞的胞质内含有大量可收缩的、沿细胞长轴排列的肌原纤维。每块肌肉由数千条肌纤维组成。肌细胞的主要功能是将化学能转变为机械能，使肌纤维收缩，与骨骼配合完成各种运动。

二、肌肉组织的类型

一般分为平滑肌、横纹肌、心肌和斜纹肌。

扁形动物首次演化出独立的平滑肌细胞，以后又出现了散在的横纹肌细胞，成束的横纹肌仅出现在节肢动物，而斜纹肌则广泛存在于无脊椎动物体内。

脊椎动物的平滑肌分布于体内中空的器官和管道壁上，如胃、肠、膀胱、血管、淋巴管、子宫等；横纹肌一般附着在内骨骼上，承担躯干、附肢、眼、鼻、口腔等器官的运动，常以结缔组织包裹成束状（肌束），并由肌腱与骨骼跨关节相连接，心肌为脊椎动物特有。

三、动物肌肉系统的演化

在变形虫等原生动物，仅靠肌动蛋白丝和肌球蛋白收缩引起极其简单的原生质运动，即变形运动。另一些原生动物则有初步分化的运动胞器结构，如纤毛、鞭毛等。刺胞动物出现了上皮肌肉细胞，它是肌细胞将要独立分化出来的先兆。从扁形动物起才有真正的肌细胞。大多数无脊椎动物的肌肉都属平滑肌、斜纹肌，尽管有些种类出现了横纹肌，但比较分散的存在。节肢动物才出现了成束的横纹肌，因而能迅速收缩进行强有力的活动。

脊椎动物的肌肉分为骨骼肌、平滑肌和心肌 3 大类。骨骼肌是由中胚层上板发育的肌节形成的。平滑肌和心肌是来自中胚层侧板的脏壁层发育而来。脊椎动物的肌肉系统一般分为体肌和脏肌两类。根据骨骼肌着生部位的不同，又可分为体壁肌、鳃节肌、附肢肌和皮肤肌。

第四节 骨骼系统

一、流体静力骨骼

流体静力骨骼是以体液、软组织、消化管内容物等的压力为媒介实现的，往往通过一个充满液体的囊提供支撑，肌肉收缩的力量作用在液腔上。

具有流体静力骨骼的动物一般运动缓慢，且体表覆盖物相对较薄。此外还有局部化的流体静力骨骼，如海星的管足、纽虫的吻腔，也见于雄性哺乳动物的阴茎勃起。

二、外骨骼

外骨骼是一种能够对生物体柔软内部器官提供机械和物理保护作用的坚硬外部结构，在提供支撑身体的同时也保护了动物身体减少被捕食和擦伤，如珊瑚骨骼、几丁质骨骼、贝壳等（图 23-2）。外骨骼有时也偶尔指棘皮动物石灰质的板和棘。

具有外骨骼的动物，肌肉附着在外骨骼的内表面，同时外骨骼限制了动物的生长，而且陆生种类还需要支持外骨骼的重量，因而节肢动物身体均较小。

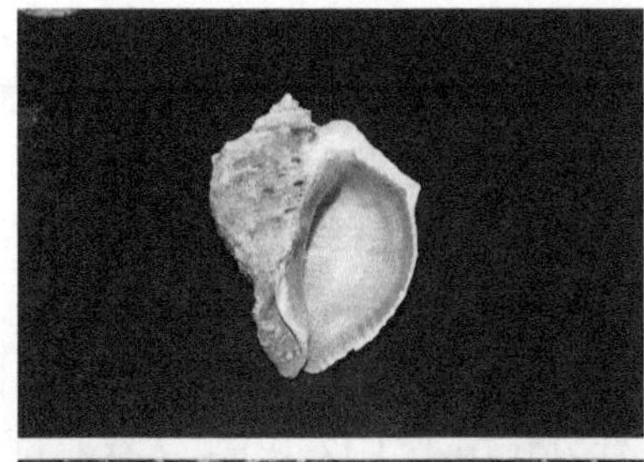

图 23-2　具外骨骼动物　王宝青　摄

三、内骨骼

内骨骼由中胚层分化而来，骨骼外面包裹软组织，它不仅支持、保护身体和内部器官，也是体内钙和磷的储藏库，骨髓腔中的红骨髓能制造红细胞。内骨骼是大多数后口动物的特征。脊椎动物的骨骼系统分为两大部分：中轴骨、附肢骨及其附属结构。

四、脊椎动物骨骼的演变

脊索是支持结构，存在于尾索动物幼体、头索动物，也包括脊椎动物幼体或胚胎期体内，由富有液泡的脊索泡状细胞组成，液泡的膨压使脊索具有一定的弹性和硬度，脊索外有 1 ～ 2 层细胞组成的脊索鞘。在低等脊索动物，如文昌鱼、圆口类的身体中脊索仍为主要支持结构。

在软骨鱼中，体内均为软骨，柔软而有弹性；在硬骨鱼类及更高等的脊椎动物中硬骨为主要支持结构。活的骨骼组织有 3 个重要特征：即不断生长且始终执行其功能；有极好的修复能力；有惊人的适应环境能力，可缓慢改变结构和所含物质，以响应生理需求。

（一）头骨

脊椎动物在演化过程中，骨骼系统经历了广泛的改造。头骨的演化也是骨骼系统中最复杂的部分。低等种类头骨比高等种类拥有更多的骨块，有的鱼类头骨骨块数目可多达 180 余块。伴随着登陆，头骨骨片逐渐发生愈合，如两栖类和爬行类为 50 ～ 95 块，到哺乳类减少到 35 块，但结构更坚固；人类只有 29 块。愈是高等的种类头骨中软骨成分愈少，逐渐为硬骨所代替。一些骨片退化消失，一些骨片间的连接由疏松到紧密进而彼此愈合。

脊椎动物的头骨通常分为脑颅和咽颅。脑颅包围和保护着脑以及眼、鼻、耳等重要感觉器官。如软骨鱼脑颅仅是一个简单的软骨脑箱，硬骨鱼及更高等的脊椎动物，软骨脑箱被硬骨所取代，出现了枕骨、前耳骨、基蝶骨、眶蝶骨、中筛骨等软骨性硬骨，组成脑颅底和保护感觉器官；脑的背侧出现顶骨、额骨等膜性硬骨。咽颅又称内脏骨，由

一系列咽弓组成。水生种类咽弓发达，和脑颅关系不密切，仅以韧带与脑颅相连。陆栖种类鳃退化，故鳃弓也退化，而支持口腔的颌弓及附在其上的膜质骨与脑颅紧密结合。

（二）脊柱

脊索在所有脊椎动物胚胎期中存在，一些成体动物仍留有残余。在以脊索为主要支持结构的圆口类出现了雏形脊椎骨。鱼类开始具有典型脊柱结构，但脊柱仅分躯椎和尾椎两部分；与鱼类相比，蛙类脊柱分化出了1枚颈椎、7枚躯椎和1枚荐椎，尾椎则愈合为1块尾杆骨，比鱼类多了1枚颈椎（寰椎）和1枚荐椎；爬行类脊柱分化为颈椎、胸椎、腰椎、荐椎及尾椎，颈椎数目增多，第二枚枢椎出现，荐椎数目也增多。鸟类颈椎数目增多，使颈部运动极为灵活；而胸椎互相愈合，全部腰椎、荐椎及部分尾椎与腰带合成复合荐椎，部分尾椎最后愈合成1块尾综骨。哺乳类脊柱分颈椎、胸椎、腰椎、荐椎和尾椎五部，颈椎数目比较恒定，多为7枚，其余区域的数目变化较大。

典型的脊椎骨包含椎体、椎弓、椎棘、横突或脉弓等部分，根据椎体的形状，一般概括为5种类型，反映了脊柱代替脊索的程度。脊椎骨的几种类型如下。

1. 双凹型椎体

椎体前后两端都内凹成弧形，椎体间保留念珠状退化的脊索，脊椎间无明显关节，因此局部运动能力弱。鱼类、有尾两栖类和少数爬行类（楔齿蜥、守宫类）属此。

2. 前凹型椎体

椎体前端凹入，后端凸出，因此前后两椎体构成关节，使身体动作灵活性增强，但脊索仍有部分残留。无尾两栖类、多数爬行类和鸟类寰椎属此。

3. 后凹型椎体

椎体前端凸出，后端凹入，前后椎体构成关节，也使身体动作灵活。无尾两栖类（负子蟾）、多数蝾螈和少数爬行类属此。

4. 马鞍型椎体

又称双凸型或异凹型，形似横放的马鞍，椎体水平截面为“前凹后凸”，矢状截面为“前凸后凹”。马鞍型椎体大大提高了颈椎间的灵活性，这是鸟类的前肢变为翼和脊椎大多愈合加以补偿的特化结构，仅见鸟类颈椎。

5. 双平型椎体

椎体前后端扁平，椎体间有明显的关节，并垫有纤维性软骨构成的椎间盘，以缓冲活动时的摩擦。椎间盘内仍保留少量脊索残余，称髓核（pulpy nucleus）。双平型为哺乳类特有的椎体类型。

（三）胸骨和肋骨

胸骨位于胸部腹中线的一长列扁骨，为陆生四足类特有。鱼类无胸骨，两栖类开始出现胸骨。羊膜动物均有胸骨（蛇除外），胸骨既与肩带相连又与肋骨的腹端相接，形成胸廓，其作用除保护心、肺外，对肺呼吸也有直接影响。鸟类胸骨发达，具龙骨突。

（四）附肢骨

附肢骨包括带骨和肢骨，肩带在脊椎动物各纲中均不与脊柱相连，只是通过韧带和肌肉与脊柱连接，但鱼类直接和头骨相连，四足类肩带位置后移。腰带在脊椎动物各纲中变化较少，鱼类不与脊柱直接相连，这与偶鳍不承重有关。现存四足类腰带皆与脊柱相连，起支持身体作用。

鱼类的附肢是鳍，包括奇鳍和偶鳍。从两栖类开始具有五趾型附肢，但由于生活环境不同，附肢常发生变化，尤其远端变化更大。如鸟的翼，在胚胎具有 13 块腕骨和手骨（掌骨及指骨），成体时减至 3 块，指骨大部消失，但鸟翼的近端骨（肱骨，桡骨和尺骨）变化小。

思考题

1. 被覆物和皮肤有区别吗?
2. 动物有哪些肌肉类型，各有什么特点?
3. 动物有哪些骨骼类型？都有什么特点?
4. 动物运动的物理学本质上是如何做到至臻至善的？试举例说明。

第24章 内环境的稳定

稳态是指正常机体通过调节，使各个器官、系统协调活动，共同维持内环境的相对稳定状态。维持稳态对于动物保持新陈代谢的稳定性和执行正常的生理机能尤为重要。

第一节 动物体液的水盐调节

地球上的环境复杂多样，动物时刻要面临渗透压调节的挑战。当外界环境发生变化时，动物需调控机体内的离子浓度达到一个适宜水平以保持内稳态，这就需要动物能很好地调控进出机体细胞的水和离子的浓度。

渗透是指水总是有穿过半透膜向高浓度溶质一侧运动的趋势。如果细胞外的盐浓度高于细胞内，水会离开细胞；反之，水会进入细胞。

细胞内外的水和水中溶质的平衡对于动物至关重要。陆生动物在干旱条件下会设法保留体内的水，相反，水生种类若进入体内的水过多会导致机体细胞膨胀甚至破裂，因此，动物都面临着如何调节进出机体内水的问题。此外，溶解在水中的 Na^+、Cl^-、H^+、K^+、Mg^{2+}、Ca^{2+} 等离子和水进出细胞不同，很多离子是通过细胞膜上的蛋白通道进出细胞的。

动物体内渗透压随着生活的外部环境变化，其体液浓度也发生着改变，这种动物称为渗透顺应型动物。海产无脊椎动物大都属于此类，即其体液与介质经常是等渗的；也有变渗性动物，即可或多或少地耐受盐浓度的变化。能够耐受宽广的盐分变化的动物是广盐性动物；只接受狭窄范围盐分变化的是狭盐性动物。渗透顺应型动物虽然不能调节体液离子，但能调节水分平衡。海产的游走类等能完全适应 100% 到 50% 的海水浓度变化；贻贝、海蚯蚓（*Arenicola cristata*）等对盐度更淡的海水也能适应，这种对细胞内渗透压的调节，主要是通过改变氨基酸等低分子化合物的浓度实现的。

淡水和陆生无脊椎动物一般属渗透调节型。陆栖环节动物、节肢动物（昆虫、蜘蛛和螨、千足虫和蜈蚣）和腹足类必须从食物中摄取盐离子。也有一部分无脊椎动物，在外界环境某种盐浓度范围下为渗透调节型，但超过此浓度时则多为顺应型。渗透压调节通常是主动运输过程，需要消耗能量。

生活在海水和淡水中的硬骨鱼在渗透压调节上拥有不同的机理。海水的盐浓度比动物细胞内液盐浓度高，鱼鳃就是体内主要的失水区域，因此海产硬骨鱼类会主动吞饮海水，排尿少，靠鳃上特殊的泌盐细胞主动向海水中排出体内过多的盐离子以保障渗透平衡。淡水渗透压比淡水鱼体液要低，因此水会通过鱼鳃和皮肤源源不断地进入鱼体内，为了维持水盐平衡，淡水鱼会排出大量稀释的尿液，其鳃部细胞能主动从外界水环境中摄入盐离子；淡水生活的龟鳖类头部也发现有调控体内盐离子浓度的特殊分泌区。金鱼属于恒渗透性动物，在比体液浓度（140mmol/L Na^+）稀薄的环境中则为渗透调节型动物。然而在 40% 的海水（190mmol/L Na^+）中也能很好地生存，此时，其体液的渗透浓度与周围海水相同，表现出渗透顺应型适应。

海产爬行类，如鳄龟和海蛇等喝海水，排出的尿液比海水要低渗，进入体内的盐可经盐腺分泌排出。海鸟盐腺发达，可间歇性地向外分泌高渗 NaCl 溶液。海洋哺乳动物喝海水，排高渗尿液。

陆生动物要主动获取水，并且还要能保留住体内的水（大多排出高渗尿液）。有些动物靠主动饮水或者从食物中获取水，有些动物如沙漠中的更格卢鼠（*Dipodomys spectabilis*）能够从食物的氧化分解中获得代谢水（尤其是细胞呼吸），排出高渗尿液和极为干燥的粪便。沙漠中生活的爬行类或者哺乳类（骆驼等）能够耐受血液中电解质浓度的巨大波动。

陆生动物体内的水经呼吸蒸发（如肺部）、皮肤表面、粪便及尿液散失到体外。肺鱼在旱季会在地下作茧，茧有通到地表面供呼吸的管道，肺鱼在茧中夏眠，血浆中含有高浓度的蛋白质代谢物即尿素。昆虫和蜘蛛是陆生动物，气管有几丁质保护，只有终端的微气管才是可透水的，“周期性”的呼吸也用以节水，气门只有当 CO_2 从组织液中释放出的短暂时间才打开。有些昆虫的表皮还能收集水，如非洲纳米布沙漠的步甲，几丁质外骨骼特殊的沟槽可以收集昼夜温差造成每天早晨的冷凝水，最后汇聚于头部口器的位置供饮用。少数昆虫似乎还能从空气中吸收水分，如跳蚤（*Xenopsylla* sp.）可从相对湿度 50% 的空气中吸收水分。

第二节　机体内含氮废物的排出

动物产生的代谢废物有 CO_2 和因蛋白质分解代谢产生的含氮废物。氨基酸经过脱氨形成酮酸和氨。氨易溶于水，结合 H^+ 形成 NH_4^+，有毒，动物必须用大量的水来稀释这些液体并排出体外。水生无脊椎动物、大部分硬骨鱼类、蝌蚪、蝾螈等代谢废物是氨。

机体内清除 1g 含氮废物，将氨解毒生成尿素，若氨进一步代谢生成尿酸，这样排出 1g 氮只需要不到 10ml 水，如此可节约 90% 的水，而且尿素和尿酸比氨的毒性要小很多，但是代谢生成尿酸在体内生理生化过程需要消耗更多的能量。陆生动物主要排尿素和尿酸。哺乳动物、青蛙、蟾蜍、鲨鱼和鳐类主要的代谢废物是尿素。软骨鱼体液中含有高浓度的尿素和氧化三甲基胺（TMAO）。鲨鱼的肾脏可以重吸收尿素，其血浆的尿素浓度是哺乳动物的100倍，体内多余的盐可经肛门腺排入消化管。陆生蜗牛、昆虫纲、爬行类和鸟类主要代谢废物是尿酸，有些动物几乎排出固体尿酸。昆虫和蜘蛛体腔内有马氏管，它能够主动运输尿酸和一些离子（如K^+），最后从马氏管排出的液体进入中后肠，直肠可对大部分水和K^+进行重吸收，尿酸和粪便混合经肛门排出体外，这样机体失水极少。

草履虫前后端各有1伸缩泡作为排泄胞器；低等小型动物往往通过体壁渗透排泄；扁虫和少数环节动物排泄器官为原肾管；软体动物和多数环节动物以后肾管作为排泄器官。甲壳动物有绿腺，昆虫与蜘蛛有马氏管作为排泄器官。

脊椎动物的排泄器官是肾脏。主要是对高压封闭的血液系统中血浆进行超滤（只留下血细胞和大分子物质），对原尿的溶质成分和水进行重吸收，最后还要分泌一些物质进入相应的肾小管中，最终形成终尿排入膀胱，或泄殖腔与粪便混合最终直接排出体外。

脊椎动物的肾脏发育出现了和生殖系统发育相关联的趋势，统称泌尿生殖系统。如鱼和两栖类，原肾管前部消失，管的中部与雄性睾丸相关联。执行肾脏机能的是全肾的最后部分，即后肾。大多数两栖类和鱼类原肾管退化，进而中肾管形成。在雄性，中肾管兼具输精和输尿功能，但鲨鱼仅输精，输尿由副肾管担任。羊膜类为后肾，执行滤尿功能，雄性中肾管变为专门的输精管。

第三节 体液和循环

一、体液

多数动物机体含水量约占体重的60%，这些水和其中溶解物质统称为体液。体液包括细胞内液和细胞外液。细胞外液指存在于组织细胞间隙的液体，又可分为血液、组织间液、淋巴液、脑脊液等。大多数动物细胞不与外界直接接触，而是浸浴于细胞外液中，因此细胞外液又被称为机体的内环境。

早期的单细胞动物生活在海洋中，原始海洋是生物赖以生活的外部环境；多细胞动物出现后，随着动物体型增大和生理机能需要，尤其是真体腔的出现，动物演化出了循环系统和血液。开管式循环系统的血液一般称作血淋巴，所含的有机成分较少，血细胞数量也较少。闭管式循环系统血液成分复杂，功能多样。

大多数无脊椎动物没有红细胞，只有少数种类如螠虫、光裸星虫、纽虫、魁蚶、海豆芽、海棒槌等具红细胞。它们的红细胞要比哺乳动物和鸟类的红细胞体积大，但数量少。脊椎动物的血液主要由血细胞和血浆组成，血细胞包括红细胞，白细胞和血小板等。

动物血液的颜色与血液中的呼吸色素密切相关。呼吸色素是能够与氧发生可逆结合的一种含有铁或铜等金属离子的蛋白质，最重要的功能就是运输氧。动物体中存在4种呼吸色素，分别是血红素、血绿素、血蓝素和蚯蚓血红素，血色素的出现极大提高了运输氧气的效率。

细胞通过细胞膜与组织液进行物质交换，组织液则通过毛细血管壁与血液进行交换。因此，血液与组织细胞之间的物质交换是通过组织液这个中间媒介进行的。每个细胞都从血液中摄取营养物质并将代谢产物排入血液中。从毛细血管动脉端生成的组织液，约 10% 进入毛细淋巴管，形成淋巴液。当淋巴液流经淋巴结时，淋巴结产生的淋巴细胞加入淋巴液中。

哺乳动物淋巴系统一般包括淋巴、淋巴管、淋巴结和其他淋巴器官（如扁桃体和脾等）。最大的淋巴器官是脾，也是重要的造血器官；脾内含有大量的巨噬细胞，能吞噬衰老的血细胞，也能吞噬异物；脾也有一定的贮血功能。毛细淋巴管分布于各组织间，其末梢为盲端，可收集组织液渗入管内，形成淋巴液，毛细淋巴管汇集成较大的淋巴管。

二、循环

（一）开管式循环系统

开管式循环系统，与其运动缓慢的生活方式相适应，如贝类等。昆虫是快速运动的种类，仍为开管式循环，这是由于血压低，对附肢折断后不会引起大出血的一种适应。

（二）闭管式循环系统

闭管式循环系统是由心脏，背血管，腹血管和遍布全身的毛细血管网组成一个封闭的管道系统，血液始终在血管内循环。

纽形动物具有了原始的“闭管式”循环系统，通常仅包括背血管和两条侧血管，无心脏，血液流动的动力依赖于身体运动。

真正的循环系统与真体腔形成密不可分，如环节动物，随着真体腔不断发展，原体腔逐渐缩小，仅存在于环血管（心脏）和血管内腔。在心脏的搏动下，血液流速稳定，使营养物质与代谢产物的运输及携氧能力得到很大提高。

文昌鱼为闭管式循环，无心脏，血液无色，也没有血细胞，氧气靠渗透进入血液。脊椎动物均为闭管式循环。圆口类开始出现了静脉窦、心房和心室组成的心脏。

鱼类的血液循环只有 1 条途径（体循环），又称单循环。

从两栖类开始，血液循环已经出现肺循环和体循环两条途径。爬行类和成体蛙类属于不完全的双循环（心室尚未分开），是单循环到双循环的过渡类型。因此，这两类动物心室射出的为混合血，运输氧的效率受到制约，这与它们的代谢水平较低相适应。

两栖类淋巴系统在皮下扩展为淋巴腔隙，但无淋巴结。淋巴液在 2 对能搏动的淋巴心推动下回心。

鸟类和哺乳类动物的血液循环属于完全的双循环。心脏 4 腔。输送氧气的效率大大提高；保证了代谢旺盛的需求，这是鸟类和哺乳类具有较高而恒定体温的重要条件。

鸟类动脉系统和静脉系统类似于高等爬行类，不同点在于鸟类的左侧体动脉弓消失、肾门静脉趋于退化，同时具有尾肠系膜静脉。鸟类红细胞血红蛋白含量虽然少于哺乳动物，但其携氧效能相对较高。另外，鸟类还具有一对大的胸导管，收集淋巴液后注入前腔静脉。

哺乳动物的心脏由左右两个“心泵”构成：右心室将血液泵入肺循环；左心室则将血液泵入主动脉，再流入各器官。

脊椎动物闭管式循环系统中的血细胞类型增多，功能各异，不同的血细胞担负着氧气运输以及免疫防御等生理功能（图 24-1）。

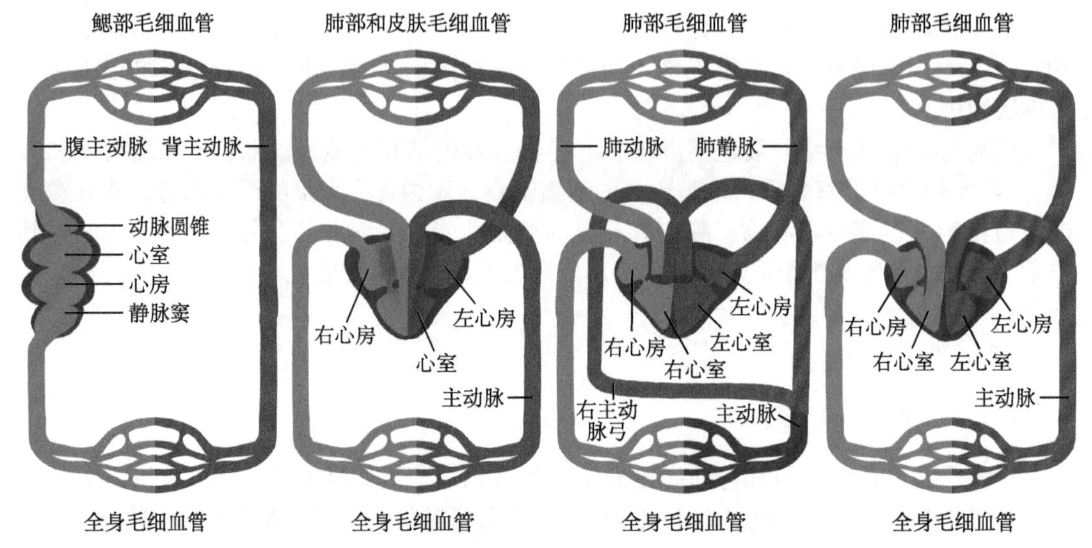

图 24-1 各类脊椎动物心脏和循环系统 陈紫暄 绘

第四节 呼 吸

呼吸是新陈代谢的基本条件，这些节律性生理活动不会因睡眠而停止。呼吸一旦停止，也就意味着生命的终结。

动物有 5 种呼吸类型，主要包括扩散、气管呼吸、皮肤呼吸、鳃呼吸和肺呼吸。

随着从单细胞动物演化为多细胞动物，细胞数量增加，体型增大，机体对氧气的摄入和二氧化碳排出的需求也越来越高，仅仅依靠身体体表扩散已经不能满足气体交换的需求，为此，机体逐渐演化出了专门的呼吸器官。

自软体动物开始出现了专门的呼吸器官，水生种类为鳃，不同类群鳃的数目从 1 个到数十对不等，且形态各异。有些种类虽然鳃消失了，但在背侧或腹侧的外套膜表面生出次生鳃，而有些种类则无鳃。陆生种类用肺呼吸，由外套腔内一定区域的微血管形成密集网状，空气中的氧气通过此处直接进入机体。

有些小型环节动物没有专门的呼吸器官，仅通过体表进行气体交换。氧气溶解于体表黏液后，扩散通过体表上皮到达内部的微血管丛，继而进行气体交换。对于小型水生寡毛类，虫体后端常具有指状或丝状突起，具鳃的作用。而大多数游走纲动物，往往具鳃，进入体内的氧气与呼吸色素结合后运送至体内各组织器官。

小型节肢动物，如水生的剑水蚤通过体表进行呼吸。陆生的蚜虫和螨等也通过体表的水分进行气体交换，故其体表须保持一定的潮湿状态。大部分种类通过呼吸器官进行气体交换，如水生种类的鳃（如虾、蟹）或书鳃（如鲎），陆生种类的书肺（如蜘蛛）或气管（如昆虫）。

棘皮动物主要通过皮鳃进行气体交换。皮鳃不发达者，利用管足进行气体交换。

循环系统的复杂程度和呼吸系统密切相关，用鳃呼吸的水生种类血管系统较为发达，而以气管呼吸的陆生种类则血管系统不发达。前者的血液中多含有呼吸色素，而后者通常无呼吸色素。

脊椎动物呼吸器官如下：圆口类通过咽部两侧的鳃囊进行呼吸。鳃囊的背部、腹部及侧壁是富含毛细血管的鳃丝，可保证正常的气体交换，每个鳃囊以 1 个外鳃孔与外界相通（盲鳗除外）。

鱼类的鳃位于咽部两侧，鳃壁薄并分布有丰富的毛细血管。鱼类的呼吸主要通过口腔和鳃腔的收缩和扩张，使水流不断通过鳃片形成逆流交换系统。鳃血管既受交感神经支配，也受副交感神经支配。交感神经释放去甲肾上腺素，增加流经鳃板的血流，副交感神经释放乙酰胆碱，减少鳃板的血流。除鳃之外，鱼类还可通过一些辅助呼吸器官，如鳔（肺鱼）、鳃上器（斗鱼）、肠管（泥鳅）和皮肤（鳗鲡）等进行空气呼吸。鳔的结构和肺相似，跨物种的转录组学研究表明：肺和鳔属于同源器官；大量肺特异表达基因在软骨鱼中已经出现。肺鱼的鳔可呼吸空气。鳔由消化管前段背部发展而来，内壁富含毛细血管的黏膜层，中间是平滑肌层，外壁为纤维膜层。许多鱼类还保留与消化管联系的鳔管。鳔不仅与呼吸相关，更主要的是调节鱼体浮力，受自主神经系统控制。

两栖类幼体阶段和成体阶段的呼吸器官和方式呈现多样化，包括鳃呼吸、皮肤呼吸、口咽腔呼吸和肺呼吸等。两栖类幼体和鱼类一样用鳃呼吸，其头部有 3 对羽状外鳃。到成体登陆后，呼吸器官也发生了巨变，包括鼻、口腔、喉气管室和囊状肺等。由于肺的表面积有限，尚需借助皮肤辅助呼吸。

爬行类肺较两栖类发达，无鳃，角化的皮肤已失去了呼吸功能。大多数爬行类具有 1 对肺，左右对称排列。但缺少四肢的蚓蜥、蛇类限于体型，多左肺退化，也有些种类（避役）肺前后排列，前部为呼吸部，后部为膨大的气囊，称贮气部，后者在鸟类进一步发展成气囊。爬行类首次出现了支气管，分别通入左右两肺。气管的前端膨大形成喉头，喉头前面有一纵长的裂缝，称为喉门。爬行类除具有两栖类吞咽式呼吸外，还拥有胸腹式呼吸，即通过改变胸廓大小吸入或排出气体。此外，水生爬行类的咽壁和泄殖腔壁也可进行辅助呼吸。

鸟类呼吸系统由鼻腔、咽、喉、气管、鸣管、支气管、肺和气囊组成。肺紧贴在胸腔背侧面，体积相对较小、结构紧密、弹性低、海绵状，且高度血管化，在肺部有初级、次级和三级等各级支气管，其中三级支气管构成肺组织的主体和功能单位，也是气体交换的场所。在呼吸时，鸟类肺的体积变化很小，而气囊的体积变化明显。鸟类在疾走或飞行运动时，肺通气量常升高，动脉血 P_{co_2} 可降到 8mmHg 以下。因此鸟类在高空飞行时，可能处在严重碱中毒的状态。但它们似乎能耐受这种状态，对严重缺氧的耐受力也比哺乳类强。

哺乳类呼吸系统十分发达，由呼吸道和肺两部分组成。气体进入体内后，随着支气管的分支越来越细，软骨组织逐渐减少并在末梢细支气管部完全消失，而平滑肌却相应增多，舒缩运动也表现得越来越明显，成为影响气流阻力的主要部位。当末梢细支气管的平滑肌完全收缩时，具有类似括约肌的作用，可使管腔完全闭合。正常情况下，气管和支气管树的平滑肌保持一定程度的紧张性。在呼吸周期中，这种紧张性发生节律性变化：吸气时紧张性降低，呼吸道管腔增大，气流阻力减小；呼气时紧张性增大，呼吸道管腔缩小，气流阻力增大。

肺泡是气体交换的主要场所，肺泡囊和肺泡是具有张缩变化的弹性囊状结构，囊壁由一层很薄的扁平上皮和少量网状弹性纤维构成，没有平滑肌细胞，外面与毛细血管网紧密相贴。

肺呼吸是机体与外环境之间进行气体交换的过程，又称外呼吸。它包括两个过程，其一为肺内气体与外环境中的空气进行气体交换，称为肺通气；另一个是肺泡内气体与血液中的气体进行交换，称为肺换气（图 24-2）。肺换气量主要取决于肺泡气和血液两者之间的 O_2 和 CO_2 浓度差，以及红细胞的数量和演化上的种属特征，还取决于肺循环的情况和肺泡壁与毛细血管壁的功能状态。气体运输依靠血液循环完成。

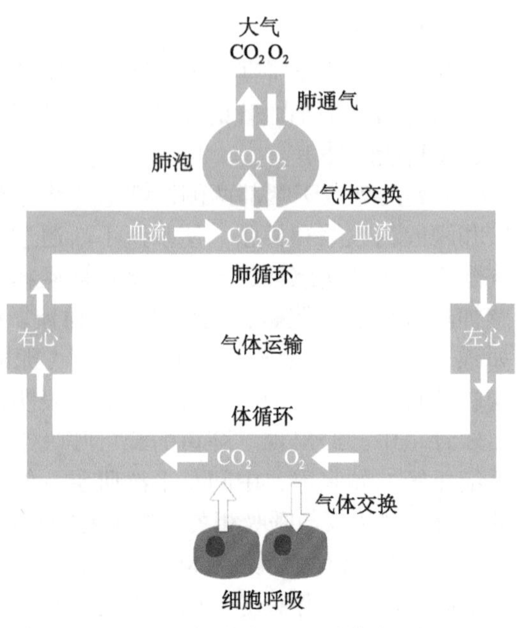

图 24-2　呼吸的全过程　陈紫暄　绘

组织呼吸又叫细胞呼吸或内呼吸，它包括组织换气和生物氧化两个过程。组织换气的原理与肺换气基本相同，它依靠气体扩散通过毛细血管壁和细胞膜完成。组织换气量主要取决于血液与组织液之间的 O_2 和 CO_2 浓度差，以及局部组织的微循环状况。生物氧化过程包括糖、脂类和蛋白质在体内进行氧化分解的全部生化过程。

呼吸中枢位于延脑，血液中的 CO_2 含量改变以及肺内压力的变化，均可反射性地刺激呼吸中枢，从而调节呼吸频率。吸气运动使肺泡膨大，位于肺泡周围的牵张感受器兴奋，随后将神经冲动经迷走神经传入呼吸中枢，抑制吸气同时产生被动的呼气运动，该过程称为肺牵张反射。此外，呼吸中机体还有本体感受性反射及咳嗽或喷嚏等防御性反射。

第五节　温度和体温调控

地球上不同地域的温度总是在波动和不断变化，如地热温泉、南北两极和温带荒漠等的温度差异，存在显著的日周期和季节变化。但是高等动物的细胞只能在一个相对狭窄的温度范围内才能有效地完成生理功能。细胞内的水，当温度在 0℃以下时会形成冰晶，冰晶会破坏细胞结构。有些动物体中含有抗冻分子（比如甘油、山梨醇或者抗冻的糖蛋白），当环境温度很低时其能防止细胞内形成冰晶而对细胞造成的损伤。如生活在南极洲海洋里的冰鱼体内就有抗冻分子，它们可以在温度低于冰点以下的 −2℃水中自由生活，但动物细胞一般需要在 0℃以上才能执行其功能，温度过低会使细胞膜的流动性大大降低，从而影响细胞膜上离子泵的主动转运功能。

细胞耐受高温上限一般在 45℃左右。40℃以上时，蛋白质会失去活性，在 0 ~ 40℃之间，高等动物可调节体温以适应环境，因此温度对所有动物都具有很强的选择压力。

一、测定动物对温度敏感性的指标：Q_{10}

动物体内的生理活动是由一系列生化反应构成的，温度越高反应越快。一般用 Q_{10} 来描述一个生化反应或生理过程的温度敏感性。

Q_{10} 可用于测定一个复杂的生理过程或者一个简单的生化反应。如果这一生化反应或生理过程不是温度敏感性的，那么 Q_{10} 是 1。大多数生物的 Q_{10} 值介于 2 ～ 3 之间。如果 Q_{10} 为 2，是指温度升高 10℃，反应速率是原来的 2 倍。Q_{10} 为 3，是指温度升高 10℃，反应速率是原来的 3 倍。

构成动物代谢的生化反应的 Q_{10} 并非完全一致，因此体温的变化会影响到动物的生理过程。机体内的生化反应呈网络化级联，一个反应的产物是另一个反应的底物，不同的反应具有不同的 Q_{10} 值。机体组织的温度变化会影响很多机体内的生化反应速率，导致体内的整体生化网络也会受到影响。

二、动物对季节性温度变化的适应

有些动物的体温（尤其是水生动物）是和环境温度保持一致。如池塘里的鱼，如果夏季捕获将它们带进实验室测定其在不同水温下（人为制造）的代谢率，会得到相应的 Q_{10} 数据，以此也可以预测冬季池塘中鱼的代谢率。但是如果把冬季捕获的鱼带进实验室并在冬季水温的条件下来测定鱼的代谢率，就会发现：代谢率比原先预测（夏季捕获做出的对冬季预测）的要高。自然生态下鱼的生化和生理机能已开始适应水温的季节性变化。摇蚊（*Chironomus*）的幼虫能耐受反复冻融，即使温度低到 -25℃也可以存活。但是北极的气温对热带动物而言正如热带气温对于极地动物是一样的，具致死性。

环境温度会影响动物，那么动物是如何控制和调节体温来适应环境的呢？

（一）动物体温的自体调节以及与环境的热交换

根据动物是否有比较稳定的体温与否，以往一般分为恒温动物和变温动物。鸟类和哺乳类属恒温动物，其他类群是变温动物。但是某些深海鱼类就有一个相对持续恒定的体温，因而恒温并不是哺乳类和鸟类的“专利”，实际上恒温已在其他脊椎动物分支中独立演化多次。月亮鱼是目前已报道的唯一一类“全身恒温”鱼类，颠覆了鱼类均为变温动物的传统认知。

若按动物体温的最主要热源来自何处来划分，可分为外温动物和内温动物。

外温动物是指体温主要由外在环境的热源决定的动物。一般而言，无脊椎动物、鱼类、两栖类和爬行类是外温动物。这些动物倾向于找到一个对它们有最小范围的冷热环境来栖息。

内温动物是指那些可以依靠自身代谢产热或主动调节热散失以控制体温的动物。大多数哺乳动物和鸟类大部分时间都是内温动物。其体核温度（相对于体表温度）基本上是连续和稳定的，一般能利用代谢热维持 35 ～ 42℃的相对恒定的体温。这种体温调节能力是与动物的神经系统、内分泌系统、呼吸系统和循环等系统的密切配合才能完成生理功能。

还有一种涉及动物体温的名称，即异温动物，是指某一动物一段时间内是内温动物

而另一时间段是外温动物，其体温是变化的。如冬眠的哺乳动物，夏季是典型的内温动物，但是到冬季开始冬眠，机体代谢变缓，代谢产热下降，体温下降很大，这时更像一个外温动物。有时某些外温动物可以通过代谢产热，其行为类似内温动物。

有些动物能够耐受的温度范围很狭窄，称狭温动物；另一些动物则范围较宽泛，称作广温动物。

上述恒温动物、变温动物，或是内温、外温动物等类型划分都是有其局限性的。

（二）外温动物和内温动物对环境温度变化的反应差异

蜻蜓和蝴蝶可通过改变体位契合阳光的入射角度，或展翅、收敛翅膀等方式调节机体吸收热量的多少来调节体温。还有很多的节肢动物，如昆虫、甲壳动物以及�等具有追踪环境温度变化的能力，通过追踪周围具有较高体温的脊椎动物，并寄生于这些动物体表或体内来调节自身的体温或栖息。自然界中的一个有趣现象：清晨黑色甲虫因其被覆物颜色能吸收更多的辐射热，就比那些白色甲虫具有更早和更多的活跃度。

比较一个蜥蜴（外温动物）和一只老鼠（内温动物）对于温度变化的反应。如果将这两种动物关进封闭的小室中，若将小室的温度从0℃升高到37℃，或者倒过来从37℃降到0℃，并测定这两个动物的体温和代谢率变化。蜥蜴的体温和小室内的温度变化一致，而小鼠的体温维持稳定。当小室温度降低后蜥蜴的代谢率（比小鼠的代谢率低得多）下降很多。相反当小室的温度低于25℃后小鼠的代谢率增强了。小鼠代谢率增加可产生足够多的热以阻止小鼠体温的下降。即小鼠可以通过增强代谢率来调节体温，而蜥蜴没有。

此实验似乎可以得出外温动物不能够调节它们的体温这一结论，但是蜥蜴的野外观察试验表明上述说法是不成立的。野外的情况和实验室不同，蜥蜴的体温有时和环境温度相差很大。沙漠中生活的蜥蜴，白天某一段时间内体温可以在40℃上下变化。蜥蜴白天依靠自身行为的改变和环境进行热交换以维持一个相对稳定的体温。其行为的变化包括在巢穴中躲藏，晒太阳，躲藏在阴影中，爬到一株植被下，改变自身与太阳辐射的朝向。因而蜥蜴能通过自身的行为机制很好地调节体温，而不是依靠内在代谢产热来进行体温调节。

（三）能量收支反映出动物体温调节的适应能力

内温动物和外温动物都可以靠改变它们身体的热代谢以及和环境的热交换来影响体温。动物有如下4种基本的和环境进行热交换的物理方式。

1. 辐射

热从高温物体通过红外电磁辐射向低温物体转移（比如站在火焰前的感受），热源与承受者之间无直接的接触。

温度在绝对零度以上的所有物体都能发射红外线。两种物体间的温差越大，从高温物体辐射传递给低温物体的热量就越多。环境温度较低时（如20℃），辐射是动物散热的主要方式，通过辐射散发的热量可占总散热量的70%。当环境温度升高到接近或超过皮肤温度时（如35℃），动物不但不能通过辐射散热，而且还会接受外来的辐射热。因此，辐射散热首先决定于皮肤与环境之间的温差。其次，由于辐射必须通过体表进行，动物的有效体表面积就成为决定辐射散热的另一个主要因素。如动物采取蜷缩姿势时（夜晚或者严寒时很多动物表现出来的姿势），有效体表面积比伸展姿势要小很多，辐射散热也明显减少。

2. 对流

当空气或液体作为介质包围在机体表面时，体内的热转移到周围介质中，反之，介质的热进入机体（如风寒、风热等）。对流可以是自由的（即由于介质密度的改变，热空气上升）或强制的（如大象扇动耳朵）。影响对流散热的主要因素是空气或介质流动的速度，如风速越大，对流散热量越多。

3. 传导

当两个温度不同的物体接触在一起时热直接从高温区向低温区转移（如坐在冰凉的大理石上）。

4. 蒸发

水从液态转化为气态，热被带走（如出汗）。蒸发是动物散热的重要方式之一。当环境温度升高到接近体温时，蒸发散热就成为动物散热的唯一方式。出汗对于汗腺发达的种类最有效。汗腺不发达的种类，蒸发散热的主要方式是喘息和分泌，让较多水分通过口腔黏膜、舌表面和呼吸器官蒸发。有些动物主动在肢体上抹唾液或在污泥中打滚来调节体温。

动物的体温如果能够维持不变，那么进入体内的热量和机体散失的热量必定是相等的。

（四）散热调节

1. 动物对体表血液流动的调控

动物皮肤和体内的热交换大部分是通过流动的血液完成的。如运动使动物体温升高，流经皮肤的血液增加，皮肤表面变热。通过血液循环热从身体核心处来到体表，经上述 4 种机制散失至周围环境中，动物体温得以保持正常。相反，动物体温过低或环境温度过冷，动物皮肤的血管收缩，流经此处的血液减少，热散失就会减少，控制血液流向皮肤是外温动物一种重要的体温调节方式。

如海鬣蜥在黑色火山岩上晒太阳，然后进入冰凉的海水中取食海藻。采食时海鬣蜥的体温降到和海水一致的温度。它们的机体代谢率降低得也很快，其行动缓慢，吃的食物也因温度太低而不易消化。它们采食结束后会回到温热的礁岩上晒太阳，这使其体温升高很快。当然这些爬行类动物体内的甲状腺素激素和肾上腺激素也能增加机体产热。海鬣蜥也可通过改变它们的心率和流向皮肤的血流量来很好地匹配上述活动，热可以存留在机体内进行交换。

2. 某些鱼类通过提高体温留滞体内的代谢热

有些鱼类能够通过肌肉运动产生大量的代谢热，但保留热对这些鱼而言是困难的。心脏泵血入鳃，在这里进行气体交换。肌肉活动产生的热进入血液，当血液流经鳃部时，热又散失到水环境中去了。有些游速很快的大型鱼类，如蓝鳍金枪鱼、剑鱼、大白鲨以及月亮鱼的体温要比其周围水环境高出近 10 ～ 15℃。这样高的体温源自于它们强健的肌肉运动产生的代谢热（最新研究表明：多个趋同基因参与到这些动物肌肉中的无效钙离子循环的“非颤抖产热”），以及体内动静脉血管热交换特殊解剖结构形成的奇网“保温”共同作用的结果，能让这些“恒温”的鱼保存住肌肉产生的代谢热。实验表明体温升高10℃，鱼的肌肉能够增加近3倍的动力输出，这些鱼的游速会更快，运动能力也更强，因而这些鱼的捕食范围更大，水深和水温对其的限制大大减小。

鱼类循环系统中，从鳃部来的“冷血”会带到全身器官和肌肉。“热”的鱼有比较小的背主动脉，大部分的含氧血由皮肤下的大血管运输。来自鳃部的温度较低的血液尽可能地分布在鱼的身体浅表层。这些运送较低温度血液的小动脉会进入肌肉，然后从肌肉出来的较热血液回心，此区域相邻的动、静脉内血液流向相反，来自鳃部较低温度的血液进入肌肉的血管和肌肉活动产热而运输有较高温度的回心血液的血管解剖位置靠得很紧密，因此依靠热传导尽可能地将热留存在肌肉区。

3. 昆虫的调节

有些大型的飞翔昆虫，能通过血淋巴循环将飞翔时产生的大量热从胸部带到腹部，然后以辐射形式散失出体外。

4. 哺乳动物的调节

哺乳动物的皮毛及皮下脂肪层是哺乳动物用来保持体温的“绝缘保温层”，它可以让动物生活在非常寒冷的地理气候区域或冰冷的水里。但动物开始活动后，它们就必须将肌肉运动产生的“过剩”的热散发出去，而这些需要散发出体外的热“滞留”于毛发丛生的皮肤下对自身并非是有益的，因此北极熊也很少长时间飞快奔跑。有的种类可将热运送到没有毛发的皮肤表层区域散热，如大象巨大的耳朵，通过开放或关闭耳部的血管可以很好地完成皮肤区域对热散失的调节。另一方面也可寻找荫凉场所，减少吸收太阳辐射热。在炎热和潮湿环境中，动物常伸展肢体，伏卧不动，尽量地减少肌肉运动和降低代谢率。热应激时，动物食欲减退，生产力明显下降。寒冷的时候，流向动物四肢远端的血液减少，此处会感到末梢冰冷，但是如果动物开始活动这些位置很快就会变热。

（五）产热调节

1. 某些外温动物产热的调节

有些外温动物依靠产热来升高体温。例如，许多昆虫（如大型蛾类、大黄蜂等）的飞翔肌温度必须达到35～40℃才能开始飞行，而飞行过程中肌肉必须保持这样的高温，这是通过飞翔肌收缩产热来实现的，而且外温动物细胞对热的利用效率要比内温动物高。

蜜蜂运用群体力量来调节体温。冬季工蜂群聚集在幼蜂外围，这些工蜂调节着自身的代谢产热并群聚在一起，即使外界达到冰点时，巢内温度仍然能保持34℃左右。

2. 内温动物的代谢产热

动物摄取的食物，在体内转换成ATP，其中一部分以热的形式散失掉了。为什么只有内温动物产生如此高的热呢？内温动物在静息状态下，体内大部分能量都用于离子进出细胞膜。K^+是细胞内占优势的阳离子，Na^+是细胞外占优势的阳离子。在生理情况下，这些离子顺着离子浓度梯度在细胞膜内外扩散，这些过程都需要耗能。内温动物的细胞比外温动物的细胞有更多的离子漏出倾向，因而要比外温动物消耗更多的能量。

（六）演化上体温调节的多样性

内温动物体温低于正常体温，可能是因为长期饥饿（缺少代谢能源）、长时间暴露于极寒的条件下、严重的疾病或麻醉状态导致的。上述情况下，会使体温下降而无法上调。然而很多鸟类和哺乳动物在食物匮乏或者寒冷的时期能够主动下调自身体温，这种适应称作“可调的过低体温”。

蜂鸟具有很高的代谢率，一天不进食就会耗尽其所有能量贮备。为此，小型内温动物（如山雀、蝙蝠等）都能采取在食物匮乏的夜晚主动降低体温，让机体进入类似睡眠状态得以存活，对这种体温过低的适应称为蛰伏。蛰伏期动物体温可降至 10 ～ 25℃，此时代谢活动降低，氧耗可降到正常值的 2.5%，心率变缓，以此来节约体内能量消耗，减少对食物的需求，这种状态下，动物对外界的刺激反应也明显迟钝。

有些动物维持过低体温可持续几天甚至几周，当体温下降接近于环境温度时，称冬眠。有些哺乳动物，如蝙蝠、熊、土拨鼠、金花鼠和地松鼠都有冬眠现象，鸟类中只有弱夜鹰有冬眠现象。动物维持冬眠所需的机体代谢率仅有其基础代谢率的五十分之一，很多动物的体表温度接近冰点，体内能量仅用于基础心率和呼吸的维持。这些动物随着日照时间变短，会在冬眠前大量地储备好体内的能量物质，并更换冬季皮毛。哺乳动物冬眠的唤醒也是由下丘脑调定点回调到正常水平开始的。冬眠动物会随着温度调定点连续降低使体温持续下降直至动物开始出现睡眠行为。

有些动物，如獾、熊、负鼠、浣熊和臭鼬等冬季会出现睡眠延长的现象，但是其体温依旧保持在正常水平，这并非是真正的冬眠。另外有些脊椎动物，如沙龟、地松鼠等，夏季当其周围的环境温度很高，食物匮乏或面临着脱水的困境时，动物的代谢率和呼吸频率下降，这一时期会进入另一种休眠状态，称为夏眠。比如陆生蜗牛、蓝色陆蟹、非洲肺鱼和沙漠陆龟等都有夏眠现象。荒漠鹿鼠（*Peromyscus eremicus*）在冬季寒冷和食物匮乏时开始冬眠，夏季食物缺乏以及难以找到水源时还可夏眠。

思考题

1. 什么是内环境？什么是稳态？
2. 什么是渗透压？
3. 肾脏的功能是什么？
4. 演化中都有哪些肾脏类型？
5. 有哪些类型的循环系统？各有什么特点？
6. 动物有哪些呼吸器官？各有什么特点？
7. 循环系统和呼吸系统功能上有哪些关联？试举例子说明。
8. 动物为什么要调节自身体温？
9. 变温动物只能被动地调节自身体温吗？
10. 动物有哪几种基本的和环境进行热交换的物理方式？都是什么？
11. 水禽出水后为什么常见到抖动全身羽毛？
12. 试讲几种动物的有趣的调节体温的方式。

第25章

营养与消化

自然界中，除了极少数的原生动物，几乎所有的动物都是异养的，它们无法直接利用太阳能将无机物转化为机体所需的有机营养分子，必须不断从外界环境中摄取含有机物的食物才能得以生存。

动物的食物蕴含了蛋白质、糖、脂肪、无机盐、维生素、水等各类营养物质，为机体的生长发育与代谢提供了必要的合成原料与能量来源。经过漫长的演化，动物呈现出多样的捕食方式：渗透、过滤、吞、撕、咬、磨、啄、咀嚼、吮吸等。无论是无脊椎动物还是脊椎动物，食物中的营养物质最终在机体内酶的作用下，降解为可溶性的小分子物质然后吸收进入细胞，进而通过细胞内氧化代谢而被利用，实现动物的生长、繁殖、发育与衰老。

第一节 食物营养及能量需求

动物营养是指动物摄取、消化、吸收、储存以及利用食物中的营养成分的全过程。广义上讲自然界中凡能被动物用以维持生命、生长以及生产的无毒无害的物质均可称为营养物质。食物中的营养为动物生命活动提供了物质基础，包括蛋白质、糖、脂肪、矿物质、纤维素、水等，根据机体需求量的大小，这些营养物质又可分为常量营养素和微量营养素。常量营养素是指机体大量需求的营养物质，包括糖、脂肪以及蛋白质，糖与脂肪是动物体物质合成的主要能源物质，而蛋白质则是机体自身的蛋白质及其他非蛋白含氮化合物的合成原料。微量营养素则是指那些需求量较小的营养物质，它们虽然含量不高，但也是维持机体结构与生理功能的重要组分。此外，水作为溶解机体化合物的主要溶剂，参与构成体液，也是动物生长与功能发挥不可或缺的物质。

一、动物必需的营养物质

（一）蛋白质

蛋白质是动物体内一切组织与细胞的重要构成成分，食物中的蛋白质必须降解为氨基酸才能被动物吸收。因此，食物中蛋白质的营养实际上是氨基酸的营养。

自然界中氨基酸有上百种，常见的动物蛋白含有 20 种氨基酸，哺乳动物中包括人类，目前已知的必需氨基酸有 8 ～ 10 种。

动物源性的食物（如肉、蛋、奶等）中蛋白质含量更为丰富与全面，基本含有机体所需的全部种类的必需氨基酸。植物源性的食物（如豆类、坚果等）的蛋白质则不够全面，它们可能会缺少 1 种至数种必需氨基酸。例如，小麦粉缺乏赖氨酸，玉米缺少色氨酸和赖氨酸。动物要想从植物源性食物中获得充足的必需氨基酸，就必须采食种类丰富的植物源性食物。在一些特殊情形或环境下，动物除了正常的食物蛋白摄取之外，也会建立起特有的适应性机制。例如，处于换羽期的企鹅对蛋白质的需求量极大，仅靠食物摄取已经无法满足机体需求，在这一特殊时期，企鹅的肌肉蛋白会加速分解，从而提供额外的氨基酸满足机体代谢需求。

（二）糖

糖不仅为动物的生命活动提供重要的能源供给，同时也是机体构成的重要组件和信号物质。动物所需的多糖包括糖原、淀粉、纤维素和几丁质等，双糖则有蔗糖、乳糖和麦芽糖等。这些多糖和双糖在动物体内必需分解为单糖才能够被机体吸收利用。单糖主要包括葡萄糖、果糖及半乳糖。糖类物质不同于氨基酸，并无“必需糖类”，这是因为机体可以合成它们所需要的所有糖类物质。

在糖类物质中，存在一类分子量较大的多糖，它们是参与构建并维持动物形态结构的多糖，称结构性多糖。有些动物体最为重要的结构多糖是几丁质，它构成了昆虫和许多其他节肢动物的外骨骼。植物体内的结构多糖主要是纤维素和半纤维素，然而，自然界中仅有部分动物可以利用这些结构性多糖来提供能量，许多动物无法消化纤维素、几丁质等结构多糖。

动物的食物中还有一些具有储能功能的多糖，如淀粉和动物肝脏与肌肉中的糖原。与结构性多糖相比，它们更加容易在体内迅速的积聚和分解。此外，糖类物质还具有一定的转运功能，如溶解在血液中的血糖。血液循环会将血糖带给机体组织需要的部位，在脊椎动物和其他大多数动物中，血糖主要是指葡萄糖。不过，在少量昆虫体内，血糖的主要成分是海藻糖。除此之外，具有转运功能的糖也包括了乳糖，在哺乳动物的乳汁中，乳糖可以携带能量从母代转运到子代中。

（三）脂肪

脂肪热价高，氧化时可释放出大量的能量，是动物机体最主要的储能物质。动物体内的脂肪酸大多含有 8 ～ 24 个偶数数目的碳原子，且无支链。若是脂肪酸的碳原子间的所有键都是单键，这类脂肪酸称为饱和脂肪酸，如棕榈酸；若是碳原子之间有一个或多个双键，这类脂肪酸则称为不饱和脂肪酸，如亚油酸、花生四烯酸等。目前已知的生物

体内的脂肪酸种类多达50多种，这也就意味着脂肪的结构丰富多样。在众多脂类物质中，甘油三酯是人们最为熟知的脂肪或油的成分。除此之外，生物体内还存在一些其他形式的脂肪，比如蜡质、磷脂、固醇等。

在动物的食物中，油脂、肉类、奶制品、坚果以及一些富含脂类的水果（如牛油果）等都富含脂肪，动物通过摄食获取有机碳链，在机体酶的作用下合成大多数的脂肪酸，进而合成脂类物质。事实上，动物机体合成脂质的有机碳链不仅仅来源于脂肪，也可以来源于糖和蛋白质。最为明显的是，人类生活中摄入过多的糖类物质会导致脂肪积累，引起肥胖。但是由于动物体内部分酶的缺乏，动物并不能制造出机体所需的所有不饱和脂肪酸，这些动物机体不能合成的脂肪酸称为必需脂肪酸。

（四）维生素

维生素结构简单、种类多、功能各异、日需求量低，一般不能在动物体内合成，以食物来源为主，是动物机体正常代谢活动所必需的微量营养素。对动物而言，维生素主要是以辅酶或催化剂参与机体生命活动，维持机体组织或细胞的正常代谢功能。若是机体缺乏维生素，则可引起代谢紊乱等一系列缺乏症，影响动物健康和机能，甚至导致动物死亡。

根据溶解性不同，维生素可分为脂溶性维生素和水溶性维生素两种形式（表25-1）。大多数水溶性维生素都是代谢活动所必需的辅酶，而脂溶性维生素的功能则相对较多。例如，维生素A与视觉、上皮组织、繁殖、骨骼的生长发育等关系密切；维生素D是骨骼正常钙化所必需；维生素E具有生物抗氧化作用，对促进动物的生长发育、繁殖起到重要作用；维生素K主要参与凝血活动，是凝血酶原（因子Ⅱ）、因子X和血浆促凝血酶原激酶（因子Ⅸ）激活所必需的。

表25-1 维生素的种类划分及其功能

维生素种类和名称	功能	缺乏的症状
脂溶性维生素		
维生素A	视觉色素，基因调控	夜盲症，上皮损伤
维生素D	钙、磷的吸收	佝偻病
维生素E	抗氧化	贫血
维生素K	凝血	血友病
水溶性维生素		
维生素B_1	辅酶：硫胺素焦磷酸	脚气病
维生素B_2	辅酶：FAD、FMN	各类皮肤病
维生素B_3	辅酶：NAD、NADP	糙皮病
维生素B_5	辅酶：辅酶A	肾上腺和生殖功能障碍
维生素B_6	辅酶：磷酸吡哆醛	周围神经炎
生物素	辅酶：生物素	脱发，皮肤问题
叶酸	辅酶：四氢叶酸	巨幼红细胞性贫血
维生素B_{12}	辅酶：甲基钴胺素	恶性贫血
抗坏血酸	抗氧化剂	结缔组织生长，坏血病

在动物界中，几乎所有生命活动都需要 B 族维生素的参与。而对于其他的维生素，如水溶的维生素 C 以及脂溶性的维生素 A、D、E 及 K，尽管其中有少数维生素对无脊椎动物食物构成也很重要，但多数还是对脊椎动物更为重要。事实上，动物对维生素的需求存在一定差异，即便在一些演化关系较近的物种中，维生素的需求也是不尽相同。例如，同属脊椎动物，人、猿、猴以及豚鼠的饮食中都需要维生素 C，而兔子的饮食中却并不需要维生素 C；又如某些鸣禽类需要维生素 A，而另外一些则似乎不需要。

（五）矿物质

无机盐是存在于动物和食物中的矿物营养素。目前动物体内已确认的矿质元素有 40 余种，其中钙、磷、钠、钾、氯、镁、硫、铁、铜、锰、锌、碘、硒、钼、钴、铬、氟、硅、硼等 19 种矿质元素是动物生理过程和体内代谢必不可少的矿质元素，被称为必需矿质元素。它们又可以按动物体内含量的不同分成常量矿质元素和微量矿质元素。常量矿质元素是指占动物体重 0.01% 以上的矿质元素，它们可占到总矿质元素量的 99.95%，主要包括 7 种元素：Ca、P、Na、K、S、Cl、Mg；微量矿质元素是指占动物体重 0.01% 以下的矿质元素，仅占到矿质元素总量的 0.05% 左右，主要包括 12 种元素：Fe、Cu、Mn、Zn、Co、I、Se、Cr、Mo、Si、F、B。

这些必需矿物质对动物体有不同的功能。它们有些是机体内各种反应酶的辅酶和激活剂，比如镁，就是 ATP 分解的辅酶；有些对特定的组织器官十分重要，比如钠和钾对神经和肌肉功能的维持极为重要；在脊椎动物中，碘是甲状腺激素合成所需要的原料，参与机体代谢调节；脊椎动物构建机体骨骼还需要大量的钙和磷。虽然机体对微量矿质元素需求很低，但是它们也具备一定的功能。动物机体常量矿质元素及微量矿质元素的主要功能见表 25-2。

需要注意的是，动物体内必需矿质元素的含量多少是相对的，它们主要是由动物的生理功能决定的。即使它们是必需微量元素，若过量就可能变成有毒有害物质了。

（六）水

一切生命都离不开水，水作为动物机体的重要组成成分，是机体细胞的主要结构物质之一。食物中的水通常有两种状态：一种是存在于细胞间，与细胞结合不紧密的易挥发水，称为游离水或自由水；另一种是存在于细胞内，与细胞内胶体物质紧密结合的胶体水膜，这种水难以挥发，称之为结合水或吸附水。

动物体内的水有许多重要的功能。首先，水作为细胞的结构物质，参与构成机体体液。水是一切化学反应的介质，动物体中水解、水合、氧化还原、有机化合物的合成和细胞的呼吸过程等多种生物化学反应都需要水的参与。水还可以调节体温并起到润滑作用。

动物体获得水分一般通过饮水、食物水和代谢水 3 种途径。其中饮水为补充水的主要来源。代谢水是动物体细胞中有机物质氧化分解或合成过程中所产生的水。袋鼠仅利用代谢水就能生存和繁殖；骆驼可以依靠驼峰中脂肪转化为代谢水而存活。动物体水分排出可以通过粪、尿，呼吸或者汗液排出。另外，动物产出的物品也是水分排出的途径，如奶、蛋等。

表 25-2　动物体内必需矿质元素的生理功能

常量矿质元素（大量需求）	
钙（Ca）	骨骼和牙齿的组成；正常凝血；肌肉、神经元和细胞功能
氯（Cl）	细胞外液阴离子；酸碱平衡和体液平衡；产生胃酸
镁（Mg）	辅酶组成；神经元和肌肉功能维持；碳水化合物和蛋白质代谢
磷（P）	骨骼、血浆成分；能量代谢；DNA、RNA、ATP 及能量代谢
钾（K）	细胞中的主要阳离子；肌肉收缩和神经元兴奋性
钠（Na）	细胞外液阳离子；体液平衡；动作电位传导；主动运输
硫（S）	蛋白质结构；解毒反应和其他代谢活动
微量矿质元素（微量需求）	
钴（Co）	维生素 B_{12} 成分；红细胞生成
铜（Cu）	酶的组成；黑色素和血红蛋白的合成；细胞色素
氟（F）	骨骼和牙齿的组分
碘（I）	甲状腺激素的组分
铁（Fe）	血红蛋白、肌红蛋白、酶和细胞色素的组分
锰（Mn）	酶的激活
钼（Mo）	酶的组分
硒（Se）	脂肪代谢
锌（Zn）	酶的组分；伤口愈合

二、动物食物中的能量

食物为动物的日常活动、生长及繁殖等提供了能量。能量不是一种营养元素，而是营养物质在代谢过程中能被氧化释放热量的一种特性。动物食物中的能量主要来源于蛋白质、糖和脂肪这 3 种营养物质，它们进入体内消化代谢后，经糖酵解、三羧酸循环或氧化磷酸化过程释放出贮存在化学键中的化学能，最终以 ATP 的形式满足机体需要。

食物中的能量并不能完全被动物机体所利用，其中相当一部分会以热的形式或随消化、代谢废物排出体外，在此过程中会形成密切相关的各层级能量（图 25-1）。食物中有机物质完全氧化燃烧生成二氧化碳、水和其他氧化物时释放的全部能量的总和称为总能。总能中可以被消化的营养物质所含的能量称为消化能，剩余不能消化的能量为非消化能，非消化能主要以粪便的形式伴随食物残渣排出体外，它也是动物机体食物能量中损耗最大的部分。因此，凡是影响食物在动物体内消化的因素都会不同程度地影响消化能，如食物的种类及组成、动物生理状况等。消化能中能够被代谢利用的能量称为代谢能，剩余不参与代谢部分的能量为

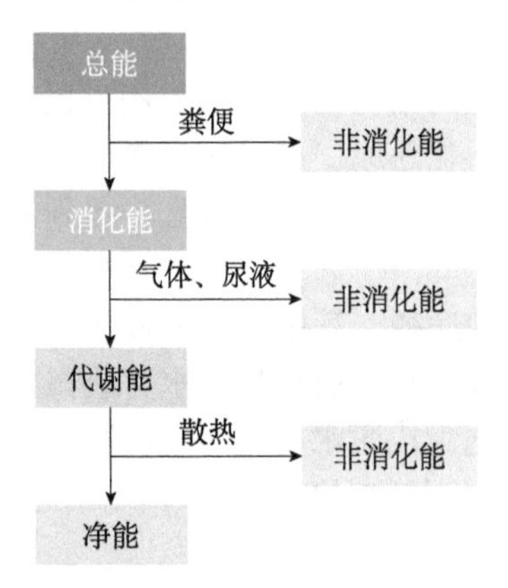

图 25-1　动物食物中所含能量的层级图

非代谢能，这些非代谢能会以气体或尿的形式排出体外。当代谢能在动物体内被利用之时，仍会有一部分能量以热的形式散发出去，剩余部分真正用于动物维持生命和生产产品的能量称为净能，而那些以热的形式散发的能量称为体增热或热增耗。体增热对于寒冷条件下的动物体温维持具有重要意义。

第二节　动物摄食及消化

由于动物的摄食器官、食物的来源与性状都存在较大差异，摄食策略也各有千秋。当机体摄食后，食物中的营养物质会在动物体内酶的作用下消化为结构简单、可溶性的小分子有机物，进而参与机体细胞的氧化代谢与物质合成，最终食物中的养料被机体同化、利用，以维持基本生命活动、调节体温、修补损耗的或被破坏的组织、生长和繁殖等。

一、动物摄食方式的策略选择

根据食物来源不同，动物常被划分为植食性动物、肉食性动物、杂食性动物以及食腐性动物 4 大类。此外，动物也可以根据食物形态、性状及摄食方式进行划分，如悬浮物摄食、沉积物摄食等，然而，摄食方式并不是绝对的，不同的摄食方式之间有时也存在一定交叉性。

（一）以微小颗粒为食的摄食策略选择

1. 悬浮物摄食

淡水和海洋中都悬浮着数量众多的微小浮游生物和动植物分解的有机碎片，以微小颗粒为食的动物大多数都采用悬浮物摄食的摄食策略，即动物利用自身特殊的滤食器官过滤悬浮在其周围水层中的浮游生物、有机碎屑、细菌等有机颗粒物和无机颗粒物。大多数水生动物都是以鳃、触手等器官的纤毛摆动引起水体流动，将食物颗粒带入口中，如多孔动物、海鞘、牡蛎等；也有的种类，如珊瑚、游走纲、双壳纲等，可以分泌黏液捕获食物颗粒；另有一些如仙女虾、水蚤、藤壶等，则是利用身体的刚毛状结构制造水流将食物带入口内；还有生活于淡水中的昆虫幼虫可借身体刚毛或丝网捕获食物。

蓝鲸是目前已知采用滤食性摄食最大的动物，可借助口前端密集的须板，滤过微小的甲壳动物（如磷虾）等。

2. 沉积物摄食

栖息于松软泥浆、土壤或沙中的动物，可通过其周围沉积物获取并消化其中有机颗粒。生活在水底泥沙中的动物又被称为底栖动物，多采用沉积物摄食，此类底栖动物又称食底泥者。常见的以沉积物摄食的动物多为杂食性或腐蚀性动物，如蜗牛、海胆、蚯蚓等，它们通过直接吞食富含有机质的泥浆、土壤等，消化利用其中的有机养分，最后将泥沙等残留物从肛门排出。除此之外，像海参、蛤蜊等动物，则是依靠身体的附属器官如触手，捕获一定距离外的沉积物中的有机颗粒物，运至口腔进行利用。

（二）以相对较大的固态生物为食的摄食策略演化选择

捕获并消化具备一定形态大小的固态食物是动物的主要摄食策略。这就要求动物必须具备追踪定位、捕获以及吞食猎物的基本能力。

在演化过程中，牙齿是伴随着颌而出现的。虽然无脊椎动物尚未出现真正的牙齿，但演化出了坚硬的取食结构。如沙蚕拥有肌肉发达的咽部和几丁质的颚齿，一旦捕获猎物，咽部可迅速回缩将其吞下。昆虫和甲壳类动物常具坚硬的几丁质颚，可进行切割、研磨与咀嚼。在脊椎动物中，鱼类、多数两栖类以及爬行类都主要是利用牙齿或舌捕获猎物，牙齿还可在吞咽之前避免猎物逃脱。鸟类无牙齿，捕食时会利用锋利的爪抓住食物，同时使用带有锯齿的喙或者锋利呈弯钩状的喙撕裂食物。蛇类可以利用锋利弯曲的牙齿抓获猎物，并可完整地吞咽比自身体型更大的猎物。

（三）以液体为食的摄食策略演化选择

动物的组织液通常含有丰富的营养物质，有些动物演化出专门以动植物体内液体为食，此类摄食方式称为液体摄食，如寄生线虫。它们通常寄生在宿主体内，直接吸收宿主已经分解的小分子营养物质。有一些肠管寄生虫可通过啃食肠管组织、吸食血液来获取营养。而对于体外寄生的种类，如水蛭、蜱、螨虫、七鳃鳗等，则是依靠不同的特化口器吸食寄主的体液。有些昆虫拥有极为发达的吮吸器官，如蝶类、蛾类及蚜虫等，它们都具有管状的口器，可以吸食动植物内的液体。

二、动物消化

动物消化是指动物机体通过消化管运动和消化腺的分泌活动，将食物中大分子有机物分解为结构简单、可溶性的小分子化合物的过程。在动物演化的历史进程中，消化方式依次出现了细胞内消化和细胞外消化（图 25-2）。细胞内消化多发生在原生动物、多孔

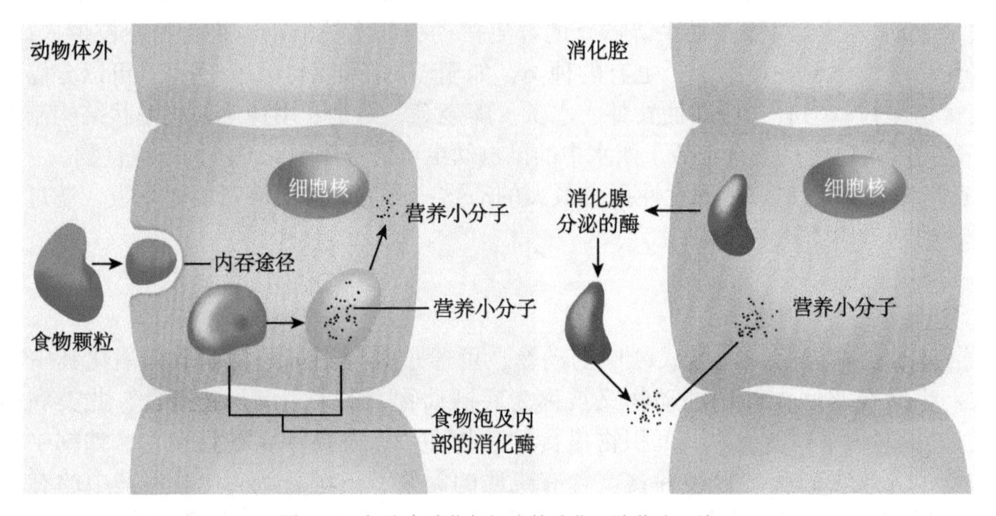

图 25-2　细胞内消化与细胞外消化　陈紫暄　绘

动物等低等类群中，它们通过渗透、主动运输、胞吞等方式将食物送入细胞（仅限于微小颗粒物），并在细胞内酶的作用下完成消化分解。而细胞外消化则是发生在管腔内（如消化循环腔或胃肠管及盲囊等），在酶的作用下发生消化反应；细胞外消化摆脱了大小的限制，可以消化大量化学组成较复杂的食物，因而效率更高，是演化过程中大多数动物选择的主要消化方式。

（一）无脊椎动物的消化系统演化及功能

在动物演化过程中，消化系统及其功能也在不断地发展与完善。原生动物、多孔动物为细胞内消化；刺胞动物消化循环腔及扁虫等动物拥有不完全的消化管，兼具细胞内和细胞外消化；软体、环节及节肢等动物拥有完全消化管且细胞内消化占比越来越少，多为细胞外消化。取食器官依种类不同而趋于多样化，陆生种类多具唾液腺，但仅湿润食物，有利吞咽。

（二）脊椎动物的消化系统演化及功能

脊椎动物的消化系统包括消化管和消化腺两部分，主要是由胚胎期的原肠及其凸出部分分化形成。消化管演化出口腔、咽、食管、胃、肠等部分；消化腺主要由唾液腺、肝脏、胰腺、胆囊、肠腺等组成。消化管从内到外共 4 层，最内层为黏膜层，其中胃部的黏膜层存在胃腺，小肠部的黏膜层存在小肠腺；黏膜层下为黏膜下层，富有血管、淋巴管、神经，有的还含腺体；肌层为纵行和环行的平滑肌（胃内还增加了斜行平滑肌）交替收缩，形成了消化管的蠕动节律；浆膜层为结缔组织，能分泌浆液（图 25-3）。

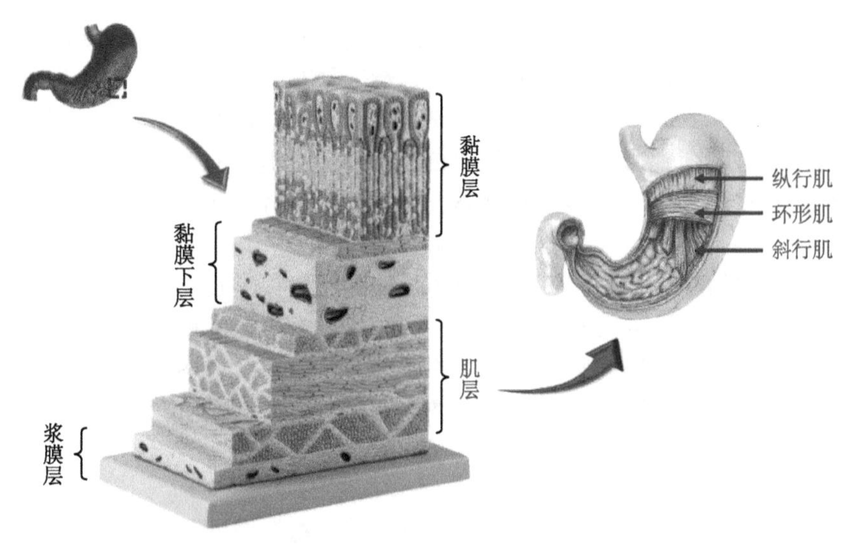

图 25-3　脊椎动物消化管管壁结构（胃）　陈紫暄　绘

1. 口腔内的消化器官演化及功能

口腔是消化管的起始部，容有齿、舌以及唾液腺等器官，主要功能包括撕咬、吞咽以及分泌唾液等。

除了鸟、龟及须鲸，大多数脊椎动物都演化出了牙齿。肉食性种类多具尖锐的牙齿，适于捕捉、撕裂食物。哺乳动物更是出现了异型齿，具撕、咬、切割、咀嚼、研磨等多种功能。

舌在脊椎动物中也得到了渐进的演化。例如，七鳃鳗舌上带有角质齿，可挫伤宿主皮肤吸食血液；鱼类的舌仅可做前后轻微的运动以帮助吞食；青蛙、蝾螈及蜥蜴等具灵活伸缩的舌，利于捕获猎物等；啄木鸟的舌长且多刺，易于猎取狭小树洞中的猎物；哺乳动物的舌有发达的骨骼肌，便于和咀嚼肌及牙齿相互配合，具有协助搅拌和辅助吞咽等功能。此外，哺乳动物舌也是重要的味觉器官。

无颌类有 1 对能够分泌抗凝血物质的口腺，鱼类无口腺，两栖类开始具有颌间腺，分泌黏液以湿润食物，有的甚至以此捕食；爬行类口腺发达，包括唇腺、颚腺、舌腺和舌下腺，它们的分泌物可粘捕、湿润食物；食谷物的鸟类口腺也发达，但仅限于湿润食物；哺乳动物口腺非常发达，可分泌含有淀粉酶的唾液，将食物中的淀粉类物质水解为麦芽糖。

2. 食管的演化及功能

鱼类和两栖类食管短。爬行类由于颈部延长，食管长度也逐渐增加。鸟类食管中部演化出一个囊状的结构，称嗉囊，可以储存食物，有益于鸟类减少摄食频率，使之保持较高的基础代谢率。哺乳动物食管管壁包括骨骼肌和平滑肌，骨骼肌位于食管顶部，参与吞咽反射；平滑肌则位于食管其他部位，在食管蠕动与食物推送中起重要功能。可见，食管的演化在不同的物种中存在明显的差异。

3. 胃的演化及功能

胃是食物消化与储存的重要场所。从演化适应的角度看，胃的出现增加了食物的容量，减少了捕食频率，更有利于动物保证能量持续供应。

（1）单胃：大多数脊椎动物的胃都属于此类，通常仅具有一个室。鱼类胃的形状和大小与其食性有关，通常摄取大型食物的鱼类胃较大，但也有些鱼类（如鲤科鱼类、鳗鲶等）甚至没有胃的分化。大多数两栖类、爬行类胃的分化明显，鸟类在演化的过程中形成了两个胃。一个为腺胃，能够连续分泌胃液，另一个是肌胃，具有发达的肌肉，有助于磨碎食物。单胃哺乳动物，胃的蠕动明显加强，可促进食物与消化液的充分接触与混合，并推动食物与胃液混合物进入小肠；同时胃内有腺体能够分泌胃液，包括胃蛋白酶原、胃酸、黏液、电解质和水等。胃酸的成分是盐酸，使胃内呈现出强酸环境，为胃蛋白酶原的激活提供合适的 pH，并且强酸使食物蛋白质发生变性、易被消化。

（2）复胃：为反刍动物特有。演化基因组学的研究表明：瘤胃、网胃和瓣胃实际上是由食管演化而来，而皱胃则是由十二指肠演化而来的（图 25-4）。

反刍动物消化主要是在瘤胃和网胃内完成，微生物在瘤胃和网胃中起主要的分解作用。瘤胃内有大量纤毛虫为主的原生动物和细菌等瘤胃微生物。它们可将食物中的大分子营养物质分解为小分子化合物，尤其是具备分解植物纤维类多糖的功能。此外，瘤胃微生物还可以利用氨源和碳源合成微生物蛋白，为反刍动物提供营养。

4. 肠的演化及功能

脊椎动物肠管包括小肠、大肠、泄殖腔、肛门等不同部分。一般情况下，肉食性动

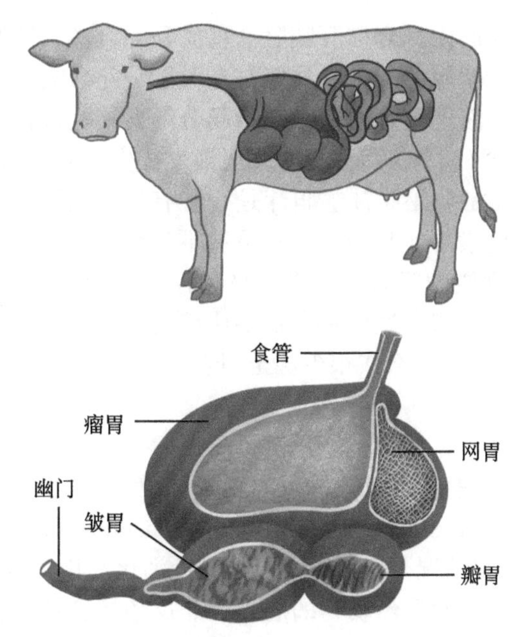

图 25-4　反刍动物（上）和反刍胃示意图（下）　陈紫暄　绘

物的肠管要比植食性动物的肠管短，这可能源于蛋白质类营养物质比植物纤维素更容易消化。

圆口类、鱼类肠管尚无明显分化；两栖类出现了小肠和大肠；爬行类在小肠与大肠之间首次出现了盲肠；鸟类有 1 对盲肠，草食性和杂食性鸟类盲肠发达；哺乳类小肠又分为十二指肠、空肠、回肠 3 部分。小肠是肠管中最长的部分，能有节律的蠕动及分段运动，利于将消化后的残渣推向大肠。此外，小肠黏膜层有大量皱襞及绒毛，极大增加了黏膜层与食物的接触面积，提高了小肠消化和吸收的效率。

脊椎动物大肠在两栖类、爬行类、鸟类仅包括盲肠和直肠。最具代表性的哺乳动物大肠包括盲肠、结肠和直肠 3 个部分。从功能上来看，肉食和杂食性动物在小肠内已经基本完成了食物的消化吸收，大肠主要起着吸收水分和形成粪便的功能，但由于大肠中细菌极多，多种维生素如核黄素、烟酸，维生素 B_{12}、维生素 K 等都是大肠细菌合成的。而在非反刍的植食性动物中，大肠内微生物参与消化的功能则十分突出。植食性鸟类常含有两条盲肠，容积很大，其内的厌氧微生物是禽类大肠微生物消化的主角。此外，植食性的哺乳动物（如兔和马）也含有发达的盲肠，其内的微生物群也是食物中植物纤维消化的关键环节，不同于反刍动物，由于这些动物的盲肠位于肠管后段，不可能出现逆呕或反流现象，为了增加食物的利用率，有些动物会通过摄取自己的粪便二次消化获取营养，如兔会常食自己的粪便。

5. 消化腺的演化及功能

脊椎动物消化腺主要有 2 种类型，一种是散在分布于消化管管壁内的腺体，包括胃腺和肠腺；另一种则是位于消化管之外独立存在的胰腺、肝脏以及唾液腺。七鳃鳗的胰腺并非独立于肠管之外，而是嵌于肠壁内部。胰腺由肠系膜上含有酶原颗粒的腺细胞组成；软骨鱼胰腺发达，分大小不等的两叶；硬骨鱼胰腺只有少数呈整体的组织，大多数呈分叶弥散腺体，有的分布在肝内，合称肝胰脏。鸟类和哺乳类，胰腺是独立腺体；胰腺兼具内分泌和外分泌功能，胰腺的外分泌功能是指其能分泌含有蛋白酶、淀粉酶、脂肪酶等多种酶的碱性胰液，胰液经胰管通入十二指肠分解食物完成消化功能，而其内分泌功能是指其中的胰岛细胞分泌胰岛素等激素进入血液发挥生理调节功能。

肝脏参与消化的主要是分泌胆汁。胆汁是一种有色、黏稠、带苦味的碱性液体，其内主要成分有胆盐和胆色素等。其中，胆盐虽然不是消化酶，但是却具有乳化脂肪的功能，促进脂肪及脂溶性物质的吸收。胆囊仅是储存胆汁的器官，并非所有的动物都有。在具有胆囊的脊椎动物中，肉食性动物食物要比植食性动物的大很多。在其他一些吸血动物以及植食性动物中，胆汁的合成很少甚至胆囊缺失。

（三）动物的消化方式

无论是无脊椎动物还是脊椎动物，食物在消化管内消化方式一般有 3 种，分别是机械性消化（mechanical digestion）、化学性消化（chemical digestion）以及微生物消化（microbial digestion）。通常情况下，胃部兼具机械性消化和化学性消化特征；小肠以化学性消化和微生物消化为主；而反刍动物的瘤胃和非反刍植食性动物的大肠，则以微生物消化为主。

1. 动物体内的机械性消化

机械性消化，又称物理性消化，是指依靠动物消化管管壁的肌肉运动完成的消化活动，主要功能是磨碎及混合食物，同时将内容物推向消化管末端。

无脊椎动物中，扁形动物演化出的口、咽，软体动物口腔内演化出的齿舌，将食物磨碎并混合都属机械性消化。脊椎动物口腔及内部器官是机械性消化的重要场所，主要是齿、舌及咀嚼肌的配合改变食物大小。鸟类机械性消化主要发生在肌胃，通过肌胃收缩进行搓碎及研磨，改变食物颗粒大小。

动物消化管管壁肌肉的收缩和舒张会产生不同的运动形式，包括蠕动、分节运动、摆动、紧张性收缩等。这些运动可以在一定程度上起到混合食物的功能，还可推动消化管内容物从前端向后端移动，进一步发挥机械性消化的功能。

2. 动物体内的化学性消化

化学性消化是指通过消化液中的各种消化酶来完成的消化活动。

原生动物通过细胞内溶酶体分泌的酶将食物颗粒进行化学性消化；低等动物如刺胞动物主要分泌胰蛋白酶，蚯蚓胃壁的腺体可分泌淀粉酶和蛋白酶，肠可分泌含有蛋白酶、淀粉酶、脂肪酶、纤维素酶、几丁质酶等，共同参与食物的化学性消化。

脊椎动物消化系统的发育更趋完善，包括各类消化腺，其所分泌的酶是促使食物营养分子转化为可被机体吸收利用的小分子的关键。不同种类消化腺分泌的消化酶十分丰富，其种类、前体物、致活物和分解食物中营养物质的种类、终产物等见表 25-3。

3. 动物体内微生物消化

微生物消化是指由栖居于动物消化管内的微生物来完成的消化活动。很多无脊椎动物都与体内微生物存在共生关系。例如，水栖蚯蚓的消化管内共生多种有益微生物，而蚯蚓食管的钙腺，能维持消化系统的正常机能，稳定氢离子浓度，有助于消化酶和消化管内共生的有益微生物的活动，并且对体内二氧化碳的排出也有重要作用。反刍动物和植食性单胃动物，微生物是在动物消化过程中能够大量利用植物结构多糖的根本原因。

表 25-3　消化腺的主要酶类

来源	酶	前体物	致活物	底物	终产物
唾液	唾液淀粉酶			淀粉	糊精、麦芽糖
胃液	胃蛋白酶	胃蛋白酶原	盐酸	蛋白质	肽
胃液	凝乳酶	凝乳酶原	盐酸、活化钙	乳中酪蛋白	凝结乳
胰液	胰蛋白酶	胰蛋白酶原	肠激酶	蛋白质	肽
胰液	糜蛋白酶	糜蛋白酶原	胰蛋白酶	蛋白质	肽
胰液	羧肽酶	羧肽酶原	胰蛋白酶	肽	氨基酸、小肽
胰液	氨基肽酶	氨基肽酶原		肽	氨基酸
胰液	胰脂酶			脂肪	甘油、脂肪酸
胰液	胰麦芽糖酶			麦芽糖	葡萄糖
胰液	蔗糖酶			蔗糖	葡萄糖、果糖
胰液	胰淀粉酶			淀粉	糊精、麦芽糖
胰液	胰核酸酶			核酸	核苷酸
肠液	氨基肽酶			肽	氨基酸
肠液	双肽酶			肽	氨基酸
肠液	麦芽糖酶			麦芽糖	葡萄糖
肠液	乳糖酶			乳糖	葡萄糖、半乳糖
肠液	蔗糖酶			蔗糖	葡萄糖、果糖
肠液	核酸酶			核酸	核苷酸
肠液	核苷酸酶			核苷酸	核苷、磷酸

思考题

1. 简述动物生存所需的主要营养元素及其功能。
2. 举例说明无脊椎动物消化系统的演化特点。
3. 反刍动物和非反刍植食性单胃动物的消化功能有何异同?
4. 简述机械性消化、化学性消化及微生物消化的定义，并举例说明。

第26章 神经系统和感觉器官

从单细胞动物到人类，自始至终存在着细胞内、细胞间或个体间以及动物与环境之间越来越复杂的相互交流方式。其中最迅速、最重要的是以神经类物质或神经系统为基础的信号交流。动物的神经将内外环境中获取到的各种类型的刺激编码处理成机体可以识别的电信号，最终完成恰当的反应或行为。

第一节 神经系统

一、神经元

神经系统由两种基本细胞构成：一种是神经细胞也称神经元；另一种是神经胶质细胞。神经元由轴突和树突以及胞体组成（图 26-1）。神经元具有可兴奋性，可以产生和传递电信号，即神经冲动或动作电位。神经胶质细胞不能传导动作电位，主要起着营养、保护、支持神经元等作用。比如脊椎动物脑部发育中有一种神经胶质细胞叫作星形神经胶质细胞，它除了具有支持、营养神经元以及储存离子的作用外，还在脑发育及脑内神经元的迁移和定位中具有重要作用。还有一种小神经胶质细胞对神经的再生也具有重要作用。

脊椎动物和一些高等的无脊椎动物中很多神经元具有长的轴突，并且由神经胶质细胞所包裹，形成髓鞘，起绝缘层的作用，可加快动作电位的传导速度。

脊椎动物外周神经系统中包裹轴突的神经胶质细胞是施万细胞；而中枢神经系统中包裹轴突的神经胶质细胞是少突胶质细胞。神经胶质细胞并非将轴突完全包裹，而是在长轴突上留下了节段性的裂隙，此处称郎飞结。

多个神经元组成了神经网络以完成神经系统处理信号的任务。按照神经元的功能分为传入神经元、传出神经元和中间神经元 3 类。

传入神经元（也称为感觉神经元）是指将信号传递进入神经系统的神经元。这些信号源于特殊的感觉神经元能将内外环境的刺激（如光、热和压力等）转换成动作电位，然后传递至神经系统。

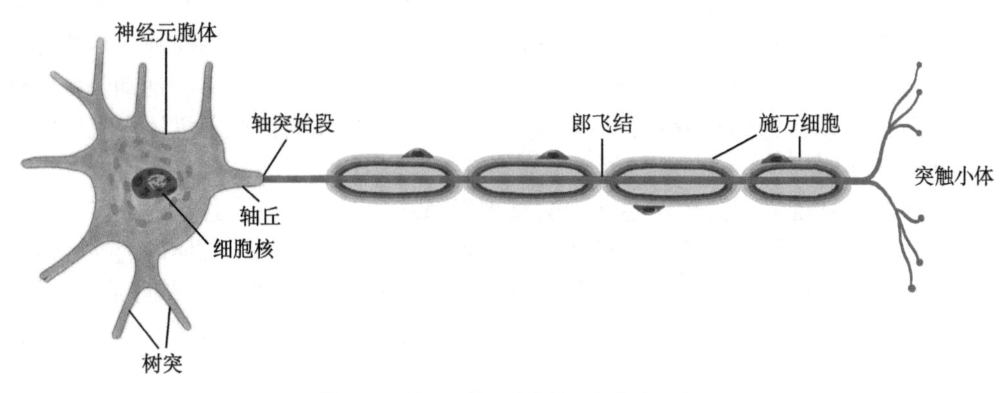

图 26-1　神经元的基本结构　陈紫暄　绘

传出神经元（也称为运动神经元）是指机体根据感觉传入信号的动作电位处理编码后，传出新的动作电位到效应器如腺体或肌肉的神经元，以完成后期相应的生理反应和行为变化。

中间神经元能整合、储存信息，是介于传入和传出神经元之间起桥梁交流作用的神经元。

传入和传出神经元大部分在中枢神经系统（脑和脊髓）以外的外周神经系统中，而中间神经元大部分都位于中枢神经系统，人 99% 的中间神经元都位于中枢神经系统。

二、无脊椎动物的神经系统

无脊椎动物中最简单的是网状神经系统，神经细胞相互连接，对身体任何一点的刺激就会逐渐传遍全身。随着两侧对称动物的出现，动物身体的一端（头部）开始接收来自环境更多的感觉信息，神经细胞开始向身体前部积聚形成神经节（脑），感官也逐渐形成。

涡虫由两个神经节构成中枢神经。两条腹神经索自神经节向后发出，构成梯状。

水蛭和蚯蚓神经系统更加复杂，它们有比扁形动物更进步的“脑”。2 条腹神经索已经愈合为 1 条，每个体节愈合出 1 个神经节，由神经节发出侧神经支配相应的体节。身体表层对光刺激、化学性刺激和触碰刺激都比较敏感，自此，动物出现了简单的反射弧。

节肢动物如昆虫、龙虾、蜘蛛和蝎子等动物的神经系统也具有脑和腹神经索。节肢动物的感觉器官很发达，具有能感受光、触、化学、声音和平衡等多种刺激形式的感受器。许多节肢动物具有非常复杂的行为，比如我们所熟知的蜜蜂通过圆圈舞来相互交流和传递食物的方位及距离信息。

无脊椎动物中以头足类的神经系统最为发达，它们具有聪明的大脑、敏锐的视觉和触觉。

三、脊椎动物的神经系统

脊椎动物神经系统，可分为外周神经系统和中枢神经系统。中枢神经系统由脑和脊髓构成。圆口类、鱼类和两栖类的大脑相对较小，而哺乳动物尤其是人类的大脑非常复杂，大脑表面积也比其他类群更大，承载的神经细胞更多。

外周神经系统感受各种来自皮肤、肌肉、骨骼等其他器官的刺激，再以动作电位形式通过感觉神经元传递到中枢神经系统，然后中枢神经系统发出指令通过运动神经元作用于肌肉或者腺体上，完成相应的生命活动。许多神经是由感觉神经和运动神经一起构成的混合神经。外周神经系统的运动通路包括自主性（非随意）植物性神经系统和躯体（随意）神经系统。躯体神经系统携带运动指令到达骨骼肌，可支配多种活动。植物性神经系统将神经冲动传递到平滑肌、心肌或腺体上，在无感知的情况下机体内脏器官就可以执行相应的功能。

自主性神经系统又可分为交感和副交感神经系统。在压力或应急情况下，交感神经系统处于支配地位，可增加心率和呼吸频率，使呼吸道扩张，利于气体的交换，减少肠壁的血液供应，将血液转移至心脏、大脑和骨骼肌等处，便于动物的“战斗或逃跑”。当机体处于休息和“静止状态”，副交感神经系统可使心率减慢、呼吸放缓，消化功能恢复正常。

一般情况下交感和副交感神经都会同时作用于同一器官，相互拮抗，共同维持着机体的稳态。

中枢神经系统由灰质和白质组成。白质由包裹轴突髓鞘的神经元组成，主要作用是传递信息，脊髓外周和大脑的大部分内部都是白质。灰质由胞体和树突构成，大脑外层和内部的一些核团以及脊髓的内部是灰质。脊椎动物中，灰质和白质的解剖位置和大小伴随着动物门类的演化变化很大。很多动物大脑中都发现具有神经干细胞，这对于动物神经损伤修复，尤其是机体适应新环境、执行或完成某种生理功能尤为重要。

四、动作电位

感觉神经元、中间神经元以及运动神经元都是通过动作电位传递信息的。细胞在安静状态下，膜内外电位稳定于某一数值的状态，称为极化状态。静息电位是指细胞处于安静状态时，存在于细胞膜内外两侧的电位差。

当神经细胞的某一个部位受到刺激产生兴奋时，就会在细胞膜静息电位的基础上发生一次短暂的电位变化。这种短暂的电位波动可以沿着细胞膜向周围扩散，使整个细胞膜都依次经历一次这样的电位波动，称为动作电位（图 26-2）。

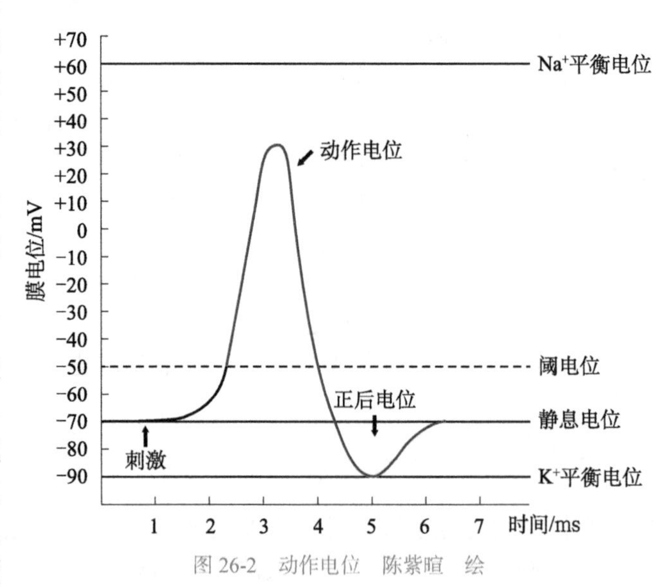

图 26-2 动作电位 陈紫暄 绘

动作电位产生时，膜内原有的负电位迅速消失，并进而转变为正电位，出现了膜电位的倒转，变成膜内为正，膜外为负，构成了动作电位的上升支。这种膜电位的极性变化，称为去极化作用。当动作电位的去极化过程到达顶点后，该电位随后迅速下降到接近静息电位的水平，动作电位下降，称为复极化作用。可见动作电位是在静息电位的基础上，膜两侧电位发生的一次快速波动或可逆性反转，其持续时间很短。通常所说的神经冲动或兴奋波就是指一个个沿着神经纤维传导的动作电位而言。

每次动作电位发生后，都会有一些钠离子流入细胞内，一些钾离子流出细胞外。细胞要完全恢复到原有的静息状态时的电位水平，就需要将流入细胞内钠离子输送出去而将流出细胞外的钾离子摄取回来。这种恢复过程就要靠细胞膜上的钠泵（钠－钾泵，也称作钠－钾 ATP 酶）的作用。钠泵本身具有酶的功能（即所谓的钠－钾 ATP 酶），通过分解 ATP 而释放能量，供给钠泵用来转运钠、钾离子（每分子 ATP 可供钠泵向细胞外转出 3 个钠离子，而转入 2 个钾离子）。故钠泵的功能主要是维持细胞膜内、外阳离子正常浓度。

用“静息电位”这个术语或许容易让人误解神经元此时消耗不了多少能量，实际不然，也就是说“静息”时神经元也消耗了能量。可能神经元中 3/4 的能量都用来维持静息电位了，以便于神经元对各种刺激做出迅速的反应。钠泵的活动要消耗 ATP，而 ATP 的产生要靠正常的新陈代谢。因此，低温、缺氧、使用某种代谢抑制物，都可使细胞内钾离子浓度降低，钠离子浓度升高，即可使细胞静息电位降低（负值变小）。从本质上讲，动作电位的传播不是初始动作电位在一点产生后沿着细胞膜传播下去，而是由于初始动作电位的刺激引起了相邻部位一个个新的动作电位的产生而传播下去的。

神经冲动通常在神经元的启动区出现然后沿着轴突向突触末端传导。具有方向性而没有再次反向传回，是因为神经元细胞膜静息电位重建时有一个不应期，这个不应期将持续数毫秒，这时是不会再次产生一个新的动作电位的，因此神经冲动只能沿着轴突向下传导。

神经元轴突越粗其传导神经冲动的速度就越快。有髓鞘的神经元，髓鞘阻止了离子穿越细胞膜。似乎髓鞘阻止了动作电位的传导，实际上包裹神经元轴突的髓鞘并非完全将神经元彻底围住，因为存在郎飞结的结构，离子在郎飞结处可以穿越细胞膜。此处具有高密度的钠离子通道。当郎飞结产生一个动作电位，Na^+ 进入轴突扩散至下一个郎飞结处。刺激第二处的郎飞结的细胞膜去极化和钠离子通道的开放，在这里产生动作电位。通过这种方式，神经冲动在这里是沿着神经元的轴突，在郎飞结处“跳跃”传导。有髓神经纤维这种神经冲动的跳跃传导速度要比在无髓神经的传导速度快 100 多倍，消耗能量还少。

神经元动作电位传导到另一个神经元，可能是通过相邻两个神经元间的缝隙完成的。但有很多神经元相互之间并没有直接的连接，因此神经冲动不可能直接从一个细胞进入另一个细胞，而是神经冲动到达突触末端，引起突触末端释放神经递质，然后此神经递质穿过神经元之间的缝隙到达下一个神经元，这就是所谓的突触传递。

五、突触的神经元交流

（一）突触

突触（synapse）是 1 个神经元与另 1 个神经元或者与肌肉细胞、腺体细胞进行交流而形成的特殊结构。神经元之间的突触可以在单个神经元轴突之间，或在 1 个神经元的

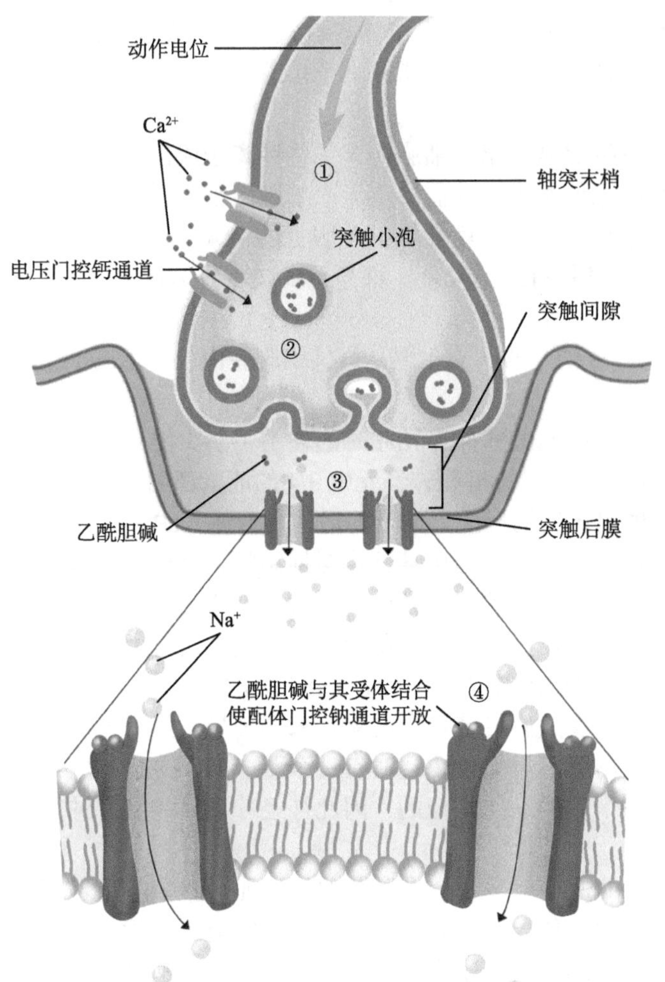

图 26-3 化学性神经突触的基本结构 陈紫暄 绘
①突触前膜神经元轴突传来的动作电位；②钙离子通过电压门控通道进入突触前膜和突触囊泡；③神经递质释放到达突触前膜

轴突与树突或在神经元胞体之间形成。

突触由 3 个基本部分组成：1 个能够释放神经递质的突触前细胞或称为突触前膜，1 个能够接受神经递质的突触后细胞或称为突触后膜，以及这 2 个突触细胞之间的间隙。电镜照片显示突触前细胞的轴突末梢（synaptic terminals）最后分支变成膨大的末端圆丘状结构。膨大的圆丘轴突末梢含有很多小的囊泡，其中含有神经递质。突触后细胞的细胞膜上含有和神经递质结合的受体蛋白（图 26-3）。

动作电位沿着轴突传导到突触前神经元的突触末端细胞膜。突触末端的细胞膜去极化，离子通道开放，钙离子进入细胞内。钙离子流引发含有神经递质的囊泡胞吐作用将神经递质释放入突触间隙。

神经递质在突触间隙中扩散，与突触后细胞的细胞膜上的受体结合。神经递质和受体结合改变细胞膜上受体的蛋白质构型。突触后膜离子通道开放，将会改变新形成的动作电位发生的可能性。

神经递质和受体之间的作用可能是兴奋型的，意味着突触后膜可能会去极化，更易引发动作电位的出现。如 Na^+ 通道开放，Na^+ 进入突触后细胞内，就会导致新动作电位的出现。但也有可能神经递质和受体结合导致抑制性的作用，即突触后细胞内出现更多的负电荷，产生动作电位的可能性变小了。

同一种神经递质可能会兴奋某一些神经元同时也会抑制另一些神经元。同一受体可能对某些神经递质是兴奋性的，对其他递质是抑制性的。如许多的谷氨酸受体就是兴奋性的，同样的运动神经元释放的乙酰胆碱也是兴奋性的，相反大多数 GABA 受体都是抑制性的。

神经递质是如何完成其效应的呢？如果神经递质总是在突触间隙中，那么它诱导的效应就会一直持续，神经系统就会一直处于受刺激状态。事实上神经递质释放到突触间隙后能被一种酶破坏，或很快就会被突触前神经元的轴突摄回。

神经冲动只能单向从突触前细胞传向突触后细胞。这种单向的信息传递和刺胞动物的神经网的动作电位的传递不一样，如海葵某一神经元受到刺激产生的动作电位能传遍全身，传导是多方向的。神经元之间的交流尤其是神经元和突触后细胞之间的交流被局限于特定的“固定的专用线路”之间，这样信息流的单向性所具有的物理结构上的演化对于动物适应多样的变化是至关重要的。

（二）突触后细胞对突触信号的整合

高等脊椎动物的大脑中有数十亿个神经元，每一个神经元能和成百上千个神经元形成多个突触结构和多样化的突触类型。若如此众多的突触都能产生动作电位，传导的信号可能就会自发产生障碍，那么一个神经元是如何决定要传导一个神经冲动到另一个神经元的呢?

当然神经传递就是要神经元对这些产生的信号进行平衡，最终决定要传出哪些或哪个信号的过程。人体内的过多或过少的神经传递都会引发严重的疾病。很多药物都可以通过改变神经递质的活性来影响神经系统的功能。比如某些药物能和突触后膜的受体结合，从而阻止体内本应该和这些受体结合的神经递质的作用。还有可能药物改变了受体活性，引发新的动作电位出现。很多致瘾类药物的作用机理就是如此，如尼古丁、可卡因、海洛因，等等。

六、神经递质与相应疾病

神经系统内有多种神经递质，这些神经递质对于正常的神经系统功能具有重要作用，以人为例，很多神经递质时空分布和分泌量的变化与相应的疾病密切相关，见表 26-1。

表 26-1　神经递质和人类的相应疾病

疾病种类	大脑中神经递质失衡	表现症状
阿尔茨海默病	乙酰胆碱不足	失去记忆、抑郁、定向障碍、痴呆、幻觉、死亡
癫痫症	脑内有过多的 GABA，导致去甲肾上腺素和多巴胺过多	突发性癫痫、失去意识
亨廷顿病	GABA 缺乏	多动症、痴呆、个性和行为发生变化、死亡
嗜睡	血清素过多	过度睡眠
严重失眠	血清素太少	难以入睡（有睡眠障碍）
肌无力	运动神经元和肌肉细胞的突触上缺乏乙酰胆碱受体	渐进性肌肉萎缩
帕金森综合征	多巴胺缺乏	手颤抖、运动缓慢、肌肉强直
精神分裂	GABA 缺乏导致多巴胺过多	不适宜的情绪反应、出现幻觉

七、脊髓在身体和大脑之间传递信息

脊髓是大脑基部发出沿着身体背侧向下扩展的神经组织。哺乳动物脊髓横切可见中心具 H 形的灰质及外围的白质。脊髓背侧是由携带感觉信息上传至大脑的神经元轴突束的白质构成。腹侧是传递大脑的运动信息到肌肉和腺体的下降的神经元轴突组成。

脊髓处理基本的反射不需要和大脑高级中枢相互作用即可完成。反射是一个对于体内或体外的刺激进行快速的无意识反应。

有一系列的神经元参与手碰触到刺物尖端缩手反射的整个过程，这些神经元构成反射弧。当手碰触到刺后，手指某部位产生动作电位沿着神经元轴突传递，进入脊髓后和中间神经元的突触联系，再传导到运动神经元。运动神经元轴突从脊髓发出，刺激骨骼肌细胞收缩。当大量的肌纤维收缩后，手自动远离尖刺物，脊髓的中间神经元还发出传递到大脑的动作电位。

八、大脑有多个结构和功能区域

动物的神经系统演化发育的标志是脑的出现，从鱼类到哺乳动物脑结构越来越复杂，神经元数量越来越多，大脑占身体的相对比重也在增加。以人为例：人大脑平均重量在 1.4 ～ 1.6kg（而且大脑随时消耗着身体的 20% 的氧气和 15% 的血糖）。缺氧超过 5min 就会对大脑造成永久性的损伤。

胚胎发育阶段，大脑从神经外胚层发育而来的神经管中分化出最初的 3 个部分：前脑、中脑和后脑。然后进一步发育出 5 个脑泡，即端脑、间脑、中脑、后脑和延脑。5 个脑泡继续分化，衍生出各种结构，见表 26-2。

表 26-2　大脑的分区和相关功能

<table>
<tr><th>三脑泡</th><th>五脑泡</th><th>衍生结构</th><th>功能</th></tr>
<tr><td rowspan="7">前脑</td><td rowspan="3">端脑</td><td>嗅叶</td><td>嗅觉</td></tr>
<tr><td>海马</td><td>记忆存储</td></tr>
<tr><td>大脑</td><td>智力</td></tr>
<tr><td rowspan="4">间脑</td><td>视泡</td><td>视力</td></tr>
<tr><td>上丘脑</td><td>形成松果体</td></tr>
<tr><td>丘脑</td><td>视神经和听神经的中转中枢</td></tr>
<tr><td>下丘脑</td><td>温度、睡眠和呼吸中枢</td></tr>
<tr><td>中脑</td><td>中脑</td><td>中脑</td><td>前后脑之间的纤维束、视叶</td></tr>
<tr><td rowspan="3">后脑</td><td rowspan="2">后脑</td><td>小脑</td><td>协调复杂的肌肉运动</td></tr>
<tr><td>脑桥</td><td>大脑和小脑之间的纤维束</td></tr>
<tr><td>延脑</td><td>延髓</td><td>不随意活动放射中心</td></tr>
</table>

中脑和后脑的一部分组成脑干。脑干调节着呼吸和心跳等最基本的生命活动。此外还发出 10 对或 12 对脑神经，控制着眼睛、面部、颈部和上下颌的运动以及味觉和听觉的传输。

脑干包括后脑的两个部分：脑桥和延髓。以人脑为例：延髓和脊髓相连，延髓不仅调节着呼吸运动、血压稳定和心率，而且调节着呕吐反射、咳嗽、打喷嚏、排便反射、吞咽以及打嗝等基本生命活动。脑桥是延髓以上部分，其椭球形的白质连接着前脑和延髓以及小脑。

中脑的一些区域控制意识和参与眼和听觉反射，也控制随意运动功能的神经纤维穿越中脑到达前脑。中脑的某些神经元损伤坏死可能会导致帕金森综合征引发的不可控的颤抖行为。

后脑最大部分是小脑，负责协调精细运动和调节肌肉紧张。

人脑的最大的部分是前脑，这部分结构复杂，功能发达，调控着诸如学习、记忆、语言、动机、情绪等功能。而前脑中有 3 个主要部分：丘脑、下丘脑和大脑。

丘脑的作用是感觉输入、输入信息的处理并将处理后的信息送至相应的大脑皮层区。下丘脑在丘脑以下，体积不到大脑的 1%，其在调节神经和内分泌系统功能中具有非常重要的作用。下丘脑和垂体是最为重要的中枢神经系统，调控着全身的内分泌腺，协调机体的稳态。总之来自于下丘脑的神经和激素信号调控如体温、心跳、水盐平衡、血压，以及饥渴、睡眠和性唤起等诸多生命活动。

大脑的最外层是大脑皮质，是神经元富集而成的区域。人的大脑皮层只有几毫米厚，但是却具有上百亿的神经元形成的上万亿个突触连接。哺乳动物的大脑大多具有沟回结构，这增加了大脑皮层的面积，尤以人类的沟回结构最为发达。

研究脑有很多挑战，数量巨大的神经元及其复杂的拓扑连接、感觉系统与行为的复杂整合、发育过程的动态变化调节以及可塑性，等等。但是近年来结构解析技术、电生理记录技术、宏观和微观成像技术、分子生物学新技术、光遗传学技术、超级计算机数字模拟等方面的长足发展，为实现从单细胞到整个动物行为的完整再现和重构解析提供了各种可能。

第二节 感觉器官和感觉

动物靠感觉系统感受内外环境的变化，并做出相应调整，维持机体稳态。

内、外环境的变化是以某种刺激形式作用于机体的，刺激实际上是一种能量形式，如电刺激、机械刺激、化学刺激或辐射等。感觉器官中的感觉受体就是将不同的刺激转换成动作电位，不同的感觉器官对不同刺激的感受能力是不同的。

一、感觉受体能产生动作电位对刺激做出应答

所有的感觉器官都可从感觉受体处获得信息，如机械性刺激感受器，因机械压力或变形而兴奋的感受器，对声、触觉和肌肉收缩起反应的感受器，对温度的变化做出反应的温度感受器等。痛觉感受器，能感受组织损伤、过热或超冷的变化以及损伤部位破损细胞释放的化学物质。本体感受器，能感受身体各部位的位置信息。光感受器能对光线刺激做出应答，化学感受器能感受化学物质的变化。

一般而言某一刺激改变了感觉受体细胞膜上的某蛋白质的构型，使得细胞膜对离子的通透性发生改变。离子的跨膜运动引发出受体电位。并非每一个受体电位都能诱发出一个动作电位，如果受体电位超过阈电位的值，动作电位才能在感觉受体上产生。来自特殊受体产生的动作电位的频率变化传输到大脑中，会被大脑整合解析为刺激的类型和强度等相关信息。

二、连续刺激引起感觉适应

比如洗澡时水温相对较高且持续不变的情况下，人很快就会产生适应，并且能够忍受这一水温，并开始逐渐享受此过程，这就是感觉适应的一个例子，即随着刺激作用时间的延长感觉变得相对不如以前那样敏感了。其原因是感觉受体在那样的刺激下，单位时间产生的动作电位越来越少。很多感觉受体都能很快地适应，但是痛觉受体的适应是很缓慢的，这是动物演化上的保护性适应机制。

感觉受体具有以下的基本特征。

（1）感觉受体含有敏感性的受体细胞或具有很好的外周分支的感觉神经末梢并能产生一个动作电位以对刺激做出反应。

（2）感觉受体对某一刺激做出反应的解剖结构是特殊的。

（3）受体细胞和传入神经形成的突触具有沿着特殊神经通路向中枢神经系统传输的通路。

（4）中枢神经系统中这些传入的神经冲动被转换成可识别的感觉如听觉或视觉等。

三、感受

（一）化学感受

化学感受是最古老和最普遍的感觉。单细胞动物利用接触性化学感受器来定位食物源和含氧量高的水并避开有害物质。这些受体引发动物的一种方向性行为，即要么趋向要么远离化学源，称趋性。大部分动物具有距离性化学感受器，或者说具有灵敏度非常高的感受器，这种距离性化学感受一般称之为嗅觉，可指导大多数动物的摄食行为、性选择和定位、领域行为、追踪和警告反应等多种行为。

脊椎动物、昆虫的嗅觉和味觉有明显的区分，嗅觉的敏感性往往比味觉强一些，而且味觉需要对相应的化学物质接触才能产生感觉。大脑也存在对嗅觉和味觉不同的定位区。

昆虫的化学感受器在昆虫的感觉毛上称为感器。雌性昆虫的口器、附肢、翅缘及产卵器等处都具有味觉感器。它们的附肢末端有一个小孔能感知 4 种基本的味觉：甜（吸引）、苦（排斥）、咸和水。昆虫头部触须和下颚须中都有嗅觉感器。这些嗅器具外孔，能够允许空气中的气味与信息素和嗅器中的嗅觉受体神经元发生联系，产生动作电位。

社会类昆虫等都能够产生种属特异性信息素，这是高度特化的“通信语言”，可影响同种其他个体的生理和行为变化，如领域、社会等级、性和繁殖状态等的信息就可通过信息素相互交流为同种动物所感知。

脊椎动物的味觉受体一般在口腔中，尤其在舌上，这样动物采食时就可对食物进行感受甄别。味蕾的基本结构由支持细胞包裹的一簇味觉受体细胞组成，味蕾有一小的外孔，孔内有感觉细胞特化的微绒毛结构，化学物质和特异性受体位点的受体细胞微绒毛结合而被感受。基本味觉分为：甜、咸、酸、苦、鲜。尽管每种基础味觉产生的机制不同，但基本过程都是特殊的化学物质让受体细胞去极化产生动作电位，通过突触进入特异性的感觉神经元，然后沿着特异性的传输线路传导进入中枢神经系统，再对传入的信息进行加工分析。由于味觉受体细胞受到食物摩擦而易受损，因此味蕾的生命周期较短

（哺乳动物仅 5 ～ 10d），需要不断地更新。

味觉是许多动物常用以鉴定区分食物、配偶和天敌的基本感觉，在哺乳动物中这种感觉高度发达。虽然人类的嗅觉并非是哺乳动物中最发达的，但也可以区分 20000 种不同的气味。人的鼻可以嗅出两百五十万分之一毫克的硫醇味，这就是臭鼬释放出的这种难闻的物质，即便如此我们依然比那些依靠感觉生活的其他哺乳动物的嗅觉能力相差甚远。在新环境中我们用眼睛获取的信息可能最为主动也是最多的，但狗却是用鼻获取的信息最为丰富。狗鼻对同一微量物质的探测灵敏度可能比人要高百万倍，它贴着地面靠持续嗅闻来区分或跟踪那些弥留下来的微弱气味。

嗅觉的感知区域在鼻腔深部，此处嗅上皮包含百万个嗅觉神经元，每个神经元的游离末端都特化伸出几个毛发样的纤毛。进入鼻腔的嗅味分子与纤毛上的受体蛋白结合，产生的动作电位传导至大脑的嗅球，再被传至大脑的嗅觉皮层，加工分析成嗅觉。嗅觉信息可被进一步投射到更高级的大脑中枢区域从而影响情绪、思想和动物的行为。

分子遗传学表明哺乳动物中有 1 个大的基因家族负责嗅觉。来自这同一个基因大家族中的约 70 种基因也负责编码果蝇的嗅觉，其中的一些基因负责线虫的嗅觉。嗅觉基因家族在演化上是古老和高度保守的。哺乳动物中发现了大约每 1000 个左右的基因编码一种类型的嗅觉受体。哺乳动物一种嗅觉受体必定能和多个嗅味分子结合，一种嗅味分子也能和多个嗅觉受体结合。脑成像技术表明每一个嗅觉神经元都和大脑嗅球具有特征性的投射定位关系，此外表达同一种嗅觉受体基因的嗅觉神经元与大脑嗅球的神经联系是固定的，这也就为嗅觉具有高度的敏感性提供了神经解剖学上的解释。投射到大脑的气味信息最后被鉴别成单一的感觉即嗅觉气味。

食物的嗅觉感受依靠吞咽时气味分子经通过喉部到达嗅上皮，因此味觉和嗅觉常常发生混合。所有的“嗅觉”都是食物自身的特殊“挥发性”分子到达了嗅上皮产生的。感冒时感觉不到食物的香味是因为鼻子不通气阻碍了这些分子到达嗅上皮和相应的嗅觉神经元。

很多具有领域行为的脊椎动物都具有一个额外的嗅觉器官即犁鼻器，能够感知食物以及信息素。自两栖类开始出现，在有尾两栖类中，犁鼻器是鼻囊腹外侧的一个深沟，在无足类和无尾类中则形成一个几乎完全与鼻囊分离的盲囊，但仍与鼻腔连通。爬行类犁鼻器和鼻腔分离，形成两个独立的囊，直接开口在口腔。由于它通常位于犁骨的上方，因而称为犁鼻器，蜥蜴和蛇类的犁鼻器最发达，鳄和龟鳖类的犁鼻器退化。由于犁鼻器不与外界相接相通，这就需要舌的帮助。蛇的舌头有细长而分叉的舌尖，总是在不停地吞吐。当舌尖缩回口腔时，相应信息即进入犁鼻器，产生嗅觉。鸟类犁鼻器退化，哺乳类在胚胎期也有犁鼻器，成体大多退化，但在单孔类、有袋类、食虫类、啮齿类、兔形类及有蹄类成体中仍存在。

（二）机械性感受

机械性感受对量化的外力诸如触碰、压迫、牵张、声音、震动和重力等很敏感。总之，机械感受对运动起反应，动物时刻和环境相互作用，它们需要感受外界变化，维持正常的姿势，行走、游泳或飞翔都需要来自机械感受传来的稳固信号。

（三）触觉

无脊椎动物，尤其是昆虫有多种触觉受体。触毛对碰触和震动具有很高的敏感性。

脊椎动物的表层触觉受体遍布全身，尤其与环境常常接触的区域，如面部和四肢更为发达。人体表层有超过 50 万个触碰敏感点，这些点大多在舌和指（趾）端。最简单的触觉受体是皮肤下的神经末梢，触觉受体具有多种形态和类型，每 1 毛囊中都具有对触碰敏感的受体。

（四）痛觉

痛觉受体是一些对机体组织具破坏性、损伤性的各种刺激起反应的相对非特化神经纤维末梢，这些游离神经末梢也对其他的刺激诸如组织的机械运动和温度变化起反应。痛觉神经纤维对小肽类物质如 P 物质和受损细胞释放的血管缓激肽起反应，这样的反应是缓慢的痛觉。

急痛反应（如扎刺或者过热、过冷刺激导致）是神经纤维末梢对机械运动和温度刺激更直接的反应，痛觉刺激的适应期很长，不会轻易适应，这是机体的一种演化上的适应性保护。

痛觉是一种危险迹象的表征，愉悦是另一种对环境的刺激产生的有益的感觉。愉悦感和中枢神经释放的内源性鸦片类物质有关。

（五）鱼类和两栖类的侧线系统

侧线是鱼类和两栖类用来测定水波震动和水流变化的远距离探测系统。侧线的神经受体细胞叫作神经丘，位于鱼类和水生两栖类动物的体表。侧线系统是鱼类运动、躲避天敌或者捕食以及寻找性配偶等活动中最基本的感受系统之一。

有些鱼类的侧线还具有感受其他动物因肌肉收缩产生的电信号作用。鲨鱼的侧线和感受电信号的受体细胞位置距离非常近，且基本向头部区域集中。有些鱼除了能接收电信号还能依靠自身的发电器官产生或弱或强的电场，如电鳗或者淡水鲶鱼。除了捕获猎物的作用外，电场在种间交流、配偶选择以及感受环境等方面发挥作用。

（六）听觉

耳是用来测定环境声波的器官。陆生脊椎动物声音的交流和接收是其生活中重要的一部分。大部分无脊椎动物习惯于沉寂无声的世界，只有某些节肢动物如甲壳类、蜘蛛和昆虫具有真正的声觉受体器官。即使在昆虫纲中，也仅有蝗虫、蝉、蟋蟀、蚱蜢和大多数蛾类有“耳”，仅为 1 对囊，每个囊由鼓膜封闭，鼓膜能将声音的变化传递到感觉细胞。虽然简单，但对于探测潜在的配偶、竞争对手或捕食而言，这是一个很完美的“精巧设计”。

脊椎动物的耳起源于平衡器官，或者说迷路，所有有颌类迷路都具有相似的结构。鱼类在小囊的基础上进一步扩展成细瓶状，逐渐发育为四足动物中的听觉受体，哺乳类发展成为耳蜗结构。

哺乳类外耳是收集并传递声波进入中耳或鼓膜的结构。中耳是一个气室，靠 3 块听小骨传递并放大声音。当声波通过鼓膜经镫骨作用到内耳前庭窗上时，声音的能量被放大了 90 多倍。附着在中耳听小骨的肌肉听到巨大的噪声后会收缩，提供某种程度的保护，避免内耳因噪声受到破坏。中耳在咽部与咽鼓管相连通，咽鼓管的作用是保证鼓膜两侧的气压平衡。两栖类、爬行类、鸟类只有 1 块听小骨，即镫骨。

内耳耳蜗才是真正的听觉器官，哺乳动物的耳蜗是螺旋形的，有两圈半的螺旋。人耳中至少有24000个毛细胞。毛细胞在基底膜上，基底膜将鼓阶和耳蜗管分开，基底膜上有盖膜覆盖（图26-4）。声波作用于耳，能量通过中耳的听小骨传递到前庭窗上，随着听小骨前后位置移动，推动前庭阶和鼓阶中的液体运动。对于每一声音频率，基膜上都有特殊对应此频率反应的毛细胞位置区域。声音是行波，频率不同，行波所能到达的部位和最大行波振幅出现的位置也不同。高频率振动引起的基底膜振动仅限于前庭窗附近；频率越低的振动引起的行波传播越远，最大振幅出现的部位是靠近基底膜的顶部。当基底膜振动时，由于基底膜和覆膜的支点位置不同，使螺旋器与覆膜之间发生相对位移，使毛细胞上的纤毛弯曲，引起毛细胞上的离子通透性发生改变，最终使得听神经上的神经冲动发放。基底膜最大位移处毛细胞受到的刺激最大，相连的听神经也会有更多的冲动发放。不同部位的听神经发放冲动会引起不同的音调感觉。耳蜗底部感受高音调，中部感受中等频率的声音，顶部感受低音调。研究表明毛细胞和科尔蒂器之间的相互作用比以往所知道的要复杂得多，科尔蒂器中这些受体细胞的主动反应增加了对声音的敏感性和选择性的感知（图26-5）。

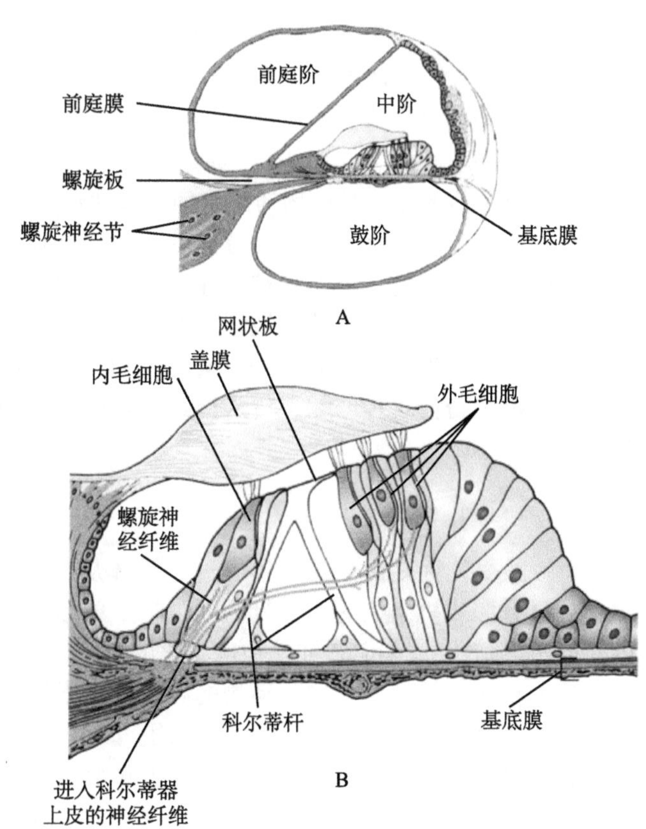

图 26-4　耳蜗的结构　陈紫暄　绘
A. 耳蜗横截面；B. 基底膜局部放大

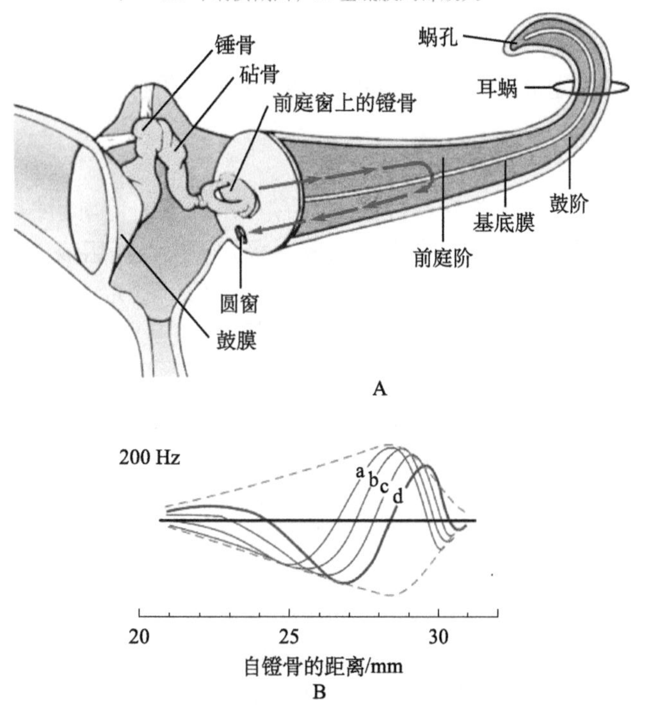

图 26-5　哺乳动物耳的结构（A）与不同频率声波到达耳蜗的部位（B）　陈紫暄　绘

（七）平衡觉

无脊椎动物中一般是用平衡囊感受重力和低频振动的变化，平衡囊中具有毛细胞和平衡石，动物改变自身位置会导致平衡石位置变化，相应会压迫下面的丝状感觉细胞。

脊椎动物的平衡器官是迷宫或前庭器官，由球囊和椭球囊及 3 个半规管构成。囊室类似无脊椎动物的平衡囊。当头部向一侧倾斜或者向另一侧倾斜，都会使耳石对不同位置的毛细胞产生压迫，这些细胞产生动作电位传递到大脑，最终解析为位置信息。

脊椎动物的半规管对动物的螺旋加速和线性加速的感受较强，3 个半规管互相垂直，每个半规管都能感受来自于一个方向的旋转。半规管充满了内淋巴液，半规管的基部壶腹，壶腹中有毛细胞。毛细胞被包埋在凝胶膜中，此凝胶膜称为吸盘或终帽，在壶腹里凸出于淋巴液中，头部旋转半规管中的淋巴液因为惯性的原因会保持不动。头部的运动至少会引起 1 个半规管中的内淋巴液的运动，使终帽偏转，刺激毛细胞。毛细胞释放的神经递质可兴奋传入神经元，传入神经元发放神经冲动到大脑，告知身体和头部的旋转运动。

（八）感光与视觉

光敏感受体称之为光感受器。这些受体从许多无脊椎动物体表的简单光敏感细胞，演化到具有照相机结构的精密复杂的眼睛。单细胞动物眼点是一种感受光线的色素杯状的“原始眼睛”。许多无脊椎动物也演化出简单的皮肤光受体，尽管比专一的视觉受体敏感性要差很多，但是对于这些动物的趋性、色素体中色素的分布、生殖周期中光周期的调整以及其他的行为改变仍具有重要作用。

节肢动物的复眼由许多独立的视觉小眼组成，光从每一个小眼的角膜透镜进入并被小网膜细胞的感杆中的视色素所吸收。这些受体细胞去极化产生动作电位沿着每个小眼的视神经轴突向脑区传递。很多昆虫具颜色视觉，蜜蜂能看到紫外光照射下的花粉，飞翔性昆虫能感受偏振光，并以此来导航，复眼尤其对运动变化的感受能力很强。

某些软体动物、环节动物和所有的脊椎动物具有类似照相机成像的眼睛，在眼睛前面具有光密封室和透镜系统，后面具有视网膜，能将聚焦视域中的图像投射到视网膜上成像。

1. 视觉的化学

视锥细胞和视杆细胞中有对光敏感的色素叫作视紫质。每个视紫质分子由一个大的视蛋白分子和一个小的胡萝卜素分子视黄醛组成。视蛋白是一种酶（GPCR，G 蛋白耦联受体），视黄醛源于维生素 A；光照射到感光色素分子上，视紫质分解为视蛋白和视黄醛，在暗处，视蛋白和视黄醛又重新合成视紫质，视黄醛在视紫质分解和合成过程中有一定消耗，因此视色素的再生需要供给维生素 A。当视紫质分解后，视黄醛构型异构成全反式视黄醛，视蛋白酶被激活，启动接下来的几步生化过程和细胞内的信号转导通路。其复杂的顺序行为是一个兴奋级联来极大地放大单个光子的能量，引发视杆细胞或视锥细胞的超极化。超极化的信号通过中间神经元传递后引发神经节细胞出现去极化并产生动作电位。有趣的是在无脊椎动物眼中光感受器细胞产生去极化，而脊椎动物中相同的光线却产生超极化。

视网膜上完整的视紫质的量取决于进入眼睛中的光线密度。一个暗适应眼睛有更多的视紫质，对微弱的光线都很敏感。相反一个亮适应眼睛视网膜上的大部分视紫质被分解成视蛋白和视黄醛。眼睛需近半个小时才能完成对黑暗的感光适应，这期间视紫质的量逐渐增加。

2. 颜色视觉

视锥细胞的功能和颜色感受密切相关，视锥细胞需要的光刺激要比视杆细胞所需的光刺激强度要高 50 ～ 100 倍。因此夜晚视觉基本上是视杆细胞完成的。有些脊椎动物和人类不同，具有黑夜和白昼视觉，而有些只具有白昼视觉或黑夜视觉。只具有白昼视觉的如普通的灰松鼠和某些鸟类，眼睛中只有视锥细胞，到了夜晚这些动物就变成了“瞎子”。

20 世纪 60 年代，科学家发现人类有 3 种视锥细胞，每一种视锥细胞对一特定波长的光波起反应。蓝色视锥细胞具吸收峰的光波波长是 420nm，绿色视锥细胞是 530nm，红色视锥细胞的是 560nm，色觉是比较这 3 种不同视锥细胞的兴奋度产生的。例如：540nm 的光波可能使 95% 的绿色视锥细胞兴奋，使 70% 的红色视锥细胞兴奋，蓝色视锥细胞不兴奋，通过视网膜的神经回路和大脑视觉中枢的对比，大脑将信息整合成为绿色视觉。

两栖类可能没有颜色视觉，硬骨鱼、爬行类和鸟类具有特别强的颜色视觉，但大部分哺乳动物却是色盲，只有灵长类动物和少数种类的哺乳动物具颜色视觉，如松鼠等。人眼中如果缺少某一种视锥细胞，就不能辨别某些颜色，称为色盲，这常常是 X 染色体上伴性遗传疾病，且多见红绿色盲。

思考题

1. 神经元和神经胶质细胞的功能分别是什么？
2. 动作电位在神经元上可以反方向传导吗？
3. 突触有哪些结构？
4. 你认为动物的哪种感觉器官最重要？为什么？
5. 你认为“脑计划”“人机接口”以及 AI 将怎样改变我们的世界？

第27章

动物的化学信号系统

神经和感觉器官一起参与信息的交流和对机体的调控，其特点是快速、准确。然而，动物还有一套相对慢一些但持续时间更长的进行信息交流和控制稳态的系统，即化学信号系统。

动物体内的化学信号物质有着共同的起源，那些单细胞动物对生殖和摄食等行为起协调作用的信号物质，在多细胞动物中同样起着重要作用；伴随着演化，动物体内出现了更多新的信号物质——激素（hormone），演化使原有的某种激素在不同类群动物体内衍生出各自的功能。激素源自希腊语，意为“沿着血液从细胞到细胞移动的化学信使，可以协调人体不同部位的活动和生长”。1905年，英国生理学家斯塔林（Ernest Henry Starling，1866～1927）和贝利斯（William Maddock Bayliss，1860～1924）首次提出“激素”一词，并早在1902年发现了促胰液素，内分泌学诞生。

第一节 化学信号

一、化学信使

化学信使是动物有机体内特殊细胞合成和分泌并有利于完成代谢、呼吸、排泄、运动、生殖、分化以及生长发育等各阶段所需的微量而重要的特殊性化学物质，可分为如下几种。

（1）局部化学信使（local chemical messenger）：是指某些自分泌和旁分泌的信号物质。自分泌是细胞产生的激素作用到本体细胞的激素作用途径；旁分泌是指某些细胞分泌的激素作用到邻近细胞上的一种激素作用途径；如肠腔内多种调节消化的激素等。

（2）神经递质（neurotransmitter）：神经分泌的信号物质，如乙酰胆碱等。

（3）神经肽（neuropeptide）：有些特殊的神经细胞分泌的神经激素。如哺乳动物下丘脑合成的催产素，储存在垂体后叶，母体生产时释放出来调节子宫肌的收缩。

（4）激素：内分泌腺体的特殊细胞分泌的激素，进入血液循环系统，运输至全身细胞处，发挥相应的生理作用。

（5）信息素：动物生成并释放到体外，可影响同种个体间行为的信号物质。

总之，神经和内分泌系统相互配合共同调节着机体的各种生命活动，因此也称为神经 - 内分泌系统。在此系统中，机体内的各种长反馈或短反馈调节着动物的各项生理功能，维持着机体的稳态。

二、激素及其反馈系统

激素是内分泌腺或组织产生和分泌的一类特殊的化学信使物质，内分泌腺及其激素作用的研究被称为内分泌学（endocrinology）。

激素分为蛋白类激素、氨基酸衍生物及类固醇激素。如脊椎动物胰腺分泌的是蛋白类激素；甲状腺分泌的氨基酸衍生物激素；卵巢、睾丸和肾上腺皮质分泌的类固醇激素。许多无脊椎动物神经分泌细胞产生神经肽类的蛋白质激素，某些腺体产生类固醇类激素等。

机体内的激素在量很少的情况下就能产生巨大的作用，激素作用到靶细胞，主要通过三种途径调控靶细胞的生理生化反应：①增强某种物质进出细胞的比率；②刺激靶细胞合成酶、蛋白质或其他物质生成；③促进靶细胞激活或者抑制靶细胞内已经存在的酶等。

内分泌腺或内分泌细胞分泌的激素并不是连续不断的，而是与机体对稳态调控的需求相一致，动物体依靠反馈调节系统调节这一过程。负反馈系统指反应的结果会抑制起始的刺激；相反，正反馈系统是加强其起始的刺激。机体内主要以负反馈调节为主，动物体内的正反馈相对较少，因为正反馈可导致稳态失衡和病态出现，但有时动物机体恰恰通过正反馈调节来完成相应生理功能，如动物的生产和哺乳过程就是受正反馈调节的。

三、激素作用的机制

激素的作用与靶细胞的受体密切相关，激素只能和相应靶细胞的自身受体结合才能进一步发挥作用，如果没有相应的受体则激素对此细胞没有作用。

很多肽类激素和氨基酸衍生物类激素分子量都很大且有极性，必须与靶细胞细胞膜上跨膜的蛋白质受体相结合才能起作用。激素和受体形成复合物启动了细胞内的一系列分子级联事件，有的将其称为固定 - 膜受体机制（fixed-membrane receptor machanism）。这样激素扮演第一信使的角色，引发细胞内第二信使的出现。比如细胞内出现的环腺苷单磷酸（cAMP）、环鸟苷单磷酸（cGMP）、Ca^{2+}/ 钙调蛋白、二酰基甘油（DAG）、三磷酸肌醇（IP_3）等都是第二信使。只有第二信使才能在细胞内继续发挥作用，cAMP 是首个鉴定出来的第二信使。多种激素都能够在细胞中诱导出第二信使 cAMP，如甲状旁腺素、胰高血糖素（glucagon）、肾上腺皮质激素（ACTH）、促甲状腺激素（TSH）、促黑激素（MSH）和抗利尿激素（vasopressin）等。氨基酸衍生物肾上腺激素（epinephrine）也诱导第二信使发挥其激素的相应作用。同种激素作用于不同的靶细胞会产生不同的第二信使，因而一种激素在机体内的功能是多样的。有些细胞膜上的受体本身就具有激酶活性，当激素与受体结合后启动了该酶的活性功能区，如胰岛素和胰岛素样生长因子受体

就是如此。

类固醇激素（雄激素、雌激素和醛固酮等）能够穿越靶细胞膜进入细胞质内，与细胞内的受体结合，这种激素受体复合物，称为基因调节蛋白，能激活或抑制特异性基因的转录，故将此称为移动 - 受体机制（mobile-receptor machanism）。甲状腺激素和调节昆虫变态的蜕皮激素都是通过核受体发挥作用的。甲状腺激素首先需要和细胞膜上的跨膜转运蛋白相结合，消耗 ATP 才能进入细胞内，再与细胞内的受体进一步结合发挥作用。

最新的研究表明雌激素除了有细胞内受体外，还可能具有膜受体，通过第二信使发挥多样的复杂的作用调控靶细胞的功能，这些都表明某一激素可以完成多种生理功能。

第二节 动物体内化学信号的演化及其作用

一、无脊椎动物的激素

动物界出现的第一种激素很可能与动物的生长、成熟和生殖密切相关，而且第一种激素也许是神经元合成分泌的。无脊椎动物中只有很少的物种，如软体动物、节肢动物和棘皮动物等具有非神经分泌的激素，其他无脊椎动物分泌的激素大多是神经分泌的称为神经肽物质，但也存在固醇类激素和脂溶性有机分子。无脊椎动物的激素调节着动物的体颜色改变、生长、生殖、内稳态等多种生命活动。

（一）原生动物、多孔动物

上述类群无神经元，不具有神经分泌细胞，没有经典的内分泌腺，也无激素分泌。

（二）刺胞动物

水螅的神经元可分泌促生长激素，用于刺激水螅的出芽生殖、再生和生长。培养基中加上该激素能够加速刺激水螅节段的“头部”再生，这种激素能促进水螅的有丝分裂。

（三）扁形动物

30 多年前就在多种扁形动物体内发现有神经分泌细胞。其脑神经节和神经索部位的神经分泌细胞分泌的神经活性肽可以促进再生、无性繁殖、性腺成熟，如有些绦虫神经分泌细胞控制着节片的脱落或节裂的起始。

（四）纽形动物

纽形动物脑由 2 对神经节组成，比扁形动物更发达，神经节部位所释放的神经活性肽控制性腺的发育与水盐平衡。

（五）软体动物

软体动物神经系统大多由 4 对神经节及神经链索形成，其中有很多神经分泌细胞。这些神经分泌细胞产生的神经活性肽参与心率、水盐平衡和能量代谢等多种生理功能。如陆生蜗牛产生的蜗牛螺旋素，可以刺激精子发生；产卵激素（egg-laying hormone）可以刺激卵的发育；卵巢和睾丸分泌的性激素可以刺激副性腺器官的发育；生长激素控制壳的生长。章鱼的视腺（optic gland）可以分泌刺激卵发育、精子增殖及副性腺特征发育的激素。

（六）环节动物

环节动物具有发育良好的脑和循环系统，有发达的真体腔，并且具有完善的内分泌系统，参与变态、发育、生长、再生和性腺成熟。

1. 游走类

如沙蚕分泌的保幼激素可以抑制性腺活动，促进各体节生长与再生；促性腺激素可以刺激卵的发育。成年后，保幼激素分泌量减少，性腺的发育由于抑制因素的解除而逐渐成熟。幼体沙蚕的脑神经节能分泌促进再生的激素。后部体节切除的幼体能重新长出体节，如果同时切除脑神经节，则不能长出新的体节。若此时将另一幼体沙蚕的脑神经节植入其体腔中，不与神经系统相连，沙蚕仍能恢复再生能力。若植入的神经节来自成年沙蚕，则不能再生。

2. 隐居类

蚯蚓体内存在渗透压调节激素、高血糖激素。水蛭所分泌的神经活性肽可以刺激配子的发育，诱发身体颜色的改变。水蛭食管上和食管下神经以及腹神经索有两类神经分泌细胞，其中之一能产生肾上腺素类物质。

（七）线虫动物

此类虽然没有典型的内分泌腺，但具有与中枢神经系统相连的神经分泌细胞，其所释放的神经活性肽可以控制蜕皮。当新的表皮产生后，神经活性肽可以刺激外分泌腺在新旧表皮之间分泌一种酶——亮氨酸氨基肽酶（leucine aminopeptidase），该酶使新、旧表皮之间充满液体，压力升高，加速旧表皮破裂，实现蜕皮。

（八）节肢动物

节肢动物中尤其是甲壳纲和昆虫纲的内分泌系统较为发达，对其研究和了解也是最多的。

1. 甲壳类

龙虾的内分泌系统参与蜕皮、性别决定及调节体色等生命活动。以龙虾蜕皮为例：龙虾眼柄处有一些神经分泌组织形成的 X 器官（X-organ），可以分泌蜕皮抑制激素（MIH）。与 X 器官相连接的窦腺可以储存和释放 MIH，并沿窦腺神经细胞发出的轴突传递至龙虾小颚基部的 Y 器官，MIH 抑制 Y 器官分泌蜕皮激素从而抑制龙虾蜕皮的发生。当中枢神经系统受到适宜的内外环境刺激时，MIH 的释放被抑制，结果是 Y 器官分泌的蜕皮激素增多，使龙虾出现阶段性蜕皮现象。甲壳类还有心脏活性肽激素（cardioactive peptide）和甲壳动物高血糖激素，前者可增强心率，后者可调节糖类、脂类和氨基酸的代谢。节肢动物中雌激素被称为脂酸释放激素（adipokinetic hormone）。

2. 昆虫

蜕皮调节与甲壳类相似，但是没有 MIH 的参与。英国生理学家 Wigglesworth（剑桥大学）在 20 世纪 30 年代研究吸血猎蝽体内的激素对生长发育的作用是该领域的奠基性工作。昆虫的视叶部位存在一些神经分泌细胞，适宜刺激会促使某些神经分泌细胞分泌促蜕皮素——脑激素（brain hormone，BH 或 PTTH），脑激素沿轴突运到咽侧体和前胸腺并调节这两个腺体的分泌活动，脑激素还可传递到心侧体。传递到前胸腺的脑激素可使其分泌和释放蜕皮激素，蜕皮激素专门诱导蜕皮，能够促进某些旧表皮的重吸收并刺激生成新表皮。变态类昆虫在成虫期前胸腺退化，不再分泌蜕皮素，羽化后成虫就不再蜕皮。在蜕皮过程中，昆虫大脑后侧的咽侧体，是由一对紧靠脑后并与心侧体相连的成对的球状小体，其分泌保幼激素使昆虫蜕皮后仍保持幼态，延长幼虫阶段，抑制成虫器官芽的分化和发育。随着幼虫的不断蜕皮，个体不断增大的同时，咽侧体开始萎缩，咽侧体分泌保幼激素（JH）减少，昆虫由幼虫转变成蛹，外被茧以躲避不良环境。在适宜的环境条件（春、夏季节）刺激下，蜕皮激素分泌增多，蛹羽化变成成虫。而无翅亚纲种类（如衣鱼）的前胸腺终生存在，性成熟后仍可蜕皮。在幼虫期，保幼激素的浓度很高。在幼虫末龄期，保幼激素浓度降低，由脑激素刺激分泌蜕皮素使幼虫发生变态蜕皮而进入蛹期。蛹期保幼激素停止分泌，在蜕皮素作用下，蛹变为成虫，这些激素的分泌活动存在明显的周期性。

脑部其他神经分泌细胞和神经索能产生黏液素，可影响角质层硬化及体色改变的激素，利尿激素能刺激昆虫马氏管分泌液体。一种神经肽 FMRFamide-related peptides（FaRPs）激素与动物两侧对称发育密切相关，并且发现此激素在物种中具保守性。

（九）棘皮动物

棘皮动物内分泌腺和激素与脊索动物差异很大，目前已知海星的辐神经含有神经活性肽，称为性腺刺激物。若给成年海星体内注射此激素，会很快启动配子的排放、产卵行为及卵母细胞的减数分裂活动。此神经活性肽还能诱导一种成熟诱导物质的激素释放。

二、脊椎动物内分泌腺和激素

（一）脊椎动物分泌的激素及其特点

脊椎动物内分泌细胞在形态上由分散发展演化到腺体结构，功能上从最原始的仅调节离子平衡发展到调节机体的生长、发育、生殖和消化代谢等几乎所有的生命活动。

脊椎动物有两类腺体。一类是外分泌腺，如哺乳动物的乳腺、唾液腺和汗腺等，这类腺体有导管将分泌物排到体外或体腔内。另一类是内分泌腺，这类腺体没有导管，腺体细胞合成的物质称激素，直接进入临近的细胞周围，继而进入血液循环，被送至相应的靶细胞发挥功效。

脊椎动物内分泌腺分泌的激素具有 3 个特点：①不同物种中具有相同功能的激素（或神经肽），但结构也许不同；②有确定功能的某激素具有物种特异性，即：一个物种的同类激素在其他物种上可能具有另外一种功能，或同一种激素在不同物种上的功能不同；③某一物种中的某一激素作用到不同物种的同一类细胞或组织上可能会产生不同反应。

鱼的大脑和脊髓是最重要的激素合成场所，硬骨鱼类主要有 3 个分泌神经肽的部位，大脑有 2 个，分别是上丘脑中的松果体（pineal gland）和下丘脑中的视前核（preoptic nuclei）。松果体受到光刺激产生的神经肽会影响动物的色素沉积并明显抑制动物的生殖行为。松果体产生特殊的激素称褪黑激素，该激素对动物机体的代谢有着广泛影响，但此激素合成受到光强和日照长短的刺激而存在相应的分泌节律性。下丘脑的视前核分泌多种神经活性肽，这些神经肽具有调节鱼生长、睡眠和运动等多种功能。第三个是鱼的尾垂体（urophysis），也是最重要的产生功能性神经肽的部位。尾垂体是鱼脊髓尾部的 1 个分泌性结构，其周围有毛细血管分布，组织结构与神经垂体极为相似。该区域分泌的神经肽能够调节鱼的水盐平衡、血压以及平滑肌收缩。其他脊椎动物尾垂体的功能以及对该动物的生物学意义目前所知甚少。

动物的垂体分泌催乳素，可刺激多种动物的生殖性迁移，如蝾螈的趋水行为（为繁殖做好准备）和变态；某些鱼类的孵卵行为等。尤其对那些洄游到淡水中产卵的海洋鱼类如鲑鱼，该激素对鱼的鳃和肾的水盐平衡控制具有重要作用。催乳素还可改变两栖类动物皮肤的渗透压调节，能刺激雌性输卵管发育，刺激两栖动物排卵，还能控制某些两栖类动物性别特征的发育。催乳素在鸟类中可刺激营巢、孵卵行为和双亲的抚育行为。哺乳动物中催乳素能刺激乳腺发育和产生乳汁。脊椎动物的催乳素具有结构上的保守性和功能上的多样性。

有证据表明最早脊椎动物的甲状腺起源于动物的消化管前端一个携带食物的囊状结构，此腺体一般位于颈部区域的咽腹侧，但这个与食物消化密切相关的结构是如何演变成内分泌腺的？有一种假说认为原先的这个和消化密切相关的囊，在演化过程中逐渐地失去和咽部的所有连接，变成了一个结构和功能都相对独立的腺体，发挥新的功能与结构。2000 年初发现的小鼠调控甲状旁腺发育的 *Gcm-2* 基因，在鱼类中调控鳃的发育，而这两个器官具有共同的解剖起源。

脊椎动物各纲间的甲状腺具有形态上的差异，很多鱼类、爬行类以及一些哺乳类，甲状腺具单一结构，但是有些物种中，甲状腺是分叶的形态。甲状腺分泌的甲状腺激素（T_4）和三碘甲腺原氨酸（T_3），控制着动物的代谢率、生长和组织分化。一般在靶细胞中的脱碘酶作用下 T_4 转化为三碘甲腺原氨酸 T_3，虽然血液中的 T_4 浓度较高，但是由于 T_3 的活性比 T_4 强得多，因此 T_3 被认为是最主要的甲状腺激素。

正如上面所讲到过的，不同脊椎动物的同一类激素对于不同的动物其激素功能可能是不同的。T_3、T_4 就是很好的例子，如 T_3、T_4 调节着许多脊椎动物的整体代谢率，但是两栖类动物中，T_3、T_4 还能调节两栖动物的变态。催乳素、T_3、T_4 在青蛙体内的浓度变化很好地控制着青蛙的变态发育。蝌蚪体内低浓度的甲状腺激素及高浓度的催乳素调控并刺激着幼体的发育以及抑制其变态发生。然而随着蝌蚪进一步发育，下丘脑和垂体释放更多的促甲状腺激素（TSH）和催乳素抑制激素（PIH）。导致垂体合成更多的甲状腺激素，而催乳素激素逐渐减少。最终蝌蚪体内的 T_3、T_4 浓度达到一定量时引发变态。蝌蚪的尾巴被吸收，机体其余的变态发育继续完成。

鱼类和原始四足动物食管区域的几个小的食管腹侧腺或后腮体腺分泌降钙素，降低血液的钙离子浓度，调节着血钙浓度的变化。

有些脊椎动物肾脏附近特殊的内分泌腺细胞（嗜铬组织）或腺体（肾上腺）分泌的激素有应激作用。这些组织和腺体产生两种激素（肾上腺素和去甲肾上腺素）。这两种激素可引起血管收缩，血压升高，心率加快，血糖升高。

（二）鸟类的内分泌腺和激素

鸟类内分泌腺有：下丘脑、垂体、松果体、甲状腺、甲状旁腺、胸腺、卵巢、睾丸、肾上腺、胰岛、后腮腺、法氏囊，这些腺体分泌的激素及其功能和哺乳动物的类似。

有些鸟类，如鸽子其垂体分泌催乳素，可刺激鸽子的嗉囊产生“鸽乳”。在催乳素和雌激素的共同刺激和调节下，鸽子表现出相应的孵卵和抚育行为，并且刺激身体孵卵斑位置的发育，催乳素还调节着鸟类的脂肪代谢。

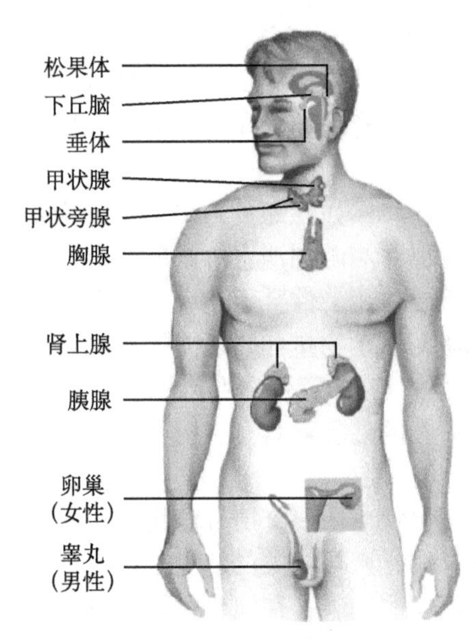

图 27-1　人体内的内分泌腺

鸟类的甲状腺产生的甲状腺激素除了具有相应哺乳动物该类激素的功能外，还可以调节羽毛的正常发育和换毛周期的变化，并且在启动鸟类迁徙中具有重要作用。

雄鸟睾丸产生的雄激素强烈地影响着雄鸟的第二性征，如鸟羽的颜色，鸟冠的有无，脚上的距等，而这些性状又强烈地影响着雄鸟的性行为。

鸟类的后腮腺是位于甲状旁腺下面成对的小的腺体，此腺体分泌的降钙素调节血钙浓度。法氏囊是鸟类的中枢免疫器官，可产生 B 淋巴细胞，从而产生特异性抗体来完成特定的免疫应答。

（三）哺乳动物的内分泌腺和激素

哺乳动物的内分泌腺（图 27-1）及其分泌的激素和生理功能研究的很多（见表 27-1）。

两种关系密切的激素：抗利尿激素和催产素，在哺乳动物的生殖和亲代抚育中发挥重要作用。抗利尿激素和催产素都是神经激素（它们也是神经递质），每一个都是由 9 个氨基酸组成。它们在下丘脑中产生，然后运输到垂体或在不同的大脑区域进行释放。抗利尿激素和催产素是同源物，它们有着相同的演化历史，在不同动物中都有发现。抗利尿激素和催产素通常在脊椎动物的下丘脑表达，蠕虫和鱼中的同源激素也会在相同的大脑区域中产生并表达。

表 27–1　哺乳动物主要的内分泌腺及其分泌的激素与相关生理功能

腺体	激素	靶细胞和主要的功能
垂体前叶（腺垂体）	生长激素（somatotropin，STH；growth hormone，GH）	刺激骨骼和肌肉的生长；促进蛋白质的合成，影响脂肪和糖类的代谢；促进细胞有丝分裂
	促肾上腺皮质激素（adrenocorticotropic hormone，ACTH）	刺激肾上腺皮质类激素的分泌，如皮质醇；与压力应激密切相关

续表

腺体	激素	靶细胞和主要的功能
垂体前叶（腺垂体）	促甲状腺激素 （thyrotropin or thyroid-stimulating hormone，TSH） 内啡肽（endorphin） 促性腺激素 （luteinizing，LH；follicle-stimulating hormone，FSH） 催乳素（prolactin，PRL）	促进甲状腺合成和分泌 T_3 和 T_4，与动物的生长、发育和代谢率密切相关 降低疼痛感 作用于性腺，刺激性腺的发育和性激素的分泌，调节性行为 促进哺乳动物乳汁合成，促进某些鸟类嗉囊分泌“嗉囊乳”，调节鸟类的母性行为
垂体间叶或垂体后叶	促黑激素 （melanocyte-stimulating hormone）	增加鱼类、两栖类和爬行类动物的黑素细胞数，减少虹细胞和黄色素细胞数；促进黑色素的合成，使皮肤颜色发暗
垂体后叶（神经垂体，由下丘脑合成然后释放到垂体后叶区）	抗利尿激素或血管加压素 （ADH or vasopressin） 催产素（oxytocin）	作用于血管使血压升高；促进肾小管对水的重吸收 分娩时促进子宫收缩；产后作用于乳腺，引起排乳；可促进精子在雌性生殖道内的运行
下丘脑	促甲状腺激素释放激素 （thyrotropin-releasing hormone，TRH） 促肾上腺皮质激素释放激素 （corticotropin-releasing hormone，CRH） 促性腺激素释放激素 （gonadotropin-releasing hormone，GnRH） 催乳素抑制因子 （prolactin-inhibitory factor，PIF） 生长抑素（somatostatin）	促进垂体前叶分泌的 TSH 的合成和释放 促进垂体前叶分泌的 ACTH 的合成和释放 促进垂体前叶的促性腺激素的合成和释放 作用于垂体前叶抑制催乳素的合成和释放 作用于垂体前叶抑制生长激素的合成和释放
甲状腺	甲状腺激素（T_3、T_4） 降钙素（calcitonin）	影响两栖动物变态，影响动物的蜕皮或换羽，影响哺乳动物和鸟类的代谢、生长和发育 抑制胃肠道对钙的吸收，抑制骨钙溶解与再吸收，降低血钙水平
甲状旁腺	甲状旁腺素（parathormone）	升高钙浓度，激活 V_D 的活性
胰腺的胰岛细胞	胰岛素（insulin）：胰岛 β 细胞分泌 胰高血糖素（glucagon）：胰岛 α 细胞分泌 生长抑素（somatostatin）：胰岛 γ 细胞分泌	促进血糖吸收利用及糖原合成 刺激肝糖原分解、升高血糖浓度 抑制生长激素的分泌
肾上腺皮质	糖皮质激素（glucocorticoid）：如皮质醇 盐皮质激素（mineralocorticoid）：如皮质酮 雄激素	促进碳水化合物的合成及蛋白质的分解；与抗炎症和抗过敏反应相关；调节压力应激 调节肾脏保钠排钾及水的平衡 与女性的性激素和性欲相关
肾上腺髓质	肾上腺素（epinephrine 或 adrenaline） 去甲肾上腺素（norepinephrine）	动员葡萄糖利用；增加流经骨骼肌血液；增强氧耗；增强心率 升高血压使小动脉和小静脉收缩
睾丸	雄激素（androgens）：如雄酮，二氢雄酮等	促进精子发生；维持雄性特征
卵巢	雌激素（estrogen）：如雌二醇等	促进卵子发生；维持雌性特征

续表

腺体	激素	靶细胞和主要的功能
黄体	孕酮（progesterone）	维持妊娠；刺激乳腺发育
脂肪细胞	瘦素（leptin）	调控食欲、代谢和动物的生殖
消化管道	胃泌素（gastrin） 促胰液素（secretin） 胆囊收缩素（cholecystokinin，CCK） 蠕动素（motilin）	控制胃肠的运动和相关激素分泌 促胆囊的胆汁分泌 促胆囊的胆汁分泌 促胆囊的胆汁分泌
心脏	心钠肽（atrial natriuretic peptide）	调节肾脏对钠离子的吸收；调节血压
肾脏	促红细胞生成素（erythropoietin） 1, 25-二羟维生素D(1, 25-dihydroxyvitamin D) 活性肽尾加压素（urotensin）	促进骨髓中红细胞生成 促进肠道对钙离子的吸收 调控主要血管的收缩
松果体	褪黑激素（melatonin）	与性成熟相关；调控身体节律
胎盘	绒毛膜促性腺激素（chorionic gonadotropin） 雌激素（estrogen） 孕酮（progesterone） 胎盘催乳素（placental lactogen）	黄体分泌与维持妊娠相关 见卵巢激素 见卵巢激素 刺激乳腺发育
肝脏	胰岛素样增长因子（insulin-like growth factor）	调节细胞分化和增长
胸腺	促胸腺生成素（thymopoietin）和胸腺素（thymosin）	促进T淋巴细胞的功能

胸腺：胸腺离心脏很近。在青春期的鸟类和哺乳动物中很大，解剖上很容易看到。随着年龄的增大，此腺体逐渐萎缩变小。胸腺主要分泌多肽类的激素，如促胸腺生成素和α_1、β_4胸腺素，这些激素对于免疫系统的正常发育和功能执行是必要的。

此外，哺乳动物体内还有很多激素并非内分泌腺产生的。比如心脏能产生心钠肽，此激素具有调节肾脏水盐平衡的作用。肾脏产生促红细胞生成素，能够刺激骨髓产生红细胞。体内的脂肪组织、肝脏、胃、胎盘和小肠等部位的相应组织或者细胞团都能分泌激素。

人类产生和制造的环境类激素（激素类似物）、有机化合物、杀真菌剂、杀虫剂，如双酚A、β-六氯化苯（β-六六六）等，有大量证据表明这些物质可能会干扰自然生态中动物包括人的激素系统并影响机体生理功能，有些影响是长期的，这将对整个动物生态领域造成广泛而持续的多层次的难以预料的影响，而很多影响可能都是负面的。

思考题

1. 什么是激素？
2. 无脊椎动物和脊椎动物都有哪些激素，其功能是什么？
3. 试阐述鳞翅目昆虫是如何羽化蝴蝶或飞蛾的。
4. 神经和激素在调节动物稳态上有什么差异？
5. 环境激素的危害有哪些？

第28章 动物的免疫和防御

动物免疫系统拥有可以识别、区分“自己”和“异己”的能力，免疫（immunity）最主要是排除异己，保护自己，维护机体稳态。

动物免疫系统的演化越来越复杂而精密，并且与动物的血液循环系统和神经及内分泌系统密切合作，在维护机体健康及生理平衡中扮演着重要角色。由于免疫系统与人类和动物的健康密切相关，因此在实验动物的研究中，以及包括在历次与各种突发传染性疾病的斗争中，人类积累并持续不断的发现更多免疫学知识，对免疫的理解也更广泛而深入。

第一节 无脊椎动物的免疫和防御

无脊椎动物组织识别自己和异己的能力可以通过移植同种组织块（allograft）或异种组织块（xenograft）进行，然后观察宿主反应来判定。如果宿主没有对移植物体进行排斥，或者宿主认为移植物体是自身的一部分，则移植物体会在宿主体内生长；如果排斥了移植物体，说明宿主具有免疫识别能力。

很多无脊椎动物，即使是简单的多孔动物也具有免疫识别能力，有些甚至对小块的同种移植物也会发生免疫排斥反应。如海绵会排斥同种移植块，但纽形动物和软体动物似乎不会排斥同种移植物体。有趣的是，海绵、海葵、环节动物和昆虫都会对再次接触到的同种移植物体发生更加迅速的免疫排斥反应，表明这些动物至少具有短期的免疫记忆。

软体动物的血细胞在发生吞噬作用时能够释放降解酶，很多无脊椎动物体液中都有这种抗外源微生物的物质。如环节动物、甲壳动物、昆虫、棘皮动物和软体动物中都有免疫物质调理素（opsonin），该物质发挥着非特异性免疫的作用。

细菌、病毒和真菌感染某些昆虫，能刺激昆虫体内产生抗菌肽，这些抗菌肽显示出广谱性的抗微生物作用。给对虾注射一种病毒的衣壳蛋白，对虾能产生免疫反应，体内能够产生包裹此病毒衣壳蛋白的物质。另外，对水蚤和大黄蜂的免疫试验发现这些动物甚至可将对某些外源物产生的免疫传递给下一代。

蜗牛宿主对吸虫（如肝蛭）的易感性很大程度上取决于蜗牛的基因型，给正常蜗牛接种受感染蜗牛的组织切块会很快增强蜗牛的免疫防御能力，时间可持续几周甚至数月。肝蛭的分泌物会刺激具抗性的蜗牛血细胞的运动吞噬能力，但是会抑制易感宿主蜗牛血细胞的这种能力。具抗性蜗牛血细胞通过吞噬作用包裹住肝蛭幼虫，释放出来超氧化物和 H_2O_2 来杀死和破坏寄生虫。抗性蜗牛体内还出现能够激发血细胞免疫反应的白细胞介素因子 -1。

越来越多的关于无脊椎动物先天性免疫的研究已经使获得性免疫和先天性免疫之间的界限出现模糊。尽管这两种免疫的机制相差很大，但是在无脊椎动物中所表现的免疫记忆及特异性免疫反应和脊椎动物很类似。因为免疫记忆和特异性免疫排斥是区分获得性免疫和先天性免疫的基本标准。

第二节 脊椎动物的免疫和防御

脊椎动物的免疫系统由特异性免疫和非特异性免疫系统组成。在非特异性免疫系统中，完整的被覆物是最初的屏障系统。此物理屏障作为第一道防线（皮肤和黏膜等），担负着保护机体的任务。

第二道防线是先天免疫，免疫细胞的直接识别与吞噬。两栖类不能远离水源，水环境是细菌、真菌等微生物繁衍的“温床”，两栖类有自己的先天免疫系统，其核心是抗菌肽（抗菌肽对多种细菌，如对耐甲氧西林凝固酶阴性葡萄球菌、耐甲氧西林金黄色葡萄球菌和金黄色葡萄球菌等几种常见的耐药菌具有很好的抗性），两栖类皮肤是生物活性多肽的储存库。

动物的眼、呼吸道及消化管，这些位置最有可能接触到外源微生物，机体在这里会有自身的防御机制，如泪水中、唾液中均有溶菌酶；胃液的酸性环境（pH 可达到 2）会将大部分微生物杀死，肠管中有消化酶。呼吸道中有物理性的纤毛运动（运动的方向与进气流反向），还有黏液可包裹灰尘和微生物，向鼻腔方向运动，最终以痰的形式咳出或者吞咽进入消化管。

尽管如此，还可能有一部分微生物或者寄生虫侵入机体内，这时体内依然还有非特异性的吞噬细胞和化学性防御启动来发挥免疫保护作用。如：①白细胞中的嗜酸细胞和嗜碱细胞，以及自然杀伤细胞和巨噬细胞等，发挥非特异性地吞噬进入机体内异物的作用；②体内特殊性的蛋白质杀死侵入机体的微生物；③炎症反应加速防御细胞到达受侵入部位，发挥相应的防御作用；④温度升高以减缓入侵微生物的增长繁殖。

在哺乳动物中上述功能和淋巴循环以及神经和内分泌系统功能密切关联，互相协调配合发挥作用，而且这 4 种非特异性的防御机制之间也是相互配合共同执行着机体的免疫防御功能。如体内特殊的蛋白质中有干扰素 α、干扰素 β 和干扰素 γ，这些干扰素能保护细胞免受病毒的感染。此外，体内还有一些蛋白质构成补体系统（complement system）。

在循环系统中有补体系统的近 20 种蛋白质，一旦它们接触到细菌或真菌等，补体蛋白会聚合形成一个"膜攻击复合物"，在外源性微生物的膜上开出 1 个孔洞，水进入细胞，引发细胞膨胀最终破裂，有类似穿孔素（perforin）的作用，但穿孔素作用于受感染的宿主细胞，而补体蛋白直接作用于微生物上。补体系统的蛋白，有些还能刺激组胺（histamine）释放，增强炎症反应；有些能吸引巨噬细胞到受感染的区域发挥作用；有些直接包裹住外源性的微生物，从而有利于巨噬细胞的非特异性吞噬。最近发现红细胞在免疫系统中也扮演着重要角色，红细胞可携带其他细胞的 DNA 片段（如来自细菌或寄生虫的 DNA），直接向免疫系统报告。脓血症患者有超过 40% 的红细胞表面会表达一种叫作 TLR9 的蛋白，这种受体蛋白往往与炎症有关，可以激活免疫反应。通过表面的 TLR9，红细胞可以结合来自细菌、疟原虫的 DNA，以及细胞受损后释放的线粒体 DNA。随着结合的 DNA 增多，红细胞的结构形态会发生显著改变，这些面目全非的红细胞就像哨兵，可引起免疫系统的警觉，导致免疫细胞迅速赶来。

尽管如此，总有细菌或者病毒等外源性微生物能够逃脱机体非特异性免疫系统的进攻。如果机体内这样的事件发生了，动物体内的最后一道防线将发挥作用，这就是体内的特异性免疫系统，这是机体免疫的第三道防线，核心是获得性免疫。

特异性免疫系统，以人为例，有 T 细胞免疫系统和 B 细胞免疫系统。两大系统互相配合共同担负着消灭特异性病原菌等异物的作用，保证机体健康、内环境的稳定。B 淋巴细胞和 T 淋巴细胞是在骨髓中发育，T 淋巴细胞迁移出骨髓，在血液循环系统中流动，T 淋巴细胞迁移到胸腺后进一步分化成熟，担负细胞免疫的重任；B 淋巴细胞发挥体液免疫的作用，遇到抗原，分化生成浆细胞，浆细胞产生抗体，抗原和抗体特异性结合，起到体液免疫的作用。

抗体的种类多样，如人有 5 种抗体蛋白：IgM、IgG、IgD、IgA 和 IgE。这些抗体具有不同的结构和功能。所有 Ig 的基本单位都是 4 条肽链的对称结构，含 2 条重链（H）和 2 条轻链（L）。轻链与重链贴合的部位，是 Ig 分子的可变构区域，其末端有与抗原结合的位点。

脊椎动物体内还存在 IgW，IgX，IgY 等。如鱼类体内有 2 种抗体蛋白 IgM 和 IgD；两栖类抗体蛋白比爬行类多 IgA；IgM 是最古老的免疫球蛋白，广泛存在于有颌类的所有物种中；IgD 在硬骨鱼、两栖类、爬行类和哺乳动物中均有发现，并在软骨鱼中发现了与其同源的 IgW；IgG 和 IgE 存在于哺乳类中，而两者的共同演化祖先 IgY 则存在于两栖类、爬行类和鸟类中；IgA 存在于爬行类、鸟类、哺乳类中，并在两栖类中发现了与其同源的 IgX。

哺乳动物胸腺是非常重要的淋巴器官，随着年龄的增长，该器官会萎缩，机体的免疫力随之下降。T 淋巴细胞在血液循环系统中继续分化出多种 T 淋巴细胞亚型，如：辅助性 T 淋巴细胞、杀伤性 T 淋巴细胞等。无论是 T 淋巴细胞还是 B 淋巴细胞，在第一次接触到抗原后，都会分化出一部分免疫记忆细胞，叫作 T 淋巴记忆细胞和 B 淋巴记忆细胞，当机体内再次出现该抗原后，会刺激 T 或 B 淋巴记忆细胞的快速增殖和分化。因此，机体能够迅速对抗原做出应答。T 淋巴细胞释放多种细胞因子，如白介素等，担负特异性的细胞免疫的作用。

身体细胞的表面携带着特异的标志性蛋白，称为主要组织相容性复合体蛋白（major histocompatibility protein，MHC protein），和指纹一样，每个个体的 MHC 都不同，但一个个体内的所有细胞上的 MHC 是一致的。因此 MHC 是免疫系统识别细胞是自体还是异体的标识。例如，外源性微生物特殊性的表面蛋白就会被机体的免疫系统识别为抗原。

当外源微生物感染机体后，机体内的细胞将微生物抗原处理并将其携带到细胞膜表面，这样的细胞称为抗原呈递细胞（antigen-presenting cell），一般体内是由巨噬细胞来完成上述功能的。在细胞膜上，处理后的抗原和 MHC 蛋白组成复合物，这对于 T 细胞发挥免疫功能非常重要；而 B 淋巴细胞可以和游离的抗原直接作用。

巨噬细胞吞噬细菌或者吞噬受到病毒感染的体细胞后会释放化学性的警告信号——白介素 1 蛋白（interleukin-1）。该蛋白刺激辅助性 T 淋巴细胞，受到白介素 -1 刺激的辅助性 T 淋巴细胞同时启动两个不同而平行的特异性免疫防御系统：T 淋巴细胞参与的细胞免疫和 B 淋巴细胞参与的抗体或体液免疫。

事实上细胞免疫和体液免疫在体内是同步发生的，它们互相协调，共同完成特异性免疫反应。比如：当病毒侵入机体后，病毒蛋白在受感染的细胞表面出现。病毒和受感染的细胞被巨噬细胞所吞噬，病毒的蛋白被巨噬细胞呈递到细胞膜表面，与巨噬细胞的 MHC 蛋白附着，这刺激了巨噬细胞释放白介素 -1，白介素 -1 作为一个警告信号又继续刺激辅助性 T 淋巴细胞。激活后的辅助性 T 淋巴细胞释放白介素 -2，启动整个细胞免疫和体液免疫，这其中有些激活的 T 淋巴细胞变成记忆性 T 淋巴细胞，这种细胞依旧在血液或淋巴中循环，并且在下一次受到此病毒的感染时，能够更加迅速启动特异性免疫反应，白介素 -2 也激活了细胞毒 T 淋巴细胞，细胞毒 T 淋巴细胞结合到受感染的携带病毒抗原的体细胞上并杀死受感染细胞。

白介素 -2 也激活 B 淋巴细胞，其中有一部分转变成记忆性 B 淋巴细胞，另一部分激活的 B 淋巴细胞转化为浆细胞，浆细胞产生抗体，抗体和抗原发生特异性结合，被抗体标记的细胞或病毒被吞噬细胞所吞噬。因此，B 淋巴细胞的体液免疫和 T 淋巴细胞的细胞免疫密切配合，共同消灭进入机体的外源性异物。

免疫系统依赖“免疫监视”（immune surveillance）、“免疫应答”（immune response）和“免疫记忆”（immune memory）三大功能实现“免除疾病”，即抵抗多种传染性疾病的发生，保护机体不受感染。

第三节 免疫缺陷

尽管免疫系统是高等脊椎动物体内最复杂又精准的系统，但并非十全十美，如自身免疫缺陷疾病以及过敏反应，都是免疫系统的相关疾病。

机体免疫系统中的 B 淋巴细胞和 T 淋巴细胞具有识别自体细胞的能力，这是确保机体特异性免疫能力的基础，但如果这些淋巴细胞的识别能力发生变化，以至于对“自身细胞”发生免疫应答反应，开始攻击“自身”，这样的疾病就称作自身免疫疾病（autoimmune diseases）。

多发性硬化症（神经系统的一种疾病）就是这样的一种自身免疫疾病，20 ～ 40 岁年龄段的人多发。这种疾病是由于机体的免疫系统攻击和破坏髓鞘，神经纤维不能再传导神经冲动，最终导致机体的麻痹和死亡。自身性免疫疾病还包括如 I 型糖尿病，即自身免疫系统攻击胰腺上能够分泌胰岛素的细胞，从而使胰岛不能够产生足够的胰岛素导致的疾病；再有类风湿关节炎、红斑狼疮以及甲亢等均属此类疾病。

过敏（allergies）：机体的免疫系统对于入侵的真菌、细菌、病毒和寄生虫具有很好的免疫排斥作用，但有时这种免疫反应有些过强，超出了机体所需，此时的抗原被称为过敏原（allergen），这样的免疫反应称为过敏反应（allergy）。花粉热，就是对于少量甚至是微量的植物花粉过敏的典型例子。还有些人对坚果过敏，对鸡蛋过敏，以及牛奶、盘尼西林过敏，有些人甚至对于房屋内的尘螨分泌物和排出物过敏。过敏反应强烈时人体感到很不舒服，有时甚至是危险的。机体内的肥大细胞（mast cell）在这个过程中扮演重要角色，它可启动炎症反应，释放组胺以及其他化学性物质引起毛细血管的通透性增大，很多抗过敏药物就是通过阻碍组胺发挥作用来减缓或减轻过敏反应的。哮喘（asthma）是另一种组胺引起的呼吸道狭窄的过敏反应，当患者遇到过敏原时会引发呼吸性障碍。

第四节 免疫与神经及内分泌系统调控

对小鼠和大鼠的大量研究发现，免疫系统的功能与机体神经内分泌系统的功能密切关联。如小鼠在两个关键脑区（杏仁核的中央核和下丘脑的室旁核），它们包含连接脾神经（脾是重要的免疫器官）的神经元。这些区域是参与响应恐惧和受威胁等心理应激源的主要中心，并且在调节神经内分泌激素的产生中起重要作用。这两个脑区中有一群神经细胞能释放促肾上腺皮质激素，这种激素在启动机体应激反应中发挥关键作用。

最新发现白细胞可被肠道细菌修饰，然后白细胞携带这些信息进入大脑，这可能是机体的肠道微生物对大脑产生影响的一条途径。如淡水水螅，神经系统上的神经元能直接与消化循环腔内的细菌相互交流，这有些类似于免疫系统的作用机制。对水螅个体神经细胞详细的分子遗传分析表明，它们能利用先天免疫系统等对共生菌的密度和组成产生直接影响。神经细胞能够感知微生物，并对它们做出反应。在这一过程中，神经元利用了类似在其他动物的免疫细胞表面拥有的受体。神经元和微生物之间的交流方式，在演化上是高度保守的。在演化初始，神经系统不仅具有感觉和运动功能，还负责与微生物交流。免疫系统如何改变机体大脑以及大脑如何改变动物的免疫系统信息，这两者之间的相互联系远比以往想象的要复杂。

从本世纪人类遭遇的 2003 年的“非典型性肺炎”到 2020 年的“新型冠状病毒感染”都和病毒引起的机体自身过度的免疫应答反应导致患者出现严重的临床症状有关，早期由于对该类病毒缺乏足够认识，治疗过程中出现了很高的致死病例。

流行于 2001 ～ 2003 年的严重急性呼吸系统综合（SARS）是由冠状病毒 SARS-CoV 引起。流行于 2012 ～ 2014 的中东呼吸综合征（MERS），由 MERS-CoV 引起。新型冠状病毒感染（COVID-19）是指从 2019 年 12 月首次发现并流行的冠状病毒引起的疾病。

针对冠状病毒的免疫机制可分为三大类。①非特异性免疫：主要包括干扰素系统，NK 细胞和巨噬细胞。②特异性体液免疫：由 B 细胞和浆细胞产生中和病毒的特异性抗体。③细胞免疫：由杀伤性 T 细胞、调节 T 细胞、记忆 T 细胞及其产生的白介素和细胞因子组成。这 3 种免疫机制相互作用，产生有效的抑制和清除病毒感染的作用，并产生免疫记忆。由于抗病毒免疫反应需要通过攻击受感染细胞限制病毒扩散，所以也会伴随有不同程度的组织损伤。在身体遭遇毒力高的病毒感染时，免疫系统也可能失控，产生过激的免疫反应，造成严重的组织损伤。

思考题

1. 无脊椎动物的免疫和脊椎动物免疫的特点?
2. B 细胞免疫和 T 细胞免疫的特点是什么?
3. 什么是自身免疫?
4. 免疫记忆的意义是什么?

第29章

动物的行为

一说到“动物行为”就有不少看上去似乎简单却难以回答的问题，如什么是动物行为？动物这些行为的目的和意义是什么？动物复杂的行为是如何起源与演化的？导致行为的具体神经或内分泌机制是什么？行为在这一机制下是如何更好地适应环境并繁殖后代的，等等。

第一节 动物行为的研究

现代动物行为学的研究始于20世纪，奥地利科学家康拉德·洛伦兹（Konrad Lorenz，1903～1989）、荷兰裔科学家尼古拉斯·丁伯根（Nikolaas Tinbergen，1907～1988）和德国科学家卡尔·冯·弗里希（Karl von Frisch，1886～1982）因对动物行为学中理论、概念和方法做出的重要贡献而获得1973年的诺贝尔生理学或医学奖。他们主要是在自然环境中对动物的行为进行研究，并以动物行为学ethology（希腊语ethos，“特征”；logos，“研究”）命名了该领域。

欧洲动物行为学的关注点是在自然或者对环境干预最少的条件下来研究动物行为的，而同一时期以实用主义为代表的美国学派，或称“比较心理学”的研究，更注重实验室或可控条件下对动物行为的研究。约翰·布罗德斯·华生（John Broadus Watson，1878～1958），行为主义奠基人，宣称能将任意一打健全的婴儿用适当的行为方法创造成想象中的任何类型的人。他强调心理学是以客观的态度去研究外在可观察的行为，并认为：人的所有行为性格都是后天习得的。伯尔赫斯·弗雷德里克·斯金纳（Burrhus Frederic Skinner，1904～1990）是哈佛大学的教授，新行为主义学习理论的创始人，因发明“斯金纳箱”（Skinner Box）而闻名。斯金纳箱内可以放进白鼠或鸽子等实验动物，箱内设一个杠杆或按键，箱子里面的构造尽可能排除一切外部刺激，动物在箱内可自由活动，当动物触碰了箱内杠杆或啄按键时，就会有食物掉进下方的盘中，动物可以吃到该食物，箱外还可以设置其他装置来记录动物的行为。

斯金纳的试验与伊万·巴甫洛夫“狗与铃声”的经典条件反射实验有区别，不同之处在于：①斯金纳箱中的被试动物可自由活动，而不是被绑在架子上；②被试动物的反应不是由已知的某种刺激物引起的，操作性行为（压杠杆或啄键）是获得强化刺激（食物）的手段；③反应不是唾液腺活动，而是骨骼肌活动；④实验的目的不是揭示大脑皮层活动规律，而是为了表明刺激与反应的关系，从而有效地控制机体的行为。

斯金纳通过实验发现，动物的学习行为是随着一个起强化作用的刺激而发生的。他把动物的学习行为推广到人类的学习行为上。操作性条件反射的特点是：强化刺激既不与反应同时发生，也不先于反应发生，而是伴随着反应发生。动物必须先做出所希望的反应，然后得到“回报”，即强化刺激，使这种反应得到强化。学习的本质不是刺激的替代，而是反应的改变。斯金纳认为，人的一切行为几乎都是操作性强化的结果，人们有可能通过强化作用的影响去改变别人的反应。

有趣的是，巴甫洛夫在狗的条件反射研究工作对斯金纳的影响，要远超过同时期欧洲的动物行为学家，但丝毫不能减弱欧洲行为学大师对该领域的贡献，其中丁伯根在他的一篇题目为《关于动物行为学的目的和方法》一书中提出了4种不同类型的问题。①机制：什么刺激物引发了行为？神经生物学和激素等的哪些变化响应或参与了这些刺激？②发育：随着动物发育成熟行为如何改变？伴随着个体发育、器官发育，动物的行为如何改变？发育过程的变化又是如何影响行为的？③生存价值：行为如何影响动物的生存和繁殖？④演化史：行为如何随动物的演化史或系统发育而变化？被研究物种的首次行为在演化史上是何时出现的？

丁伯根的4个问题可以被归类于两种分析方式——临近分析（也称作“近因——直接的原因”分析）和终极分析（也称作“远因——终极原因”分析）。临近分析关注动物行为发生的最直接原因，而终极分析关注源于形成动物某种特征的演化力量。

第二节 行为的近因和远因（以遗传为例）

一、动物的行为与遗传

一些关于行为遗传基础的最早证据来自于圈养动物，早期的研究人员发现，许多实验室小鼠和大鼠的品系常常有一致的行为差异。由于圈养的个体通常在相似的环境中长大，行为差异很可能是由基因型差异造成的。其他证据来自于对本能或先天行为的研究，即那些即使生活在不同环境中的动物都会表现出来，而且在第一次就表现完全的行为并每次表现都相同。因为一个物种中所有的个体都表现出这些天生的、非后天习得的行为，所以这些行为必有其遗传基础——这就意味着它们是可遗传的。先天行为包括反射——对外界刺激的非自主的、即时的行为反应，如眨眼反射，包括人类在内的许多物种，当某一物体快速向眼睛移动时，眼睑都会闭合。

洛伦兹和丁伯根描述了许多先天行为，如成年灰雁在地上筑巢产卵后，会伸长脖子，倒退身体，以一种非常固定的方式用喙轻轻地把不在巢穴的蛋翻滚回巢中（Lorenz

& Tinbergen，1957）。丁伯根还研究了新生小鹅的先天逃跑反应（1951）。他注意到当小鹅观察到掠食者轮廓的时候，总会做出一种特有的蹲伏或逃跑的姿势。在这两种情况下，动物的反应都是以某种固定的行为模式表现出来一种几乎不变的行为，而且行为一旦开始就不会在完成前停止，由此推断这种行为一定是由基因控制的。

（一）行为遗传涉及的基本问题

负责基因编码的是蛋白质，而行为涉及信息输入及对输入做出精确控制应答反应等一系列高度复杂的特征模式。例如，同一物种中不同个体的行为特征有差别吗？这些行为的种内变异是否受基因控制？有多少基因参与了对某一行为的影响？基因是如何影响行为的？基因是如何影响各种行为类型发育的？种内行为变异受遗传和环境影响的程度如何，等等。

（二）研究行为遗传的方法

研究行为的遗传决定有两种策略：①保持环境不变，探讨遗传因素的影响；②保持遗传因素不变，研究环境的影响。简单以公式表示：$V_T=V_G+V_E+V_I$。其中 V_T 代表种群中某一行为特征观察到的表现型总变异量；V_G 代表总变异量中的基因型成分；V_E 代表总变异量中的环境成分；V_I 代表总变异量中的基因型和环境之间相互作用所引起的变异量，即表现型变异等于基因型、环境以及两者互做的结果。

保持遗传因素不变的试验有以下三种。①近交试验：采取近亲繁殖或在很多世代中让同胞兄妹进行婚配以获得遗传纯合性（genetic homozygosity）。在近亲交配的动物品系中，所有个体的基因型相同，即 V_G 和 V_I 等于 0，则 $V_T=V_E$。此时，可以通过操纵环境因素变化，来评价环境对行为的影响。②品系差异试验：研究同一环境条件下同一物种的两个或多个遗传同型的近亲繁殖系的行为差异。多个实验结果表明小鼠在学习辨认地点能力上的行为差异和大脑遗传差异有关。③交叉养育试验（cross fostering）：在同一物种或同一品系内将两个家庭的子代互换抚养。如果遗传相似的动物，养育在不同家庭环境中行为依然相似，则行为主要受遗传控制，如果行为差别很大时，则认为行为主要受环境影响。

（三）杂交育种试验

用双基因杂种遗传来说明蜜蜂的亲代抚育行为及其遗传基础。蜜蜂的亲代抚育行为是指工蜂把死于蜂房中的幼虫叼走的行为。有两个自交纯合品系——非卫生蜂（UURR）和卫生蜂（uurr），二者在行为上不同。卫生蜂可打开蜂室并移走患病致死幼虫的两种行为；非卫生蜂无上述行为。将两个品系的蜜蜂杂交，F_1 表现型均为非卫生型。F_1 和纯卫生型回交时，得到四种不同的表现型，除了卫生蜂和非卫生蜂外，还产生了两个新的行为型：一种是可以打开蜂室但不会把死的幼虫叼走；另外一种不会打开蜂室，但是如果人为帮助打开蜂室，它会把死的幼虫叼走。这 4 种行为型的频率大致相等（图 29-1）。这些表型的比例符合孟德尔的两对相对性状杂交的遗传规律。由此可知，有两个基因控制卫生——非卫生的行为表现型：打开蜂室和叼走幼虫的行为分别由 2 个基因控制，且均为隐性的，只有 2 对等位基因均为隐性的时候才会表现出完全的卫生行为。

杂交育种在农业生产中运用非常广泛，杂交育种一般是去追求获得两个亲本的优良数量性状（如快速生长性能和多胎性；产蛋性能和抗疫能力；产毛量和饲料消耗率等）优势。行为上表现出来的差异也可推测出哪个亲本的遗传影响力更大。

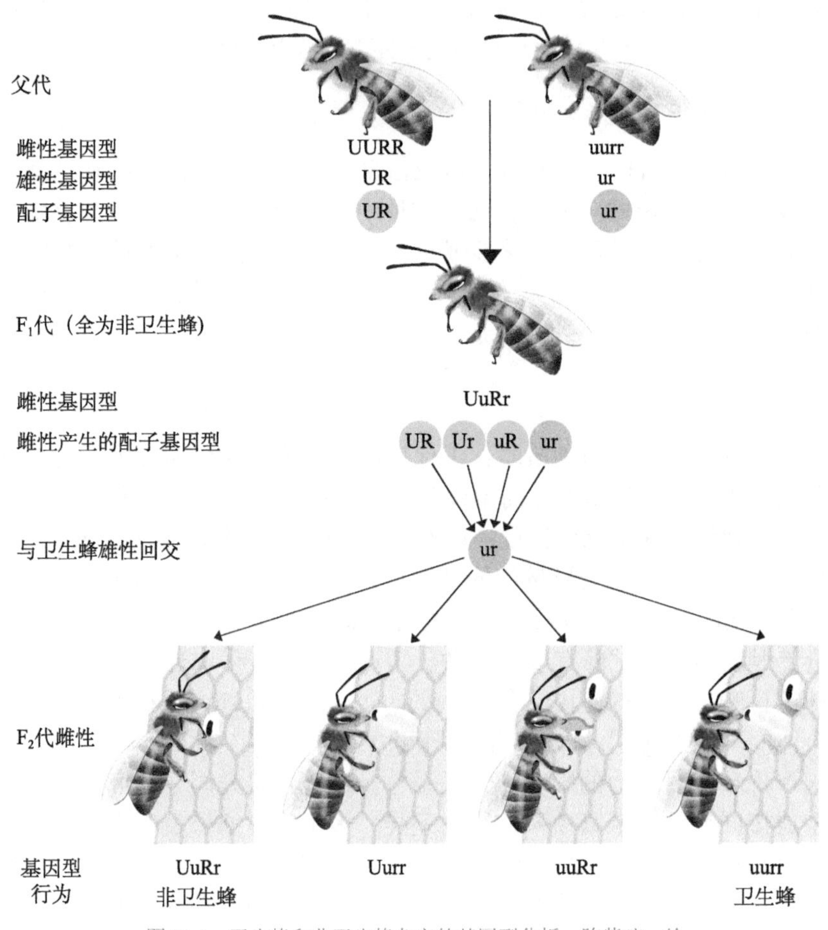

图 29-1 卫生蜂和非卫生蜂杂交的基因型分析 陈紫暄 绘

二、基因与动物行为

理解行为的遗传基础需要解开特定基因与行为之间的关系。但基因与动物行为之间的关系是复杂而间接的，这种关系对动物的行为既有近期的也有长远的影响。为了解动物行为表现的近期机制，首先需要了解动物各器官系统的发育，它们决定了动物的行为。从远期机制的影响看，除非动物个体间存在异常差异，否则行为不可能演化，因为个体的遗传差异影响着个体的行为和生殖成功率，个体间行为存在差异的原因来自于遗传差异。

巴斯托克（Bastock，1956）研究了野生型（或自然界的典型类型）和黑腹果蝇突变型之间的行为差异，成功打开了行为遗传学新领域的大门。基因学研究之前就确定了一种果蝇的突变体，其身体是黄色的而非正常的灰色，称“黄化果蝇”。这种突变在自然界中很少见，但在实验室中却经常出现并且被成功繁衍。为什么黄色在自然界中不常见？巴斯托克想知道黄果蝇的基因突变是否会导致行为改变，才使其在野外繁殖成功率非常低？

果蝇的“求爱”开始于雄果蝇向雌果蝇靠近并跟随，雄性用前腿轻拍雌性，前腿的细胞（或细胞核）表面有信息素受体分子，它们接收化学信息，识别性别和物种。接下来，雄性开始振动翅膀，鸣唱求爱歌曲，接着雄性舔舐雌性，如果雌性接受，就会交配。巴斯托克将野生型果蝇和黄果蝇杂交了 7 代，创造出了近亲繁殖基因组非常相似的果蝇。她对两种类型的雄性和野生型雌性都进行了交配实验，记录了它们的交配成功的过程和求偶行为。结果发现，性成熟的野生雄性总体交配成功率更高，而且出现交配行为的时间要比黄化雄性早得多。与野生型个体相比，尤其是振动翅膀和舔舐行为方面，黄色雄性表现出更明显的求偶行为。巴斯托克又继续完成了其他相应的实验，最终的结论是：求偶行为的重要差异导致了黄色个体交配成功率低；雌性与发出较弱鸣唱的雄性交配较少。这个实验是第一个将基因型的变异与行为表型的变异联系起来的例子之一，此项工作为后来的行为遗传学研究奠定了基础。

巴斯托克利用表型来研究基因型，尤其到了 20 世纪 70 年代，当分子生物学、分子遗传学和生殖生物学等取得了巨大发展后，研究行为和基因为主的行为遗传学才逐渐发展起来。欧洲鸟类行为学家，也设计出巧妙的实验验证了行为和基因之间的关系。

生活在不同地区的黑顶莺存在行为差异，如德国繁殖的黑顶莺每年在欧洲和非洲之间进行两次长距离迁徙，而生活在非洲西海岸佛得角群岛上的个体是不迁徙的。Pterer Berthold 等人将德国和佛得角两地捕捉的黑顶莺在实验室内进行杂交，并分别测定亲鸟和杂交后代的迁徙行为。结果表明，杂交后代的迁徙倾向介于两个亲本之间，这表明黑顶莺的迁徙倾向受遗传影响。此外，黑顶莺在迁徙时，两个不同的种群的迁徙路线不同。德国种群先向西南方向飞到西班牙，再飞到非洲；奥地利种群则先向东南方向经土耳其飞到黎巴嫩和以色列，然后朝南飞到埃塞俄比亚和肯尼亚。Andreas Helbig 研究了遗传差异对黑顶莺不同迁徙路线的影响，首先繁育出德国黑顶莺和奥地利黑顶莺的杂交后代。然后用专门的漏斗箱（夜晚能够看见星空，鸟落下来踩到复写纸上）（图 29-2）测定亲鸟和杂交后代的迁徙方向。结果表明杂交后代的选择方向恰好位于两个亲本的中间位置（图 29-2）。

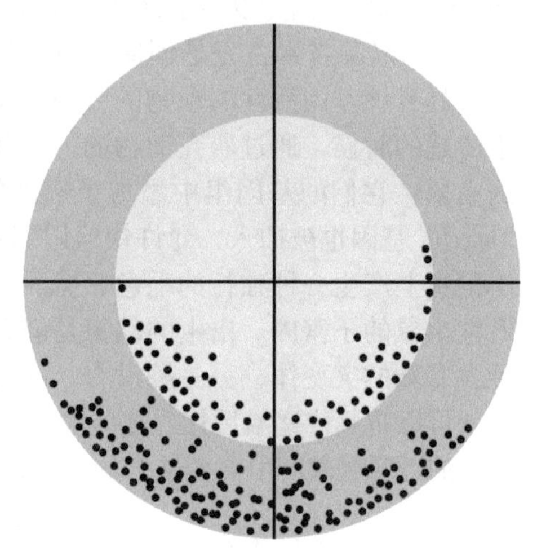

图 29-2　黑顶莺遗传差异对迁徙路线的影响（黑色点的密集程度代表平均迁飞方向）

图 29-2 表明，黑顶莺的遗传差异影响了迁徙方向的选择，而杂交后代分别接受了亲代一半的遗传物质，使得在迁徙方向上的折中选择。

（一）QTL 和行为

QTL（quantitative trait locus，数量性状位点）分析将基因组中具有遗传标记的区域与一个家庭中个体之间的行为变异相关联。建立行为变异家族的一种方法是使具有不同行为表现型的个体交配（杂交），然后对后代的行为进行定量测量。可以通过将 DNA 切成片段并附加遗传标记（已知 DNA 的短序列）来识别每个片段来检查基因型。一些标准的遗传标记被使用，如限制性片段长度多态性（RFLP），其中片段长度不同，即简单序列重复（SSR），是指仅重复少数碱基对（也称为微卫星）的序列；以及单核苷酸多态性（SNP），即只在单个碱基对核苷酸中存在差异的序列。这些遗传标记必须均匀地分布在基因组中。用统计分析确定个体间生存能力的差异是否与标记基因型的差异有关。如果存在相关性，则关联的 QTL 可以推出一个行为与基因标记相关联。

大多数动物的基因组是如此之大，以至于寻找影响行为的特定基因犹如大海捞针。例如，小鼠基因组由 20 条染色体上的 23000 多个基因组成。如何找特定的基因？一种方法是检测数量性状位点，QTL 是 DNA 的延伸，包含或连接影响性状（如行为）的基因。QTL 定位是一种将遗传信息与性状信息相结合的统计技术，用于确定基因组中哪些区域包含影响性状的基因。这一过程不仅能提供相关基因的数量信息，还能提供染色体上的位置信息。这些信息可以让研究者对候选基因进行识别，其中主要基因被认为是可以控制大量性状的。

（二）基因功能的实验操作——基因敲除研究

另一种了解主要基因如何影响行为的方法是使一个基因失效，然后检查这个操作对行为的影响，这一过程被称为基因敲除技术。这项技术要求研究人员知道基因的位置和它的 DNA 序列，以便改变基因，使其不能发挥作用。具有实验敲除的基因拷贝的个体称为敲除（KO）个体，之后将其行为与野生型进行比较。Mario Capecchi，Martin Evans 和 Oliver Smithies 因为发明了这种研究方法，获得了 2007 年诺贝尔生理学或医学奖。

基因敲除技术首先是创造基因敲除的生物体。研究基因影响行为的一种方法是检测是否具有该基因活性的动物的行为。这种技术通常用于小鼠身上，当一个基因的功能还不清楚的时候，通过研究动物的行为和生理差异，研究人员可以了解基因的功能。转基因小鼠：它们的基因组中添加了额外的 DNA，阻止了特定基因的功能。通常，另一个“标记”基因也被插入，允许快速识别具有新突变的个体。例如，这种标记基因可能会在小鼠身上产生一种独特的毛色，然后将工程细胞注射到早期小鼠的胚胎中，后者被植入雌性小鼠的子宫内。出生的幼崽是嵌合体，这意味着它们是由两种干细胞发育而来，一种含有新的突变体，另一种没有。嵌合体只有在新突变体被植入生殖细胞时才有用，这样就可以将其传递给后代。这些老鼠与野生型个体杂交，产生只有一个突变副本的后代。随后的近亲繁殖产生突变纯合的后代，这些都是基因敲除的个体。

（三）微阵列分析

微阵列分析或基因表达谱，是另一种用于确定影响行为的基因研究方法，并非所有的基因在任何时候都能被激活或表达，因此它们并不总是处于转录（DNA 到 mRNA）或翻译（mRNA 到蛋白质）过程中。微阵列分析测量作为基因激活指标的 mRNA 的数量，这项技术使研究者能够通过量化哪些基因在不同的个体或组织中起作用，由此可检查数百个基因。

从不同组织（如大脑不同部位）或不同个体（如 rover 或 sitter 果蝇）提取 DNA，然后收集这些细胞的 mRNA。反转录酶用于为每个 mRNA 创建互补的 cDNA。cDNA 用荧光色标记，以表明它来自哪里。同样数量的标记 cDNA 被放置在一个 DNA 芯片上，这里包含了该物种的数百或数千个已知基因，放置在特定的位置。cDNA 只会和它的互补 DNA 杂交。然后用激光扫描芯片，以量化所有含有彩色荧光染料的基因。如果存在不止一种类型的 cDNA，该位置将显示为另一种颜色。染料的强度表示基因表达的强度，染料越多表明该基因的表达越强。

上述例子展示了几种用来检验行为和基因之间联系的技术，随着生物技术的进步，新的方法在不断涌现，这些技术必将对动物行为研究带来极大的推动作用。

三、表观遗传和行为

表观遗传机制是在不改变 DNA 序列的情况下引起行为的可遗传变化。例如，一只雌鼠出生后很少被母亲舔舐毛发和梳理，其后代也就很少表现出此类行为，并且代代相传。研究人员发现，在大鼠的生命早期，缺乏触觉刺激会触发 DNA 甲基化模式的改变，由此产生的变化是大脑中催产素受体数量基因表达的减少所致。其原理是甲基化的 DNA 可以代代相传，抑制了催产素的生理作用。

对动物行为产生影响的除了遗传机制，还有神经和激素等生理机制。21 世纪以来，在对实验鼠（包括人）下丘脑进行的抗利尿激素、催产素和多巴胺大量的深入研究，让我们对于遗传、神经和激素对动物行为产生的作用机理，如以下这几种激素对动物的恐惧、焦虑、信任、社会关系、配偶体系的稳定性等行为方面的作用，都有了突破性认识。

例如，在老鼠焦虑相关的行为和激素受体敲除基因的实验中，基因敲除通常是通过使特定基因产物受体编码的基因失效来完成的。老鼠是夜行动物，不喜欢强光，所以暴露在光下会让老鼠感到压力，在条件允许下会刺激老鼠寻找到黑暗的地方。此外，老鼠表现出趋向性，或者表现出更喜欢身体接触的倾向，从而会避开开阔区域，这可能是因为开阔的环境对野生老鼠有很高的被捕食风险。用几种标准测试来检测老鼠在压力下的行为，包括老鼠避免开放空间和明亮的照明区域的行为。精氨酸加压素 / 抗利尿激素（AVP）为一种肽激素，是一种由肽键连接的氨基酸聚合物，这种激素储存在大脑垂体后叶中，并可释放到血液发挥相应的生理作用。AVP 也会释放到大脑中，它会影响社会行为（如社会认知、伴侣关系和育儿行为）和压力下的行为，AVP 只影响那些具有功能的 AVP 受体的细胞。Lsadora F Bielsky 和同事们使用敲除技术研究了一种特殊的 AVP 受体 AVPR1A 的功能（比尔斯基等人，2004）。老鼠体内的 *VlaR* 基因编码 AVPR1A，研究人员敲除了该基因，在相同的压力测试中比较了野生型和敲除型小鼠的行为。实验表明被敲除的老鼠比野生型老鼠在灯光下、在旷场中心的停留时间要长，而且在高架迷宫张开的手臂区的时间更长。从这些数据中可以得出结论，*VlaR* 基因对处于应激状态的动物行为方面发挥着重要作用。缺乏适当的基因会改变老鼠行为，使它们在危险的环境中持续的时间更长，这些老鼠不会因为环境危险而逃跑。因此，这种基因可以通过影响栖息地选择和运动行为，从而强烈影响老鼠的适应性。

行为的产生具有遗传基础，通过研究行为的遗传方式，应用现代遗传学方法，可以确定行为的遗传基础。行为和遗传学结合出现了行为遗传学这一新的学科。

四、环境对行为的影响

不仅基因对行为有影响，环境也会强烈影响动物的行为，个体之间行为变化是由等位基因的变化和环境变化造成的。例如，幼犬早期的社会环境可能是影响其行为发育的一个关键因素。美国动物行为兽医协会建议宠物主人在幼犬 8 周大的时候就为它们报名参加社交课程，以便将它们成年后表现出的恐惧和焦虑等行为的风险降到最低。当然，尽管寻回犬和牧羊犬天生就表现出放牧和叼回猎物的行为，但它们依然需要经过训练才能充分发展这些技能。如何研究环境对行为的影响？如果接触不同环境的近亲表现出不同的行为，那么它们的行为差异很可能是环境因素造成的。

水生生物对缺氧（hypoxia）有应激反应，从而影响动物的发育和行为。生活在不同水域的斑马鱼，如从水流速度较快的小溪到整个喜马拉雅地区缺氧的水池。Marks 和他的同事们提出了低氧或高氧含量环境与斑马鱼的行为密切相关的观点，然后检查了在不同环境之中的它们成体攻击性行为的区别。

斑马鱼繁殖后产生的后代兄弟姐妹之间分享 50% 的等位基因。受精后两小时内，每一窝卵都分开，分别在常氧缸（溶解氧高）和低氧缸（溶解氧低）水中生长。在不限制食物供给的条件下饲养 75d，直到性成熟，测试在两种发育环境中鱼的攻击性行为。攻击性测试是通过在测试室的一面壁上放置一个小镜子来进行的，鱼对镜像的反应很积极，因为它们把镜像当成入侵者。实验前，让鱼在低氧测试中适应 16h，作为低氧测试，研究人员在安装好镜子后，对每条鱼的行为进行了两分钟的录像，并记录了鱼撞击或咬镜子的时间。结果表明，在低氧测试环境中，低氧饲养的鱼表现出更高的攻击性；而在正常的氧气环境中，正常饲养的鱼表现出更高的攻击性。因此，鱼类因饲养环境不同而具有不同程度的攻击性。由于前期设计使用了在不同环境中长大的兄弟姐妹，结果显示了发育过程中的环境如何影响行为表现型标记，这表明攻击性行为的能量成本很高——当鱼类经历一个新的氧气环境时，这种成本可能会变得特别高。在常氧环境中饲养的鱼，在低氧条件下可能会出现缺氧，因此无法进行剧烈的活动。

这个例子说明了环境的影响是如何导致近亲的不同行为的。动物的所有行为是遗传和环境互作的最终表现结果，也是动物长期演化出来的一种“表征”。

五、学习和适应

（一）印记

印记（imprinting）指在行为发育的关键期中，由于特定的经历或联系而永久性地影响未来的天性或学习行为。洛伦兹首次研究了雏鹅的印记效应，以后的研究证明了印记适合于各类行为。洛伦兹使用“印记”这个词，是因为这个现象代表了特定联系在脑中所留下的永久性的印痕。

洛伦兹发现，当把灰雁的幼鸟与其父母分离，并让幼鸟与模仿亲鸟鸣叫的人（洛伦兹本人）在一起时，幼鸟就会跟随人，仿佛这个人就是它们的亲生父母，这个现象称为“父母印记（parental imprinting）”，仅发生于孵化后的头两天。动物对印记刺激敏感的短暂时期称为“关键期”（critical period），关键期常发生于生命早期，某些类型的印记也见于成熟期。父母印记也见于自然状况中的其他物种，哺乳动物嗅觉刺激比视觉刺激更能与父母印记相联系，而在鸟类则相反。

性印记的结果就是把同种个体作为繁殖伙伴，洛伦兹发现他喂养的小鹅在长大后不仅跟随他，而且在成熟后还试图与他交配。在某些种类的鸟中，印记也涉及学习雄鸟鸣声中的某些特征，听到这种鸣声或甚至听到这种鸣声的几个音节都能够启动幼鸟掌握这种鸣声的能力。由于某些鸟在隔离状况下也能学会鸣唱，因此印记不是形成鸣唱的普遍性机制。

一些珍稀濒危鸟类采用监禁繁殖的方式成功孵化出幼鸟，但丧失了许多行为，其中之一就是迁徙行为，可以采用印记方式建立幼鸟和滑翔机的紧密联系，待幼鸟长大后随滑翔机学习迁徙。

（二）习惯化

习惯化（habituation）是一种最简单的学习，实际上是刺激特异性疲劳。当一种刺激重复进行时，动物的自然反应逐渐减弱，最后会完全消失。动物对既无积极意义又无消极影响的无关刺激不予反应称为习惯化。如田野中放置一稻草人，最初鸟对稻草人的晃动十分害怕，但久而久之，它们就不害怕稻草人，甚至有时还落在其上休息。习惯化的意义是使动物放弃一些对其生活无意义的反应。习惯化可以减少动物能量的消耗，这是一种有利的学习。

（三）顿悟学习

顿悟学习（insight learning）是动物行为的最高级形式，是利用经验去解决问题，因而是高等动物才具有的能力。最著名的例子是黑猩猩的行为，如把黑猩猩放入笼中，笼顶上悬挂着一个水果，但是这个黑猩猩够不到水果。饲养员把不同大小的盒子放到笼子中，经过短时间的抓耳挠腮后，这个大猩猩把最大的盒子搬到水果的正下方，并把较小的盒子依次放到大盒子上，一直到能抓到水果为止。

寿命短暂的动物可能更多表现出受基因控制的本能行为，一些简单的刺激就可以诱发固定行为模式。更多动物受后天发育环境的影响，尤其受到父母或群体内其他动物行为的影响，在各种条件反射、印记、观察、试错、推理、学习和“文化传递”中不断积累经验，从而更好地适应不断变化的环境。

第三节　行为形成的演化压力

行为生态学特别重视对动物行为功能的研究，并试图了解动物的行为是如何适应它们的生存环境的。大量的研究表明，个体间的遗传差异可以导致行为差异，包括求偶行为、交配行为、学习行为、鸣叫发声、觅食和迁移行为等。与此同时，行为也是表型中最容易随着环境变化而发生改变的部分，如果选择压力发生了变化，通常是行为先出现变化，行为是演化的产物。

一、行为演化的原理

在行为和演化关系方面，目前已知有3个主要原理：①在演化期间，自然选择有利于个体能使其基因最大限度地对未来世代做出贡献；②成年动物最优生存和生殖方式将取决于生态、生活环境、食物条件以及同它有关的竞争者和捕食者等；③由于一个个体的生存和成功生殖主要依赖于它的行为，因此，自然选择总是倾向于有利于生存的某些行为（如捕食效率高、繁殖成功率高、有效的交配对策、成功逃避捕食者等）。

二、行为适应的产生和演化

（一）行为适应

行为适应是指一些行为特征的形成，会对个体带来基因传递上的好处。适应性的行为特征要比其他现存的行为特征更优、更有助于传递自身的基因。如果某一行为通过自然选择，在种群中得到了广泛散布或被保存下来，那么这个行为特征就必然具有适应意义。

（二）行为的演化特征

行为的演化特征涉及动物形态和生理的方方面面。行为的趋同演化包括亲代抚育、学习行为、滑翔行为等。很多行为都表现出多态性（polymorphism），即同一物种的不同个体有不同的行为表现，这是一种行为表型（phenotypes）的不同。

仪式化（ritualization）指某一特定的行为一经仪式化就会背离它原来的功能而去执行另一个功能，通常始于个体间的通信和信息传递。与仪式化有关的另一个行为演化特征是夸张（exaggeration），如色彩、结构和运动方式上的夸张等。仪式化和夸张最常见的实例是鸟类的求偶炫耀行为，水鸟中的鸭类也有一系列固定的仪式化求偶行为（图29-3）。

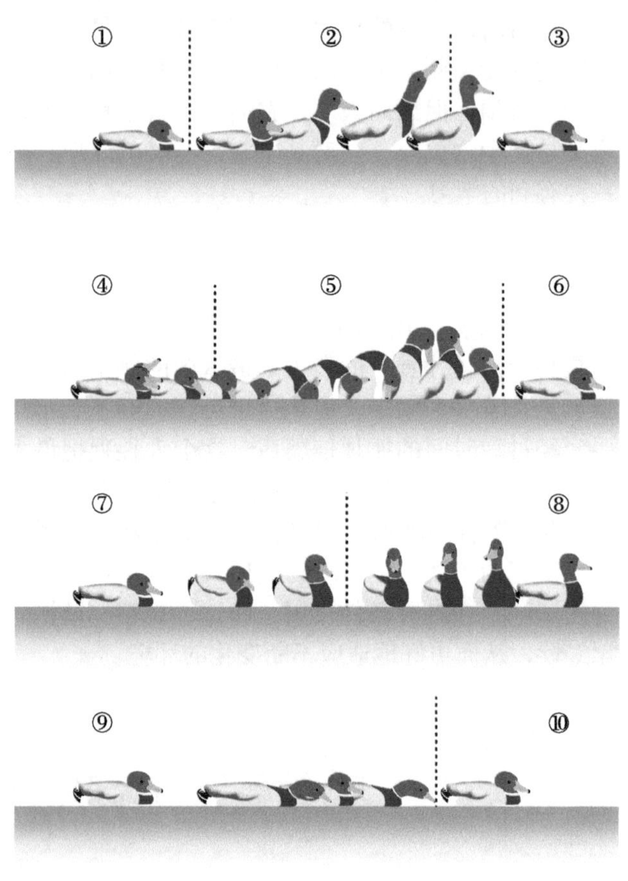

图29-3 绿头鸭求偶仪式 陈紫暄 绘

①摆尾；②摇头；③摆尾；④摆喙；⑤鸣叫；⑥摆尾；⑦抬头翘尾；⑧转向雌性；⑨“点头”；⑩回首

动物的很多行为很容易在演化过程中被仪式化或夸张，常见的有：①热调节行为，包括毛发和羽毛竖起及血液分布；②运动前的意向性动作，如鸟类起飞前身体前倾和下蹲；③保护性动作，如面部表情变化；④取食和梳理羽毛的动作，等等。

（三）适合度

适合度包括个体适合度（individual fitness）和广义适合度（inclusive fitness）两个概念。在自然种群中一个遗传特征的传递依靠亲代个体的成功繁殖，而该特征的价值就在于它能使动物克服某些自然风险，如食物短缺、天敌捕食和配偶竞争等，在这些环境压力下形成的行为特征就会使动物更好地适应环境。一个个体的适合度简单地说就是动物能够产生后代的数量，数量越多，适合度越大。适合度的大小取决于其存活至生殖年龄的能力、配对后的生育力和后代存活到生殖年龄的概率。

如果一个基因能增加携带此基因动物的繁殖成功率，同时也会增加该基因的表达，这个基因就可能会使动物在不利环境条件下存活，也可能影响动物行为，使其获得求偶和育幼的成功。一个特殊的情况是一个对动物有害的基因却会增加该动物后代的存活机会，如双亲为保护自己的后代都会甘冒生命危险，这就是基因支配的利他行为（altruism）。亲缘选择（kin selection）是指对有亲缘关系的一个家族或家庭中的成员所起的自然选择作用。亲缘选择主要是对支配行为的基因起作用，因此，他所增进的不是个体的适合度（fitness），而是个体的广义适合度，即将有亲缘关系个体的适合度一起考虑，而不是集中于个体上。

对倾向于利他行为个体进行的研究表明，利他行为通常涉及与利他者有共同基因的近亲，这增强了同族或亲戚之间总体的繁殖成功率。广义适合度解释了持续存在的利他行为现象，利他者可能牺牲自己，但是携带相似基因的个体能更好地生存并扩散其基因。

母爱就是利他行为突出的一例，双亲辛勤地工作不是完全为了自己，而是为了养育和保卫自己的后代，甚至为了子女的安全，不惜把捕食动物的注意力引向自己；鸟类和哺乳类的报警鸣叫增加了自己的危险，但却换取了同群其他个体的安全；在蜜蜂、蚂蚁等社会性昆虫中，不育的雌虫自己不产卵生殖，但却全力以赴地帮助蜂后（或蚁后）喂养自己的同母弟妹；工蜂的自杀性螫刺也显然是为了全群的利益；这些明显的利他行为表明，个体选择是建立在个体表现型选择的基础上，这些特征一经选择，势必以更大的生殖优势在后代中表现出来，但不育雌虫根本不能生殖，又如何能将这些性状传递下去呢？个体选择也难以解释其他的利他行为，但是如果应用亲缘选择的观点，利他行为便能得到科学的解释，因为亲缘选择只对那些能够有效传播自身基因的个体有利，假如有一个基因碰巧能使双亲表现出对子女的利他行为，哪怕这些行为对双亲的存活不利，但只要这些行为能使得足够数量的子代存活，那么这个利他基因在子代基因库中的频率就会增加，因为子代总是复制与父母相同的基因。

为了更深入地理解这些问题，有必要把亲子之间或亲属之间的亲缘关系定量化。配子形成时的减数分裂将使任何一个特定基因都有 50% 的机会参与精子或卵子的形成（同源染色体上的等位基因也同样有 50% 的机会参与配子的形成），因此，总会有一半的精子或卵子复制某一特定基因，而另一半则不复制。可见，对一个二倍体物种来说，亲代与子代共同具有某一特定基因的概率恰好是 0.5，也就是说，亲代与子代之间的亲缘系数等于 0.5，即 $r=0.5$。

亲缘系数（the coefficient of relatedness）$= \sum (0.5) L$

式中，L：相隔代数；$\sum$：两个个体之间所有可能的亲缘关系联系。

但是，亲代与子代占有共同基因并不排斥其他与之有亲缘关系的个体也占有同一基因，只是亲缘关系越远，占有同一基因的概率就越小，即亲缘系数 r 值越小。通过计算可以知道，任一个体内的任一基因在其兄弟姐妹中出现的概率是 0.5（即 r=0.5），在其子女中出现的概率也是 0.5（r=0.5），在其孙辈个体中出现的概率是 0.25（r=0.25），在其表（堂）兄弟姐妹中出现的概率是 0.125（r=0.125）（表 29-1）。

表 29-1　直系和非直系亲属的亲缘关系指数

r	直系亲属	非直系亲属
0.5	子代	同父同母的兄弟姐妹
0.25	孙代	同父异母或同母异父的兄弟姐妹，侄子和侄女
0.125	曾孙代	表兄弟姐妹

概括起来说，在双倍体物种中如果不发生近亲交配的话，其中一个是两个亲缘个体相隔的世代数。正是由于同一亲缘群中的个体不同程度地占有共同基因，因此，从亲缘选择的观点看，如果一个个体对同一家族群中的其他个体表现出利他行为，也就不足为奇了。因为他们之间具有共同的基因利益，利他行为多多少少都对利他主义者传递自身基因有利。

在什么前提条件下，利他行为才会被自然选择所保存呢？假如有一个利他主义者用自身的死亡换取了 2 个以上兄弟姐妹的存活，或者 4 个以上孙辈个体的存活，或者 8 个以上曾孙辈个体或堂（表）兄弟姐妹的存活，那么因利他主义者死亡而损失的基因，就会由于有足够数量的亲缘个体存活而得到完全的补偿，而且还会使该利他基因在种群基因库中的频率有所增加。也就是说，只有受益的亲缘个体所得到的基因利益按亲缘系数的倒数（即按 $1/r$）超过利他主义者因死亡所受到的基因损失时，才能增进利他主义者的广义适合度，因而这种利他行为也才能被自然选择所保存并得以演化。

三、通信信号的起源与演化

（一）动物通信

动物在生活中，若某个个体发出刺激信号，能够引起接受个体产生行为反应，称为动物通信（animal communication）。这种社会通信可能包括鸣叫、面部特征、姿势状态或运动方式。某些情形下产生“合作”、有些情形下则有“对抗性”的相互作用。

（二）通信的功能

动物个体间信息传递是维持种群稳定的基础，这些信息可能涉及侵犯性的反应、性的接受状态、附近稀有资源是否存在或更微妙的感情或欲望等。通信可以是视觉上的展示、声音、嗅觉甚至味觉等。

蜜蜂的采食效益部分取决于“侦察兵”返回蜂巢的能力，以及通过“舞蹈”指示食物资源方向和距离的能力。回巢蜜蜂的摇摆舞（waggle-taggle dance）是由 Karl von Frisch 发现的，这种舞蹈为食物的位置提供了详细的信息。食物的性质由携带蜂蜜返回蜂巢的蜜蜂“告诉”即将外出的成员（图 29-4）。

连续的通信为社会结构状态提供了一种检测方法，并使成员能调整行为以保持社会稳定。在蜜蜂中，工蜂感受到蜂巢内温度增加后，便在巢内猛烈扇动翅膀，结果使得温度降低。这种原始的空气调节机制只有当温度状态被成员广泛感知的条件下才能有效。

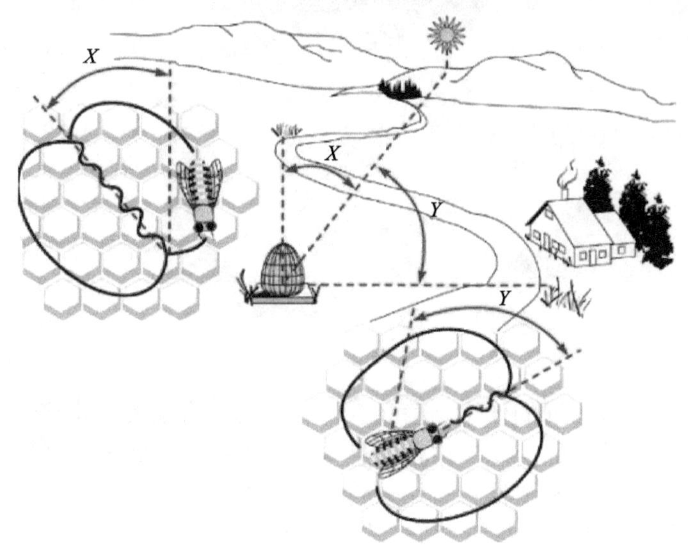

图 29-4　蜜蜂的摇摆舞　陈紫暄　绘

（三）激素在通信中的作用

激素通过对信号形成的影响或对其结构进行修饰而在通信中发挥作用。如春天雄性刺鱼能分泌某些激素，使其身体腹部变为鲜红色。在这些激素持续作用下，当雄鱼在浅水区寻找可筑巢的地点时，由于鲜红体色吸引了雌鱼，雄鱼就成为雌鱼的追逐目标。反过来，由于卵充满了身体，雌鱼也受到雄鱼的注意，雄鱼求偶舞蹈（游泳），左右摇摆吸引雌性；雄鱼游向巢，雌鱼跟随；雄鱼示意入口处，雌鱼入巢；雄鱼触碰雌鱼尾部，雌鱼排卵，然后离巢。雄鱼入巢，排精，并在附近照料将要孵出的子一代（图 29-5）。在这种情况下，激素产生了能控制求偶和交配的视觉信号。

图 29-5　三刺鱼的繁殖　陈紫暄　绘

（四）信息素

信息素是非常有效的化学通信方式，被称为社会激素（social hormone）。正如激素在人体内循环对机体内部生理功能产生综合性的调节作用，种群内个体之间传递的信息素也能产生综合性的行为。

德国化学家 Adolf Friedrich Johann Butenandt（1903 ～ 1995），1959 年鉴定出世界上第一个信息素。首先发现的信息素是某些雌蛾产生的性引诱剂，它能

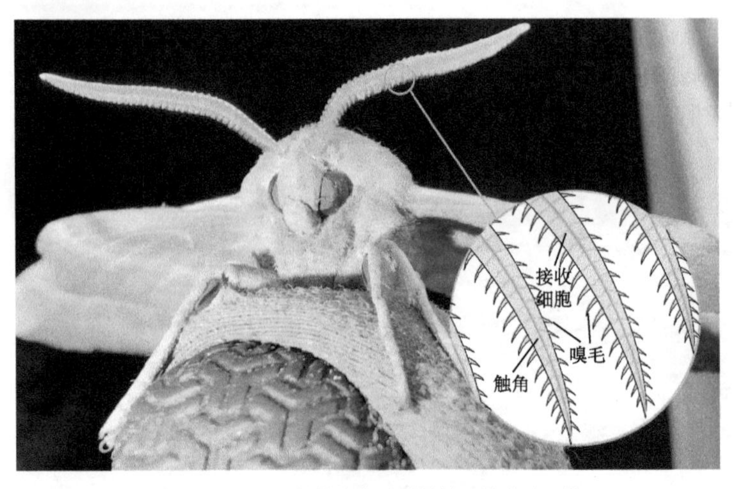

图 29-6 蛾通过性信息素吸引异性 陈紫暄 绘

将雄蛾吸引到雌蛾身边。如同所有信息素那样，性引诱剂是数量相对较少、在空气中传播的有机分子，很少量的性引诱剂量就能诱导出极有效的结果。在吉普赛蛾（Gypsy moth）中，雌蛾释放的几个分子就能吸引一英里之外的雄蛾（图 29-6）。信息素的有效性依赖于目标动物的嗅觉敏感程度。

研究表明，昆虫中的信息素能起到领域标记、显示危险以及调节社会等级序列的作用。信息素研究中特别有趣的一个例子是为死亡或将要死亡的蚂蚁举行“葬礼”的信息。这种信息动员附近的工蚁将死去的蚂蚁清除出去，这种行为对于保持群体健康和清洁很有用。将这种葬礼信息素分离出来并涂到健康的工蚁身上时，其同伴排斥它并将它拖出蚁群之外。当它返回后又立即被推出去。几次反复后，它放弃了返回的努力。

第四节 社会行为

动物的社会行为（social behavior）是指同种动物个体间除繁殖行为以外的一切形式的联系，又叫社群行为、群体行为。没有一种动物能够单独生存下去，在它的一生中总要与同种个体发生这样或那样的联系，以求得个体生存和种族的延续。物种成员之间互相作用的程度变异很大，如从某些蝗虫完全独居的方式到蚂蚁和人类的复杂社会生活。

一、社会行为的形式和意义

社会行为最简单的形式是同种个体的集结和共同行动，没有分工和地位的差异。如集群迁飞的蝗虫，结队而游的鱼，成群觅食的麻雀等，这种集群的特点是：只是同种个体的集结；集群成员中不表现地位的差异和分工；集群成员必须通过联系达到行动的统一。

社会行为的高级形式是集群的成员出现地位的差异和彼此的分工合作，其特点是：群体不是由同种的许多个体简单地聚集在一起，而是群体成员有不同的职能分工。如一个蜂群，有蜂王、雄蜂和工蜂之分，不仅形态不同、分工不同，在群体中的地位也不同。这种差异保证了种族的繁荣和发展，是长期自然选择的结果。

社会行为的生物学意义：①保护群体成员免遭捕食或伤害。在某一空间内的一定数量的个体，集群后，被捕食者抓到的概率会降低，就是所谓的“稀释效应”；相反，对于群体中的每一个成员来说，发现捕食者的概率会大大提高，并能合力对付捕食者。②提高获取食物的可能性，增加捕获率。

二、社会行为的类型

（一）集群

集群的好处主要是逃避捕食风险和增加搜索食物的成功率。动物群体中的个体，可以通过几种途径逃避捕食者：①增加总的警觉程度；②稀释效应或利己群；③群体防御；④改善小气候条件。随着群体由小到大，每个个体用在警戒上的时间可能减少（从而使觅食时间增加），但群的总警觉度依然能继续提高。苍鹰在抓捕落单的鸽子时成功率很高，可达 80%，但当鸽群增大时，其成功率随之下降；当鸽群为 50 只或更大时，成功率下降到低于 10%。

群体防御出现在许多种动物的集群中，常可见围攻或组成大群的鸟会威胁捕食者，当群狼威胁麝牛时，麝牛的成体组成面向外的圈，把幼麝牛围于其中。作为群体的一员也有缺点，特别是增加了食物竞争，增加疾病感染的风险。

（二）竞争

许多种行为涉及个体之间为各种资源如食物、配偶或建筑材料而进行的争斗。由于一个物种的成员有相似的需求，它们更有可能为稀少的资源而进行竞争。动物之间很少有真正的打斗，种内竞争的实质是为了将遗传物质传递给后代和个体的生存，表现的行为有威胁、攻击、屈从、逃避，这些是非杀伤性的，但也有杀伤性的。野猪在产下幼仔时，最后出生的那只常常被母野猪吃掉，这种杀伤性的竞争往往是幼体发育不全或食物不充足所致。

竞争通常涉及高度程序化的力量展示，竞争者可用各种侵犯性姿势如龇牙、怒吠或假装攻击对方以互相威胁，这种仅是象征性的力量展示称为“仪式”。固定化仪式的发展避免了实际的流血。在仪式化竞争中，一方很快就表现出屈从行为，承认失败。如狼在与同伴打斗时，常竖立其背部的毛、直视对手、露出牙齿并咆哮，然后猛然冲向对方。一方尾巴下垂、背部的毛平滑向后甚至将最容易受伤的喉部暴露出来，这种竞争的仪式化行为避免了直接打斗，使双方都保持避免冲突的状态，而留存进一步繁殖的机会。

另一种竞争行为涉及建立优势等级（dominance hierarchy）或啄序（pecking order），这基本上是社会状态的安排。在这种安排中，等级起源于随机侵犯，在最初进行研究的鸡中，最高等级的母鸡（α 个体）能征服种群中其他所有的成员并能控制接近配偶和食物的顺序。次优势的母鸡（β 个体）能控制比其地位低的成员，这种顺序依次降低到最低等的个体，它没有可以支配的成员。优势序位对于一个种群中所有的成员都很有用，因为它们无须每次都进行打斗就能加快相互之间的行为反应。

发生于具有严格性成员关系的社会动物中，如社会性昆虫和一些以家庭式成员组成的哺乳动物社会中，等级的顺序一般是上下垂直式的。如蜂群，蜂王有支配控制工蜂的权力，有选择雄蜂交配的权利，对于食物、居住条件也有优先权，决定等级的方式可通过成员间的竞争或智力的高低来决定。如猴群中猴王的确定是通过体力的强弱和竞争来决定的。猩猩是智力较发达的动物，它们有时是用智力来决定等级的。

领域性（territoriality）是另一类型的竞争性相互反应的形式，涉及一个个体在相当一个时期内有一个比较固定的地盘。领域是执行多数生命功能的角斗场，通常都对其进行激烈防卫。领域性可保证最适个体获得稀有资源的重要特性，次适应个体不能获得防卫领域。动物迁徙是另一种形式上的领域行为，并有其各自的演化起源。

（三）动物社会（animal society）

在许多物种中，成员之间亲密关系的交流以及适应性的合作关系，通过形成称之为“社会”的永久性社会结构而得到发展。复杂社会更多见于昆虫和脊椎动物，特别是演化出具有高度发达大脑的脊椎动物。在昆虫中，社会稳定性的基础是功能上的严格分工，同时具有不同地位的集团，集团中的每一个成员都展示出受内在遗传基因控制的行为，几乎没有发现同一集团内成员之间的任务有多少变化，行为的整合通过群内成员之间的化学通信进行。在蜜蜂中，多达10万个的蜜蜂共同生活于同一个蜂巢中，几乎所有的成员都是雌性，少数几个雄性个体，称为“雄蜂”，除了与蜂后交配外没有其他作用。蜜蜂的群体由蜂后和少数几个雄蜂以及成千上万个雌性工蜂组成。群体中有抚养蜂后产卵孵化后代的保姆蜂（nurse worker bee）、有照料蜡质蜂巢并防范捕食者的管家蜂（house keeper bee）、有离开蜂巢出外为群体采食的采食工蜂（food gatherer bee）。工蜂的寿命一般少于两个月。

在脊椎动物社会中，个体的行为比无脊椎动物社会中的成员更独立。具有优势序位，而不是具有不同地位的集团，是脊椎动物社会的特点。序位中的α和β个体不仅享有对配偶和食物的优先权，而且当有外来危险的时候具有保护自己和低序位成员的责任。这些社会需要高度复杂的机制进行通信，通信是将个体需要和行为整合为超结构的能力，以及确保社会在世代之间存在的手段。

在地球上演化繁衍亿万年的动物，其具有各种类型的特征性行为。随着新理论的提出、研究手段和研究方法的进步，对于原先不能研究或不易研究的动物及其行为，都会有具体的持续性的从传统自然观察到实验室的各层次上的深入研究，终将从神经、激素、遗传和行为演化史（演化树）上的近因分析中阐明其机制，并从演化角度和“适合度理论”中得到该动物的“最优化觅食”“个性”“嬉戏行为”“通信行为”“性选择”“最优性比”“抚育行为”等多种行为原因分析的生态学和演化尺度上的突破性进展。

思考题

1. 什么是动物行为？动物这些行为的目的和意义是什么？

2. 动物的复杂行为是如何演化起源的？行为的具体神经或内分泌机制是什么？这一机制下的行为又是如何让动物更好地适应环境并有效繁殖后代的？

3. 同一物种中不同个体的行为特征有差别吗？这些行为的种内变异是否受基因控制？有多少基因参与了对某一行为的影响？基因是如何影响行为的？

4. 你知道有哪些技术可以改变动物的遗传，从而影响动物行为的变化？

5. 尼古拉斯·丁伯根的四个“questions”指的是什么？你是如何理解这四个问题的？

第30章

动物生态

为满足生存的需求，动物与其他生物及所处的环境相接触，并形成了各种相互作用关系。动物生态学是研究动物和环境及其他生物之间关系的学科。了解基本的生态学原理有助于我们理解为什么动物生活在某些特定的地方，以某些特定的食物为食，以及如何以特定的方式与其他生物进行相互作用。动物生态学融合了动物的行为学、生理学、遗传学和演化论等来研究动物种群与其环境之间的相互作用以及这些相互作用如何影响动物种群的地理分布和数量。这也是了解人类活动如何影响动物种群以及我们必须行动起来保护动物资源的关键。

生态学研究包括从分子到整个地球生物圈的广泛内容。可以根据生态学涉及的主要问题归纳为不同的组织层次（图 30-1）。这里主要介绍个体、种群、群落及生态系统 4 个层次的内容，探讨影响动物个体的环境因子到整个生态系统的一系列问题。

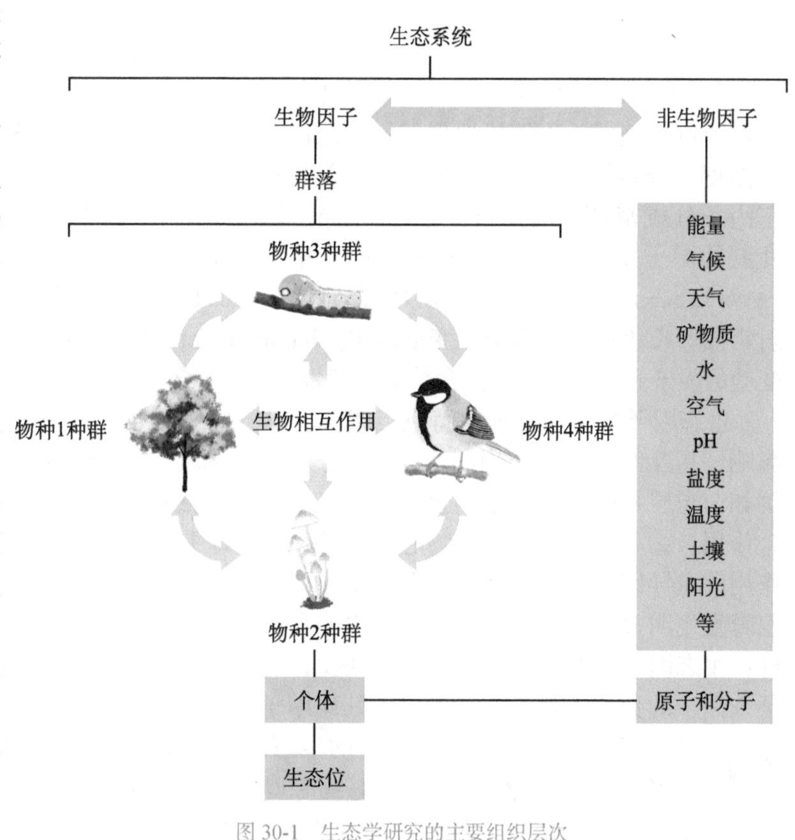

图 30-1　生态学研究的主要组织层次

第一节 个体生态学

个体生态学（autecology）是研究一个生物种的单一个体或许多个体与环境因子之间关系的学科。

一、生态因子的分类及其作用的一般特征

（一）常见概念

环境（environment）和环境因子（environmental factor）：环境是指某一特定生物体或生物群体以外的空间，以及直接、间接影响该生物体或生物群体生存的一切事物的总和，由许多环境要素构成，这些环境要素称环境因子。

生境（habitat）又称栖息地，是生物生活的空间和其中全部生态因素的综合体，即生物生活的具体场所。因此，相对于一般“环境”而言，生境对生物具有更实际的意义。

条件（condition）和资源（resource）：环境因子可分为条件和资源2类，不可消耗的称条件，可被消耗的称资源。

生态因子（ecological factor）：环境中对生物的生长、发育、繁殖、行为和分布有着直接或间接影响的环境要素。生态因子是环境中对生物起作用的因子，而环境因子则是指生物体外部的全部要素。

（二）生态因子及其作用

生态因子一般分为生物因子和非生物因子。前者包括生物种内和种间的相互关系；后者则包括气候、土壤、地形等。Begon 等将非生物因子分为条件和资源两类，条件包括温度、湿度、pH 等；资源包括营养物质、水、辐射能等。史密斯（Smith）等将生态因子分成密度制约因子（density dependent factor），如食物、天敌等生物因子；非密度制约因子（density independent factor），如温度、降水、气候等环境因子。蒙恰斯基（Мончадский）将生态因子分为稳定因子（steady factor），如地心引力、地磁、太阳辐射常数等长年恒定的因子；变动因子（variable factor），如春夏秋冬、潮汐涨落等周期性变动的因子和风、降水、捕食等非周期性变动因子。

生态因子的作用有如下特点。①综合性：每一个生态因子都是在与其他因子的相互影响、相互制约中起作用的，任何因子的变化都会在不同程度上引起其他因子的变化。例如，光照强度的变化必然会引起大气和土壤温度和湿度的改变，这就是生态因子的综合作用。②非等价性：对生物起作用的诸多因子是非等价的，其中有1～2个是起主要作用的主导因子。主导因子的改变常会引起其他生态因子发生明显变化或使生物的生长发育发生明显变化，如光周期现象中的日照时间就是主导因子。③不可替代性和可调剂性：生态因子虽非等价，但都不可缺少，一个因子的缺失不能由另一个因子来代替。但某一因子的数量不足，有时可以由其他因子来补偿。④阶段性和限制性：生物在生长发育的不同阶段往往需要不同的生态因子或生态因子的不同强度。那些对生物的生长、发育、繁殖、数量和分布起限制作用的关键性因子叫限制因子。有关生态因子（量）的限制作用遵循两条定律：李比希最小因子定律（Liebig's law of

30-1

minimum）和谢尔福德耐受定律（Shelford's law of tolerance）。

二、影响动物生活的部分生态因子

（一）光对动物的影响

光是一个十分复杂而重要的生态因子，包括光强、光质和光照长度。光照强度与很多动物的行为有着密切的关系。有些动物适应于在白天的强光下活动，如灵长类、有蹄类和蝴蝶等，称为昼行性动物；另一些动物则适应于在夜晚或早晨黄昏的弱光下活动，如蝙蝠、家鼠和蛾类等，称为夜行性动物或晨昏性动物；还有一些动物既能适应于弱光也能适应于强光，白天黑夜都能活动，如田鼠等。昼行性动物（夜行性动物）只有当光照强度上升到一定水平（下降到一定水平）时，才开始一天的活动，因此这些动物将随着每天日出日落时间的季节性变化而改变其开始活动的时间。大多数脊椎动物的可见光波范围与人接近，但昆虫则偏于短波光，大致在 250 ～ 700nm 之间，它们看不见红外光，却看得见紫外光。而且许多昆虫对紫外光有趋光性，利用这种趋光现象可诱捕昆虫。此外，由于地球上日照长短的周期性变化，而长期生活在这种昼夜变化环境中的动物，借助于自然选择和演化形成了各种类型的对日照长度变化的反应方式，这就是光周期现象。

（二）环境温度对动物的影响

温度是最重要的生态因子之一，参与生命活动的各种酶都有其最低、最适和最高温度，即三基点温度。不同生物的三基点温度不同，在一定温度范围内，生物生长的速率与温度成正比。变温动物的代谢率与环境温度的关系可以用范霍夫定律（Van't Hoff's law）描述，随着环境温度升高，耗氧量随之增加。恒温动物在一定范围内，耗氧量随温度增加而下降，直到一个温度区间，耗氧量稳定且不随环境温度变化，即热中性区（thermal neutral zone）。环境的季节性变化引起变温动物生长加速和减弱的交替，形成年轮。

当温度低于临界（下限）温度，生物便会因低温而寒害和冻害。当温度超过临界（上限）温度，对生物产生有害作用，如蛋白质变性、酶失活、破坏水分平衡、氧供应不足和神经系统麻痹等。动物可以通过一系列形态、生理和行为的变化适应低温或高温胁迫。

动物对低温的形态学适应包括以下几种。①贝格曼规律（Bergman's rule）：生活在寒冷气候中的内温动物的身体比生活在温暖气候中的同类个体更大，这种趋向称贝格曼规律，是减少散热的适应，如在所有虎的亚种中，东北虎（*Panthera tigris altaica*）的体型最大；②阿伦规律（Allen's rule）：寒冷地区的恒温动物较温暖地区内温动物外露部分（如四肢、尾、耳朵及鼻）有明显趋于缩小的现象，称阿伦规律，是减少散热的适应；③乔丹规律（Jordan's rule）：鱼类的脊椎骨数目在低温水域比在温暖水域的多。动物对低温的生理学适应常见机制有当环境温度偏离热中性区增加体内产热，维持体温恒定，局部异温等。此外，有些动物能耐受机体中水的结冰，称为耐受冻结（freezing tolerance），如潮间带的生物经历周期性的低温暴露，其细胞不仅能耐受脱水及形成冰结晶，还能耐受高渗透压。还有的动物在体液的温度下降到冰点以下而不结冰，称为超冷（supercooling），如鱼和昆虫可以分泌抗冻蛋白。

高温环境下，动物体形变小，外露部分增大；腿加长将身体抬离地面；背部具厚的脂肪隔热层等。动物对低温或高温胁迫的行为适应方面有迁移、休眠、穴居和昼伏夜出等。

（三）水对动物的影响

水是生物最需要的一种物质，水的存在与多寡，影响生物的生存与分布。水对稳定环境温度有重要意义。水的密度在4℃时最大，这一特性使任何水体都不会同时冻结，而且结冰过程总是从浅到深进行。水的比热容很大，吸热和放热过程缓慢，因此水体温度不像大气温度那样变化剧烈。

动物按栖息地也可以分水生和陆生两类。水生动物主要通过调节体内的渗透压来维持与环境的水分平衡。陆生动物则在形态结构、行为和生理上来适应不同环境水分条件。动物对水因子的适应与植物不同之处在于动物有活动能力，可以通过迁移等多种行为途径来主动避开不良的水分环境。

三、动物的生态适应及对环境的影响

（一）动物的生态适应

动物在与环境长期的相互作用中，形成一些具有生存意义的特征。依靠这些特征，生物能免受各种环境因素的不利影响和伤害，同时还能有效地从其生境获取所需的物质、能量，以确保个体发育的正常进行。这种现象称为“生态适应”（ecological adaptation）。生态适应是生物界中极为普遍的现象，一般可区分为趋同适应和趋异适应两类。

趋同（convergent）适应是指不同种类的生物，由于长期生活在相同或相似的环境条件下，通过变异、选择和适应，在形态、生理、发育以及适应方式和途径等方面表现出相似性的现象。蝙蝠与鸟类，鲸与鱼类等是动物趋同适应的典型例子。趋异（divergent）适应是指亲缘关系相近的同种生物，长期生活在不同的环境条件下，形成了不同的形态结构、生理特性、适应方式和途径等。趋异适应的结果是使同一类群的生物产生多样化，以占据和适应不同的空间，减少竞争，充分利用环境资源。

（二）动物对环境的影响

在动物与环境的相互关系中，动物似乎总是处于从属、被支配的地位，只能被动地去适应、逃避。事实上，这只是二者关系的一个方面。生命作为一个整体，不仅能够被动地适应环境，而且也能反过来影响环境，使环境保持相对稳定，向有利于动物生存的方向发展。

第二节 种群生态学

种群（population）是在同一时期内占有一定空间的同种生物个体的集合。自然种群具有以下3个特征。①空间特征：种群具有一定的分布区域和分布形式。②数量特征：每单位面积（或空间）上的个体数量（即密度）将随时间而发生变动。③遗传特征：种

群具有一定的基因组成，即共享一个基因库，以区别于其他物种，但基因组成同样是处于变动之中的。种群生态学（population ecology）是研究同种的个体或亲缘关系较近的少数几种个体与环境之间相互关系的学科。

一、种群的数量统计

种群密度（population density）指单位空间中的种群大小，通常以个体数目或生物量表示。每平方米的土壤中的节肢动物可达数十万，每平方米土壤中的田鼠有数只，而鹿等大型哺乳类可能平均每平方千米只有几头。这说明种群数量在数量级上变动的范围很大，我们难以确定种群的绝对密度（absolute density）：即单位面积或空间上的个体数目，通常用种群的相对密度（relative density）：即表示动物数量多少的相对指标来代替。相对密度测定的不是绝对数量值，而是表示种群数量多少的丰盛度指数（index of abundance）。如散放于田野的捕鼠夹；诱捕飞行昆虫的黑光灯；捕捉地面动物的陷阱；捕捞水中浮游生物等。这些捕捉方法所获得的动物数量，不仅取决于种群密度，并且随它们的活动性、运动范围等而变化，所以只能从其结果得到一个有关丰盛度的粗略概念。

二、种群中个体的空间分布型

由于自然环境的多样性，以及种内种间个体之间的竞争，每一种群在一定空间中都会呈现出特有的分布形式。种群的分布形态和形式可以分为 3 种类型：随机（random）分布；均匀（uniform）分布；聚集（clumped）分布（图 30-2）。

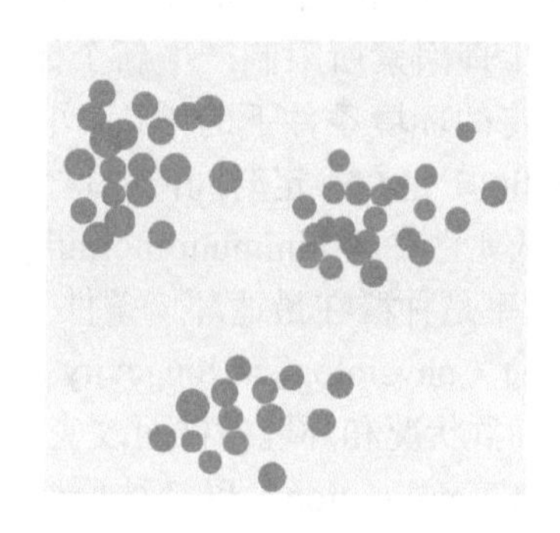
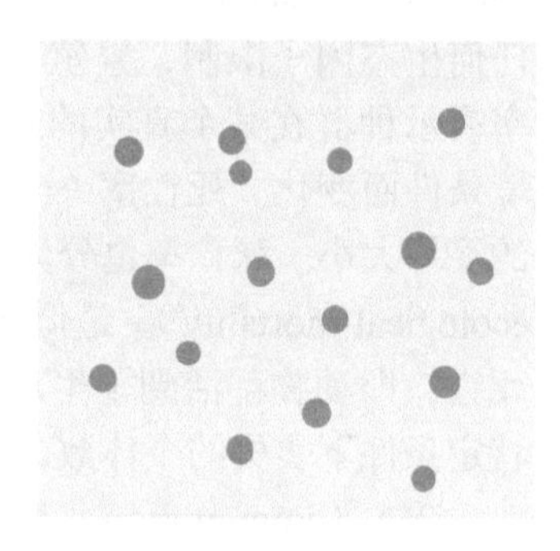

图 30-2　种群空间分布类型：均匀分布（左）；聚集分布（中）；随机分布（右）

三、种群的年龄结构和性比

年龄结构（age ratio）：指各个年龄级的个体数目与种群个体总体的比例。种群的年龄结构与出生率死亡率密切相关。通常，如果其他条件相等，种群中具有繁殖能力年龄的成体比例较大，种群的出生率就越高；而种群中缺乏繁殖能力的年老个体比例越大，种群的死亡率就越高。年龄锥体（age pyramid）是用从下到上的一列不同宽度的横柱做成的图，横柱的宽度表示各个年龄组的个体数或百分比（图 30-3），表示种群的年龄结构分布（population age distribution）。

利用年龄锥体能预测未来种群的动态。若人口是增长型种群，其年龄锥体呈典型的金字塔形，基部宽阔而顶部狭窄，表示种群中有大量的幼体，年老的个体很少。这样的种群出生率大于死亡率，是迅速增长的种群。若年龄锥体大致呈钟形，说明种群中幼年个体和老年个体数量大致相等，出生率和死亡率也大致平衡，种群数量稳定。若人口结构介于上述两者之间，属于缓慢增长相对稳定的年龄结构。

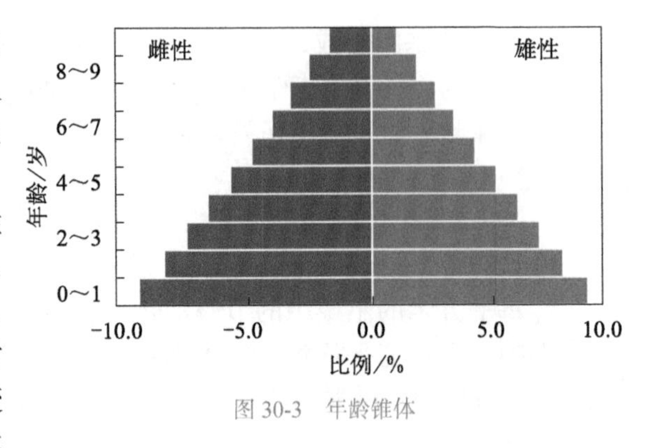

图 30-3 年龄锥体

性比（sex ratio）是反映种群中雄性个体（♂）和雌性个体（♀）比例的参数。受精卵的♂与♀比例，大致是 50∶50，这是第一性比，幼体成长到性成熟这段时间里，由于种种原因，♂与♀的比例变化，至个体开始性成熟为止，♂与♀的比例叫作第二性比，此后，还会有成熟的个体性比叫第三性比。

四、种群动态

种群的数量是变动的，在条件适合时，种群数量增加，条件不适时，种群数量减少。出生和死亡，迁入和迁出这两组对立的过程决定了种群的数量变动。

（一）种群的统计特征

出生率（natality）是泛指任何生物产生新个体的能力。出生率常分为最大出生率（maximum natality）和实际出生率（realized natality）。最大出生率是在理想条件下，即无任何生态因子限制，繁殖只受生理因素所限制产生新个体的理论上最大数量。实际出生率表示种群在某个真实的或特定的环境条件下的增长。它随种群的组成和大小，物理环境条件而变化。死亡率（mortality）是在一定时间内死亡个体的数量除以该时间段内种群的平均大小。死亡率也分为最低死亡率（minimum mortality）和实际死亡率（生态死亡率 ecological mortality）。最低死亡率是种群在最适环境条件下，种群中的个体都是因年老而死亡，即动物都活到了生理寿命（physiological longevity）后才死亡。实际死亡率是在某特定条件下丧失的个体数，随种群状况和环境条件而改变的。

迁入（immigration）和迁出（emigration）也是种群变动的两个主要因子，它描述各地方种群之间进行基因交流的生态过程。

存活率（survivorship）是死亡率的倒数。存活个体的数目通常比死亡个体的数目更有意义。死亡率通常以生命期望（life expectancy）来表示，生命期望就是种群中某一特定年龄的个体在未来能存活的平均年数。

（二）生命表

生命表分为两种类型：动态生命表和静态生命表。动态生命表（dynamic life cycle）也叫同龄群生命表（cohort life table），就是观察同一时间出生的生物的死亡或动态过程而获得的数据所做的生命表，常用于世代不重叠生物。

静态生命表（static life table）又称特定时间生命表（time-specific life table），是根据某一特定时间对种群作一个年龄结构调查，并根据调查结果而编制的生命表，常用于有世代重叠、种群大小稳定、年龄结构趋于稳定且生命周期较长的生物。

（三）存活曲线

对一个特定的种群，存活数据通常以存活曲线（survivorship curve）表示（图 30-4）。存活曲线以对数的形式表示在每一生活阶段存活个体的比率。迪维以相对年龄（即以最大寿命的百分比表示年龄，记作 x）作为横坐标，存活 l_x（在 x 期开始时的存活率）的对数作纵坐标，画成存活曲线图，从而能够比较不用寿命的动物。三种理想化的存活曲线模式包括：Ⅰ型为凸型的存活曲线，表示种群在接近于生理寿命之前，只有个别的死亡，即几乎所有的个体都能达到生理寿命。Ⅱ型呈对角线的存活曲线，表示个体各时期的死亡率是相等的。Ⅲ型为凹型的存活曲线，表示幼体的死亡率很高，以后的死亡率低而稳定。

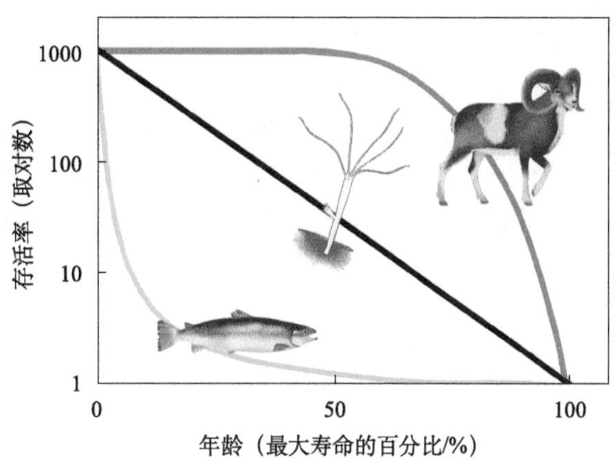

图 30-4　存活曲线

五、种群增长

自然条件下的任何动物种群，与群落中的其他生物密切相关，不能从中孤立出来。虽然单种种群只能在实验室内才可能存在，但是我们可以从分析单种种群开始，了解种群的增长与动态规律。

（一）内禀增长能力

内禀增长能力（innate capacity of increase）或内禀增长率（intrinsic or innate rate of increase）是指在种群不受限制的条件下，即能够排除不利的天气条件，提供理想的食物条件，排除捕食者和疾病，我们能够观察到种群的最大增长能力（r_m）。r_m 即最大的瞬时增长率，或内禀增长能力。

生命表可用于估计种群的净繁殖率（R_0）、世代时间（T）、内禀增长能力（r_m）、周限增长率（λ）。

净繁殖率（net reproductive rate）（R_0）：种群每个体平均产生的后代数量。$R_0=\sum l_x m_x$，式中 l_x 为年龄 x 时的存活率；m_x 为年龄 x 时的每雌产雌数。

世代时间（generation time）（T）：从上一代到下一代，如卵到卵，种子到种子所需的平均时间。$T=\sum x l_x m_x/R_0$。

内禀增长能力：$r_m=\ln R_0/T$。

周限增长率（finite rate of increase）（λ）：时间轴上两点间种群数量的比率，又称几何增长率（geometric rate of increase）：$\lambda=e^{rm}$。

内禀增长能力可以敏感地反映出环境的细微变化，是特定种群对于环境质量反应的一个优良指标；是自然现象的抽象，它能作为一个模型，可以与自然界观察到的实际增长率进行比较。

（二）种群在无限环境中的指数式增长

在讨论现实种群在有限环境中增长过程之前，首先研究一个理想种群在无限环境中的增长模型。假定一个物种一年繁殖一次且寿命只有一年，则其世代是不重叠，种群增长是不连续的，同时假定没有迁入和迁出。

假设 N_0 为初始种群数量，N_t 为第 t 年种群数量，周限增长率 $\lambda=N_t/N_{t-1}$。

则 $N_t = N_0\lambda^t$。

则种群呈几何级数式增长或指数增长，种群的增长曲线为“J”形，又称“J”形增长。如果世代之间有重叠，种群数量以连续的范式改变，通常用微分方程来描述。对于无限环境中瞬时增长率不变化，种群仍旧表现为指数增长过程，即

$$\frac{dN}{dt} = rN$$

其积分式为

$$N_t = N_0e^{rt}$$

其中 r 为种群的瞬时增长率。

指数增长模型的一个显著特点：种群数量翻一番所需的时间是固定的。

令种群数量翻一番所需的时间为 T，则有：

$$2N_0=N_0e^{rT}$$

$$T = \frac{\ln 2}{r}$$

（三）种群在有限环境中的逻辑斯谛增长

由于空间和资源都是有限的，不可能供养无限增长的种群个体，当种群数量过多时，由于个体平均资源占有率的下降及环境恶化、疾病增多等原因，出生率将降低而死亡率却会提高，从而降低种群的实际增长率。设环境条件能供养的种群数量的上界称为环境容纳量或负荷量（carrying capacity），通常用 K 表示。当种群大小达到 K 值时，种群不再增长。N 表示当前的种群数量，$K-N$ 为环境还能供养的种群数量，此外，还假设密度与增长率关系是随种群的密度增加，种群的增长率所受的影响逐渐地、按比例地增加。

此时得到微分方程：

$$\frac{dN}{dt} = r(1-\frac{N}{K})N$$

其积分式为

$$N_t = K/（1+C\,e^{-rt}）$$

其中 C 为常数，与 K 及起始数量 N_0 有关。

$$C = \frac{K-N_0}{N_0}$$

种群的增长表现为“S”形（图 30-5）。

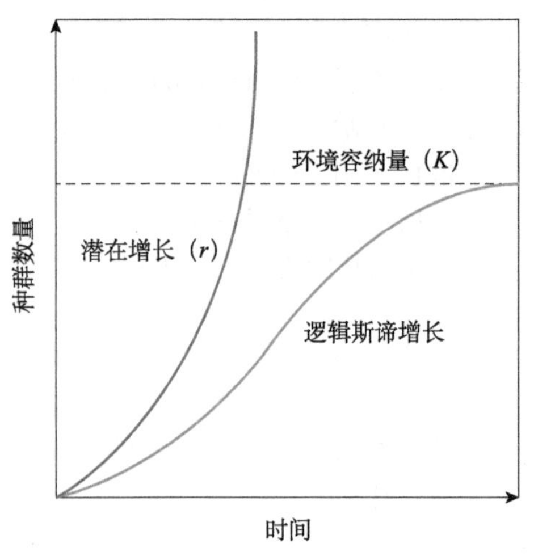

图 30-5　种群的指数增长和逻辑斯谛增长

“S”形曲线和指数增长曲线的区别是：

① “S” 形曲线不超过某个最大值水平（K）；② “S” 形曲线在达到最大值附近是平滑的，而不是骤然的。该曲线在 $N=K/2$ 处有一个拐点，在拐点上，dN/dt 最大，在拐点前，dN/dt 随种群增加而上升，在拐点后，dN/dt 随种群增加而下降，因此，曲线可划分为：①开始期（潜伏期）（$N \to 0$）；②加速期（$N \to K/2$）；③转折期（$N=K/2$）；④减速期（$N \to K$）；⑤饱和期（$N=K$）五个阶段。

种群逻辑斯谛增长模型是在理想情况下的数学模型，在现实世界中，动物种群常会短期突破 K，但由于难以为继而很快衰退，最终表现为在 K 附近上下波动。种群逻辑斯谛增长模型是两个相互作用种群增长模型的基础，也是渔业、林业、农业等实践领域中确定最大持续产量的主要模型。模型中的两个参数 K 和 r 已成为生物演化对策理论中的重要概念。

六、种群扩散

种群扩散（dispersal）：扩散是种群动态的一个重要方面，通过作用扩散可以使种群的个体迁出和迁入，从而增加或降低当地种群的密度。种群的扩散可通过风、水、动物等途径。种群扩散的原因有多种，如集群和扩散性；气候变化分布区扩大；食物资源变化；河流和洋流的作用；人为因素等。自然种群扩散的演化意义是减少种群压力，扩大分布区，甚至形成新种。然而，目前由于交通便利，世界各地之间交往频繁，由于人为因素主动或被动帮助动物扩散，导致生物入侵（biological invasion），有时会对当地的土著动物种群或生态系统造成严重后果，成为全球关注的热点问题之一。

七、种群遗传与演化

（一）种群的遗传与变异

遗传和变异是生物体的最本质的属性之一。遗传就是指子代和亲代相似的现象；变异就是子代与亲代间的差异。遗传保证了种的存在和延续；而变异则推动了种的演化和发展。遗传型又称基因型，指某一生物个体所含有全部遗传因子即基因的总和。它是一种内在潜力，只有在适当的环境条件下，才能产生表型。表型是指某一生物体所具有的一切外表特征及内在特性的总和，是遗传型在合适环境下的具体体现。基因是带有可产生特定蛋白的遗传密码的 DNA 片段，由两个等位基因构成，每一等位基因来自一条同源染色体。这些等位基因可以相同或不同。在种群中许多等位基因的存在使得一个种群中出现一种以上的表型称为多型。种群中全部个体存在的所有基因组和等位基因构成基因库。

在一个巨大的随机交配和没有干扰基因平衡因素的种群中，基因型频率将世代保持稳定不变，即遗传平衡定律（也叫哈迪 - 温伯格定律，Hardy-Weinberg law）。遗传漂变（genetic drift）是基因频率的随机变化，仅偶然出现，在小种群中似乎更明显。种群中经历显著的遗传漂变的基因频率，可观察到其随时间“漂离”起始值。由于这种随机变化是随机的，不受自然遗传的影响，频率会呈现无方向性变化，增加、减少或上下波动。

突变是生物的基本属性，在广义上，突变是指染色体数量、结构及组成等遗传物质发生多种变化，包括基因突变和染色体畸变。一个基因内部遗传结构或 DNA 序列的任何改变而导致的遗传变化称为基因突变。其发生变化的范围很小，所以又称点突变。染色体畸变是指染色体大段损伤引起的，包括大段染色体的缺失、重复、倒位等。基因突变是重要的生物学现象，它是一切生物变化的根源，连同基因转移、重组一起提供了推动生物演化的遗传多变性。

（二）自然选择

自然选择只能出现在具有不同存活和生殖能力的、遗传上不同的基因型个体之间。是生物界适者生存，不适者淘汰的现象。实际上“适者生存”并不完全正确。因为个体生育能力与存活能力有同样的重要性。生育力有区别，存活率相似，自然选择照样能够发挥作用。

适合度综合了存活能力和生育能力，因此，某一基因型个体的适合度实际上就是它下一代的平均后裔数。

$$\text{适合度}（W）=\text{存活能力}（L）\times \text{生育能力}$$

某基因型个体的适合度就是其下一代的平均后裔数，适合度高者在基因库中的基因频率随时间逐渐增大，反之，适合度低的，将随世代而减少。

如果一个种群在某一时期由于环境灾难或过捕等原因数量急剧下降，就称其经历遗传瓶颈（genetic bottleneck）。这会伴随基因频率的变化和总遗传变异的下降。经过遗传瓶颈后，可能导致种群灭绝，也可能逐渐恢复。

以一个或几个个体为基础就可能在空白生境中建立一个新种群。遗传变异和特定基因在新种群中的呈现将完全依赖这少数几个移植者的基因型，从而产生建立者种群。由于建立者种群和母种群所处地域不同，各有不同的选择压力，使建立者种群和母种群基因库的差异越来越大，此种现象称为建立者效应（founder effect）。

一般来说，自然选择可以分为以下 3 种类型。①稳定选择（stabilizing selection）：当环境条件对靠近种群的数量性状正态分布线中间那些个体有利，淘汰两侧的“极端”个体时，选择属于稳定型的。②定向选择（directional selection）：当选择对一侧的“极端”个体有利，从而使种群的平均值向这一侧移动，选择属定向型。③分裂选择（disruptive selection）：使选择对两侧的个体有利，而不利于中间的个体，从而使种群分成两部分。

（三）物种形成

一般认为，物种的形成过程大致分为 3 个步骤。①地理隔离：由于地理屏障引起，将两个种群彼此隔开，阻碍了种群间个体交换，从而使基因交流受阻；②独立演化：两个地理上和生殖上的隔离的种群各自独立地演化，适应于各自的特殊环境；③生殖隔离机制建立：假如地理隔离屏障消失，两个种群的个体可以再次相遇和接触，但由于建立了生殖隔离机制，基因交流已不可能，因而成为两个种，物种形成过程完成。

物种形成方式包括 3 种类型。①异域性物种形成（allopatric speciation）即地理物种形成，包括两类：第一类，通过大范围的地理隔离，分开的两个种各自演化，形成生殖隔离机制；第二类，通过种群中少数个体从原种群中分离出去，并经地理隔离和独立演化而成新种。②领域性物种形成（parapatric speciation）：出现在地理分布区相邻的两个种群间的物种形成。③同域性物种形成（sympatric speciation）：在母种群分布区内部，由于生态位的分离，逐渐建立起若干子群，子群间由于逐步建立生殖隔离，形成基因库的分离而形成新种。

（四）生活史对策

自然选择按其与密度变化的关系，可分为非密度制约性自然选择（density-independent natural selection）和密度制约性自然选择（density-dependent natural selection）两类。所谓密度制约性自然选择就是在种群密度增高时，自然选择压力增加（或降低），而密度降低时，自然选择压力降低（或增加）。MacArthur（1962）指出：密度制约性自然选择常被称为 k-选择，而非密度制约性自然选择常被称为 r-选择。

八、种间关系

以个体或物种间的相互作用的机制和影响为基础来分类见表 30-1。

表 30-1 个体与物种间相互关系类型表

	种间相互作用	种内同种个体间相互作用
利用同样有限资源，导致适合度降低	竞争	竞争
摄食另一个体的全部或部分	捕食	自相残杀
个体紧密关联，生活具有相互利益	互利共生	利他主义或互利共生
个体紧密关联	寄生	寄生

关键的种间相互作用是竞争、捕食、寄生和互利共生，而主要的种内相互作用是竞争，自相残杀和利他主义。从理论上讲，任何物种对其他物种的影响只可能有三种形式，即有利、有害或无利无害的中间态，可用 +、–、○表示（表 30-2）。

表 30-2 主要相互关系类型及其特征表

相互作用型	物种 1	物种 2	相关作用的一般特征
中性作用	○	○	两个物种彼此不受影响
竞争：直接干扰型	–	–	每一种群直接抑制另一个
竞争：资源利用型	–	–	资源缺乏时的间接抑制
偏害作用	–	○	种群 1 受抑制，种群 2 无影响
寄生作用	+	–	种群 1 寄生者，通常较宿主 2 的个体小
捕食作用	+	–	种群 1 捕食者，通常较猎物 2 的个体大
偏利作用	+	○	种群 1 偏利者，而宿主 2 无影响
原始合作	+	+	相互作用对两种都有利，但不是必然的
互利共生	+	+	相互作用对两种都必然有利

（一）竞争

1. 竞争的特点与类型

竞争（competition）是利用有限资源的个体间的相互作用。在同种个体间发生的竞争叫种内竞争（intraspecific competition），在不同种个体间发生的竞争叫种间竞争（interspecific competition）。

同样年龄大小的固着生活生物中，竞争个体不能通过运动逃避竞争，因此竞争中失败者死去，这种竞争结果使较少量的较大个体存活下来，这一过程叫自疏（self-thinning）。自疏导致密度与个体大小之间的关系在双对数作图时，具有 -3/2 斜率，称 Yoda-3/2 自疏法则（Yoda-3/2 law）。

种间竞争：两种或更多物种共同利用同样的有限资源时而产生的相互竞争作用。种间竞争的结果有两个：①一个种群被另一个种群完全排挤掉。例如，高斯（Gause）培养双小核草履虫（*Paramecium aurelia*）和大草履虫，单种培养时，都呈“S”形增长。等量混合培养时，因竞争食物资源，增长快的双小核草履虫排挤了大草履虫，二种培养期间未分泌有害物质。②一个种群迫使另一种群占有不同的空间（空间分隔）和食物（食性特化）。例如，在一个试管中培养双小核草履虫和袋状草履虫，结果双小核草履虫生活于试管的中上部，主要以细菌为食。袋状草履虫生活于试管底部，主要以酵母菌为食。两种可以稳定共存。也可以产生其他生态习性的分化，如时间分隔等。例如，均以啮齿动物为主要食物的猛禽类，分为昼行性（隼形目）和夜行性（鸮形目）两大类。

资源竞争类型可以分为 3 类。①资源利用性竞争（exploitation competition）：通过损耗有限的资源，而个体不直接相互作用。②相互干涉性竞争（interference competition）：通过竞争个体直接相互作用。③似然竞争：如果两种猎物被同一种捕食者所捕食，由于一种猎物数量的增加导致捕食者数量的增加，从而增大了另一种猎物被捕食的风险，反之亦然，从而使两种猎物以共同的捕食者为中介产生相互影响，这种相互影响的结果与资源利用型竞争的结果相类似，称为似然竞争。竞争具有以下一般特征：①竞争结果的不对称性；②对一种资源的竞争，能影响对另一种资源的竞争结果。

2. 生态位

生态位（niche）是物种在生物群落或生态系统中的地位和作用。生物群落中，某一物种所栖息的理论上的最大空间，称为基础生态位（fundamental niche）。生物群落中物种实际占有的生态位空间称实际生态位（realized niche）。影响有机体的环境变量作为一系列维，多维变量便是 *n*- 维空间，称多维生态位空间，或 *n*- 维超体积（*n*-dimensional hyper-volume）生态位（图 30-6）。

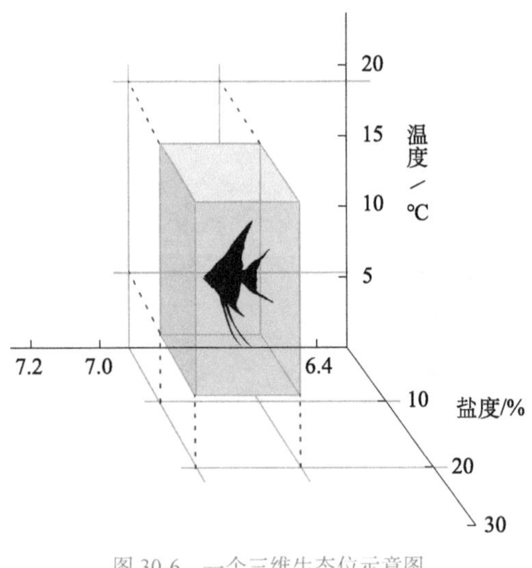

图 30-6　一个三维生态位示意图

两个物种生态位空间的相互重叠部分，称生态位重叠（niche overlap）。资源竞争而导致两物种的生态位发生变化称生态位漂移（niche shift）。竞争产生的生态位收缩导致物种形态性状的变化，叫性状替代（character displacement）。

3. 生态位分化

高斯认为共存只能出现在物种生态位分化的稳定、均匀环境中，因为，如果两物种具有同样的需要，一物种就会处于主导地位而排除另一物种，即竞争排斥（competitive exclusion）原理。竞争排斥原理（也叫高斯原理）是生态学最基本的规则之一。群落内稳定共存的物种之间必然存在利用限制资源的分化。生态位分化假说预测，生态上类似的物种共存应该表现在主要生态位维度中的至少一个发生分化，以避免竞争。种间竞争结果常使两物种的生态位发生分化，从而使生态位分开，即生态位分离（niche separation）。反之，在缺乏竞争者时，物种会扩张其实际生态位，这种现象称竞争释放（competition release）。

（二）捕食

1. 捕食的概念

捕食（predation）：摄取其他生物个体（猎物）的全部或部分。广义的捕食包括 4 种类型：①典型的捕食是指食肉动物吃食草动物或其他食肉动物；②食草动物吃绿色植物，这种情况下植物往往未被杀死而受损害；③昆虫中的拟寄生者（parasitoid），如寄生蜂，它们与真寄生虫者（如血吸虫）的区别是总要杀死其宿主；④同类相食（cannibalism），也是捕食现象的一种特例，只不过是捕食者与被食者是同一种而已。

2. 捕食者与猎物的相互适应

捕食者与猎物的关系很复杂，这种关系不是一朝一夕形成的，而是经过长期协同演化逐步形成的。捕食者固然有一套有关的适应性特征，以便顺利地捕杀猎物，但猎物也产生一系列适应特征，以逃避捕食者。上述特征是多方面的，有形态上和生理上的，也包括行为上的。捕食者在演化过程中发展了锐齿、利爪、尖喙、毒牙等工具，运用诱饵追击、集体围猎等方式，以便有利于捕食猎物；另一方面，猎物也相应地发展了保护色、警戒色、拟态、假死、集体防御等种种方式以逃避捕食。

在捕食者—猎物复杂关系中，自然选择对于捕食者在于提高发现、捕获和取食猎物的效率，而对于猎物在于提高逃避、反捕食的效率。显然这两种选择是对立的。因此，在两者关系演化中，猎物趋于中断这种关系，捕食者则维持这种关系。假如某些捕食者在捕杀被食者中有更好的捕杀能力，那么它就在以后世代更易得到后裔。因此，自然选择有利于更有效的捕食。但是，当捕食资源过分有限，捕食者就可能把被食者消灭，然后捕食者因饥饿而死亡。因此，在演化过程中，捕食者不能对被食者过捕（over harvesting）。这就是斯洛博金所谓的精明捕食者（prudent predator）的根据。在多种捕食者捕食多种被食者的系统中，一种被食者可能通过隐藏来躲避捕食，另一种可能以快速奔跑来逃脱捕食，而捕食者也就难以在演化中同时获得这两种互相矛盾的捕食能力。对于被食者来说，自然选择有利于逃避捕食，但多种捕食者各具不同的捕食策略，因此被食者也难以获得适合于逃脱所有捕食者的行为和本能。

3. 猎物密度影响——功能反应

捕食者对被食者密度的反应有两种类型，即数值反应和功能反应。

数值反应（numerical response）就是当被食者密度上升时，捕食者密度变化的反应。捕食者的数值反应大体可以分为 3 种类型：①直接或正反应，即单位面积中捕食者数量随密度上升而增加；②无反应，就是捕食者密度没有什么改变；③负反应，即当被食者

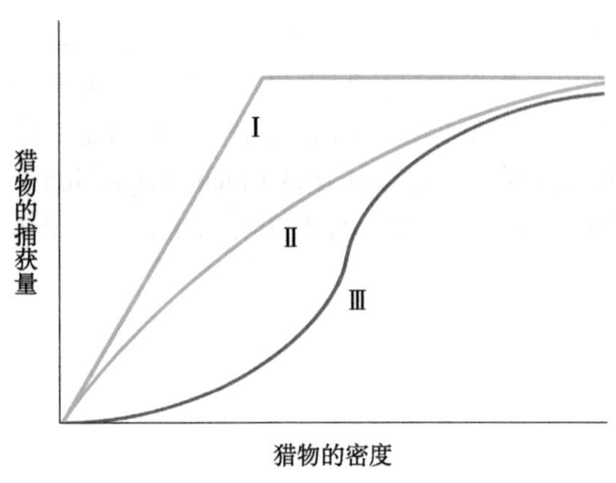

图 30-7 捕食者的功能反应

密度增加时，捕食者密度反而降低。

功能反应（functional response）就是随着被食者密度上升，每个捕食者所吃掉的被食者数目的变化。捕食者的功能反应划分为三种类型（图 30-7）。①第Ⅰ型称为线性型，其特点是随着被食者密度的增加，功能反应曲线直线地上升。到达上部平坦部分，表示捕食者已充分饱享。②第Ⅱ型称为无脊椎动物型，是凸型的。例如，螳螂捕食家蝇，积极地搜索家蝇，因此在家蝇密度增加的初期，被捕食的数量上升很快，以后就变慢而到充分饱享不再上升。③第Ⅲ型是脊椎动物型，是“S”形，例如，鹿鼠捕食叶蜂茧和其他替代性被食者，随着被食者密度上升，被食者的数量逐渐增加，然后如“S”形曲线又逐渐变慢，达到充分饱享而不再上升。

（三）寄生

寄生（parasitism）：一种生物从另一种的体液、组织或已消化物质获取营养并造成对宿主危害，更严格说，寄生物从较大的宿主组织中摄取营养物，是一种弱者依附于强者的情况。

主要的寄生物有细菌、病毒、真菌和原生动物。在动物中，寄生蠕虫特别重要。专性寄生必须以宿主为营养来源，兼性寄生也能营自由活动。寄生物的类型多样，一般可分为以下几类。①微寄生物（microparasite）：在寄主体内或表面繁殖。②大寄生物（macroparasite）：在寄主体内或表面生长，但不繁殖。③拟寄生物：包含一大类昆虫大寄生物，它们在昆虫宿主身上或体内产卵，通常导致寄主死亡。④食生物者：仅在活组织上生活。⑤食尸动物：在寄主死后继续存活在寄主上。⑥社会性寄生物（social parasite）：不通过摄取寄主的组织获益，而是通过强迫寄主提供食物或其他利益面获利，如杜鹃的巢寄生等。

寄生物与其寄主间紧密的关联经常会提高彼此相反的演化选择压力，在这种压力下，寄主对寄生反应的演化会提高寄生物的演化变化。

第三节 群落生态学

群落生态学（community ecology）是研究生物群落与环境之间相互关系的学科。

一、群落的概念

群落（community）的概念来源于植物生态研究。早在 1807 年，近代植物地理学的创始人 A. Humboldt 首先注意到自然界植物的分布不是零乱无章的，而是遵循一定的规律集合成群落，并指出每个群落都有其特定的外貌，它是群落对生境因素的综合反应。

从上述定义中，可知一个生物群落具有下列基本特征：①具有一定的种类组成；②不同物种之间的相互影响；③形成群落环境；④具有一定的结构；⑤具有一定的动态特征；⑥具有一定的分布范围。

目前对群落的性质存在两种对立观点。机体论学派（organismic school）认为群落是客观存在的实体，是一个有组织的生物系统，像有机体与种群那样，被称为机体论学派。个体论学派（individualistic school）认为群落是生态学家为了便于研究，从一个连续变化着的植被中人为确定的一组物种的组合，被称为个体论学派。

二、群落结构

（一）群落的物种构成

对群落的结构和群落环境的形成有明显控制作用的物种称为优势种（dominant species），对于植物群落来说，它们通常是那些个体数量多、投影盖度大、生物量高、体积大、生活能力强，即优势度较大的种；植物群落中，处于优势层的优势种称建群种（constructive species）。亚优势种（subdominant species）指个体数量与作用都次于优势种，但在决定群落性质和控制群落环境方面仍起着一定作用的物种。伴生种（companion species）为群落的常见物种，它与优势种相伴存在，但不起主要作用。偶见种或罕见种（rare species）是那些在群落中出现频率很低的种类，往往是由于种群自身数量稀少的缘故。偶见种可能是偶然的机会由人带入，或伴随着某种条件改变而侵入，也可能是衰退中的残遗种。

（二）群落的时间格局

光、温度和湿度等许多环境因子有明显的时间节律（如昼夜节律、季节节律），受这些因子的影响，群落的组成与结构也随时间序列发生有规律的变化。这就是群落的时间格局。植物群落表现最明显的就是季相，如温带草原外貌一年四季的变化。动物群落时间格局主要表现为：①群落中动物的季节变化，如鸟类的迁徙；变温动物的休眠；鱼类的洄游等。②群落的昼夜变化，如群落中昆虫、鸟类等种类的昼夜变化。

三、群落的物种多样性

物种多样性是物种数量及其相对丰富度的综合。物种多样性受两方面的因素影响：①群落中物种的数目，即物种丰富度（species richness）；②物种的相对多度，即物种均匀度（species evenness）。物种数目越多，多样性越丰富，物种数目相同时，每个物种的个体数越平均，则多样性越丰富。

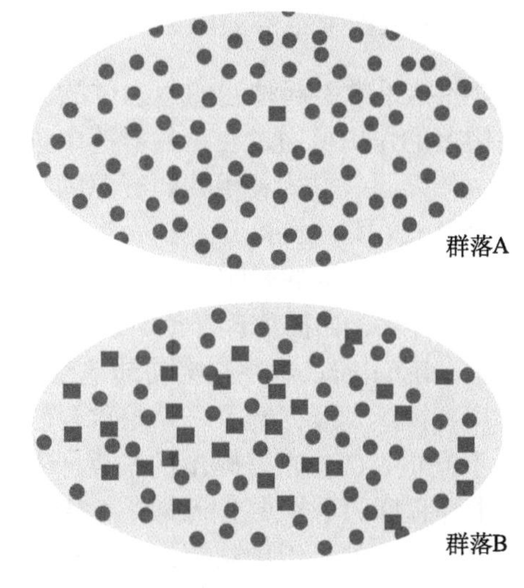

图 30-8　两个群落物种多样性比较示意图　陈紫暄　绘

图 30-8 中，两个群落的物种数（2）和总个体数（100）均相等，群落 B 的多样性比群落 A 丰富。物种多样性是群落生物组成结构的重要指标，它不仅可

以反映群落组织化水平，而且可以通过结构与功能的关系间接反映群落功能的特征。它包含两方面的含义：①群落所含物种的多寡，即物种丰富度；②群落中各个种的相对密度，即物种均匀度。多样性的测度方法可以采用多样性指数计算获得。常见的多样性指数有以下几种。

（1）Simpson 指数：$D=1-\sum P_i^2$

式中 P_i 为种的个体数占群落中总个体数的比例。

（2）Shannon-wiener 指数：$H'=-\sum P_i \ln P_i$

式中 $P_i=N_i/N$；N_i 表示第 i 个物种的个体数；N 表示所有个体数之和。

（3）Pielou 均匀度指数：$E=H/H_{max}$

式中，H 为实际观察的物种多样性指数；H_{max} 为最大的物种多样性指数；$H_{max}=\ln S$（S 为群落中的总物种数）。

群落的物种多样性指数与以下两个因素有关：①种类数目，即丰富度；②种类中个体分配上的均匀性。

四、群落稳定性及其影响因素

（一）群落多样性和稳定性

一般认为，群落的多样性是群落稳定性的一个重要尺度，多样性高的群落，物种之间往往形成了比较复杂的相互关系，食物链和食物网更加趋于复杂，当面对来自外界环境的变化或群落内部种群的波动时，群落由于有一个较强大的反馈系统，从而可以得到较大的缓冲。从群落能量学的角度来看，多样性高的群落，能流途径更多一些，当某一条途径受到干扰被堵塞不通时，就会有其他的路线予以补充。也有学者认为，生物群落的波动是呈非线性的，复杂的自然生物群落常常是脆弱的，如热带雨林这一复杂的生物群落比温带森林更易遭受人类的干扰而不稳定。共栖的多物种群落，某物种的波动往往会牵连到整个群落。他们提出了多样性的产生是由于自然的扰动和演化两者联系的结果，环境多变的不可测性使物种产生了繁殖与生活型的多样化。

（二）影响群落结构的因素

竞争的结果常引起种间的生态位的分化，将使群落中物种多样性增加。竞争在形成群落结构上的作用可通过在自然群落中进行引种或去除试验，观察其他物种的反应。生物群落中，以同一方式利用共同资源的物种集合，即占据相似生态位的物种集合，称为同资源种团（集团，guild）。

捕食对群落结构的影响有两个方面，如果捕食者喜食的是群落中的优势种，则捕食可以提高多样性，如捕食者喜食的是竞争上占劣势的种类，则捕食会降低多样性。

干扰（disturbance）往往会使陆地生物群落形成断层（gap），断层对于群落物种多样性的维持和持续发展，起了一个很重要的作用。不同程度的干扰，对群落物种多样性的影响是不同的，Conell 等提出的中度干扰说（intermediate disturbance hypothesis）认为，群落在中等程度的干扰水平能维持高多样性（图 30-9）。理由是：①在一次干扰后少数先锋种入侵断层，如果干扰频繁，先锋种不能发展到演替中期，导致多样性较低；②如果干扰间隔时间长，演替能够发展到顶级期，则多样性也不会很高；③只有在中等程度的

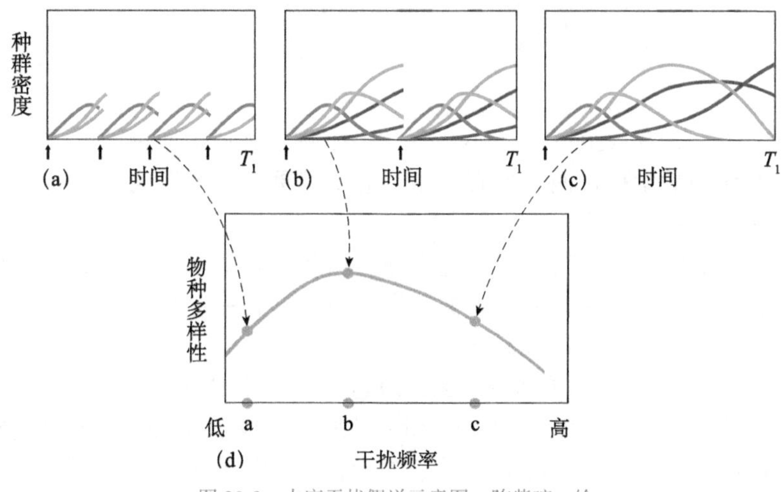

图 30-9　中度干扰假说示意图　陈紫暄　绘

干扰，才能使群落多样性维持最高水平，它允许更多物种入侵和定居。

在生物群落中不同物种的作用是有差别的。其中有一些物种的作用是至关重要的，它们的存在与否会影响到整个生物群落的结构和功能，这样的物种即称为关键种（keystone species）或关键种组（keystone group）。依功能或作用不同，可将关键种分为 7 类（表 30-3）。关键种有两个显著的特点：①它的存在对于维持生物群落的组成和多样性具有决定性意义；②同群落中的其他物种相比，关键种无疑是很重要的，但又是相对的。另一方面，群落中有些物种是冗余种（redundant species），它们的去除不会引起生态系统内其他物种的丢失，同时，对整个群落和生态系统的结构和功能不会造成太大的影响。

关键种的概念表明，只有少数物种具有能影响群落结构的强烈作用。它对群落结构的影响同其他物种相比是十分显著的。将关键种作为加强多样性保护的特定对象和优先保护种。从系统恢复的工作角度来讲，关键种对于重建并维持生态系统的结构和稳定性是必不可少的。关键种发挥作用不仅仅通过消费者的作用，而且还通过诸如竞争、互惠共生、传粉和种子传播、病原体和改造者等的种间相互作用和过程发挥作用。关键种的作用可能是直接、也可能是间接的；可能是常见的，也可能是稀有的；可能是特异性（特化）的，也可能是普适性的。

表 30–3　关键种的分类（Bond，1993）

类 型	作用方式	实 例
捕食者	抑制竞争者	海洋：海獭、海胆 陆地：依大小选择性采食种子的动物
食草动物	抑制竞争者	大象、兔子
病原体和寄生物	抑制捕食者、食草动物竞争者	黏液瘤菌、采采蝇
竞争者	抑制竞争者	演替中的物种更替，如森林中的优势树种和杂草
共生种	有效的繁殖	关键的共生种依赖的植物资源传粉者、传播者
掘土者	物理干扰	兔子、地鼠、白蚁、河狸、河马
系统过程调控者	影响养分传输速率	固氮菌、菌根真菌分解者

第四节 生态系统生态学

生态系统生态学（ecosystem ecology）是研究生物及其环境通过能量流动和物质循环联系起来的相互作用的学科。两者各有侧重，群落偏重于物种组成、结构和多样性；生态系统偏重于物种功能与作用（营养关系）。

生物群落与其生存环境之间，以及生物种群相互之间密切联系、相互作用，通过物质交换、能量转换和信息传递，成为占据一定空间、具有一定结构、执行一定功能的动态平衡整体，称为生态系统（ecosystem）。

生态系统是现代生态学的重要研究对象，20 世纪 60 年代以来，许多生态学的国际研究计划均把焦点放在生态系统，如国际生物学研究计划（IBP）其中心研究内容是全球主要生态系统（包括陆地、淡水、海洋等）的结构、功能和生物生产力；人与生物圈计划（MAB）重点研究人类活动与生物圈的关系；4 个国际组织成立了“生态系统保持协作组（ECG）”，其中心任务是研究生态平衡及自然环境保护，以及维持改进生态系统的生物生产力。

一、生态系统组分

不论陆地、水域，或大或小，都可以概括为生物组分和非生物环境（abiotic environment）组分两大组分。

（一）生物组分

多种多样的生物在生态系统中扮演着重要的角色。根据生物在生态系统中发挥的作用和地位而或分为生产者、消费者和分解者三大功能类群。

生产者（producer），又称初级生产者（primary producer），指自养生物，主要指绿色植物，也包括一些化能合成细菌。这些生物能利用无机物合成有机物，并把环境中的太阳能以生物化学能的形式第一次固定到生物有机体中。初级生产者也是自然界生命系统中唯一能将太阳能转化为生物化学能的媒介。

消费者（consumer），指以初级生产的产物为食物的异养生物，主要是动物。消费者按照营养方式的不同又可以分为：①食草动物（herbivore），即直接以植物体为营养的动物；②食肉动物（carnivore），以食草动物为食的动物。

分解者（decomposer），指利用动植物残体及其他有机物为食的小型异养生物，主要有真菌、细菌、放线菌等微生物。小型消费者使构成有机成分的元素和贮备的能量通过分解作用又释放到无机环境中去。

（二）非生物环境组分

生态系统中非生物环境组分包括以下几种。①辐射：其中来自太阳的直射辐射和散射辐射是最重要的辐射成分，通常称短波辐射。辐射成分里还有来自各种物体的热辐射，称长波辐射。②大气：空气中的 CO_2 和 O_2 与生物的光合作用和呼吸作用关系密切，N_2 与生物固氮有关。③水体：环境中的水体可能存在形式有湖泊、溪流、海洋等，也可以地下水、降水的形式出现。水蒸气弥漫在空中，水分也渗透在土壤之中。④土体：泛指自然环境中以土壤为主体的固体成分，其中土壤是植物生长的最重要基质，也是众多微生物和小动物的栖息场所。自然环境通过其物理状况（如辐射强度、温度、湿度、压力、风速等）和化学状况（如酸碱度、氧化还原电位、阳离子、阴离子等）对生物的生命活动产生综合影响。

二、生态系统的食物链和食物网

（一）食物链

生态系统中贮存于有机物中的化学能，通过一系列的吃与被吃的关系，把生物与生物紧密地联系起来，这种生物成员之间以食物营养关系彼此联系起来的序列，称为食物链（food chain）。食物链中每一个生物成员称为营养级（trophic level）。

按照生物与生物之间的关系可将食物链分成四种类型。①捕食食物链：指一种活的生物取食另一种活的生物所构成的食物链。捕食食物链都以生产者为食物链的起点。如植物—植食性动物—肉食性动物。这种食物链既存在于水域，也存在于陆地环境。如草原上的青草—野兔—狐狸—狼；在湖泊中，藻类—甲壳类—小鱼—大鱼。②碎食食物链：指以碎食（植物的枯枝落叶等）为食物链的起点的食物链。碎食被别的生物所利用，分解成碎屑，然后再为多种动物所食构成。其构成方式：碎食物—碎食物消费者—小型肉食性动物—大型肉食性动物。在森林中，有 90% 的净生产是以食物碎食方式被消耗的。③寄生性食物链：由宿主和寄生物构成。它以大型动物为食物链的起点，继之以小型动物、微型动物、细菌和病毒。后者与前者是寄生性关系。如哺乳动物或鸟类—跳蚤—细菌—病毒。④腐生性食物链：以动、植物的遗体为食物链的起点，腐烂的动、植物遗体被土壤或水体中的微生物分解利用，后者与前者是腐生性关系。

在生态系统中各类食物链具有以下特点：①在同一个食物链中，常包含有食性和其他生活习性极不相同的多种生物；②在同一个生态系统中，可能有多条食物链，它们的长短不同，营养级数目不等。由于在一系列取食与被取食的过程中，每一次转化都将有大量化学能变为热能消散。因此，自然生态系统中营养级的数目是有限的。如果把通过各营养级的能流量绘成图，就成为一个金字塔形，称为能量金字塔（pyramid of energy）。类似的，如果以生物量或个体数目表示，相应得到生物量金字塔（pyramid of biomass）和数量金字塔（pyramid of numbers）（图 30-10）。一般而言，能量金字塔最能保持典型的金字塔形，而生物量和数量金字塔有时有倒置的情况。在人工生态系统中，食物链的长度可以人为调节；③在不同的生态系统中，各类食物链的比重不同；④在任一生态系统中，各类食物链总是协同起作用。

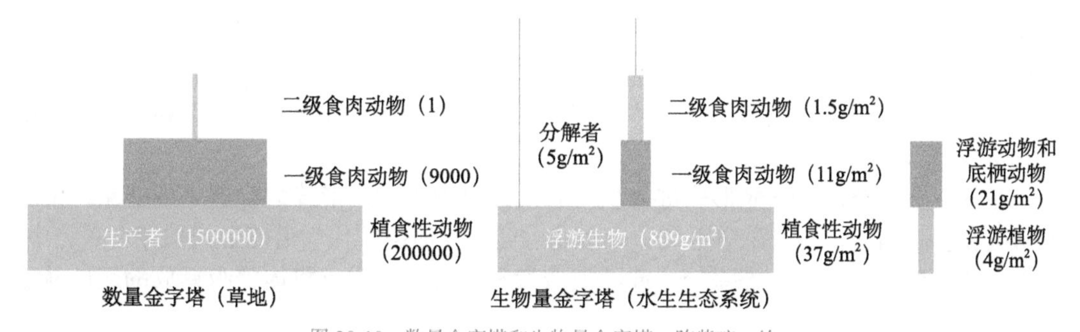

图 30-10 数量金字塔和生物量金字塔 陈紫暄 绘

（二）食物网

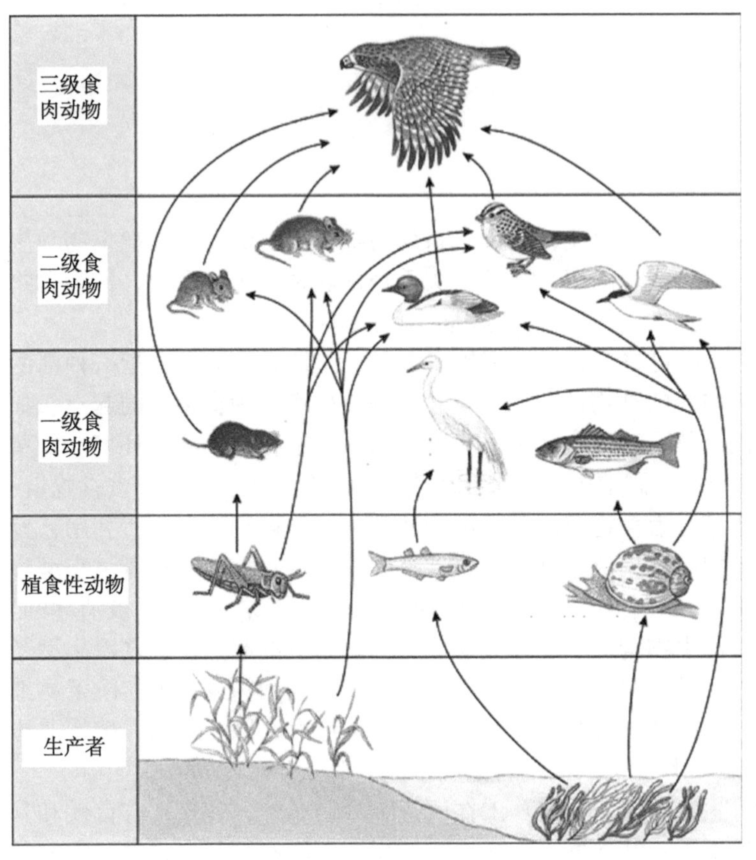

图 30-11　食物网　陈紫暄　绘

生态系统中的食物营养关系很复杂。由于一种生物常常以多种食物为食，而同一种食物又常常为多种消费者取食，于是食物链交错起来，多条食物链相连，形成了食物网（food web）（图 30-11）。

食物网不仅维持着生态系统的相对平衡，并推动着生物的演化，成为自然界发展演变的动力。食物链和食物网是生态系统营养结构的形象体现。通过食物链和食物网把生物与非生物、生产者与消费者、消费者与消费者连成一个整体，反映了生态系统中各生物有机体之间的营养位置和相互关系；各生物成分间通过食物网发生直接和间接的联系，保持着生态系统结构和功能的稳定性。生态系统中物质循环和能量流动正是沿着食物链和食物网进行的。食物链和食物网还揭示了环境中有毒污染物转移、积累的原理和规律。

三、生态系统中的能源和能流路径

太阳辐射能是生态系统中的能量的最主要来源。太阳辐射中的红外线的主要作用是产生热效应，形成生物的热环境；紫外线具有消毒灭菌和促进维生素 D 生成的生物学效应；可见光为植物光合作用提供能源。除太阳辐射外，对生态系统发生作用的一切其他形式的能量统称为辅助能。辅助能不能直接转换为生物化学潜能，但可以促进辐射能的转化，对生态系统中光合产物的形成、物质循环、生物的生存和繁殖起着极大的辅助作用。辅助能分为自然辅助能（如潮汐作用、风力作用、降水和蒸发作用）和人工辅助能（如施肥、灌溉等）。

生态系统中能量以日光形式进入生态系统，以植物物质形式贮存起来的能量，沿着食物链和食物网流动通过生态系统，以动物、植物物质中的化学潜能形式贮存在系统中，或作为产品输出，离开生态系统，或经消费者和分解者生物有机体呼吸释放的热能从系统中丢失（图 30-12）。

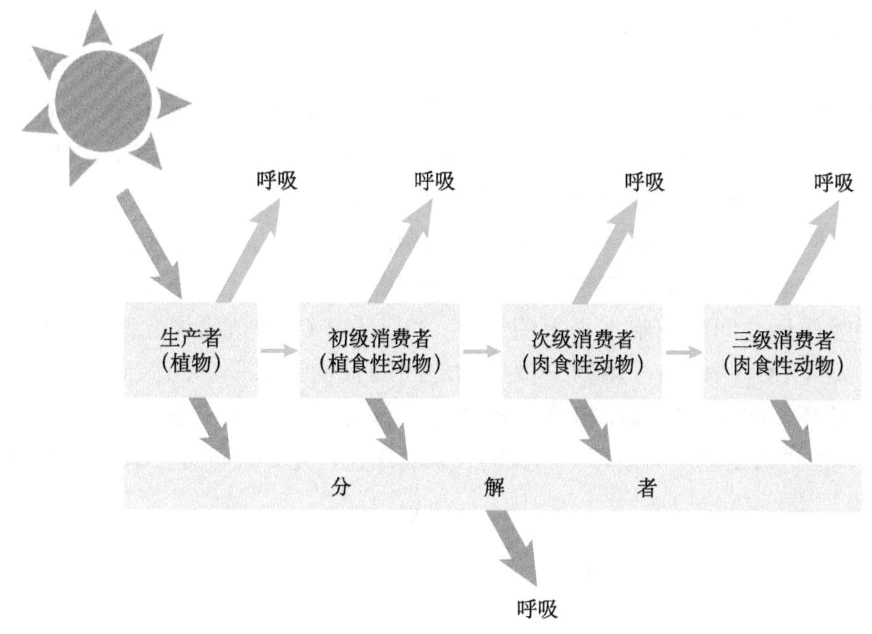

图 30-12 能量在生态系统中流动的过程 陈紫暄 绘

生态系统是开放的系统，某些物质还可通过系统的边界输入如动物迁移，水流的携带，人为的补充等。

生态系统能量的流动是单向的（one way flow of energy）。能量以光能的状态进入生态系统后，就不能再以光的形式存在，而是以热的形式不断地逸散于环境中。能量在生态系统中的流动，很大部分被各个营养级的生物利用，通过呼吸作用以热的形式散失。散失到空间的热能不能再回到生态系统参与流动。因为至今尚未发现以热能作为能源合成有机物的生物。

从太阳辐射能到被生产者固定，再经植食性动物，到肉食性动物，再到大型肉食性动物，能量是逐级递减的过程，这是因为：①各营养级消费者不可能百分之百地利用前一营养级的生物量；②各营养级的同化作用也不是百分之百的，总有一部分不被同化；③生物在维持生命过程中进行新陈代谢，总要消耗一部分能量。根据林德曼测定结果，这个比值大约是 1/10，即林德曼 1/10 法则。

四、生态系统物质循环

（一）生物地球化学循环

生物地球化学循环（biogeochemical cycle）是各种化学元素在不同层次、不同大小的生态系统内，乃至生物圈里，沿着特定的途径从环境到生物体，又从生物体再回归到环境，不断地进行着流动和循环的过程。根据物质在循环时所经历的路径不同，从整个生物圈的观点出发，并根据物质循环过程中是否有气相的存在，生物地球化学循环可分为气相型和沉积型两个基本类型。

1. 气相型（gaseous type）

其贮存库是大气和海洋。气相循环把大气和海洋相联系，具有明显的全球性。元素或化合物可以转化为气体形式，通过大气进行扩散，弥漫于陆地或海洋上空，在很短的时间内可以为植物重新利用，循环比较迅速，如 CO_2、N_2、O_2 等，水实际上也属于这种类型。由于有巨大的大气贮存库，故可对干扰能相当快地进行自我调节。因此，从地球意义上看，这类循环是比较完全的循环。值得提出的是，气相循环与全球性三个环境问题（温室效应，酸雨、酸雾，臭氧层破坏）密切相关。

碳循环是典型气相型循环（图 30-13）。环境中的 CO_2 通过光合作用被固定在有机物质中，然后通过食物链的传递，在生态系统中进行循环。其循环途径有：①在光合作用和呼吸作用之间的细胞水平上的循环；②大气 CO_2 和植物体之间的个体水平上的循环；③大气 CO_2—植物—动物—微生物之间的食物链水平上的循环。这些循环均属于生物小循环。此外，碳以动植物有机体形式深埋地下，在还原条件下，形成化石燃料，于是碳便进入了地质大循环。当人们开采利用这些化石燃料时，CO_2 被再次释放进入大气。

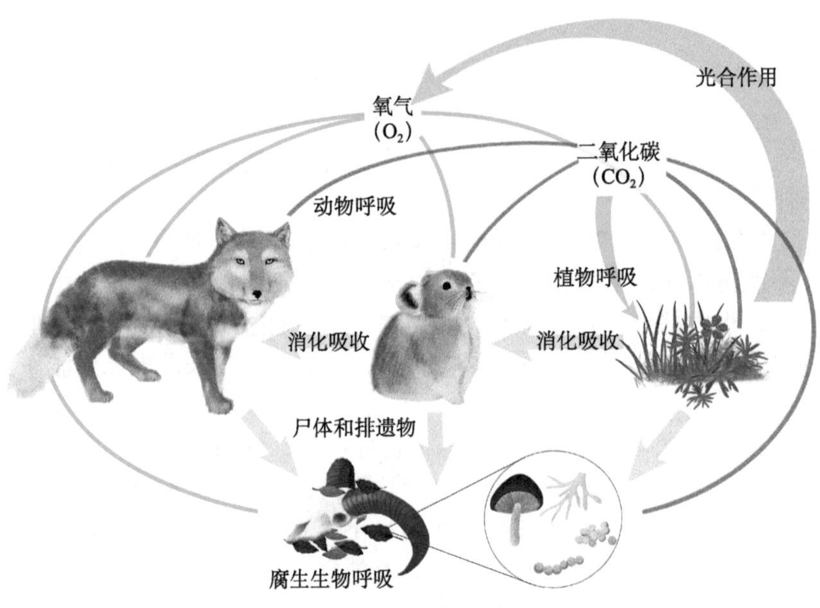

图 30-13　碳循环示意图　陈紫暄　绘

2. 沉积型（sedimentary type）

许多矿质元素其贮存库在地壳里。经过自然风化和人类的开采冶炼，从陆地岩石中释放出来，为植物所吸收，参与生命物质的形成，并沿食物链转移。然后，由动植物残体或排泄物经微生物的分解作用，将元素返回环境。除一部分保留在土壤中供植物吸收利用外，一部分以溶液或沉积物状态随流水进入江河，汇入海洋，经过沉降、淀积和成岩作用变成岩石，当岩石被抬升并遭受风化作用时，该循环才算完成。这类循环是缓慢的，并且容易受到干扰，成为“不完全”的循环。沉积循环一般情况下没有气相出现，因而通常没有全球性的影响。

（二）几个重要概念

生物积累（bioaccumulation）：生态系统中生物个体不断进行新陈代谢的过程中，体内来自环境的元素或难分解化合物的浓缩系数不断增加的现象。

生物浓缩（bioconcentration）：生态系统中同一营养级上的许多生物种群或者生物个体，从周围环境中蓄积某种元素或难分解的化合物，使生物体内该物质的浓度超过环境中的浓度的现象，又称为生物富集（biological enrichment）。

生物放大（biomagnification）：在生态系统的食物链上，高营养级生物以低营养级生物为食，某种元素或难分解化合物在生物体中浓度随着营养级的提高而逐渐增大的现象。某种物质进入生态系统后在一定时间内直接或间接地有害于人或生物时，就称为有毒物质或污染物。有毒物质种类繁多，包括有机的如酚类和有机氯农药等，无机的如重金属、氟化物和氰化物等。它们进入生态系统的途径也是多种多样的，有些被人们直接抛弃到环境中，有的通过冶炼、加工制造、化学品的贮存与运输以及日常生活、农事操作等过程而进入生态系统。

有毒物质进入生态系统后，就会沿着食物链在生物体内富集浓缩，越是上面的营养级，生物体内有毒物质的残留浓度越高。因此，应尽可能避免有毒物质进入食物链。

因受地理位置、气候、地形、土壤等因素的影响，地球上的生态系统是多种多样的。生态系统类型众多，一般可分为自然生态系统和人工生态系统。自然生态系统还可进一步分为水域生态系统和陆地生态系统。人工生态系统则可以分为农田、城市等生态系统。

五、自然生态系统

（一）水域生态系统

水域生态系统是以水为基质的生态系统。该系统中绝大多数生物终生不离开水。又可分为：①淡水生态系统，即以淡水为基质的生态系统；②海洋生态系统，即以海水为基质的生态系统，占地球面积的70%、水量的97%。

水域生态系统均占有一定的空间，包含有相互作用的生物和非生物组分，通过物质循环和能量流、信息流的作用，构成具有一定结构与功能的统一体。其中，淡水生态系统通常包括湖泊、水库和江河生态系统，海洋生态系统通常包括沿海及内湾生态系统、藻场生态系统、珊瑚和红树林生态系统、外海生态系统、上升流生态系统、深海生态系统等。海洋生态系统中的前三者可统称为沿海生态系统，后三者则为大洋生态系统。

（二）陆地生态系统

陆地生态系统的划分是以植被的分类为基础的，地球上的植被类型虽然很复杂，但在陆地上呈大面积分布的地带性生态系统主要有以下几类。

1. 热带雨林（tropical rain forest）

指分布于赤道附近的南北纬10°之间的低海拔高温多湿地区，由热带种类所组成的高大繁茂、终年常绿的森林群落，为地球表面最为繁茂的植被类型。种类组成特别丰富，结构复杂，层次多而分层不明显，乔木高大挺直，分枝少，多具板状根、气生根、老茎生花等现象，附寄生植物发达，富有粗大的木质藤本和绞杀植物。动物种类很多，但个体数量较少，且特化种类较多。动物的活动性低，很少有季节性的迁移现象，其生殖活动和数量变动受季节性的影响不明显。

2. 热带季雨林（tropical monsoon forest）

指分布于热带有周期性干湿交替地区的，由热带种类所组成的森林群落。旱季乔木树种部分或全部落叶，季相变化明显；种类组成、结构、高度等均不及雨林发达。一方面与热带常绿雨林相毗邻，另一方面又与热带稀树草原相接壤，因此其动物区系，具有明显的过渡区或群落交错区的特征。常见的动物有独角犀、亚洲虎、野猪、印度野牛、原鸡、叶猴、罗猴、懒熊等。

3. 热带稀树草原（savanna）

指分布于热带干燥地区，以喜高温、旱生的多年生草本植物占优势，并稀疏散布有耐旱、矮生乔木的植物群落。散生在草原背景中的乔木矮生且多分枝，具大而扁平的伞形树冠，叶片坚硬，具典型旱生结构。草本层以高约 1m 的禾本科植物占优势，也具典型旱生结构。藤本植物非常稀少，附生植物不存在。代表性的哺乳动物包括斑马和狮子等。

4. 荒漠和半荒漠（desert and semi-desert）

分布在亚热带和温带（纬度 30° ～ 40° 之间）的副热带无风地区，包括北非的撒哈拉沙漠、阿拉伯沙漠、中国的塔克拉玛干沙漠等。荒漠和半荒漠的年平均降雨量低于 250mm，季节性明显。在荒漠群落中，植物是一些特别耐旱的超旱生植物，它们从生理和形态结构上适应旱生环境，叶面缩小或退化，以小枝和茎代行光合作用。荒漠中的动物，多数有冬季和夏季休眠以及贮存大量食物以备越冬的习性。夜行性的种类所占比例较高。代表动物在欧亚大陆荒漠有跳鼠科、沙鼠科的啮齿类动物等；北美洲荒漠则有棉尾兔、更格尔鼠和小韦鼠等；南美洲有美洲鸵鸟；澳大利亚的荒漠上有袋鼠、袋鼹等。

5. 亚热带常绿阔叶林（subtropical evergreen broad-leaved forest）

指分布在亚热带大陆东岸湿润地区的，由常绿的双子叶植物所构成的森林群落。区系成分极其丰富，地理成分复杂，富有起源古老的孑遗植物，或系统演化上原始或孤立的科属及特有植物；乔木层树种具有樟科月桂树叶子的特征：小型叶、渐尖、革质、光亮、无茸毛、排列方向与光线垂直等。林相整齐，季相变化不明显；林木层、下木层均有亚层次的分化，草本层以蕨类植物为主；藤本植物较为丰富，但多为革质或木质小藤，板根、茎花、叶面附生现象大大减少，附生植物中很少有被子植物。亚热带常绿阔叶林内动物种类较为丰富，主要的哺乳动物是灵长类和鹿类，而澳大利亚的众多有袋动物都是独特的动物类群。

6. 地中海灌丛（mediterranean shrubland）

指分布于亚热带大陆西岸地中海式气候地区的，由硬叶常绿阔叶林树种所构成的森林群落。其叶片具典型的旱生结构，坚硬革质，小型叶为主，被茸毛，无光泽，气孔深陷，排列与光线成锐角，或叶片退化，甚至成刺状，植株与花具强烈挥发油香味；森林群落上层稀疏，树木较矮小，群落下层较为繁茂、密闭；无附生植物，藤本植物很少。多年生草本植物尤以具鳞、球、根茎的地下芽植物特别丰富。

7. 温带落叶阔叶林（temperature deciduous forest）

指分布于温带湿润海洋地区的，由落叶双子叶植物所构成的落叶森林群落。季相更替现象十分明显为其外貌的显著的特征；中生性植物特别丰富，乔木层有阔叶叶片、草质、柔软、无毛，生活型以地面芽和地下芽植物占优势，其次是高位芽植物；结构简单，分层清楚，夏季林相郁闭，冬季林内明亮干燥；层间植物在群落中作用不明显。动物种类各有其特色，净初级生产量仅养活着少量的动物，而动物的生物量又集中在土壤动物上。

8. 温带草原（temperate grassland）

指出现于中等程度干燥、较冷的大陆性气候地区。植被分层简单，以多年生的禾本科草类占优势，有明显的季相变化。代表动物包括啮齿类和野马、野驴等大型有蹄类动物等。

9. 北方针叶林（northern coniferous forest taiga）

冬季严寒，夏季温暖湿润，年温差较大。林冠一般不茂密，林下灌木、苔藓、地衣较多。代表动物有驼鹿、猞猁、紫貂、雪兔、狼獾、林莺和松鸡等。大部分物种有季节迁徙现象。

10. 苔原（tundra）

又称冻原，出现在高纬度和高海拔的寒冷地区。苔原的优势植物是多年生灌木、苔草、禾草、苔藓和地衣，植被的高度一般只有几厘米。典型动物有驯鹿、旅鼠和北极狐等。

六、人工生态系统

人工生态系统有一些十分鲜明的特点：动植物种类稀少，人类活动的作用十分明显，对自然生态系统存在依赖和干扰。人工生态系统也可以看成是自然生态系统与人类社会的经济系统复合而成的复杂生态系统。

典型的人工生态系统包括农田生态系统和城市生态系统，前者的特点是人的作用突出，群落结构单一，主要成分是农作物。后者运转所需的物质和能量，大多从其他生态系统人为地输入，而它所产生的废物大多输送到其他生态系统中分解和再利用，从而对其他生态系统会造成冲击和干扰。

人类是地球生命演化的最高阶段，地球向人类提供了赖以生存的唯一环境。在人类无情地破坏和滥用资源的压力下，地球的生态系统正在经历一系列的变化：人口快速膨胀、耕地急剧减少、环境污染、资源耗竭、生态失衡，臭氧层变薄，海平面升高和自然灾害频发等。这些变化需要从全球的视角研究和认识，需要全世界各国共同努力才能解决。

思考题

1. 环境因子和生态因子有何异同？
2. 生态因子作用的特点是什么？
3. 查阅资料并说明什么是谢尔福德耐受定理？
4. 举例说明趋同和趋异。
5. 简述种群的概念及其特点。
6. 谈谈你对生命表和生存曲线的看法及其在人口理论中的意义？
7. 试比较种群增长的指数模型和逻辑斯谛模型。
8. 简述逻辑斯谛模型在实际应用中的意义。
9. 简述群落的概念，你认为个体论和有机体论的观点的优缺点是什么？
10. 简述中等干扰假说对群落多样性的影响。
11. 举例说明什么是食物链，有哪些类型？各类型有何异同？
12. 为什么说一个复杂的食物网是使生态系统保持稳定的重要条件？
13. 简述食物链和食物网理论的意义。
14. 谈谈你对生态平衡的看法？
15. 简述生态系统的基本组成及各功能类群的基本功能。
16. 在常见的三种金字塔中，生物量金字塔和数量金字塔在某些生态系统中可以呈现倒金字塔形，但能量金字塔却无论如何不会呈倒金字塔形。试解释其中的原因。

参考文献

曹玉萍．2008．动物学．北京：清华大学出版社

陈大元，孙青原，李光鹏．2002．受精生物学——受精机制与生殖工程．北京：科学出版社

陈代文．2005．动物营养与饲料学．北京：中国农业出版社

陈杰．2003．家畜生理学．4 版．北京：中国农业出版社

陈品健．2006．动物生物学．北京：科学出版社

陈诗书，汤雪明．2004. 医学细胞与分子生物学．北京：科学出版社

陈守良．2005．动物生理学．3 版．北京：北京大学出版社

陈小麟．2019．动物生物学．5 版．北京：高等教育出版社

程红．2000．脊椎动物循环系统的比较．生物学通报，8：16-18

冯仰廉．2004．反刍动物营养学．北京：科学出版社

韩正康．1993．家畜营养生理学．北京：农业出版社

侯林，吴孝兵．2007．普通动物学．北京：科学出版社

胡玉佳．1999．现代生物学．北京：高等教育出版社 - 施普林格出版社

贾尔德．2000．动物生物学．蔡益鹏 等译．北京：科学出版社

江静波．1995．无脊椎动物学．3 版．北京：高等教育出版社

姜乃澄，丁平．2007．动物学．杭州：浙江大学出版社

姜云垒，冯江．2006．动物学．北京：高等教育出版社

蒋志刚，2004. 动物行为原理与物种保护方法．北京：科学出版社

李海云，时磊．2019．动物学．2 版．北京：高等教育出版社

李云龙，刘春巧．2001．动物发育生物学．济南：山东科学技术出版社

刘凌云，郑光美．2009．普通动物学．4 版．北京：高等教育出版社

卢德勋．2004．系统动物营养学导论．北京：中国农业出版社

骆利群．2018．神经生物学原理．北京：高等教育出版社

梅岩艾，王建军，王世强．2011．生理学原理．北京：高等教育出版社

欧阳五庆．2006．动物生理学．北京：科学出版社

秦鹏春．2001．哺乳动物胚胎学．北京：科学出版社

任淑仙．2007．无脊椎动物学．2 版．北京：北京大学出版社

赛道建. 2008. 普通动物学. 北京：科学出版社
尚玉昌. 1998. 行为生态学. 北京：北京大学出版社
尚玉昌. 2014. 动物行为学. 2 版. 北京：北京大学出版社
沈银珠. 2002. 进化生物学. 北京：高等教育出版社
沈韫芬，章宗涉. 1990. 微型生物监测新技术. 北京：中国建筑工业出版社
孙久荣，戴振东. 2013. 动物行为仿生学. 北京：科学出版社
孙濡泳. 2001. 动物生态学原理. 3 版. 北京：北京师范大学出版社
王宝青. 2009. 动物学. 2 版. 北京：中国农业大学出版社
王慧，崔淑贞. 2008. 动物学. 北京：中国农业大学出版社
威尔逊. 2008. 社会生物学：新的综合. 北京：北京理工大学出版社
吴相钰. 2005. 陈阅增普通生物学. 北京：高等教育出版社
徐润林. 2013. 动物学. 北京：高等教育出版社
许崇任. 程红. 2008. 动物生物学. 2 版. 北京：高等教育出版社
亚历山大. 2013. 无脊椎动物学. 杜芝兰 译. 北京：化学工业出版社
杨安峰. 1992. 脊椎动物学. 北京：北京大学出版社
杨凤. 2002. 动物营养学. 2 版. 北京：中国农业出版社
杨增明，孙青原，夏国良. 2019. 生殖生物学. 2 版. 北京：科学出版社
尤永隆，林丹军，张彦定. 2011. 发育生物学. 北京：科学出版社
张玺，齐钟彦. 1961. 贝类学纲要. 北京：科学出版社
张训蒲，朱伟义. 2000. 普通动物学. 北京：中国农业出版社
张昀. 1989. 前寒武纪生命演化与化石记录. 北京：北京大学出版社
周波，王宝青. 2014. 动物生物学. 北京：中国农业大学出版社
周永红，丁春邦. 2007. 普通生物学. 北京：高等教育出版社
周正西，王宝青. 1999. 动物学. 北京：中国农业大学出版社
左仰贤. 2010. 动物生物学教程. 2 版. 北京：高等教育出版社

Alberts B, Johnson A, Lewis J, et al. 2008.Molecular biology of the cell. 5th Ed. New York: Garland Publishing

Alcock J. 2009. Animal behavior: an evolutionary approach. 9th Ed. Massachusetts: Sinauer Associates Inc.

Alcock J. 2013. Animal behavior: an evolutionary approach.10th Ed.Massachusetts: Sinauer Assoc, Inc.

Arthur GH, Noakes DE, Pearson H. 1996. Veterinary reproduction and obstetrics. 7th Ed.London: WB Saunders Company Limited

Austin CR, Short RV. 1982. Reproduction in mammals.Vol1. Germ cells and fertilization, 2nd Ed.Cambridge: Cambridge University Press

Balthasar N, Coppari R, McMinn J, et al. 2004.Leptin receptor signaling in POMC neurons is required for normal body weight homeostasis. Neuron, 42(6): 983-991

Bansal S, Bryan TG, Lauren AM. 2007. When individual behaviour matters: homogeneous and network models in epidemiology. Journal of the Royal Society Interface, 4(16): 879-891

Barrett KE, Barman SM, Boitano S, et al.2009.Ganong's review of medical physiology. 23rd

Ed. New York: McGraw-Hill Medical

Bartumeus F, da LuzM GE, Viswanathan GM, et al. 2005, Animal search strategies: a quantitative random-walk analysis. Ecology, 86: 3078-3087

Bayliss W, Starling E. 1902. The mechanism of pancreatic secretion. J Physiol(London), 28: 325-352

Bogh IB, Baltsen M, Byskov AG. 2001. Testicular concentration of meiosis-activating sterol is associated with normal testicular descent. Theriogenology, 5(4): 983-992

Breed MD, Moore J. 2016. Animal behavior. 2nd Ed. New York: Academic Press

Brockmann D, Hufnagel L, Geisel T. 2006.The scaling laws of human travel. Nature, 439: 462-465

Cathomas F, Murrough JW, Nestler EJ, et al. 2019. Neurobiology of resilience: interface between mind and body. J Biol Psychiat, 86: 410-420

Chapman JL, Reiss MJ. 1999. Ecology: principles and applications. 2nd Ed.Cambridge England: Cambridge University Press

Chen L, Qiu Q, Jiang Y, et al. 2019. Large-scale ruminant genome sequencing provides insights into their evolution and distinct traits.Science, 364(152): 1-15

Chris B. 2006.Animal behaviour mechanism, development, function and evolution. Upper Saddle River: Prentice Hall

Clément K, Vaisse C, Lahlou N, et al.1998.A mutation in the human leptin receptor gene causes obesity and pituitary dysfunction. Nature, 392: 398-401

Cleveland PH. 2010. Integrated principles of zoology.15th Ed. New York: McGraw-Hill Companies

Colleen B, Virginia BM. 2011. Biology: science for life, with physiology. 4th Ed. London: Pearson

Donaldson ZR, Young LJ. 2008. Oxytocin, vasopressin, and the neurogenetics of sociality. Science, 322（5903）: 900-904

Dugatkin LA. 2011. Principles of animal behavior. 3rd Ed. New York: Norton & Company, Inc.

Eldra PS, Linda RB, Diana WM. 2008. Biology. 8th Ed. Belmont: Thomson Higher Education

Emlen ST. 1995. An evolutionary theory of the family.Proceedings of the National Academy of Sciences, 92: 8092-8099

Foebes JM. 1996. Integration of regulatory signals controlling forage intake in ruminants. Journal of Animal Science, 74: 3029-3035

Foebes JM. 2003. The multifactorial nature of food intake control. Journal of Animal Science, 81: E139-E144

Fox SI. 2010. Human physiology, 12th Ed. New York: McGraw-Hill

Friedman JM, Halaas JL. 1998. Leptin and the regulation of body weight in mammals. Nature, 395: 763-770

Gardner A, West SA, Wild G. 2011. The genetical theory of kin selection. Journal of

Evolutionary Biology, 24: 1020-1043

Geoffrey MC, Robert EH. 2009. The cell: a molecular approach. 5th Ed. Philadelphia: Sinauer Associates

George BJ, Jonathan L. 2012. The living world. 6th Ed. New York: McGraw-Hill

Gilbert S F. 2010. Developmental biology. 9th Ed. Sunderland: Sinauer Associates, Inc.

Guyton AC, Hall JE. 2006.Textbook of medical physiology. 11th Ed. Philadelphia: Elsevier Saunders

Hamilton WD. 1963. The evolution of altruistic behavior. American Naturalist, 97: 354-356

Hickman CP, Roberts LS, Larson A. 2008.Integrated principles of zoology. New York: McGraw-Hill

Hill RW, Wyse GA, Anderson M. 2008.Animal physiology. 2nd Ed. Sunderland: Sinauer Associates Inc.

Iane BR, Martha RT, Eric JS, et al.2011.Campbell biology: concepts and connections.7th Ed. Pearson: Benjamin Cummings

Jack WB, Sandra LV. 2011.Principles of animal communication. 2nd Ed. Sunderland: Sinauer Associates Inc.

Jane BR, 2010. Campbell biology. 9th Ed. Pearson: Benjamin Cummings.

Johan JB, Simon V.2008. Tinbergen's legacy: function and mechanism in behavioral biology. Cambridge: Cambridge University Press

KaoruYamashita, TakashiKitano. 2013.Molecular evolution of the oxytocin-oxytocin receptor system in eutherians. Molecular Phylogenetics and Evolution,（2）67: 520-528

Kenneth VK.2000. Vertebrates. New York: McGraw-Hill Companies

Krishnamurti TN, Stefanova L, Misra V. 2013. Tropical meteorology: an introduction. Heidelberg: Springer

Li Q, Guan X, Wu P, et al.2020.Early transmission dynamics in Wuhan, China, of novel coronavirus-infected pneumonia. New England Journal of Medicine, 382(13): 1199-1207

Lieberman D, Tooby J, Cosmides L. 2007. The architecture of human kin detection. Nature, 445: 727-731

Lin Z, Chen L, Chen X, et al. 2019. Biological adaptations in the Arctic cervid, the reindeer (*Rangifer tarandus*). Science, 364: 1154

Lodish H, Berk, Zipursky, et al. 2000. Molecular cell biology. 4th Ed. New York: Freeman

Manning A, Dawkins MS. 1998. An introduction to animal behavior. 5th Ed. Cambridge: Cambridge University Press

Mariëlle Hoefnagels. 2010. Biology: concepts and investigations. 2nd Ed. San Francisco: McGraw-Hill Science

McKinley M, O'Loughlin V. 2011.Human anatomy. 3rd Ed. New York: McGraw-Hill Science

Metthew LLK, Murphy S, Kokkinaki D, et al. 2021. DNA binding to TLR9 expressed by red blood cells promotes innate immune activation and anemia. Science Translational Medicine, 13:1-14

Modlin, Irvin M, Mark Kidd. 2001. Ernest starling and the discovery of secretin. J Clin Gastroenterol, 32(3): 187-192

Molles M. 2007. Ecology: Concepts and applications. 4th Ed. Ryerson: McGraw-Hill Higher Education

Moyes CD, Schulte PM. 2008. Principles of animal physiology. 2nd Ed. San Francisco: Benjamin Cummings

Nelson RJ. 2011. An introduction to behavioral endocrinology. 4th Ed. Sunderland: Sinauer Associates Inc.

Nicholas BD, John RK, Stuart AW. 2012. An introduction to behavioural ecology. 4th Ed. New Jersey: Wiley-Blackwell Publications

Nicolas EH, Henri W, Nuno Q, et al. 2012. Foraging success of biological levy flights recorded *in situ*. Proceedings of the National Academy of Sciences, 109 (19): 7169-7174

Ornes, Stephen. 2013. Foraging flights. Proceedings of the National Academy of Sciences, 110(9): 3202-3204

Pat W, Graham S, Ian J. 2005. Environmental physiology of animals. 2nd Ed. New Jersey: Blackwell Pub

Pelleymounter MA, Cullen MJ， Baker MB, et al. 1995. Effects of the obese gene product on body weight regulation in ob/ob mice. Science, 80 (269): 540-543

Peter K. 2010. Animal behavior: evolution and mechanisms. Heidelberg: Springer

Randall D, Burggren W, French WHE. 2001.Animal physiology. 5th Ed. New York: Freeman

Reece WO. 2004. Dukes' physiology of domestic animals. 12th Ed. Ithaca: Cornell University Press

Reynolds, Andy M, Mark AF. 2007. Free-flight odor tracking in drosophila is consistent with an optimal intermittent scale-free search. PLoS One, 2.4: e354

Richard WH, Gordon AW, Margaret A. 2008.Animal physiology. 2nd Ed. Sunderland: Sinauer Associates

Sadava, Hillis, Heller. 2011. Life: The science of biology. 9th Ed. Palgrave Macmillan: W.H. Freeman Company

Schmidt-Nielsen K.1997. Animal physiology: adaptation and environment. 5th Ed. New York: Cambridge University Press

Seeley RR, Stephens TD, Tate P. 2006. Essentials of anatomy and physiology. 6th Ed. Boston: McGraw-Hill Science

Shawn EN, Thomas JV.2015. Animal behavior: concepts, methods and applications. Oxford: Oxford University Press

Sherman PW. 1977. Nepotism and the evolution of alarm calls. Science, 197: 1246-1253

Sherwood L, Klandorf H, Yancey P. 2005. Animal physiology: from genes to organisms. Belmont: Thomson Leaning

Shier D, Butler J, Lewis R. 2004. Hole's human anatomy and physiology. 10th Ed. Boston: McGraw Hill

Shlesinger MF, Zaslavsky GM, Klafter J. 1993. Strange kinetics. Nature, 363: 31-37

Silverthorn DU. 2009. Human physiology: an integrated approach. 5th Ed. San Francisco: Benjamin Cummings

Sims DW, Southall EJ, Humphries NE, et al. 2008. Scaling laws of marine predator search behaviour. Nature, 451 (7182): 1098-1102

Smith SM, Vale WW. 2006. The role of the hypothalamic-pituitary-adrenal axis in neuroendocrine responses to stress. Dialogues in Clinical Neuroscience, 8: 383-395

Stephen M, John H. 2009. Zoology. 8th Ed. New York: McGraw-Hill Companies

Stevens CE, Hume ID. 1995. Comparative physiology of the vertebrate digestive system. 2nd Ed. Cambridge: Cambridge University Press

Syed FA, Ahmed AQ, Matthew RM, et al.2020.Preliminary identification of potential vaccine targets for the COVID-19 coronavirus based on SARS-CoV immunologic studies. Viruses, 12(3), 254

Sylvia SM. 2010. Concepts of biology. 2nd Ed. San Francisco: McGraw-Hill Science

Wang K, Wang J, Zhu C, et al. 2021. African lungfish genome sheds light on the vertebrate water-to-land transition. Cell, 184 (5): 1362-1376

Wang P, Ken HL, Wu M, et al. 2020.A leptin-BDNF pathway regulating sympathetic innervation of adipose tissue. Nature, 583: 839-844

Wang P, Loh KH, Wu M. 2020. A leptin-BDNF pathway regulating sympathetic innervation of adipose tissue. Nature, 583: 839-844

Wang X, Qu M, Liu Y, et al. 2021. Genomic basis of evolutionary adaptation in a warm-blooded fish. The Innovation, 3(1): 100185

Widmaier E, Raff H, Strang KT. 2010. Vander's human physiology: The mechanisms of body function. 12th Ed. New York: McGraw-Hill

Xu B, Xie X. 2016. Neurotrophic factor control of satiety and body weight. Nature Review Neuroscience, 17: 282-292

Xu J, Bartolome CL, Cho SL. et al. 2018. Genetic identification of leptin neural circuits in energy and glucose homeostases. Nature, 556: 505-509

Xue Y, Ouyang K, Huang J, et al. 2013. Direct conversion of fibroblasts to neurons by reprogramming PTB-regulated microRNA circuits. Cell, 152 (1-2): 82-96

Zhang Y, Proenca R, Maffei M, et al. 1994. Positional cloning of the mouse obese gene and its human homologue. Nature, 372: 425-432

Zhou P, Yang XL, Wang XG, et al. 2020.Pneumonia outbreak associated with a new coronavirus of probable bat origin. Nature, 579: 270-273